普通高等教育“十一五”国家级规划教材
全国高等农林院校“十一五”规划教材

环境土壤学

吴启堂　主编

中国农业出版社

内 容 提 要

环境土壤学是研究土壤与环境相互关系及其调控的一门学科。土壤与人类环境质量密不可分，与环境保护工作密切相关。本书共分 12 章，阐述了土壤及其在生态环境中的作用、环境土壤学的产生和内涵；介绍了认知土壤的主要基础知识，包括土壤母质和土壤的形成、土壤固体物质组成、土壤化学性质、土壤物理性质、土壤发生分类及我国的主要土壤类型和特点；同时论述了土壤的环境效应、土壤污染问题和防治技术，包括土壤圈元素循环与环境效应、土壤污染及污染源、土壤环境监测、土壤环境质量评价、重金属污染土壤和有机污染土壤的修复技术。

本书可作为环境科学、环境工程、资源环境科学、农业资源与环境、生态学等专业的本科教材，还可供环境保护、生态建设、资源管理领域的科研人员、研究生、管理干部和工程技术人员参考。

主　编　吴启堂（华南农业大学）

副主编　胡红青（华中农业大学）

俞元春（南京林业大学）

龙新宪（华南农业大学）

参　编　（按姓名汉语拼音顺序排列）

陈爱玲（福建农林大学）

胡　可（山西农业大学）

黄　丽（华中农业大学）

李亮亮（沈阳农业大学）

刘鸣达（沈阳农业大学）

卢　瑛（华南农业大学）

王代长（河南农业大学）

朱丽珺（南京林业大学）

审稿人　陈同斌（中国科学院地理研究所）

潘根兴（南京农业大学）

前　言

进入21世纪，我国城市空气污染依然严重；地表水污染普遍，特别是流经城市的河段有机污染较重，湖泊富营养化问题突出；地下水受到点状或面状污染，水位下降；土壤污染和生态破坏尚未得到有效控制；食品安全问题日益突出。环境保护工作成为我国社会经济发展和人民生活改善的当务之急。

土壤是重要的环境介质，是一个开放体系，是地球表面物质和能量交换最活跃的区域之一，它不仅吸收和降解环境中的营养物和污染物，而且作为源向其他介质（水和大气）和生物体输出这些物质。土壤与人类环境质量密不可分，与环境保护工作密切相关。因此环境土壤学不仅成为土壤学研究的热点领域，而且越来越引起环境科学与工程科技人员的关注。

大部分高等院校的资源环境类专业开设了环境土壤学或类似的课程。随着环境土壤学的快速发展，迫切需要有一本既能反映最新进展，又不会过于臃肿的本科教材，该教材还必须保持科学性和完整性。为此我们希望编写一本符合上述要求的教材，供环境科学、环境工程、资源环境科学、农业资源与环境、生态学等专业选用。

本书共分12章，第一章阐述土壤及其在生态环境中的作用以及环境土壤学的产生和主要研究内容；第二章阐述土壤母质、土壤的形成及其在土壤剖面上的反映；第三章介绍土壤固体物质组成，包括土壤矿物质、有机质和生物；第四章阐述土壤酸碱性、氧化还原性、胶体表面电性、吸附解吸性能等化学性质及其环境意义；第五章阐述土壤物理性质及其环境意义，包括土壤孔隙度、土壤水分、土壤空气和土壤热性质；第六章阐述土壤发生分类及其与环境条件的关系以及我国土壤的主要土壤类型和土壤资源特点；第七章阐述土壤圈元素循环与环境效应，其中包含了大量元素、中量元素和微量元素（包括有害元素）；第八章阐述土壤污染及污染源，还介绍了污染预防措施；第九章阐述土壤环境监测，包括样品采集、制备，无机污染物和有机污染物测定方法；第十章阐述土壤环境质量评价，包括环境容量、环境标准、现状评价、预测评价和生态毒理学评价；第十一章和第十二章分别阐述重金属污染土壤和有机污染土壤的修复技术，以及合理利用方法。环境土壤学还应包含土壤环境工程，主要是利用土壤或土地处理污水和固体废物。由于水处理技术的人工湿地部分和固体废物的土地处置部分会讨论这些内容，本书未予编入。本书内容较多，课时较少的学校可根据具体需要选择合适的教学内容，部分学校在相关专业同时开出土壤学和土壤污染与防治两门课程，本书的前6章和后6章可分别对应这两门课程。

本书是集体劳动的成果，得到众多教师和专家的参与和支持。华中农业大学的胡红青和黄丽编写第四章和第八章；南京林业大学的俞元春和朱丽珺编写第三章和第十章；福建农林大学的陈爱玲编写第二章；沈阳农业大学的刘鸣达和李亮亮编写第七章；山西农业大学的胡可编写第九章；河南农业大学的王代长编写第五章；华南农业大学的龙新宪编写第十一章和第十二章，卢瑛编写第六章，吴启堂编写第一章，并负责全书的组织、审阅和定稿，卫泽斌参与了文字处理工作。本书得到中国科学院地理研究所陈同斌研究员、南京农业大学潘根兴教授审稿，在此表示衷心的感谢！

由于作者水平有限，难免有错误、疏漏和不当之处，敬请广大读者批评指正。

编　者

2011年5月

目　录

前言

第一章　绪论 …… 1

第一节　土壤与土壤圈 …… 1

一、土壤 …… 1

二、土壤圈 …… 2

第二节　环境土壤学 …… 3

一、环境土壤学的产生 …… 3

二、环境土壤学的定义和定位 …… 4

三、环境土壤学的研究内容 …… 4

复习思考题 …… 5

第二章　土壤母质与土壤的形成 …… 6

第一节　土壤母质 …… 6

一、土壤母质的来源 …… 6

二、岩石的风化过程 …… 11

三、成土母质 …… 13

第二节　土壤的形成 …… 15

一、土壤形成因素 …… 15

二、土壤形成的基本规律 …… 19

第三节　土壤剖面及形态特征 …… 20

一、土壤剖面 …… 20

二、土壤剖面形态特征 …… 22

复习思考题 …… 24

第三章　土壤固体物质组成 …… 25

第一节　土壤颗粒组成与质地 …… 25

一、土壤颗粒组成 …… 25

二、土壤质地 …… 28

第二节　土壤矿物质 …… 32

一、土壤矿物质的矿物组成和化学组成 …… 32

二、黏粒矿物 …… 34

第三节　土壤有机质 …… 39

一、土壤有机质的来源、含量及组成 …… 39

二、土壤腐殖质 …… 41
三、土壤有机质的转化 …… 44
四、土壤有机质的作用及其生态环境意义 …… 47
第四节 土壤生物 …… 50
一、土壤动物 …… 50
二、土壤微生物 …… 52
复习思考题 …… 57

第四章 土壤化学性质及其环境意义 …… 58

第一节 土壤酸碱性 …… 58
一、土壤酸碱度 …… 58
二、影响土壤酸碱性的因素 …… 62
三、土壤酸碱缓冲性 …… 63
四、土壤酸碱性的环境意义 …… 65
第二节 土壤氧化还原性 …… 66
一、土壤氧化还原作用 …… 67
二、土壤氧化还原的环境意义 …… 71
第三节 土壤胶体与表面电荷性质 …… 73
一、土壤胶体 …… 73
二、土壤表面电荷 …… 76
三、土壤胶体的双电层 …… 79
第四节 土壤的吸附解吸性能 …… 81
一、阳离子吸附与交换 …… 81
二、阴离子吸附 …… 85
三、土壤对农药的吸附作用 …… 87
四、土壤吸附的环境意义 …… 88
复习思考题 …… 90

第五章 土壤物理性质及其环境意义 …… 91

第一节 土壤结构与孔隙 …… 91
一、土壤结构 …… 91
二、土壤孔隙 …… 94
第二节 土壤水分性质 …… 97
一、土壤水分的类型和性质 …… 97
二、土壤水分含量的表示和测定方法 …… 99
三、土壤水分能态 …… 102
四、土壤水运动 …… 105
五、土壤水分状况与作物生产 …… 110
第三节 土壤空气性质 …… 112

一、土壤空气的组成 …… 112
二、土壤通气性 …… 112
三、土壤通气指标 …… 113
四、土壤通气状况与作物生长 …… 114
第四节 土壤热性质 …… 115
一、土壤热量的来源与平衡 …… 115
二、土壤热性质 …… 116
三、土壤温度 …… 118
四、影响土壤温度变化的因素 …… 118
五、土壤温度与农业的关系 …… 120
复习思考题 …… 120

第六章 土壤分类及其与环境条件的关系 …… 121

第一节 土壤分类 …… 121
一、土壤分类的目的和意义 …… 121
二、中国土壤发生分类 …… 121
三、中国土壤系统分类 …… 124
第二节 中国土壤分布与土壤资源特点 …… 127
一、中国土壤的分布规律 …… 127
二、中国土壤资源特点 …… 129
第三节 中国主要土壤类型 …… 130
一、森林土壤系列 …… 130
二、草原土壤系列 …… 144
三、荒漠土壤 …… 152
四、盐碱土 …… 155
五、初育土壤 …… 157
六、水成土壤和半水成土壤 …… 159
七、水稻土 …… 164
第四节 土壤退化及其防治 …… 166
一、土壤退化的概念与分类 …… 166
二、土壤退化的主要类型及其防治 …… 167
复习思考题 …… 170

第七章 土壤圈元素循环与环境效应 …… 171

第一节 土壤圈碳、氮、硫循环与环境效应 …… 171
一、土壤圈中碳的循环与环境效应 …… 171
二、土壤圈中氮的循环与环境效应 …… 174
三、土壤圈中硫的循环与环境效应 …… 178
第二节 土壤圈其他大中量元素循环与环境效应 …… 181

一、土壤圈中磷的循环与环境效应 …… 181
二、土壤圈中钾的循环与环境效应 …… 184
三、土壤圈中钙的循环与环境效应 …… 186
四、土壤圈中镁的循环与环境效应 …… 188
五、土壤圈中铝的循环与环境效应 …… 190
第三节 土壤圈微量元素循环与环境效应 …… 192
一、土壤圈中铁的循环与环境效应 …… 192
二、土壤圈中锰的循环与环境效应 …… 194
三、土壤圈中铜的循环与环境效应 …… 195
四、土壤圈中锌的循环与环境效应 …… 197
五、土壤圈中硼的循环与环境效应 …… 199
六、土壤圈中钼的循环与环境效应 …… 201
七、土壤圈中氯的循环与环境效应 …… 202
八、土壤圈中氟的循环与环境效应 …… 203
九、土壤圈中碘的循环与环境效应 …… 205
十、土壤圈中稀土元素的循环与环境效应 …… 206
第四节 土壤圈重金属和放射性元素循环与环境效应 …… 208
一、土壤圈中镉的循环与环境效应 …… 208
二、土壤圈中铅的循环与环境效应 …… 210
三、土壤圈中汞的循环与环境效应 …… 211
四、土壤圈中铬的循环与环境效应 …… 213
五、土壤圈中砷的循环与环境效应 …… 215
六、土壤圈中放射性元素循环与环境效应 …… 216
复习思考题 …… 218

第八章 土壤污染及污染源 …… 219

第一节 土壤污染及其危害 …… 219
一、土壤环境背景值 …… 219
二、土壤的自净作用 …… 225
三、土壤污染的危害 …… 227
第二节 土壤污染源 …… 230
一、土壤污染物的来源及污染类型 …… 230
二、污染物在土壤中的迁移转化 …… 234
第三节 土壤污染预防 …… 237
一、土壤污染源和污染途径的监控 …… 237
二、土壤污染与防治的立法 …… 241
复习思考题 …… 242

第九章　土壤环境监测 …… 243
第一节　土壤采样与制备 …… 243
一、土壤样品的采集 …… 243
二、土壤样品的制备与管理 …… 245
三、土壤污染监测项目及样品的预处理 …… 246
第二节　土壤重金属监测方法 …… 249
一、样品分析质量控制 …… 249
二、土壤中铅和镉的监测方法 …… 249
三、土壤中铜和锌的监测方法 …… 251
四、土壤中总铬的监测方法 …… 252
五、土壤中镍的监测方法 …… 254
六、土壤中总汞的监测方法 …… 255
七、土壤中总砷的监测方法 …… 258
第三节　土壤有机污染监测方法 …… 261
一、土壤有机氯类污染物的监测方法 …… 261
二、多氯联苯的气相色谱分析 …… 264
三、除草剂丁草胺的测定方法 …… 265
四、有机磷农药久效磷的测定 …… 267
五、苯并（a）芘的测定方法 …… 268
复习思考题 …… 268
第十章　土壤环境质量评价 …… 269
第一节　土壤环境容量与环境质量标准 …… 269
一、土壤环境容量 …… 269
二、土壤环境质量标准 …… 271
第二节　土壤环境质量现状评价 …… 275
一、评价因子和评价标准的选择 …… 275
二、土壤环境质量现状的评价方法 …… 277
第三节　土壤环境影响评价 …… 278
一、环境影响的识别与监测调查 …… 278
二、土壤环境影响评价 …… 283
第四节　土壤污染毒理学评价 …… 286
一、污染土壤的毒理学效应 …… 286
二、污染土壤的毒理学评价测定方法 …… 288
复习思考题 …… 294
第十一章　重金属污染土壤的修复和利用 …… 296
第一节　重金属污染土壤的物理化学修复 …… 296

一、物理修复……296
二、化学修复……298
三、物理化学修复技术小结……302
第二节 重金属污染土壤的植物修复……303
一、植物修复技术概述……303
二、超积累植物与植物提取……307
三、植物固定……319
四、植物挥发……319
第三节 重金属污染土壤的农业合理利用……320
一、改变耕作制度……320
二、选择合适形态的化肥和管理土壤水分……320
三、选择抗污染低累积农作物品种……321
复习思考题……321

第十二章 有机污染土壤的修复……322

第一节 有机污染土壤的物理化学修复……322
一、土壤蒸气浸提技术……322
二、热处理技术……324
三、溶剂浸提技术……326
四、原位化学氧化修复技术……328
五、原位化学还原与还原脱氯修复技术……332
第二节 有机污染土壤的生物修复……332
一、生物修复技术概述……332
二、生物修复的基本原理……334
三、生物修复的影响因素……338
四、生物修复的优点和局限性……341
五、生物修复技术的类型……341
第三节 有机污染土壤的植物修复……346
一、植物降解技术……346
二、植物刺激技术……348
三、植物挥发技术……350
复习思考题……351

主要参考文献……352

第一章

绪　论

第一节　土壤与土壤圈

一、土　壤

（一）土壤的定义

中文字典上通常把土（壤）定义为“地面上沙、泥等的混合物”。英语字典通常把土壤（soil）定义为“地球表面能够生长植物的覆盖层（the top covering of the earth in which plants grow）”。这说明不同的人群对土壤具有类似但不完全一致的认识。

实际上，不同的学科对土壤的认识也不同。土木与水利工程专家把土壤看做建筑物的基础和工程材料的来源，农业专家常把土壤作为农业生产的基本生产资料，生态学家更常把土壤作为能量和物质交换的介质。传统的土壤学把土壤通常定义为“地球表面能够生长和收获植物的疏松表层”，或者“地球陆地表面能生长绿色植物的疏松表层，具有不断地、同时地为植物生长提供并协调营养条件和环境条件的能力”。这些定义打上了农业的烙印，因为过去研究土壤主要是为农林业服务，可以称为农林业土壤学。上述定义中前者比较简洁，后者比较复杂，而且可能需要在学习了植物营养学以后才能真正理解。

本书倾向于采用比较简洁的土壤定义，即土壤是地球表面能够持续生长植物的疏松表层。

这里讲的生长，不是短时间的生长，而是要完成生命周期，植物能够自然繁衍下去，也就是前面提到的“生长和收获”或者“具有不断地、同时地为植物生长提供并协调营养条件和环境条件的能力”。纯粹的沙子或碎石在浇水的情况下能够使植物生长几天甚至几十天，但植物会由于长期没有营养供给而最终死亡，在自然界往往只是沙漠或沙滩，因此单单沙子不能称为土壤。然而，在干旱的沙漠地区，由于缺水，即使有土壤，植物也不能生长，因而要排除由于气候因素造成的植物不能生长。也就是说，只要把这些物质移到另一个良好气候区能够持续生长植物的疏松表层，都是土壤。湖泊、河流、浅海沉积物，在许多自然情况下已经生长水生植物，假如被捞到地面，也能用来种植植物，应当认为是土壤的一种类型。因此，在自然界，长期生长有绿色植物的地方，一般有土壤，但没有植物的地方，也可能有土壤，要看当地的环境条件。

（二）土壤的特性

如上所述，生长植物是土壤的基本特性。土壤满足植物生长的营养条件和环境条件的能力，称为土壤肥力，即土壤满足植物生长所需的水、肥、气、热条件的能力。土壤的特性可以概括为下述几个方面。

（1）具有生产力　土壤具有植物生长所必需的营养元素和保持水分以供植物吸收的能力，能够生产植物产品。它也是一种材料，可以支撑建筑物和作为建筑材料，为人类生产生活服务。

（2）具有生命力　土壤具有丰富的生物多样性，除了植物以外，还有种类繁多的微生物和土壤动物，是一个活着的地球表皮（earth's living skin）（IUGS，2005）。

（3）具有净化力　土壤具有吸附、储存、分散、中和及降解环境污染物的能力，是一个天然的生物化学反应器和储存库。

（4）具有交换力　土壤是地球表面物质和能量交换最活跃的区域之一，是一个开放体系，是重要的环境介质，它不仅吸收环境中的营养物和污染物，而且也会作为源向其他介质（水和大气）和生物输出这些物质。

二、土 壤 圈

（一）土壤圈的概念

从地球圈层来说，除了地球中心的熔融岩浆外，有刚性岩石组成的岩石圈，有土壤组成的土壤圈，有地表水（包括海水）、地下水和水汽组成的水圈，有各种气体组成的大气圈，还有生长在岩石圈、土壤圈、水圈和大气圈中的各种大小生物组成的生物圈。

人类就生活在这一个地表环境中，简单地说，住在土壤（岩石）圈之上，呼吸着大气圈中的空气，吃的是生物圈产生的食物，喝的是水圈中的水（吴启堂等，1996）。而具有光合固碳能力的绿色植物生长是生物圈中的第一生产力，动物和微生物的生长依赖绿色植物光合作用形成的有机物。

上述的圈层形状各异，且在不断变化之中，很难用固定的层次观点来形容，甚至你中有我，我中有你。如土壤中有水，水中有土壤；土壤和水中可以有生物，生物中有水甚至有土壤；诸如此类。以开放体系的观点、与外界相互联系的观点来看整体土壤，就得到了“土壤圈”。

土壤圈（pedosphere）由马特森（S. Matson）于 1938 年提出，它是岩石圈、水圈、大气圈和生物圈在地球表面相互作用的产物。20 世纪 80 年代以来，现代土壤学注重了与生态环境科学的交叉和联系，加深了对土壤在人类生存、地表生态环境可持续发展中的重要性的认识，对土壤圈的观点也更加重视。陈怀满等（2005）认为：“土壤圈是覆盖于地球陆地表面和浅水域底部的一种疏松而不均匀的覆盖层及其相关的生态与环境体系；它是地球系统的重要组成部分，处于大气圈、水圈、生物圈和岩石圈的界面和中心位置，既是它们长期共同作用的产物，又是对这些圈层的支撑。”这种相互关系可以用图 1-1 来表达。

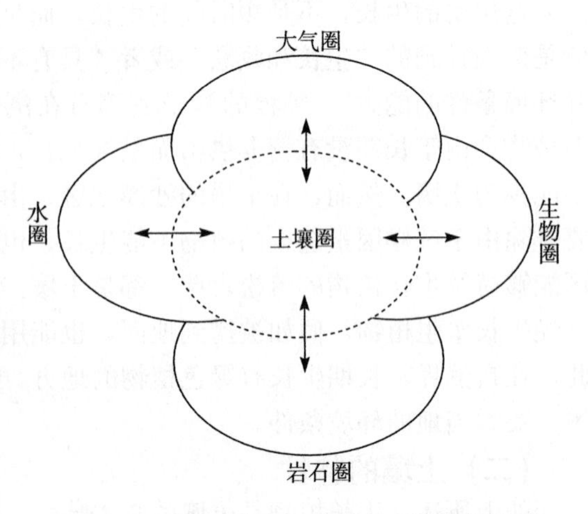

图 1-1　地表环境的组成及与土壤圈的关系

(二) 土壤圈的功能

土壤圈的功能具有以下几个方面。

1. 支持和调节生命过程 土壤圈提供植物生长的养分、水分以及物理条件，确定自然植被的分布与演替，为土壤微生物和小型动物提供生活和庇护场所。但是，不良土壤也会限制生物的生长。

2. 影响大气圈的化学组成、水分与热量平衡 土壤通常吸收 O_2，释放 CO_2、CH_4、N_2O、H_2S 等，影响全球大气变化。

3. 影响水的溶质组成及其在陆地、水体和大气的分配 土壤不同，对降雨的截留量不同，从而影响它在水体和大气的分配；土壤不同，其附近水体的化学成分也不相同。

4. 对岩石起保护作用 土壤圈作为地球的"皮肤"，减少岩石受到的物理和化学风化作用。

通过上述讨论，可以知道土壤和土壤圈密不可分，但又有明显差别。前者指的是自然界具体的物质；后者指的是以土壤为载体的、包含抽象观念的生态环境体系。在学习和研究土壤时，应当具有土壤圈的学术思想，注意它的整体性、开放性、变异性、资源性和有限性。

第二节 环境土壤学

一、环境土壤学的产生

在人类和自然环境长期发展过程中，随着社会生产力的发展、生产方式的演变和工艺技术的提高，人们的物质生活水平越来越高，但垃圾越来越多，河流越来越黑，空气越来越浊，食品污染层出不穷。这些现象说明，人类在利用和改造自然环境的过程中，对环境也造成了许多不利的影响。近几十年来，世界上出现了困扰人类的重大社会问题，如人口剧增、资源破坏、能源紧张、环境污染等，成为全球性的危机。第二次世界大战以后，工农业发展迅速，人类的环境问题愈来愈严重，如 20 世纪 70 年代以前世界八大公害事件，以及表 1-1 所列的 20 世纪 70 年代以后严重环境污染事件。然而，人们对自然现象和规律的认识也日益深化。在解决困扰当时社会环境问题的需要的推动下，环境科学遂即经过 20 世纪 50～60 年代的酝酿，到 70 年代初期便成为一门独立的、内容丰富、领域广泛的新兴科学。环境土壤学也在 20 世纪 70 年代开始萌芽，国外不少、国内也有少量土壤研究涉及环境问题。

20 世纪 80～90 年代，国外大量土壤研究为环境保护目标服务，在 20 世纪 90 年代以后占主导地位（Blum，2002）。国内的土壤与环境的研究也有许多报道，环境土壤学这一学科概念也于 1983 年提出（高拯民，1983）。在 20 世纪 90 年代以后我国的土壤污染问题日益显现，由化肥、农药引起的农业面源污染对水体的富营养化问题也备受关注，而这一问题的产生与解决与土壤密切相关，这些有力地推动了环境土壤学的研究和应用。

进入 21 世纪，我国城市空气污染依然严重，空气质量达到国家二级标准的城市仅占 1/3；地表水污染普遍，特别是流经城市的河段有机污染较重；湖泊富营养化问题突出；地下水受到点状或面状污染，水位下降；生态破坏加剧的趋势尚未得到有效控制。环境保护工作成为我国社会经济发展和人民生活改善的当务之急。土壤学的研究也从以解决农林业生产问题为主，逐步转为关注环境问题为主，正如沈阳应用生态研究所的孙铁珩院士指出："土壤学已从农林土壤学时代转入了环境土壤学时代。”

表 1-1 1970 年以后国外六大环境污染公害事件

时 间	地 点	事 故	后 果
1976 年 7 月 10 日	意大利塞维索化学厂	工厂爆炸，化学物二噁英扩散	发生后几年当地居民畸形儿出生率增加
1979 年 3 月 28 日	美国三里岛核电站	核电站泄漏	周围 80 km（50 mile）200 多万人处于不安状态
1984 年 11 月 19 日	墨西哥城液化气罐站	城中 54 座液化气罐站全部爆炸	1 000 多人死亡，4 000 多人受伤，1 400多所房屋损坏，3 万多人无家可归
1984 年 12 月 3 日	印度博帕尔市农药厂	化学品泄漏，毒物主要为甲基异氰酸酯	受害面积 40 km²，10 万～20 万人被害，其中死亡 0.6 万～2 万人，2 万人失明
1986 年 4 月 26 日	苏联切尔诺贝利核电站	核电站泄漏	疏散 13 万人，抢修 150 d 才得以控制，受害人群癌症高发
1986 年 11 月 1 日	瑞士巴塞桑多斯化学公司	公司火灾，消防灭火后，化学品流入莱茵河	莱茵河再次受到污染，有关河段将“死亡”10～20 年

二、环境土壤学的定义和定位

环境土壤学是环境问题出现以后土壤学与环境科学交叉形成的，是一门综合性交叉学科，既属于土壤学的一个分支，也属于环境科学的一个分支（图 1-2）。

环境土壤学起源于土壤环境保护的理论与实践的研究（陈怀满，1991），近年来随着研究工作的深化和发展，对土壤学的认识也逐渐拓展和清晰起来。“环境土壤学是研究自然因素和人为条件下土壤环境质量变化、影响及其调控的一门学科”（陈怀满，2005）。也可以认为，环境土壤学是研究土壤与环境相互关系及其调控的一门学科。主要包括三大方面，一是环境因素包括人为因素对土壤环境质量的影响；二是土壤对生态环境和人体健康的影响；三是土壤-环境-人相互关系的协调机理和措施。

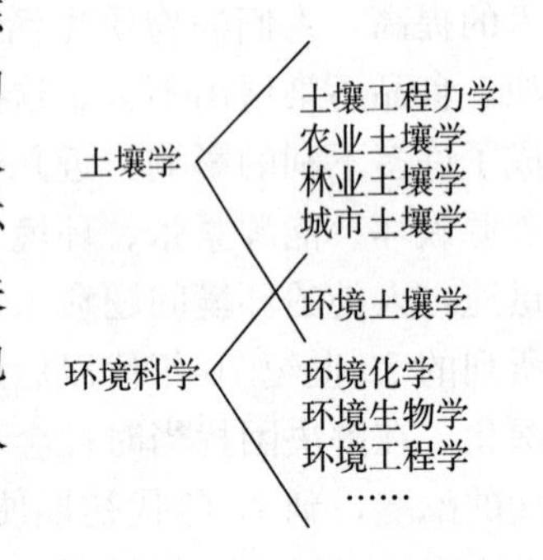

图 1-2 环境土壤学与其他学科的关系

由于“万物土中生”、“一方水土养一方人”，土壤环境对人类生存和发展的影响不言而喻，因此环境土壤学不仅在土壤学研究中已占主导地位，在环境科学中的位置也越来越重要。

环境土壤学是一门新兴的学科，主要采用化学、生物学、土壤学、环境科学、环境工程学的方法和手段研究和解决与土壤有关的环境问题。环境土壤学可以认为是地球科学的一个学科，同时具有两大交叉特征，其一，它是地学与化学与物理学的交叉；其二，它兼具非生命科学与生命科学的双重内涵。

三、环境土壤学的研究内容

前面已经列出了环境土壤学研究的三大方面，更具体地说，又可以细分为以下几个主要内容。

①土壤环境现状及其评价方法，包括土壤污染调查、分析测试、评价方法和处理利用规划建议，等等。

②土壤环境容量与环境标准，即不同土壤类型对各种污染物的承受能力、自净能力，不同区域土壤环境标准的建立，等等。

③土壤环境质量变化规律，包括不同区域土壤环境质量的变化情况、影响因素和预测模式。

④人类活动、“三废”排放以及大气和水环境污染对土壤质量的影响。

⑤污染物和营养物在土壤中的迁移转化规律，包括各种有害物质和氮、磷等营养物在土壤中的化学变化、物理迁移和生物吸收特征、输出和输入数量等。

⑥土壤污染对食品质量、人体健康、动植物和微生物生长的影响。

⑦土壤污染和养分盈余对水体、大气的影响。

⑧预防土壤污染的措施和提高土壤环境容量的技术途径。

⑨污染土壤的处理技术和修复工程。

⑩利用土壤来处理“三废”的技术原理和方法。

复习思考题

1. 什么是土壤？其有哪些特征？
2. 什么是土壤圈？
3. 什么是环境土壤学？环境土壤学主要研究内容是什么？

第二章

土壤母质与土壤的形成

第一节　土壤母质

地壳表层的岩石矿物经过风化作用形成的风化产物就称为土壤母质，或者称为成土母质，它是形成土壤的物质基础。地壳是地球内部结构的最外层，由各种岩石矿物构成，构成地壳的岩石一旦暴露，就会遭受太阳辐射、风、流水等外力的作用而产生风化，风化作用形成的风化产物再经过各种地质作用，形成各种沉积体，也就形成了土壤母质。

一、土壤母质的来源

土壤母质来源于各种岩石矿物的风化产物，而各种岩石矿物的性质不同，风化后形成的各种母质在性质上是有区别的，在这些不同的母质上形成的土壤，它们的物理性质和化学性质也会有所不同。而母质是形成土壤的基本物质，是构成土壤的"骨架"，它既区别于土壤，又对土壤的形成和肥力发展有深刻的影响，母质的很多性状都遗传给土壤。可见土壤的特性会受到各种岩石和矿物等因素的影响，因此矿物岩石的特性是土壤学重要的基础内容。在学习土壤之前，有必要对土壤母质的来源、形成、类型以及分布规律做一简要的介绍。

（一）主要的造岩矿物

1. 矿物的概念与类型

（1）矿物的概念　形成岩石的矿物称为造岩矿物。矿物是土壤矿物质的主要来源。矿物是一类产生于地壳中具有一定化学组成、物理性质和内部构造的单质或化合物。矿物的化学成分和内部构造都是比较均一的，因而具有一定的物理性质和化学性质，并以各种形态（固态、液态、气态）存在于自然界中。自然界中的矿物绝大多数是固体的。因此，可以利用矿物相对稳定的物理性质和化学性质进行矿物的识别。

（2）矿物的类型　矿物依其成因可分为原生矿物、次生矿物和变质矿物三大类。

①原生矿物：原生矿物也叫做内生矿物，是指由地下深处呈熔融状态的岩浆沿着地壳裂缝上升过程中冷却、凝固结晶而成的矿物，如长石、石英和云母等。

②次生矿物：次生矿物也叫做外生矿物，是由暴露在地表的原有矿物，在地表常温常压条件下，受到各种外力作用（如风化作用、沉积作用）所形成的一类矿物。

③变质矿物：变质矿物是经过变质作用形成的，是原有的矿物重新处于高温高压的条件下，发生形态、性质和成分的变化而形成的新矿物。

地壳中矿物的种类很多，目前已经发现的有 3 300 多种，但与土壤矿物质组成密切相关的矿物叫做成土矿物，这种矿物不过数十种。

2. 主要的成土矿物

（1）石英　石英化学成分为 SiO_2，属硅酸盐架状构造的矿物，晶体为柱状，集合体有块状、粒状和致密状等，无色透明或各种浅色，晶面呈玻璃光泽，断口为脂肪光泽，硬度为7，无解理，断口呈贝壳状。石英在自然界的分布极为广泛，是最主要的造岩矿物。石英的抗风化能力强，在外力的作用下一般常发生物理崩解而呈碎屑状残留下来，成为土壤中砂、砾的重要组成。

（2）长石类　长石类可分为正长石和斜长石，前者化学成分为 $KAlSi_3O_8$，后者为 $(100-n)NaAlSi_3O_8 \cdot nCaAl_2Si_2O_8$。

①正长石：正长石多为肉红色，硬度为6，广泛存在于浅色岩浆岩中，如花岗岩、正长岩和正长斑岩等。正长石抗风化能力较斜长石强，易崩解成碎块和碎粒，在湿热条件下化学风化较易发生，形成次生的黏土矿物高岭石等，并释放出植物需要的钾素，是土壤中钾的重要来源。

②斜长石：斜长石多为灰色或白色，硬度为6.0～6.5，主要分布在中性及基性岩浆岩中，如闪长岩和辉长岩等。斜长石是较稳定的原生矿物，易受物理风化，易崩解成碎块和碎粒，风化后形成次生矿物：高岭石、蒙脱石、埃洛石、水云母和二氧化硅等，并释放出大量钙等离子。

（3）云母类　云母类主要有白云母 [$KAl_2(AlSi_3O_{10})(OH)_2$] 和黑云母 [$K(Mg, Fe)_3(AlSi_3O_{10})(OH)_2$]，是片状硅酸盐矿物，具有极完全解理现象。

①白云母：白云母颜色为浅色或无色，呈透明或半透明的薄片状，抵抗风化能力强，在地表难于风化，常以细小的鳞片状存在，经强烈风化后可形成水云母及高岭石等次生黏土矿物，同时释放出钾素，是土壤中钾素的重要补充。

②黑云母：黑云母其性状与白云母相似，只是颜色呈黑色，不透明或半透明。黑云母易风化，风化后形成黏土矿物，并释放出镁等离子。

（4）角闪石和辉石　辉石 [$Ca(Mg, Fe, Al)(Si, Al)_2O_6$] 是基性岩、超基性岩和变质岩的主要造岩矿物，一般呈绿黑色。角闪石 [$Ca_2Na(Mg, Fe)_2(Al, Fe^{3+})(Si, Al)_4O_{11}(OH)_2$] 是中性岩的主要造岩矿物，一般呈褐色或黑色。角闪石和辉石都是钙镁铁的硅酸盐矿物，二者性质相近，色深暗，含盐基丰富，化学稳定性低，易发生风化而被彻底分解，转化成绿帘石和绿泥石、褐铁矿、二氧化硅和黏土矿物，同时释放出钙、镁等离子。

（5）橄榄石　橄榄石 [$(Mg,Fe)_2SiO_4$] 是基性岩和超基性岩的造岩矿物，属岛状构造的硅酸盐矿物，常为粒状的集合体。橄榄石类矿物因含铁量不同颜色可由浅黄绿色变化至深绿色，硬度为6.5～7，具贝壳状断口。在土壤中极易被风化而成蛇纹石、褐铁矿和胶体二氧化硅。

（6）高岭石　高岭石为次生黏土矿物，单位晶胞的分子式可写成 $Al_4Si_4O_{10}(OH)_8$，晶层由一层的硅片和一层的铝片通过共用氧组成，也称为1∶1型黏土矿物（黏土矿物将在下一章介绍）。晶层和晶层之间的联系是通过两个晶层的层面间产生的氢键联系在一起的，相邻晶层间的联系力较强，晶层的距离不变，不易膨胀，膨胀系数一般小于5%，层间的间距为0.72nm。高岭石中的Al被Ca、Mg等替代（同晶替代）量少，其负电荷的来源一是晶体外面的断键，二是晶体边面羟基在碱性及中性条件下的解离，因此吸附阳离子的能力（用阳离子交换量）只有3～15cmol（+）/kg。由于高岭石的比表面积较小，其可塑性、黏结性、黏着性和吸湿性都较弱。主要分布在我国南方热带和亚热带地区的土壤中。

（7）蒙脱石和蛭石　蒙脱石和蛭石单位晶胞的分子式是 $Al_4Si_8O_{20}(OH)_4 \cdot nH_2O$，单位晶层是由两层的硅片，中间夹一层铝片，它们之间通过共用氧离子联系而成，都为2∶1型膨胀型黏土矿物。两个晶层相互重叠时，晶层相互间只能形成很小的分子引力。晶层间的结合力弱，水分子易进入晶层而扩张，失水而收缩，具很大的胀缩性，晶层间距的变化在0.96～2.14nm之间。蛭石的膨胀性比蒙脱石小，其晶层间间距变化在0.96～1.45nm之间。蒙脱石的同晶替代作用主要发生在铝片，是 Mg^{2+} 代 Al^{3+}，且这种现象比较普遍；蛭石主要发生在硅片，替代的结果使它们带上大量的负电荷。蒙脱石的阳离子交换量可高达80～100 cmol（+）/kg，而蛭石可高达150cmol（+）/kg。蒙脱石的颗粒小，有效直径为0.01～1 μm，比表面积大，且80%是内表面，其可塑性、黏结性、黏着性和吸湿性都特别显著，对耕作不利。蛭石的颗粒比蒙脱石大，其比表面积也小。蒙脱石主要分布在东北、华北和西北地区的土壤中；蛭石广泛分布于各类土壤中，但以风化不太强的温带和亚热带排水良好的土壤中最多。

（8）伊利石　伊利石晶层结构与蒙脱石相似，是两层的硅片中间夹一层铝片构成，是2∶1型非膨胀型黏土矿物。伊利石晶层之间的联系是由半陷在相邻两个晶层6个氧离子所构成的晶穴的钾离子受到相邻两晶层的负电荷的吸附，产生较强的离子键而键连的，连接力较强，使晶层不易膨胀。伊利石晶层间距介于高岭石与蒙脱石之间，为1.0nm。伊利石的颗粒较大，直径大多在0.2～2μm，其可塑性、黏结性、黏着性、吸湿性都介于高岭石和蒙脱石之间。伊利石表面积以外表面为主，同晶替换主要发生在硅片中，以 Al^{3+} 代 Si^{4+}，少量发生在铝片中，是以 Mg^{2+}、Fe^{3+} 代 Al^{3+}。伊利石同晶替换量大，所带电荷量大，但部分电荷被钾离子所中和，阳离子交换量为10～40cmol（+）/kg，介于高岭石与蒙脱石之间。伊利石广泛分布在我国多种土壤中，尤其是干旱半干旱地区的土壤中。

（二）主要的成土岩石

岩石圈中的各种矿物很少单独存在，而是以一定的规律结合在一起。

岩石即指由各种地质作用下形成的，由一种或多种矿物组成的集合体。有些岩石只含有一种矿物称为单矿物岩石，如大理岩。大多数矿物都是由两种以上的矿物组成，称为复矿物岩石，如花岗岩，是由石英、正长石和云母的集合体构成的。

岩石的种类很多，根据其生成方式的不同，可分为三大类：岩浆岩、沉积岩和变质岩。这三类岩石在地表的分布面积以沉积岩为最广，占75%以上，是构成土壤母质的主要岩石之一。若以地表以下16km厚度的地壳的重量计算，那么岩浆岩和由岩浆岩变质的变质岩要占地壳重量的95%，沉积岩和由沉积岩变质的变质岩只占5%。

土壤是由岩石经风化作用和成土作用而形成的，母岩及其矿物成分、结构、构造和风化特点都与土壤的理化性质等有直接的关系。因此，必须对各类岩石进行学习研究。

1. 岩浆岩

（1）岩浆岩和岩浆　岩浆岩由地壳内部呈熔融状态的岩浆喷出地表，或者上升到接近地表的不同深度的地壳中，冷却、固化后形成的岩石。

一般认为，上地幔的软流层是岩浆的来源。岩浆是一种富含挥发性物质的复杂的硅酸盐、金属硫化物和氧化物的熔融体，具有很高的温度和压力。岩浆中含有地壳中的各种元素，岩浆的化学成分很复杂且变化很大。

（2）岩浆岩的分类　岩浆岩据其二氧化硅的重量百分组成分为酸性岩、中性岩、基性岩和超基性岩。而各类的化学组成和矿物组成不同，从而使各类的颜色等不同，即使它们的组成相同，但由于岩浆的活动方式不同，岩石的结构、构造及其产生等亦不相同，从而形成了各种不同性质的岩浆岩。

（3）主要的岩浆岩

①花岗岩：花岗岩是酸性深成岩，是地壳中分布最广的岩石。其主要矿物是浅色的正长石和石英，少量矿物包括酸性斜长石、黑云母、角闪石和磷灰石等。花岗岩呈红色、灰色或浅灰色，具全晶质粗粒或中粒结构，块状构造。因其矿物组成颗粒较粗大，矿物成分复杂，所以花岗岩容易发生物理崩解。但在不同的气候区这种风化程度又有区别。在干旱气候区，花岗岩容易崩解散碎成石英砂和长石砂，由此发育形成的土壤含砂量高，通气透水性能好，但养分相对缺乏。若在湿热气候区，由于水热条件加强，化学风化作用加强，使花岗岩的长石风化作用加强，经化学风化转化为次生的黏土矿物如高岭石，而石英仍以砂粒残留，因此风化物往往能发育形成砂黏较为适中的土壤，富含磷、钾、钙、镁等营养元素，具酸性或微酸性。

②流纹岩：流纹岩为酸性喷出岩，化学成分和性质与花岗岩基本相似，颜色为呈灰白、浅黄或浅红色。一般呈斑状结构，具流纹状构造。因其颗粒较小，物理风化较弱，在湿热气候区能形成深厚的风化物，多为砂质黏壤土或黏壤土。

③正长岩：正长岩属中性深成岩，浅色矿物以正长石为主，还含有少量斜长石和石英，暗色矿物有角闪石、黑云母或辉石，约20%，比酸性岩多，具中粒结构，块状构造。其中的斜长石易云母化，正长石易高岭土化，角闪石易变为绿泥石，因之使岩石稍带绿色。正长岩易发生物理风化，风化后呈砂壤质或壤质土壤，通气性良好，富含磷、钾、钙、镁等营养元素，土壤多为中性或微酸性。

④闪长岩：闪长岩是中性深成岩，主要矿物成分是中性斜长石和角闪石，还含有少量的辉石、黑云母及磷灰石等，正长石和石英少见。颜色多为灰色或淡灰绿色，具全晶质中粒或粗粒结构，块状构造。闪长岩抵抗风化能力差，易风化形成含磷丰富含钾少的土壤。

⑤安山岩：安山岩是中性喷出岩，成分与闪长岩相同，但结构为斑状、隐晶质或半晶质结构，构造为块状、气孔状或杏仁状，颜色有褐色、紫红色、灰色和灰绿色。安山岩一般易发生风化，形成的土壤多为壤质或黏壤土，土壤养分含量变化大，有的含钙、磷、钾多，有的缺乏磷、钾。

⑥辉长岩：辉长岩是基性岩中的深成岩，主要矿物成分是辉石和基性斜长石，还含有一定量的橄榄石、黑云母、角闪石等次要矿物，具全晶质结构，块状构造，多呈黑色或黑灰色，易风化，释放出大量的阳离子，所形成的土壤养分丰富，但钾素较缺乏。

⑦玄武岩：玄武岩是基性岩中的喷出岩，在地壳中的分布面积最广，成分与辉长岩相似，结晶程度差，为隐晶质、半晶质结构，具气孔状或杏仁状构造，多呈黑色、黑灰色或暗褐色，易发生风化，风化后发育形成的土壤具丰富的养分。

⑧橄榄岩：橄榄岩是超基性岩中的深成岩，主要由橄榄石和辉石所组成，颜色暗近似黑色，全晶质粗粒或中粒结构，块状构造，在地表不稳定，易发生风化。

2. 沉积岩　沉积岩是地壳表层的原有岩石在常温常压条件，经风化剥蚀，在原地堆积或搬运至不同的地方，经过大地压固、胶结、重结晶等成岩方式形成的岩石。以下介绍几种主要的沉积岩。

（1）砾岩　各种岩石碎块经过搬运沉积、胶结硬化形成的岩石称为砾岩，其颗粒直径一般大于2mm，其胶结物可以是石灰质、硅质和泥质等。砾岩中的石砾带有棱角时，称为角砾岩。因其胶结物不同而风化程度各异，一般由泥质胶结的易于风化，而由硅质胶结的抗风化强，但风化后的风化物含砂、砾量大，养分差，肥力低。

（2）砂岩　沉积的砂粒经过胶结形成的岩石称为砂岩。组成砂岩的颗粒一般为0.1～2mm，主要成分为石英，其次为长石、白云母和磁铁矿等。砂岩中主要成分是石英时为石英砂岩，主要成分为长石（占25%～60%）时为长石砂岩，以氧化硅为胶结物时称为硅质砂岩，以氧化铁为胶结剂的称为铁质砂岩，以黏土为胶结剂的称为泥质砂岩。由于胶结物的差异，其风化程度不同，一般硅质和铁质胶结的难于风化，风化层薄，常夹杂有大岩块；而泥质和碳酸钙质胶结的易于风化，风化层厚，松散而无大岩块。砂岩还可据其颗粒的大小不同分为粗砂岩（50%碎屑直径为2～0.5mm）、中砂岩（50%碎屑直径为0.25～0.5mm）和细砂岩（50%碎屑直径为0.1～0.25mm）。

在砂岩风化物上发育形成的土壤一般含砂量高，呈砂壤土或壤土，养分含量少，肥力低。含长石、云母等矿物多的砂岩经过风化后因形成较多黏粒也能形成较肥沃的土壤。

（3）页岩　黏土经过压实、脱水、胶结和硬化作用后成为页岩。它是黏土岩中固结最紧的一种岩石，孔隙度小，常形成不透水层。页岩的页理（层理厚度小于1mm称页理）发育（页理不发育者称为泥岩），硬度低，打击后可裂成薄片状，表面光泽暗淡，多为灰色、紫红色，也有黄色、黑色。页岩矿物成分复杂，易风化，风化层深厚，风化物一般较黏重，矿质养分较丰富，保水力强，易形成地形比较平缓，土层深厚的肥沃土壤。

（4）石灰岩　石灰岩可由化学沉积和生物沉积作用而成。矿物组成主要是方解石，遇稀盐酸会有气泡反应，颜色多为灰色或青灰色，有机质含量高时为黑色。石灰岩多为致密块状结构，层状构造，纯度高时硬度小，含硅质时硬度大。石灰岩的风化以化学溶蚀为主，风化后土层较薄，质黏，钙质丰富，抗酸能力强。在干旱地区常形成比较陡峭的地形。

3. 变质岩　变质岩是有的岩石在内力的作用下，经过变质作用所形成的岩石。主要是受到高温、高压以及化学活动性气体的影响下，使原有岩石的矿物成分、化学成分和结构构造发生变化而形成的新岩石。下面介绍几种主要的变质岩。

（1）板岩　板岩由泥质页岩、粉砂岩和其他细粒碎屑沉积物变质而成，变质程度浅，为隐晶质的变晶结构，有完整的片理，劈开后呈平薄块状平面。板岩由细小的云母、绿泥石和石英等矿物组成，颜色多为青灰色。板面有光泽，敲时声音清脆。

（2）千枚岩　千枚岩为富含泥质的岩石变质而成，如由黏土岩、粉砂岩、凝灰岩等变质而成。主要矿物成分是黑云母、绿泥石和角闪石等，矿物颗粒小，肉眼难以辨认，为鳞片状变晶结构，变质程度较板岩深，片理发达，片理面具有由黑云母和绿泥石等矿物造成的丝绢光泽。

（3）片岩　片岩是由各种岩石在高温高压下变质形成的岩石，也可由千枚岩进一步变质形成。片岩由矿物重结晶而成，具有明显的片状构造，片理面常呈皱纹状、粗糙，含有云母、角闪石，不含或很少含长石。片岩质地不很坚硬，易成片脱落，易发生风化，风化层较厚，一般风化产物中夹有岩石碎片，如岩石碎片过多，对作物生长不利。片岩因所含矿物成分不同，风化产物中所含的养分和质地差异大，如角闪石片岩、云母片岩形成的土壤较肥，而石英片岩所形成的土壤则较瘦。

（4）片麻岩 片麻岩是一种变质程度最深，具明显片麻状构造或条带状构造的岩石，具中粗粒粒状变晶结构。矿物成分主要有石英、长石、云母、角闪石和辉石等，由岩浆岩（主要是花岗岩）变质而成的叫做正片麻岩，由沉积岩（黏土岩和砂岩等）变质而成的叫做副片麻岩。

（5）石英岩 石英岩由石英砂岩在高温高压条件下经过重结晶变质而成，全晶质粒状变晶结构，块状或层状构造，主要矿物成分是石英，有少量的白云母和绿泥石等，硬度大，化学性质稳定，抗风化能力强，以机械破碎为主，风化后形成砂质或砾质颗粒，风化层薄。

（6）大理岩 大理岩由石灰岩、白云岩等在高温高压条件下经过重结晶变质而成的岩石，具粗粒变晶结构，块状构造。主要由方解石、白云石组成，含少量的石英、角闪石、辉石等矿物，因含杂质形成各色花纹，是优良的建筑装饰材料。纯白色的大理岩称为汉白玉，在我国云南分布较广。

二、岩石的风化过程

当岩石处在它的生成环境时，它是很稳定的，但一旦条件发生变化，岩石必然发生相应的变化以便在新的环境下达到平衡。地壳表层的岩石，在大气和水的联合作用以及温度变化和生物活动的影响下所发生的一系列崩解和分解作用，称为风化作用。风化作用是岩石、矿物内部物质与外界环境条件矛盾统一的结果。从原始幼年土的形成来看，风化过程先于成土过程，风化过程先产生形成原始土壤的母质。因此，可以说风化过程是土壤形成的基础。从现代土壤形成和发展来看，风化过程则是成土过程本身的一部分。

（一）风化作用的类型

岩石按作用性质和作用因素的不同可分为物理风化、化学风化和生物风化 3 个类型。事实上，这 3 种风化作用是联合进行并相互助长的，划分只是为了讨论方便。由于不同的气候区有不同的水、热条件，其风化特点也表现出明显的差异。例如，在极地气候区，主要是以水的冰冻作用产生的物理风化为主；在沙漠干旱气候区主要是温差变化剥蚀而产生的物理风化；湿润温带气候区温和多雨，植物生长茂盛，则化学风化和生物风化强烈；湿润热带气候区，因高温、多雨、植物繁茂，生物风化及化学风化占优势。

1. 物理风化 物理风化作用又称为机械崩解作用，岩石在外力的作用下机械破碎成大小不等的碎屑，但化学成分不变。物理风化使岩石风化产物获得通气透水性能。物理风化主要是由温度变化引起岩石矿物的差异性胀缩、水分冻融、盐类的结晶胀裂以及风力、流水、冰川磨蚀、海浪和湖浪的冲击力等引起岩石碎裂。

自然界不仅是昼夜而且四季都存在有明显的温度差异，岩石本身是热的不良导体，热的传递很慢。白天，气温高，岩石表面接受太阳辐射从而使其温度升高而膨胀，而内部升温慢，这种不均匀膨胀使岩石表层和内部之间产生与岩石表面平行的环状裂隙。夜晚气温下降，岩石表层迅速冷却收缩，而岩石内部冷却缓慢，收缩也慢，使岩石表面产生与表面相垂直的裂隙。温度差异引起岩石矿物的差异性胀缩，长期作用的结果是使岩石层层剥落、破碎。昼夜温差越大的地区这种作用越明显，如内陆荒漠地区，岩石的昼夜温差可达 60～70℃。另外，大部分岩石是由多种矿物所组成，而各种矿物的热学性质（膨胀系数、比热容、吸热性等）不同，当昼夜或季节存在温度变化时，使岩石各部分产生不均匀的胀缩，相互顶挤而破碎。

存在于岩石裂隙或孔隙中的水，当气温下降结冰时，会使体积增加 1/11，对孔隙周围可产生 94MPa（960kg/cm^2）的压力，将造成岩石的崩溃。落在岩隙中的碎石，起着楔子一样的作用，当碎石受热膨胀时，使岩隙扩大；当碎石冷却收缩时则向岩隙中堕落，对岩体产生劈裂作用。这种作用在含水多的岩石中，以及分布高山和高纬度冻融交替频繁的地区更为明显。

在干旱半干旱气候区，溶解于岩隙中的盐分会因过饱和而结晶析出，晶体的长大对周围岩石也会产生压力，造成破坏。此外，流水的冲刷和磨蚀作用、高山地区冰川磨蚀作用和干旱沙漠地区风沙磨蚀作用等均可促进岩石的崩解破碎。

物理风化使岩石由大块变碎块，碎块再逐渐变成细粒。碎屑颗粒愈小，受热愈均匀，热力状况差异愈小，在地表存在状态愈稳定，其物理风化速度愈缓慢。一般认为，岩石破碎到粒径 0.01mm 时，物理风化作用就很难进行了。物理风化改变了岩石的形状和大小，但成分发生的变化很小，形成的母质多偏砂，石砾多，养分不易释放出来，但物理风化的结果使岩石对空气、水分的通透性增强了，暴露的表面积增大，为化学风化创造了有利的条件。

2. 化学风化 化学风化又叫做化学分解，指岩石在外力的作用下，不仅改变了岩石的外貌且化学成分发生变化，产生新的物质的过程。参与化学风化的因素主要是水、二氧化碳和氧气，作用方式包括溶解、水化、水解和氧化。

（1）溶解作用 溶解作用是指矿物和岩石为水所溶解的作用。自然界中的水或多或少地溶有二氧化碳、二氧化硫、二氧化氮和各种有机酸，它的溶解能力大大高于纯水的溶解能力。如方解石在纯水的溶解度为 10.5g/L，但在含二氧化碳的水中它的溶解度可增加到 16.75g/L。岩石中的矿物为无机盐类，它的溶解度会随着含水量和温度的增加而增大。据估计，地球上每年被河流带入海洋的盐类高达 4.0×10^9 kg。

（2）水化作用 无水矿物与水结合形成含水的矿物称为水化作用，如

$$\underset{\text{硬石膏}}{CaSO_4} + 2H_2O \longrightarrow \underset{\text{石膏}}{CaSO_4 \cdot 2H_2O}$$

$$\underset{\text{赤铁矿}}{2Fe_2O_3} + nH_2O \longrightarrow \underset{\text{褐铁矿}}{2Fe_2O_3 \cdot nH_2O}$$

通常矿物经水化作用后，体积会发生膨胀，硬度下降，溶解度亦增加。例如，硬石膏水化后体积会增加 56%。

（3）水解作用 水解作用是化学风化过程中最基本也是最重要的一种作用。水有一定的解离度，离解后形成 H^+ 和 OH^-，其中的 H^+ 将硅酸盐中的碱金属或碱土金属离子代换出来，生成可溶性酸式盐类。而自然界中的水往往溶有一定的二氧化碳，形成的碳酸，解离的氢离子增多，提高了氢离子浓度，因而加强了水解作用。土壤中的各种生物学过程又会增加二氧化碳的含量，故矿物的水解强度与生物的活性有密切的相关性。水解作用实质上是矿物养分有效化的过程。例如，土壤中的含钾矿物（钾长石、云母及含钾的黏土矿物）的经水解后形成的可溶性钾就能被农作物吸收利用。

（4）氧化作用 大气中的氧气促使矿物进行氧化作用。空气中的氧，在有水的情况下，氧化力很强，在湿润条件下含铁、硫的矿物普遍地进行着氧化过程，如

$$\underset{\text{黄铁矿}}{FeS_2} + 14H_2O + 15O_2 \longrightarrow \underset{\text{褐铁矿}}{2Fe_2O_3 \cdot 3H_2O} + 8H_2SO_4$$

原生矿物经过风化后，一部分以残存的原生矿物存留在风化物中，一部分为可溶性盐及黏土矿物存留在风化层内，成为成土母质。

3. 生物风化　生物及其生命活动对岩石产生的破坏作用称为生物风化。也表现为物理风化和化学风化两种形式。例如，在岩石裂隙中生长的林木根系，不断长大对岩壁产生强大的挤压力，引起岩石崩解破碎。穴居动物的掘石翻土等会引起岩石的崩解和破坏。微生物在分解有机质过程中或活根分泌柠檬酸等有机酸类，与矿物中的盐基离子形成螯合物，可加速矿物的分解。

生物风化作用具有重要的意义。没有生物的生命活动，就不可能补充大气中的二氧化碳，没有二氧化碳，化学风化作用就不可能迅速地进行。更重要的是，生物风化不仅使岩石破碎、分解，而且能积聚养分，累积有机质并不断提高土壤肥力。

（二）风化的阶段

风化壳在发展过程中，由于各种元素的物理性质、化学性质以及生物活动的选择吸收等原因使元素发生迁移。不同的元素迁移能力相差悬殊，例如，氯和硫的迁移速率是钙、镁、钾和钠的 20 倍，是铁、钛和铝的 2 000 倍。自此可见，大陆低地及海洋中，参加现代沉积盐的主要化合物，必然是氯化钠、硫酸钠、氯化镁、硫酸镁和硫酸钙等，因这些元素是最易从风化壳中淋失的。元素的迁移状况与各类型风化壳中所含元素的质与量有关，影响各土壤类型中主要元素含量的差别。

1. 碎屑阶段　碎屑阶段是岩石风化的最初阶段，以物理风化为主，化学风化不明显，只有最易淋失的氯和硫发生移动，风化壳中主要是粗大的碎屑。这种风化壳广泛分布在年轻的山区与常年积雪的高山及两极地区。由其发育形成的土壤是石质幼年土。

2. 钙沉积阶段或饱和硅铝阶段　在此阶段氯硫全部从风化壳中淋失，钙、镁、钠、钾等大部分保留在风化壳中，并有部分钙在风化过程中游离出来，成为碳酸钙，淀积在岩石裂隙的孔隙中，风化壳呈碱性或中性反应。黏土矿物以蒙脱石为主，其次是水云母和绿泥石等，我国的华北、东北、西北等地的褐土、栗钙土、黑钙土就是发育在这种风化壳上。

3. 酸性硅铝阶段　在酸性硅铝阶段风化壳遭受强烈的淋溶作用，不仅氯、硫离子均已流失，且在风化过程中分离出来的钙、镁、钠、钾淋失，同时硅酸盐与铝硅酸盐中分离出来的硅酸也部分淋失。风化壳呈酸性反应，颜色以棕色或红棕色为主，黏土矿物以高岭石及埃洛石为主。

4. 富铝阶段　富铝阶段是风化作用的最后阶段，风化壳长期遭受强烈的淋溶和分解，原生矿物和次生的硅酸盐矿物均遭受破坏，钾、钠、镁、钙盐基成分基本淋失，而且硅酸盐和铝硅酸盐分离出来的硅酸也部分淋失，只有一些难风化的石英、铁铝氧化物和高岭土等残留。这种风化壳主要分布在我国华南地区的红壤和砖红壤中。

三、成土母质

岩石风化后形成的风化产物，部分物质随水溶解流失，部分物质变得疏松残留于原来的地表中，但大多数会在风力、水力、冰川力或重力的作用下，沿地表进行搬运，并在一定地区不同的地形部位堆积下来，形成各种沉积物。按照其搬运方式和堆积特点，可将成土母质分为定积母质和运积母质。

（一）定积母质

定积母质也称为残积母质，是未经搬运的风化残留物，主要分布在山区比较高的位置或山区平缓的丘陵山地上，是搬运堆积较少的地段，是山区主要的成土母质之一。残留原地的岩石碎屑和难风化的矿物颗粒，多具未经磨蚀的棱角，颗粒分布极不均匀，有大的带棱角的岩石碎块，也有小的砂粒、黏粒，无明显的层理。从垂直剖面来看，表层以风化强烈的岩石细屑组成，下层的岩石矿物分解较差，颗粒较大，再往下就是半风化岩石层，岩石的外貌尚可辨别，最底层是未经风化的基岩。残积物的组成和性质与基岩的关系密切，与基岩呈逐渐过渡的状况。

（二）运积母质

运积母质根据不同搬运作用的外力方式，可分为各种自然沉积物。

1. 坡积物　坡积物为山坡靠上部的风化产物，是在重力和片流的联合作用下迁移和沉积在山坡的中部或山麓处形成的疏松沉积层。在气候湿润的山区较为常见，尤其在上坡植被稀少易受冲刷和下坡地势较平缓的山地最为常见。坡积母质中的颗粒分布不均匀，有带棱角的岩石碎块，也有砂粒和黏粒，呈杂乱分布，无明显的层理。在陡坡处，主要是由重力作用形成的，因此坡积物中有较多的岩石碎块和粗土粒。在缓坡处，由于主要是较小能量的片流搬运作用形成的，细颗粒成分多，在山坡下部有与坡面平行的层次。坡积物受片流作用呈间歇性堆积，结构复杂，有时可见古土壤的埋藏剖面。坡积物的组成与上坡的基岩成分密切相关，但与下覆的基岩不一定一致。有的山坡常见残积物上覆盖着坡积物，称坡积-残积母质。

2. 洪积物　洪积物指山洪（间歇性的线状流水）将山上各种岩石的风化物携带搬运至山前坡麓、山口及山前平原沉积下来的物质。在干旱半干旱地区的山地，易发生这种堆积。洪水流至山谷出口处时，此时的地势一般比较平缓，坡降减小，水流由集中转为分散，流速下降，将其所携带的物质沉积下来，沉积面积大的称为洪积扇，面积小的称为洪积锥。洪积扇由中心向外逐渐倾斜，在流水出口的中心堆积物最多，向外逐渐减少，坡面略以放射状向外围倾斜，坡度逐渐减小。有时相邻的几个山口的洪积扇连接起来，失去个体存在时的轮廓，形成了宽广而平坦的山前倾斜平原。洪积物的分选性差，粗细混杂，在扇顶处是无分选或分选不好的砾石和粗砂，沉积层次不明显。在扇缘处颗粒较细，主要是细砂和粉砂，有不规则交错排列的层理。颗粒的磨圆度差，棱角明显。在洪积扇的上部，透水好；在洪积扇的中部，有时有泉水出露；洪积扇边缘处则地下水位高，排水不畅，常形成沼泽化（如地下水含盐量高易产生盐渍化）。

3. 冲积物　冲积物是风化产物经河流（经常性的线状流水）的侵蚀、搬运、沉积在河流的两岸及河流的出口处形成的，是构成广大平原的主要物质。因河流冲积物多经过长距离的搬运，颗粒的磨圆度较好，颗粒的分选性亦由于河流的有规律的变化分选性好。从冲积物的垂直剖面来看，冲积物的层次分明，层间界线清晰而整齐。在水平分布上，距河床越近，沉积物越粗；距河床越远，沉积物越细。冲积物在河流两岸一般呈带状分布。在河道的上游、中游和下游，由于流水流速的变化，冲积物的颗粒粗细不同，一般是上游颗粒粗，下游颗粒细。冲积物多是近代沉积物，分布面积广泛，我国的三大平原（东北平原、华北平原和长江中下游平原）就是由这种母质构成的，它们土层深厚，地势平坦，养分丰富，常为重要的农业区。

4. 湖积物　湖积物是湖相静水沉积物，分布在湖泊的周围。它可以是由湖水携带的物质沉积而成，也可是由湖水中藻类等生物残体累积而成。在滨海的洼地，表层可见海生蚌壳残体。湖积物一般颗粒较细，质地黏重，有机质较多，多呈暗褐色或黑色，往往形成肥沃的土壤。颗粒分选度较高，从湖边向湖心，颗粒由粗到细，在垂直剖面中有腐殖质层或泥炭夹层，在寒冷的地区较易发生泥炭的积累，这种物质是很好的肥源。湖积物中的铁，由于排水条件差，易与磷酸结合形成蓝铁矿或菱铁矿，使湖泥呈青灰色，这是湖积物的一个重要特征。在干旱的内陆地区，湖水蒸发量大，易形成含盐大的盐渍土，必须改良才能利用。

5. 海积物　由河流携带入海的物质，在潮水的顶托及海水盐分对黏粒的絮凝作用下，将其携带的物质在海岸沉积，由于海退，使海滩露出海面。海积物颗粒均匀，磨圆度高，具层理，多有石灰性反应，并含有大量易溶性盐类，盐分类型主要是氯化物，其地下水矿物高达 30g/L 左右。由于盐分含量高，形成的土壤必须洗盐后方可利用。

6. 风积物　风积物是风力所夹带的矿物碎屑，经吹扬作用后沉积而成的。我国西北地区的大陆性沙丘、沿黄河一带有旧河道两旁的河岸沙丘及滨海沙丘都是风积产物。我国的黄土也是风积物，沙漠也是风积的产物。风积物颗粒粗细均匀，分选性好，砂粒磨圆度不等，表面光泽暗淡，多呈黄色或浅棕色，大多不具层理，很少有生物残骸。风积物的成分单一，以石英为主，有少量的长石、云母、石膏和方解石等，这些矿物的风化是风积物养分的主要来源。风积物因缺水而土壤肥力低。除黄土性物质外，我国华北和西北等地区的沙丘其颗粒较粗，砂粒磨圆度不高，植被稀少时，易于移动，形成沙荒地和飞沙地。

7. 黄土母质　黄土是第四纪陆相沉积物，一般认为典型的黄土是由风力搬运堆积而成的，也有风积后被流水搬运后沉积的。它广泛分布在南半球和北半球中纬度内陆温带的干旱、半干旱地区，位于温带荒漠和半荒漠的外缘，约占陆地总面积的 9.3%。我国是黄土面积分布最大的国家，约有 4.4×10^5 km^2，占全国陆地总面积的 4.6%。主要分布在太行山以西、大别山、秦岭以北的干旱半干旱地区，尤其是黄河中游地区。

黄土为淡黄色或暗黄色，土层厚度可达数十米，质地轻，颗粒是粉砂质的，粗细适宜，颗粒以粗粉粒为主（0.01～0.05mm），约占 50%以上，疏松多孔，通透性好，具发达的直立性状，易受侵蚀，能形成很高的峭壁，柱状结构发育，矿物组成以石英为主，其次是长石，还有少量的白云母、碳酸盐和黏土矿物等。黏土矿物以蒙脱石及伊利石为主。化学成分以二氧化硅为主，氧化铝为次，还有一定数量的碳酸钙，黄土层的剖面中可有石灰质结核层，黄土中还含有相当多的钾及磷，是一种相当肥沃的土壤母质。

第二节　土壤的形成

一、土壤形成因素

土壤形成的因素又称为成土因素，是影响土壤形成和发育的基本因素。早在 19 世纪末，俄罗斯的土壤学家道库恰耶夫对俄罗斯大草原土壤进行调查，创立了土壤形成因素学说，认为土壤是五大自然成土因素（母质、生物、气候、地形和时间）综合作用的产物。这五大成土因素同时地、不可分割地影响土壤的发生和发展。成土因素在土壤形成过程中具有同等重要、不可替代的作用，制约着土壤的形成和演化。土壤分布由于受到成土因素的影响而具有地理规律性。

土壤是成土母质在一定的水热条件和生物作用下，经过一系列物理、化学和生物化学的作用而形成。在这个过程中，母质与成土环境之间发生一系列的物质、能量交换和转化，形成层次分明的土壤剖面，出现了肥力特性。

人类的生产活动对土壤的形成影响具有特别重要的作用和意义。

（一）母质因素

母质是岩石矿物的风化产物，是土壤形成的物质基础，是土壤的前身，是土壤中植物所需矿质养分的最初来源。母质疏松多孔，有一定的吸附作用、透水性和蓄水性。母质含有一定的矿质养分，但养分易受雨水淋失而不易累积，不能满足植物生长的需要，母质中的碳和氮缺乏。

母质是土壤形成的物质基础，可占土壤总重量的95%以上，母质的各种性质深刻地残留给土壤，它在土壤的形成过程中具有以下的作用。

母质的颗粒组成会影响土壤的颗粒组成。例如，花岗岩风化物疏松多孔，通透性能好，有利于土壤发育，常形成质地中等的壤质肥沃土壤；而砾岩，抗风化能力强，常形成岩屑、岩块和砾石，保水保肥性能差，对土壤形成发育不利，多形成土层薄、质地粗的土壤；在基性岩上发育的土壤一般质地较为黏重，不易渗水，土壤的盐基代换量也高，植物所需的矿质养料含量也较丰富。

母质不同对土壤的影响还表现在母质的矿物与化学元素组成会直接影响到土壤的矿物、元素组成和物理化学特性，而且对土壤形成发育方向和速率也有决定性的影响。在富含碳酸盐的母质上发育的土壤，因其盐基含量丰富而保持高的pH，同时抑制土壤中的铁、铝的迁移转化。含长石、白云母多的岩石风化后母质含钾丰富。不含游离石灰的花岗岩类、辉长岩类等火成岩类的风化产物与富含石灰的沉积岩类的风化产物相比较，前者土壤发育较后者迅速。在一定的地理区域内，其他成土条件相似的情况下，土壤发生和土壤母质的性状有着紧密的发生学关系，土壤类型的不同主要是母质不同造成的。不同成土母质的土壤其矿物组成也有较大的差别，如盐基含量多的母岩发育形成土壤中常含较多的蒙脱石，酸性花岗岩形成的土壤中有较多的高岭石。剖面中母质层次的不均一性，不仅直接造成土壤剖面的质地分布变化，而且影响水分垂直运动，从而影响土壤中物质迁移的不均一性。上轻下黏的母质，降水迅速透过上部质地较轻的土层，而吸收保蓄在质地较重的心土层中。质地上黏下砂的母质体，一方面不利于水分下渗造成地表积水洪涝；另一方面，下渗水缓慢地透过黏土层时，只在砂黏界面上做短暂的滞留，然后便迅速地渗漏。

母质的组成和性状直接影响土壤发生过程的速度和方向，这种作用愈是在土壤形成的初期愈明显，成土过程进行得愈久，母质与土壤的性质差别愈大。

（二）生物因素

生物因素是影响土壤发生发展的最活跃的因素。生物包括植物、动物和微生物。当母质上有了生命有机体后，土壤才开始形成，它们的生理代谢过程就构成了地表营养元素的生物小循环。生物活动及其死体所产生的物理化学作用不断地改善土壤的肥力性状，从而形成腐殖质层，并使各种大量营养元素及微量营养元素向表层富集。由此可见，生物的存在和发展，才有了土壤肥力的发生和发展，土壤形成过程才出现了质的飞跃。

绿色植物选择性地吸收营养元素，合成有机体，又以枯落物形式归还到土壤中，植物残落物在地表形成一层覆盖层。木本植物的残落物在不同的气候区数量差异大，残落物中含木质素较多，疏松多孔，富有弹性，通气透水性好，对土壤有一定的抗蚀作用。土壤微生物和小动物分解残落物，释放养分，同时合成腐殖质，改善土壤的物理性质，形成各种土壤结构，增加土壤有机质，使土壤肥力不断得到发展。

（三）气候因素

气候对土壤形成作用的影响十分复杂，气候是土壤形成的能量源泉。土壤与大气之间经常进行水分和热量的交换。气候在土壤形成过程中决定着水热条件，在很大程度上决定植被类型的分布和控制微生物活动，从而影响有机质的分解与积累，影响营养物质的生物小循环的速度和范围。

水热条件的差别直接影响土壤中的物理作用、化学作用、物理化学作用及生物化学作用过程的强度和方向。在寒冷地区，植物生长慢，有机质年增长量少，微生物活动弱，有机质的分解转化慢，养分的循环速率慢；热带地区，矿物质除石英外大部分被分解，植物生长迅速，有机质形成量大，土壤微生物活动旺盛，生物小循环较寒冷地区快。温度影响矿物的风化速率，一般来说，温度每升高 10℃，化学反应速度可加快 2～3 倍；温度从 0℃增长到 50℃，化合物的解离度增加 7 倍。因此，热带地区岩石矿物风化速率、土壤形成速率、风化层厚度、土壤厚度比温带和寒带地区都要大得多。例如，花岗岩风化壳在广东可厚达 30～40 m，而在干旱寒冷的西北高山区，岩石风化壳很薄，母质风化度低，形成粗骨性土壤。

在水热条件差的寒冷地区，不仅是岩石、矿物的化学分解速率慢，土壤中矿物质的迁移也慢。在干旱气候区，降水量少而蒸发量大，盐类不断地积累起来，使土壤发生盐渍化。在湿润气候区，降水量大，淋溶作用强，盐类由于水分下行而淋失，这种土壤具有钙和镁等盐基饱和度低、酸性强等特点。

（四）地形因素

在成土过程中，地形是影响土壤和环境之间进行物质、能量交换的一个重要条件，它与母质、生物和气候等因素的作用不同，不提供任何新的物质。其主要通过影响其他成土因素对土壤形成起作用。地形在成土过程中的作用主要表现在两个方面，一是地形对母质或土壤物质的再分配；二是不同地形所处的土壤接受光、热的差别以及降水在地表的再分配。

1. 地形与母质的分配　分布于不同地形部位的地表风化产物或沉积体均可发生不同程度的侵蚀、搬运和沉积，导致土壤成土过程及发育程度的差异。不同的地形部位，常分布有不同的母质。例如，山地上部或台地上，主要是残积母质，因冲刷严重，土壤物质不断被搬运流失，一般土层浅薄，质地粗，养分贫瘠，土壤发育年轻；坡地和山麓地带的母质多为坡积物，形成的土层深厚，且常有埋藏土壤出现；在山前平原的冲积扇地区，成土母质多为洪积物；而河流阶地、泛滥地和冲积平原、湖泊周围、滨海附近地区，相应的母质为冲积物、湖积物和海积物。平原地带形成的土壤土层深厚，土质细而均一。在洼地，土质黏重，使可溶性盐分聚集或水分聚集，常形成盐渍土或沼泽土。

2. 地形与热量　地形不同会引起热量分配的差异。不同坡度和不同坡向的斜坡，接受太阳辐射能力不同，南坡比任何方位接受的热量都多，所以土温高（常被称为阳性土）；北坡则相反，由于比其他任何方位的坡接受热量都少，所以土温低（常被称为阴性土）。

3. 地形与水分　地形支配着地表径流、土内径流和排水情况，因而在不同的地形部位会有不同的土壤水分状况类型。在平坦的地形上，接受降水量基本相近，土壤湿度比较均一而且稳定；在丘陵地带，其顶部和斜坡上部，因径流发达，又无地下水涵养，常呈局部干旱，而且干湿变化剧烈；低洼地段和斜坡下部，因上部径流水汇集常呈过湿状态；在洼陷地段、碟形洼地，地下水埋藏较浅，常有季节性局部积水或滞涝现象。

地形会引起水热条件的重新分配，由于在不同的坡向、不同海拔高度上，温度和湿度的不同，植物的分布不同，因而在某些地区，土壤类型在不同坡向、不同海拔高度上的分布也会有所不同。

（五）时间因素

土壤的发生、发育是在成土因素长时间综合作用下进行的。土壤发育是时间的函数，即土壤形成的相对年龄越长，土体层次分化愈明显，与母质的差异越明显；反之，则分化越弱，与母质的差别越小。具有不同年龄、不同发生历史的土壤，在其他因素相同条件下，必定属于不同类型的土壤。

土壤年龄是指土壤发生发育时间的长短，威廉斯提出土壤绝对年龄和相对年龄的概念。就一个具体的土壤而言，其绝对年龄应该从该土壤在当地新风化层或新母质上开始发育的时刻算起，通常用年来表示。而土壤的相对年龄则可由个体土壤的发育程度或发育阶段来确定，而不是由土壤发育的实际年龄来确定的。土壤剖面发育明显，土壤厚度大，发育程度高，相对年龄大，反之相对年龄小。相对年龄没有具体的年份，而是用土壤的发育程度来表示。一般可将相对年龄划分为幼年、成熟和老年 3 个阶段。

地表的岩石转变为母质，形成土壤都需要一定的时间。但母质和环境条件的差异会影响风化作用和土壤形成速率。土壤发育速率随着时间的变化而变化。一般当土壤处于幼年阶段时，土壤的特性随时间的变化很快，但随着成土时间的增长，变化速率逐渐转慢，不同的成土过程在时间上的变化强度也是不同的。例如，有机质在年幼的土壤中，积累速率大于矿化速率，有机质含量迅速增加。随着成土年龄的增加，有机质的矿化率提高，逐渐使矿化量与积累量相当，趋于平衡，若成土年龄继续增大，则矿化量会大于有机质的积累量，使土壤有机质的含量下降。

任何一种土壤类型都不是固定不变的，一个类型的土壤只是土壤进化发育的某一个阶段，随着土壤进化，土壤类型将会发生转变。由此可见，时间因素对土壤形成过程是有深刻影响的。

（六）人为因素

人类活动在土壤形成过程中具有独特的作用，但它与其他五个因素有本质的区别。①人为活动对土壤的影响是有意识、有目的且定向的，在生产实践活动中，人们在逐步认识土壤发生发展规律的基础上，可以利用和改造土壤，定向地培育土壤，最终形成具有不同熟化程度的耕种土壤，它的影响可以是较快的。②人为活动是有社会性的，它受社会制度和生产力水平的制约，人类活动对土壤形成和发育的影响效果，在不同的社会制度和生产力水平下是不同的。③人类活动对土壤的影响具有双重性。如果对土壤的利用方式方法合理得当，则土壤会朝着土壤肥力提高的方向发育；若利用不当，造成土壤破坏，就会引起土壤退化，如土壤侵蚀、沙化、荒漠化、次生盐碱化、潜育化、土壤污染和酸化等。

各种成土因素对土壤的作用各不相同，但都相互影响，相互制约。母质是土壤形成的物质基础。气候中的热量要素是能量的基本来源，水是最重要的溶解和迁移介质。生物的活动将无机物转变为有机物，把太阳能转化为化学能，促进有机质的积累和土体分化，完善土壤肥力，使母质转变为土壤。地形通过水热条件的重新分配间接地影响土壤的形成和发育。而母质、生物、气候、地形等因素或它们的综合影响都随着时间的加长而加强。人类活动影响土壤的形成速度、发育程度和方向。

二、土壤形成的基本规律

土壤形成是一个综合性的过程，是一个极其复杂的物质与能量的迁移和转化的过程，它是物质的地质大循环和生物小循环的矛盾统一，这是自然土壤形成的基本规律。

（一）物质的地质大循环

物质的地质大循环指地面的岩石在矿物经风化作用所释放出来的可溶性养料和黏粒等，受雨水的淋溶，使其随雨水流到低处进入河流，最后汇入海洋，沉积以后，经漫长的地质年代和各种成岩作用又重新形成岩石。经地壳抬升作用，海底变为陆地，岩石重新出露地表，又可再次进行风化、淋溶和沉积等过程。这种岩石→风化产物→岩石的过程称为物质的地质大循环。地质大循环是一个漫长的过程，涉及的范围极广，在这个过程中矿物遭受破坏，导致矿物质养分的释放，并由于雨水的作用而有向下淋失趋势，但地质大循环形成了次生矿物，尤其是大量黏土矿物，从而形成了一定的保蓄性能，并初步发展出对水分、空气的通气透水性能。

（二）物质的生物小循环

地质大循环过程中形成了母质，母质的松散性、多孔性、透气性、透水性和保水性等条件，为植物的生长提供了水分、空气和养分等条件，也就是提供了植物在母质上生长的可能性。着生在岩石风化物中的植物，从中吸收养分，利用光能、二氧化碳和水等合成生物有机体，而植物体又可供动物生长，动植物残体回到土壤中，在微生物的作用下转化为植物需要的养分，供下一代生物吸收利用。这样就使地质大循环中的一些可溶性养分得到保存，通过生物的反复吸收利用，营养物质得到不断的循环累积，从而促进土壤肥力的形成和发展。生物循环是一个生物学过程，作用时间短、范围小，对养分起着累积作用，使土壤中有限的养分发挥作用。生物小循环形成了土壤腐殖质，促进土壤结构体的形成，促进土体分化，土壤肥力得到提高。

（三）地质大循环与生物小循环的关系

地质大循环和生物小循环的共同作用是土壤发生的基础。两者既是相互矛盾又是相互关联、相互统一的。地质大循环是营养元素的淋失过程，但无地质大循环，就无营养元素的释放，生物无法着生，生物小循环就不能进行，就没有生物小循环对养分的集中累积，就没有肥力的产生与发展。生物小循环是构成地质大循环中地表物质运动过程的一个部分。在土壤形成过程中，两种循环过程相互渗透和不可分割地同时同地地进行着，它们之间通过土壤互相联系在一起。

第三节　土壤剖面及形态特征

一、土壤剖面

（一）概述

土壤中的各种物质都是以一定的形态存在着，土壤中物质存在状态在垂直方向的分布，构成了土壤剖面特征，它是土壤肥力因素的外部表现。土壤剖面必然随着土壤类型的分化而显示其各自特征。在鉴定土壤类别时，对土壤剖面构造或土体构型的观测，就成为不可缺少的手段。

为了研究土壤形态及其发育特征，就要切开土壤的垂直剖面，观测各土层的排列和形态特点，并分别观测各土层主要的物理、化学、生物学和矿物学特征。所谓土壤剖面，就是指从地面向下挖掘而暴露出来的垂直切面，通常挖到1～2 m深。一般情况下，这些土层在颜色、结构、紧实度和其他形态特征上是不同的。各个土层的特征是与该层的组成和性质相一致的。

土壤剖面构造就是指土壤剖面从上到下不同土层的排列方式。它可用于鉴别土壤类型，在土壤科学研究以及土壤资源勘测和评价方面都具有重要的科学意义。

（二）自然土壤剖面的发育

自然土壤是未经开垦利用、完全在自然条件下形成的土壤。自然土壤的剖面是在母质、生物、气候、地形和时间这5种自然成土因素的共同影响下形成的。在成土过程中，各种原生矿物不断风化，产生各种易溶性盐类、含水氧化铁、含水氧化铝以及硅酸等，并在一定条件下合成不同的黏土矿物。有机质的分解过程中，产生各种有机酸和无机酸。这些成土过程中产生的物质，在降雨的淋溶作用下引起土壤中这些物质的淋溶和淀积，从而形成土壤剖面中的各种发生层次。土壤发生层是指土壤形成过程中形成的、具有特定性质和组成的、大致与地面平行的，并具有成土过程特性的层次。作为一个土壤发生层，至少应能被肉眼识别，不同于相邻的土壤发生层。识别土壤发生层的形态特征一般包括颜色、质地、结构、新生体和紧实度等。

淋溶作用是指土壤中的下渗水，从土壤剖面上层淋溶带走土壤中某种成分的作用。因此，一般将土壤剖面的上层称为淋溶层，简称A层。淀积作用是指下渗水到达剖面下层，其中某些溶解物或悬浮物沉积下来的作用，因此，土壤剖面的下层称为淀积层，简称B层。B层之下是未受淋溶或淀积作用的土壤母质层，简称C层。土壤母质的下面，如果是未风化的基岩，称为基岩层，简称R层。

土壤发生层分化越明显，即上下层之间的差别越大，表示土体的非均一性愈显著，土壤的发育度愈高。在发生上有内在联系的不同发生层的垂直序列组合称为土体构型。土体构型与土壤剖面构型相当，但前者一般不包括非土壤的母质层或母岩层。不同的土壤类型有不同的土体构型。土体构型是识别土壤最重要的特征。现将各种发生层次说明如下（图2-1）。

1. 枯落物层（覆盖层，O层）　枯落物层在木本植物群落下的森林土壤最为明显，是一层枯枝落叶覆盖在土面上形成的。它根据分解程度不同可分为未分解的枯枝落叶层和半分解的枯枝落叶层两层。

（1）未分解的枯枝落叶层　未分解的枯枝落叶层指刚进入土壤中未被微生物分解的植物残体，植物残体仍保留其形态学特征，其结构仍可识别。也可用L亚层表示。

（2）半分解的枯枝落叶层　半分解的枯枝落叶层位于未分解的枯枝落叶层（L层）之下，有机残体已部分分解并相互缠结，仅余叶脉及部分叶的残片，但在放大镜下尚可识别其原植物组织，呈褐色。此层尚可见到黄色或白色的菌丝体。也可用F亚层表示。

枯枝落叶层不属于土体层，但它对土壤腐殖质的形成和剖面分化有重要的作用。

	土层名称	传统代号	国际代号
O	枯落物层	A_0	O
A	腐殖质层	A_1	A
E	淋溶层	A_2	E
B	淀积层	B	B
C	母质层	C	C
R	基岩层	D	R

图2-1　土壤剖面构型的一般图式

2. 腐殖质层（A层）　腐殖质层处于土体最上部，有机质积累多，颜色深暗，是植物根系和微生物最集中的层次。土质疏松，多具团粒结构，是肥力性状最好的土层。腐殖质层的水溶性物质和黏粒有向下淋溶的趋势，故也可归入下面所述的淋溶层。

3. 淋溶层（E层）　淋溶层位于腐殖质层之下，由于雨水的淋洗，土层中的易溶性盐类及锰、铁、铝的水化物、腐殖质溶胶等物质遭受淋溶，向下移动，难移动的石英残留下来，致使此层土色较浅而呈灰白色，腐殖质含量及养分含量少，质地轻，无结构，肥力性状差，故此层在发生学上称为淋溶层。在木本植物群落下，受到酸性的淋溶作用时，这一层的发育特别明显和深厚，是灰化土的代表性层次，故也称为灰化层。但在草原土壤中没有明显的淋溶层。

4. 淀积层（B层）　由上层淋溶下来的物质在此层淀积，一般情况下较紧实。该层的特征是富含三氧化物和二氧化物或黏土，但因淀积的物质不同，常需用词尾加以限定以表示淀积的是何种物质。但由于地下水上升，带来可溶性或还原性物质，在土体中部由于条件改变也可发生淀积。一个发育完全的土壤剖面必须具备淀积层这个重要的土层。

5. 母质层（C层）　母质层位于淀积层之下，一般未受成土过程的影响，由风化程度不同的岩石风化物或各种地质沉积物所构成。

6. 基岩层（R层）　基岩层是半风化或未风化的基岩。严格来讲，基岩层不属于土壤发生层，因为它们的特性并非由土壤形成过程所产生。但是，它们是土壤形成发育的原始物质基础，对土壤发生过程具有重要的影响，且它们之间的界限也是逐渐过渡常是模糊不清的。由此可见，母质层和基岩层也是土壤发育不可分割的组成部分，也应作为土壤剖面重要成分列出。

土壤发生层之间有时不是非常清晰，截然分开的，在两个发生层之间往往会存在有兼两种发生层特性的土层，称为过渡层。其代号用两个大写字母联合表示，如AB、BC等。为了使主要土层名称更为确切，可在大写字母之后附加小写字母组合。词尾小写字母反映同一主要土层内同时发生的次要特性。适用于主要土层的常用词尾字母列于下。

b：指埋藏或重叠土层，如 A_b 表示埋藏腐殖质层。

h：指有机质在矿质土层中聚集，如 A_h 表示腐殖质层。

k：指碳酸钙聚积，如 B_k 表示碳酸钙淀积层。

p：表示经耕翻等耕作措施引起的扰动，如 A_p 表示耕作层。

t：代表黏粒聚积，如 B_t 表示黏化淀积层。

y：指石膏聚积，如 B_y 表示石膏淀积层。

s：代表聚集三氧化物，如 B_s 表示氧化物淀积层。

g：表示氧化还原层变化的锈纹锈斑，如 C_g 表示锈化母质层。

（三）耕作土壤剖面的形成

人类生产活动和自然因素的综合作用，使耕作土壤产生层次分化。耕作土壤起源于自然土壤，是生产劳动的产物。人类对土壤认识的深化过程，是农业土壤不断成熟的过程。耕作土壤并非封闭系统，它仍然存在于大自然，并接受自然因素的不可抗拒的影响。风化过程和成土过程仍然贯穿于耕作土壤形成的始终，同时人类生产活动从多方面改变自然土壤所固有的生态环境，自然肥力演变为经济肥力，土壤资源的内在潜力也就转变为现实生产力，努力维持生产力的稳定并促进其提高。在长期耕作的条件下，耕作土壤就形成了复杂的土壤剖面层次。一般来说旱耕土壤的剖面层次可分为耕作层、犁底层、心土层和底土层。

1. 耕作层 耕作层是受人为影响最深的一层，一般厚度约 20 cm，土体较疏松，含有机质较多，颜色暗，有效养分较丰富。团粒结构发达，理化生物性状好。根系主要集中在这一层中，占全部根系总量的 60%以上。

2. 犁底层 犁底层位于耕作层之下，与耕作层具有明显的界限。该层因长期耕作的挤压，较耕作层紧实，呈片状或层状结构，通气性差，透水性不良。

3. 心土层 心土层在犁底层以下，厚度为 20～30 cm。此层受耕作、施肥影响较小，土色较浅，根系少，含淀积物质，土体紧实，起保水保肥作用，是生长后期供水肥的主要层次。

4. 底土层 底土层耕作土壤是剖面最下层，距地表 50～60 cm 以下。此层几乎不受生产活动影响，故又称为死土层。此层紧实，物质转化慢，可供利用的营养物质较少，根系分布极少。虽然耕作措施对底土层未能产生较大影响，但降雨、灌溉的水流仍然影响着它，它对于整个土体的水分保蓄、渗漏、供应以及空气、物质运转等仍有一定程度的影响。

由于生产和自然条件的多样性，耕作土壤的剖面构造情况并不像上述那样典型，不同耕作条件下的土体构造也有一定的区别，划分耕作土壤的层次应以实践为依据。

二、土壤剖面形态特征

土壤形态就是土壤的外部特征，这种外部特征可通过人们的感官（即视觉、触角和嗅觉）来认识。土壤重要的形态特征主要有：颜色、湿度、紧实度、结构、质地、pH、新生体、侵入体、孔隙和动物孔穴等。

1. 土壤颜色 土壤颜色是土壤内在物质组成的外在色彩表现。由于土壤的矿物组成和化学组成不同，土壤的颜色是多种多样的。在鉴别土壤层次和土壤分类时，土壤颜色是非常明显的特征。一般土类的命名也往往采用颜色，如黄壤、红壤和黑土等。土壤颜色采用门塞尔颜色命名系统，将土块与标准颜色对比予以命名。给土壤颜色定名时，用一种颜色常常有困难，往往要用两种颜色来表示，如棕色，有暗棕、黑棕和红棕等。这样定名，在前面的字是形容词，是指次要的颜色，而后面的字是指主要颜色。土壤颜色与土壤水分含量有直接的关系，因此应记载土壤干湿状况下所表现出的颜色。

2. 土壤质地　准确测定土壤质地要用机械分析来进行，但在野外用指测法来判断土壤质地。一般将质地分为砂土、砂壤土、轻壤土、中壤土、重壤土和黏土等。

3. 土壤结构　土壤结构就是土壤固体颗粒的空间排列方式。自然界的土壤，往往不是以单粒状态存在，而是形成大小不同，形态各异的团聚体，这些团聚体或颗粒就是各种土壤结构。土壤的结构状况对土壤的肥力高低、微生物的活动以及耕性等都有很大的影响。同时，一些人为的活动在很大程度上破坏土壤的结构。如森林采伐后，由于重型机械的使用将导致土壤被压实，土壤表层结构被破坏。

根据土壤的结构形状和大小可归纳为块状、核状、柱状、片状、微团聚体及单粒结构等。

4. 土壤紧实度　在野外，一般用小刀或简单仪器插入土壤中，根据用力的大小及感受到的阻力的大小来衡量土壤紧实度。常分为松散、疏松、紧实和坚实等。

5. 土壤湿度　土壤水分是植物生长所必需的土壤肥力因素。在野外，土壤干湿度通过手感的凉湿程度及用手挤压土壤是否渍水的状况加以判断。在野外将土壤湿度分为干、潮、湿、重湿和极湿等。

6. 土壤新生体　土壤新生体是在成土过程中新产生的或聚积的物质，它们具有一定的外形和界限。新生体是土壤重要的形态特征，是判断土壤性质、土壤组成和发生过程等非常重要的特征。例如，结皮和盐霜的存在表示土壤中有可溶性盐类的存在；锈斑和铁结核是近代或过去，在水影响下产生了干湿交替的产物。土壤新生体形态千姿百态，化学组成也很复杂，来源于化学和生物两方面。

（1）化学作用产生的新生体　这种新生体包括以下各种物质。

①易溶性盐类：表现为盐霜和盐结皮等，多见于盐渍土。

②碳酸钙和硫酸钙：可呈盐霜、盐斑、假菌丝体和结核等各种形状，常出现于干旱、半干旱地区的栗钙土、棕钙土等土类的心土层和底土层。

③铁、锰氧化物：常呈棕色的锈纹、锈斑及各种形状的结核，出现于草甸土、水稻土和沼泽土等土类中，在红壤区还有以铁为主的铁盘。

④二氧化硅：在结构体表面形成白色粉末状物，常见于白浆土和碱土等土类中。

⑤腐殖质：在结构体表面呈黑色或深棕色的斑点或胶膜存在。

（2）生物作用产生的新生体　这种新生体包括以下各种物质。

①粪粒：蚯蚓及其他土壤动物的排泄物，是老菜园土肥力的标志之一。

②腐根痕：由植物根系腐烂产生，可以反映植物根系活动的痕迹和扎根的深度。

③动物穴和虫孔：形状一般为椭圆或圆形，也有呈长条形的孔道，其颜色和紧实度与周围的土壤不同。

7. 土壤侵入体　侵入体位于土体中，但不是土壤形成过程中聚积和产生的物体，故称为侵入体。侵入体有砖头、瓦片、铁器和瓷器等，一般常见于耕作土壤和城市土壤中，可以判断人为经营活动对土壤层次影响所达到的深度，以及土层的来源等。

◈复习思考题

1. 何为造岩矿物？主要的成土矿物各有何特性？
2. 何为岩石？岩石是如何分类的？简述各类岩石的代表性岩石。
3. 试述土壤的五大自然成土因素及其对土壤的影响。
4. 试述物质的地质大循环和生物小循环及其相互关系。
5. 试述自然土壤和耕作土壤的典型剖面层次。

第三章

土壤固体物质组成

第一节　土壤颗粒组成与质地

一、土壤颗粒组成

（一）土壤粒级及其划分

土壤是由固、液、气三相构成的分散系。众多的土粒堆聚成一个多孔的松散体，称为土壤固相骨架。土壤颗粒（土粒）是构成土壤固相骨架的基本颗粒，它们数目众多，大小和形状各异。根据土粒的成分，可分为矿质土粒和有机质土粒两种，前者的数目占绝对优势，而且在土壤中长期稳定地存在；后者或者是有机残体的碎屑，极易被小动物吞噬和微生物分解，或者是与矿质土粒结合而形成复粒，因而很少单独存在。所以，通常所指土粒，是专指矿质土粒。

单个存在的土壤矿质土粒称为单粒。在质地轻而缺少有机质的土壤中，单粒在数量上占优势。在质地黏重及有机质含量较多的土壤中，许多单粒相互聚集成复粒。通常将复粒进行物理、化学处理使其分散成单粒后分析其颗粒性质。单粒直径大小不同，其组成和性质也因之各异，根据土壤单粒直径大小和性质变化，将土壤单粒划分为若干粒径等级，即为粒级（粒组）。同一粒级的土粒，成分和性质基本一致，粒级间则有明显差别。但是，土粒的形状多是不规则的，难以直接测量其真实直径。为了按大小进行土粒分级，以土粒的当量粒径或有效粒径代替之。平时所说的砂粒、粉粒和黏粒就是粒级的名称。

目前世界各国划分土壤粒级的标准还不一致。国内外土壤文献中常用的几种粒级划分标准见表 3-1。

1. 国际粒级制　国际粒级制原为瑞典土壤学家爱特伯（A. Atterberg）所拟定，因 1930 年莫斯科第二届国际土壤学会大会采纳而得名。该粒级制分为砾（石砾）、砂（粗砂、细砂）、粉（粉粒）、黏（黏粒）4 个基本粒组，此制曾广为采用，后因分级过少而在此基础上重新增加粒级，演变为不少国家各自的粒级制。

2. 美国农部粒级制　美国农部粒级制于 1951 年在土壤局基础上修订而成。该粒级制在美国土壤调查和有关农业的土壤试验中应用，在许多国家称为“美国制”。近年来在我国土壤学教材中介绍较多。

3. 卡庆斯基粒级制　卡庆斯基粒级制由前苏联土壤学家卡庆斯基修订（1957）而成，既细致又简明，我国多采用此制，尤其是简明粒级划分方案，运用更为广泛，曾通称“苏联制”。

4. 中国粒级制　中国粒级制在卡庆斯基粒级制的基础上修订而来，在《中国土壤》（第二版，1987）正式公布，但应用时间较短，尚需在生产实践和科学研究中不断总结，日趋完善。

表 3-1　土壤粒级划分标准

<table>
<tr><th>当量粒径
(mm)</th><th>中国制
(1987)</th><th colspan="3">卡庆斯基制
(1957)</th><th>美国农部制
(1951)</th><th>国际制
(1930)</th></tr>
<tr><td>3～2</td><td rowspan="2">石　砾</td><td colspan="3" rowspan="2">石　砾</td><td>石　砾</td><td>石　砾</td></tr>
<tr><td>2～1</td><td>极粗砂粒</td><td rowspan="4">粗砂粒</td></tr>
<tr><td>1～0.5</td><td rowspan="2">粗砂粒</td><td rowspan="7">物理性砂粒</td><td colspan="2">粗砂粒</td><td>粗砂粒</td></tr>
<tr><td>0.5～0.25</td><td colspan="2">中砂粒</td><td>中砂粒</td></tr>
<tr><td>0.25～0.2</td><td rowspan="3">细砂粒</td><td colspan="2" rowspan="3">细砂粒</td><td rowspan="2">细砂粒</td></tr>
<tr><td>0.2～0.1</td><td rowspan="3">细砂粒</td></tr>
<tr><td>0.1～0.05</td><td>极细砂粒</td></tr>
<tr><td>0.05～0.02</td><td rowspan="2">粗粉粒</td><td colspan="2" rowspan="2">粗粉粒</td><td rowspan="4">粉　粒</td></tr>
<tr><td>0.02～0.01</td><td rowspan="3">粉　粒</td></tr>
<tr><td>0.01～0.005</td><td>中粉粒</td><td rowspan="6">物理性黏粒</td><td colspan="2">中粉粒</td></tr>
<tr><td>0.005～0.002</td><td>细粉粒</td><td colspan="2" rowspan="2">细粉粒</td></tr>
<tr><td>0.002～0.001</td><td>粗黏粒</td><td rowspan="4">黏　粒</td><td rowspan="4">黏　粒</td></tr>
<tr><td>0.001～0.000 5</td><td rowspan="3">细黏粒</td><td rowspan="3">黏粒</td><td>粗黏粒</td></tr>
<tr><td>0.000 5～0.000 1</td><td>细黏粒</td></tr>
<tr><td><0.000 1</td><td>胶质黏粒</td></tr>
</table>

目前，提出一个国际上统一的土壤粒级分类标准有一定的难度。

（二）各粒级土粒的组成和特性

世界各国划分粒级的标准虽有差异，但在名称上均可分为石砾、砂粒、粉粒和黏粒 4 个基本粒级。各粒级土粒之间在矿物成分、化学组成和物理性质等方面均有明显不同。

1. 各粒级土粒的矿物和化学组成　各粒级土粒的矿物组成有明显差别。石砾因属于一些岩石碎块，其矿物组成与原来岩石中的矿物种类相同。砂粒和粉粒的矿物组成分两种情况，平原地区的砂粒和粉粒主要是石英，还有其他原生矿物和次生矿物；山区土壤砂粒和粉粒的矿物组成，则视基岩种类而定。例如，花岗岩风化成土，其砂粒和粉粒必定有石英；而玄武岩风化成土，其砂粒和粉粒中石英极少，而其他抗风化能力较强的矿物较多。图 3-1 是粗土粒和细土粒中矿物分布的示意图，说明其一般性变化趋势。另外，不同粒级土粒的矿物组成与岩石风化程度有关，风化程度深者，砂粒和粉粒中矿物种类少，浅者其矿物种类多。黏粒中原生矿物很少，主要由次生黏土矿物组成。由于各种矿

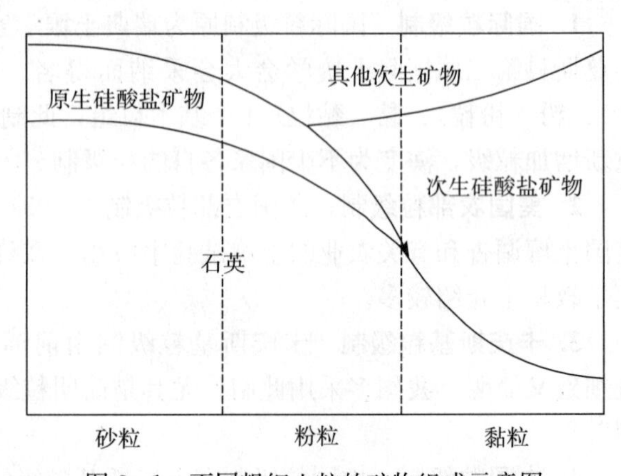

图 3-1　不同粗细土粒的矿物组成示意图

物的抗风化能力不同，致使它们风化后在各级土粒中分布的数量也不尽相同，按颗粒从大到小的顺序可看出各种矿物明显的量变规律（表 3-2）：土粒越粗，石英越多；土粒越细，云母和角闪石等增多。

表 3-2　不同粒级土粒的矿物组成（%）

粒径（mm）		石英	长石	云母	角闪石	其他矿物
2～0.25	粗砂粒	86	14	—	—	—
0.25～0.05	细砂粒	81	12	—	4	3
0.05～0.01	粗粉粒	72	15	7	2	4
0.01～0.005	细粉粒	63	8	21	5	3
<0.005	黏　粒	10	10	66	7	7

随着土粒中矿物组成的变化，它们的化学组成和性质发生相应的变化。表 3-3 是寒带和温带各一种代表性土壤的粒级化学组成资料，从中可见，SiO_2 含量随颗粒由粗到细逐渐减少，而 Al_2O_3、Fe_2O_3 和盐基的含量则逐渐增加。因此，细土粒中各种植物养分的含量要比粗土粒中多。

表 3-3　不同土壤粒级的化学组成

（引自阿捷列辛，1974）

土壤	粒径（mm）	化学组成（%，灼干重）									
		SiO_2	Al_2O_3	Fe_2O_3	TiO_2	MnO	CaO	MgO	K_2O	Na_2O	P_2O_5
灰色森林土	0.1～0.01	89.90	3.90	0.94	0.51	0.06	0.61	0.35	2.21	0.81	0.04
	0.01～0.005	82.63	8.13	2.39	0.97	0.06	0.95	1.94	2.77	1.45	0.14
	0.005～0.001	76.75	11.32	3.95	1.34	0.04	1.00	1.05	3.32	1.30	0.25
	<0.001	58.03	23.40	10.19	0.73	0.17	0.44	2.40	3.15	0.24	0.46
	全土	85.10	5.96	2.46	0.53	0.12	0.92	0.68	2.38	0.75	0.11
黑钙土	0.1～0.01	88.12	5.75	1.29	0.45	0.04	0.74	0.29	1.99	1.21	0.02
	0.01～0.005	82.17	7.96	2.73	1.00	0.02	0.94	1.19	2.31	1.84	0.12
	0.005～0.001	67.37	17.16	7.51	1.38	0.03	0.75	1.77	3.04	1.38	0.23
	<0.001	57.47	22.66	11.54	0.66	0.08	0.38	2.48	3.17	0.19	0.39
	全土	71.52	13.74	5.52	0.70	0.18	2.21	1.73	2.67	0.75	0.21

2. 各级土粒的主要特性

（1）石砾　石砾多为岩石碎块，但直径较小，山区和河漫滩土壤中常见。其矿物组成与母岩基本一致，一般速效养分很少，吸持性很差，但通透性极强。

（2）砂粒　砂粒在酸性岩山体的山前平原和冲积平原土壤中常见。其矿物组成主要是石英等原生矿物，因颗粒较粗，比表面较小，吸持性能较弱，矿质养分较低，无黏结性和黏着性，表现松散。但粒间孔隙较大，通透性良好。

（3）粉粒　粉粒在黄土中含量较多。其颗粒中次生矿物相对增加，而石英相对减少。比表面比砂粒大，吸持性能增强，养分含量比砂粒高，具有一定的黏结性、黏着性、可塑性和涨缩性，但表现微弱。通气透水能力比砂粒差。

（4）黏粒　黏粒是化学风化的产物，属于土壤胶体范畴。其矿物组成以次生矿物为主，在某些土壤类型的黏化层中含量较多，粒径小，比表面巨大，具有很强的黏结性、黏着性、可塑性、涨缩性和吸附能力，矿质养分丰富。但由于粒间孔隙极小，通透性能极差。

总之，随着土壤单粒由大变小，各粒级土粒的黏结性、黏着性、可塑性、涨缩性以及吸附能力由弱到强。其原因是随着土粒粒径变小，其比表面和表面能不断加大。但需要指出的是，土粒比表面和表面能的增加，并不是简单的量变，而是当土粒小到一定程度时其性质发生飞跃式变化（表 3-4）。

表 3-4　各级土粒的一些理化性质

粒级名称	颗粒直径（mm）	吸湿系数（%）	最大分子持水量（%）	毛管水上升高度（cm）	渗透系数（cm/s）	膨胀性（占最初体积的%）	可塑性（%）（下限～上限）	阳离子交换量（cmol/kg）
石　砾	3.0～2.0	—	0.2	—	0.5	—	不可塑	—
	2.0～1.5	—	0.7	1.5～3.0	0.2	—	不可塑	—
	1.5～1.0	—	0.8	4.5	0.12	—	不可塑	—
粗砂粒	1.0～0.5	—	0.9	8.7	0.072	—	不可塑	—
中砂粒	0.5～0.25	—	1.0	20～27	0.056	—	不可塑	—
细砂粒	0.25～0.10	—	1.1	50	0.030	5	不可塑	—
	0.10～0.05	—	2.2	91	0.005	6	不可塑	—
粗粉粒	0.05～0.01	<0.5	3.1	200	0.000 4	16	不可塑	约为 1
中粉粒	0.01～0.005	1.0～3.0	15.9	—	—	105	28～40	3～8
细粉粒	0.005～0.001	—	31.0	—	—	160	30～48	10～20
黏　粒	<0.001	15～20	—	—	—	405	34～87	35～65

二、土壤质地

（一）土壤质地概念

土壤不是由单一粒级所组成，而是由大小不同的各级土粒以各种比例关系自然地混为一体。土壤中各级土粒所占的质量百分数称为土壤机械组成（或称为土壤颗粒组成）。土壤机械组成基本相近的土壤常常具有类似的肥力特性。为了区分由于土壤机械组成不同所表现出来的性质差别，人们按照土壤中不同粒级土粒的相对比例把土壤分为若干组合，而依据土壤机械组成相近与否而划分的土壤组合叫做土壤质地。因为自然界土壤中颗粒组成比较复杂，所以就出现了不同的质地类别和质地名称，如砂土、壤土和黏土等，同一类别中由于砂黏程度的差别而有不同质地名称，如砂壤土、轻壤土、中壤土和重壤土等。质地是土壤的一种十分稳定的自然属性，反映母质来源及成土过程的某些特征，对肥力有很大影响，因而常被用做土壤分类系统中基层分类的依据之一。

（二）土壤质地分类

土壤质地分类标准各国不同，至今在世界各国提出了二三十种土壤质地分类制，但尚缺为各国和各行业公认的土壤粒级-质地制，这里介绍几种国内外使用多年的土壤质地分类制：国际制、美国农部制和卡庆斯基制。它们都是与其粒组分级标准相配套的。

1. 国际制 1930 年，国际土壤质地分类制与其粒级制一起，在第二届国际土壤学会大会上通过。根据砂粒（2～0.02mm）、粉粒（0.02～0.002mm）和黏粒（<0.002mm）3 种粒级含量的比例，将土壤质地划分为 4 类 12 级，可从分类表和三角图上查质地名称（表 3-5、图 3-2）。

国际制土壤质地分类的主要标准是：以黏粒含量 15%和 25%作为壤土、黏壤土和黏土类的划分界限；以粉粒含量达到 45%作为粉砂质土壤定名；以砂粒含量在 55%～85%，作为砂质土壤定名，>85%则作为划分砂土类的界限。此质地分类标准在西欧和我国都有应用，应用时根据土壤各粒级的质量百分数可查出任意土壤质地名称。例如，某土壤含砂粒 50%，粉粒 30%，黏粒 20%，则可以以黏粒数据为主导从表 3-5 或图 3-2 中查得该土壤质地属于黏壤土。

表 3-5 国际制土壤质地分类表

质地类别	质地名称	各级土粒质量分数（%）		
		黏粒（<0.002mm）	粉粒（0.02～0.002mm）	砂粒（2～0.02mm）
砂土类	砂土及壤质砂土	0～15	0～15	85～100
壤土类	砂质壤土	0～15	0～45	55～85
	壤 土	0～15	30～45	40～55
	粉砂质壤土	0～15	45～100	0～55
黏壤土类	砂质黏壤土	15～25	30～0	55～85
	黏壤土	15～25	20～45	30～55
	粉砂质黏壤土	15～25	45～85	0～40
黏土类	砂质黏土	25～45	0～20	55～75
	壤质黏土	25～45	0～45	10～55
	粉砂质黏土	25～45	45～75	0～30
	黏 土	45～65	0～35	0～55
	重黏土	65～100	0～35	0～35

2. 美国制 美国制是美国农业部土壤保持局制定的土壤质地分类制。根据砂粒（2～0.05mm）、粉粒（0.05～0.002mm）和黏粒（<0.002mm）3 个粒级的比例，划定 12 个质地名称。按 3 个粒级含量分别于三角形的三条底边画三根刻度线，三线相交点，即为所查质地区（图 3-3），质地名称一般都采用对该土壤质地性质上影响最大的那个粒级来代表。

3. 卡庆斯基制 卡庆斯基提出的质地分类有基本分类（简制）及详细分类（详制）两种，其中简制应用较广泛。这个简明系统的特点是考虑到土壤类型的差别对土壤物理性质的影响，采用二级分类法，按粒径小于 0.01mm 的物理性黏粒（或粒径大于 0.01mm 的物理性砂粒）含量并根据不同土壤类型（灰化土、草原土、红黄壤、碱化土和碱土）划分，将土

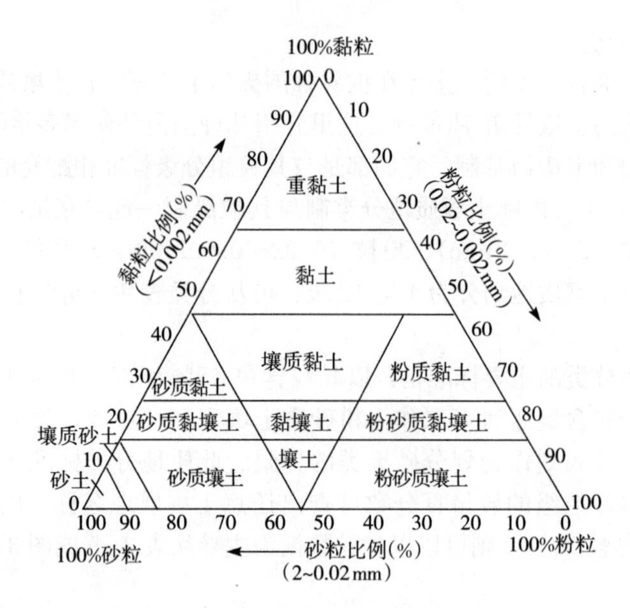

图 3-2　国际制土壤质地分类三角坐标图

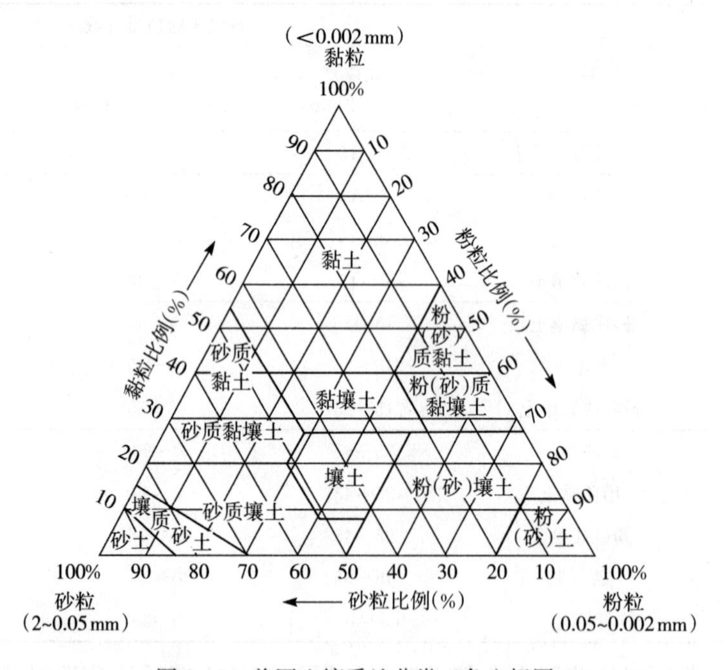

图 3-3　美国土壤质地分类三角坐标图

壤划分为砂土、壤土和黏土 3 类 9 级（表 3-6）。此外，这个简明系统，只划分物理性黏粒和物理性砂粒，没有划分粉粒级，在质地名称中没有“粉质”字样。因而常不能正确反映富含粉粒的土壤的实际情况。

4. 中国土壤质地暂行分类方案　中国科学院南京土壤研究所等单位综合国内土壤情况及其研究成果，将土壤质地分为 3 类 12 级（表 3-7）。我国土壤质地分类标准兼顾了我国南北土壤特点。例如，北方土中含有 1～0.05 mm 砂粒较多，因此砂土组将 1～0.05 mm 砂粒含量作为划分依据；黏土组主要考虑南方土壤情况，以<0.001 mm 细黏粒含量划分；壤土

组的主要划分依据为0.05～0.01 mm粗粉粒含量。这个分类方案比较符合我国国情，但实际应用中发现还需进一步补充与完善。

表3-6　卡庆斯基土壤质地基本分类（简制）

质地类别	质地名称	物理性黏粒（<0.01 mm）（%）			物理性砂粒（>0.01 mm）（%）		
		灰化土类	草原土及红黄壤类	碱土及碱化土类	灰化土类	草原土及红黄壤类	碱土及碱化土类
砂　土	松砂土	0～5	0～5	0～5	100～95	100～95	100～95
	紧砂土	5～10	5～10	5～10	95～90	95～90	95～90
壤　土	砂壤土	10～20	10～20	10～15	90～80	90～80	90～85
	轻壤土	20～30	20～30	15～20	80～70	80～70	85～80
	中壤土	30～40	30～45	20～30	70～60	70～55	80～70
	重壤土	40～50	45～60	30～40	60～50	55～40	70～60
黏　土	轻黏土	50～65	60～75	40～50	50～35	40～25	60～50
	中黏土	65～80	75～85	50～65	35～20	25～15	50～35
	重黏土	>80	>85	>65	<20	<15	<35

注：表中数据仅包括粒径<1 mm的土粒，>1 mm的石砾另行计算。按>1 mm的石砾百分含量确定石质程度（0.5%～5%为轻石质，5%～10%为中石质，>10%为重石质），冠于质地名称之前。

表3-7　中国土壤质地分类方案

（引自熊毅，李庆逵，1987）

<table>
<tr><th rowspan="2">质　地
类　别</th><th rowspan="2">质　地
名　称</th><th colspan="3">不同粒级的颗粒组成（%）</th></tr>
<tr><th>砂粒（1～0.05 mm）</th><th>粗粉粒（0.05～0.01 mm）</th><th>细黏粒（<0.001 mm）</th></tr>
<tr><td rowspan="3">砂　土</td><td>粗砂土</td><td>>70</td><td>—</td><td rowspan="7"><30</td></tr>
<tr><td>细砂土</td><td>≥60～≤70</td><td>—</td></tr>
<tr><td>面砂土</td><td>≥50～60</td><td>—</td></tr>
<tr><td rowspan="4">壤　土</td><td>砂粉土</td><td>≥20</td><td rowspan="2">≥40</td></tr>
<tr><td>粉　土</td><td><20</td></tr>
<tr><td>砂壤土</td><td>≥20</td><td rowspan="2"><40</td></tr>
<tr><td>壤　土</td><td><20</td></tr>
<tr><td rowspan="5">黏　土</td><td>砂黏土</td><td>≥50</td><td>—</td><td>≥30</td></tr>
<tr><td>粉黏土</td><td colspan="2">—</td><td>30～35</td></tr>
<tr><td>壤黏土</td><td colspan="2">—</td><td>35～40</td></tr>
<tr><td>黏　土</td><td colspan="2">—</td><td>40～60</td></tr>
<tr><td>重黏土</td><td colspan="2">—</td><td>>60</td></tr>
</table>

（三）土壤质地的肥力特征

土壤质地对土壤肥力的影响是全面而深刻的。其类型决定着土壤蓄水导水性、保肥供肥性、保温导温性、土壤呼吸通气性和土壤耕性等。

1. 砂质土　砂质土泛指与砂土性状相近的一类土壤。砂质土粒间孔隙大，总孔隙度低，毛管作用弱，保水性差，通气透水性强。矿物成分以石英为主，养分贫乏。由于颗粒大，比表面小，吸附、保持养分能力低。好气性微生物活动旺盛，土中有机质分解较快，常表现为肥效猛而不稳，前劲大而后劲不足。砂质土热容量较小，土温不稳定，昼夜温差大，在早春天气回暖时，土温容易升高，有热性土之称；但在晚秋遇寒潮时，土温下降也较快。砂质土黏结性差，疏松易耕，植物也容易扎根。

2. 黏质土 黏质土包括黏土以及类似黏土性质的土壤。黏质土颗粒细小，总孔隙度高，由于粒间孔隙很小，通气透水性差，土壤内部排水困难，容易积水而涝。土中胶体数量多，比表面大，吸附能力强，保水保肥性好；矿质养分丰富，特别是钾、钙、镁等含量较高；供肥表现前期弱而后期较强，但比较平稳。黏质土蓄水多，热容量大，温度稳定，在早春，水分饱和的黏质土土温上升慢，有冷性土之称。同理，在受短期寒潮侵袭时，黏质土降温也较慢，作物受冻害较轻。黏质土比较紧实，容易板结，耕作费力，宜耕期也短；受干湿影响，常形成龟裂，影响植物根系伸展。

3. 壤质土 壤质土是介于砂质土和黏质土之间的一种质地类型，其中砂粒、粉粒和黏粒含量比较适宜，因而兼有砂质土和黏质土的优点，是较为理想的土壤。壤质土砂黏适中，大小孔隙比例适当，通气透水性好，土温稳定。养分较丰富，有机质分解速度适当，既有保水保肥能力，又供水供肥性强，耕性表现良好。

第二节 土壤矿物质

土壤矿物是土壤固相的主体物质，构成了土壤的“骨骼”，占土壤固相总质量的95%～98%。土壤中有机质、微生物体等只占土壤固相质量的不到5%。土壤矿物质的组成、结构和性质对土壤理化性质、生物与生物化学性质有着深刻的影响，对于鉴定土壤类型、识别土壤形成过程有着重要的作用。

一、土壤矿物质的矿物组成和化学组成

矿物的种类很多，目前已发现的矿物大约有3 300种以上。本文着重讲述成土矿物以及某些作为肥料和土壤改良剂来源的矿物。

（一）土壤矿物质的主要元素组成

土壤中的矿物质主要由岩石中的矿物质变化而来。因此，了解土壤矿物的化学组成首先要知道地壳的化学组成。土壤矿物的元素组成很复杂，元素周期表中的全部元素几乎都能从土壤中发现，但主要元素大概只有20余种，包括氧、硅、铝、铁、钙、镁、钛、钾、钠、磷、硫以及一些微量元素，如锰、锌、铜、钼等。表3-8列出了地壳和土壤的平均化学组成，据此可将土壤矿物的元素组成特点归纳如下。

①氧（O）和硅（Si）是地壳中含量最多的两种元素，分别占地壳重量的47%和29%；铝和铁次之，四者合计共占地壳重量的88.7%。而其余90多种元素合在一起，也不过占地壳重量的11.3%。所以地壳组成中，含氧化合物占了极大比重，且以硅酸盐最多。

②土壤矿物的化学组成充分反映了成土过程中元素的分散、富集特性和生物积聚作用。一方面，它继承了地壳化学组成的遗传特点；另一方面，有的化学元素如氧、硅、碳、氮等在成土过程中增加了，而有的则显著降低了，如钙、镁、钾和钠。

表 3-8　地壳和土壤的平均化学组成（%，重量）

（引自黄昌勇，2000）

元素	地壳中	土壤中	元素	地壳中	土壤中
O	47.0	49.0	Mn	1.10	0.085
Si	29.0	33.0	P	0.093	0.08
Al	8.05	7.13	S	0.09	0.085
Fe	4.65	3.80	C	0.023	2.0
Ca	2.96	1.37	N	0.01	0.10
Na	2.50	1.67	Cu	0.01	0.002
K	2.50	1.36	Zn	0.005	0.005
Mg	1.37	0.60	Co	0.003	0.000 8
Ti	0.45	0.40	B	0.003	0.001
H	−0.15	?	Mo	0.003	0.000 3

注：根据克拉克（1924）、费尔斯曼（1939）和泰勒（1964）的估计，地壳的化学元素组成与此表稍有不同，但总体趋势一致。

③在地壳中，植物生长必需的营养元素含量很低，其中磷和硫都不到 0.1%，氮也只有 0.01%，且分布不平衡。

（二）土壤的矿物组成

土壤矿物按矿物来源可分为原生矿物、次生矿物和变质矿物。原生矿物是指直接来源于母岩的矿物，主要分布在土壤的砂粒和粉粒中，以硅酸盐和铝硅酸盐占绝对优势。岩浆岩是原生矿物的主要来源，常见的有石英、长石、云母、辉石和角闪石等。其中石英属极稳定的矿物，具有很强的抗风化能力，因而在土壤粗颗粒中的含量较高。长石类矿物占地壳重量的 50%～60%，也具有一定的抗风化能力，所以土壤粗颗粒中的含量也比较高。表 3-9 中列出了土壤中主要的原生矿物组成。

表 3-9　土壤中主要的原生矿物组成

原生矿物	分子式	稳定性	常量元素	微量元素
橄榄石	$(Mg、Fe)_2SiO_4$	易风化	Mg、Fe、Si	Ni、Co、Mn、Li、Zn、Cu、Mo
角闪石	$Ca_2Na(Mg、Fe)_2(Al、Fe^{3+})(Si、Al)_4O_{11}(OH)_2$	↑	Mg、Fe、Ca、Al、Si	Ni、Co、Mn、Li、Se、V、Zn、Cu、Ga
辉　石	$Ca(Mg、Fe、Al)(Si、Al)_2O_6$		Ca、Mg、Fe、Al、Si	Ni、Co、Mn、Li、Se、V、Pb、Cu、Ga
黑云母	$K(Mg、Fe)(Al、Si_3O_{10})(OH)_2$		K、Mg、Fe、Al、Si	Rb、Ba、Ni、Co、Se、Li、Mn、V、Zn、Cu
斜长石	$CaAl_2Si_2O_8$		Ca、Al、Si	Sr、Cu、Ga、Mo
钠长石	$NaAlSi_3O_8$	较稳定	Na、Al、Si	Cu、Ga
石榴子石			Cu、Mg、Fe、Al、Si	Mn、Cr、Ga
正长石	$KAlSi_3O_8$		K、Al、Si	Ra、Ba、Sr、Cu、Ga
白云母	$KAl_2(AlSi_3O_{10})(OH)_2$		K、Al、Si	F、Rb、Sr、Ga、V、Ba
钛铁矿	Fe_2TiO_3		Fe、Ti	Co、Ni、Cr、V
磁铁矿	Fe_3O_4		Fe	Zn、Co、Ni、Cr、V
电气石		↓	Cu、Mg、Fe、Al、Si	Li、Ga
锆英石		极稳定	Si	Zn、Hg
石　英	SiO_2		Si	

土壤中的次生矿物种类繁多，主要包括次生层状硅酸盐类、晶质和非晶质的含水氧化物类及少量残存的简单盐类（如碳酸盐、重碳酸盐和硫酸盐等）。其中，层状硅酸盐类和含水氧化物类被称为是次生黏粒矿物，简称黏粒矿物或黏土矿物，它们是构成土壤黏粒的主要成分。

二、黏粒矿物

黏粒矿物是土壤矿质胶体的主体，在土壤矿物质中表现最活跃。土壤黏粒矿物胶体表面带有电荷，多数带负电荷，部分非硅酸盐类矿物胶体表面带正电荷。黏粒矿物的比表面积很大，能与土壤固、液、气相中的离子、质子、电子和分子相互作用，影响着土壤中的物理、化学、生物学过程与性质。

（一）层状硅酸盐黏粒矿物

1. 基本结构单位和单位晶片 层状硅酸盐黏粒矿物的常见粒径不足 5 μm，X 射线衍射结果揭示其内部构造由 1 000 多个层组所构成，而每个层组均由硅氧四面体和铝氧八面体构成。

（1）硅氧四面体 硅氧四面体的基本结构是由 1 个硅离子（Si^{4+}）和 4 个氧离子（O^{2-}）构成，4 个氧离子构成一个四面体结构的晶格单元，硅离子处于四面体的中心，故称为硅氧四面体（简称四面体），如图 3－4 所示。

图 3－4 硅氧四面体构造示意图

▨ 代表底层氧离子 ● 代表硅离子 ○ 代表顶层氧离子

硅氧四面体以其底部的 3 个氧分别与其相邻的 3 个四面体以共氧的方式相连，然后向平面两维方向延伸，形成上下面都具有六边形蜂窝状的硅氧四面体片，这就是硅片，厚度约 0.46 nm。硅片顶端的氧带负电荷，硅片可以用 $n\ (Si_4O_{10})^{4-}$ 表示，如图 3－5 和图 3－6

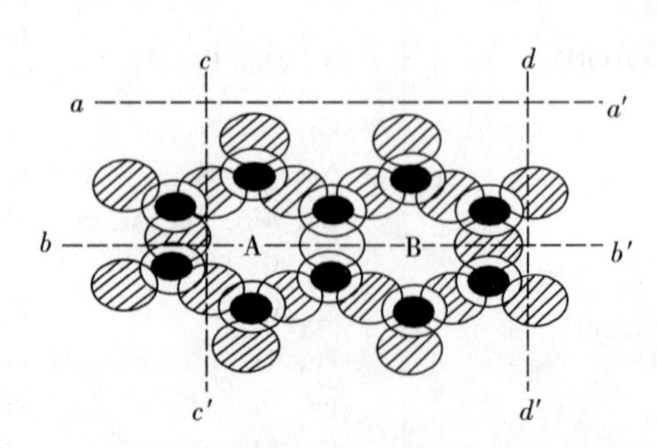

图 3－5 硅四面体在平面上相互连接成硅片的图形

▨ 代表顶层氧离子 ○ 代表底层氧离子 ● 代表中心硅离子

所示。

(2) 铝氧八面体　铝和氧组成八面体，基本结构是由 1 个铝离子（Al^{3+}）和 6 个氧离子（O^{2-}）离子所构成。6 个氧离子排列成两层，每层都由 3 个氧离子排成三角形，上层氧离子的位置与下层氧离子交错紧密排列，铝离子位于两层氧的中心孔穴内。其晶格单元具有 8 个面，铝离子位于 8 个面的中心位置，故称为铝氧八面体（简称八面体），如图 3-7 所示。

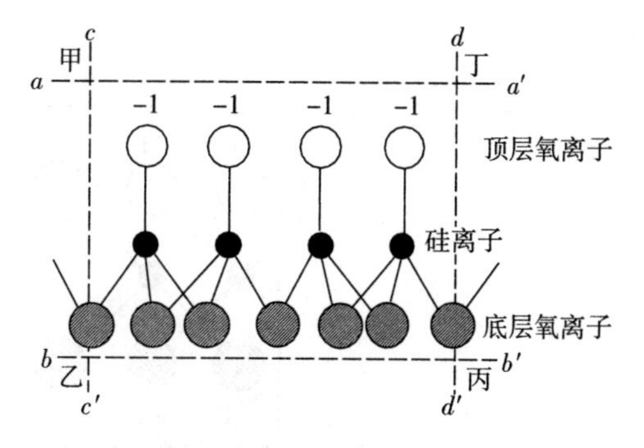

图 3-6　硅片（硅氧片）垂直面构造示意图

水平方向上的相邻八面体通过共用两个氧

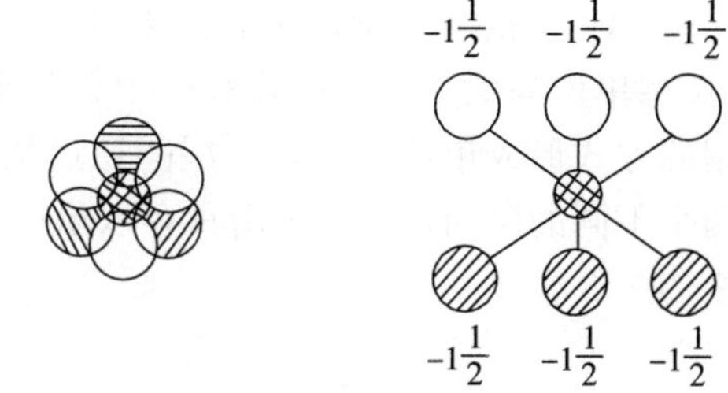

图 3-7　铝氧八面体构造示意图

代表底层氧离子　代表铝离子　代表顶层氧离子

离子的方式，在平面两维方向上无限延伸，排列成八面体片，即所谓的铝片，厚约 0.5 nm。铝（或者镁）片两层氧都有剩余的负电荷，可用 $n\ (Al_4O_{12})^{12-}$ [或 $n\ (Mg_6O_{12})^{12-}$] 表示、如图 3-8 和图 3-9 所示。

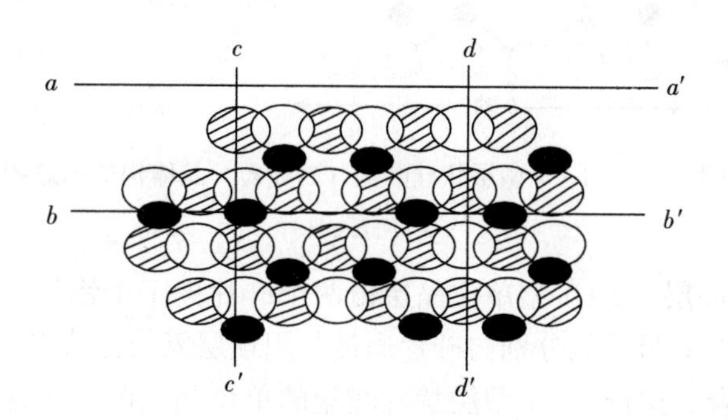

图 3-8　铝八面体在平面上相互连接成铝片的图形

代表底层氧离子(或氢氧离子)　代表中心铝离子

代表顶层氧离子(或氢氧离子)

2. 单位晶层　硅氧四面体片与铝氧八面体片均带负电荷，本身不稳定，需要通过重叠化合来形成稳定的化合物，二者以不同的方式在 c 轴（垂直）方向上堆叠，从而形成层状铝硅酸盐的单位晶层。两种晶片的配合比例不同，形成的晶层类型不同，包括 1∶1 型、2∶1 型和 2∶1∶1 型 3 种晶层类型。

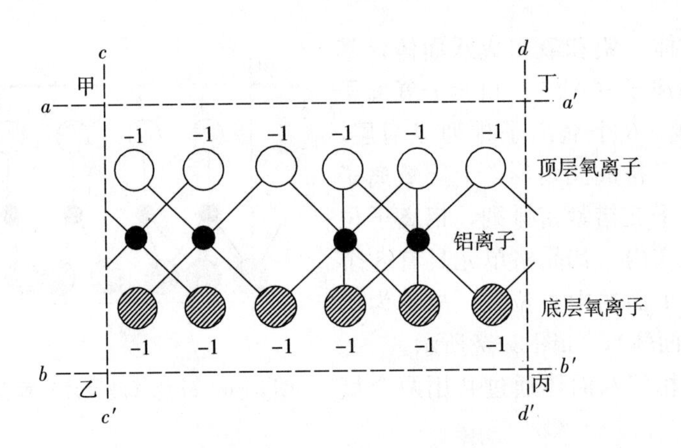

图 3-9　铝片（水铝片）垂直面构造示意图

（1）1∶1 型单位晶层　1∶1 型单位晶层由一个硅片和一个铝片构成。硅片顶层的活性氧与铝片底层的活性氧通过共用的方式形成单位晶层，晶层间通过氢键连接。这样 1∶1 型层状铝硅酸盐的单位晶层就有两个不同的层面，一个是由具有六角形空穴的氧离子层面，一个是由氢氧构成的层面，如图 3-10 所示。

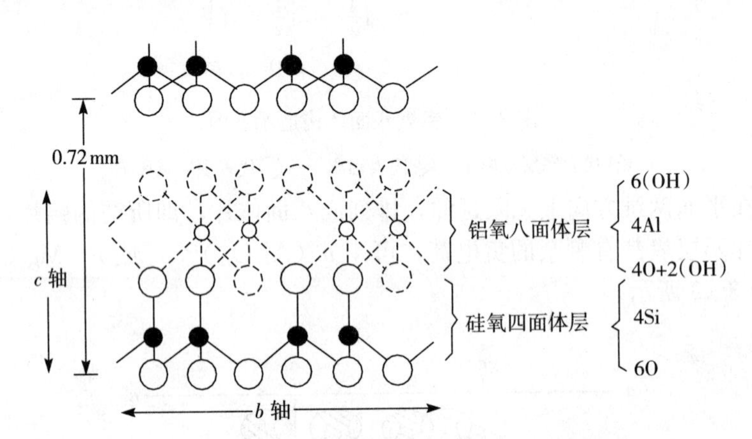

图 3-10　1∶1 型层状硅酸盐（高岭石）晶体构造示意图

◌ 代表 OH 群

（2）2∶1 型单位晶层　2∶1 型单位晶层由两个硅片夹 1 个铝片构成。两个硅片顶层的氧都向着铝片，铝片上下两层氧分别与硅片通过共用顶层氧的方式形成单位晶层，晶层间通过静电或范德华力结合。这样 2∶1 型层状硅酸盐的单位晶层的两个层面都是氧原子面，如图 3-11 所示。

（3）2∶1∶1 型单位晶层　2∶1∶1 型单位晶层是在 2∶1 单位晶层的基础上多了 1 个八面体水镁片或水铝片，这样 2∶1∶1 型单位晶层就由两个硅片、1 个铝片和 1 个镁片（或铝片）构成。

3. 同晶置换　矿物形成时，组成矿物的中心离子被性质相近的离子所置换而不破坏晶体结构的现象，称为同晶置换。相互置换的离子大小和电性要相近，如 Fe^{3+}（半径 0.064 nm）可与 Al^{3+}（半径 0.057 nm）相互置换。La^{3+} 不能与 Al^{3+} 离子发生同晶置换，前者半径

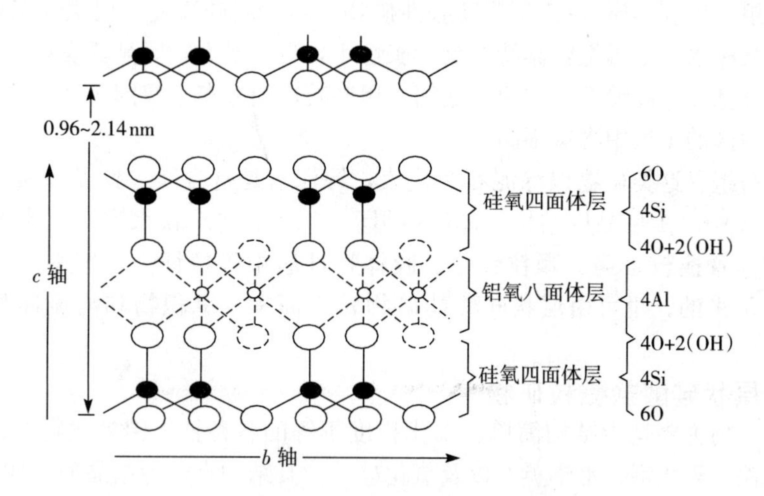

图 3-11　2∶1 型层状硅酸盐（蒙脱石）晶体结构示意图

比后者大一倍多。发生同晶置换的两个离子电性相同电价可不同，电性相同的离子置换结果是矿物晶型和电性都不变，不同电价的离子间的置换结果是使矿物晶体带电，或正电或负电。在硅酸盐黏粒矿物中，最普遍的同晶置换现象是晶体中的中心离子被低价的离子所置换，如四面体中的 Si^{4+} 离子被 Al^{3+} 离子所置换，八面体中 Al^{3+} 离子被 Mg^{2+} 离子置换，所以土壤黏粒矿物一般以带负电荷为主。同晶置换现象多发生在 2∶1 和 2∶1∶1 型的黏粒矿物中，1∶1 型的黏粒矿物中较少。

如果低价阳离子同晶置换高价阳离子则会产生剩余负电荷，为达到电荷平衡，矿物晶层之间常吸附阳离子。阳离子同晶置换的数量会影响晶层表面电荷量的多少，而同晶置换的发生部位是发生在四面体片还是八面体片，也会影响晶层表面电荷的强度。这些都是影响层间结合状态和矿物特性的主要因素。同时，被吸附的阳离子通过静电引力被束缚在黏粒矿物表面而不易随水流失。一方面，被吸附的离子可通过置换作用被植物吸收利用；另一方面，同晶置换的结果可能导致某些不被植物吸收的重金属等污染元素在土壤中的不断积累以致超过环境容量而引发土壤污染。

4. 层状硅酸盐矿物的种类及一般特性　土壤中层状硅酸盐黏粒矿物种类很多，根据其构造特点和性质可归纳为 4 个类组：高岭组、蒙蛭组、伊利组和绿泥石组。

（1）高岭组　高岭组是硅酸盐黏粒矿物中结构最简单的一类，包括高岭石、珍珠陶土、迪恺石及埃洛石等，其单位晶胞分子式可用 $Al_4Si_4O_{10}\cdot(OH)_8$ 表示，是水铝片和硅氧片相间重叠组成的 1∶1 型矿物，无膨胀性，所带电荷数量少，胶体特性弱。在南方热带和亚热带土壤中普遍且大量存在，而在华北、西北、东北及西藏高原土壤中含量很少。

（2）蒙蛭组　蒙蛭组晶层由两层硅氧片中间夹一层水铝片构成，硅氧片和水铝片比例 2∶1。该组矿物具有很好的膨缩性，因此又叫 2∶1 型膨胀性矿物，包括蒙脱石、绿脱石、拜来石和蛭石等。其单位晶胞分子式可用 $Al_4Si_8O_{20}(OH)_4\cdot nH_2O$ 表示。蒙蛭组矿物的同晶置换现象普遍，所带电荷数量大，胶体特性突出。蒙蛭组在我国东北、华北和西北地区土壤中分布较广。蛭石广泛分布于各大土类中，但以风化不太强的温带和亚热带排水良好的土壤中最多。

（3）伊利组　伊利组属2∶1型非膨胀性矿物，由两层硅片夹一层铝片组成，以伊利石为主要代表，又称水化云母组，其特点是膨胀性小，带电量大，同晶置换较普遍、阳离子交换量和胶体特性都介于高岭石和蒙脱石之间。伊利石广泛分布于我国多种土壤中，尤其是西北、华北干旱地区的土壤中含量很高。

（4）绿泥石组　这类矿物以绿泥石为代表，绿泥石是富含镁、铁及少量铬的硅酸盐黏粒矿物。具有2∶1∶1型晶层结构，晶层由滑石（2∶1型）和水镁片或水铝片相间重叠而成，具有同晶置换较普遍、颗粒较小、胶体特性居中等特征。土壤中的绿泥石大部分是由母质残留下来的，也可由层状硅酸盐矿物转变而来。沉积物和河流冲积物中含有较多的绿泥石。

（二）非层状硅酸盐黏粒矿物

这类黏粒矿物主要是指结构简单、水化程度不等的各种铁、铝氧化物及硅的水化氧化物，包括氧化铁、氧化铝、水铝英石以及氧化硅等。其结构有的为结晶型，如三水铝石、水铝石、针铁矿等；有的则是非晶质无定形的物质，常以凝胶态或斑状、胶膜状包被在层状硅酸盐和腐殖质上，如凝胶态物质水铝英石等。胶体所带电荷通过质子化和表面羟基中H^+的离解来获得，电性取决于土壤溶液中H^+浓度的高低。土壤黏粒氧化物含量比层状硅酸盐黏粒矿物低很多，但其表面积大，表面活性功能团多，电荷可变性强，因此对土壤理化性质，尤其对营养元素和重金属污染元素离子的吸附、迁移、有效性和毒性均有极其重要的作用。

1. 氧化铁　氧化铁矿物主要包括针铁矿（$\alpha-FeOOH$）、纤铁矿（$\gamma-FeOOH$）和赤铁矿（$\alpha-Fe_2O_3$），广泛分布在各类土壤中。不同类型的氧化铁矿物颜色不同，如土壤中最常见的针铁矿呈黄色、黄棕色，在红壤与砖红壤中与赤铁矿共生。纤铁矿呈橙色，形成于排水良好、富含有机质和氧化还原作用交替频繁的土壤中。赤铁矿呈亮红色，是热带、亚热带高度风化土壤中最常见的晶质氧化铁。氧化铁矿物化学活性高，易随环境条件变化而改变形态、价态和性质。氧化铁和羟基氧化铁的基本结构单元是八面体，即由6个O^{2-}和OH^-包围铁原子形成八面体。不同类型的铁氧化物的结构上的差异主要是八面体的排列和连接方式的不同。氧化铁中的Fe^{3+}可被Al^{3+}、Mn^{3+}、Cr^{3+}等金属离子同晶置换，其中以Al^{3+}对Fe^{3+}的同晶置换最多。

2. 氧化铝　铝在土壤中以氢氧化物存在，无Al_2O_3矿物。氢氧化铝矿物中铝均呈六配位的八面体结构。土壤中晶质铝氧化物有两类，一类是三氢氧化铝［$Al(OH)_3$］，包括三水铝石、拜三水铝石和诺三水铝石三种晶型；另一类是偏氢氧化铝$AlOOH$，包括一水软铝石和一水硬铝石两个晶型。其中，三水铝石是土壤中最常见的铝氧化物，主要分布在热带和亚热带高度风化的酸性土壤中，其含量可作为脱硅作用和富铝作用的指标。水热条件和矿物风化强度影响土壤中三水铝石的形成和含量。

3. 水铝英石　水铝英石（$xAl_2O_3 \cdot ySiO_2 \cdot nH_2O$）是非晶质含水铝硅酸盐矿物，Si/Al比值在1～2之间。具有较大的表面积和较高的阳离子交换量，是火山灰土壤中的主要黏土矿物，在高海拔、低温、中高雨量地区的土壤中也可发现水铝英石。

4. 氧化硅　土壤黏粒中的氧化硅有晶质的鳞石英、方英石和非晶质的蛋白石（$SiO_2 \cdot nH_2O$）、氧化硅凝胶两种形态。其中，蛋白石是硅酸凝胶部分脱水的产物，可由硅氧四面体构成，但排列无规则。蛋白石广泛分布于火山灰来源的土壤中，部分蛋白石来源于动植物残体。因此，土壤中的蛋白石含量与土壤腐殖质含量相关。另外，土壤溶液中的氢氧化硅 Si（OH)$_4$ 单体对养分和污染物质在土壤中的转化和富集有重要意义。

第三节　土壤有机质

一、土壤有机质的来源、含量及组成

土壤有机质是土壤中各种含碳有机化合物的总称。它与矿物质一起构成土壤的固相部分。土壤中有机质含量并不多，一般只占固相总重量的10%以下，耕作土壤只占固相总重量的5%以下，但它却是土壤的重要组成，是土壤发育过程的重要标志，对土壤性质的影响重大。

（一）土壤有机质的来源

在风化和成土过程中，最早出现于母质中的有机体是微生物，所以对原始土壤来说，微生物是土壤有机质的最早来源。随着生物的进化和成土过程的发展，动植物残体就成为土壤中有机质的基本来源。自然土壤一旦经包括耕作在内的人为影响后，其有机物质来源还包括作物根茬、各种有机肥料、工农业和生活废水、废渣、微生物制品、有机农药等有机物质。

1. 植物残体　土壤中的植物残体包括各类植物的凋落物、死亡的植物体及根系，这是自然状态下土壤有机质的主要来源。我国不同自然植被下进入土壤的植物残体变异很大，热带雨林下最高，仅凋落物干物质量即达 16 700 kg/（hm^2 · a)；依次为亚热带常绿阔叶林和落叶阔叶林，暖温带落叶阔时林，温带针阔混交林和寒温带针叶林；而荒漠植物群落最少，凋落物干物质量仅为 530 kg/(hm^2 · a)。

2. 动物和微生物残体　土壤中的动物和微生物残体包括土壤动物和非土壤动物的残体，以及各种微生物的残体。这部分来源较少，但对原始土壤来说，微生物是土壤有机质的最早来源。

3. 动物、植物和微生物的排泄物及分泌物　土壤有机质的这部分来源虽然量很少，但对土壤有机质的转化起着非常重要的作用。

4. 人为施入土壤中的各种有机物料　人为施入土壤中的有机物料包括各种有机肥料（绿肥、堆肥和沤肥等)、工农业和生活废水、废渣等，还有各种微生物制品、有机农药等。

（二）土壤有机质的含量

土壤有机质的含量在不同土壤中差异很大，含量高的可达 200 g/kg 或 300 g/kg 以上（如泥炭土和某些肥沃的森林土壤等)，含量低的不足 10 g/kg 或 5 g/kg（如荒漠土和风沙土等)。在土壤学中，一般把耕作层中含有机质 200 g/kg 以上的土壤称为有机质土壤，含有机质在 200 g/kg 以下的土壤称为矿质土壤。一般情况下，耕作层土壤有机质含量通常在 50 g/kg（即5%）以上。全球土壤 0～100 cm 和 0～15 cm 土层中有机碳的含量情况见表 3-10（有机质的含碳量平均为 58%，所以土壤有机质的含量大致是有机碳含量的 1.724 倍)。

表 3-10 全球土壤 0～100 cm 和 0～15 cm 土层中有机碳的含量

（引自黄昌勇，2002）

土纲	面积（$\times 10^3$ km^2）	0～100 cm 土层中的有机碳			0～15 cm 土层中有机碳	
		单位面积含量（$\times 10^6$g/hm^2）	总量（$\times 10^{15}$g）	占全球比例（%）	范围（%）	代表值（%）
新成土	14 921	99	148	9	0.06～6.0	—
始成土	21 580	163	352	22	0.06～6.0	—
有机土	1 745	2 045	357	23	12～57	47
暗色土	2 552	306	78	5	1.2～10	6
变性土	3 287	58	19	1	0.5～1.8	0.9
旱成土	31 743	35	110	7	0.1～1.0	0.6
软 土	5 480	131	73	5	0.9～4.0	2.4
灰化土	4 878	146	71	5	1.5～5.0	2.0
淋溶土	18 283	69	127	8	0.5～3.8	1.4
老成土	11 330	93	105	7	0.9～3.3	1.4
氧化土	11 772	101	119	8	0.9～3.0	2.0
其 他	7 644	24	18	<1	—	—
总 计	135 215		1 577	100		

注：1 hm^2 0～100 cm 土壤重量约为 1 400 t。

（三）土壤有机质的组成

土壤有机质的组成决定于进入土壤的有机物质的组成，进入土壤的有机物质的组成相当复杂。各种动物和植物残体的化学成分和含量因动物和植物种类、器官、年龄等不同而有很大的差异。一般情况下，动植物残体主要的有机化合物有碳水化合物、木质素、蛋白质、树脂和蜡质等。与植物组织相比，土壤有机质中木质素和蛋白质含量显著增加，而纤维素和半纤维素含量则明显减少。土壤有机质的主要元素组成是 C、O、H、N，分别占 52%～58%、34%～39%、3.3%～4.8%和 3.7%～4.1%，其次是 P 和 S，C/N 比在 10 左右。

1. 碳水化合物 碳水化合物是土壤有机质中最主要的有机化合物，碳水化合物的含量占有机质总量的 15%～27%。包括糖类、纤维素、半纤维素、果胶质和甲壳质等。

糖类有葡萄糖、半乳糖、木糖、阿拉伯糖、氨基半乳糖等。虽然各主要自然土类间植被、气候条件等差异悬殊，但上述各糖的相对含量都很相近，在剖面分布上，无论其绝对含量还是相对含量均随深度增加而降低。

纤维素和半纤维素为植物细胞壁的主要成分，木本植物残体含量较高，两者均不溶于水，也不易化学分解和被微生物分解。

果胶质在化学组成和构造上和半纤维素相似，常与半纤维素伴存。

甲壳质属多糖类，和纤维素相似，但含有氮，在真菌的细胞膜、甲壳类和昆虫类的介壳中大量存在，甲壳质的元素组成可以写成（$C_8H_{13}O_5N_4$）$_n$。

2. 木质素 木质素是木质部的主要组成部分，是一种芳香烃聚合物，较纤维素含有更多的碳，与纤维素、半纤维素元素组成的差别见表 3-11。

木质素在林木中的含量约占 30%，其化学构造尚未完全清楚，关于木质素中是否含氮的问题目前尚未阐明。木质素很难被微生物分解，但在土壤中可不断被真菌、放线菌所分解。通过^{14}C研究指出，有机物质的分解的容易程度为：葡萄糖＞半纤维素＞纤维素＞木质素。

表 3-11　木质素、纤维素和半纤维素的元素组成（%）

（引自北京林业大学，1982）

组成元素	木质素	纤维素	半纤维素
碳（C）	62～69	44.4	45.4
氢（H）	5～6.5	6.2	6.1
氧（O）	26～39.5	49.4	48.5

3. 含氮化合物　动植物残体中主要含氮物质是蛋白质，它是构成原生质和细胞核的主要成分，在各植物器官中的含量变化很大，见表 3-12。

蛋白质的元素组成除碳、氢、氧外，还含有氮（平均为 16%），某些蛋白质中还含有硫（0.3%～2.4%）或磷（0.8%）。

蛋白质是由各种氨基酸构成的。一般含氮化合物易为微生物分解，生物体中常有一少部分比较简单的可溶性氨基酸可为微生物直接吸收，但大部分的含氮化合物需要经过微生物分解后才能被利用。

表 3-12　不同植物器官中蛋白质含量

植物器官	蛋白质含量（%）
针叶、阔叶	3.5～9.2
苔　藓	4.5～8.0
禾本科植物茎秆	3.5～4.7

4. 树脂、蜡质、脂肪、单宁和灰分物质　树脂、蜡质和脂肪等有机化合物均不溶于水，而溶于醇、醚及苯中，都是复杂的化合物。

单宁物质有很多种，主要是多元酚的衍生物，易溶于水，易氧化，与蛋白质结合形成不溶性的、不易腐烂的稳定化合物。木本植物木材及树皮中富含单宁，而草本植物及低等生物中则含量很少。

植物残留体燃烧后所留下的灰为灰分物质，其主要元素为钙、镁、钾、钠、硅、磷、硫、铁、铝和锰等，还有少量的碘、锌、硼和氟等元素。这些元素在植物生长中有着重要的意义。

二、土壤腐殖质

土壤腐殖质是由芳香族有机化合物和含氮化合物缩合成的一类复杂的高分子有机物，呈酸性，颜色为褐色或暗褐色。土壤腐殖质是土壤有机质经腐殖化过程再由土壤有机质的矿质化过程分解的简单有机化合物缩合而成的。是土壤养分的储存库，是土壤肥力的重要指标。

人们对土壤腐殖质的研究较早，在 19 世纪初，由于认识和研究的局限性，曾一度认为植物靠直接吸收腐殖质而生存和生长；直到 19 世纪中叶，德国化学家李比希提出植物矿物营养学说，才从根本上推翻植物营养腐殖质学说，认为植物吸收的是矿物质营养元素，土壤腐殖质必须经微生物的分解，变成简单的无机化合物才能被植物吸收。这为土壤腐殖质的进一步研究打下了基础，具有划时代意义。

（一）土壤腐殖质的分组及存在状态

1. 土壤腐殖质的分组　土壤腐殖质是一类组成和结构都十分复杂的天然高分子化合物，各类腐殖质分子大小虽不相同，但其性质相似。要深入研究腐殖质的性质，就必须把它从土壤中分离提取出来，但此项工作十分困难。目前，常用的方法就是先把土壤中分解或部分分解的动植物残体分离掉，通常用水浮选、手挑和静电吸附法移去，然后用不同溶液来浸提土壤，从而把腐殖质分为3个组分：富里酸组（黄腐酸）、胡敏酸组（褐腐酸）和胡敏素（黑腐素）。这里所用浸提剂十分重要，理想的浸提剂应具备以下3个特性：①对腐殖质的性质无影响或影响极小；②能获得均匀的组分；③具有较高的提取能力，能将腐殖质几乎完全分离出来。但是，由于腐殖质的复杂性以及其组成上的非均质性，能满足所有这些条件的浸提剂尚未找到。

在分离土壤中植物残体时，还可用密度为1.8 g/cm³ 或 2.0 g/cm³ 的液体，能更有效地除尽这些残体，被移去的这部分有机物质称为轻组，而留下的土壤组成称为重组。然后根据腐殖质在碱、酸溶液中的溶解度再划分为胡敏酸、富里酸和胡敏素3个组分（图3-12）。其中，胡敏酸是碱可溶，水和酸不溶，颜色和分子质量中等；富里酸是水、酸、碱都可溶，颜色最浅，分子质量最低；胡敏素则水、酸、碱都不溶，颜色最深，分子质量最高，但其中一

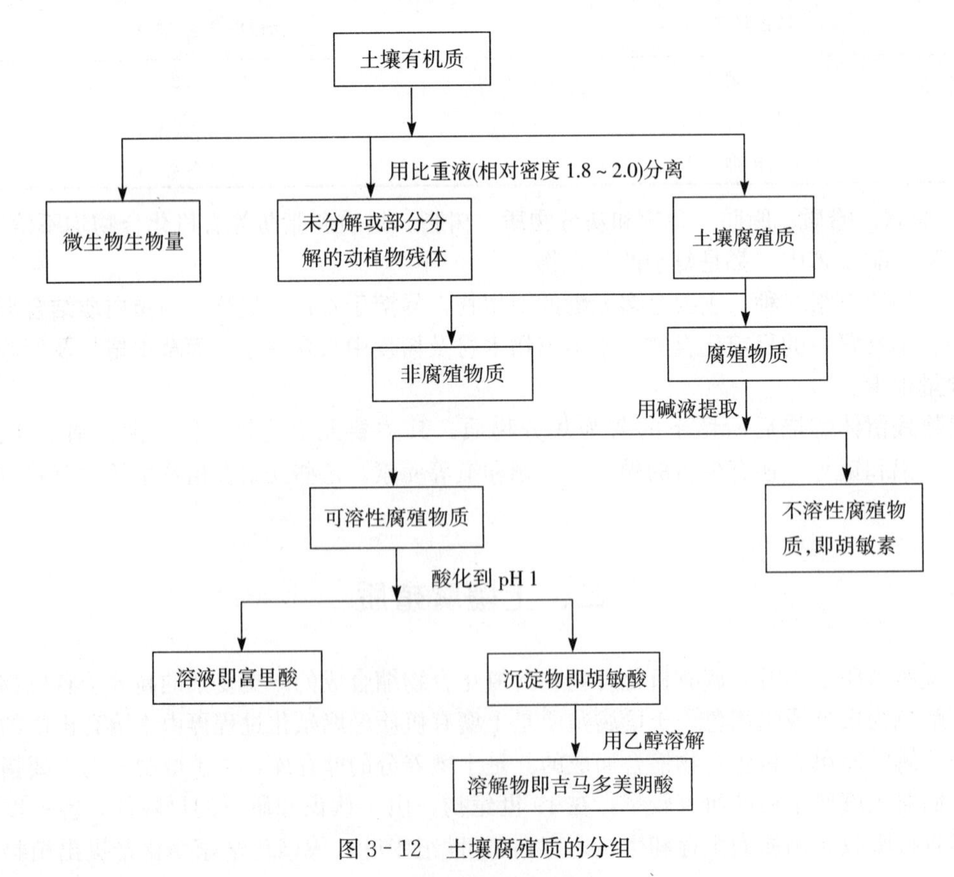

图3-12　土壤腐殖质的分组

部分能被热碱所提取。在将胡敏酸用95%乙醇回流提取，可溶性部分为吉马多美朗酸。目前对胡敏酸和富里酸的研究较多，它们是腐殖物质中最重要的组成。但需特别指出的是，这些腐殖物质组分仅仅是操作上的划分，而不是特定的化学组分划分。

2. 土壤腐殖质的存在状态　土壤腐殖质一般情况下以游离态腐殖质和结合态腐殖质两种状态存在。土壤中游离态腐殖质很少，绝大多数是以结合态腐殖质存在。即腐殖质与土壤无机物，尤其是黏粒矿物和阳离子紧密结合，以有机无机复合体的方式存在。通常52%～98%的土壤有机质都集中在黏粒部分。

结合态腐殖质一般分3种状态类型：①腐殖质与矿物成分中的强盐基化合成稳定的盐类，主要为腐殖酸钙和腐殖酸镁；②腐殖质与含水三氧化物（如 $Al_2O_3 \cdot xH_2O \cdot Fe_2O_3 \cdot yH_2O$）化合成复杂的凝胶体；③与土壤黏粒结合成有机无机复合体。

我国南方酸性土壤中主要是与铁、铝以离子键结合的腐殖质，这种结合具有高度的坚韧性；有时甚至可以把腐殖质和砂粒结合起来，但不一定具备水稳性，所以对土壤团粒状结构形成和肥力提高上关系不大。我国北方的中性和石灰性土壤主要与钙以离子键结合的腐殖质为主，具有较强的水稳性，对改善土壤结构和提高肥力有重要意义。

（二）土壤腐殖质的性质

1. 腐殖质的元素组成　腐殖质可分为胡敏素、胡敏酸和富里酸，后二者合称腐殖酸。腐殖质主要由C、H、O、N、S等元素组成，还有少量的Ca、Mg、Fe、Si等元素。各种土壤中腐殖质的元素组成不完全相同，国际上一般腐殖质含C 55%～60%，平均为58%；含N 3%～6%，平均为5.6%；其C/N为10∶1～12∶1。胡敏酸（HA）和胡敏素（Hu）的元素含量范围大致相同，胡敏酸的C、N含量高于富里酸（FA）（表3-13），而O、S的含量低于富里酸（FA）。HA的C/H高于FA，即说明HA的缩合度较高，氧化程度低于FA，分子结构较FA更复杂。

表3-13　我国主要土壤表土中腐殖物质的元素组成（%，无灰干基）

腐殖物质	胡敏酸（HA）		富里酸（FA）	
	范围	平均	范围	平均
C	43.9～59.6	54.7	43.4～52.6	46.5
H	3.1～7.0	4.8	4.0～5.8	4.8
O	31.3～41.8	36.1	40.1～49.8	45.9
N	2.8～5.9	4.2	1.6～4.3	2.8
C/H	7.2～19.2	11.6	8.0～12.6	9.8

2. 腐殖质的物理性质　腐殖质在土壤中的功能与其分子形状和大小有着密切的关系。腐殖质的分子质量因土壤类型及腐殖质组成的不同而异，即使同一样品用不同的方法测得的结果也有较大差异。据报道，腐殖质相对分子质量的变动范围为几百至几百万。但共同的趋势是，同一土壤，富里酸的平均分子质量最小，胡敏素的平均分子质量最大，胡敏酸介于二者之间。我国几种主要土壤类型的胡敏酸和富里酸的平均相对分子质量分别为890～2 500和675～1 450。

土壤腐殖质的整体结构并不紧密，整个分子表现出非晶质特征，具有较大的比表面积，高达2 000 m^2/g，远大于黏土矿物和金属氧化物的表面积。

腐殖酸是一种亲水胶体，有强大的吸水能力，单位重量腐殖质的持水量是硅酸盐黏土矿物的4～5倍，最大吸收量可以超过其自身重量的500%。

腐殖质整体呈黑褐色，但不同腐殖物质的颜色因不同组分的分子质量大小或发色基团（如共轭双键、芳香环、酚基等）组成比例的不同而不同，其颜色有深浅之别。富里酸的颜色较淡，呈黄色至棕红色；而胡敏酸的颜色较深，为棕黑色至黑色；吉马多美朗酸的颜色比胡敏酸浅，一般为巧克力棕色。腐殖质的光密度与其分子质量大小和分子的芳构化程度大体呈正相关。

3. 腐殖质的化学性质 胡敏酸不溶于水，呈酸性，它与K^+、Na^+、NH_4^+等离子形成的一价盐溶于水，而与Ca、Mg、Fe、Al等的多价盐基离子形成的盐类溶解度相当低。胡敏酸及其盐类在环境条件发生变化时，如干旱、冻结、高温及与土壤矿质部分的相互作用等都能引起变性，成为不溶于水的、较稳定的黑色物质。

富里酸在水中溶解度很大，其水溶液呈强酸性反应，它的盐类（包括一价和二价）都能溶于水，易造成养分流失。

腐殖质是带有负电荷的有机胶体，根据电荷同性相斥原则，新形成的腐殖质胶粒在水中呈分散的溶胶状态，但增加电解质浓度或高价离子，则电性中和而相互凝聚，腐殖质在凝聚过程中可使土粒胶结在一起，形成结构体。另外，腐殖质是一种亲水胶体，可以通过干燥或冻结脱水变性，形成凝胶。腐殖质的这种变性是不可逆的，因此，能形成水稳性的团粒状结构。

腐殖质分子中含各种功能基，其中最主要的是含氧的酸性功能基，包括芳香族和脂肪族化合物上的羧基（—COOH）和酚羟基（—OH），其中羧基是最重要的功能基团。腐殖质因功能基多而具有多种活性，如离子交换、对金属离子的络合作用、氧化还原性以及生理活性等。

腐殖质的总酸度通常是指羧基和酚羟基的总和。总酸度以胡敏素、胡敏酸和富里酸的次序增加。总酸度数值的大小与腐殖质的活性有关，一般较高的总酸度意味着有较高的阳离子交换量。

三、土壤有机质的转化

（一）土壤有机质的转化过程

1. 土壤有机质的矿质化过程 土壤有机质在微生物作用下发生氧化反应，分解为简单的无机化合物并释放能量的过程被称为土壤有机质的矿化过程，包括化学的转化过程、活动物的转化过程和微生物的转化过程。这一矿化过程使土壤有机质转化为二氧化碳、水、氨和矿质养分（磷、硫、钾、钙、镁等简单化合物或离子），所释放出的能量为植物和土壤微生物提供养分和活动能量，并直接或间接地影响着土壤性质，同时也为合成腐殖质提供物质基础。有机质的完全矿化过程可用下式来表示。

$$\underset{\text{含碳和氢的化合物}}{—CH_3} + 2O_2 \xrightarrow[\text{氧化}]{\text{酶}} CO_2 + 2H_2O + \text{能量}$$

（1）土壤有机质的化学转化过程 土壤有机质的化学转化过程包括生物学及物理化学的

变化。一方面是土壤中酶的作用，土壤中已发现的酶有50～60种，它们是土壤中有机体的代谢动力；另一方面是水的淋溶作用，降水可将土壤有机质中可溶性的物质洗出，淋溶出的物质（简单的糖、有机酸及其盐类、氨基酸、蛋白质及无机盐等）通过促进微生物发育，从而促进其残余有机物的分解。

（2）土壤有机质的动物转化过程　土壤有机质的动物转化过程包括机械的转化和化学的转化两个过程。土壤中的动物大多以植物或植物残体为食，它们通过对有机质的搬运、粉碎、将植物残体与土壤混合以及摄食等活动来促进有机质的矿化。其中，蚯蚓被认为是功不可没的土壤动物之一。

（3）土壤有机质的微生物转化过程　土壤有机质的微生物转化过程是土壤有机质矿化最重要的、最积极的过程。

①微生物对不含氮有机物的转化：不含氮的有机物主要指碳水化合物，主要包括糖类、纤维素、半纤维素、脂肪和木质素等。简单糖类容易分解，而多糖类则较难分解；淀粉、半纤维素、纤维素、脂肪等分解缓慢，木质素最难分解，但在一些细菌的作用下可缓慢分解。

②微生物对含氮有机物的转化：土壤中含氮有机物可分为两种类型，一是蛋白质类型，如各种类型的蛋白质；二是非蛋白质型，如几丁质、尿素和叶绿素等。土壤中含氮的有机物在土壤微生物作用下，经过水解、氨化、硝化和反硝化等过程，最终分解为无机态氮（NH_4^+-N和NO_3^--N或N_2O和N_2），即

蛋白质→水解蛋白质→消化蛋白质→多肽→氨基酸→氨→硝酸盐→气态氮

③微生物对含磷有机物的转化：土壤中有机态的磷经微生物作用，分解为无机态可溶性磷后才能被植物吸收利用。土壤表层有26%～50%的磷是以有机态磷存在的，主要有核蛋白、核酸、磷脂和植素等，这些物质在多种腐生性微生物作用下，分解的最终产物为正磷酸及其盐类，可供植物吸收利用。

④微生物对含硫有机物的转化：土壤中含硫的有机化合物（如含硫蛋白质和胱氨酸等），经微生物的腐解作用产生硫化氢。硫化氢在通气良好的条件下，在硫细菌的作用下氧化成硫酸，并和土壤中的盐基离子生成硫酸盐，不仅消除硫化氢的毒害作用，而且成为植物易吸收的硫素养分。

进入土壤中的有机质是由不同种类的有机化合物组成，具有一定生物构造的有机整体。其在土壤中的分解和转化过程不同于单一有机化合物，表现为一个整体的动力学特点。植物残体中各类有机化合物的大致含量范围是：可溶性有机化合物（糖分和氨基酸）5%～10%，纤维素15%～60%，半纤维素10%～30%，蛋白质2%～15%，木质素5%～30%。它们的含量差异对植物残体的分解和转化有很大影响。据估计，进入土壤的有机残体经过一年的降解后，2/3以上的有机质以二氧化碳的形式释放而损失；残余的不到1/3的土壤有机质中，土壤微生物量占3%～8%，多糖、多糖醛酸苷、有机酸等非腐殖质物质占3%～8%，腐殖质占10%～30%。

2. 土壤有机质的腐殖化过程　土壤有机质在微生物作用下，分解产生的简单有机化合物及中间产物转化成更复杂的、稳定的、特殊的高分子有机化合物腐殖质的过程称为土壤有机质的腐殖化过程。有机残体的矿化和腐殖化是同时发生的两个过程，矿化过程是腐殖化过程的前提，而腐殖化过程是有机残体矿化过程的部分结果，腐殖质只是相对稳定，它也会缓慢地进行矿化。因此，矿化和腐殖化在土壤形成中属对立统一的两个过程。图3-13表示了

矿化和腐殖化两个过程的关系。

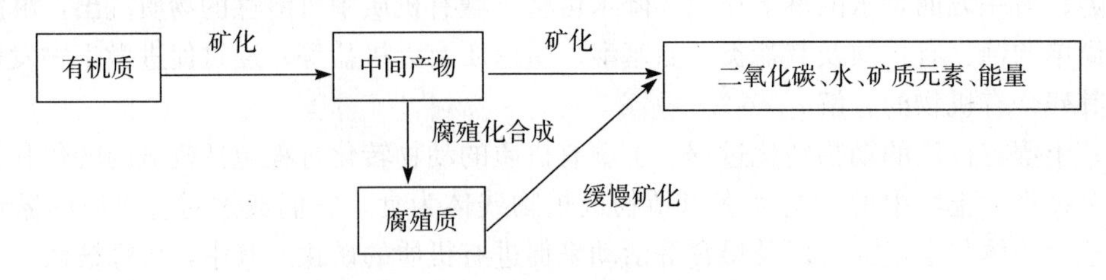

图 3-13 矿化和腐殖化过程的关系

（二）影响土壤有机质分解和转化的因素

有机质进入土壤后通过一系列转化和矿化过程来完成土壤有机质的周转，而微生物是土壤有机质分解和周转的主要驱动力。因此，凡是影响微生物活动及其生理作用的因素都会影响有机物质的转化。通常，有利于矿化作用的因素不利于腐殖化作用，现将影响土壤有机质转化的因素介绍于下。

1. 温度 温度通过影响土壤微生物及酶活性、土壤反应速率和土壤呼吸速率来影响有机质转化。通常，0℃以下不利于土壤有机质的分解；0～35℃范围内，随温度的升高，有机物分解速率升高，土壤微生物的生物周转加快。据测定，温度每升高 10℃，土壤有机质的最大分解速率提高 2～3 倍。土壤微生物活动的最适温度为 25～35℃，超出这个范围，微生物活性明显下降，有机质分解速率降低。

2. 土壤水分和通气状况 土壤水分对有机质分解和转化的影响很复杂，对分解速率起着决定性作用。土壤微生物活动需要适宜的土壤含水量，通常认为最佳含水量为田间持水量的 60%。水分含量过高会导致土壤通气性差，大部分分解有机质的好氧微生物停止活动，从而导致未分解有机质积累；水分含量过低，细菌呼吸作用降低，分解能力变差。

另外，土壤干湿交替也会影响有机质的分解和转化。干湿交替不但使土壤呼吸强度短时间内大幅度提高，以增加有机质的矿化作用，而且会引起土壤胶体（尤其是蒙脱石和蛭石等黏土矿物）的收缩和膨胀，导致土壤团聚体碎裂，从而使难分解的有机质被微生物分解。当然，干湿交替也会杀死部分土壤微生物。

3. 有机残体的特性 有机残体本身的组成特征很大程度上决定了其分解速率。一般情况下，多汁幼嫩新鲜的有机物质比干枯植物残体易分解。有机残体越细碎，其矿化速率越快，疏松有机物比密实有机物分解快，阔叶比针叶快，叶片比根系快，豆科植物比禾本科植物快。有机残体的碳氮比（C/N）对其自身的分解速率影响较大，不同的植物种类，不同植物生长期的残体 C/N 不同，例如，豆科植物和幼叶 C/N 在 10～30∶1，麦秸、稻草 C/N 可达 80∶1，一些植物（如云杉）锯屑 C/N 高达 600∶1。C/N 在 25∶1 时有机质的分解率比较适宜；当 C/N<25∶1 时，氮含量高，微生物活动旺盛，有机质分解快。如豆科植物，它们不仅分解快，并且有多余的有机氮转化为易被植物吸收的矿物态氮。反之，当有机质C/N大于 25∶1 时，没有足够的氮供微生物吸收利用，其生命活动减弱，有机质分解缓慢，甚至微生物还从土壤中与植物中争夺氮素，以满足同化作用的需要，造成植物暂时缺氮，出现黄萎现象。因此，在沤制堆肥时常需补充一些氮素以降低 C/N，加速分解。针叶林凋落物C/N大，可加入适当的含氮物质调小 C/N 来提高分解速率。

4. 土壤 pH 及土壤质地 土壤 pH 通过影响微生物活性来影响有机质的分解和转化。各种微生物都有其最适宜的 pH 范围，大多数细菌最适 pH 为 6.5～7.5，放线菌最适于中性到微碱性，真菌最适于酸性条件（即 pH 3～6）。土壤 pH 高于 8.5 或低于 5.5，都不适宜微生物活动。因此，改良过酸或过碱土壤有利于有机质的矿化。

土壤质地在局部范围内也会影响有机质含量。研究表明，土壤有机质含量与其黏粒含量具有极显著正相关，黏质土和粉质土中有机质分解较慢，含量通常比砂质土中高。

四、土壤有机质的作用及其生态环境意义

土壤有机质特有的组成和性质等决定了其在土壤中乃至在土壤圈层和植物圈层中都起着极为重要的作用。

（一）有机质在土壤肥力上的作用

有机质在土壤肥力上的作用是多方面的，它的含量是土壤肥力水平的一项重要指标。

1. 提供植物需要的养分 土壤有机质中含有大量的植物营养元素，如 N、P、K、Ca、Mg、S、Fe 等重要元素，还有一些微量元素。土壤有机质经矿质化过程释放大量的营养元素为植物生长提供养分；有机质的腐殖化过程合成腐殖质，保存了养分，腐殖质又经矿质化过程再度释放养分，从而保证植物生长全过程的养分需求。

土壤有机质还是土壤 N、P 最重要的营养库，是植物速效性 N、P 的主要来源。土壤全氮（N）的 92%～98%都是储藏在土壤中的有机氮，且有机氮主要集中在腐殖质中，一般是腐殖质含量的 5%。据研究，作物吸收的氮素有 50%～70%是来自土壤（其余主要来自化肥）。

土壤有机质中有机态磷的含量一般占土壤全磷的 20%～50%，随着有机质的分解而释放出速效磷，供给植物营养。有机态磷对植物的有效性高于无机磷。

在大多数非石灰性土壤中，有机质中有机态硫占全硫的 75%～95%，随着有机质的矿质化过程而释放，被植物吸收利用。

土壤有机质在分解转化过程中，产生的有机酸和腐殖酸对土壤矿物部分有一定的溶解能力，可以促进矿物风化，有利于某些养分的有效化。一些与有机酸和富里酸络合的金属离子可以保留在土壤溶液中，不致沉淀而增加其有效性。

2. 改善土壤的肥力特性 有机质通过影响土壤物理性质、化学性质和生物学性质改善土壤肥力特性。

（1）改善物理性质 有机质在改善土壤物理性质中的作用是多方面的，其中最主要、最直接的作用是改良土壤结构，促进团粒状结构的形成，从而增强土壤的疏松性，改善土壤的通气性和透水性。

腐殖质是土壤团聚体的主要胶结剂，土壤中的腐殖质很少以游离态存在，多数和矿质土粒相互结合，通过功能基、氢键、范德华力等机制，以胶膜形式包被在矿质土粒外表，形成有机无机复合体。所形成的团聚体，大孔隙和小孔隙分配合理，且具有较强的水稳性，是较好的结构体。

土壤腐殖质的黏结力比砂粒强，在砂性土壤中，可增加砂土的黏结性而促进团粒状结构的形成。腐殖质的黏结力比黏粒小，一般为黏粒的 1/12，黏着力为黏粒的 1/2，当腐殖质覆盖黏粒表面时，减少了黏粒间的直接接触，可降低黏粒间的黏结力，有机质的胶结作用可形

成较大的团聚体，更进一步降低黏粒的接触面，使土壤的黏性大大降低，因此可以改善黏土的土壤耕性和通透性。有机质通过改善黏性，降低土壤的胀缩性，防止土壤干旱时出现的大的裂隙。

土壤腐殖质是亲水胶体，具有巨大的比表面积和亲水基团。据测定，腐殖质的吸水率为500%左右，而黏土矿物的吸水率仅为50%左右。因此，腐殖质能提高土壤的有效持水量，这对砂土有着重要的意义。

腐殖质为棕色、褐色或黑色物质，被土粒包围后使土壤颜色变暗，从而增加了土壤吸热的能力，提高土壤温度，这一特性对北方早春时节促进种子萌发特别重要。腐殖质的热容量比空气、矿物质大，而比水小，导热性居中，因此，土壤有机质含量高的土壤其土壤温度相对较高，且变幅小，保温性好。

（2）改善化学性质　土壤腐殖物质因带有正负两种电荷，故可吸附阴离子和阳离子；其所带电性以负电荷为主，吸附的离子主要是阳离子 K^+、NH_4^+、Ca^{2+} 和 Mg^{2+} 等，这些离子一旦被吸附后，就可避免随水流失，而且能随时被根系附近的 H^+ 或其他阳离子交换下来，供植物吸收，仍不失其有效性。从吸附性阳离子的有效性来看，腐殖物质与黏土矿物的作用一样，但单位质量腐殖物质保存阳离子养分的能力比矿质胶体大20～30倍。在矿质土壤中腐殖质对阳离子吸附量的贡献占20%～90%，在保肥力很弱的砂性土壤中腐殖物质的这一作用显得尤为突出。因此，在砂性土壤上增施有机肥以提高其腐殖质含量后，不仅增加了土壤中养料含量，改善了砂土的物理性质，还能提高其保肥能力。

由于土壤对磷有强烈的固定作用，土壤中磷的有效性低。有机质能降低磷的固定而增加土壤中磷的有效性和提高磷肥的利用率。有机质也能增加微量元素的有效性。

腐殖质是一种弱酸，和其盐类可构成缓冲体系，缓冲土壤溶液中 H^+ 浓度变化，使土壤具有一定的酸碱缓冲能力。更重要的是腐殖质是一种胶体，具有较强的吸附性能和较高的阳离子代换能力，因此，使土壤具有较强的缓冲性能。

（3）改善生物学性质　土壤有机质是土壤微生物生命活动所需养分和能量的主要来源。没有它就不会有土壤中所有的生物化学过程。土壤微生物的种群、数量和活性随有机质含量增加而增加，具有极显著的正相关。土壤有机质的矿质化率低，不会像新鲜植物残体那样对微生物产生迅猛的激发效应，而是持久稳定地向微生物提供能源。因此，富含有机质的土壤，其肥力平稳而持久，不易造成植物的徒长和脱肥现象。

土壤动物中有的（如蚯蚓等）也以有机质为食物和能量来源；有机质能改善土壤物理环境，增加疏松程度和提高通透性（对砂土而言则降低通透性），从而为土壤动物的活动提供了良好的条件，而土壤动物本身又加速了有机质的分解（尤其是新鲜有机质的分解），进一步改善土壤通透性，为土壤微生物和植物生长创造了良好的环境条件。

此外，土壤腐殖酸被证明是一类生理活性物质，它能加速种子萌发，增强根系活力，促进植物生长；对土壤微生物而言，腐殖酸也是一种促进生长发育的生理活性物质。

必须指出的是，有机质在分解时，也能产生一些不利于植物生长或甚至有害的中间物质，特别是在嫌气条件下，这种情况更易发生。

（二）有机质在生态环境上的作用

1. 有机质可降低或延缓重金属污染　土壤腐殖质组分对重金属污染物毒性的影响可以通过静电吸附和络合（螯合）作用来实现。土壤腐殖质含有多种功能基，这些功能基对重金属离子有较强的络合能力，土壤有机质与重金属离子的络合作用对土壤和水体中重金属离子的固定和迁移有极其重要的影响。各种功能基对金属离子的亲和力为

$$
\underset{\text{烯醇基}}{-C{=}C{-}OH} > \underset{\text{胺基}}{-NH_2} > \underset{\text{偶氮化合物}}{-N{=}N} > \underset{\text{环氮}}{\equiv N} > \underset{\text{羧基}}{-COO-} > \underset{\text{醚基}}{-O-} > \underset{\text{羰基}}{-C{=}O}
$$

如果腐殖质中活性功能基（—COOH、—OH）的空间排列适当，那么可以通过取代阳离子水化圈中的一些水分子与金属离子结合形成螯合体。胡敏酸与金属离子的键合总容量在200～600 μmol/g，大约33%是由阳离子在复合位置上的固定，主要的复合位置是羧基和酚羟基。

腐殖质金属离子复合体的稳定常数反映了金属离子与有机配位体之间的亲和力，对重金属环境行为的了解有重要价值。一般金属富里酸复合体稳定常数的排列次序为：$Fe^{3+} > Al^{3+} > Cu^{2+} > Ni^{2+} > Co^{2+} > Pb^{2+} > Ca^{2+} > Zn^{2+} > Mn^{2+} > Mg^{2+}$，其中稳定常数在pH5.0时比pH3.5时稍大，这主要是由于羧基等功能基在较高pH条件下有较高的离解度。在低pH时，由于大量的H^+与金属离子一起竞争配位体的吸附位，腐殖质络合的金属离子较少。

胡敏酸和富里酸可以与金属离子形成可溶性和不可溶性的络合物，主要依赖于饱和度，富里酸金属离子络合物比胡敏酸金属离子络合物的溶解度大。

胡敏酸可作为还原剂将有毒的Cr^{6+}还原为Cr^{3+}。作为路易斯酸，Cr^{3+}能与胡敏酸上的羧基形成稳定的复合体，从而可限制动植物对其的吸收性。此外，腐殖质还能将Hg^{2+}还原为Hg，将Fe^{3+}还原为Fe^{2+}等。腐殖酸通过对金属离子的络合、吸附和还原作用，可降低重金属的毒害作用。

2. 有机质对农药等有机污染物具有固定作用　土壤有机质对农药等有机污染物有强烈的亲和力，对有机污染物在土壤中的生物活性、残留、生物降解、迁移和蒸发等过程有重要的影响。对农药的固定作用与腐殖质功能基的数量、类型和空间排列密切相关，也与农药本身的性质有关。一般认为，极性有机污染物可以通过离子交换和质子化、氢键、范德华力、配位体交换、阳离子桥和水桥等各种不同机理与土壤有机质结合。对非极性有机污染物可通过分隔（partitioning）机理与之结合。腐殖质分子中既有极性亲水基团，也有非极性疏水基团。

可溶性腐殖质能增加农药从土壤向地下水的迁移。富里酸有较低的分子质量和较高酸度，比胡敏酸更可溶，能更有效地迁移农药等有机污染物质。腐殖酸作为还原剂而改变农药的结构，这种改变因腐殖酸中羧基、酚羟基、醇羟基、杂环和半醌等的存在而加强。一些有毒有机化合物与腐殖质结合后，其毒性降低或消失。

3. 土壤有机质对全球碳平衡的影响　土壤有机质是全球碳平衡过程中非常重要的碳库，一方面，其分解和积累速率的变化直接影响到全球碳平衡；另一方面，土壤有机质作为重要的肥力因子影响植物生长，从而影响陆地的生物碳库。据估计，全球土壤有机质的总碳量在1.4×10^{18}～1.5×10^{18} g，大约是陆地生物总碳量（5.6×10^{17} g）的2.5～3倍。而每年因土壤有机质生物分解释放到大气的总量为6.8×10^{16} g，全球每年因焚烧燃料释放到大气的碳低得多，仅为6×10^{15}g，是土壤生物分解（即呼吸作用）释放碳的8%～9%。可见，土壤有机质对地球自然环境具有重大影响。从全球来看，土壤有机碳水平的不断下降，对全球气候变化的影响将不亚于人类活动向大气排放的影响。

第四节 土壤生物

土壤生物是土壤中具有生命力的主要成分，在土壤的形成和发育过程中起极其重要的作用。自然界中物质循环的原动力主要靠众多的土壤生物来完成。土壤生物是评价土壤质量和土壤生态系统稳定性的一个非常重要的指标。

土壤生物是栖居在土壤（包括地表枯落物层）中的生物体的总称，主要包括土壤动物、高等植物（根系）和微生物。它们有多细胞的后生动物，单细胞的原生动物，真核细菌的真菌（酵母、霉菌）和藻类，原核细胞的细菌、放线菌和蓝细菌以及没有细胞结构的分子生物（如病毒）等。

一、土壤动物

土壤动物指长期或一生中大部分时间生活在土壤或地表凋落物层中而且对土壤有一定影响的动物。它们直接或间接地参与土壤中物质和能量的转化，是土壤生态系统中不可分割的组成部分。土壤动物通过取食、排泄、挖掘等生命活动破碎生物残体，使之与土壤混合，为微生物活动和有机物质进一步分解创造了条件。土壤动物活动使土壤的物理性质（通气状况）、化学性质（养分循环）以及生物化学性质（微生物活动）均发生变化，对土壤形成及土壤肥力发展起着重要作用。

（一）土壤动物的分类

土壤动物是陆地生态系统中生物数量最大的一类生物，与土壤中的植物、微生物组成土壤生态系统，三者相互作用、相互影响。土壤动物门类齐全，种类繁多，数量庞大，几乎所有的动物门、纲都可以在土壤中找到它们的代表。按照不同的分类标准可分为多种类型，下面列举较常见的四种分类方法。

1. 系统分类 土壤动物的系统分类见表 3 - 14。

表 3 - 14 主要的土壤动物门类

门	纲
原生动物门	
扁形动物门	涡虫纲
线形动物门	轮虫纲、线虫纲
软体动物门	腹足纲
环节动物门	寡毛纲
节肢动物门	蛛形纲、甲壳纲、多足纲、昆虫纲
脊椎动物门	两栖纲、爬行纲、哺乳纲

2. 按体形大小分类 按体形大小，土壤动物可分为下述几种类型。

（1）小型土壤动物 小型土壤动物体长在 0.2mm 以下，主要包括鞭毛虫和变形虫等原生动物、轮虫的大部分和熊虫、线虫等。

（2）中型土壤动物 中型土壤动物体长 0.2～2mm，主要有螨类、拟蝎和跳虫等微小节肢动物，还有涡虫、蚁类和双尾类等。

（3）大型土壤动物 大型土壤动物体长 2～20mm，主要有大型的甲虫，椿象、金针虫、蜈蚣、马陆、蝉的若虫和盲蛛等。

（4）巨型土壤动物 巨型土壤动物体长大于 20mm，脊椎动物中有蛇、蜥蜴、蛙、鼠类和食虫类的鼹鼠等，无脊椎动物中有蚯蚓和许多有害的昆虫（包括蝼蛄、金龟甲和地蚕）。

3. 按食性分类 按食性分类，土壤动物分为落叶食性土壤动物、材食性土壤动物、腐食性土壤动物、植食性土壤动物、苔藓类食性土壤动物、菌食性土壤动物、藻食性土壤动物、细菌食性土壤动物、捕食性土壤动物、尸食性土壤动物、粪食性土壤动物、杂食性和寄生性土壤动物等。

4. 按土壤中的生活时期分类 按土壤中生活时期，分为全期土壤动物、周期土壤动物、部分土壤动物、暂时土壤动物、过渡土壤动物和交替土壤动物等。

（二）重要的土壤动物介绍

土壤动物的种类和数量令人惊叹，难以计数。这里仅介绍几种对土壤性质影响较大，且人们对它们的生理习性及生态功能较为熟知的优势土壤动物类群。

1. 土壤原生动物 原生动物为单细胞真核生物，简称原虫，属原生动物门。相对于原生动物而言，其他土壤动物门类均称为后生动物。原生动物结构简单，数量大，分布广，海洋、各种淡水水体和潮湿土壤都是它们的主要生境。土壤中都有原生动物，但不同地区和不同类型土壤的原生动物的种类和数量有差异，一般为 10^4～10^5 个/g（土），多时可达 10^6～10^7 个/g（土）。表土中最多，下层土壤中少。数量上，鞭毛虫类最多，主要分布在森林的枯落物层，以细菌为食；其次为变形虫类，多生活在酸性土壤上层，通常能进入其他原生动物所不能到达的微小孔隙，以动植物碎屑为食；纤毛虫类分布相对较少，常以细菌和小型鞭毛虫为食。原生动物在维持土壤微生物动态平衡上起重要作用，使养分在整个植物生长季节内缓慢释放，有利于植物对矿质养分的吸收。

2. 土壤线虫 线虫属线形动物门的线虫纲，是一种体形细长（1mm 左右）的白色或半透明无节动物，是土壤中最多的非原生动物，已报道的种类达 1 万多种，每平方米可达几百万个。线虫一般喜湿，主要分布在有机质丰富的潮湿土层及植物根系周围。线虫可分为腐生型线虫和寄生型线虫。腐生型线虫的主要取食对象为细菌、真菌、低等藻类和土壤中的微小原生动物。腐生型线虫的活动对土壤微生物的密度和结构起控制和调节作用，另外通过捕食多种土壤病原真菌，可防止土壤病害的发生和传播。寄生型线虫的寄主主要是活的植物体的不同部位，常常印起多种植物根部的线虫病。

3. 蚯蚓 土壤蚯蚓属环节动物门的寡毛纲，是被研究最早（自 1840 年达尔文起）和最多的土壤动物。蚯蚓体圆而细长，其长短、粗细因种类而异，最小的长 0.44mm，宽 0.13mm；最长的达 3 600mm，宽 24mm。身体由许多环状节构成，体节数目是分类的特征之一。蚯蚓的体节数目相差悬殊，最多达 600 多节，最少的只有 7 节。全球已命名的蚯蚓大约有 2 700 多种，我国已发现有 200 多种。蚯蚓是典型的土壤动物，主要集中生活在表土层或枯落物层，因为它们主要摄食大量的有机物和矿质土壤，因此有机质丰富的表层，蚯蚓密度最大，最高可达每平方米 170 多条。蚯蚓通过大量取食与排泄活动富集养分，促进土壤团粒结构的形成，并通过掘穴、穿行改善土壤的通透性，提高土壤肥力。因此，土壤中蚯蚓的数量是衡量土壤肥力的重要指标。

4. 弹尾和螨目　弹尾（又名跳虫）和螨目分属节肢动物门的昆虫纲和蛛形纲，是土壤中数量最多的节肢动物（分别占土壤动物总数的54.9%和28%）。跳虫一般体长1～3 mm，腹部第4节或第5节有一弹器，目前已知2 000种以上，主要生活于土壤表层，1 m^2 土壤内可多达2 000尾。绝大多数跳虫以取食花粉、真菌和细菌为主，少数可危害甘蔗、烟草和蘑菇。

螨目的主要代表是甲螨（占土壤螨类的62%～94%），一般体长0.2～1.3 mm，主要分布在表土层中，0～5 cm土层内其数量约占全层数量的82%，而在25 cm以下则很难找到。大多数甲螨取食真菌、藻类和已分解的植物残体，在控制微生物数量及促进有机质分解过程中起着重要作用。

土壤中主要的动物还包括蠕虫、蛞蝓、蜗牛、千足虫、蜈蚣、蛤虫、蚂蚁、马陆、蜘蛛及昆虫等。

（三）土壤动物与生态环境的关系

1. 生态环境对土壤动物的影响　土壤是复杂的自然体，生活在土壤中的动物群落受多种环境因素的影响，包括土壤性质（土壤温度、土壤湿度、土壤pH、有机质、土壤容重、枯落物数量和质量、土壤矿质元素以及污染物质含量）、地上植被、地形和气候等。因此土壤动物的群落结构随环境因素和时间变化呈明显的时空变化。

（1）空间变化　表现为水平变异和垂直变异。①水平变异：土壤动物随植被、土壤、微地貌类型与海拔高度以及人为活动等因素的变化，呈现出群落组成、数量、密度和多样性等的水平差异。自然植被改为耕作土壤后，土壤动物的种类和数量明显减少，显示植被类型对土壤动物群落的水平结构的巨大影响。②垂直变异：主要表现在土壤动物的表聚性特征，土壤动物的种类、个体数、密度和多样性随着土壤深度而逐渐减少。

（2）时间变化　土壤动物的时间变化主要表现为季节变异。土壤动物的季节变化与其环境的季节性节律密切相关，在中温带和寒温带地区，土壤动物群落种类和数量一般在7～9月达到最高，与雨量、温度的变化基本一致，而在亚热带地区一般于秋末冬初达到最高（11月）。

2. 土壤动物的指示作用　生活于土壤中的动物受环境的影响，反过来，土壤动物的数量和群落结构的变异能够反映环境的细微变化。土壤动物多样性被认为是土壤肥力高低及生态稳定性的有效指标。土壤中某些种类的土壤动物可以快速灵敏地反映土壤是否被污染以及污染的程度。例如，土壤动物区系的代表类群蚯蚓，蚯蚓不但在土壤生态系统循环过程中起着举足轻重的作用，而且它处于食物链的低端，与土壤中的各种污染物密切接触，因此，蚯蚓可作为可靠的指示物来监测、评价土壤污染。另外，线虫也常被看做生态系统变化和农业生态系统受到干扰的敏感指示生物。土壤动物多样性的破坏将威胁整个陆地生态系统的生物多样性及生态稳定性。因此，应加强土壤动物多样性的研究和保护。

二、土壤微生物

土壤微生物是指生活在土壤中借用光学显微镜才能看到的微小生物，包括细胞核构造不完善的原核生物（如细菌、蓝细菌和放线菌）和具有完善细胞核结构的真核生物（如真菌等）。土壤微生物参与土壤物质转化过程，在土壤形成和发育、土壤肥力演变、养分循环及有效化、有毒物质降解以及维持生态系统稳定等方面起着重要作用。

微生物在整个土壤-植物生态系统中分布广，数量大，种类繁多，是土壤生物中最活跃的部分。其分布与活动一方面反映了土壤环境因素对微生物的分布、群落组成及其种间关系的影响和作用；另一方面也反映了微生物对植物生长、土壤环境和物质循环与迁移的影响和作用。土壤微生物以细菌量最大，占70%～90%，含量可达2.5×10^9个/g（土）；放线菌7.0×10^5个/g（土），真菌4.0×10^5个/g（土），藻类5.0×10^4个/g（土），原生动物3.0×10^4个/g（土）。土地类型能够决定微生物群落的组成，草地和森林土壤微生物群落多样性高于农耕地土壤，非耕地土壤高于耕地土壤，天然林地高于人工林地。pH的变化能够引起微生物的种类和数量的变化，中性土和偏碱性土适合细菌和放线菌的生长，酸性土适合霉菌和酵母菌的生长。西北黑垆土含细菌2.0×10^7个/g（土），放线菌7.0×10^6个/g（土），真菌7.5×10^3个/g（土）。华南酸性红壤含细菌6.2×10^4个/g（土），放线菌6.0×10^4个/g（土），真菌6.2×10^4个/g（土）。因此，在任何土质中都以细菌量最多，放线菌次之，真菌再次之，藻类、原生动物等依次排列。表3-15是我国几种土壤的微生物数量。

表3-15　我国不同土壤微生物数量（$\times10^4$个/g，土）
（引自熊毅、李庆逵，1987）

土壤	植被	细菌	放线菌	真菌
黑土	林地	3 370	2 410	17
	草地	2 070	505	10
灰褐土	林地	438	169	4
黄绵土	草地	357	140	1
红壤	林地	144	6	3
	草地	100	3	2
砖红壤	林地	189	10	12
	草地	64	14	7

（一）土壤微生物的营养类型和呼吸类型

1. 土壤微生物的营养类型　根据微生物对营养和能源的要求，一般可将其分成化能有机营养型、光能有机营养型、化能无机营养型和光能无机营养型四大类型。

（1）化能有机营养型　化能有机营养型又称为化能异养型，需要有机化合物作为碳源，并从氧化有机化合物的过程中获得能量。土壤中该类型微生物的数量或种类是最多的，包括绝大部分细菌和几乎全部真菌和原生动物，是土壤中起重要作用的微生物。

（2）光能有机营养型　光能有机营养型又称为光能异养型，其能源来自光，但需要有机化合物作为供氢体以还原CO_2，合成细胞物质。例如，紫色非硫细菌中的深红红螺菌（*Rhodospirillum rubrum*）可利用简单有机物（如甲基乙醇）做供氢体。

$$CO_2+CH_2CHOHCH_3 \xrightarrow{光能} (CH_2O)+CH_3COCH_3$$

（3）化能无机营养型　化能无机营养型又称为化能自养型，以CO_2作为碳源，从氧化无机化合物中获取能量。这类微生物虽在土壤中数量、种类不多，但在土壤物质转化中起重要作用。属于这一类的土壤微生物主要有：亚硝酸细菌、硝酸细菌、硫氧化细菌、铁细菌和氢细菌等。

(4) 光能无机营养型　光能无机营养型又称为光能自养型，利用光能进行光合作用，以无机物作为供氢体以还原CO_2，合成细胞物质。藻类和光合细菌中的绿硫细菌和紫硫细菌都属于光能自养型。

2. 土壤微生物的呼吸类型　微生物的呼吸作用，由于对氧的要求不同，可分为有氧呼吸和无氧呼吸（也称为发酵）。进行有氧呼吸的称为好气性微生物，进行无氧呼吸的称为嫌气性微生物，能进行有氧呼吸又能进行无氧呼吸的称为兼嫌气性微生物。

(1) 好气性微生物　土壤中大多数细菌（如芽孢杆菌、假单胞菌、根瘤菌、固氮菌、硝酸化细菌、硫化细菌等）以及霉菌、土壤放线菌、藻类等属于好气性微生物。它们在有氧环境中生长，以氧气为呼吸基质氧化时的最终受氢体。由于来自空气中的氧能不断供应，所以能使基质彻底氧化，释放出全部能量。

好气性微生物在通气良好的土壤中生长，转化土壤中有机物，获得能量，构建细胞物质，行使其生理功能，如固氮菌的固氮作用。好气性化能自养型细菌，以还原态无机化合物为呼吸基质，依赖它特殊的氧化酶系，活化分子态氧去氧化相应的无机物质而获得能量。例如，亚硝酸细菌以NH_4^+为呼吸基质氧化成NO_2^-（亚硝化作用）、硝酸细菌以NO_2^-为基质氧化成NO_3^-（硝化作用）、氧化硫化杆菌以S为基质氧化成SO_4^{2-}（硫化作用）。

(2) 嫌气性微生物　嫌气性微生物如梭菌、产甲烷细菌和脱硫弧菌，在缺氧的环境中生长发育，进行不需氧的呼吸过程，产生一些比基质更为还原的终产物，释放的能量也少。

长期淹水的水稻土或沼泽地或人工沼气等环境中，甲烷细菌进行沼气发酵产生甲烷。脱硫弧菌可使硫酸盐还原产生H_2S。

(3) 兼嫌气性微生物　兼嫌气性微生物能在有氧和无氧环境中生长发育，但在两种环境中呼吸产物不同。典型的例子就是酵母菌和大肠杆菌。

土壤中的反硝化假单胞菌和某些硝酸还原细菌、硫酸还原细菌等都属于兼嫌气性微生物。在有氧环境中，它们与其他好气性细菌一样进行有氧呼吸。在缺氧环境中，它们能将呼吸基质彻底氧化，以硝酸或硫酸中的氧作为受氢体，使硝酸还原为亚硝酸或分子氮，使硫酸还原为硫或硫化氢。

(二) 土壤细菌

1. 土壤细菌的一般特点　土壤细菌是一类单细胞、无完整细胞核的生物。它占土壤微生物总数的70%～90%，每克土中通常有100万个以上细菌。细菌菌体通常很小，直径为0.2～0.5μm，长度为数微米，因而土壤细菌生物量并不高。细菌的基本形态有3种：球状、杆状和螺旋状，相应的细菌种类有球菌、杆菌和螺旋菌。

2. 土壤细菌的主要生理群　土壤中存在中各种细菌生理群，其中主要的有纤维素分解细菌、固氮细菌、氨化细菌、硝化细菌和反硝化细菌等。它们在土壤元素循环中起着主要作用。

(1) 纤维素分解细菌　土壤中能分解纤维的细菌主要是好气纤维素分解细菌和嫌气纤维素分解细菌。

好气纤维素分解细菌主要有孢噬纤维菌属（*Sporocytophaga*）、噬纤维菌属（*Cytophaga*）、多囊菌属（*Polyangium*）和镰状纤维菌属（*Cellfalcicula*）等。这类纤维分解菌活动最适温度为22～30℃，通气不良和过高、过低温度对这类细菌的活性均有较大影响。

嫌气纤维分解细菌主要是好热性嫌气纤维分解芽孢细菌，包括热纤梭菌（*Clostridium thermocellum*）、溶解梭菌（*Clostridium dissolvens*）及高温溶解梭菌（*Clostridium thermocellulolyticus*）等，好热性纤维分解菌活动适宜温度达60～65℃，最高活动温度可达80℃。

土壤纤维素分解细菌活动强度受土壤养分、水分、温度、酸度和通气等因素的影响。通常纤维素分解细菌适宜中性至微碱性环境，所以在酸性土壤中纤维素分解菌活性明显减弱。

（2）固氮细菌　土壤中固氮微生物种类很多，它们每年可从大气中固定氮素达1×10^8t（表3-16）。其中，固氮细菌在固氮微生物中占有优势地位，大约有2/3的分子态氮是由固氮细菌固定的。固氮细菌可分为自生固氮细菌和共生固氮细菌两类。

①自生固氮菌：自生固氮细菌是指不依赖于其他生物而能独立将分子态氮还原成氨，并营养自给的细菌类群。目前已发现和确证具有自生固氮作用的细菌近70属。

②共生固氮菌：共生固氮作用是指两种生物相互依存生活在一起时，由固氮微生物进行固氮的作用。共生固氮作用中根瘤菌与豆科植物的共生固氮作用最为重要，其固氮细菌的固氮能力比自生固氮菌大得多。根瘤菌是指与豆科植物共生，形成根瘤，能固定大气中分子态氮，向植物提供氮营养的一类杆状细菌。根瘤菌在土壤中可独立生活，但只有在豆科植物根瘤中才能进行旺盛的固氮作用。根瘤菌主要有根瘤菌属（*Rhizobium*）和慢生根瘤菌属（*Bradyrhizobium*）。

表3-16　各种固氮微生物固氮量统计

固氮微生物种类	全年总固氮量（$\times10^4$t）	单位面积固氮量（kg/hm^2）
共生固氮细菌	5 500	90～240
自生固氮细菌	1 000～2 000	30～75
非豆科共生微生物	2 500	45～150
固氮藻类	1 000	38～75

（3）氨化细菌　微生物分解含氮有机物释放氨的过程称为氨化作用。氨化作用一般可分为两步，第一步是含氮有机物（蛋白质和核酸等）降解为多肽、氨基酸、氨基糖等简单含氮化合物；第二步则是降解产生的简单含氮化合物在脱氨基过程中转变为NH_3。

参与氨化作用的微生物种类较多，其中以细菌为主。据测定，在条件适宜时土壤中氨化细菌每克土可达10^5～10^7个。主要是好气性细菌，如蕈状芽孢杆菌（*Bacillus mycoides*）、枯草芽孢杆菌（*Bacillus subtilis*）和嫌气性细菌的某些种群，如腐败芽孢杆菌（*Bacillus putrificus*）。此外还有一些兼性细菌，如变形杆菌（*Proteus*）等。

氨化细菌所需最适土壤含水量为田间持水量的50%～75%，最适温度为25～35℃。氨化细菌适宜在中性环境中生长，酸性强的土壤添加石灰可增强氨化细菌的活性。土壤通气状况决定了氨化细菌的优势种群，但通气状况好坏不影响氨化作用的进行。

（4）硝化细菌　微生物氧化氨为硝酸并从中获得能量的过程称为硝化作用。土壤中的硝化过程分两个阶段，第一阶段是由亚硝酸细菌将氨（NH_3）氧化为亚硝酸的亚硝化过程；第二阶段是由硝酸细菌把亚硝酸氧化为硝酸的过程。

参与硝化作用的土壤微生物为硝化细菌，包括亚硝化细菌和硝化细菌两个亚群。硝化细菌属化能无机营养型，适宜在pH 6.6～8.8或更高的范围内生活，当pH低于6.0时，硝化作用明显下降。由于硝化细菌是好气性细菌，因而适宜通气良好的土壤，当土壤中含氧量相对为大气中氧浓度的40%～50%时，硝化作用往往最旺盛。硝化细菌最适温度为30℃，低于5℃和高于40℃，硝化作用甚弱。

(5) 反硝化细菌　微生物将硝酸盐还原为还原态含氮化合物或分子态氮的过程称为反硝化过程。引起反硝化作用的微生物主要是反硝化细菌。反硝化细菌属兼嫌气性微生物。反硝化细菌最适宜的pH是6～8，pH在3.5～11.2范围内都能进行反硝化作用。反硝化细菌最适温度为25℃，但在2～65℃范围内反硝化作用均能进行。

（三）土壤真菌

土壤真菌是指生活在土壤中菌体多呈分枝丝状菌丝，少数菌丝不发达或缺乏菌丝的具有真正细胞核的一类微生物。土壤真菌数量为每克土含2×10^4～10×10^4个繁殖体，虽数量比土壤细菌少，但由于真菌菌丝体长，真菌菌体远比细菌大。据测定，每克表土中真菌菌丝体长度为10～100m，每公顷表土中真菌菌体重量可达500～5 000kg。因而在土壤中细菌与真菌的菌体重量比接近1∶1，可见土壤真菌是构成土壤微生物生物量的重要组成部分。

土壤真菌是常见的土壤微生物，它适宜酸性，在pH低于4.0的条件下，细菌和放线菌已难以生长，而真菌却能很好发育。我国土壤真菌种类繁多，资源丰富，分布最广的是青霉属（*Penicillium*）、曲霉属（*Aspergillus*）、木霉属（*Trichoderma*）、镰刀菌属（*Fusarium*）、毛霉属（*Mucor*）和根霉属（*Rhizopus*）。

土壤真菌属好气性微生物，通气良好的土壤中多，通气不良或渍水的土壤中少；土壤剖面表层多，下层少。土壤真菌为化能有机营养型，以氧化含碳有机物质获取能量，是土壤中糖类、纤维类、果胶和木质素等含碳物质分解的积极参与者。

（四）土壤放线菌

土壤放线菌是指生活于土壤中呈丝状单细胞、革兰氏阳性的原核微生物。土壤放线菌数量仅次于土壤细菌，每克土中有1.0×10^5个以上放线菌，占土壤微生物总数的5%～30%。常见的土壤放线菌主要有链霉菌属（*Streptomyces*）、诺卡氏菌属（*Nocardia*）、小单孢菌属（*Micromonospora*）、游动放线菌属（*Actinoplanes*）和弗兰克氏菌属（*Frankia*）等。其中，链霉菌属占了70%～90%。

土壤中的放线菌和细菌、真菌一样，参与有机物质的转化。多数放线菌能够分解木质素、纤维素、单宁和蛋白质等复杂有机物。放线菌在分解有机物质过程中，除了形成简单化合物以外，还产生一些特殊有机物，如生长刺激物质、维生素、抗菌素及挥发性物质等。

（五）土壤微生物的根际效应及其环境意义

土壤微生物群体的数量和种类随着与植物根系的距离不同而发生变化，这种影响所涉及的土壤区域称为根际，这种现象称为根际微生物效应。根系分泌物及其细胞脱落物为根际微生物提供能量，致使根际区微生物数量和活性高于根外土壤。根际是不均匀的，并且也不是一个界限很明显的土壤部分，而是一个界限不分明、微生物成梯度分布的区域，其范围受植物种类、土壤类型、土壤含水量、根系特定部分及其他多种因素影响。根际范围包括根际与根面两个区，根表面上的菌落并不是土壤微生物群落的真正部分，但在植物根系和土壤微生物相互关系的研究中，并不被严格区分，其中受根系影响最为显著的区域是围绕根面1～5mm的土壤，即根际土壤。

1. 土壤微生物的根际效应　根际效应首先从根际微生物的数量上反映出来。植物根系强烈但又有选择性地刺激细菌、真菌、放线菌和线虫的繁殖，藻类和原生动物因为细菌量的增加而相应增加，从而使根际微生物数量高于非根际土壤。因此，根际效应通常以 R/S 来表示，即根际土壤微生物与相应非根际土壤微生物数量之比。R/S 越大，说明根际效应越大，其值一般为 5～20，植物种类不同和土壤理化性质不一致，使 R/S 存在较大差异。同时，由于受到根系选择性的影响，根际微生物的组成种类通常比非根际土壤要单纯，各类群之间的比例也和非根际有很大差异。另外，根际土壤与非根际土壤相比，微生物活性也存在较大差异。相对而言，根际土壤的呼吸作用一般比非根际土壤大得多，其酶的活性也高于非根际土壤的酶活性。

在根际微生物群落中，一般以无芽孢杆菌占优势，大部分属于假单胞杆菌属、土壤杆菌属、无色杆菌属、产色杆菌属、节杆菌属、气杆菌属和分支杆菌属等。通常在幼根周围或根的先端附近多细菌、放线菌和真菌，芽孢杆菌的数量很少；在植物生长后期，根部开始死亡腐解时，根际周围即出现很多芽孢杆菌、放线菌和真菌。目前，研究较热门的是应用根际微生物技术来控制病原微生物、杂草以及降解有机污染物，例如，用根瘤菌接种豆科植物和微生态控制病原微生物的技术。应用根际微生物活性和代谢能力强的特点来降解有机污染物是一项相当有潜力的微生物技术，Hsu 等（1979）指出，蚕豆根际能加速两种有机磷杀虫剂的矿化；Reddy 等（1983）发现，水稻根际可以加速硝苯硫磷酯的降解；Arthur 等（2000）的研究结果表明，阿特拉津在植物根区土壤中的半衰期较无植物对照土壤中缩短约 75%。

根与土壤理化性质的不断变化，导致土壤结构和微生物环境也随着变化，从而使污染物的滞留与消解不同于非根际土壤。因此，根际效应带来的根际微生物种群及活性的变化成为土壤重金属及有机污染物根际快速消解的可能原因，并由此促使研究者对其进行深入探索，从而推动了环境土壤学、环境微生物学等相关学科的不断前进。

2. 土壤微生物的环境意义　土壤微生物参与土壤中物质的转化和能量的流动，在不同类群的协同作用下维持这个生态系统的平衡，通过控制土壤养分对植物的有效供给来影响土壤肥力、作物生长状况以及群落组成。土壤微生物是土壤中养分循环的推动力，而养分循环与诸如温室气体效应、水体富营养化、土地退化、全球气候变化等环境问题密切相关。因此，土壤微生物就成为人们研究解决环境问题的重要切入点。随着越来越多的种类和数量的异源有机化学物质进入土壤，土壤的持久性污染及其有机化学物质的去向问题成为人们关注的焦点，而土壤微生物的不可替代的特殊降解作用成为彻底解除毒害的依赖对象，体现了土壤微生物的环境效益。

复习思考题

1. 简述粒级的定义以及各粒级土粒的组成和特性。
2. 简述土壤机械组成和土壤质地的概念。
3. 简述不同质地土壤的特征。
4. 简述层状硅酸盐矿物的种类及一般特性。
5. 简述土壤腐殖质的定义、分组及性质。
6. 简述土壤有机质的矿化和腐殖化。
7. 简述土壤有机质的作用及其生态环境意义。
8. 简述土壤动物和微生物的类型。
9. 简述土壤微生物的根际效应及其环境意义。

第四章

土壤化学性质及其环境意义

土壤化学性质影响土壤中的化学过程、物理化学过程、生物化学过程以及生物学过程的进行，其中重要的有土壤的酸碱性、缓冲性、氧化还原性质、吸附性、表面电化学性质与胶体性能等。这些性质深刻影响土壤的形成与发育过程，对土壤的保肥能力、缓冲能力、自净能力和养分循环等也有显著影响。

第一节　土壤酸碱性

土壤酸碱性是指土壤呈酸性或碱性的反应，以及酸碱性的程度，是土壤的一项重要化学性质，对植物生长、土壤生产力以及土壤污染与净化都有较大的影响。土壤酸碱度的直接决定因素是土壤溶液中的 H^+ 或 OH^- 的浓度，但它是在多种因素综合影响下形成的，主要包括土壤溶液中的 CO_2、各种有机酸和部分盐类的含量、土粒的组成和碳酸盐的数量等，其中最为重要的是溶解的 CO_2 和碳酸盐，因为它们在土壤中存在的数量最多也最普遍。

一、土壤酸碱度

（一）土壤 pH

土壤酸碱性通常用土壤溶液的 pH 表示。土壤 pH 是土壤性质的主要变量之一，对土壤的许多化学反应和化学过程都有很大影响。土壤中的氧化还原、沉淀溶解、吸附解吸和配位反应都受 pH 的支配。土壤 pH 对植物和微生物所需养分元素的有效性也有显著的影响，在 pH 大于 7 的情况下，一些元素、特别是微量金属阳离子（如 Zn^{2+}、Fe^{3+} 等）的溶解度降低，植物和微生物会受到由于此类元素的缺乏而带来的负面影响；pH 小于 5.0～5.5 时，铝、锰及众多重金属的溶解度提高，对许多生物产生毒害；更极端的 pH 预示着土壤中将出现特殊的离子和矿物，例如 pH 大于 8.5 时一般会有大量的溶解性或交换性 Na^+ 存在，而 pH 小于 3 则往往会有金属硫化物存在。

（二）土壤酸度

1. 土壤中酸的来源　在多雨的自然条件下，降雨量大大超过蒸发量，土壤及母质受淋溶作用影响强烈，风化产生的钙、镁、钾和钠等盐基离子易随渗滤水向下移动。这时，溶液中 H^+ 取代土壤胶体表面的金属离子而为土壤所吸附，使土壤的盐基量下降，H^+ 的相对含量增加，引起土壤酸化，在交换过程中，土壤溶液中 H^+ 可以通过下述途径补给。

（1）水的解离　水的解离方程为

$$H_2O \rightleftharpoons H^+ + OH^-$$

水的解离常数虽然很低，但因 H^+ 被土壤吸附而使其解离平衡受到破坏，所以将不断有新的 H^+ 释放出来。

（2）碳酸解离 碳酸的解离方程为

$$H_2CO_3 \rightleftharpoons H^+ + HCO_3^-$$

土壤中的碳酸可由 CO_2 溶于水生成，CO_2 则由植物根系、微生物呼吸以及有机质分解产生。所以，土壤酸性在微生物活动较强的植物根际要强一些。

（3）有机酸的解离 土壤有机质分解的中间产物有草酸、柠檬酸等多种低分子质量有机酸，特别是在通气不良及真菌活动下，有机酸可能累积很多。植物根系也可向土壤中分泌有机酸，尤其是在养分胁迫等条件下有机酸的泌出量显著增加。另外，土壤中的胡敏酸和富里酸分子在不同的 pH 条件下也可释放出 H^+。

（4）土壤中铝的活化及交换性 Al^{3+} 和 H^+ 解离 随着离子交换作用的进行，H^+ 被土壤胶体吸附，土壤盐基量逐渐下降，而 H^+ 饱和度渐渐提高，当土壤有机矿质复合体或铝硅酸盐黏粒矿物表面吸附的 H^+ 超过一定限度时，这些胶粒的晶体结构就会遭到破坏，有些铝氧八面体解体，Al^{3+} 脱离八面体晶格的束缚变成活性铝离子，被吸附在带负电荷的黏粒表面，转变为交换性 Al^{3+}。土壤胶体上吸附的交换态 Al^{3+} 和 H^+ 被交换进入溶液后，Al^{3+} 水解释放出 H^+，这是土壤 H^+ 的重要来源。因此，土壤盐基离子（主要有 Ca^{2+}、Mg^{2+}、K^+、Na^+ 等）含量与土壤的酸碱性有密切关系，土壤盐基相对含量的高低也从另一侧面反映了土壤中致酸离子的含量。盐基饱和的土壤具有中性或碱性反应，而盐基不饱和的土壤则往往呈酸性反应。南方土壤中，H^+ 和 Al^{3+} 等致酸离子较多，土壤的盐基不饱和，一般呈酸性；北方土壤中盐基呈饱和状态，一般呈中性或碱性。

我国土壤的盐基饱和程度自西北、华北往东南和华南有逐渐降低的趋势。在干旱、半干旱半湿润气候地区，盐基淋溶作用弱，土壤处于盐基近饱和状态，养分含量较丰富，土壤的 pH 也较高，偏碱性。而在多雨湿热的南方地区，因盐基淋溶强烈，土壤盐基不饱和，有的红壤和黄壤盐基占总交换性阳离子的比例低到 20％以下，甚至小于 10％，土壤 pH 很低，呈强酸性。

土壤胶体上阳离子的组成和盐基含量是土壤在自然条件下长期平衡的结果，随着土壤条件的变化，土壤所吸附的阳离子的组成也经常变化，如灌溉、施肥和作物的吸收均可影响土壤胶体的阳离子组成，在局部条件下决定土壤酸碱性的变化。

可见，土壤酸化过程始于土壤溶液中活性 H^+。土壤溶液中 H^+ 和土壤胶体上被吸附的盐基离子发生交换，盐基离子进入溶液，然后遭雨水的淋失，使土壤胶体上交换性 H^+ 不断增加，并随之出现交换性 Al^{3+}，形成酸性土壤。

（5）酸性沉降 大气酸沉降有两种形式，一种是吸附酸性气体的固体物质降落到地面，称为酸性干沉降；另一种是随降水夹带大气酸性物质到达地面，称为酸性湿沉降，通常把 $pH<5.6$ 的降雨称为酸雨。因此，大气中的酸性物质最终都将进入土壤，成为土壤氢离子的重要来源之一。

（6）其他来源 农业生产上的施肥、灌溉措施也会影响土壤 pH。例如，$(NH_4)_2SO_4$、KCl 和 NH_4Cl 等生理酸性肥料施入土壤后，因为阳离子 NH_4^+、K^+ 被植物吸收而留下酸根；硝化细菌的活动可产生硝酸以及植物根系的酸性分泌物等；某些地区有施用绿矾的习惯，可以产生硫酸；施用石灰则可中和土壤中的 H^+；灌溉硬度较高的水质也会改变土壤的 pH。

2. 土壤酸度类型 土壤酸度反映土壤中致酸离子的数量。根据致酸离子在土壤中的存在形态与表现，可以将土壤酸度分为活性酸度和潜性酸度两种类型。土壤总酸度是用碱［例如 Ca（$OH)_2$］进行滴定而获得的，它包括了各种形态的酸。

（1）潜在酸　潜在酸又称为储备酸，是与固相有关的土壤全部滴定酸，其大小等于土壤非交换性酸和交换酸的总和。

（2）非交换性酸　非交换性酸是不能被中性盐（一般是 1.0 mol/L KCl）置换或极慢置换进入溶液的结合态 H^+ 和 Al^{3+}。非交换性酸与腐殖质的弱酸性基、有机质配合的铝、矿物表面强烈保持的羟基铝等有密切关系。

（3）交换性酸　交换性酸是能被中性盐（往往是 1.0 mol/L KCl）置换进入溶液的结合态 H^+ 和 Al^{3+}。交换性酸与有机配合铝、腐殖质的易解离酸性基及保持在黏土交换点位上的 Al^{3+} 有关。矿质土壤的交换性酸主要由交换性 Al^{3+} 组成，有机质土壤的交换性酸主要由交换性 H^+ 组成。有些土壤交换性酸的量能超过非交换性酸的量。

（4）活性酸　活性酸是土壤中与溶液相关的全部滴定酸（主要是溶液中的游离 Al^{3+} 和 H^+），可以从土壤溶液中 Al^{3+} 浓度和 pH 的直接测定进行计算而得。

3. 土壤 pH 与土壤潜在酸 保持在土壤固体上的、形态明显的酸度和潜在形态（产生质子的）的酸度与土壤 pH 密切相关。土壤固体表面酸度的重要形态包括：①解离而释放酸的有机酸；②水解而释放酸的有机物 Al^{3+} 配合物；③被阳离子交换和水解作为酸释放的交换性 H^+ 和 Al^{3+}；④矿物上的非交换性酸，主要指铁铝氧化物、水铝英石及层状硅酸盐矿物表面吸附的羟基铁和羟基铝聚合物等可变电荷矿物的表面产生的非交换性酸。这些形态的酸共同组成土壤潜在酸，因为这些酸性离子在土壤微孔隙中扩散缓慢，铝配合物的解离也相当缓慢，所以它们对土壤溶液中 H^+ 和 Al^{3+} 浓度（土壤活性酸）变化的化学过程反应较迟钝。

土壤潜性酸是活性酸的主要来源，二者之间始终处于动态平衡之中。在不同酸度的土壤中，活性酸与潜性酸之间的平衡关系有所不同。强酸性土壤中，交换性铝与土壤溶液中的铝离子处于平衡状态，通过土壤溶液中铝离子的水解，增强土壤的酸性；在酸度较低的土壤中，铝主要以羟基铝离子［如 $Al(OH)^{2+}$、$Al(OH)_2^+$］等形态存在，部分羟基铝离子可被胶体吸附，其行为如同交换性铝离子一样，在土壤溶液中水解产生 H^+，而且胶体表面交换性 H^+ 的解离可能是土壤溶液中 H^+ 的来源。

（三）土壤碱度

土壤碱性反应及碱性土壤形成也是自然成土条件和土壤内在因素综合作用的结果。碱性土壤的碱性物质主要是钙、镁、钠的碳酸盐和重碳酸盐，以及胶体表面吸附的交换性钠。形成碱性反应的主要机理是碱性物质的水解反应，如碳酸钙的水解、碳酸钠的水解及交换性钠的水解等。

土壤碱度也是用土壤溶液（水浸液）的 pH 表示，据此可进行碱性分级。由于土壤的碱度在很大程度上决定于胶体上吸附的交换性 Na^+ 的相对数量，所以通常把交换性 Na^+ 的饱和度称为土壤碱化度，它是衡量土壤碱度的重要指标。

$$碱化度=\frac{交换性钠\ (cmol/kg)}{交换性阳离子总量\ (cmol/kg)}\times 100\%$$

土壤碱化与盐化有着发生学上的联系。盐土在积盐过程中，胶体表面吸附有一定数量的交换性钠，但因土壤溶液中的可溶性盐浓度较高，阻止交换性钠水解。所以，盐土的碱度一般都在pH8.5以下，物理性质也不会恶化，不显现碱土的特征。只有当盐土脱盐到一定程度后，土壤交换性钠发生解吸，土壤才出现碱化特征。但土壤脱盐并不是土壤碱化的必要条件。土壤碱化过程是在盐土积盐和脱盐频繁交替发生时，促进钠离子取代胶体上吸附的钙、镁离子，从而演变为碱化土壤。

当前，土壤碱度问题不像酸度那样研究得详细，至今比较肯定的有下述两种。

1. 碱性土壤（pH为7.5～8.5）　碱性土壤大多是由于土壤中含有$CaCO_3$所造成，所以往往称为石灰性土壤。石灰性土壤的具体反应要取决于土壤空气和溶液中的CO_2含量，$CaCO_3$溶解后进行如下的水解以致造成土壤碱性。

$$CaCO_3 + H_2O \rightleftharpoons Ca^{2+} HCO_3^- + OH^-$$

由于土壤溶液中CO_2存在，可以抑制$CaCO_3$的水解，故不会造成过高的pH。

2. 强碱性土壤（pH>8.5，最高pH可达10.5）　强碱性土壤即为碱化土和碱土。土壤溶液中含有大量的Na_2CO_3，代换性离子中Na^+也占显著数量，但数量并不一定很高，它们两者之间存在着一定的平衡。Na_2CO_3水解造成强碱性，这类土壤表现碱性的程度与代换性Na^+的含量有关。代换性Na^+是促进胶粒分散的主要原因之一，其结果使土壤结构恶化，通气性变坏。

（四）土壤酸度的表示方法

不同类型的土壤酸度有不同的表示方法，土壤活性酸代表土壤酸性的强度，一般用pH表示；而潜性酸代表土壤酸度的数量指标，可用交换性酸度和水解性酸度来表示。

1. 土壤酸度的强度指标

（1）土壤pH　土壤pH是土壤酸度的强度指标。根据土壤的pH，可将土壤酸碱性分为若干级（表4-1）。

表4-1　土壤酸碱度的分级

土壤pH	<4.4	4.5～4.9	5.0～6.4	6.5～7.5	7.6～8.5	8.6～9.5	>9.6
级别	极强酸性	强酸性	酸　性	中　性	微碱性	强碱性	极强碱性

（2）石灰位　土壤酸度不仅仅主要决定于土壤胶体上吸附的氢、铝两种离子，而且在很大程度上取决于这两种致酸离子与盐基离子的相对比例。在土壤胶体表面吸附的盐基离子中总是以钙离子为主，达65%～80%。因此，可以用石灰位来表示土壤酸度强度，它将氢离子与钙离子两者的数量联系起来，以数学式表示为：pH－0.5pCa。

石灰位作为土壤酸度的强度指标，既能反映土壤氢离子状况，也能反映钙离子的有效度，因而能更全面地代表土壤的盐基饱和程度和土壤酸度状况，在区分不同类型土壤的酸度时，石灰位的差别比pH的差别更明显（表4-2）。尽管石灰位pH－0.5pCa从理论或实际的角度看都有许多可取之处，但其应用仍然远不如土壤pH普遍。

2. 土壤酸度的数量指标　潜性酸是指土壤胶体上吸附的H^+、Al^{3+}所引起的酸度，它们只有转移到土壤溶液中形成溶液中的H^+时，才显示酸性，故称为潜性酸，通常用每千克烘干土中氢离子的厘摩尔数来表示。潜性酸和活性酸处在动态平衡之中，可以相互转化。土壤潜性酸要比活性酸多得多，因此土壤的酸性主要决定于潜性酸的数量，它是土壤酸性的容量指标。

表 4-2 水稻土及其母质的 pH 与 pH−0.5pCa 的比较

（引自于天仁等，1983）

土壤类型	pH			石灰位（pH−0.5pCa）		
	水稻田	母质	相差	水稻田	母质	相差
砖红壤	5.23	5.12	0.11	3.40	2.29	1.11
红　壤	6.56	5.15	1.41	4.93	3.02	1.91
黄棕壤	6.83	5.21	1.12	5.32	3.91	1.41

土壤胶体上吸附的氢、铝离子所反映的潜性酸量，可用交换性酸或水解性酸表示。两者在测定时所采用的浸提剂不同，因而测得的潜性酸的量也有所不同。

（1）交换性酸　在非石灰性土壤和酸性土壤中，土壤胶体吸附了部分 Al^{3+} 及 H^+。当用中性盐溶液（如 1 mol/L KCl 或 0.06 mol/L $BaCl_2$）溶液浸提土壤时，土壤胶体表面吸附的大部分铝离子和氢离子均被浸提剂的阳离子交换而进入溶液，此时不但交换性氢离子可使溶液变酸，而且交换性铝离子由于水解作用也增加了溶液的酸性。浸出液中的氢离子及由铝离子水解产生的氢离子用标准碱液滴定，根据消耗的碱量换算为交换性氢和交换性铝的总量，即为交换性酸量，单位用 cmol（＋）/kg 表示，是土壤酸度的数量指标。需要指出的是，用中性盐溶液浸提的交换反应是一个可逆的阳离子交换平衡，交换反应容易逆转，因此所测得的交换性酸量只是土壤潜性酸量的大部分，而不是全部。

（2）水解性酸　这是土壤潜性酸量的另一种表示方式。当用弱酸强碱盐溶液（pH 8.2 的 1 mol/L NaAc 溶液）浸提土壤时，从土壤中交换出来的氢、铝离子所产生的酸度称为水解性酸度。因弱酸强碱盐溶液的水解作用，所产生的醋酸解离度很小，可以有效地降低平衡体系中 H^+ 的活度，从而使交换程度比用中性盐溶液更为完全，土壤吸附性氢、铝离子的绝大部分可被 Na^+ 离子交换。同时，水化氧化物表面的羟基和腐殖质的某些功能团（如羟基、羧基）上部分 H^+ 解离而进入浸提液被中和。由于弱酸强碱盐溶液的 pH 高，也使胶体上的 H^+ 易于解离出来。这一反应的全过程可表示为

$$CH_3COONa + H^+ \rightleftharpoons CH_3COOH + Na^+$$

$$H\text{-胶粒}\cdots Al + 4CH_3COONa \rightleftharpoons 4Na\text{-胶粒} + Al(OH)_3 + 4CH_3COOH$$

上式反应的生成物中，$Al(OH)_3$ 在中性到碱性的介质中沉淀，CH_3COOH 因解离度极小而呈分子态，故反应向右进行，直到被吸附的 H^+ 和 Al^{3+} 被 Na^+ 几乎完全交换。再以 NaOH 标准液滴定浸出液，根据所消耗的 NaOH 量换算为土壤酸量。这样测得的潜性酸量被称为土壤的水解性酸度。通常，采用水解性酸度可以指示土壤中潜性酸和活性酸的总量，土壤中水解性酸量大于交换性酸量，但这两者是同一来源的 H^+，本质上是一样的，都是潜性酸，只是交换作用的程度不同而已。酸性土改良中常用水解性酸度的数值作为计算石灰需要量的参考数据。

二、影响土壤酸碱性的因素

土壤在一定的成土因素作用下都具有一定的酸碱度范围，并随成土因素的变迁而发生

变化。

（一）成土因素

1. 气候　温度高、雨量多的地区，风化淋溶较强，盐基易淋失，形成酸性土壤。半干旱或干旱地区的土壤，盐基淋溶少，水分蒸发量大，下层的盐基物质容易随着毛管水的上升而聚集在土壤的上层，使土壤具有石灰性反应。

2. 地形　同一气候小区域内，处于高坡地形部位的土壤，淋溶作用较强，其 pH 常比低洼地的低。干旱及半干旱地区的洼地土壤，由于承纳高处流入的盐碱成分较多，或因地下水矿化度高而又接近地表，常使土壤呈碱性。

3. 母质　在其他成土因素相同的条件下，酸性的母岩（如砂岩、花岗岩）常较碱性的母岩（如石灰岩）所形成的土壤有较低的 pH。流经石灰岩地区的河流沉积物，形成的潮土多呈石灰性反应；而流经片麻岩山体的河流沿岸，潮土多呈酸性。

4. 植被　针叶林的灰分组成中盐基成分常较阔叶树为少，因此发育在针叶林下的土壤酸性较强。

5. 耕作活动　耕作土壤的酸度受人类耕作活动影响很大，特别是施肥。施用石灰、草木灰等碱性肥料可以中和土壤酸度；而长期施用硫酸铵等生理酸性肥料，会因遗留酸根而导致土壤变酸。排水灌溉也可以影响土壤酸碱度。

（二）土壤理化性质

某些土壤性质也会影响土壤酸碱度，如盐基饱和程度、盐基离子种类和土壤胶体类型。当土壤胶体为氢离子所饱和的氢质土时呈酸性，为钙离子所饱和的钙质土时接近中性，为钠离子所饱和的钠质土时则呈碱性反应。当土壤的盐基饱和程度相同而胶体类型不同时，由于不同胶体类型所吸收的 H^+ 离子具有不同的解离度，其土壤酸碱度也各异。

土壤空气中 CO_2 含量也会明显影响土壤的 pH。通常随 CO_2 增多，土壤 pH 下降。土壤含水量也是影响酸碱性的重要因素，一般而言，增加土壤含水量可导致土壤 pH 接近中性反应。

三、土壤酸碱缓冲性

反映土壤酸碱缓冲性的指标是缓冲容量，是指使单位重量土壤改变一个单位 pH 所需要的酸或碱的数量。在土壤学中，把土壤的缓冲性定义为土壤抗衡酸、碱物质导致 pH 变化的能力。如果把少量的酸或碱加入土壤时，它的 pH 变化极为缓慢。因施肥、灌溉等增加或减少土壤的 H^+、OH^- 离子浓度时，土壤酸度变化可稳定维持在一定范围内，不致产生剧烈变化。这样，就为植物生长和土壤生物（尤其是微生物）的活动创造了一个良好、稳定的土壤环境条件。同时，从广义上而言，土壤是一个巨大的缓冲体系，对营养元素、污染物、氧化还原等同样具有缓冲性，具有抗衡外界环境变化的能力。主要原因是在于土壤是一个包含固、液、气三相组成的开放的生物地球化学系统，土液界面、气液界面发生的各种化学、生物化学过程，常常具有一定的自身调节能力。因此，从某种意义上讲，土壤缓冲性不只是局限于土壤对酸碱变化的一种抵御能力，而可以看作土壤质量的一个指标。

（一）土壤酸碱缓冲性原理

1. 土壤中的酸碱缓冲体系　我们知道，弱酸与弱酸性盐共存或弱碱与弱碱性盐共存的溶液对酸或碱具有缓冲作用。土壤中有许多弱酸（如碳酸、硅酸、磷酸和腐殖酸）和多种多样的有机酸及其盐类等的缓冲物质，不同土壤组分形成不同的缓冲体系，各缓冲体系又有其一定的缓冲范围。

（1）碳酸盐体系　$CaCO_3-H_2O-CO_2$ 体系的平衡移动是石灰性土壤的主要缓冲体系，其缓冲的 pH 范围在 8.5～6.7 之间，其反应式为

$$CaCO_3+H_2O+CO_2（气）\rightleftharpoons Ca^2+2HCO_3^-$$

理论上，根据碳酸钙和 CO_2 的溶解度、碳酸的离解常数，可以得到 CO_2 分压（p_{CO_2}），单位大气压与 pH 的简化关系为

$$pH=6.03-\frac{2}{3}\lg p_{CO_2}$$

可见，土壤空气中 CO_2 浓度愈高，土壤 pH 愈低。大气中 CO_2 的浓度约为 0.03%，所以风干的石灰性土壤的 pH 稳定在 8.5 左右。田间土壤空气的 CO_2 浓度一般在 0.2%～0.7%，所以，石灰性土壤田间的 pH 可低至 7.5 左右。

（2）硅酸盐体系　土壤无机黏粒主要由层状硅酸盐矿物组成。硅酸盐矿物含有一些碱金属和碱土金属离子，通过风化、蚀变释放出钠、钾、钙、镁等元素，进而对进入土壤的酸性物质起缓冲作用。

（3）交换性阳离子体系　土壤胶体上吸附的各种盐基离子，能对土壤中的 H^+ 等酸性物质起缓冲作用。而胶体表面吸附的 H^+、Al^{3+}，又能对 OH^- 等碱性物质起缓冲作用。土壤交换性阳离子愈多，缓冲能力愈强。对交换性阳离子总量相同的土壤，则盐基饱和程度愈大的土壤，对酸的缓冲性愈强。

（4）铝体系　在 pH<4.0 的酸性土壤中常存在大量的铝离子，其中土壤溶液中的铝离子，常与 6 个水分子结合成 $Al(H_2O)_6^{3+}$ 形态存在。当外来碱进入土壤溶液时，就会有一两个水分子解离出 H^+ 来缓冲 OH^-，其反应式为

$$2Al(OH_2)_6^{3+}+2OH^-\rightleftharpoons Al_2(OH)_2(H_2O)_8^{4+}+4H_2O$$

当土壤溶液继续外加 OH^- 时，铝离子周围的水分子还将继续解离出 H^+ 而使溶液 pH 不发生剧烈变化。同时羟基铝的聚合作用将继续进行，反应式为

$$4Al(OH)_6^{3+}+6OH^-\rightleftharpoons [Al_4(OH)_6\ (OH_2)_{12}]^{6+}+12H_2O$$

当土壤溶液的 pH 上升到 5.0 以上时，铝离子形成 $Al(OH)_3$ 沉淀，失去对碱的缓冲能力。

（5）有机酸体系　土壤腐殖酸（胡敏酸和富里酸）是高分子有机酸，含有羧基、酚羟基和醇羟基、氨基等两性功能团，分别对酸和碱有缓冲能力。此外，土壤中还存在多种低分子有机酸，如乙酸、柠檬酸、草酸等，在土壤溶液中构成一个良好的缓冲体系，对酸、碱具有缓冲作用。

2. 影响土壤酸碱缓冲性的因素　土壤酸碱缓冲性受土壤酸度等自身多种因素的影响，归纳起来，主要表现在以下几个方面。

（1）土壤质地　土壤越黏重，所含的胶体越多，代换性阳离子量越大，缓冲能力越强。

（2）土壤黏粒矿物组成　土壤的黏粒种类不同，其吸附交换性阳离子量不同，缓冲性也不同。含交换性阳离子多的土壤黏粒，其缓冲性也强。常见土壤黏粒组分对酸碱缓冲能力的

顺序是：蒙脱石＞伊利石＞高岭石＞含水氧化铁、含水氧化铝。

（3）土壤有机质含量　土壤腐殖质含有大量的负电荷，能吸附较多的交换性阳离子，腐殖质又是两性胶体，因此，其对土壤缓冲性的贡献也大，含有机质多的土壤缓冲性强。通常表土的有机质含量较心土和底土的高，缓冲能力也较强。

（二）土壤酸碱缓冲容量

缓冲容量是土壤酸碱缓冲能力强弱的指标，可用酸、碱滴定获得，即在土壤悬液中连续加入标准酸或碱液，测定 pH 的变化。以纵坐标表示 pH，横坐标表示加入的酸或碱量，绘制的滴定曲线，称为缓冲曲线。不同性质酸的滴定曲线具有不同的特征。土壤胶体带负电荷，可看做弱酸，如果把黏粒酸化成氢胶体，其滴定曲线似强酸；如果黏粒以 Al^{3+} 饱和成铝胶体，则滴定曲线类似弱酸。土壤腐殖质是另一种重要的酸来源，腐殖质中含有多个解离度不同的酸基，如羧基和酚基等，因此，土壤有机胶体的滴定曲线与土壤无机胶体一样，都类似多元酸或混合酸的特征。

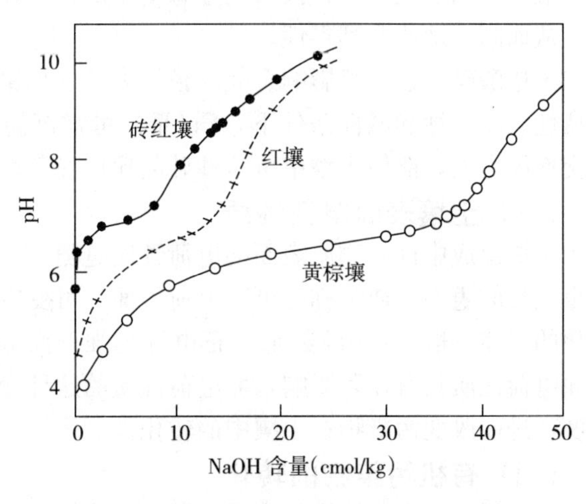

图 4-1　不同土壤的 pH 缓冲曲线

图 4-1 是 3 种不同氢质土壤的 pH 缓冲曲线，可见，不加碱时，黄棕壤胶体的 pH 约为 3.9，红壤约为 4.5，砖红壤为 5.0。当土壤中的 H^+ 被中和一半时的 pH，称为半中和 pH，它相当于弱酸及其盐的比例为 1 时的 pH，实际上就是弱酸解离常数的负对数 pK_a。图 4-1 中黄棕壤、红壤、砖红壤的半中和 pH 分别为 6.5、6.7 和 7.2。此时，这 3 种土壤的缓冲能力最强。

四、土壤酸碱性的环境意义

土壤酸碱性对土壤微生物的活性、矿物质和有机质分解起重要作用。同时，它可通过对土壤中进行的各项化学反应的干预作用而影响土壤组分和污染物的电荷特性、沉淀溶解、吸附解吸和配位解离平衡等，从而改变污染物的毒性。同时，土壤酸碱性还通过影响土壤微生物的活性来改变污染物的毒性。

（一）微生物活性及有机质分解

酸碱度对土壤中微生物的生命活动有很大影响，每种微生物都有其适宜的 pH 和一定的 pH 适应范围。大多数细菌、藻类和原生动物的最适宜 pH 为 6.5～7.5，在 pH 4～10 也可以生长；放线菌一般在微碱性的 pH 7.5～8.0 最适宜；酵母菌和霉菌则适宜于 pH5.0～6.0 的酸性环境，而生存范围可在 pH5.0～9.0。只有少数微生物要求极低或极高的 pH，分别为嗜酸菌或嗜碱菌。大多数土壤 pH 为 4～9，因此能维持各类微生物生长发育。

土壤有机质的转化多是在微生物的参与下进行的，因而土壤酸碱性直接影响有机质的分解与合成。在 pH 合适条件下，微生物活性高，有机质分解快，积累少，不仅释放出更多的植物营养元素，而且对重金属离子的吸附解吸、农药固定、全球碳素循环都产生显著影响。

(二) 土壤溶液中的离子形态

土壤溶液中的大多数金属元素（包括重金属）在酸性条件下以游离态或水化离子态存在，毒性较大，而在中性和碱性条件下易生成难溶性氢氧化物沉淀，毒性显著降低。以污染元素 Cd 为例，在高 pH 和高 CO_2 条件下，Cd 形成较多的碳酸盐而使其有效度降低。在同一可溶性 Cd 的水平下酸性土壤中，即使增加 CO_2 分压，溶液中 Cd^{2+} 仍可保持很高水平。土壤酸碱性的变化不但直接影响金属离子的毒性，而且也改变其吸附、沉淀和配位反应等特性，从而间接地改变其毒性。

土壤酸碱性也显著影响含氧酸根阴离子（如铬、砷）在土壤溶液中的形态、吸附和沉淀等特性。在中性和碱性条件下，Cr(Ⅲ) 可被沉淀为 $Cr(OH)_3$；在碱性条件下，由于 OH^- 的交换能力大，能使土壤中可溶性砷的比例显著增加，从而增加砷的生物毒性。

(三) 土壤表面电荷性质

土壤组成中许多物质表面的电荷性质是随 pH 变化而改变的，比如铁铝氧化物、有机质等组成分的表面，通常称为可变电荷表面。可变电荷土壤表面所带电荷的数量与符号随 pH 变化的规律一般是：pH 越低，正电性越强；而 pH 越高，负电性越强。因此，pH 对土壤表面电荷性质具有显著影响，而电荷性质的这种变化会影响土壤表面对污染物的吸附数量与强度，进而改变污染物在土壤中的转化。

(四) 有机污染物的转化

有机污染物在土壤中的积累、转化和降解也受到土壤酸碱性的影响。例如，有机氯农药在酸性条件下性质稳定，不易降解，只有在强碱性条件下才能加速代谢。持久性有机污染物五氯酚（PCP）在中性及碱性土壤环境中呈离子态，移动性大，易随水流失；而在酸性条件下呈分子态，易为土壤吸附而延长降解半衰期。有机磷和氨基甲酸酯农药虽然大部分在碱性环境中易于水解，但地亚农则更易于发生酸性水解反应。

(五) 化学元素的迁移能力

大多数化学元素在强酸性环境中形成易溶化合物，如方解石、白云石和石膏在酸性环境中强烈地溶解和破坏，三价铁在强酸性中易溶解，Al_2O_3 溶于强酸和强碱性溶液，而在 pH4.1～10 时几乎不溶解等。

土壤溶液 pH 对于控制氢氧化物从溶液中的沉淀有重要意义。由金属氢氧化物沉淀规律可知，Co^{3+}、Cr^{3+}、Bi^{3+}、Sn^{3+}、Th^{4+}、Zr^{4+}、Ti^{4+}、Sb^{3+} 和 Sc^{3+} 仅出现于强酸性溶液中，这些阳离子很容易在 pH 稍微增大时从溶液中沉淀出来，故迁移能力很弱。反之，Ni^{2+}、CO^{2+}、Zn^{2+}、Mn^{2+}、Ag^+、Cd^{2+}、Pb^{2+}、V^{3+} 和 La^{3+} 甚至在 pH 为 8 时的弱碱性溶液中也能大量地存在，但是这些微量元素在土壤溶液中的含量很微，远远小于其在一定 pH 条件下的饱和浓度，故在 pH 明显变化或加入沉淀剂后，其氢氧化物也不沉淀，因此，pH 对其迁移影响不大。

第二节 土壤氧化还原性

土壤氧化还原性也是土壤的一个重要化学性质。电子在物质之间的传递引起氧化还原反应，表现为元素价态的变化。土壤中参与氧化还原反应的元素有C、H、N、O、S、Fe、Mn、As、Cr及其他一些变价元素，最常见的是O、Fe、Mn、S和某些有机化合物，并以氧和有机还原性物质较为活泼，Fe、Mn和S等的转化则主要受氧和有机质的影响。土壤中的氧化还原反应在干湿交替下进行最为频繁，其次是有机物质的氧化和生物机体的活动。土壤氧化还原反应影响土壤形成过程中物质的转化、迁移和土壤剖面的发育，控制土壤元素的形态和有效性，制约土壤环境中某些污染物的形态、转化和归趋。因此，氧化还原性在环境土壤学中具有十分重要的意义。

一、土壤氧化还原作用

（一）氧化还原电位

1. 概念　凡是元素的氧化数发生变化的反应都称为氧化还原反应。元素氧化数增加的过程为氧化反应，元素氧化数减少的过程为还原反应。氧化还原反应的实质是电子在氧化剂和还原剂之间转移传递的过程。土壤的氧化还原性质通常采用土壤溶液的氧化还原电位（E_h）作为衡量指标。土壤溶液中的氧化或还原能力决定于土壤溶液中氧化剂与还原剂的活度的比率，用公式表示为

$$E_h=E^\circ+\frac{RT}{nF}\lg\frac{[Ox]}{[Red]}=E^\circ+\frac{0.059}{n}\lg\frac{[Ox]}{[Red]}$$

式中，E°为标准氧化还原电位；$\frac{[Ox]}{[Red]}$是氧化剂与还原剂的活度比；n为氧化还原反应中的电子转移数目；R为气体常数；T为热力学温度（298K标准状态）；F为法拉第常数。

标准氧化还原电位（E°）是指在体系中氧化剂活度与还原剂活度比值为1时的氧化还原电位（E_h），它也是一个强度指标，由该氧化还原体系的本质所决定。各体系的E°值可在化学手册中查到。例如$Fe^{3+}+e^-=Fe^{2+}$体系的E°为-160mV，$Mn^{4+}+2e^-=Mn^{2+}$体系的E°为400mV（pH7时）。

土壤溶液中存在着许多氧化还原系统，主要是溶解的氧和微生物分泌的氧化态和还原态物质，其次是各种金属的氧化与还原态盐（包括Fe、Mn、Ti和少量的Cu盐），以及有机物。在众多的氧化还原系统的混合液中，其氧化还原电位决定于存在量最多的系统。土壤中的氧化还原电位通常取决于土壤的通气状况，在土壤通气不良，缺氧的情况下还原系统占优势。

土壤中的许多氧化还原反应是在具有一定酸碱度的溶液中进行的。因此，氢离子浓度对氧化还原电位（E_h）是有显著影响的。pH对氧化还原状况的影响不仅在于酸性时可以溶解高价的金属离子（如Fe^{3+}、Mn^{4+}等），在pH升高时会产生沉淀，退出氧化还原反应；而且H^+本身也进行着如下反应

$$2H^++2e^-\rightleftharpoons H_2$$

当它达到平衡时，溶液中的其他氧化还原系统也都达到平衡。按$[H^+]^2/[H_2]$亦可计算土壤溶液的氧化还原电位，计算式为

$$E_h=E^\circ+\frac{0.059}{2}\lg\frac{[H^+]^2}{[H_2]}=E^\circ-0.059pH-0.03\lg[H_2]$$

故土壤的氧化还原电位在不同的pH下是有变动的，E_h随pH的增大而降低。

2. 氧化还原电位对元素迁移的影响　氧化还原反应是元素迁移转化过程的一类重要化

学反应。氧化还原电位对元素迁移的影响表现如下。

（1）氧化还原反应引起元素化合价的变化　元素化合价的变化改变了化学元素及其化合物的溶解度，一些多价、变价元素的高价化合物较易水解［如 $Fe_2(SO_4)_3+6H_2O \rightleftharpoons 2Fe(OH)_3+3H_2SO_4$］，因而低价离子比高价离子更易迁移，在土壤中属于这一类的变价元素有 Fe、Mn、Co、Ni、Ti、Pb 等。而 U、V、Mo 和 Cr 等则相反，低价位化合物较易水解，因而高价形式如 $(UO_4)^{2-}$、$(VO_4)^{3-}$、$(MoO_4)^{2-}$、$(CrO_4)^{2-}$ 等比低价形式更易迁移。

（2）介质的氧化还原电位对变价元素的共生有重要影响　例如，V^{5+} 或 Cr^{6+} 与 Fe^{2+} 相遇时，由于它们的氧化还原电位不同，即

$$Fe^{2+} = Fe^{3+} + e^- \quad 0.77V$$

$$V^{4+} = V^{5+} + e^- \quad 1.00V$$

$$Cr^{3+} = Cr^{6+} + 3e^- \quad 1.33V$$

因此将发生 V^{5+}、Cr^{3+} 的还原和 Fe^{2+} 的氧化，即

$$V^{5+} + Fe^{2+} = V^{4+} + Fe^{3+}$$

$$Cr^{6+} + 3Fe^{2+} = Cr^{3+} + 3Fe^{3+}$$

因而有二价铁存在时，五价钒和六价铬是不能共存的，只有当 Fe^{2+} 全部被氧化成 Fe^{3+} 后，五价钒（V^{5+}）和六价铬（Cr^{6+}）才能存在。一般情况下，三价铁矿物和四价钒矿物或三价铬矿物共生的。

（3）变价共生的矿物或岩石的分离　变价共生的矿物或岩石在地表氧化时，氧化还原电位不同就会发生分离。例如，原生矿物中 Fe、Ni、Co 常紧密共生，但在地表氧化时就发生分离。

在土壤中不仅氧化还原电位直接影响元素的迁移，而且氧化还原条件的周期性变化也会使铁、锰等多变价化合物发生强烈的迁移和堆积。同时，氧化还原条件对微量元素的流动性也有重要影响，一般说来，以阳离子形式迁移的变价微量元素，在还原状况下是较易流动的；反之，以阴离子形式迁移的变价微量元素，在氧化条件下是较易流动的。

（二）氧化还原体系及反应特征

1. 土壤氧化还原体系　土壤具有氧化还原性的原因在于土壤中存在多种氧化、还原物质。土壤空气中的氧和高价金属离子都是氧化剂，而土壤有机物以及在厌氧条件下形成的分解产物和低价金属离子等为还原剂。由于土壤成分众多，各种反应可同时进行，其过程十分复杂。常见的氧化还原体系如表 4-3 所示。

衡量土壤氧化还原能力的大小主要根据实测的 E_h，影响因素包括土壤通气性、微生物活动、易分解有机质的含量、植物根系的代谢作用、土壤 pH 等。一般旱地土壤的 E_h 为 400～700 mV；水田的 E_h 为 -200～300 mV。根据土壤 E_h 可以确定土壤中有机物和无机物可能发生的氧化还原反应的环境行为。

氧是土壤中的主要氧化剂。通气性良好、水分含量低的土壤的 E_h 较高，为氧化性环境；渍水的土壤 E_h 则较低，为还原性环境。此外，土壤微生物的活动、植物根系的代谢及外来物质的氧化还原性等也会改变土壤的 E_h。从土壤污染的研究角度出发，人们特别注意污染物在土壤中由于参与氧化还原反应所造成的对其迁移性与毒性的影响。氧化还原反应还可影响土壤的酸碱性，使土壤酸化或碱化，pH 发生改变，进一步影响土壤组分及外来污染元素的行为。

表 4-3　土壤中常见的氧化还原体系

体　系	E° (V)		$pe^0=\lg K$
	pH=0	pH=7	
氧体系 $1/4O_2+H^++e^-\rightleftharpoons 1/2H_2O$	1.23	0.84	20.8
锰体系 $1/2MnO_2+2H^++e^-\rightleftharpoons 1/2Mn^{2+}+H_2O$	1.23	0.40	20.8
铁体系 $Fe(OH)_3+3H^++e^-\rightleftharpoons Fe^{2+}+3H_2O$	1.06	−0.16	17.9
氮体系 $1/2NO_3^-+H^++e^-=1/2NO_2+1/2H_2O$	0.85	0.54	14.1
$NO_3^-+10H^++e^-\rightleftharpoons NH_4^++3H_2O$	0.88	0.36	14.9
硫体系 $1/8SO_4^{2-}+5/4H^++e^-\rightleftharpoons 1/8H_2S+1/2H_2O$	0.3	−0.21	5.1
有机碳体系 $1/8CO_2+H^++e^-\rightleftharpoons 1/8CH+_4 1/4H_2O$	0.17	−0.24	2.9
氢体系 $H^++e^-\rightleftharpoons 1/2H_2$	0	−0.41	0

注：pe^0 为氧化剂与还原剂浓度相等时的电子活度负对数；K 为氧化还原反应平衡常数。

2. 土氧化还原体系的反应特征　由于有多种氧化还原体系的存在，并有生物参与，土壤中的氧化还原反应较纯溶液要复杂得多，其共同特点如下。

（1）土壤中氧化还原体系有无机体系和有机体系两类　在无机体系中，重要的有氧、铁、锰、硫和氢体系等；有机体系包括不同分解程度的有机化合物、微生物的细胞体及其代谢产物，如有机酸、酚、醛类和糖类等化合物。

（2）土壤是不均匀的多相体系　在土壤中，固、液、气三相和生物共存，在不同部位、不同条件下，其氧化还原反应都会有很大的变异，测定土壤 E_h 时，应选择有代表性的土样，并最好多点测定求得平均值。

（3）土壤中氧化还原反应常常有生物的参与　例如，NH_4^+ 氧化成 NO_3^- 必须在硝化细菌参与下才能完成，亚铁的氧化也多有铁细菌的作用。

（4）土壤中氧化还原平衡会经常变动　不同时间、空间，不同耕作措施等都会改变土壤氧化还原电位（E_h），土壤氧化还原电位的高低主要受到土壤通气状况控制。严格地说，土壤氧化还原反应永远不可能达到真正的平衡。

（三）氧化还原电位与 pH 的关系

土壤中的氧化还原反应多有氢离子参与，因此，质子活度对氧化还原平衡有直接的影响，两者的关系可表示为

$$(\text{氧化态})+ne^-+mH^+\rightleftharpoons(\text{还原态})+xH_2O$$

在 25 ℃时，其氧化还原电位为：

$$E_h=E^{\circ}+\frac{0.059}{n}\lg\frac{[\text{氧化态}]}{[\text{还原态}]}-0.059\frac{m}{n}\text{pH}$$

式中，m 是参与反应的质子数；n 为氧化还原反应转移的电子数；E_h 随 pH 增加而降低。因此，土壤溶液的 pH 对 E_h 的影响程度决定于$\frac{[\text{氧化态}]}{[\text{还原态}]}$的值，当此比值为 1 时，有

$$E_h=E^{\circ}-0.059\frac{m}{n}\text{pH}$$

每单位 pH 变化引起的 E_h 变化（$\Delta E_h/\Delta\text{pH}$），25 ℃时为 59 $\frac{m}{n}$ mV，即 pH 每增大 1 个

单位，E_h 便下降 $59\frac{m}{n}$ mV。由此可见，同一氧化反应在碱性溶液中比在酸性溶液中容易进行。因为在酸性溶液中，较稳定的 Fe^{3+}、Mn^{2+} 等低价离子，在碱性条件下易被氧化而沉淀。根据各体系的氧化还原反应式，以 pH 为横坐标，E_h 为纵坐标，可给出各体系的 E_h - pH 图，从绘制的 E_h - pH 图可以看出不同 pH 条件的临界 E_h 及各种形态化合物的稳定范围。图 4 - 2 为铁体系的 E_h - pH 稳定范围图。

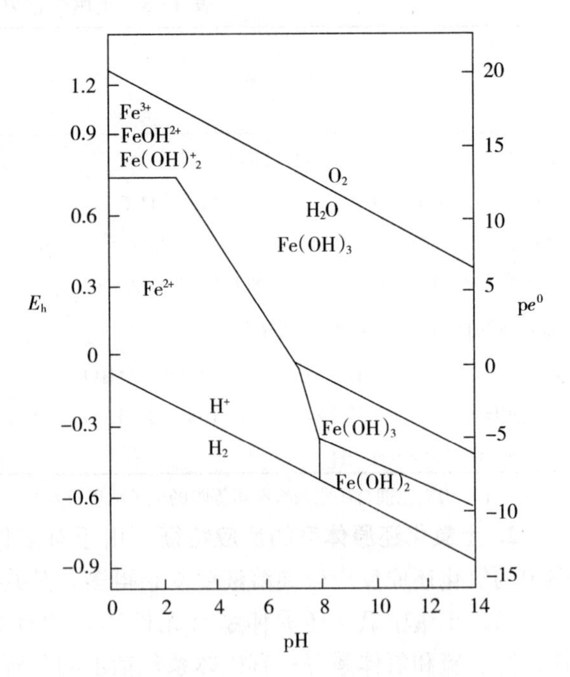

图 4 - 2　铁体系的 E_h - pH 稳定范围图

土壤 pH 和 E_h 的关系很复杂，理论上把土壤的 pH 与 E_h 关系固定为 $\Delta E_h/\Delta pH = -59$ mV（即在通气不变条件下，pH 每上升一个单位，E_h 要下降 59 mV），但实际情况并不完全如此。据测定，我国 8 个红壤性水稻土样本 $\Delta E_h/\Delta pH$ 关系，平均约为 85 mV，变化范围在 60～150 mV 之间；13 个红黄壤平均 $\Delta E_h/\Delta pH$ 约为 60 mV，接近于 59 mV。一般土壤 E_h 随 pH 的升高而下降。

影响土壤氧化还原电位最大的主要因素有土壤的通气状况、生物代谢强度、还原性物质的数量等，pH 只是影响土壤 E_h 的因素之一。通气良好的土壤，E_h 较高；通气不良的土壤，如沼泽土、排水不良的水稻田，其 E_h 较低。微生物活动旺盛以及根系呼吸强烈，耗氧多，使土壤溶液中的氧分压降低，E_h 下降。在一定的通气条件下，土壤易分解的有机质愈多，E_h 愈低。所以，在淹水条件下施用新鲜的有机肥料，土壤 E_h 剧烈下降，这在绿肥还田早期经常发生。植物根系分泌多种有机酸，造成特殊的根际微生物的活动条件，有一部分分泌物能直接参与根际土壤的氧化还原反应。水稻根系分泌氧，使根际土壤的 E_h 较根外土壤高。根系分泌物虽然主要限于根域范围内，但它对改善水稻根际的土壤营养环境有重要作用。

（四）氧化还原反应的缓冲性

土壤氧化还原缓冲性是指当少量的氧化剂或还原剂加入土壤后，其氧化还原电位（E_h）不会发生剧烈变化，即土壤所具有的抵抗氧化还原电位变化的能力。其原因是土壤中存在着许多重要而复杂的氧化还原体系，在不同的条件下，这些体系参与氧化和还原的情况也不相同，其氧化还原电位的变化与土壤中氧化物质与还原物质的相对数量有关。当还原性物质进入土壤时，土壤氧化态物质将抑制还原态物质活度的增加，反之亦然。因此，在某种还原物质或氧化物质大量存在时，氧化还原电位不会产生剧烈变化，从而表现出一定的氧化还原缓冲性。氧化还原体系的总浓度愈大，缓冲作用愈强。氧化还原缓冲性愈强的土壤，氧化性或还原性愈稳定，愈容易保持原有的氧化还原平衡状态。

在理论上，对一种物质的氧化还原缓冲性可以通过下面的推导加以说明。

假定氧化态活度为 x，氧化态与还原态总浓度为 A，则还原态的浓度为 $A-x$。当氧化态的浓度略有增加时，氧化还原电位的增高为

$$dE_h/dx=\frac{RT}{nF}\times\frac{A}{x(A-x)}$$

dE_h/dx 的倒数可作为土壤氧化还原缓冲性的一个指数，称为缓冲指数。

$$dx/dE_h=\frac{nF}{RT}\times\frac{x(A-x)}{A}=\frac{nF}{RT}\times x\times\left(1-\frac{x}{A}\right)$$

从上式可见，某种物质的总浓度愈高，缓冲指数愈强。在 $A=2x$ 时，即当氧化态与还原态的活度比为 1 时，其缓冲性最强。对于不同物质，值大者的缓冲性强，这种关系可从图 4-3 中看出，在曲线两端，当加入少量的氧化剂或还原剂时，E_h 即有显著变化，而愈向中间变化愈小，在氧化态和还原态各占 50%时的变化接近于零。

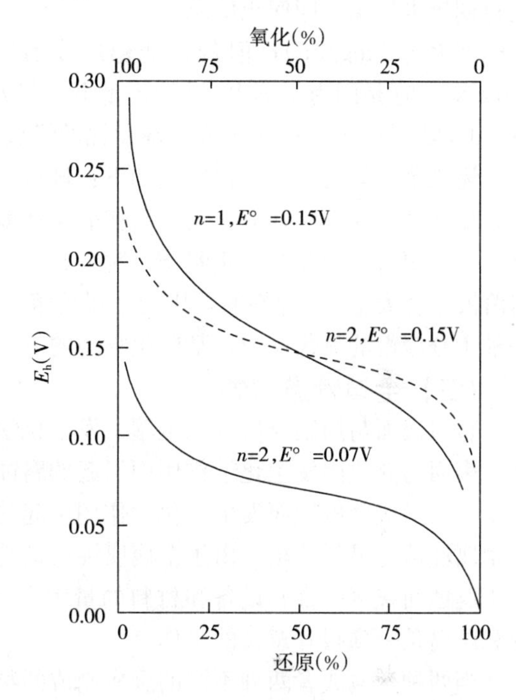

图 4-3　不同氧化还原物质的 E_h 与其氧化或还原程度（%）的关系

值得指出的是，因土壤中的情况复杂，理论推导式难于简单地用于土壤。这是因为：①土壤是一个由多种氧化还原物质组成的混合体系，其氧化还原电位不仅与各种物质的比例有关，而且与氧化还原反应速率有关，特别是在有机质含量高的土壤，可出现氧化还原缓冲反应滞后现象；②与酸碱反应一样，氧化还原反应也存在固相的参与，这就使反应速度更慢。尽管如此，只要实验条件一致，仍然可对不同氧化还原状况的土壤缓冲性进行相互比较。

二、土壤氧化还原的环境意义

从环境科学角度看，土壤氧化性和还原性与有毒物质在土壤环境中的消长和地下金属管道腐蚀等密切相关。

（一）有机污染物降解

在热带、亚热带地区，间歇性阵雨和干湿交替对厌氧、好氧细菌的增殖均有利，比单纯的还原或氧化条件更有利于有机农药分子的降解。特别是有环状结构的农药，因其环开裂反应需要氧的参与，如滴滴涕（DDT）的开环反应、地亚农的代谢产物嘧啶环的裂解等。大多数有机氯农药在还原环境下才能加速降解。例如，六六六（六氯环己烷）在旱地土壤中分解很慢，在蜡状芽孢菌参与下，经脱氯反应后快速代谢为五氯环己烷中间体，后者在脱去氯氢化后生成四氯环己烯和少量氯苯类代谢物。分解滴滴涕适宜的 E_h 值为 0～−250 mV，艾氏剂也只有在 $E_h<-120$ mV 时才快速降解。

(二) 重金属的生物有效性

土壤中大多数重金属元素是亲硫元素，在农田厌氧还原条件下易生成难溶性硫化物，其毒性和危害降低。土壤中低价硫 S^{2-} 来源于有机质的厌氧分解与硫酸盐的还原反应，水田土壤 E_h 低于 -150mV 时，S^{2-} 生成量可达 200mg/kg（土）。当土壤转为氧化状态如落干或改旱时，难溶性硫化物逐渐转化为易溶性硫酸盐，金属元素的生物毒性增强。例如，黏土中添加 Cd 和 Zn，淹水 5～8 周后可能存在 CdS。在同一土壤含 Cd 量相同的情况下，若水稻在全生育期淹水种植，即使土壤总 Cd 为 100mg/kg，糙米中 Cd 浓度大约为 1mg/kg（Cd 食品卫生标准为 0.2mg/kg）；但若在幼穗形成前后此水稻田落水搁田，则糙米含 Cd 量可高达 5mg/kg。这是因为土壤中 Cd 溶出量下降与 E_h 下降同时发生。这就说明，在土壤淹水条件下 Cd 的毒性降低是因为生成了硫化镉的缘故。

无机汞之间的相互转化反应如下：$Hg \rightleftharpoons Hg^{2+} \rightleftharpoons HgS$。由 Hg 转化为 Hg^{2+} 为氧化反应，反之为还原反应，氧化反应需在氧化环境下进行，而在抗汞细菌的参与下也能进行这种反应。土壤溶液中存在一定量 S^{2-} 时，Hg^{2+} 就可生成 HgS，HgS 在嫌气条件下是稳定的，但溶液中有大量 S^{2-} 存在时，则会生成可溶性的 HgS_2^{2-} 存在于溶液中。HgS 转化为 Hg^{2+} 是一种十分缓慢的氧化反应，某些生物酶的氧化作用可直接参与 HgS 的转化过程。

(三) 金属管道腐蚀

金属表面与周围介质（如土壤）发生化学及电化学作用而遭受破坏，统称为金属腐蚀。金属表面与介质因发生化学作用而引起的腐蚀叫做化学腐蚀，一般无电流产生；金属表面在介质中因形成微电池而发生电化学作用引起的腐蚀，叫做电化学腐蚀。在腐蚀作用中常以电化学腐蚀情况最为严重。由于金属腐蚀而遭受到的损失是非常严重的。据统计，全世界每年由于腐蚀而报废的金属设备和材料的量为金属年产量的 20%～30%。因此，研究金属的腐蚀和防腐是一项很有意义的工作。

当两种金属或者两种不同的金属制成的物体相接触，同时又与其他介质（如潮湿空气、水或土壤溶液等）相接触时，就形成了一个原电池，进行原电池的电化学作用。例如，在一铜板上有一些铁的铆钉，长期暴露在潮湿的空气中，在铆钉的部位就特别容易生锈。

在金属表面上形成浓差电池也能构成电化学腐蚀。例如，把两个铁电极放在稀的 NaCl 溶液中，在一个电极（A）上通以空气，另一电极（B）上通以富氮空气（含氧量较空气少），由于两电极附近含氧的浓度不同，因而构成了浓差电池。电极（A）成为阴极，电池（B）成为阳极，在电极上进行的反应为：

阳极（B） $Fe = Fe^{2+} + 2e^-$

阴极（A） $1/2O_2(\text{气}) + H_2O + 2e^- = 2OH^-$

同一根铁管，如有局部处于氧浓度较低处，就能成为浓差电池的阳极而受到腐蚀。金属管道埋在土壤中，土壤的水分、溶质、空气都存在很大的空间变异，故容易出现电化学腐蚀，其实质是形成了许多微电池。

根据氧化还原的一般原则，在金属被氧化的同时，必然要有另一个与之相共轭的氧化剂被还原。在微电池的阴极上所进行的还原过程，在金属腐蚀文献中常被称为去极化作用，并把该种氧化剂称为去极剂。金属腐蚀时常见的去极剂是溶液中的氢离子和溶解氧。腐蚀电池电位的高低影响腐蚀的倾向和速度。金属一旦构成微电池后，有电流通过电极，电极就要发生极化，而极化作用的结果则要改变腐蚀电池的电位差。影响金属表面腐蚀速度的主要因素有：金属的极化性能、金属的平衡电极电位、氢的超电位。

金属的防腐方法有：在金属表面涂上耐腐蚀的非金属保护层、用耐腐蚀性较强的金属或合金覆盖在金属表面、电化保护和加缓蚀剂保护等。

第三节 土壤胶体与表面电荷性质

土壤是一个多类胶体微粒共存的分散体系，包含各类黏土矿物微粒（铝硅酸盐类）、腐殖质和蛋白质等有机高分子，还包含铝、铁、锰和硅等的水合氧化物等无机物。土壤胶体是土壤中最活跃的部分，其构造由微粒核及双电层两部分构成，这种构造使土壤胶体产生表面特性和电荷特性，表现为具有较大的表面积并带有电荷，能吸持各种重金属等污染元素，有较大的缓冲能力，对土壤中元素的保持、忍受酸碱变化、减轻某些毒性物质的危害有重要的作用。此外，受其结构的影响，土壤胶体还具有分散、絮凝、膨胀、收缩等特性，这些特性与土壤结构的形成及污染元素在土壤中的行为均有密切的关系。而它所带的表面电荷则是土壤具有一系列化学性质和物理化学性质的根本原因。

土壤中的化学反应主要为界面反应，这是由于表面结构不同的土壤胶体所产生的电荷，能与溶液中的离子、质子、电子发生相互作用。土壤表面电荷数量决定土壤所能吸附的离子数量，而由土壤表面电荷数量与土壤表面积所决定的表面电荷密度，则影响着对这些离子的吸附强度。所以，土壤胶体特性影响无机污染物和有机污染物等在土壤固相表面或溶液中的积聚、滞留、迁移和转化，是土壤对污染物有一定自净作用和环境容量的基本原因所在。

一、土壤胶体

（一）土壤胶体种类

胶体是物质的一种状态，它由分散相和分散介质两相物质所构成。土壤胶体的分散相是细土粒或黏粒，分散介质是土壤水。土壤胶体是指土壤中粒径小于 2 μm（或小于 1 μm）的颗粒，为土壤中颗粒最细小而最活跃的部分。按成分和来源，土壤胶体可分为无机胶体、有机胶体和有机无机复合胶体 3 类。

1. 土壤无机胶体 土壤无机胶体包括成分简单的晶质和非晶质的硅、铁、铝的含水氧化物和成分复杂的各种类型的层状硅酸盐（主要是铝硅酸盐）矿物。常把这两者统称为土壤黏粒矿物，它们都是岩石风化和成土过程的产物，对土壤属性有显著影响。

黏土矿物都是次生矿物，它的形成是土壤化学过程的重要方面之一。黏土矿物的一部分是在原生矿物分解过程中产生的，另一部分是由风化产物（铁、铝氧化物和游离硅酸等）在一定的水热条件下或在土壤微生物的作用下，又重新合成的铝硅酸盐类，它们具有薄片层状结晶构造，颗粒较细，具有黏结性，可以形成稳定的聚集体。

由于母岩和环境条件的不同，岩石风化处在不同的阶段，而不同的风化阶段所形成的次生黏土矿物的种类和数量也不同，但其最终产物是铁氧化物和铝氧化物。在干旱或半干旱的气候条件下，风化程度较低，处于脱盐基初期，主要形成水化云母（伊利石）。在温暖湿润或半湿润的气候条件下，脱盐基作用增强，但介质中还含有较多的代换性和可溶性盐，化学过程的产物中 SiO_2/Al_2O_3 为 2～4，所形成的黏土矿物多趋向于 2∶1 型的蒙脱石类。在湿热的条件下，原生矿物迅速脱盐基、脱硅，介质中 SiO_2/Al_2O_3 比率小，趋于形成1∶1型的高岭石类黏土矿物，再进一步脱硅，矿物质彻底分解，造成铁氧化物和铝氧化物的富集。

含水氧化物主要包括水化程度不等的铁和铝的氧化物及硅的水化氧化物，有晶形与非晶形之分，晶形的有三水铝石（$Al_2O_3 \cdot 3H_2O$）、水铝石（$Al_2O_3 \cdot H_2O$）、针铁矿（$Fe_2O_3 \cdot H_2O$）和褐铁矿（$2Fe_2O_3 \cdot 3H_2O$）等，非晶形的有不同水化度的 $SiO_2 \cdot nH_2O$、$Fe_2O_3 \cdot nH_2O$、$Al_2O_3 \cdot nH_2O$ 和 $MnO_2 \cdot nH_2O$ 及它们相互复合形成的凝胶、水铝英石等。

2. 土壤有机胶体 土壤有机胶体主要是腐殖质，还有少量的木质素、蛋白质和纤维素等。腐殖质胶体含有多种官能团，属两性胶体，但因等电点较低，所以在土壤中一般带负电，因而对土壤中无机阳离子特别是重金属等的吸附性能影响巨大。但它们不如无机胶体稳定，较易被微生物分解。

3. 土壤有机无机复合体 土壤中的有机胶体很少单独存在，大多通过各种方式与无机胶体相结合，形成有机无机复合体，其中主要是二价和三价阳离子（如钙、镁、铁和铝等的离子）或官能团（如羧基和醇羟基等）与带负电荷的黏粒矿物和腐殖质的连接作用。有机胶体主要以薄膜状紧密覆盖于黏粒矿物的表面上，还可能进入黏粒矿物的晶层之间。土壤有机质含量愈低，有机无机复合度就愈高，一般变动范围为50%～90%。

（二）土壤无机胶体的主要类型

通常根据土壤无机胶体组分的构造和性质将其分为简单盐类、水合氧化物类和次生铝硅酸盐类。次生铝硅酸盐类又分为伊利石、蒙脱石和高岭石等。

1. 简单盐类 土壤无机胶体的简单盐类包括方解石（$CaCO_3$）、白云石[$CaMg(CO_3)_2$]和石膏（$CaSO_4 \cdot 2H_2O$）等多种盐类。它们是原生矿物经化学风化的产物，结晶构造都比较简单，常见于干旱和半干旱地区的土壤中。

2. 水合氧化物类 土壤无机胶体的水合氧化物类包括水化程度不等的各种铁和铝的氧化物及硅的水化氧化物，其中有的是结晶型的，也有不少是非晶质的胶体。它们常见于湿热的热带和亚热带地区的土壤中。

3. 次生铝硅酸盐类 这些矿物在土壤中普遍存在，种类很多，是由长石等矿物风化后形成。它们是构成土壤黏粒的主要成分，常见类型有下述3种。

（1）伊利石类（或水化云母） 伊利石类是一种风化程度较低的矿物，在一般土壤中均有分布，但以温带干旱地区的土壤中含量最多。它是2∶1型黏土矿物，在相邻晶层之间有 K^+ 存在，由于 K^+ 的吸力使晶层间结合较紧，膨胀性较小，粒径为0.1～2.0nm，比表面积为100～200m²/g，具有较高的阳离子代换量（20～40cmol/kg，土）。伊利石因具有同晶替代现象而带有负电荷。总之，伊利石的水化特性、胀缩性、可塑性和对阳离子的吸收性都比高岭石强而比蒙脱石弱。

（2）蒙脱石类 蒙脱石类为伊利石进一步风化的产物，是基性岩在碱性环境条件下形成的，在温带干旱地区的土壤中含量较高。它也是由两片硅氧片中间夹一水铝片组成的2∶1型黏土矿物。蒙脱石的晶层表面没有OH原子组，晶层间靠分子引力连接，其间距视吸收水分子的多少而伸缩，膨胀度达90%～100%。这类矿物颗粒小，仅为0.01～1.0nm，比表面大（为700～800m²/g），不仅外表面面积大，而且有巨大的内表面，吸水力强，有较强的可塑性和黏着性。普遍具有同晶代换作用，吸附阳离子的能力强，阳离子代换量达80～100

cmol/kg 土。

（3）高岭石类　高岭石类为风化度极高的矿物，主要见于湿热的热带和亚热带地区的土壤中，它的结晶构造为水铝片和硅氧片相间重叠组成的 1∶1 型黏土矿物，其晶层间距离很窄（0.72 nm），晶层间由氢键紧密相连，易形成较粗的颗粒，使比表面小，膨胀性很小。本类矿物极少发生同晶替代，仅在一定的酸性条件下，晶体表层 OH 群中 H^+ 离解而带负电荷，故吸附阳离子的能力较弱，阳离子代换量仅 3～15（cmol/kg）(土)。

在上述各类黏土矿物中，由于它们在构造和性质上的不同，对元素的迁移、转化的影响也各异。其中，次生铝硅酸盐类及含水氧化物是土壤矿物质胶体的主要组成部分，表面性质活跃，并带有表面电荷，对单质及化合物在土壤中的聚集和淋移有重要作用。

（三）土壤胶体表面

土壤胶体有很高的表面活性。土壤胶体的表面类型、性质及表面上发生的物理化学反应是土壤胶体表面化学的主要研究内容，也是土壤化学性质的重要基础。

1. 土壤胶体的表面类型　土壤胶体的表面可分为外表面与内表面。内表面是指膨胀性黏土矿物的晶层之间的表面和腐殖质分子内部的表面；外表面指黏土矿物、氧化物和腐殖质分子暴露在外的表面。一般外表面上的反应比较迅速，而内表面上的反应比较缓慢。

根据不同类型土壤胶体的表面基团，可将土壤中胶体的表面分为 3 类：硅氧烷型表面、水合氧化物型表面和有机胶体表面。

（1）硅氧烷型表面　对于 2∶1 型黏土矿物来说，两个硅氧片中间夹一个铝氧片，暴露在外的表面是硅氧片的底层氧原子，该层原子为非活性原子，其表面呈非极性的疏水表面，不易解离，与烷基性质类似，故称为硅氧烷型表面。云母的基面为典型的硅氧烷型表面，蒙脱石、伊利石和蛭石的表面也是硅氧烷型表面。1∶1 型黏土矿物表面只有一半的基面是硅氧烷型表面（硅氧片底层）。硅氧烷型表面活性较弱，其电荷来源主要是晶体内部的同晶替代作用产生的多余电荷，这些电荷一般不随 pH、阳离子和电解质浓度的变化而改变。

（2）水合氧化物型表面　胶体表面上羟基（—OH）暴露在外，形成极性表面。一般指水合氧化物中的金属离子和羟基组成的表面，可用 M—OH表示，M 表示金属阳离子，如 Fe^{3+} 和 Al^{3+}，也可以是 Si^{4+}。羟基铝［$Al(OH)^{2+}$、$Al(OH)^{2+}$］、针铁矿（α - FeOOH）和铝氧片［$Al_4(OH)_{12}$］都是羟基型表面。晶型与非晶型氧化物的表面都属该类型表面，不同氧化物其表面所带的羟基数量不同，如非晶形 SiO_2 每 1 nm^2 中含有 4.8～5.1 个羟基，赤铁矿（α - Fe_2O_3）每 1 nm^2 含有 5.6～9.1 个羟基。高岭石等 1∶1 型黏土矿物边角断键而产生羟基也属于该类表面。

土壤中的氧化物如石英（SiO_2）、赤铁矿（α - Fe_2O_3）和玉髓（α - Al_2O_3）等，其表面很容易水解，在湿润的土壤中，表面与硅胶（$SiO_2 \cdot nH_2O$）、针铁矿（α - FeOOH）和三水铝石（$Al_2O_3 \cdot 3H_2O$）的表面相同，均属于水合氧化物型表面。

水合氧化物型表面与硅氧烷型表面不同，它是一极性表面，具亲水性，其表面的羟基可以解离产生电荷，产生电荷的数量随土壤 pH 改变而改变。

（3）有机胶体表面　有机胶体呈海绵状或蜂窝状，具有较大的内表面积和外表面积，其表面上存在着大量的含氧官能团。

土壤胶体的表面类型往往是十分复杂的，不可能单纯地存在一种表面，常常是几种表面同时存在。

2. 土壤胶体的比表面积　不同土壤胶体的表面积有很大的差异，一般说的表面积是指内表面积和外表面积的总和，且内表面和外表面一般很难严格地区分。土壤学上常用比表面积来表示土壤胶体的表面积大小。所谓比表面积，指单位质量土壤颗粒所具有的表面，单位是 m^2/g。从表 4－4 和表 4－5 中可以看出，2∶1 型黏土矿物和腐殖质多的土壤比表面积很大，而 1∶1 型黏土矿物和氧化物的比表面积很小。同时也可看出，含蒙脱石和腐殖质的黑土的比表面积最大，而含高岭石、氧化物多而腐殖质少的红壤的比表面积很小，可见土壤的比表面积主要是由土壤中的胶体类型和数量决定的。

表 4－4　土壤中常见黏土矿物的比表面积（m^2/g）

（引自黄昌勇，2000）

胶体成分	内表面积	外表面积	总表面积
蒙脱石	700～750	15～150	700～850
蛭　石	400～750	1～50	400～800
水云母	0～5	90～150	90～150
高岭石	0	5～40	5～40
埃洛石	0	10～45	10～45
水化埃洛石	400	25～30	430
水铝英石	130～400	130～400	260～800

表 4－5　不同土壤胶体类型的比表面积（m^2/g）

（引自吕贻忠和李保国，2006）

土壤类型	比表面积	土壤类型	比表面积
黑　土	420	红　壤	202
黄棕壤	343	砖红壤	158
黄绵土	326		

测定土壤比表面积的方法很多，但不同方法测得的结果有一定的差异。对于结晶良好的黏土矿物的比表面积可以根据理论进行计算，一般通过电子显微镜或 X 射线衍射等方法测得晶体的晶体参数，就可通过公式计算其比表面积，如蒙脱石的比表面积理论值为 $760\,m^2/g$。但对于土壤或非晶型矿物则不能用这种方法。常用的测定土壤比表面积的方法是吸附法，是利用分子大小已知的指示吸附介质在土粒表面形成单分子层，并用单分子的面积乘以在土粒表面形成单分子层时所吸附的分子数，从而得到土壤颗粒的比表面积。常用的吸附介质有氮气、水蒸气、甘油、乙二醇乙醚（EGME）等。目前更多人使用乙二醇乙醚来测定土壤比表面积，该方法尤其适合测定土壤有机无机复合体的比表面。

二、土壤表面电荷

土壤表面电荷是土壤具有一系列的电化学性质的基本原因，它通过电荷数量和电荷密度（单位面积上的电荷数量）两种方式对土壤的性质产生影响。

(一) 土壤电荷的来源

土壤中电荷集中在胶体部分，由下列 3 部分所构成。

1. 胶体晶核 胶体晶核主要是晶质黏土矿物，像蒙脱石类、高岭石类、水化云母类和三水铝石等，非晶质的水铝英石也可能是某些土壤胶体晶核的组成成分之一。

2. 无机胶膜 无机胶膜主要是铁、铝、硅、锰、钛等的氧化物，这些物质大多是以非晶质或结晶不良的状态包被在胶体的表面。

3. 有机胶膜 有机胶膜主要是各种土壤腐殖质等，它们大多被固着在矿质胶体的表面上，但也可能有一部分以游离态存在。

(二) 土壤电荷的种类

1. 永久电荷 晶质黏粒矿物的晶格中离子的同晶替代或缺陷会引起表面电荷。同晶替代所产生的负电荷多是永久负电荷。这种负电荷不受介质 pH 的影响，其多少决定于晶体中同晶替代的多少。例如，硅氧四面体中的四价硅被三价铝所代替，或者铝氧八面体中三价的铝被二价的镁、铁等所代替，就产生了过剩的负电荷。黏土矿物中的蒙脱石、伊利石、蛭石、高岭石等是这类同晶替代最典型的代表。

2. 可变电荷 可变电荷是指土壤表面质子的离解或缔合、边缘断键、专性吸附等产生的表面电荷。土壤中能产生可变负电荷的物质主要有腐殖质、水铝英石、层状铝硅酸盐和其他非晶质的硅酸盐等。游离氧化铁在中性和碱性条件下也产生可变负电荷。土壤腐殖质的负电荷主要是由于腐殖质的羧基和酚羟基中氢的离解所引起，烯醇羟基也可能对负电荷有一定贡献。

溶液中的离子与固体表面结合成为其组成的一部分时可产生电荷，例如

$$Ag(OH)_3\text{（固体）} + H_2PO_4^- \rightleftharpoons Al(OH)_3H_2PO_4^-\text{（表面）}$$

$$FeOOH\text{（固体）} + H_2PO_4^- \rightleftharpoons FeOHPO_4^-\text{（表面）} + OH^-$$

当土壤胶体专性吸附某类型离子时，可造成电荷。这种吸附可能是由范德华力作用，或是由氢键及憎水键作用而构成。

土壤矿质胶体的永久负电荷和可变负电荷的比例，因黏粒矿物的种类而异。伊利石的永久负电荷约占负电荷总量的 60%，高岭石只占 25%。赤铁矿、针铁矿和水铝矿等都不存在永久负电荷。

3. 正电荷 土壤中的游离氧化铁是土壤产生正电荷的主要物质，而游离的铝化合物对正电荷的贡献较为次要。在酸性条件下，游离氧化铁从介质中获得质子而使本身带有正电荷。在晶质矿物中，高岭石可同时带有正电荷和负电荷，在酸性条件下，高岭石的表面带有正电荷，水铝英石在低 pH 时也带有正电荷。此外，土壤腐殖质的氨基（$—NH_2$）可以接受质子而带正电荷。

4. 净电荷 土壤的正电荷与负电荷的代数和就是土壤的净电荷。土壤负电荷量一般都高于正电荷量，所以除了少数土壤在较强的酸性条件下或者氧化土可能出现净正电荷外，大多数土壤都带净负电荷。

(三) 土壤电荷数量

1. 土壤电荷数量 土壤电荷的数量一般用单位土壤吸附离子的厘摩尔数来表示，通常所谓阳离子交换量（*CEC*）就是 pH7 时土壤净负电荷的数量。其他 pH 条件下的阳离子交换量也用于表示相应 pH 时土壤的净负电荷，因而土壤的阳离子交换量值不是恒定的。土壤

的阴离子交换量（*AEC*）可用于表示一定条件下土壤的正电荷量。土壤电荷有永久电荷和可变电荷之分，其数量也有永久电荷量（CEC_p）和可变电荷量（CEC_v）之分。土壤正电荷一般为可变电荷，也常用 *AEC* 表示。

2. 影响土壤电荷数量的因素 影响土壤电荷数量的因素有以下几方面。

（1）土壤不同粒径部分的负电荷及其对土壤负电荷的贡献　不同粒径部分的负电荷数量决定于其矿物组成和腐殖质含量。不同粒径部分对土壤负电荷贡献的大小则与该粒径的含量直接有关。

（2）土壤胶体的组成成分对电荷数量的贡献　不同类型的黏粒矿物带有的负电荷数量是不相同的，高岭石为 3～15 cmol/kg，伊利石为 10～40 cmol/kg，而蒙脱石高达 80～120 cmol/kg。腐殖质带有大量的负电荷，其负电荷为 200～500 cmol/kg，通常多为 200 cmol/kg 左右。由于黏粒矿物是土壤胶体的主体，它对土壤胶体负电荷的贡献一般都大于腐殖质（腐殖质土壤例外）。

（3）土壤胶体组分之间的相互作用对电荷数量的影响　土壤中的有机部分和无机部分并不都是以机械混合的方式存在，而有很大一部分是通过各种键力结合在一起的。这种结合的结果使胶体负电荷具有非加和现象。目前对其产生机制尚不能做圆满阐明。

（4）pH 对电荷数量的影响　对负电荷来说，pH 的变化主要影响可变负电荷，而永久负电荷则不受 pH 的影响。对正电荷来说，土壤的正电荷随 pH 的降低而增加。从净电荷看，土壤胶体如带有净正电荷，则它随 pH 的降低而增加；如果带有净负电荷，则它随 pH 的升高而增加。

（四）电荷零点

电荷零点（*PZC*）是指土壤颗粒表面所带净电荷为零时体系（土壤溶液）的 pH。当土壤溶液 pH 高于电荷零点时，胶体表面带净负电荷；而 pH 低于电荷零点时，则胶体表面带净正电荷。

胶粒的电荷零点与支持电解质离子的正负电荷和性质有关，有机质多时会使电荷零点下降；氧化硅与氧化铝或氧化硅与氧化铁共沉淀的电荷零点均比它们各自机械混合的电荷零点低（可能是由于有永久电荷出现或氧化物表面被包蔽所致）。同一氧化物，人工合成的与自然的电荷零点大小可以不一样（表 4-6）。

表 4-6　氧化物的（*PZC*）

（引自李学垣，2001）

氧化物	来源	平均值±标准差	氧化物	来源	平均值±标准差
非晶形氧化铁	人工	8.4±0.2	非晶形氧化铝	人工	8.0～9.4
纤铁矿	自然	7.4±0.2	三水铝石	自然	5.0±0.3
	人工	6.5±1.3		人工	8.5±0.9
针铁矿	自然	3.2	一水软铝石	人工	7.7，7.2
	人工	8.2±0.6	刚玉	人工	9.3±0.2
磁铁矿	自然	6.5±0.2	石英	自然	2.2
	人工	6.7		人工	2.0±0.2
赤铁矿	自然	6.3±0.2	氧化硅凝胶	人工	1.8，3.0，3.5
	人工	8.9±0.6	二氧化锰	人工	2.0±0.5

土壤电荷零点的大小与土壤组成成分及其各自所占的比重有关。氧化铁、氧化铝含量高的土壤电荷零点偏大，2∶1型层状硅酸盐矿物含量高或有机质含量高的土壤电荷零点减小。我国低纬度带土壤的电荷零点比中纬度带土壤的电荷零点小（表4-7）。同为中纬度带土壤，低海拔土壤的电荷零点比高海拔土壤的电荷零点大。

表4-7　我国几种地带性土壤的电荷零点（*PZC*）

（引自李学垣，2001）

土　壤	母岩与地点	主要黏土矿物	游离铁含量（%）	*PZC*
铁质砖红壤	玄武岩，云南昆明	高岭石、三水铝石	21.16	6.05
铁质红壤	石灰岩，云南昆明	高岭石、蛭石	15.44	3.6
赤红壤	砂页岩，云南景洪	高岭石、水云母	6.58	2.95
砖红壤	安山岩，海南兴隆	高岭石、三水铝石		3.80
赤红壤	花岗岩，广东惠阳	高岭石、三水铝石、水云母		3.90
红壤	Q2，湖南郴县	高岭石、水云母、1.4nm矿物	56.8	3.50
红壤	Q2，江西进贤	高岭石、水云母	4.52	3.20
红壤	砂页岩，湖北武汉	高岭石、水云母、蛭石	11.07	3.57
黄棕壤	Q3，湖北武汉	水云母、蛭石、高岭石	3.89	3.06

三、土壤胶体的双电层

带有电荷的土壤胶体分散在水中时，在胶体颗粒和液相的界面上就有双电层出现。在电场和其他力场的作用下，固体颗粒或液相对另一相做相对移动时所表现出来的电学性质称为动电性质。

（一）双电层的概念

1. 土壤胶体双电层的产生　带电胶体分散在电解质溶液中时，使溶液中界面区域内电荷的分布被扰乱而形成局部的不均等分布，由此形成了胶体的双电层（图4-4）。双电层的结构模型很多，其电荷分布状况常用电荷密度（库仑每平方米，C/m^2）和电位（毫伏，mV）表述。

根据静电学的基本定理，推导出双电层的基本公式为

$$\xi = 4\pi\sigma d/D$$

式中，σ为表面电荷密度；d为两电层之间的距离；D为介质的介电常数；ξ为两电层之间的电位势，即等于动电电位。

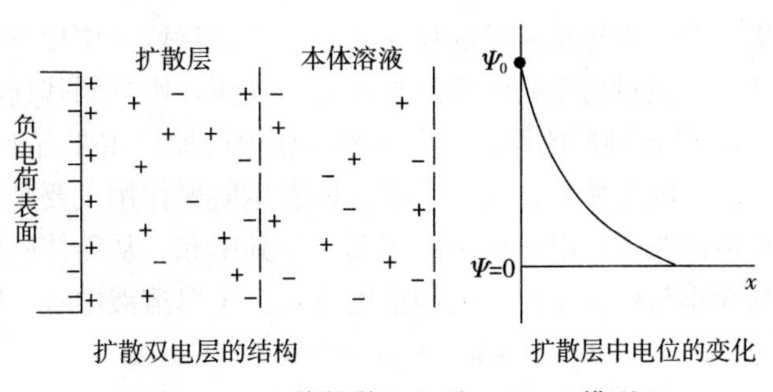

图4-4　土壤扩散双电层（DDL）模型

2. 土壤胶体的双电层特征　黏土矿物的电荷来源于晶格中的同晶替代，在板面的电荷密度不依赖于溶液中的电解质，而表现为恒定电荷。其负电荷吸引溶液

中阳离子作为反离子面构成双电层，这时反离子常表现为专性吸附，有较多部分居于表面上，较小部分在扩散层中。

黏土矿物除板面表面外，还有边缘表面。后者的原子结构与板面不同，是由断裂的硅氧四面体和铝氧八面体构成。铝氧八面体的断键类似于氧化铝，在酸性溶液中以铝作为电位离子而构成正电双电层，在碱性溶液中以 OH^- 作为电位离子而构成负电双电层。

土壤胶粒表面带有负电荷，在紧靠胶粒表面分布着较多的阳离子，随着距离的增加，阳离子的分布趋于均匀，到本体溶液时，阳离子呈均匀分布；而阴离子则是在表面附近较少，随着距离的增加而趋于均匀分布。离子的这种分布可用 Boltzmann 方程表示

$$c_x = c_0 \exp(-ZF\Psi_x/RT)$$

式中，c_x 和 c_0 分别为距离表面 x 处和本体溶液中反号离子的浓度（mol/L）；Z 为反号离子的价数；F 为 Faraday 常数；R 为气体常数；T 为热力学温度；Ψ_x 为距离表面 x 处的电位。可见，双电层中距表面 x 处反号离子的局部浓度是该距离处电位 Ψ_x 的函数。

在 Gouy（1910）和 Chapman（1913）提出的双电层模型中，扩散层中的电位 Ψ 随着距表面的距离 x 的增加呈指数关系下降，可按下式计算。

$$\Psi_x = \Psi_0 \exp(-kx)$$

式中，Ψ_0 为表面电位；k 是与离子浓度、价数、介电常数和温度有关的常数，在室温下，有

$$k = 3 \times 10^7 Zc_0^{1/2}$$

$1/k$ 称为扩散双电层的厚度。可见，在室温下，扩散双电层的厚度主要受离子价数 Z 和离子浓度 c_0 的影响。离子价数越高，离子浓度越大，k 越大，双电层的厚度越小。因此，增加离子的价数和浓度，可使双电层压缩。

表 4-8 扩散双电层厚度与离子价态和浓度的关系

（引自黄巧云，2006）

溶液浓度（mol/L）	双电层厚度（nm）	
	单价阳离子	二价阳离子
10^{-5}	10	5
10^{-3}	1	0.5
10^{-1}	0.1	0.05

（二）土壤的凝聚和消散

凝聚和消散是各个胶体微粒之间的相互作用，即微粒是长期处于分散状态，还是会相互聚集结合成为更粗粒子的规律问题。这是环境土壤化学中十分重要的问题，它决定土壤中胶体微粒与微量污染物结合的粒度分布规律，影响到其迁移输送的归宿及去向。

1. 引起凝聚的原因 引起胶体凝聚的原因主要有下述几个方面。

（1）电解质的作用 土壤胶体发生凝聚作用主要是由于电动电位的消失。土壤中主要是带负电的胶体，电解质中的阳离子与其中和，从而使胶体发生凝聚。阳离子在凝聚作用中影响的大小与阳离子的种类和浓度有关。土壤溶液中常见阳离子的凝聚力大小顺序为：$Na^+ < K^+ < NH_4^+ < Mg^{2+} < Ca^{2+} < H^+ < Al^{3+} < Fe^{3+}$。

阳离子达到一定浓度（凝固值）才能起凝聚作用，凝聚力强的离子起始浓度低，凝聚力

弱的离子起始浓度高。一价阳离子引起凝聚作用的浓度为二价阳离子的10～25倍，二价阳离子的凝固值为三价阳离子的4～10倍。

胶体的凝聚作用分为可逆和不可逆两类，一价离子所引起的凝聚作用是可逆的，二价和三价离子所引起的凝聚作用是不可逆的。在酸性土中施用石灰，碱土中施用石膏都可能形成不可逆的凝胶，有助于良好结构的形成。

（2）正负电荷的中和作用　带相反电荷的胶体，相互中和而凝聚，或者其中一种电荷很低，从而相互凝聚。

（3）含水量变化　土壤在干燥或冻结过程中，由于增加了土壤溶液中电解质的浓度，同时也减少了扩散层的厚度，从而引起土壤胶体凝聚。

2. 引起分散的原因　引起土壤胶体分散的原因也很多，有的由于亲液胶体（有机胶体）包围在疏液胶体（无机胶体）四周，从而促进其分散在溶液中，形成溶液。也有的由于一价阳离子代换二价阳离子，使不可逆的凝胶变为可逆的凝胶，遇水即分散。或由于淋溶作用加强，移去了电解质，使胶体逐渐发生分散作用。

第四节　土壤的吸附解吸性能

土壤是永久电荷表面与可变电荷表面共存的体系，可吸附阳离子，也可吸附阴离子。土壤胶体表面能通过静电吸附的离子与溶液中的离子进行交换反应，也能通过共价键与溶液中的离子发生配位吸附。因此，土壤学中将土壤吸附性定义为：土壤固相和液相界面上离子或分子的浓度大于整体溶液中该离子或分子浓度的现象，这时称为正吸附。在一定条件下也会出现与正吸附相反的现象，即称为负吸附。土壤吸附性是重要的土壤化学性质之一，它取决于土壤固相物质的组成、含量、形态和溶液中离子的种类、含量、形态，以及酸碱性、温度、水分状况等条件及其变化，影响土壤中物质的形态、转化、迁移和有效性。

一、阳离子吸附与交换

溶质在溶液中呈不均一的分布状态，固相表面层中离子浓度与本体溶液中不同的现象称为吸附作用。土壤学中主要根据土壤胶体颗粒与液相界面附近所发生的相互作用来解释土壤胶体体系中离子分布的不均一性。如果土壤胶体表面某种离子的浓度高于或低于扩散层之外的自由溶液中该离子的浓度，则认为土壤胶体对该离子发生了吸附作用。所以，一般所说的吸附现象是指包括整个扩散层在内的部分与本体溶液中的离子浓度的差异。土壤胶体表面带正电荷的交换点能吸附阴离子，带负电荷的交换点则能吸附阳离子，一般土壤带负电荷的交换点远多于带正电荷的交换点，所以，土壤的阳离子吸附与交换较阴离子吸附更普遍、更重要。

（一）土壤的阳离子吸附与交换

1. 土壤阳离子交换作用　在土壤中，被胶体静电吸附的阳离子可以被溶液中另一种阳离子交换而从胶体表面解吸，这种能相互交换的阳离子叫做交换性阳离子，发生在土壤胶体表面的交换反应称为阳离子交换作用。例如，某种土壤原来吸附的阳离子有H^+、K^+、Na^+、NH_4^+、Mg^{2+}等，施用含Ca^{2+}离子的肥料后，会产生阳离子交换作用，Ca^{2+}离子可把原来胶体表面吸附的部分离子交换出来，反应式如下。

$$\begin{matrix} H^+ \\ Na^+ \\ NH_4^+ \end{matrix} \boxed{土壤} \begin{matrix} K^+ \\ Mg^{2+} \end{matrix} + Ca^{2+} \rightleftharpoons \begin{matrix} Ca^{2+} \\ Ca^{2+} \\ Ca^{2+} \end{matrix} \boxed{土壤} + H^+ + Na^+ + NH_4^+ + K^+ + Mg^{2+}$$

离子从土壤溶液转移至胶体表面的过程为离子的吸附，而原来吸附在胶体上的离子迁移至溶液中的过程为离子的解吸，二者构成一个完整的阳离子交换反应。

土壤阳离子交换作用有以下特点：①快速可逆反应，容易达到动态平衡。当植物根系从土壤溶液中吸收某一阳离子而使其浓度降低时，土壤胶体表面的该种阳离子就发生解吸，迁移到土壤溶液中，继续供应根系吸收；施肥则补充土壤溶液中阳离子的浓度，土壤胶体通过阳离子交换作用，恢复其吸附阳离子的数量。②遵循等价交换的原则。例如，1 mol Ca^{2+} 可以交换 2 mol K^+。③符合质量作用定律的原则。④补偿阳离子和陪伴阴离子都对阳离子交换反应有影响。

当改变土壤溶液中某一交换性阳离子的浓度时，能使土壤胶体吸附的其他交换性阳离子的浓度发生变化，这对用施肥来维持土壤胶体保持阳离子养分有着重要的生产意义。

带负电荷的土壤胶体表面可吸附多种阳离子，这种吸附所涉及的作用力主要是静电作用力（或库仑力）。被吸附的阳离子处于胶体表面双电层扩散层的扩散离子群中，成为扩散层中的离子组成部分。对胶体表面而言，这些吸附态阳离子是可离解的，能自由移动。

由土壤胶体表面静电引力产生的阳离子吸附的速度、数量和强度决定于胶体表面电荷性质及环境条件等因素。土壤胶体表面所带的负电荷愈多，吸附的阳离子数量就愈多；土壤胶体表面的电荷密度愈大，阳离子所带的电荷愈多，则离子吸附得愈牢。

不同价的阳离子与土壤胶体表面亲和力的大小不同，一般随离子价数的增加，亲和力增强，即 $M^{3+} > M^{2+} > M^+$。例如，土壤胶体对几种阳离子的亲和力的顺序为：$Al^{3+} > Mn^{2+} > Ca^{2+} > K^+$。因此，当土壤溶液中含有浓度相同的一价、二价和三价阳离子时，土壤胶体首先吸附三价阳离子。

对相同化合价的阳离子而言，吸附强度主要决定于离子的水合半径。一般情况下，离子的水合半径越小，离子的吸附强度越大。如表 4-9 所示，一价的 Li^+、Na^+、K^+、NH_4^+、Rb^+ 离子的水合半径依次减小，这些离子在胶体表面的吸附亲和力则依次增加：$Li^+ < Na^+ < K^+ < NH_4^+ < Rb^+$。离子外面较薄的水膜使离子与胶体表面的距离较近，吸附力强。相反，拥有较厚水膜的离子，其与胶体表面的距离相对较远，吸附力弱。土壤中常见的几种交换性阳离子的交换能力的顺序如下：Fe^{3+}、$Al^{3+} > H^+ > Ca^{2+} > Mg^{2+} > K^+ > Na^+$。

表 4-9　离子半径与吸附力

一价离子	Li^+	Na^+	K^+	NH_4^+	Rb^+
离子的真实半径（nm）	0.078	0.098	0.133	0.143	0.149
离子的水合半径（nm）	1.008	0.790	0.537	0.532	0.509
离子在胶体上的吸附力	弱	→	→	→	强

在这个序列中，H^+ 离子的半径较小，水化程度也极弱，运动速度快，其交换能力也很强。此外，离子的浓度和数量也决定阳离子交换能力。因为阳离子交换反应受质量作用定律

的支配，即交换能力较弱的离子在浓度足够高的情况下，也可以交换那些交换能力较强的离子。据此，在实践中，可以通过增加土壤中阳离子浓度的方法，来调控阳离子转化的方向，以培肥土壤和提高植物对养分离子的利用效率，提高土壤生产力。

2. 阳离子交换量　土壤的阳离子交换能力可以定量地表示为土壤阳离子交换量（*CEC*），是指土壤所能吸附和交换的阳离子的容量，单位为 cmol（+）/kg，即每千克干土壤吸附一价阳离子的厘摩尔数。阳离子交换量是土壤的一个很重要的化学性质，它直接反映土壤的保肥、供肥性能和缓冲能力。土壤阳离子交换量实质上就是土壤净负电荷的总量。

阳离子交换量大的土壤，其吸肥、保肥和供肥能力强。一般认为，*CEC*＞20 cmol（+）/kg 者为保肥力高的土壤；*CEC* 为 10～20 cmol（+）/kg 者为保肥力中等的土壤；*CEC*＜10 cmol（+）/kg 者为保肥力弱的土壤。

影响土壤阳离子交换量大小的因素主要有下述几个方面。

（1）土壤质地　黏重的土壤含胶体数量多，负电荷量大，吸附的阳离子多，阳离子交换量也高。

（2）土壤胶体的类型　土壤中含有机质胶体和 2∶1 型次生黏土矿物胶体的比例越高，土壤的阳离子交换量就越大（表 4-10）。

（3）土壤 pH　随着土壤 pH 的升高，土壤可变负电荷量增加，土壤吸附的阳离子数量也增加。

表 4-10　不同类型土壤胶体的阳离子交换量

土壤胶体	*CEC*［cmol（+）/kg］	土壤胶体	*CEC*［cmol（+）/kg］
腐殖质	200	伊利石	10～40
蛭　石	100～150	高岭石	3～15
蒙脱石	70～95	铁氧化物、铝氧化物	2～4

由于可变电荷土壤的阳离子交换量随 pH 升高而增加，故对可变电荷土壤来说，常用有效阳离子交换量（*ECEC*）的概念来代替阳离子交换量。有效阳离子交换量指土壤在其本身 pH 条件下所吸附和交换出来的阳离子总量，它比阳离子交换量更符合可变电荷为主的土壤的实际情况。

（二）土壤盐基饱和度

1. 土壤盐基饱和度及其与肥力的关系　土壤胶体表面吸附的阳离子可以分为两种类型，一是盐基离子，如 K^+、Na^+、Ca^{2+}、Mg^{2+} 和 NH_4^+ 等；二是致酸离子，包括土壤胶体吸附的 H^+ 和 Al^{3+}。土壤的交换性盐基离子占交换性阳离子总量的百分数称为土壤盐基饱和度（BSP 或 BS）。

盐基离子通常是植物营养所需要的养分，土壤盐基饱和度越高，盐基离子的有效性越高，所以盐基饱和度的高低反映了土壤保蓄植物所需阳离子的能力，是土壤肥力水平的重要指标之一。一般认为，盐基饱和度≥80%且钠饱和度低的土壤是肥沃的土壤，盐基饱和度在 50%～80%的是肥力中等的土壤，而饱和度低于 50%的是肥力低的土壤。我国土壤的盐基饱和度呈北高南低的趋势，因而总体上看，北方土壤比南方土壤的肥力水平高。土壤盐基饱和度的高低也反映了土壤中致酸离子的含量，即土壤 pH 的高低。例如，在我国多雨湿润的南方地区，土壤盐基饱和度较小，土壤 pH 也低。

2. 影响离子有效度的因素　被土壤胶体表面吸附的养分离子，可以通过离子交换作用回到溶液中，供植物吸收利用。但被土壤胶体吸附的交换性阳离子的有效度在不同情况下是不同的。如果不考虑植物吸收的影响，从土壤角度看，影响阳离子有效度的因素主要有下述几个方面。

（1）离子饱和度　离子饱和度指土壤吸附的某一种阳离子占阳离子交换量的百分数。离子饱和度越高，其被交换解吸的机会就越多，有效性也越高。例如，在表 4-11 中，尽管 B 土壤交换性钙的含量高于 A 土壤，但是其钙饱和度低于 A 土壤，因而 B 土壤中钙的有效性也低于 A 土壤，应该优先给 B 土壤施用钙肥。这一例子告诉我们，在施肥上采用集中施肥的方法，如根系附近的条施、穴施等，可以增加离子在土壤中的饱和度，提高其对植物的有效度。另一方面，同样数量的某种金属污染离子，分别对不同质地的土壤产生污染后，毒性也会不同，砂质土上的毒性大，黏质土上的毒性较小，原因是由于砂质土对离子的吸附能力弱，其离子饱和度一般会比黏土的高。

表 4-11　土壤交换性钙离子饱和度与有效性的关系

（引自丘华昌和陈明亮，1995）

土壤	*CEC*［cmol（+）/kg］	交换性钙［cmol（+）/kg］	钙饱和度（%）	钙有效性
A	8	6	75	高
B	30	10	33	低

（2）陪补离子　一般来讲，土壤胶体表面总是同时吸附着多种交换性阳离子。对于被土壤胶体吸附的某一种阳离子来说，同时被吸附的其他阳离子都是它的陪补离子。假定某一土壤同时有 H^+、Ca^{2+}、Mg^{2+} 和 K^+ 等 4 种离子，对 H^+ 离子来讲，Ca^{2+}、Mg^+ 和 K^+ 是它的陪补离子，而 Ca^{2+} 则是 H^+、Mg^{2+} 和 K^+ 的陪补离子。陪补离子的交换力越强，其与土壤的结合越强，越能提高上述某离子的有效性。例如，吸附的离子为镉和铝离子的土壤中，镉被植物吸收量就比土壤吸附镉和钠离子时的高。当用铵离子来代换土壤中吸附的镉离子时，前一情况下就比后者容易代换些。

（3）黏土矿物类型　不同类型的黏土矿物具有不同的晶体构造特点，表面电荷数量和强度也不相同，因而吸附阳离子的牢固程度也不同。在一定的盐基饱和度范围内，蒙脱石类矿物吸附的阳离子一般位于晶层之间，吸附比较牢固，因而有效性较低。而高岭石类矿物吸附的阳离子通常位于晶格的外表面，吸附力较弱，有效性较高。不同矿物对离子的吸附和交换还存在选择性，如水云母对 K^+ 的吸附能力很强，这也影响离子的有效性。

（4）阳离子的专性吸附　铁、铝和锰等的氧化物及其水合物是引起阳离子专性吸附的主要土壤胶体物质，它们常常专性吸附过渡金属离子。层状铝硅酸盐矿物边面上裸露的 Al-OH 基和 Si-OH 基也有一定的专性吸附能力。被专性吸附的阳离子均为非交换态，有效性很低。

（5）pH 和离子强度　这些因素主要通过影响可变电荷土壤的表面电荷性质和阳离子的价态等来改变阳离子的吸附和有效性。研究表明，棕红壤、黄棕壤、黄褐土、水稻土和潮土等土壤在 pH3～7.5 范围内，随 pH 增加，土壤对 K^+ 的吸附量增加，单位 pH 变化对 K^+ 离子吸附量的影响为 0.59～1.43 mmol/kg；而离子强度由 0.01 增至 0.20 时，K^+ 吸附量降低 22.5%～55.4%，意味着低 pH 和高离子强度时，阳离子的有效性更高。

(三) 土壤阳离子的专性吸附

1. 阳离子专性吸附的机理 处于周期表中的ⅠB、ⅡB族和许多其他过渡金属离子，其原子核的电荷数较多，离子半径较小，因而其极化能力和变形能力较强，它们一般都能与配体形成络合物，稳定性增强。同时过渡金属离子具有较多的水合热，在水溶液中以水合离子的形态存在，且较易水解成羟基阳离子，减少了离子的平均电荷，致使离子在向吸附剂表面靠近时所需克服的能障降低，从而有利于被土壤胶体表面吸附。过渡金属元素的这些原子结构特点是导致其产生专性吸附，而不同于胶体表面碱金属和碱土金属静电吸附的根本原因。

产生阳离子专性吸附的土壤胶体物质主要是铁、铝、锰等的氧化物及其水合物。这些氧化物的结构特征是一个或多个金属离子与氧或羟基相结合，其表面带有可离解的水基或羟基。过渡金属离子可以与其表面上的羟基作用，生成表面络合物。

氧化物表面的一个金属离子与一个配位基结合时，氧化物表面释放一个质子，并引起一个单位的电荷变化。如果金属离子是以 MOH^+ 离子的形态被专性吸附，则反应后有质子的释放，但表面电荷不发生变化。

被土壤胶体专性吸附的金属离子均为非交换态，不能参与一般的阳离子交换反应，只能被亲和力更强的金属离子置换或部分置换，或在酸性条件下解吸。

2. 影响阳离子专性吸附的主要因素

(1) pH pH 升高有利于金属离子的水解，使 MOH^+ 离子的数量增加。前面已经提到，羟基离子由于电荷数量较少，其向胶体表面靠近时所需克服的能障较低，有利于短程作用力产生的胶体表面吸附。同时，从氧化物对阳离子专性吸附反应可知，矿物吸附金属离子时释放质子，因此，pH 的升高有利于吸附反应的进行。

(2) 土壤胶体类型 土壤各种组分对阳离子专性吸附的能力有很大差异。各种土壤胶体对铜的最大吸附量次序为：氧化锰>有机质>氧化铁>埃洛石>伊利石>蒙脱石>高岭石。虽然产生专性吸附的载体主要是氧化物，但氧化物类型不同，专性吸附能力也有较大的差别。如几种氧化物对锌离子吸附量的大小顺序为：钠水锰矿>非晶形氧化铝>非晶形氧化铁。同种氧化物因结晶程度的不同，对阳离子的吸附量也有差异。金属氧化物的老化过程涉及晶形的改变、表面积的变化以及表面化学性质的改变等。一般来说，非晶形氧化物的比表面大，反应活性强，阳离子专性吸附量较高。反之，晶形较好的氧化物对阳离子的吸附量较低。

(3) 有机配位体的存在 富含有机质的土壤及根际土壤中都有大量的有机配位体存在，包括糖类和有机酸等，它们具有较强的配合能力。发生专性吸附的阳离子（如重金属离子）在土壤环境中绝大部分以配合物形式存在。有研究表明，有机配位体对土壤吸附重金属离子既有促进作用，又有抑制作用，在促进和抑制作用之间往往出现拐点（转折点或峰值）。有机配位体的类型及浓度都会影响阳离子的专性吸附。

二、阴离子吸附

土壤对阴离子的吸附既有与阳离子吸附相似的地方，又有不同之处。相同之处是土壤胶体对阴离子也有静电吸附和专性吸附作用；不同之处在于土壤胶体多数是带负电荷的，因此，在很多情况下，土壤对阴离子还可出现负吸附。虽然大多数土壤对阴离子的吸附量比对阳离子的吸附量低，但由于许多阴离子在植物营养、环境保护甚至矿物形成、演变等方面具有相当重要的作用，因此，土壤对阴离子吸附一直是土壤学研究中相当活跃的领域。

（一）阴离子的静电吸附

土壤对阴离子的静电吸附是由于土壤胶体表面带有正电荷引起的。产生静电吸附的阴离子主要是Cl^-、NO_3^-和ClO^{-4}等，与胶体对阳离子的静电吸附一样，这种吸附作用是由胶体表面与阴离子之间的静电引力所控制的。因此，离子的电荷及其水合半径直接影响离子与胶体表面的作用力。对于同一土壤，当环境条件相同时，反号离子的价数越高，吸附力越强；同价离子中，水合半径较小的离子，吸附力较强。由于产生阴离子静电吸附的主要是带正电荷的胶体表面，因此，这种吸附与土壤表面正电荷的数量及密度密切相关。土壤中铁氧化物和铝氧化物是产生正电荷的主要物质。在一定条件下，高岭石边缘或表面上的羟基也可带正电荷。此外，有机胶体表面的某些带正电荷的基团如氨基（$—NH_2$）等也可静电吸附阴离子。

pH可以影响土壤可变电荷量，因此，土壤pH的变化对阴离子的静电吸附有重要影响。随着pH的降低，土壤正电荷量增加，静电吸附的阴离子也增加。在pH＞7的情况下，土壤对阴离子的静电吸附量都很低。

（二）阴离子的负吸附

阴离子的负吸附是指电解质溶液加入土壤后，溶液中阴离子浓度相对增大的现象。大多数土壤在一般情况下主要带负电荷，因此会造成对同号电荷的阴离子的排斥，斥力的大小视阴离子距土壤胶体表面的远近而不同，距离愈近斥力愈大，对阴离子排斥愈厉害，表现出较强的负吸附；反之负吸附则较弱。

对阴离子而言，负吸附随阴离子价数的增加而增强，如在钠质膨润土中，不同钠盐的阴离子所表现出的负吸附次序为：Cl^-、$NO_3^- < SO_4^{2-} < Fe(CN)_6^{4-}$。陪伴阳离子不同，对阴离子负吸附的影响也不同。例如，在不同阳离子饱和的黏土与含相应阳离子的氯化物溶液的平衡体系中，影响Cl^-负吸附大小顺序为：$Na^+ > K^+$、$Ca^{2+} > Ba^{2+}$。

就土壤胶体而言，表面类型不同，对阴离子的负吸附作用也不一样。带负电荷愈多的土壤胶体，对阴离子的排斥作用愈强，负吸附作用愈明显。

（三）阴离子的专性吸附

在土壤中，某些阴离子（如F^-以及磷酸根、硫酸根、钼酸根、砷酸根等含氧酸根离子）并不是以静电引力方式吸附在带正电荷的表面，它们可以吸附在带任何电荷的土壤表面，这就是专性吸附。阴离子专性吸附是指阴离子进入黏土矿物或氧化物表面的金属原子的配位壳中，与配位壳中的羟基或水合基重新配位，并直接通过共价键或配位键结合在固体的表面。这种吸附发生在胶体双电层的内层，也称为配位体交换吸附。阴离子专性吸附与非专性吸附的区别如表4-12所示。

由于专性吸附是发生在胶体双电层的内层，因此，被吸附的阴离子是非交换态的，在一定的溶液离子强度和pH条件下，不能被静电吸附的离子（如Cl^-和NO_3^-）所置换，只能被专性吸附能力更强的阴离子置换或部分置换。

阴离子的专性吸附也受其他共存阴离子的影响。例如，土壤中一些低分子质量的有机酸对磷的专性吸附有竞争作用，带羧基数多的有机配位体比单羧基的配位体竞争能力强。同时，有机酸浓度、体系pH、有机酸与磷接近土壤表面的先后等都影响两者的竞争效果。

表 4-12　阴离子专性吸附与非专性吸附的主要区别

（引自黄巧云，2006）

项　　目	专性吸附	非专性吸附
吸附载体	氧化物和氢氧化物	层状硅酸盐矿物
阴离子所起作用	配位离子、电位决定离子	反离子
吸附条件	任何 pH	$<PZC$
吸附机理	配位体交换反应	阴离子交换反应
结果	减少正电荷，增加负电荷	不影响表面电荷
位置	双电层内层	扩散层
吸附力	配位键、共价键	静电引力

阴离子的专性吸附主要发生在铁氧化物和铝氧化物的表面，因此，阴离子专性吸附多发生于氧化物含量较高的可变电荷土壤中。专性吸附作用一方面对土壤的表面电荷、酸度等化学性质造成深刻的影响，另一方面还决定多种养分离子和污染元素在土壤中的存在形态、迁移和转化，进而制约它们对植物的有效性及其环境效应。

三、土壤对农药的吸附作用

进入土壤的农药，可以通过物理吸附、化学吸附、氢键结合及配位键结合等形式吸附在土壤颗粒的表面。各种农药在土壤中吸附能力的强弱，主要决定于土壤和农药两者的性质及相互作用的条件。土壤对农药的吸附和解吸作用是其在环境中重要分配过程之一，是研究农药在土壤中环境行为的基础。

（一）土壤性质对农药吸附的影响

土壤对农药的吸收能力的强弱与土壤黏粒、有机质的种类和数量密切相关，且与土壤的代换量及影响土壤代换量的诸因素有关。据研究，土壤有机质及各种黏土矿物对农药的吸附能力有如下趋势：有机质＞蒙脱石＞蛭石＞伊利石＞绿泥石＞高岭石。

不同的黏土矿物由于表面积不同，对农药的吸附也不一样。例如，蒙脱石的比表面积比高岭石大，两者对丙体六六六（γ-BHC）的吸附能力分别为 10.3mg/g 和 2.70mg/g，前者比后者大。但一些农药在土壤中的吸附作用具有选择性，如高岭土对除草剂 2，4-滴（2，4-D）的吸附能力比蒙脱石要高。

不同阳离子组成的土壤，对农药的吸附和解吸作用也有影响，如钠饱和的蛭石对农药的吸附能力比钙饱和的要大。吸附在蛭石上的杀草快有 98%可以被 K^+ 取代，而吸附在蒙脱石上的杀草快仅能被 K^+ 代换出 44%。

（二）农药性质对吸附作用的影响

农药本身的性质直接影响土壤对它的吸附作用。在各种农药的分子结构中，凡是带有 R_3N^+—、—$CONH_2$、—OH、—NHCOR、—NH_2、—OCOR、—NHR 等功能团的农药都能增加其吸附强度，尤其是带有—NH_2 的化合物，吸附能力更强。蒋新明和蔡道基（1987）比较研究了东北黑土、太湖水稻土和广东红壤 3 种类型的土壤对呋喃丹、甲基对硫磷和六六六 3 种农药的吸附与解吸性能。结果表明，影响农药吸附与解吸的主要土壤因素是有机质的含量，农药在水体中的溶解度对吸附作用影响很大，其影响程度大于土壤性质的影响。

（三）土壤吸附农药的机制

土壤有机质和矿物对农药吸附的可能机制包括以下几个方面。

1. 离子交换 阳离子型农药易与土壤有机质和黏粒矿物上的阳离子起交换作用，这种吸附是与离子键相结合的。

2. 配位体交换 这种吸附作用是由于吸附质分子置换了一个或几个配位体分子。在土壤及其组成（如氧化物及其水化物）中，可进行配位体交换的通常是结合态水分子，其必要条件是吸附质分子比被置换的配位体具有更强的配合能力。

3. 氢键结合 当吸附质和吸附剂上具有$-NH_2$、$-OH$或O、N原子时易形成氢键，这是一种特殊类型的偶极-偶极矩作用，氢原子在两个电负性原子之间起桥梁作用，其中一个原子与之共价结合，而另一个原子以静电作用与之相连。氢键结合是非离子型极性有机分子与黏粒矿物和有机吸附的最重要作用机制。

4. 质子化作用 农药通过质子化作用而带正电后，可借离子交换而被土壤吸附。质子化作用的中性分子来自土壤水，胶体表面上可交换的H^+得到一个质子，或得到由另一种阳离子转来的一个质子，而释放一个带正电荷的离子。

此外，还有通过范德华引力作用、疏水性结合以及π键等作用方式对农药的吸附。

四、土壤吸附的环境意义

（一）影响重金属等污染元素的生物毒性

土壤和沉积物中的锰、铁、铝、硅等的氧化物及其水合物对多种重金属离子起富集作用，其中以氧化锰和氧化铁的作用更为明显。例如，红壤和黄壤的铁锰结核中的Zn、Co、Ni、Ti、Cu和V等重金属元素都有富集，其中Zn、Co和Ni的含量与锰含量均呈正相关，而Ti、Cu、V和Mo的含量与铁含量呈正相关。这些被铁氧化物和锰氧化物吸附的重金属离子均不能被提取交换性阳离子的通用试剂如CH_3COONH_4、$CaCl_2$等所提取，也就是说，这种富集现象是由于氧化物胶体专性吸附的结果。由于专性吸附在微量金属离子的富集作用中具有的重要作用，因此，正日益成为地球化学领域及环境等学科的重要研究内容。

氧化物及其水合物对重金属离子的专性吸附对控制土壤溶液中金属离子浓度的起重要作用。土壤溶液中Zn、Cu、Co和Mo等重金属离子的浓度主要受吸附解吸作用所支配，其中氧化物专性吸附所起的作用更为重要。因此，专性吸附在调控金属元素的生物有效性和生物毒性方面起重要作用。

土壤是重金属元素的一个汇。当外源重金属进入土壤或河湖底泥时，易为土壤中的氧化物、水合物等胶体专性吸附所固定，对水体中的重金属污染起到一定的净化作用，并对这些金属离子从土壤溶液向植物体内迁移和累积起一定的缓冲和调节作用。另一方面，专性吸附作用也给土壤带来潜在的污染危险。因此，在研究专性吸附的同时，还必须探讨通过土壤胶体专性吸附的金属离子的生物学效应问题。

（二）影响有机污染物的环境行为

由于土壤胶体特性影响农药等有机污染物在土壤环境中的转化过程，从而导致污染物的环境滞留等问题。进入土壤的农药等有机污染物可被黏粒矿物吸附而失去其药性，而当条件改变时，又可释放出来。有些有机污染物可在黏粒表面发生催化降解而失去毒性。一般地说，带负电的、非聚合分子有机农药，在有水的情况下，不会被黏粒矿物强烈吸附；相反，对带有正电荷的有机物则有很强的吸附力。

黏粒吸附阳离子态有机污染物的机制是离子交换作用。例如，杀草快和百草枯等除草剂是强碱，易溶于水而完全离子化，黏粒对这类污染物的吸附与其交换量有着十分密切的关系。很多有机农药是较弱的碱类，呈阳离子态，其与黏粒上金属离子相交换的能力决定于农药从介质中接受质子的能力，同时亦受 pH 的影响。黏粒矿物的表面可提供 H^+ 使农药质子化。

有机污染物与黏粒的复合，必然影响其生物毒性，影响程度取决于吸附力和解吸力。例如，蒙脱石吸附的百草枯很少呈现植物毒性，而被吸附高岭石和蛭石的百草枯仍具有生物毒性。不同交换性阳离子对蒙脱石所吸附农药的释放程度的影响也不同。铜-黏粒-农药复合体最为稳定，农药只少量地逐步释放；而钙-黏粒-农药复合体很不稳定，差不多立即释放全部农药；铝体系的释放情况介于二者之间。农药解吸的难易，直接决定土壤中残留农药的生物毒性的大小。

（三）生物大分子的吸附与生态环境安全

土壤对蛋白质（含各种酶类）、DNA 等生物大分子的吸附，既与土壤的各种理化性质关系密切，又直接影响生物分子在土壤环境中的存在及降解，是进入 21 世纪以来，土壤环境生态学与生物化学共同关注的热点问题。

自 1983 年世界上第一例转基因植物（烟草）问世以来，转基因作物得到了迅猛发展。据不完全统计，1996 年全球转基因农作物耕种面积为 1.7×10^6 hm^2，到 2005 年增至 8.1×10^7 hm^2。转基因作物能给人类社会带来显著利益，也可能带来潜在风险，一旦释放到环境中，可能对其他生物产生不利影响，破坏自然环境的生态平衡，并对人类健康产生极大的潜在危害，影响到环境安全和食品安全。目前这方面研究较多的是转 Bt 抗虫基因。Bt 即苏云金芽孢杆菌，是目前广泛使用的生物杀虫制剂。早在 1915 年 Bt 就被发现具有杀虫特性，并逐渐认识到对害虫起作用的是其产生的晶体蛋白，被称为杀虫晶体蛋白或 σ-内毒素。大部分 Bt 杀虫蛋白具有杀虫专一性和高度选择性，对植物和许多动物（包括人）无毒害。但在转基因植物根系连续分泌或其残体还田时，杀虫蛋白有可能积累并达到危害程度。有研究表明，Bt 蛋白与土壤结合后，在 180 d 或 234 d 后仍表现出杀虫活性。

转 Bt 基因作物的生态环境效应已有许多探讨，在土壤学领域主要研究了转基因作物毒素土壤存活特性与土壤生物学活性的关系，涉及对微生物群落的影响。转 Bt 基因作物可能通过根系分泌、花粉传播、残茬等途径使 Bt 毒素蛋白进入土壤，而不同土壤和环境条件下，由于土壤对蛋白质的吸附解吸等不同，其累积和降解过程可能存在差异，进而会影响其在土壤中的残留和生态环境安全，成为转基因植物发展过程中亟待解决的问题。Stotzky 课题组对 Bt 菌产生的杀虫毒素、酶和其他蛋白在多种土壤、矿物、有机无机复合体上的吸附和残留进行了较系统的研究，取得了大量结果。Donegan 等发现转 Bt 基因和非转基因棉花的微生态区系存在差异。近年来，随着基因工程等生物工程技术的发展，对土壤蛋白质、微生物种群等的研究手段也取得一些突破。例如，Smalla 等利用 PCR 技术分析了转基因作物外源 DNA 在土壤中的残留情况，发现它们可在土壤中持续存在；孙彩霞等用酶联免疫吸附测定方法（ELISA）测定土壤样品中的杀虫晶体蛋白含量，发现 Bt 棉花种植后根际土壤比非 Bt 棉的杀虫晶体蛋白含量高。

Fu 等研究发现，不同矿物对 Bt 蛋白的最大吸附量为：蒙脱石＞针铁矿＞高岭石＞二氧化硅，有机配位体和无机盐的存在影响土壤及矿物对 Bt 蛋白的吸附，低浓度无机盐促进矿物对 Bt 蛋白的吸附，而高浓度时起抑制作用。pH、吸附时间、温度和吸附剂用量等均对吸附有明显影响，不仅不同条件下吸附的 Bt 蛋白有不同的解吸行为，而且吸附机理也不相同。

复习思考题

1. 试述土壤酸碱反应及其缓冲性的生态环境意义。
2. 土壤氧化还原对污染物转化有哪些影响？
3. 土壤胶体组成和电荷性质对重金属的环境毒性有何影响？
4. 土壤对无机污染物的吸附主要有哪些机制？
5. 举例说明土壤微生物和酶活性与土壤污染的关系。

第五章

土壤物理性质及其环境意义

第一节　土壤结构与孔隙

一、土壤结构

（一）土壤结构的概念

土壤结构（soil structure）是土粒（单粒和复粒）互相排列、团聚成一定形状和大小的土块或土团，它包含着土壤结构体和土壤结构性两个方面的含义。

土壤结构体是指土壤中土粒相互黏结成大小和形状不同的聚合体。自然土壤的结构体种类可以作为土壤鉴定的依据，例如黑钙土表层的团粒（粒状小团块）结构、生草灰化土层的片状结构、碱土 B_1层的柱状结构和红壤心土层的核状结构等。耕作土壤结构体的种类也可反映土壤培肥的熟化程度和水文条件等，如太湖地区高产水稻土具有“鳝血蚕沙”特征，其中“蚕沙”是形如蚕粪粒大小的结构体，它的含量多，则肥力水平高。华北平原耕层土壤中，如蒜瓣土的结构体多，又黏又硬，肥力水平低；形如蚂蚁蛋的结构体多，则肥力水平高。

土壤结构性是由结构体的大小、类型、数量、相互排列方式和相应的孔隙状况等产生的综合性质。它包括土壤颗粒的空间排列方式所呈现出的稳定程度和孔隙状况。土壤结构体具有不同程度的稳定性。稳定性包括抵抗机械破坏的力稳性、泡水时不致分散的水稳性和抵抗生物作用破坏的生物学稳定性。良好的土壤结构性，实质上是孔隙的数量多，而且大、小孔隙的分配和分布适当，有利于土壤水、肥、气、热状况调节和植物根系活动。

在农学上，通常以直径在 0.25～10 mm 水稳性团聚体含量多少判别结构好坏，并据此鉴别改良措施的效果。在多雨和易渍水的地区，水稳团聚体的适宜直径可偏大些，数量可多些；而在少雨和易受干旱地区，团聚体的适宜直径可偏小些，数量也可多些；在降雨量较少地区，非水稳团聚体对提高土壤保水性亦能起到重要作用。

（二）土壤结构的类型

土壤结构体分类是依据它的形态、大小和特性等，可分为立方体状（块状、核状、粒状和团粒）、柱状（棱柱状）、片状、板状等结构体。

1. 块状结构和核状结构

（1）块状结构　块状结构（blocky structure）近似立方体型，长、宽、高大体相等，裂面核棱角不明显，形状不规则，表面不平，可按大小再分为大块状（>10 cm）、小块状结构（5～10 cm）、碎块状结构（0.5～5 cm）和碎屑状结构（<0.5 cm）。表土中多见块状与碎块状，块状结构农民称之为坷垃，常出现于有机质缺乏瘠薄而黏重的土壤。土壤过干过湿耕作最易形成块状结构，可在墒情合适时耙耱，冬季冻土后，碾压，以提高土壤有机质含量，也

可掺河沙或炉渣灰来改良。

（2）核状结构　碎块且边角明显的则叫做核状结构（subangular structure）。核状结构表面有褐色胶膜，由石灰质或铁质胶膜胶结而成，常出现于缺乏有机质的心土和底土中，农民称之为蒜瓣土。

2. 柱状结构和棱柱状结构

（1）柱状结构　在结构体形成时沿纵轴排列，纵轴大于水平轴，土体直立，边面不明显的称为柱状结构（columnar structure），常出现于半干旱地带的心土和底土中，以柱状碱土的碱化层最为典型。

（2）棱柱状结构　形成边角明显的柱状体，叫做棱柱状结构（prism structure），它常出现于干湿交替明显的心底土中，群众称之为直垢土，表面有铁质、锰质胶膜，内部紧实。

3. 片状结构　片层结构（platy structure）的土粒排列成片状，结构体的横轴大于纵轴，多出现于冲积性土壤中。农田犁耕层、森林的灰化层、园林压实的土壤均属此类。老耕地的犁底层有片状结构，群众称之为卧土，不利于通气透水，易造成土壤干旱，水土流失。

4. 团粒结构　团粒结构（spheroidal structure）是指近似球形，疏松多孔的小团聚体，其粒径为0.25～10mm，粒径＜0.25mm的称为微团粒。生产中最理想团粒结构的粒径为2～3mm，群众多称之为“蚂蚁蛋”、“米糁子”等。这种结构体在表土中出现，具有良好的物理性能，是肥沃土壤的结构形态。

通常所说的土壤结构体，往往是指团粒结构，其具有水稳性、力稳性和多孔性。有团粒结构的土壤，能协调土壤水分和空气的矛盾；能协调土壤养分的消耗和累积的矛盾；能调节土壤温度并改善土壤的温度状况；能改良土壤的可耕性，改善植物根系的生长伸长条件，被称为土壤肥力调节器，它在一定程度上标志着土壤肥力的水平。

农业上团粒结构土壤，是指含有大量的团粒结构的土壤。在有机质含量丰富且肥力高的土壤上，团粒结构可占土重的70%以上，称为团粒结构土壤。团粒结构土壤具有良好的结构性和耕层构造，耕作管理省力，作物易获得高产，但是，非团粒结构土壤也可通过适当的耕作、施肥和土壤改良而适合植物生长，因而也可获得高产。

（三）团粒结构形成

团粒结构是多级或多次团聚的产物，与其他结构体的形成不同，团粒是在腐殖质或其他有机胶体参与下发生的多级团聚过程。

1. 黏结团聚过程　土壤团粒的多级团聚过程，包括各种化学作用和物理化学作用，如胶体凝聚作用、黏结和胶结作用以及有机质矿质胶体的复合作用等。胶粒相互凝聚，形成微凝聚体，单粒、微凝聚体又通过各种黏结作用形成复粒、微团聚体以及团聚体。这包括无机物质的化学黏结作用、黏粒本身的黏结作用以及有机物质（腐殖质、根系分泌物和菌丝等）的胶结作用在内。

（1）凝聚作用　凝聚作用是指土壤胶粒相互凝聚在一起。土壤胶粒一般带负电荷，互相排斥，如果在胶体溶液中加入多价阳离子（如Ca^{2+}和Fe^{3+}等），或降低溶液的pH，就可使胶体表面电势降低。当各个土粒之间的分子引力超过相互排斥的静电力时，胶粒就相互靠拢而凝聚。凝聚作用使黏粒成微凝聚体，这种微凝聚体的化学稳定性不高，如果离子种类改变，如以一价离子（Na^{+}等）代替多价离子，微凝聚体就可能重新分散。

（2）无机物质的黏结作用　土壤中常见的无机物质，如碳酸钙（$CaCO_3$）、硫酸钙

($CaSO_4$)、无定形硅酸 (H_2SiO_3)、氧化铁 ($Fe_2O_3 \cdot nH_2O$) 和氧化铝 ($Al_2O_3 \cdot nH_2O$) 胶体等，在湿润时起黏结作用，把土粒或微凝聚体黏结在一起，干燥脱水后就成土块。心土和底土中的大块状结构或棱柱状结构，都是由无机物质黏结起来的。这种结构体的水稳性较差，在水中易分散。

(3) 有机物质的胶结作用 有机物质是土壤中的重要胶结物质，如木质素、蛋白质和真菌、丝状菌菌丝等都有胶结作用。新施入的有机物质，它们在分解时产生的多糖类、脂肪和蜡等都能起胶结作用，尤其是多糖类是重要的土壤胶结剂。因此，在施用新鲜有机肥料后，土壤结构体的数量增加。但是，随着时间的增长，这些有机物质被微生物分解，结构体又遭破坏。

土壤腐殖质还可通过多价阳离子 (Ca^{2+}、Fe^{3+}、Al^{3+}等)"桥"的连接，与矿质土粒形成有机质矿质复合体，有机质矿质复合体分为铁铝键结合和钙键结合两类。通过有机质矿质复合而形成的复合体比较稳定，因为腐殖质是较难分解的，在土壤中保持较长时间，在此基础上形成的结构体具有较好的水稳性。

有机人工结构剂的理化性质与腐殖质相似，而分子质量更大，其形成结构体比由腐殖质形成的天然结构体 (团粒) 具有更强的稳定性。

(4) 蚯蚓和其他小动物的作用 土壤中的蚯蚓、昆虫和蚁类等也可促进土壤团粒结构的形成，特别是蚯蚓的作用。蚯蚓吞吃土壤中的有机物质，能把土壤变成一颗颗疏松的小团，形成团粒结构，增强土壤的透气性。

2. 成型动力 在土壤凝聚的基础上还需要一定的作用力才能形成稳定的结构体。土壤结构体的形成有一个切割过程，对于多次团聚的土体来说，这一过程就会产生大量团粒。

(1) 根系的作用 植物根系在生长过程中对土壤产生分割和挤压作用，根系愈强大，分割挤压的作用愈强。植物根系把大土团切割成小团，在根系发达的表土中容易产生较好的团粒结构。

(2) 干湿交替作用 土壤具有湿胀干缩的性能。湿润土块在干燥的过程中，使土体出现裂缝而破碎，产生各种结构体。干燥土块湿润过程中，被封闭在孔隙中的空气便受到压缩，从而使土块破碎。土块愈干，破碎得愈好。所以，晒垡一定要晒透。

(3) 冻融交替作用 土壤孔隙中的水结冰时，体积增大，对周围的土体产生压力，使它崩碎。秋冬季翻起的土垡，经过一冬的冻融交替后，有助于团粒形成，土壤结构状况得到改善。

(4) 土壤耕作的作用 合理的耕作和施肥 (有机肥) 可促进团粒结构形成。耕耙将大土块破碎成块状或粒状，中耕松土可把板结的土壤变得细碎疏松。但是，不合理的耕作，反而会破坏土壤结构。

(四) 团粒结构与土壤肥力

1. 团粒结构土壤具有多级孔性 团粒结构的土壤，在各级 (复粒、微团粒、团粒) 结构体之间，孔隙大小不一，不同大小孔隙的蓄水与透水、通气能够同时进行，土壤孔隙状况较为理想。

2. 团粒结构可协调土壤中水气矛盾 在团粒结构土壤中，团粒与团粒之间是通气孔隙，这些非毛管孔是透水和通气的过道，可以透水通气。团粒内部多是毛管孔，可以蓄水，把大量雨水迅速吸入土壤，因而水分和空气兼蓄并存。

3. 团粒结构可协调土壤的保肥与供肥协调作用 在团粒结构土壤中，团粒的表面（大孔隙）和空气接触，有好气性微生物活动，有机质迅速分解，供应有效养分。在团粒内部（毛管孔隙），储存毛管水而通气不良，只有嫌气微生物活动，有利于养分的储藏。所以，每一个团粒既好像是一个小水库，又像是一个小肥料库，起着保存、调节和供应水分和养分的作用。

4. 团粒结构土壤宜于耕作 黏重而“无结构”土壤的耕作阻力大，耕作质量差，宜耕时间短；结构良好的土壤，由于团粒之间接触面较小，黏结性较弱，因而耕作阻力小，宜耕时间长。

总之，团粒结构是土壤中水、肥、气、热肥力因素的“调节器”，是旱地土壤最理想的土壤结构体。

二、土壤孔隙

（一）土粒密度和土壤容重

1. 土粒密度 土粒密度是指单位容积固体土粒（不包括粒间孔隙的容积）的质量，单位为 g/cm^3。密度值的大小，是土壤中各种成分的含量和密度的综合反映。多数土壤的有机质含量低，密度值的大小主要决定于矿物组成。

$$土粒密度=\frac{固体土粒质量}{固体土粒容积}$$

土粒密度值的大小主要与两个因素有关：①土壤矿物组成和含量，各种矿物密度不一，如石英为 $2.65\,g/cm^3$，正长石为 $2.57\,g/cm^3$，高岭石为 $2.6\sim2.65\,g/cm^3$，蒙脱石为 $2.00\sim2.20\,g/cm^3$。②土壤有机质含量，表土层有机质含量高，密度小于心土和底土，有机质密度为 $1.2\sim1.4\,g/cm^3$。由于土壤密度差别较小，一般土粒密度 $2.6\sim2.7\,g/cm^3$，通常用 $2.65\,g/cm^3$ 作为土粒密度。

2. 土壤容重 田间自然状态下，单位容积土体（包括土粒和孔隙的容积）的质量，称为土壤容重，单位为 g/cm^3 或 t/m^3。

$$土壤容重=\frac{固体土粒质量}{土体容积}$$

容重的数值大小，受土粒密度和土壤孔隙的影响。土壤疏松多孔的容重小，反之则大。土壤容重大体为 $1.00\sim1.70\,g/cm^3$，是土壤肥力的重要标志之一。

3. 影响容重的因素 土壤容重的大小，受土壤质地、结构、有机质含量以及各种自然因素和人工管理措施的影响。凡是土壤疏松多孔，或有大量大孔隙的，容重值小；反之，土壤紧实的容重大。一般表层土壤的容重较小，而心土层和底土层的容重较大，尤其是淀积层的容重更大。同样是表层土壤，随着有机质含量增加及结构性改善，容重值减小。

（二）土壤孔隙

1. 土壤孔性 土壤孔性是指土壤孔隙的数量、大小及其比例。孔隙状况必须保证作物对水分和空气的需要，有利于根系的伸展和活动。因此，一是要求土壤中孔隙的容积要较多，二是要求大小孔隙的搭配和分布较为恰当。

2. 土壤孔度 土壤孔隙的容积占整个土体容积的百分数称为土壤孔度，又称为总孔度、

孔隙度、孔隙率。它是衡量土壤孔隙的数量指标。土壤孔度通常不是直接测定的，而是根据土粒的密度和容重来计算，公式为

$$孔度=\left(1-\frac{容重}{密度}\right)\times100\%$$

土壤孔隙状况受质地、结构和有机质含量等的影响。对一个自然土壤而言，砂土孔隙粗大，但孔隙数目少，故孔度较小；黏土的孔隙狭细而数目很多，故孔度大。在上下层质地相同的条件下，土壤孔度通常是耕层大，而心土和底土小。黏质土壤中水占的孔隙较多，而砂质土壤中气体占的孔隙较多；结构好的土壤中，水占孔隙和气占孔隙的比例较为协调。有机质，特别是粗有机质较多的土壤中孔隙较多。

一般说来，砂土的孔度为30%～45%，壤土为40%～50，黏土为45%～60%。土粒团聚成团粒结构，使孔度增加，结构良好的壤土和黏土的孔度高达55%～65%，甚至在70%以上，有机质特别多的泥炭土的孔度超过80%。

3. 土壤孔隙的分级　土壤孔度反映土壤孔隙的数量，而对土壤肥力、植物根系伸展和土壤动物活动关系更大的则是土壤大小孔隙的分配、分布和连通的情况。土壤孔隙大小、形状非常复杂，孔隙的真实直径是很难测定的，难以按其真实的孔径来研究，因此提出了当量孔径的概念。

土壤的当量孔径是指与一定土壤水吸水相当的孔径，与孔隙的形状和均匀度无关，按下列公式计算。

$$d=\frac{3}{T}$$

式中，d为当量孔隙直径（mm）；T为土壤水分吸力（kPa）。

通常根据孔隙的大小及作用将土壤孔隙分为3级：非活性孔隙、毛管孔隙和通气孔隙。

（1）非活性孔隙　当量孔隙在0.002mm以下，土壤水吸力为1 500kPa以上者为非活性孔隙。这级孔隙几乎是被土粒表面的吸附水所充满，即使细菌（0.001～0.05mm）也很难在其中居留，植物的根与根毛难以伸入，其中的水分不能被植物利用，供水性差，故称为无效孔隙，在黏质土壤和板结土壤中此类孔隙较多。

（2）毛管孔隙　当量孔隙为0.02～0.002mm，土壤水吸力为150～1 500kPa者为毛管孔隙。植物的细根、原生动物和真菌等很难进入毛管孔隙中，但植物根毛（0.01mm）和一些细菌可在其中活动，有利于养分的吸收与转化。毛管孔隙保存的水分可被植物吸收利用，水分传导性能较好，为有效孔隙，壤土和结构好的土壤此类孔隙较多。

（3）通气孔隙　当量孔径大于0.02mm，相应的土壤水吸力小于150kPa者为通气孔隙。通气孔隙，其中的水受重力作用自由向下流动，植物幼小的根可在其中顺利伸展，不具有毛管作用，成为空气流动的通道，为通气孔或非毛管孔。

4. 土壤通透性与污水土地处理的水力设计　污水土地处理作为一种生态学处理方法，实际上是追求土壤、含水层和植物的“处理”与“利用”两个功能的总体实现。土壤被视为“活的过滤器”，作为工程系统进行污水处理。土地处理系统主要由土壤层作为净化介质，是应用历史最悠久，范围最广泛的污水自然净化法。

污水的砂滤处理系统，实际上也是土地处理系统的一种，它在构建过程中，一般采用填砂作为介质，让污水经过砂体渗滤排出系统，达到净化目的。

污水土壤毛细管渗滤是一种就地污水处理技术，它充分利用土壤中的动物、微生物、植物以及土壤的物理特性和化学特性将污水净化。渗滤沟床主要由3部分组成：①底层，又称为布水层或垫层，由直径为20～40mm的砾石和粒径为0.25～1.00mm的粗砂组成，内设埋深0.6m的陶土布水管，起承托渗滤层和使污水均匀分布的作用；②渗滤层，是用当地土壤拌和一定比例的泥炭和炉渣配制而成的特殊土壤层，厚度为40cm，是污水净化的主要作用层，污水中的污染物在此层中实现降解和转化；③表层，由较肥沃的耕作土壤组成，是草坪植物的生长层。为渗滤沟配制的土壤，有机质含量丰富，土壤的团粒结构发达，渗透速率高，毛细作用强，吸附容量大，通透性较好。

土壤颗粒的性质、质地和结构，以及土层的厚度、渗透性和化学性质，都对地下渗滤系统的处理能力和净化效果有很大的影响。土壤通透性与污水的停留时间密切相关，有研究认为，质地细密的土壤渗水性能不好，使水长时间滞留在土层中，对污水渗滤处理过程不利，具有中粗和较粗团粒结构的土壤适宜于进行渗滤处理。

在实际应用中，往往是根据应用场地的土质条件进行适当的调整，以得到理想的土壤组成。这种调整主要包括土壤颗粒组成和土壤有机质含量的调整。调整土壤颗粒组成主要是为了得到适当的渗透速率和毛细浸润作用强度；提高土壤有机质可以得到良好的团粒结构，改善土壤的通气透水性，为微生物提供良好的环境。董泽琴等在研究中，将土壤进行了改良，在土壤孔隙度＞50%、土壤的饱和导水率＞10^{-3} cm/s、土壤有机质含量在5%～20%的状况下，处理效果相当显著，特别是氮磷的去除率要明显高于其他生物工艺，并且运行比较稳定。杨星宇等曾经使用贵州常见的壤土进行实验研究，该土壤的孔隙度为40%～46%，具有较理想的有机组成，结果表明处理效果良好。因此，在利用地下渗滤处理系统净化污水的土壤一定要土粒结构发达，通透性较好，吸附容量大，渗透率高，有机含量丰富，不仅可以进行物理吸附，而且可以进行化学吸附和离子吸附以及生物降解。

（三）影响土壤孔性的因素及其调控

1. 影响土壤孔性的内因

（1）质地的影响　黏质土孔隙度为45%～60%，以毛管孔和非活性孔隙为主；砂质土孔隙度为33%～45%，通气孔隙较多；壤质土孔隙度为45%～52%，有适量通气孔又有较多毛管孔隙，水气协调，利于作物生长。

（2）结构的影响　团聚体直径越大，总孔隙度上升，一般团聚体直径在0.5～2mm较好。

（3）有机质的影响　有机质多的土壤易形成团粒结构，孔度较高，增加总孔隙度。

2. 提高土壤孔性的外因

（1）增施有机肥　有机物分解产物（如多糖类）是土壤颗粒的良好团聚剂，能明显改善土壤结构。一般来说，有机物料用量大的效果较好。

（2）实行合理轮作　作物根系活动和合理的耕作管理制度，对土壤结构的形成起很好的作用。一般来说，只要植物根系发达，都能促进土壤团粒形成。例如，多年生牧草每年供给土壤的蛋白质、碳水化合物及其他胶结物质比一年生作物多；一年生作物的耕作比较频繁，土壤有机物质的消耗快，不利于团粒的保持。

在水稻与冬作（紫云英、苜蓿、蚕豆、豌豆、油菜、小麦及大麦）的轮作中，冬季种植一年生豆科绿肥，能增加土壤有机质含量，其中以紫云英最好，直径为1～5mm的团粒含量有显著增加；冬作种植小麦、大麦或油菜对于土壤中 1～5mm 的团粒含量均有破坏作用。

(3) 合理的耕作、水分管理及施用石灰或石膏　在适宜含水量进行耕作时，可避免破坏土壤结构。合理的水分管理，尤其在水田地区，采用水旱轮作，减少土壤的淹水时间，能明显改善水稻土结构状况，促进作物增产。

此外，酸性土施用石灰，碱土施用石膏，均有改良土壤结构性的效果。

(4) 土壤结构改良剂的应用　土壤结构改良剂是改善和稳定土壤结构的制剂。按其原料的来源，可分成人工合成高分子聚合物、自然有机制剂和无机制剂 3 类。但通常多指的是人工合成聚合物，因它的用量少，只需用土壤质量的千分之几到万分之几，即能快速形成稳定性好的土壤团聚体。它对改善土壤结构、固定沙丘、保护堤坡、防止水土流失以及工矿废弃地复垦和城市绿化地建设具有明显作用。

第二节　土壤水分性质

土壤水分是土壤最重要的组成部分之一，它在土壤形成过程中起极其重要的作用。土壤水并非纯水，而是稀薄的溶液。

土壤水分主要来自大气降雨和灌溉水，这些水分进入土壤后，因为受到土壤中作用力的不同而形成不同的水分类型，这些不同类型的水分有不同的性质。

一、土壤水分的类型和性质

土壤中液态水数量最多，与植物的生长关系最为密切。水在土壤中受到各种力的作用，如重力、土粒表面分子引力和毛管力等，因而表现出不同的物理状态，这决定了土壤水分的保持、运动及对植物的有效性。

在土壤学中，一般按照存在状态，将土壤水大致划分为吸湿水、膜状水、毛管水、重力水和地下水几种类型。

（一）土壤吸湿水

由固体土粒表面分子引力和静电引力，对空气中的水汽分子的吸附，紧密保持的水分称为土壤吸湿水，又称为紧束缚水，通常只有 2～3 个水分子层。

土粒分子引力产生的表面能，其吸附力可达上千兆帕。吸湿水的吸持力最内层可达 1.01×10^3 MPa，最外层约为 3.14MPa，因而不能移动。它的密度为 1.2～2.4g/cm^3，平均达 1.5g/cm^3，具固态水性质，对溶质无溶解力。由于植物根细胞的渗透压一般为 1.01～2.02MP（平均为 1.52MPa），所以，吸湿水不能被作物根系吸收。

土壤吸湿水含量的高低主要取决于土粒的比表面积和大气相对湿度，一般土壤质地越黏重，有机质含量越高，大气相对湿度越大，吸湿水的含量越高。

土壤的吸湿水含量达到最大值时的土壤含水量称为吸湿系数，或称为最大吸湿量。此时，土粒表面有 15～20 层水分子，厚 4～5nm。吸湿系数的大小与土壤质地和有机质含量有关。质地愈黏重，有机质含量愈高，吸湿系数愈高。

（二）膜状水

土粒吸足吸湿水后，还有剩余的吸引力，可吸引一部分液态水成水膜状附着在土粒表面，这种水分称为膜状水，又称为松束缚水。膜状水厚度可达到几十个水分子层厚度，所受吸力比吸湿水小，其吸力范围在 0.633～3.14 MPa，部分可以被植物吸收利用，但是它仍然受到土粒吸附力的束缚，移动缓慢，仍然不能满足植物的需要。

膜状水的性质和液态水相似，但黏滞性较高而溶解能力较小。它能移动是以湿润的方式从一个土粒水膜较厚处向另一个土粒水膜较薄处移动，但速度非常缓慢（0.2～0.4 mm/d），不能及时供给植物生长需要，植物可利用的数量很少。

当植物因根无法吸水而发生永久萎蔫时的土壤含水量，称为萎蔫系数或萎蔫点。这时的土水势（或土壤水吸力）约相当于根的吸水力（平均为 1.5 MPa）或根水势（平均为－1.5 MPa），此时土壤水主要是全部的吸湿水和部分膜状水。

膜状水达到最大量时的土壤含水量称为最大分子持水量。它包括吸湿水和膜状水。

（三）毛管水

当土壤水分含量达到最大分子持水量时土壤水分就不再受土粒吸附力的束缚，成为可以移动的自由水，这时靠土壤毛管孔隙的毛管引力保持，这些水分称为毛管水。

毛管水可以由毛管力小的方向移向毛管力大的方向。当把一个很细的管子（毛细管）插入水中后，水分可以上升到较高于水面的细管中，并保持在较高位置。毛管力的大小可用 Laplace 公式计算，即

$$P=\frac{2T}{r}$$

式中，P 为毛管力（N/cm^2 或 $\mu N/cm^2$）；T 为水的表面张力（N/cm 或 μN/cm）；r 为毛管半径（cm）。

毛管力的实质是毛管内气水界面上产生的弯月面力。根据土层中地下水与毛管水相连与否，可分为毛管悬着水和毛管上升水两类。

在地下水位很深的地区，降雨或灌水等地面水进入土壤之后，借助毛管力而保持在土壤上层中的水分，称为毛管悬着水。它与地下水位没有关系，好像悬浮在土层中一样，它是植物水分的重要来源，对植物的生长意义重大。毛管悬着水是山区、丘陵和岗坡地等地势较高处植物吸收水分的主要来源。

毛管悬着水达到最大量时的土壤含水量称为田间持水量。田间持水量是确定灌水量的重要依据，是农业生产上十分有用的水分常数。田间持水量的大小，主要受质地、有机质含量、结构和松紧状况等的影响。

当土壤含水量达到田间持水量时，土面蒸发和作物蒸腾损失的速率起初很快，而后逐渐变慢；当土壤含水量降低到一定程度时，较粗毛管中悬着水的连续状态出现断裂，但细毛管中仍充满水，蒸发速率明显降低，此时土壤含水量称为毛管水断裂量。在壤质土壤中，它大约相当于该土壤田间持水量的 75%左右。

地下水随毛管上升而保持在土壤中的水分称为毛管上升水。毛管上升水与地下水位有密切的关系，会随着地下水位的变化而产生变化，地下水位适当时它是作物水分的重要来源，但地下水位很深时，它达不到根系分布范围，不能发挥补充水分的作用，地下水位浅时会引起湿害。毛管上升水达到最大量时的土壤含水量称为土壤毛管持水量。

从地下水面到毛管上升水所能到达的相对高度叫做毛管水上升高度。毛管水上升的高度和速度与土壤孔隙的粗细有关，在一定的孔径范围内，孔径愈粗，上升的速度愈快，但上升

高度低；反之，孔径愈细，上升速度愈慢，上升高度则愈高。不过孔径过细的土壤，则不但上升速度极慢，上升的高度也有限。砂土的孔径粗，毛管上升水上升快，高度低；无结构的黏土，孔径细，非活性孔隙多，上升速度慢，高度也有限；而壤土的上升速度较快，高度最高。

毛管水上升高度对农业生产有重要意义，如果它能达到根系活动层，对作物源源不断利用地下水提供有利条件。但是若地下水矿化度较高，盐分随水上升到根层，也极易引起土壤的次生盐渍化，危害作物。

（四）重力水

当土壤水分超过田间持水量时，多余的水分就受重力的作用沿土壤中的大孔隙向下移动，这种受重力支配的水叫做重力水。植物能完全吸收重力水，但由于重力水很快就流失（一般两天就会从土壤中移走），因此利用率很低。

当土壤被重力水所饱和，即土壤大小孔隙全部被水分充满时的土壤含水量称为饱和持水量，或称为全蓄水量或最大持水量。此时土壤水包括吸湿水、膜状水、毛管水和重力水，水分基本充满了土壤孔隙。在自然条件下，水稻土、沼泽土或降雨、灌溉量较大时可到全蓄水量。

（五）地下水

土壤上层的重力水流至下层遇到不透水层，积聚起来形成地下水，它是重要的水利资源。

在干旱条件下，土壤水分蒸发快，如地下水位过高，就会使水溶性盐类向上集中，使含盐量增加到有害程度，即所谓的盐渍化；在湿润地区，如地下水位过高，就会使土壤过湿，植物不能生长，有机残体不能分解，这就是沼泽化。

二、土壤水分含量的表示和测定方法

（一）土壤水分含量的表示方法

土壤水分含量是表征土壤水分状况的一个指标，又称为土壤含水量、土壤含水率、土壤湿度等。土壤含水量有多种表达方式，数学表达式也不同，常用的有以下几种。

1. 质量含水量　土壤中水分质量与干土质量的比值，称为质量含水量，无量纲，常用符号 θ_m 表示。定义中的干土一词，一般是指在 105 ℃条件下烘干的土壤。质量含水量可由下式表示。

$$\text{质量含水量}=\frac{\text{土壤水质量}}{\text{烘干土质量}}\times 100\%=\frac{\text{湿土质量}-\text{烘干土质量}}{\text{烘干土质量}}\times 100\%$$

用数学公式表示为

$$\theta_m=\frac{m_1-m_2}{m_2}\times 100\%$$

式中，θ_m 为土壤质量含水量（%）；m_1 为湿土质量（g），m_2 为干土质量（g），m_1-m_2 为土壤水质量（g）。

2. 容积含水量　单位土壤总容积中水分所占的容积称为容积含水量，又称为容积湿度、土壤水的容积分数，无量纲，常用符号 θ_V 表示，可由下式表示。

$$容积含水量=\frac{水分容积}{土壤容积}\times 100\%=质量含水量\times土壤容重$$

由于水的密度可近似等于 1g/cm^3，可以推知 θ_V 与 θ_m 的换算公式，即

$$\theta_V = \theta_m \times \rho$$

式中，ρ 为土壤容重（g/cm^3）。

3. 相对含水量 相对含水量指土壤含水量占田间持水量的百分数。它可以说明土壤毛管悬着水的饱和程度，是农业生产上常用的土壤含水量的表示方法。表达式为

$$土壤相对含水量=\frac{土壤含水量}{田间持水量}\times 100\%$$

4. 土壤蓄水量 土壤蓄水量指单位面积上一定土层厚度内含有的土壤水分数量，可用下式表示。

土壤蓄水量(m^3/hm^2）=10 000 m^2/hm^2×土层深度(m）×土壤容重(Mg/m^3）×

土壤质量含水量(m^3/Mg)

例如：土壤田间持水量为 25%（质量），容重为 1.1 g/cm^3，测得土壤自然含水量为 10%，使 1 m 深的土层内含水量提高到田间持水量水平，问应灌多少水（m^3/hm^2)?

解：应灌水量=10 000×1×1.1×（25%−10%）=1 650(m^3/hm^2)

5. 水层厚度 水层厚度指单位面积上一定土层厚度内含有的水层厚度，可与雨量相比。

水层厚度(mm）=土层厚度(cm）×土壤容重(g/cm^3）×

质量含水量(cm^3/g）×10

（二）土壤水分测定方法

1. 烘干法

（1）经典烘干法 这是目前国际上仍在沿用的标准方法，其测定的过程：先在田间地块选择代表性取样点，按所需深度分层取土样，将土样放入铝盒并立即盖好盖，称量，即湿土加空铝盒质量，记为 m_1。然后打开盖，置于烘箱，在 105～110℃条件下，烘至恒重，再称量，即干土加铝盒质量，记为 m_2。设空铝盒重为 m_3，则该土壤质量含水量可以按下式求出。

$$质量含水量=\frac{土壤水质量}{烘干土质量}\times 100\%=\frac{m_1-m_2}{m_2-m_3}\times 100\%$$

此方法较经典、简便、可靠，但也有许多不足之处，如需取出土壤，比较费力，且定期测定土壤含水量时，不可能在原处再取样，而不同位置上由于土壤的空间变异性，给测定结果带来误差。另外，烘干至恒重需时较长，不能即时得出结果。

（2）快速烘干法 快速烘干法包括红外线烘干法、微波炉烘干法和酒精燃烧法等。这些方法虽可缩短烘干和测定的时间，但需要特殊设备或消耗大量药品，同时仍有不完全干燥的缺点，也不能避免由于每次取出土样和更换位置等所带来的误差。

2. 中子法 中子法就是用中子仪测定土壤含水率。中子仪的组成主要包括一个快中子源和慢中子检测器。快中子源是由一种放射 α 粒子的放射性物质和铍的混合物。快中子源在土壤中不断地放射出穿透力很强的快中子，当它和氢原子核碰撞时，损失能量最大，转化为慢中子。慢中子在介质中扩散的同时被介质吸收，所以在探头周围，很快形成慢中子云，而其密度与土壤中氢的浓度（即水的容积含水率）成比例。慢中子被探测器检测出来，经过校正可求出土壤水的含量（图 5－1)。此法虽较精确，但目前的设备只能测出较深土层中的水，

而不能用于土表的薄层土。另外，在有机质多的土壤中，因有机质中的氢也有同样作用而影响水分测定的结果。

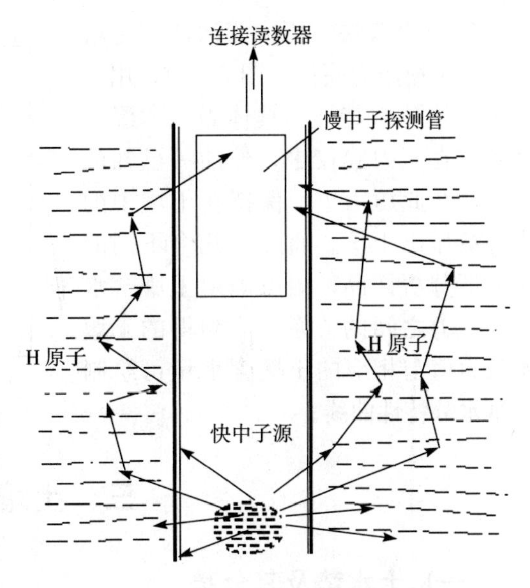

图 5-1　中子法测定原理

3. 时域反射法　时域反射法（time domain reflectometry，TDR）也是一种通过测量土壤介电常数来获得土含水率的一种方法，是 20 世纪 80 年代初发展起来的一种测定方法，它首先发现可用于土壤含水量的测定，继而又发现其可用于土壤含盐量的测定。

时域反射仪（TDR）的基本组成是波导棒（也称为探针或探头）和信号监测仪（图 5-2）。信号监测仪由电子函数发生器-示波器组成。TDR 方法的优点是测量速度快，操作简便，精确度高，能达到 0.5%，可连续测量，既可测量土壤表层水分，也可用于测量剖面水分，既可用于手持式的实时测量，也可用于远距离多点自动监测，测量数据易于处理。

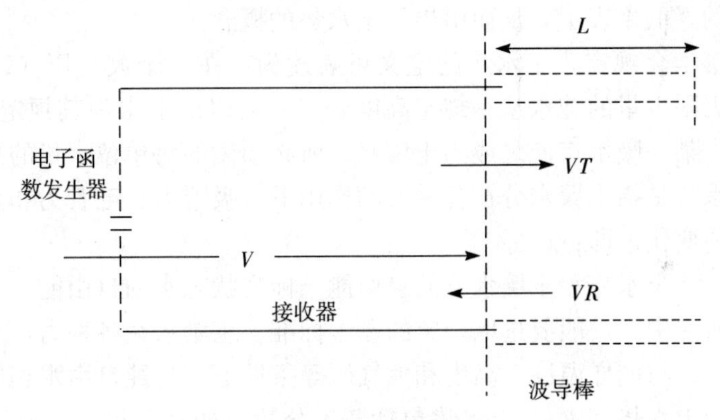

图 5-2　时域反应测定原理

L. 波导棒长度　*VT*. 脉冲反射后幅度

VR. 脉冲输入幅度　*V*. 发射器产生的脉冲幅度

4. 张力计法　张力计法也称为负压计法，它测量的是土壤水吸力。张力计主要由多孔陶土器（又名陶土头）、连通管和真空表（又名压力计）组成（图 5-3）。陶土头也称细孔毛瓷杯，是张力计的关键部件。压力计可以采用负压表。张力计法是应用得很广的一种方法，它的优点是实验设备和操作都较为简单，在土壤比较湿润的时候测量土壤基质势很准确，适合于灌溉和水分胁迫的连续监测，而且受土壤空间变异性的影响较小。

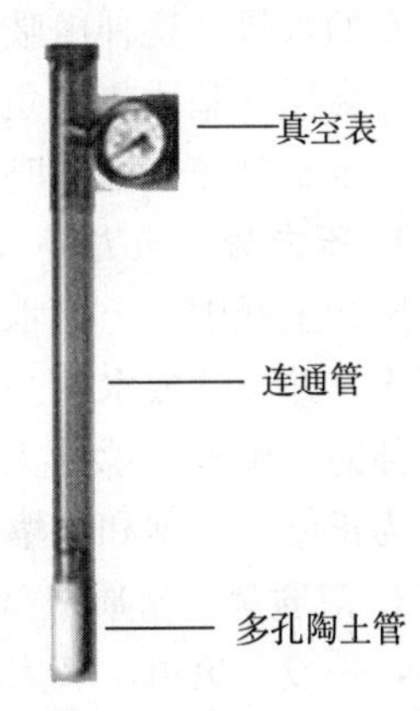

图 5-3　张力计结构示意图

其缺点是反应慢，需长时间后才能达到水平衡，测量范围窄，通常只在 0～0.08 MPa 吸力范围内有效，不适合于较干燥土壤的测定。

5. 压力膜法　压力膜法测定土壤含水量采用压力膜仪（图 5－4），用于测定土壤持水特性。具体做法：湿土样被放在压力膜仪中，外加一已知的压力，在此压力下，保持在土壤中的水分被压出土壤。通过在几个不同的压力下分析样品，则可确定土壤含水量与压力之间的关系。用测得的土壤水吸力值与相应的土壤含水量可绘制土壤水分特性曲线。

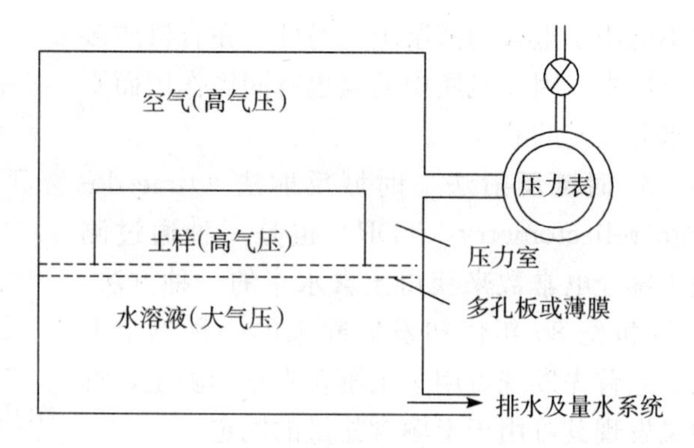

图 5－4　压力膜装置示意图

三、土壤水分能态

（一）土水势及其分势

土壤中水分运动、它被植物根系吸收、转移以及在大气中散发都是与能量有关的现象。从物理学上得知，自由能的变化是物质运动趋向的一种衡量。因此，土壤水自由能的降低同样也可用势能值的降低来表示，从而引出了土水势的概念。

根据国际土壤学会规定，土水势的定义可表述为：在一个大气压（$1.013\ 25\times10^5$ Pa）下，从水池中把无限少量的纯水从一规定高度处（一般以地下水为其规定高度），等温和可逆地移运到土壤中某一吸水点使之成为土壤水，所必须做的每单位水量的功。

实际上，土水势是指土壤水分在各种力的作用下（吸附力、毛管力和重力等）与标准状态相比，自由能的变化，即：

土水势＝土壤水分的自由能－标准状态水的自由能

在土水势的研究中，一般要选取一定的参考标准。土壤水在各种力，如吸附力、毛管力和重力等的作用下，与同样温度、高度和大气压等条件下，与纯自由水相比，这个自由能的差用势能表示，为土水势（Ψ），土水势包括若干分势，如基质势、压力势、溶质势和重力势等。

1. 基质势　在不饱和的情况下，土壤水受土壤吸附力和毛管力的吸附，其水势低于纯自由水的水势。这种由吸附力和毛管力所吸附的土水势称为基质势（Ψ_m）。以纯水的势能为零作为参比，基质势是负值。土壤含水量越低，基质势越低；土壤含水量越高，基质势越高。土壤水分完全饱和时，基质势最大，接近零。

2. 压力势　压力势（Ψ_p）是指在土壤水饱和的情况下，受静水压力而产生土水势变化。在不饱和土壤中，土壤水的压力势一般与参比标准相同，等于零；但在饱和的土壤中孔隙都充满水，并连续成水柱。在土表的土壤水与大气接触，仅受大气压力，压力势为零；而在土体内部的土壤水除承受大气压外，还要承受其上部水柱的静水压力，其压力势大于参比标准，为正值。在饱和土壤中，愈深层的土壤水所受的压力愈高，正值愈大。

3. 溶质势　溶质势（Ψ_s）是指由土壤水中溶解的溶质而引起土水势的变化，也称为渗透势，一般为负值，其大小主要取决于溶质的浓度。土壤水中溶质愈多，溶质势愈低。溶质势对土壤水运动影响不大，但是它对植物吸收水分有重要影响。如果土壤溶液浓度过高，土水势低于植物根细胞的水势，植物根系就不能吸收水分，甚至引起植物反渗透而导致植物萎蔫。

4. 重力势 重力势（Ψ_g）是指由重力作用而引起的土水势变化。所有土壤水都受重力作用，与参比标准的高度相比，高于参比标准的土壤水，其所受重力作用大于参比标准，重力势为正值。高度愈高，则重力势的正值愈大，反之亦然。

5. 总水势 土壤水势是以上各分势之和，又称为总水势（Ψ_t），用数学表达为

$$\Psi_t = \Psi_m + \Psi_p + \Psi_s + \Psi_g$$

一般在土壤水分不饱和情况下，土水势的大小主要取决于基质势。在盐碱土以及在研究土壤-植物水分关系时，除基质势外，渗透势也起一定作用。压力势和重力势只有在特殊条件下才有意义，如在质地较黏或有机质含量较高的干燥土壤淹灌时，大量空气被封闭在孔隙中产生气压。温度对土水势有明显的影响，温度升高，水的表面张力和黏滞度均下降，使土壤水吸力降低，土水势升高。其运动的速度和对植物的有效程度都有所增加。

土水势的定量表示是以单位数量土壤水的势能值为准（最常用的是单位容积和单位质量的势能值）。单位容积土壤水的势能值用压力单位表示，标准单位帕（Pa），也可用千帕（kPa）和兆帕（MPa），习惯上也曾用巴（bar）和大气压（atm）表示。单位质量土壤水的势能值则用静水压力或相当于一定压力水柱高度的厘米数（cm H_2O）表示。它们之间转换关系为

$$1\,\text{Pa}=0.010\,2\,\text{cm H}_2\text{O}$$

$$1\,\text{atm}=1\,033\,\text{cm H}_2\text{O}=1.013\,3\,\text{bar}$$

$$1\,\text{bar}=0.989\,6\,\text{atm}=1\,020\,\text{cm H}_2\text{O}$$

为了简便起见，也有用土水势的水柱高度厘米数（负值）的对数表示，称为 pF。例如土水势为$-1\,000$ cm H_2O，则 pF=3；土水势为$-10\,000$ cm H_2O，则 pF=4。这样可以用简单的数字表示很宽的土水势范围。

（二）土壤水吸力

土壤水吸力是指土壤水在承受一定吸力的情况下所处的能态，简称吸力，但并不是指土壤对水的吸力。它的意义与水势一样，但有区别，上面讨论的基质势 Ψ_m 和溶质势 Ψ_s 一般为负值，而土壤水吸力（S）只表示土壤水分受到基质力（吸附力和毛管力）和渗透压力时所处的能态，分别称为基质吸力和渗透吸力，为正值。

土壤水吸力与土水势相比，消除了负号，在运算上带来了很大方便，也能比较形象地反映出土壤基质对水的吸持作用。由于在土壤水的运动中，不考虑 Ψ_s，所以谈及的吸力是指基质吸力，其值与 Ψ_m 相等，但符号相反。

土壤水吸力的范围大致可区分为 3 段：低吸力段，吸力值$<1\times10^3$ kPa；中吸力段，吸力值 $1\times10^3\sim1.5\times10^3$ kPa；高吸力段，吸力值$>1.5\times10^3$ kPa。而 1.5×10^3 kPa 以下的中低吸力段正相当于植物有效水范围。

吸力同样可用于判明土壤水的流向，土壤水总是有自吸力低处向吸力高处流动的趋势。

（三）土壤水分特征曲线

1. 土壤水分特征曲线 土壤水分特征曲线就是土壤含水量和土壤吸力之间的关系曲线，它表示土壤水的基质势或土壤水吸力是随土壤含水率而变化。

当土壤中水分处于饱和状态时，含水率为饱和含水率，而吸力（S）或基质势（Ψ_m）为

零。若对土壤施加微小的吸力，土壤中尚无水排出，则含水率维持饱和值。当吸力增加至某一临界值 S_a 后，土壤开始排水，相应的含水率开始减小，如图 5-5 所示。

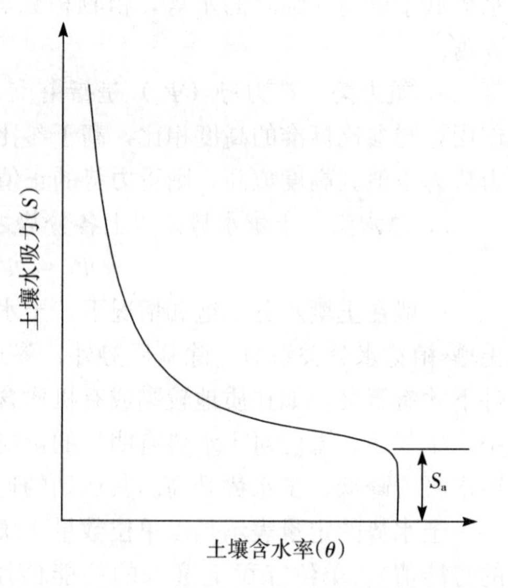

图 5-5 土壤水分特征曲线

饱和土壤开始排水，意味着空气随之进入土壤中，故称该临界值（S_a）为进气吸力，或称为进气值。当吸力进一步提高，次大的孔隙接着排水，土壤含水率随之进一步减少。随着吸力不断增加，土壤中的孔隙由大到小依次不断排水，含水率越来越小，当吸力很高时，只在十分狭小的孔隙中才能保持着极为有限的水分。

2. 土壤水分特征曲线影响因素

（1）土壤质地　不同质地的土壤，其水分特征曲线各不相同，差别很明显。图 5-6 是低吸力下实测的几种土壤的水分特征曲线。一般来说，土壤的黏粒含量愈高，同一吸力条件下土壤的含水率愈大，或同一含水率下其吸力值愈高。这是因为土壤中黏粒含量增多会使土壤中的细小孔隙发育的缘故。

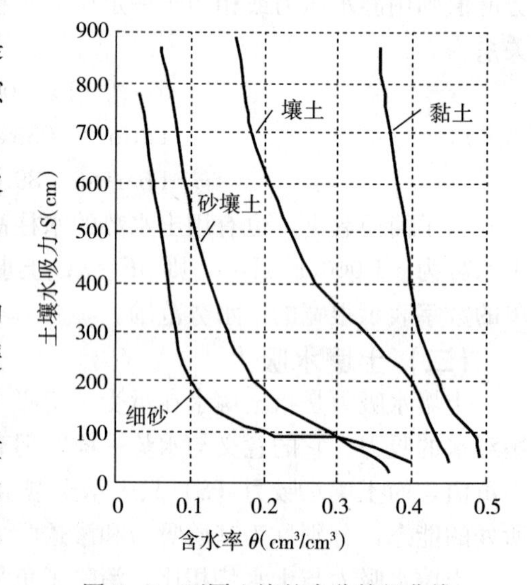

图 5-6 不同土壤的水分特征曲线
（低吸力脱湿过程）

由于黏质土壤孔径分布较为均匀，故随着吸力的提高含水率缓慢减少。对于砂质土壤来说，绝大部分孔隙都比较大，当吸力达到一定值后，这些大孔隙中的水首先排空，土壤中仅有少量的水存留，故水分特征曲线呈现出一定吸力以下缓平，而较大吸力时陡直的特点。

（2）土壤结构　土壤愈密实，则大孔隙数量愈少，而中小孔径的孔隙愈多，在低吸力范围内受到的影响尤为明显。因此，在同一吸力值下，容重愈大的土壤，相应的含水率一般也要大些。

（3）土壤温度　温度升高时，水的黏滞性和表面张力下降，基质势相应增大，或说土壤水吸力减少。在低含水率时，这种影响表现得更加明显。

（4）土壤水分变化过程　对于同一土壤，即使在恒温条件下，土壤脱湿（由湿变干）过程和土壤吸湿（由干变湿）过程测得的水分特征曲线也是不同的，这种现象称为滞后现象（图 5-7）。

滞后现象在砂土中比在黏土中明显，这是因为在一定吸力下，砂土由湿变干时，要比由干变湿时含有更多的水分。产生滞后现象的原因可能是土壤颗粒的胀缩性以及土壤孔隙的分布特点，如封闭孔隙、大小孔隙的分布等。

土壤水分特征曲线是研究土壤水分运动、调节利用土壤水、进行土壤改良等方面的最重要和最基本的工具，有重要的实用价值：①可利用它进行土壤水吸力（S）和含水率（θ）之间的换算；②土壤水分特征曲线可以间接地反映出土壤孔隙大小的分布；③水分特征曲线可用来分析不同质地土壤的持水性和土壤水分的有效性；④应用数学物理方法对土壤中的水运动进行定量分析时，水分特征曲线是必不可少的重要参数。

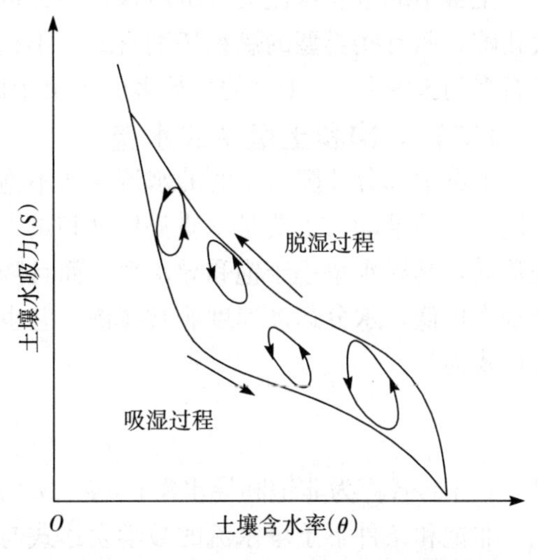

图 5-7　土壤水分特征曲线的滞后现象

四、土壤水运动

在土壤中存在 3 种类型的水分运动：饱和水流、非饱和水流和水汽移动，前两者指土壤中的液态水流动，后者指土壤中气态水的运动。

土壤液态水的流动是由于从一个土层到另一个土层中依土壤水势的梯度而发生的。流动方向是从较高的水势到较低的水势。

（一）饱和土壤中的水流

土壤所有的大小孔隙都充满水时的水流叫做饱和流，如大量持续降水和稻田淹灌时会出现垂直向下的饱和流；地下泉水涌出属于垂直向上的饱和流；平原水库库底周围则可以出现水平方向的饱和流。当然以上各种饱和流方向也不一定完全是单向的，大多数是多向的复合流。

饱和流的推动力是重力势和压力势梯度，基本上服从饱和状态下多孔介质的达西定律：土壤水通量，即单位时间内通过单位面积土壤的水量，与土水势梯度成正比。图 5-8 是一维垂直向饱和流的情况。达西定律可用下式所示。

$$q=-K_s\frac{\Delta H}{L}$$

式中，q 表示土壤水流通量；ΔH 表示总水势差；L 为水流路径的直线长度；K_s 为土壤饱和导水率；$\Delta H/L$ 主要是重力势梯度和压力势梯度，为饱和流的推动力。

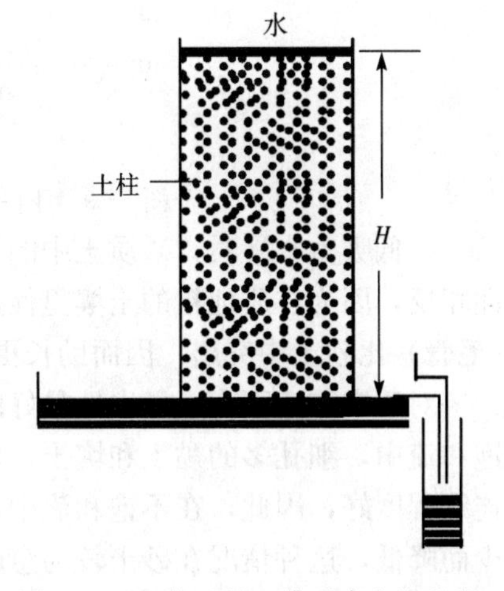

图 5-8　土柱里的一维垂直向饱和流

在饱和流中的土壤导水率称为饱和导水率（K_s）。饱和导水率主要取决于土壤中粗孔的孔径和数量，孔径愈大，粗孔数量愈多，饱和导水率就愈高，水愈容易通过。一般来说，砂质土壤通常比细质土壤具有更高的饱和导水率。同样，具有稳定团粒结构的土壤，比具有不稳定团粒结构的土壤，传导水分要快得多，后者在潮湿时结构就被破坏了，细的黏粒和粉粒能够阻塞较大孔隙的连接通道。天气干燥时龟裂的细质土壤起初能让水分迅速移动，但吸水后，因土壤膨胀使这些裂缝闭塞起来，水的移动减少到最低限度。

土壤中的饱和水流受有机质含量和无机胶体的性质的影响，有机质有助于维持高比例的大孔隙。而有些类型的黏粒特别有助于小孔隙的增加，这就会降低土壤导水率。例如，含蒙脱石多的土壤和 1∶1 型的黏粒多的土壤相比通常具有较低的导水率。

（二）非饱和土壤中的水流

土壤中部分孔隙含水时的水流叫做不饱和流。它是大部分土壤中水分流动的形式。土壤非饱和流的推动力主要是基质势梯度和重力势梯度。不饱和水的运动是从土壤吸力低处向高处移动，其导水率小于饱和导水率，而且随土壤吸力的增加而迅速减少。在吸水力较高时，导水率极低，水分运动速度非常缓慢。它也可用达西定律来描述，对一维垂向非饱和流，其表达式为

$$q = -K_{\Psi_m}\frac{\mathrm{d}\Psi}{\mathrm{d}x}$$

式中，K_{Ψ_m} 为非饱和导水率；$\mathrm{d}\Psi/\mathrm{d}x$ 为总水势梯度。

非饱和条件下土壤水流的数学表达式与饱和条件下的类似，二者的区别在于：饱和条件下的总水势梯度可用差分形式，而非饱和条件下则用微分形式。饱和条件下的土壤导水率（K_s）对特定土壤为一常数，而非饱和导水率是土壤含水量或基质势（Ψ_m）的函数。

土壤水吸力和导水率之间的一般关系如图 5－9 所示，在土壤水吸力为零或接近于零时，也就是饱和水流出现时，其导水率比在 1×10^4 Pa 土壤水吸力时的导水率大几个数量级。

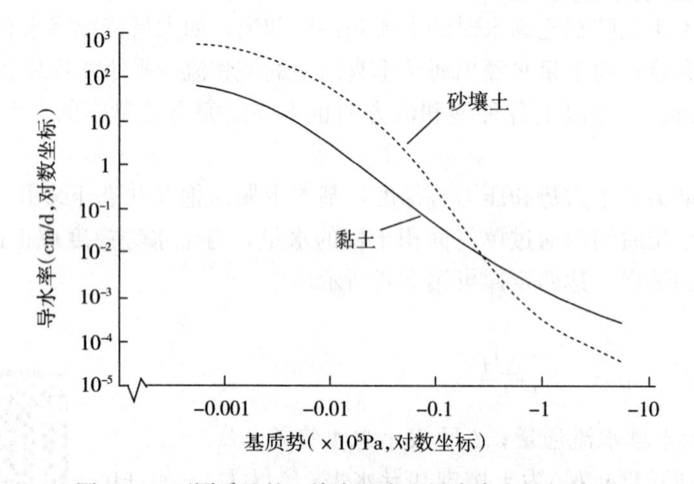

图 5－9　不同质地的土壤水吸力和导水率之间的关系

在低吸力水平时，砂质土中的导水率要比黏土中的导水率高些。在高吸力水平时，则与此相反，因为在质地粗的土壤里促进饱和水流的大孔隙占优势；相反，黏土中的很细的孔隙（毛管）比砂土中突出，因而助长更多的非饱和水流。

对于饱和流而言，导水性最好的是粗孔多的土壤，如砂土和有团粒结构的土壤；而在不饱和流中，细孔多的黏土和壤土，比砂土的导水性好。因为在相同的土壤吸力下，土壤水的连续程度好，因此，在不饱和流中，导水率随土壤吸力的增加而降低，或随土壤含水量的减少而降低，这种情况在砂土较为急剧，在黏土中较为缓和，壤土居中。

（三）土壤中的水汽运动

土壤气相水在孔隙内的运动，实际上是水汽分子从一个地方向另一个地方扩散的运动，主要表现为水汽扩散和水汽凝结两种现象，它服从于一般气体扩散定律，水汽运动的梯度是

水汽压梯度。

土壤水不断以水汽形态由表土向大气扩散而逸失的现象称为土面蒸发。土面蒸发的强度由大气蒸发力（通常用单位时间、单位自由水面所蒸发的水量表示）和土壤的导水性质共同决定。

土壤中的水汽总是由温度高、水汽压高处向温度低、水汽压低处运动。当水汽由暖处向冷处扩散遇冷时，便可凝结成液态水，这就是水汽凝结。水汽凝结有两种现象值得注意，一是“夜潮”现象，二是“冻后聚墒”现象。

“夜潮”现象多出现于地下水深度较浅的“夜潮地”。白天土壤表层被晒干，夜间降温，底层土温高于表土，所以水汽由底土向表土移动，遇冷便凝结，使白天晒干的表土又恢复潮湿。这对作物需水有一定补给作用。

“冻后聚墒”现象是我国北方冬季土壤冻结后的聚水作用。由于冬季表土冻结，水汽压降低，而冻层以下土层的水汽压较高，于是下层水汽不断向冻层集聚、冻结，使冻层不断加厚，其含水量有所增加，这就是“冻后聚墒”现象。在土壤含水量较高时，土壤内部的水汽移动对于土壤给作物供水的作用很小，一般可以不加考虑，但在干燥土壤给耐旱的漠境植物供应水分时，土壤内部的水汽移动可能具有重要意义，有许多漠境植物能在极低的水分条件下生存。

（四）土壤中的水入渗和再分布过程

降雨和灌水入渗是补给农田水分的主要来源。水进入土壤包括两个过程：入渗和再分布。入渗是指地面供水期间，水进入土壤的运动和分布过程；再分布是指地面水层消失后，已进入土内的水分的进一步运动和分布的过程。

1. 入渗　入渗过程一般是指水自土表垂直向下进入土壤的过程。它决定降水或灌溉水进入土壤的数量，不仅关系到对当季作物供水的数量，而且还关系到供水以后或来年作物利用的深层水的储量。

在山区、丘陵和坡地，入渗过程还决定地表径流和渗入土内水分的数量分配。在地面平整，上下层质地均一的土壤上，水进入土壤的情况是由两方面因素决定的，一是供水速率，二是土壤的入渗能力。在供水速率小于入渗能力时（如低强度的喷灌、滴灌或降雨时），土壤对水的入渗主要是由供水速率决定的。当供水速率超过入渗能力时，则水的入渗主要取决于土壤的入渗能力。土壤的入渗能力是由土壤的干湿程度和孔隙状况（受质地、结构和松紧等影响）决定的，如干燥的土壤、质地粗的土壤以及有良好结构的土壤，入渗能力强；相反，土壤愈湿、质地愈细和结构愈紧实的土壤，入渗能力就愈弱。

但是，不管入渗能力是强还是弱，入渗速率都会随入渗时间的延长而减慢，最后达到一个比较稳定的数值，如图 5 - 10 所示。这种现象，在壤质和黏质土壤上都很明显。

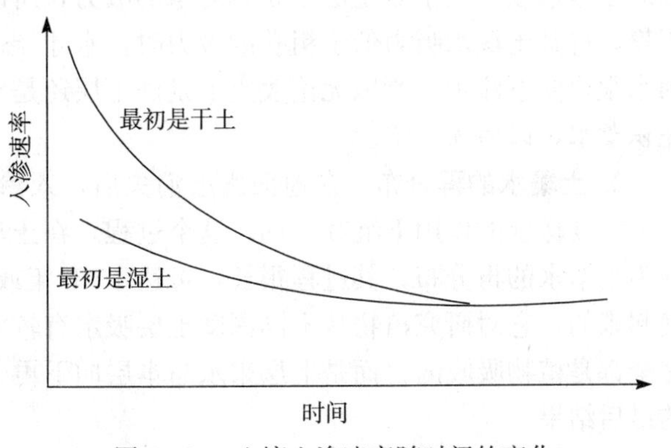

图 5 - 10　土壤入渗速率随时间的变化

土壤入渗能力的强弱，通常用入

渗速率来表示，即在土面保持有薄水层（在大气压力下），单位时间通过单位面积土壤的水量，单位是 mm/s、cm/min、cm/h 或 cm/d 等。在土壤学上常使用的 3 个指标是：最初入渗速率、最后入渗速率和入渗开始后 1 h 的入渗速率。对于某一特定的土壤，一般只有最后入渗速率是比较稳定的参数，故常用其表达土壤渗水强弱，又称为透水率（或渗透系数）。

入渗后，水在均一质地的土壤剖面上的分布情况如图 5－11 所示。从图中可以看出，入渗结束时表土可能有一个不太厚的饱和层（有时没有）；在这一层下有一个近于饱和的延伸层或过渡层；延伸层下是湿润层，此层含水量迅速降低，厚度不大；在湿润层的下缘，即入渗水与干土交界的平面，就是湿润锋。

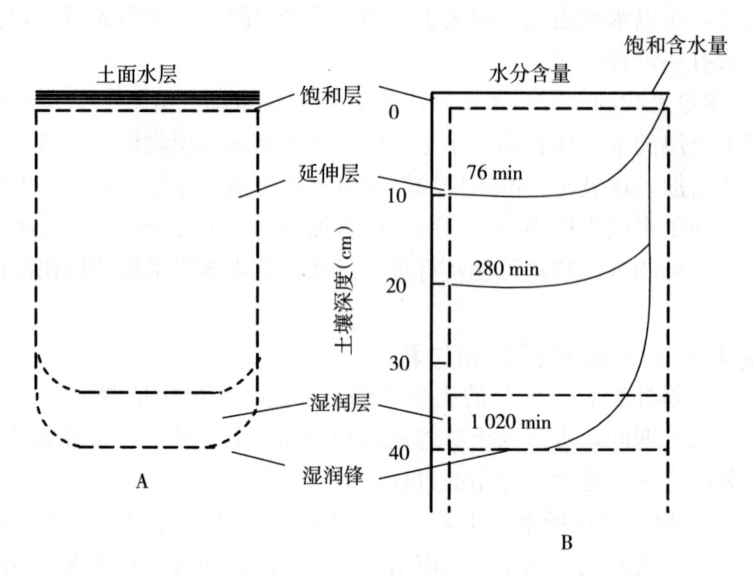

图 5－11 入渗中土壤水剖面

A. 土壤水剖面示意图 B. 土壤水含量随深度变化示意图

（引自 Hillel，1971；Bodman，1944）

对于不同质地层次土壤，如北方常见的砂盖垆（粗土层下为细土层）和垆盖砂，其入渗情况略有不同。砂盖垆最初的入渗速率高，当湿润锋达到细土层时，入渗速率急剧下降，因细土层的导水率低（指饱和导水率）。如供水速度快，在细土层上可能出现暂时的饱和层。在垆盖砂的土壤，最初的入渗速率是由细土层控制的，当湿润锋到达粗土层时，由于湿润锋处的土壤水吸力大于砂土层中粗孔对水的吸力，所以，水并不立即进入砂层，而在细土层中积累，待其土壤水吸力低于粗孔的吸力时，水才能进入砂层。但因砂土饱和导水率高，渗入的水很快向下流走。所以无论表土下是砂土层还是细土层，在不断入渗中最初能使上层土壤先积蓄水，以后才下渗。

2. 土壤水的再分布 在地面水层消失后，入渗过程终止。土内的水分在重力、吸力梯度和温度梯度的作用下继续运动。这个过程，在土壤剖面深厚，没有地下水出现的情况下，称为土壤水的再分布，其过程很长，可达 1～2 年或更长的时间。再分布过程是近些年才明确起来的，它对研究植物从不同深度土层吸水有较大意义，因为某一土层中水的损失量，不完全都是植物吸收的，而是上层来水与本层向下再分布的水量以及植物吸水量三者共同作用的最后结果。

土壤水的再分布时，土壤水的流动速率决定于再分布开始时上层土壤的湿润程度和下层土壤的干燥程度以及它们的导水性质。当开始时湿润层浅而下层土壤又相当干燥，吸力梯度必然大，土壤水的再分布快。反之，若开始时湿润深度大而下层又较湿润，吸力梯度小，再分布主要受重力的影响，进行得慢。不管在哪种情况下，再分布的速度也和入渗速率的变化一样，通常是随时间的延长而减慢。这是因为湿土层不断失水，导水率也必然相应降低，湿润锋向下移动的速度也跟着降低，湿润锋在渗吸水过程中原来可能是较为明显的，但在再分布中就逐渐消失了。一个质地中等的土壤剖面在一次灌水后，土壤水的再分布情况如图 5-12 所示。

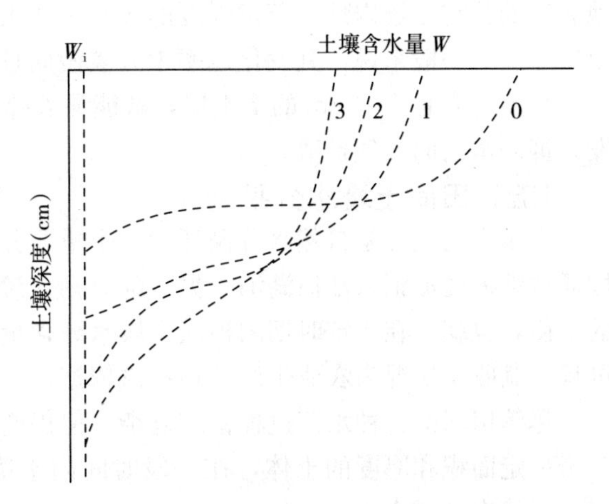

图 5-12　中等质地土壤灌水后再分布期间的水分剖面变化

（W_i 是灌前土壤湿度，0、1、2 和 3 分别代表灌后及 1d、4d 和 14d 后的土壤水分剖面）

3. 土面蒸发　土壤水的蒸发，发生在土壤的表层，其强度一般取决于两个因素，一是外界蒸发能力，即气象条件所限定的最大可能蒸发强度；二是土壤自下部土层向上的供水能力，其数值随含水率的降低而减小。表土蒸发强度决定于二者的较小值。在土壤的输水能力大于外界蒸发能力时，表土蒸发强度等于外界蒸发能力；在外界蒸发能力大于土壤的输水能力时，表土蒸发强度以土壤的输水能力为限。

降雨或灌水后，土壤蒸发根据大气蒸发能力和土壤供水能力所起的作用，将土面蒸发过程区分为下述 3 个阶段（图 5-13）。

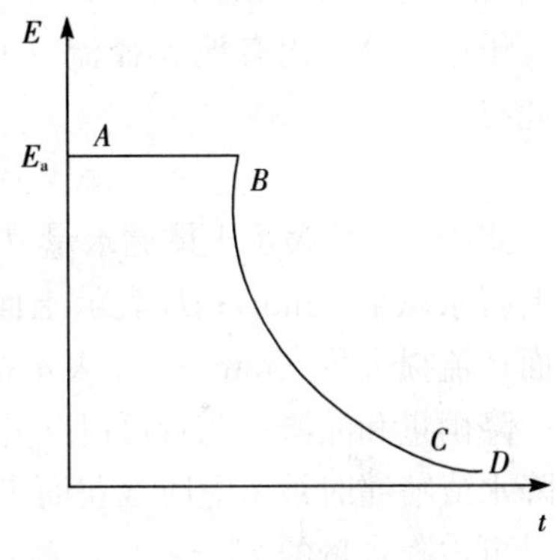

图 5-13　大气蒸发条件下土面蒸发过程示意图

AB. 大气蒸发力控制阶段

BC. 土壤导水力控制阶段

CD. 扩散控制阶段

（1）大气蒸发力控制阶段　当土壤含水率大于临界含水率，土壤的输水能力大于外界蒸发能力时，土壤蒸发强度等于水面蒸发。如外界蒸发能力不变，则蒸发强度保持稳定，这一阶段为稳定蒸发阶段。稳定蒸发阶段，蒸发强度的大小主要由大气蒸发能力决定，近似为水面蒸发强度。此阶段含水率的下限，称为临界含水率，其大小与土壤性质及大气蒸发能力有关。一般认为，该值相当于毛管水断裂量的含水率，或田间持水量的 50%～70%。

（2）土壤导水力控制阶段　当土壤含水率小于临界含水率时，土壤导水率随土壤含水率的降低或土壤水吸力的增高而不断减小。此时，土壤蒸发决定于土壤输水能力，随着含水率的降低，蒸发强度逐渐减小。这一阶段为蒸发强度递减阶段，即表土蒸发强度随表土含水率降低而递减的阶段，如图 5-13 中 *BC* 段所示。

（3）扩散控制阶段　当表土含水率很低，例如低于凋萎系数时，土壤输水能力极弱，不能补充表土蒸发损失的水分，土壤表面形成干土层。干土层以下的土壤水分向上运移，在干土层的底部蒸发，然后以水汽扩散的方式穿过干土层而进入大气。在此阶段，蒸发面不是在地表，而是在土壤内部，蒸发强度的大小主要由干土层内水汽扩散的能力控制，并取决于干土层厚度，一般来说，其变化速率十分缓慢而且稳定。

只要土表有 1～2cm 的干土层，就能显著降低蒸发率。这一阶段，通过镇压可以防止蒸发，抑制水汽向大气扩散。

(五) 田间土壤水分平衡

土壤水的循环是自然水分循环的一个重要分支。大气降水或灌溉水进入地面，一部分可能通过地表径流汇入江河湖泊，另一部分则入渗成为土壤水。在农田，主要是指根层土壤水的平衡，也就是在一定时期内根层土壤水分含量的变化。土壤水在自然环境中有着许多水流过程，其收支情况为农业生产管理提供依据。

尽管田间的各种水流过程错综复杂，但仍遵循质量守恒定律。田间土壤水分平衡，是指对于一定面积和厚度的土体，在一段时间内土壤内水的收入与支出。正值表示土壤储水增加，负值表示减少。

田间土壤水分平衡的数学表达式为

$$水分平衡=水_{收}-水_{支}$$

土壤水的收入有降水、灌溉水以及其他来源的地表水（如四周流入的地表水、地表径流）、借毛管上升的地下水。

土壤水分支出有地表径流（$水_{径}$）、深层渗漏（$水_{漏}$）、土面蒸发（$水_{蒸}$）和植物吸收。因此有

$$\Delta W=P+I+U-E-T-R-In-D$$

式中，ΔW 表示土体储水量（mm）；P 表示降水量（mm）；I 表示灌水量（mm），U 表示上行水总量（mm）；E 表示土面蒸发量（mm）；T 表示植物叶面蒸腾量（mm）；R 表示地面径流损失量（mm）；In 表示植物冠层截留量（mm）；D 表示下渗水量（mm）。

降雨量和灌溉量二者可以合并，仍以 P 代表之。田间蒸腾和蒸发统称蒸散（ET）。截留是降水或喷灌时被植冠所截获而未达到土表的那部分水量，苗期自然很少，但生长中后期后有时可占降水量的 2%～5%，截留数量不大，许多情况下予以忽略。地表径流与截留有着同样的情况，对于平坦地块来说，不出现暴雨或降雨强度不太大时，也可以忽略，即 $R=0$ 和 $In=0$，于是土壤水分平衡式可简化为

$$\Delta W=P+U-ET-D$$

土壤水平衡在实践中很有用处，根据土壤水分平衡式，用已知项可以求得某一未知项（如蒸散量等），这就是所谓的土壤水量平衡法。

五、土壤水分状况与作物生产

(一) 土壤水分对植物的有效性

通常把土壤萎蔫系数看做土壤有效水的下限，低于萎蔫系数的水分，作物无法吸收利用，所以属于无效水。一般把田间持水量视为土壤有效水的上限。因此，土壤有效水范围的经典概念是从田间持水量到萎蔫系数，田间持水量与萎蔫系数之间的差值即土壤有效水最大含量。

土壤水有效性是指土壤水被植物吸收利用的状况。一般情况下，土壤含水量往往低于田

间持水量。在田间持水量至毛管水断裂量之间，由于含水多，土水势高，土壤水吸力低，水分运动迅速，容易被植物吸收利用，所以称为速效水。当土壤含水量低于毛管水断裂量时，粗毛管中的水分已不连续，土壤水吸力逐渐加大，土水势进一步降低，毛管水移动变慢，根吸水困难增加，这一部分水属迟效水。

随土壤质地由砂变黏，田间持水量和萎蔫系数也随之增高，但增高的比例不大（表5-1）。黏土的田间持水量虽高，但萎蔫系数也高，所以其有效水最大含量并不一定比壤土高。因而在相同条件下，壤土的抗旱能力反而比黏土为强。

表5-1　土壤质地与有效水最大含量的关系（%）

土壤质地	砂土	砂壤土	轻壤土	中壤土	重壤土	黏土
田间持水量	12	18	22	24	26	30
萎蔫系数	3	5	6	9	11	15
有效水最大含量	9	13	16	15	15	15

（二）作物对土壤水分的需求

1. 水分是作物的重要组成部分　水在作物体内的含量很高，一般作物含水量为60%～80%，瓜果类含水量可高达90%以上。水是光合作用的原料，同时光合产物的运输、新陈代谢都需要水的参与。另外，作物从土壤中吸收的水分，通过蒸腾作用可以维持作物体内温度的稳定。

2. 土壤水分是影响出苗率的重要因素　作物种子的吸水量与种子本身的物质组成有很大的关系，例如，豆类需要吸收相当于种子质量的90%～110%的水分才可发芽，而麦类吸收自身质量的50%～60%时可发芽，玉米吸收自身质量的40%可发芽，谷子吸收自身质量的25%即可发芽。

3. 作物不同生育期对土壤水分的要求不同　一般作物苗期需水较少，随着作物生长逐渐加大，到生长旺盛时期需水量最大，成熟期需求量逐渐减少。土壤缺水对作物生长和产量影响最严重的时期，称为水分临界期。不同的作物水分临界期不同，麦类为抽穗至灌浆期，玉米为抽雄期，棉花为花铃期，豆科作物为开花期，水稻为孕穗至抽穗期。

（三）土壤水分影响作物对养分的吸收

土壤水分对作物养分吸收的重要性体现在下述几个方面。

①土壤有机养分的矿化需要水分参与。

②化学肥料在土壤中的溶解需要水分参与，不溶解的养分不能被植物吸收利用。

③养分向根表的迁移需要水分参与，养分向根表的迁移主要靠扩散、质流来进行，而扩散和质流都需要以土壤水分为介质。

④根系对养分的吸收无论是主动吸收还是被动吸收都需要以水分为介质。

（四）土壤水的调节

土壤水分可以通过以下措施来调节。

①控制地表径流，增加土壤水分入渗。

②减少土壤水分蒸发。

③合理灌溉。

④提高土壤水分对作物的有效性。

⑤排除多余的水。

第三节 土壤空气性质

一、土壤空气的组成

在土壤固、液、气三相体系中，土壤空气存在于土体内未被水分占据的空隙中，所以土壤空气含量随土壤含水量而变化。对于通气良好的土壤，其空气组成接近于大气；若通气不良，则土壤空气组成与大气有明显的差异。近地大气与土壤空气组成见表 5-2。

表 5-2 土壤空气与大气组成的差异（%）

	氧气	二氧化碳	氮气	其他气体	相对湿度
近地大气组成	20.94	0.03	78.08	0.95	60～90
土壤空气	10.35～20.03	0.15～0.65	78.8～80.2		约 100

土壤空气与近地表大气的组成，其差别主要有以下几点。

①土壤空气中的 CO_2 含量高于大气，原因在于土壤中微生物活动、有机质的分解和根的呼吸作用能释放出大量的 CO_2。

②土壤空气中的 O_2 含量低于大气，原因在于微生物和根系的呼吸作用必须消耗 O_2，土壤微生物活动越旺盛则 O_2 被消耗得愈多，O_2 含量愈低，相应的 CO_2 含量越高。

③土壤空气中水汽含量一般高于大气。土壤空气的湿度一般均在 99%以上，处于水汽饱和状态，而大气中只有下雨天才能达到如此高的值。

④土壤空气中含有较多的还原性气体。当土壤通气不良时，土壤中 O_2 含量下降，微生物对有机质进行厌气性分解，产生大量的还原性气体，如 CH_4、H_2 等，而大气中一般还原性气体极少。

土壤空气的组成不是固定不变的，影响土壤空气变化的因素很多，如土壤水分、土壤生物活动、土壤深度、土壤温度、pH、季节变化及栽培措施等。

一般来说，随着土壤深度增加，土壤空气中 CO_2 含量增加，O_2 含量减少，其含量是此消彼长。随土壤温度升高，土壤空气中 CO_2 含量增加。从春到夏，土壤空气中 CO_2 含量逐渐增加，而冬季表土中 CO_2 含量最少。主要原因是因为土温升高，微生物和根系的呼吸作用加强而释放出更多 CO_2。覆膜田块的 CO_2 含量明显高于未覆盖的土壤，而 O_2 则相反。这是由于覆膜阻碍了土壤空气和大气的自由交换。

二、土壤通气性

土壤通气性即土壤气体交换的性能，主要指土壤与近地面大气之间的气体交换，其次是土体内部的气体交换。影响土壤空气运动的因素有气象因素、土壤性质及农业措施。气象因素主要有气温、气压、风力和降雨等。

（一）土壤空气的扩散

土壤空气的扩散是指某种气体成分由于其分压梯度与大气不同而产生的移动，其原理服

从气体扩散公式，即

$$F = -D \cdot dc/dx$$

式中，F 是单位时间气体扩散通过单位面积的数量；dc/dx 是气体浓度梯度或气体分压梯度；D 是扩散系数；负号表示其从气体分压高处向低处扩散。

在土壤空气的组成中，CO_2 的浓度高于大气，而 O_2 的浓度低于大气，这样就分别产生了土壤和大气之间 CO_2 分压差。在分压梯度的作用下，驱使 CO_2 气体分子不断从土壤中向大气扩散，同时使 O_2 分子不断从大气向土壤空气扩散，这种土壤从大气中吸收 O_2，同时排出 CO_2 的气体扩散作用，称为土壤呼吸。

一般情况下，扩散作用是土壤与大气交换的主要机制。O_2 和 CO_2 在土壤中的扩散过程，部分发生在气相，部分发生在液相。通过充气孔隙扩散保持着大气和土壤间的气体交流作用，为气相扩散；而通过不同厚度水膜的扩散，则为液相扩散。

在结构良好的土壤中，气体扩散是在团聚体间的大孔隙中迅速进行的。降雨或灌水过后，大孔隙中的水能迅速排出，形成连续的充气孔隙网。而团聚体内的小孔隙则在较长时间保持或接近水饱和状态，限制其团聚体内部的通气性状。观察表明，植物根系大多数伸展在团粒间的大孔隙中，而几乎不穿过团聚体本身，只有微生物可进入团聚体内，并消耗其中的 O_2 而影响整个土壤的通气。大而密实团块，即使其周围的大孔隙出现良好的通性状态，在团块中心仍可能是缺 O_2 的。所以，在通气良好的旱地，也会有厌气性的微环境。

（二）土壤空气整体交换

土壤空气的对流是指土壤与大气间由总压力梯度推动的气体的整体流动，也称为质流。土壤与大气间的对流总是由高压区流向低压区。

许多原因可引起土壤与大气间的压力差，从而引起土壤空气与大气的对流，如大气中的气压变化、温度梯度及土壤表面的风力。大气压力上升，一部分大气进入土壤孔隙。大气压下降，土壤空气膨胀，使一部分土壤空气进入大气。当土壤温度高于大气温度时，土壤中空气受热上升，扩散到近地表大气中，而大气则下沉，通过土壤孔隙渗入土中，形成冷热气体的对流，使土壤空气获得更新。

降雨或灌溉也可导致土壤空气的整体流动。当土壤接受降雨或灌溉水时，土壤含水量增加，更多的孔隙被水充塞，把部分土壤空气排出土壤孔隙之外。反之，当土壤水减少时，大气中的新鲜空气又会进入土体的孔隙之内。在水分缓缓渗入时，土壤排出的空气数量多，但在暴雨或大水漫灌时，会有部分土壤空气来不及排出而封闭在土壤之中，这种被封闭的空气往往阻碍水分的运动。

地面风力对土壤空气的更新也有一定的影响。另外翻耕或疏松土壤会使土壤空气增加，而农机具的压实作用使土壤孔隙度降低，土壤空气减少。

三、土壤通气指标

（一）土壤孔隙度

影响气体扩散的主要因素是通气孔隙的数量，气体扩散速度与土壤通气孔隙的容积有直接的关系，因此常用土壤中通气孔隙的百分率作为衡量通气性能好坏的指标。

一般来说，耕层土壤总孔隙度为 43.6%～48.8%，通气孔隙度为 9.6%～13.7%。土壤耕层孔隙度的高低与土壤类型、质地及有机质含量有关。土壤质地对土壤孔隙度的影响亦较明显，如砂性土壤通气孔隙高于黏性土壤。此外，质地相同的土壤，其孔隙度高低往往与土壤自身有机质含量有关。有机质含量高的土壤孔隙度高，反之土壤孔隙度偏低。

（二）土壤通气量

单位时间、单位压力下通过单位体积土壤的空气总量（CO_2+O_2），称为土壤通气量，常用 $mL/(cm^3 \cdot s)$ 表示。土壤的通气量大，表明土壤通气性好。

（三）土壤呼吸强度

单位时间内、单位面积的土壤表面扩散出的 CO_2 容积对消耗 O_2 的容积的比率，称为土壤呼吸强度。它可用来衡量土壤中生物活动的总强度。正常情况下，土壤呼吸系数接近于1，若超过1则说明土壤通气性差。

（四）土壤中氧的扩散率

每分钟内扩散通过每平方厘米土层的氧的量（g 或 μg），其大小标志着土壤空气中氧的补给更新速率的快慢。一般来说，土壤中氧的扩散率随土层深度增加而降低。氧扩散率降低愈快，植物根系生长的深度愈浅。

（五）土壤氧化还原电位

旱地土壤的氧化还原电位（E_h）多为400～700mV，高于700mV表明土壤通气过强，低于200mV则土壤通气不良。

水田土壤的氧化还原电位（E_h）变化较大，正常值低于200～300mV，长期积水的水稻土可降至100mV甚至下降到负值。一般水稻适宜在轻度还原条件（180～300mV）下生长。水田土壤的氧化还原电位（E_h）低于180mV或100mV，将使土壤中 Fe^{2+}、Mn^{2+} 的浓度升高，导致水稻铁、锰中毒。氧化还原电位（E_h）降至负值时，会产生有机酸和 H_2S。$E_h<-100$mV时，硫化物与亚铁生成硫化铁沉淀，使水稻产生黑根。

四、土壤通气状况与作物生长

（一）土壤通气状况对种子萌发的影响

种子萌发需要吸收一定的水分和氧气，要求氧浓度>10%，缺氧会影响种子内物质的转化和代谢活动。有机质厌氧分解也会产生醛类或有机酸而妨碍种子的发芽。

（二）土壤通气性对作物根系生长及其吸收水肥功能的影响

通气良好有利于大多数作物根系的生长，表现为根系长，颜色浅，根毛多。缺氧土壤中的根系则短而粗，根毛数量大量减少。研究表明，一般土壤空气中氧的浓度低于9%时根系发育就要受到影响，如果降到5%以下，绝大部分作物的根系就停止发育。

旱地作物所需的氮素和各种矿质养料，大都需要呈氧化状态才能被植物所吸收利用。例如，氮素一般均以硝酸根的形态被吸收；硫素以硫酸根形态被吸收。氧充足时，有机质分解较快，氨化过程加快，也有利于硝化过程的进行，土壤中有效态氮丰富。缺氧则有利于反硝化作用进行，造成氮素的损失或产生亚硝态氮的积累，不利于作物对营养吸收利用。

特别是通气不良时，根系呼吸作用减弱，吸收养料和水分的功能降低，特别对钾的吸收能力影响最大，依次为钙、镁、氮、磷等。

（三）土壤空气的调节

在一般情况下，只要土壤保持疏松，排水畅通，其空气组成就不至于危害作物的生长。对于旱地土壤而言，促进团粒结构形成（如增施腐熟的有机肥）是改善土壤通气性的基本途径。此外，中耕松土、深耙勤耕、打破土表结壳等措施也都有利于改善土壤的通气性。至于水田，在适当增加其有机质的前提下，通过干耕、晒垡、搁田、烤田等措施也可以使分散的细微粒黏聚在一起形成较稳定的微团聚体，这种微团聚体的内部，在晒田后灌水时，可以闭蓄一部分空气，有调节水田土壤空气的效果。

增施有机肥时，为有利于微生物的有氧发酵作用，并避免降低土壤中氧的含量，产生过多的二氧化碳，厩肥、绿肥、秸秆还田（尤其是水田）等最好是经充分腐熟后再施用。

土壤空气的组成，不仅因土壤本身的特性、施肥情况和耕作措施等而异，而且也因季节气候、土壤水分条件和土层深度等而有很大不同。从生产实际情况看，控制土壤空气组成的最主要手段，在于改善土壤的通气性，而不是直接增加或减少某一空气组分。

第四节　土壤热性质

一、土壤热量的来源与平衡

（一）土壤热量的来源

1. 太阳的辐射能　土壤热量的最基本来源是太阳的辐射能。当地球与太阳为日地平均距离时，在地球大气圈顶部所测得的太阳辐射的强度，即垂直于太阳光下 1 cm^2 的黑体表面在 1 min 内吸收的辐射能，称为太阳常数，一般为 1.9 kJ/（cm^2 · min），其中 99%的太阳能包含在 0.3～4.0 μm 的波长内，这一范围的波长通常称为短波辐射。当太阳辐射通过大气层时，其热量一部分被大气吸收散射，一部分被云层和地面反射，土壤吸收其中的一少部分。

2. 生物热　微生物分解有机质的过程是放热的过程。释放的热量，一部分被微生物自身利用，而大部分可用来提高土温。据估算，含有机质 4%的土壤，每公顷耕层有机质的潜能为 1.55×10^{10}～1.73×10^{10} kJ，相当于 49～123 t 无烟煤的热量。在保护地蔬菜的栽培或早春育秧时，施用有机肥，并添加热性物质（如半腐熟的马粪等），就是利用有机质分解释放出的热量来提高土温，促进植物生长或幼苗早发快长。

3. 地球内热　由于地壳的传热能力很差，每平方厘米地面全年从地球内部获得热量不超过 226 J（54 cal），地热对土壤温度的影响极小，但在地热异常地区，如温泉、火山口附近，这一因素对土壤温度的影响就不可忽略。

（二）土壤表面的辐射平衡

太阳的辐射主要是短波辐射，直接到达土壤表面的只有一少部分。直接到达地表的太阳能称为太阳直接辐射（I）。被大气散射和云层反射的太阳辐射能，通过多次的散射和反射，又将其中的一部分辐射到地球上，这部分辐射能是太阳的间接辐射能，一般称为大气辐射（H）。太阳直接辐射和间接辐射都是短波辐射。短波辐射到地面后，一部分被地面反射，地面对辐射能的反射率因地面性质而异。以 α 代表反射率，则：

$$\alpha=\frac{\text{从地表反射出的辐射能}}{\text{投入地表的总辐射能}}$$

太阳直接辐射与大气辐射之和（$I+H$）为投入地面的太阳总短波辐射，又称为环球辐射。被地面反射出的短波辐射则应等于（$I+H$）$\times\alpha$。温度在热力学零度以上的物体，不停地向周围空间辐射能量，其辐射强度常用辐射温度和辐射波长表示。物质的温度越高，辐射的波长愈短。土壤表面接受太阳的短波辐射后，使土壤温度升高，土壤向大气进行长波辐射，其强度用 E 表示。与此同时，当大气因吸收热量而变热时，它便向地面产生长波逆辐射，其强度用 G 表示。这两种长波辐射的差值，即地面向四周的有效长波辐射，其强度用 r 表示，则有

$$r=E-G$$

地面辐射能的总收入，减去总支出，所得的差数为吸收的地面辐射平衡差额，用 R 表示之。

$$\begin{aligned}R &= (\text{吸入的短波辐射}-\text{支出的短波辐射})+(\text{收入的长波辐射}-\text{支出的长波辐射})\\ &= [(I+H)-(I+H)\times\alpha]+(G-E)\\ &= (I+H)(1-\alpha)-r\end{aligned}$$

R 可以是某一段时间（瞬时、日、月、年）的总值。当 R 为正值时，表明地面辐射收入大于支出，决定地面增温；R 为负值时，地面辐射支出大于收入，决定地面降温。所以 R 值的大小表示增热与冷却程度的强弱。一般是白天 R 为正值，地面增温；夜间 R 为负值，地面冷却。

二、土壤热性质

影响热量在土壤中的保持、传导和分布状况的土壤性质，包括土壤热容量、热导率和导温率 3 个物理参数，是决定土壤热状况的内在因素，也是农业上控制土壤热状况，使其有利于作物生长发育的物理因素。

（一）土壤热容量

土壤热容量是指单位质量（重量）或容积的土壤每升高（或降低）1℃所需要的（或放出的）热量。从定义看出，土壤热容量越大，则它的温度升高或降低 1℃所需吸收和放出的热量就越多。一般以 c 代表质量（重量）热容量，c_V 代表容积热容量。c 的单位是 J/(g·℃)，c_V 的单位是 J/(cm³·℃)。c 与 c_V 的关系是

$$c=c_V/\rho$$

式中，ρ 是土壤密度。

由于土壤组成成分的差异，土壤的 c 和 c_V 也有很大差异。一般矿质土粒的 c 为 0.71 J/(g·℃)，密度为 2.65 g/cm³，则 c_V 为 1.9 J/(cm³·℃)；有机质的 c 为 1.9 J/(g·℃)，密度为 1.3 g/cm³，c_V 为 2.5 J/(cm³·℃)，土壤水的 c 和 c_V 分别是 4.2 J/(g·℃) 和 4.2 J/(cm³·℃)土壤空气的 c_V 是 1.26×10^{-3} J/(cm³·℃)。

不同土壤的三相物质组成比例是不同的，故土壤的容积热容量（c_V）可用下式表示。

$$c_V=mc_V\cdot V_m+oc_V\cdot V_o+wc_V\cdot V_w+ac_V\cdot V_a$$

式中，mc_V、oc_V、wc_V 和 ac_V 分别为土壤矿物质、有机质、水和空气的容积热容量；V_m、V_o、V_w、V_a 分别为土壤矿物质、有机质、水和空气在单位体积土壤中所占的体积比。因空气的热容量很小，可忽略不计，故土壤热容量可简化为

$$c_V = 1.9V_m + 2.5V_o + 4.2V_w \quad [J/(cm^3 \cdot ℃)]$$

在土壤的三相物质组成中，水的热容量最大，气体热容量最小，矿物质和有机质热容量介于两者之间。在固相组成物质中，腐殖质热容量大于矿物质，而矿物质热容量彼此差异较小。所以土壤热容量的大小主要决定于土壤水分多少和腐殖质含量。土壤水分是经常变动的组分，而且在短时间内可能出现较大变化，如降雨或灌溉后立即会使土壤含水量增大，因而影响土壤热容量的组分中，土壤水起了决定性作用，所以通过灌排调节土壤水分含量，是调节土温的有效措施。

（二）土壤热导率

自然界物体间若存在温差时，就会产生热能的传递。物体传递热量的能力用热导率来表示。土壤吸收一定热量后，一部分用于它本身升温，一部分传送给其邻近土层。土壤具有对所吸热量传导到邻近土层的性质，称为导热性。

导热性大小用热导率（λ）表示，即在单位厚度（1cm）土层、温差为1℃时、每秒钟经单位断面（$1cm^2$）通过的热量（J），其单位是 $J/(cm^2 \cdot s \cdot ℃)$。

热量的传导是由高温处到低温处，设土壤或其他物质两端的温度为 T_1、T_2，土壤的厚度为 d，在一定时间（t）内流动的热量为 Q，则一定时间内单位面积上流过的热量为 Q/At，两端间的温度梯度为（$T_1 - T_2$）$/d$，故热导率（λ）根据定义为

$$\lambda = \frac{Q/At}{(T_1 - T_2)/d}$$

土壤不同组成分热导率，固体部分热导率最大，为 $8.4 \times 10^{-3} \sim 2.5 \times 10^{-2} J/(cm^2 \cdot s \cdot ℃)$；空气热导率最小，约为 $2.3 \times 10^{-4} J/(cm^2 \cdot s \cdot ℃)$。水的热导率大于空气，为 $5.4 \times 10^{-3} \sim 5.9 \times 10^{-3} J/(cm^2 \cdot s \cdot ℃)$。由此可见，水的热导率比空气要大 25 倍，矿物质比空气要大 100 倍。土壤固相物质，虽然热导率最大，但它是相对稳定而不易变化的；空气、水虽然热导率较小，但在土壤中总是含有一定水分，土壤中的水、气总是处于变动状态，因此土壤热导率的大小主要决定于土壤孔隙的多少和含水量的多少。

增加土壤湿度能提高土壤导热性，土壤的热导率大，说明土壤传递热量的能力强，传递热量的速度快，在同一时间内传递的热量越多。当温度垂直梯度相同时，热导率大的土壤，热量容易传入深层或从深层得到热量，因而表层土壤温度变化小。例如，潮湿土壤和干燥土壤相比，潮湿土壤表层昼夜温差小。冬季麦田干旱时灌水防冻，早春灌水防霜冻都是根据这个道理。

（三）土壤的热扩散率

土壤温度的变化决定于土壤的导热性和热容量。在一定的热量供给下，能使土壤温度升高的快慢和难易则决定于热扩散率。

土壤热扩散率是指在标准状况下，在土层垂直方向上每厘米距离内，1℃的温度梯度下，每秒流入 $1cm^2$ 土壤断面面积的热量，使单位体积（$1cm^3$）土壤所发生的温度变化，其大小等于土壤热导率与容积热容量之比值，即

$$D = \frac{\lambda}{c_V}$$

式中，D 为热扩散率（cm^2/s）；λ 为土壤热导率；c_V 为土壤容积热容量。

土壤水的热扩散率为 $1.2 \times 10^{-3}\ cm^2/s$；土壤空气的热扩散率为 $1.67 \times 10^{-1}\ cm^2/s$；土粒的热扩散率为 $4.42 \times 10^{-3} \sim 1.32 \times 10^{-2}\ cm^2/s$。

就一定土壤来讲，土壤固相物质比较稳定，土壤的热扩散率主要决定于土壤水和空气的比例。干土土温易上升，湿土土温不易上升。

凡影响土壤热导率和土壤容积热容量大小的因子都影响土壤热扩散率的大小，如土壤有机质的多少、土壤孔隙度的大小及土壤湿度等都影响土壤热扩散率的大小。

对于热扩散率大的土壤来说，如湿润的黏土，白天，当获得太阳辐射能后，它很快将表层得到的热量传递到土壤深层，这样土壤表层温度就不会过高；夜间，当土壤表面由于地面有效辐射失去热量时，它又可以把土壤深层的热量很快传递到土壤表层来，使土壤表层的夜间温度不致太低。因此这种土壤的地面温度不易出现极端值，这对作物的生长是非常有利的。

三、土壤温度

土壤温度是太阳辐射平衡、土壤热量平衡和土壤热学性质共同作用的结果。不同地区（生物气候带）、不同时间（季节变化等）和土壤不同组成、性质及利用状况，都不同程度地影响土壤热量的收支平衡。因此，土壤温度具有明显的时、空特点。

（一）土壤温度的年变化

土壤表面温度的年变化，主要取决太阳辐射能的年变化。在北半球的中高纬度地区，土壤表面月平均最高温度，一般出现在7～8月；月平均最低温度出现在1～2月。它们分别落后于太阳辐射最强的夏至和最弱的冬至。

一年中，月平均温度的最高值和月平均温度的最低值之差，称为温度年较差或年变幅。

土壤表面温度的年较差随纬度的增高而增大，例如：广州（北纬23°08′）年较差为15.9℃；北京（北纬39°57′）为34.7℃；齐齐哈尔（北纬47°20′）为47.8℃。这是由于太阳辐射的年变化随纬度增高而增大引起的。

土壤的自然覆盖（植被和雪的覆盖），对土壤温度年较差有很大影响。裸露土壤的温度年较差比夏季和冬季处于自然覆盖下的土壤温度年较差大。

其他如土壤热特性、地形、天气条件等因子对年较差的影响与日较差大体相同。

（二）土壤温度的日变化

土壤温度在一昼夜间随时间的连续变化，称为土壤温度的日变化。观测表明，一天中土壤温度有一个最高值和一个最低值，两者之差为土温日较差。一般土壤表面的最高温度出现在13：00左右，最低温度出现在将近日出时。

影响土壤表面温度日较差大小的主要因子是太阳高度角。正午时刻太阳高度角大的季节和地区，一日内太阳高度角的变化就大，太阳辐射的日变化也大，因而土壤表面温度的日较差就大。

土壤温度的日较差在土壤表面最大，随深度的增大其值很快减小，至25cm深度处日变化值已经很小。

四、影响土壤温度变化的因素

（一）海拔高度对土壤温度的影响

海拔高度对土壤温度的影响，主要是通过辐射平衡来体现。海拔增高，大气层的密度逐渐稀薄，透明度不断增加，散热快，土壤从太阳辐射吸收的热量增多，所以高山上的土温比气温高。由于高山气温低，当地面裸露时，地面辐射增强，所以在山区随着高度的增加，土温还是比平地的土温低。

（二）坡向与坡度对土壤温度的影响

坡向对土壤温度的影响极为显著，主要是由于：①坡地接受的太阳辐射因坡向和坡度而不同；②不同的坡向和坡度上，土壤蒸发强度不一样，土壤水和植物覆盖度有差异，土壤温度高低及变幅也就不同。大体上，北半球的南坡为阳坡，太阳光的入射角大，接受的太阳辐射和热量较多，蒸发也较强，土壤较干燥，致使南坡的土壤的温度比平地要高。北坡是阴坡，情况与南坡刚好相反，所以土温较平地低。在农业上选择适当的坡地进行农作物、果树和林木的种植与育苗极为重要。南坡的土壤温度和水分状况可以促进早发、早熟。

（三）土壤的组成和性质对土壤温度的影响

土壤组成和性质对土壤温度的影响，主要是由于土壤的结构、质地、松紧度、孔性和含水量等影响了土壤的热容量和热导率以及土壤水蒸发所消耗的热量。土壤颜色深的，吸收的辐射热量多，红色、黄色的次之，浅色的土壤吸收的辐射热量小而反射率较高。在极端情况下，土壤颜色的差异可以使不同土壤在同一时间的土表温度相差2～4℃，园艺栽培中或农作物的苗床中，有的在表面覆盖一层炉渣、草木灰或土杂肥等深色物质以提高土温。

（四）土壤温度的调节

在农业生产中常采取一些措施调节土温与气温，以保证作物生长发育处于适宜的温度条件。常采用的措施有灌溉、松土或镇压、垄作或沟种等。

1. 灌溉对温度的影响　在温暖季节的灌溉可起降温作用，寒冷季节灌溉可以起保温作用。一般对10 cm表层的土温来说，冬水保温效应可有1℃左右，夏季灌溉的降温作用可达1～3℃。北方冬灌保温的主要原因是灌水增加土壤热容量与热导率，暖季浇水降温主要因为增加了蒸发耗热。

2. 锄地（松土）与镇压对土温的影响　松土的作用是综合的，可有增温、保墒、通气及一系列生理生态效应。仅就温度效应来说，如果锄地（包括耧地）质量高而条件适宜，可使暖季晴天土壤表层（3 cm）日平均温度增高约1℃，最高可增加2～3℃或更多。锄地增高地温的主要原因，一是切断土壤毛细管，撤掉表墒，减少了蒸发耗热；二是使松的土层热容量降低，得到同样的热能而增温明显；三是松的土层热导率低，热量向下传导减少，而主要是用于本层增温。

镇压的作用与锄地相反，它能增加土壤容重，减少土壤孔隙，增加表层土壤水分，从而使土壤热容量和热导率都有增加。据观察，从地表到15 cm深度土壤热容量的相对数值，镇压后增大11%～14%，热导率增加80%～260%。土壤经镇压后，白天热量下传较快，使土壤表层在一天的高温期间有降温趋势；夜间下层热量上传较多，故在一天的低温期间可提高土温，即缓和了土壤表层的温度日变化。

3. 垄作对土温的影响　在一年的温暖季节，垄作可以提高土壤表层温度，有利于种子发芽与幼苗生长，一般可使垄背土壤（5 cm）日平均温度提高1～2℃，并可加大土温日较差。寒冷季节垄作反而降温，有的地区利用垄作秋季降温作用来防止马铃薯退化。

4. 覆盖对温度的影响　覆盖物具有保墒、增温、压碱和防止风蚀、水蚀的多种作用。覆盖的温度效应，晴天5 cm深地温可增温3～4℃，中午最大可达11～14℃多，阴天增温较少。覆盖增温的原因主要是抑制蒸发，减少蒸发耗热。

五、土壤温度与农业的关系

（一）土壤温度影响种子发芽与出苗

小麦、大麦和燕麦种子当土壤温度平均达 1～2℃时即能萌发；棉花、水稻和高粱种子则需达到 12～14℃才能萌发。土壤温度的高低对出苗时间也有很大影响，例如冬小麦，当温度在 5～20℃时，温度每升高 1℃，达到盛苗期的时间可减少 1.3d。

土壤温度对发芽生长的影响，不仅取决于日平均温度的高低，还和土壤温度的日变化有关。当日平均温度偏低，较接近作物生长的最低温度时，夜间温度接近或低于下限，作物很少或不能生长，在这种情况下，白天的温度对作物的发芽生长起主要作用，对于早播的棉花与早春小麦往往是这种情况。当日平均温度较高，较接近作物生长的最高温度时，中午的温度往往接近或超过上限，抑制作物生长，这时，早晨与夜间的温度对作物的发芽生长起着更重要的作用，且温度日较差越大，中午不利影响就越大。

（二）土壤温度与根系的生长

土壤温度与作物根系的生长关系很密切，一般情况下，根系在土壤温度达到 2～4℃时开始微弱生长，10℃以上根系生长比较活跃，土壤温度超过 30～35℃时根系生长受阻。

（三）土壤温度对块茎和块根形成的影响

土壤温度的高低不仅影响马铃薯的产量，还影响块茎的大小、比重、含糖量与形状等品质。马铃薯块茎形成最适宜的土壤温度是 15.6～23.9℃，21.1℃对地上部营养体生长最好。土温低（如 8.9℃）则块茎个数多，但小而轻；土温适当时块茎个数少而薯块大；土温过高（如 28.9℃）则个数少而薯块小，块茎变成尖长形，大大减产。

（四）土壤温度影响对水分和养分的吸收

低温减少作物根系对水分的吸收，其主要原因是，低温使根系代谢活动减弱，增加水与原生质的黏滞性，减弱了细胞质膜的透性。土壤温度的高低还影响作物根系对矿物质营养的吸收。低温可减少根系对多种矿物质营养的吸收，但对不同元素的影响程度不同。

◆复习思考题

1. 简述土壤结构体和土壤结构性。
2. 简述团粒结构及其与土壤肥力的关系。
3. 简述土壤密度、容重、孔隙度及其关系。
4. 简述土壤孔隙的分级和各级孔隙的特性。
5. 简述土壤水分的类型和性质。
6. 简述土壤含水量的表达方式及其数量关系。
7. 说明土水势的定义及其分势。
8. 简述土壤水分对植物的有效性。
9. 简述土壤热容量及其与土壤组成的关系。

第六章

土壤分类及其与环境条件的关系

第一节　土壤分类

一、土壤分类的目的和意义

土壤是独立的历史自然体，它和其他自然客体一样，有着自身发生演变规律。土壤分类就是根据土壤发生所表现的特征对土壤类型所做的科学区分。

土壤分类是土壤科学水平的反映，是认识和管理土壤的工具，是进行土壤调查和制图、土地评价、土地利用规划和制定农业区划的基础，是农业技术传播的依据，也是国内外土壤科学学术交流的媒介。

通过土壤分类来认识土壤，为合理利用和改良土壤、保护生态环境服务。

二、中国土壤发生分类

（一）分类思想

中国土壤发生分类体系源于俄国 B. B. 道库恰耶夫的土壤发生分类思想，而且也充分考虑到了土壤剖面形态特征，并结合中国特有的自然条件和土壤特点而建立的土壤分类体系。

中国土壤发生分类系统的指导思想核心是：每一个土壤类型都是在各成土因素的综合作用下，由特定的主要成土过程所产生，且具有一定的土壤剖面形态和理化性状的土壤。因此，在鉴别土壤和分类时，比较注重将成土条件、土壤剖面性状和成土过程相结合而进行全面研究，即将土壤属性和成土条件以及由前两者推论的成土过程联系起来，这就是所谓的以成土条件、成土过程和土壤性质统一来鉴别和分类土壤的指导思想。

不过，实际工作中，当遇到成土条件、成土过程和土壤性质不统一时，往往以现代成土条件来划分土壤，而不再强调土壤性质是否与成土条件吻合。中国土壤发生分类系统对于用发生学的思想研究认识分布于陆地表面形形色色的土壤发生分布规律，特别是宏观地理规律，在开发利用土壤资源时，充分考虑生态环境条件，因地（地理环境）制宜是十分有益的。但这个系统也有定量化程度差、分类单元之间的边界比较模糊的缺点。

（二）分类原则

据《中国土壤》（1998），中国土壤发生分类系统从上至下共设土纲、亚纲、土类、亚类、土属、土种和变种 7 级分类单元。其中土纲、亚纲、土类和亚类属高级分类单元，土属、土种和变种属低级分类单元。

1. 土纲　土纲是土壤分类的最高级单元，是土类共性的归纳，其划分突出土壤的形成过程、属性的某些共性以及重大环境因素对土壤发生性状的影响。例如，铁铝土纲，是将在湿热条件下，在富铁铝化过程中产生的黏土矿物以三氧化物、二氧化物和1∶1型高岭石为主的一类土壤，如砖红壤、赤红壤、红壤和黄壤等土类归集在一起，这些土类都发生过富铁铝化过程，只是其表现程度不同。

2. 亚纲　亚纲是在土纲范围内，根据土壤现实的水热条件划分的，它反映了控制现代成土过程的成土条件，它们对于植物生长和种植制度也起着控制性作用。例如，铁铝土纲分成湿热铁铝土亚纲和湿暖铁铝土亚纲，两者的差别在于热量条件。

3. 土类　土类是高级分类中的基本分类单元。基本分类单元的意思是，即使归纳土类的更高级分类单元可以变化，但土类的划分依据和定义一般不改变，土类是相对稳定的。划分土类时，强调成土条件、成土过程和土壤属性的三者统一和综合；认为土类之间的差别，无论在成土条件和成土过程方面，还是在土壤性质方面，都具有质的差别。例如，砖红壤土类代表热带雨林下高度化学风化、富含游离铁、铝的酸性土壤；黑土代表温带湿润草原下发育的有大量腐殖质积累的土壤。如上所述，在实际工作中，往往更注重以成土条件或土壤发生的地理环境来划分土类。

4. 亚类　亚类是在同一土类范围内，由于其发育阶段不同，或为土类之间的过渡类型；或在主导成土过程以外，尚有一个附加的成土过程。一个土类中有代表土类概念的典型亚类，即它是在定义土类的特定成土条件和主导成土过程下产生的最典型的土壤；也有表示一个土类向另一个土类过渡的过渡亚类，它是根据主导成土过程以外的附加成土过程来划分的。例如，潮土中的盐化与碱化潮土，黑土中白浆化黑土，均作为亚类划分。

5. 土属　土属是由高级分类单元过渡到基层分类单元的一个中级分类单元。其划分主要根据成土母质的类型与岩性、区域水文控制的盐分类型等地方性因素进行划分。例如，母质可粗略地分为残坡积物、洪积物、冲积物、湖积物、海积物和黄土状物质等；残积物根据岩性的矿物学特征细分为基性岩类、酸性岩类、石灰岩类、石英岩类和页岩类；洪积物和冲积物多为混合岩性，可根据母质质地分为砾石的、沙质的、壤质的和黏质的等。

6. 土种　土种是土壤分类系统中的基层分类单元，根据土壤剖面构型和发育程度来划分。一般土壤发生层的构型排列反映主导成土作用和次要成土作用的结果，由此决定了该土壤的土类和亚类。但在土壤发育程度上，则因成土母质和地形等条件的差异，形成了在土层厚度、腐殖质层厚度、盐分含量、淋溶深度和淀积程度等方面的不一致性。根据这些量或程度上的差别，划分土种。例如，山地土壤根据土层厚度，分为薄层（＜30 cm）、中层（30～60 cm）和厚层（＞60 cm）3个土种。

7. 变种　变种是土种范围内的变化，一般以表土层或耕作层的某些差异来划分，如表土层质地和砾石含量等，对于土壤耕作影响大。

这个分类系统中的高级分类单元主要反映的是土壤在发生学方面的差异，而低级分类单元则主要考虑到土壤在其生产利用方面的不同。高级分类用来指导小比例尺的土壤调查制图，反映土壤的发生分布规律；低级分类用来指导大比例和中比例层的土壤调查制图，为土壤资源的合理开发利用提供依据。

（三）命名

中国土壤发生分类系统采用连续命名与分段命名相结合的方法。

土纲和亚纲为一段，以土纲名称为基本词根，加形容词或副词前缀构成亚纲名称，亚纲段名称是连续命名。例如，铁铝土土纲中的湿热铁铝土是含有土纲与亚纲的名称。

土类和亚类为一段，以土类名称为基本词根，加形容词或副词前辍构成亚类名称，如黄色砖红壤、黄红壤，可自成一段单用，但它是连续命名法。

土属名称不能自成一段，多与土类、亚类连用，如氯化物滨海盐土、酸性岩坡积物草甸暗棕壤，是典型的连续命名法。

土种和变种名称也不能自成一段，必须与土类、亚类、土属连用，如黏壤质（变种）、厚层、黄土性草甸黑土。

土壤名称既有从国外引进的，如黑钙土；也有从群众名称中提炼的，如白浆土；也有根据土壤特点新创造的，如砂姜黑土（表6-1）。

表6-1　中国土壤分类系统中的土纲、亚纲和土类

（引自全国土壤普查办公室，1998）

土　纲	亚　纲	土　类
铁铝土	湿润铁铝土	砖红壤、赤红壤、红壤
	湿暖铁铝土	黄壤
淋溶土	湿暖淋溶土	黄棕壤、黄褐土
	湿温暖淋溶土	棕壤
	湿温淋溶土	暗棕壤、白浆土
	湿寒温淋溶土	棕色针叶林土、漂灰土、灰化土
半淋溶土	半湿热半淋溶土	燥红土
	半湿温暖半淋溶土	褐土
	半湿温半淋溶土	灰褐土、黑土、灰色森林土
钙层土	半湿温钙层土	黑钙土
	半干温钙层土	栗钙土
	半干温暖钙层土	栗褐土、黑垆土
干旱土	温干旱土	棕钙土
	暖温干旱土	灰钙土
漠土	温漠土	灰漠土
	温暖漠土	灰棕漠土、棕漠土
初育土	土质初育土	黄绵土、红黏土、新积土、龟裂土、风沙土
	石质初育土	石灰（岩）土、火山灰土、紫色土、磷质石灰土、石质土、粗骨土
半水成土	暗半水成土	草甸土
	淡半水成土	潮土、砂姜黑土、林灌草甸土、山地草甸土
水成土	矿质水成土	沼泽土
	有机水成土	泥炭土
盐成土	盐土	草甸盐土、滨海盐土、酸性硫酸盐土、漠境盐土、寒原盐土
	碱土	碱土
人为土	人为水成土	水稻土
	灌耕土	灌淤土、灌漠土
高山土	湿寒高山土	草毡土（高山草甸土）、黑毡土（亚高山草甸土）
	半湿寒高山土	寒钙土（高山草原土）、冷钙土（亚高山草原土）、冷棕钙土（山地灌丛草甸土）
	干寒高山土	寒漠土（高山漠土）、冷漠土（亚高山漠土）
	寒冻高山土	寒冻土（高山寒漠土）

三、中国土壤系统分类

在美国土壤系统分类的影响下，1984年在中国科学院与国家自然科学基金委的资助下，由中国科学院南京土壤研究所主持，先后由30多个高等学校与科研院所合作，进行了10多年的中国土壤系统分类的研究，建立了中国土壤系统分类系统，使中国土壤分类发展步入了定量化分类的崭新阶段。1996年开始，中国土壤学会将此分类推荐为标准土壤分类加以应用。

中国土壤系统分类是以诊断层和诊断特性为基础的系统化、定量化的土壤分类。由于成土过程是看不见摸不着的，土壤性质也不见得与现代的环境成土条件完全相符（比如古土壤遗址），如以成土条件和成土过程来分类土壤必然会存在着不确定性，而只有以看得见测得出的土壤性状为分类标准，才会在不同的分类者之间架起沟通的桥梁，建立起共同鉴别确认的标准。因此，尽管在建立诊断层和诊断特性时，考虑到了它们的发生学意义，但在实际鉴别诊断层和诊断特性，以及用它们划分土壤分类单元时，则不以发生学理论为依据，而以土壤性状本身为依据。

（一）诊断层和诊断特性

凡用于鉴别土壤类别、在性质上有一系列定量规定的土层称为诊断层。

如果用于分类目的的不是土层，而是具有定量规定的土壤性质（形态的、物理的、化学的），则称为诊断特性。

中国土壤系统分类设33个诊断层和23个诊断特性。

33个诊断层包括11个诊断表层（有机表层、草毡表层、暗沃表层、暗瘠表层、淡薄表层、灌淤表层、堆垫表层、肥熟表层、水耕表层、干旱表层和盐结壳）、20个诊断表下层（漂白层、舌状层、雏形层、铁铝层、低活性富铁层、聚铁网纹层、灰化淀积层、耕作淀积层、水耕氧化还原层、黏化层、黏盘、碱积层、超盐积层、盐盘、石膏层、超石膏层、钙积层、超钙积层、钙盘和磷盘）和2个其他诊断层（盐积层和含硫层）。

诊断特性包括土壤有机物质、岩性特征、石质接触面、准石质接触面、人为淤积物质、变性特征、人为扰动层次、土壤水分状况、潜育特征、氧化还原特征、土壤温度状况、永冻层次、冻融特征、腐殖质特性、火山灰特性、铁质特性、富铝特性、铝质特性、富磷特性、钠质特性、石灰性、盐基饱和度和硫化物物质等。

此外，中国土壤系统分类还把在性质上已发生明显变化，不能完全满足诊断层或诊断特性规定的条件，但在土壤分类上具有重要意义的土壤性状，即足以作为划分土壤类别依据的称为诊断现象（主要用于亚类一级），如碱积现象、钙积现象和变性现象等。

（二）分类原则

中国土壤系统分类为谱系式多级分类，共6级：土纲、亚纲、土类、亚类、土族和土系。前四级为高级分类级别，主要供中小比例尺土壤图确定制图单元用；后两级为基层分类级别，主要供大比例尺土壤图确定制图单元用。

1. 土纲　土纲为最高土壤分类级别，主要根据成土过程及其产生的诊断层和诊断特性划分（表6-2）。

表 6-2　作为划分土纲依据的过程和诊断层或诊断特性

土纲	主要过程	诊断层或诊断特性
有机土	泥炭化过程	有机土壤物质
人为土	水耕或旱耕过程	人为层（水耕表层、水耕氧化还原层、灌淤表层、堆垫表层、肥熟表层、磷质耕作淀积层）
灰土	灰化过程	灰化淀积层
火山灰土	可风化矿物占优势的土壤物质蚀变过程、有机-短序矿物或铝的络合作用	火山灰特性
铁铝土	强度富铁铝化过程	铁铝土
变性土	土壤扰动作用	变性特征
干旱土	荒漠结皮过程、弱腐质化过程	干旱表层
盐成土	盐积过程、碱积过程	盐积层、碱积层
潜育土	潜育过程	潜育特征
均腐土	腐质化过程	暗沃表层、均腐殖质特性
富铁土	中度铁铝化过程	低活性富铁层
淋溶土	黏化过程	黏化层
雏形土	矿物蚀变过程	雏形层
新成土	无明显成土过程	除有淡薄表层外，无剖面发育

2. 亚纲　亚纲是土纲的辅助级别，主要根据影响现代成土过程的控制因素所反映的性质（如水分状况、温度状况和岩性特征）划分，如人为土纲中的水耕人为土和旱耕人为土，淋溶土纲中的冷凉淋溶土，新成土纲中的砂质新成土、冲积新成土和正常新成土。

3. 土类　土类是亚纲的续分。土类类别多根据反映主要成土过程强度或次要成土过程或次要控制因素的性质划分。根据主要过程强度的表现性质划分的如：正常有机土中反映泥炭化过程强度的高腐正常有机土、半腐正常有机土和纤维正常有机土土类。

4. 亚类　亚类是土类的辅助级别，主要根据是否偏离中心概念、是否具有附加过程的特性和是否具有母质残留的特性划分。

5. 土族　土族是土壤系统分类的基层分类单元。它是在亚类范围内，主要反映与土壤利用管理有关的土壤理化性质发生明显分异的续分单元。同一亚类的土族划分是地域性（或地区性）成土因素引起土壤性质变化在不同地理区域的具体体现。不同类别的土壤划分土族所依据的指标各异。供土族分类选用的主要指标是剖面控制层段的土壤颗粒大小级别，不同颗粒级别的土壤矿物组成类型，土壤温度状况，土壤酸碱性、盐碱特性、污染特性，以及人为活动赋予的其他特性等。

6. 土系　土系是土壤系统分类最低级别的分类单元，它是由自然界性态相似的单个土体组成的聚合土体所构成，是直接建立在实体基础上的分类单元。其性状的变异范围较窄，在分类上更具直观性。

（三）命名原则

中国土壤系统分类采用分段连续命名。高级单元土纲、亚纲、土类、亚类为一段。

土族是在此基础上加颗粒大小级别、矿物组成、土壤温度状况等构成，而其下土系则单独命名。

名称结构以土纲名称为基础，其前叠加反映亚纲、土类和亚类的性质术语，分别构成亚纲、土类和亚类的名称。性质的术语尽量限制为2个汉字，这样土纲的名称一般为3个汉字，亚纲为5个汉字，土类为7个汉字，亚类为9个汉字。例如，表蚀黏化湿润富铁土（亚类），属于富铁土（土纲）湿润富铁土（亚纲）黏化湿润富铁土（土类）。

表6-3 中国土壤系统分类表

（引自龚子同等，2007）

土纲	亚纲	土类
有机土	永冻有机土	落叶永冻有机土、纤维永冻有机土、半腐永冻有机土
	正常有机土	落叶正常有机土、纤维正常有机土、半腐正常有机土、高腐正常有机土
人为土	水耕人为土	潜育水耕人为土、铁渗水耕人为土、铁聚水耕人为土、简育水耕人为土
	旱耕人为土	肥熟旱耕人为土、灌淤旱耕人为土、泥垫旱耕人为土、土垫旱耕人为土
灰土	腐殖灰土	简育腐殖灰土
	正常灰土	简育正常灰土
火山灰土	寒性火山灰土	寒冻寒性火山灰土、简育寒性火山灰土
	玻璃火山灰土	干润玻璃火山灰土、湿润玻璃火山灰土
	湿润火山灰土	腐殖湿润火山灰土、简育湿润火山灰土
铁铝土	湿润铁铝土	暗红湿润铁铝土、黄色湿润铁铝土、简育湿润铁铝土
	潮湿变性土	钙积潮湿变性土、简育潮湿变性土
变性土	干润变性土	钙积干润变性土、简育干润变性土
	湿润变性土	腐殖湿润变性土、钙积湿润变性土、简育湿润变性土
干旱土	寒性干旱土	钙积寒性干旱土、石膏寒性干旱土、黏化寒性干旱土、简育寒性干旱土
	正常干旱土	钙积正常干旱土、盐积正常干旱土、石膏正常干旱土、黏化正常干旱土、简育正常干旱土
盐成土	碱积盐成土	龟裂碱积盐成土、潮湿碱积盐成土、简育碱积盐成土
	正常盐成土	干旱正常盐成土、潮湿正常盐成土
潜育土	永冻潜育土	有机永冻潜育土、简育永冻潜育土
	滞水潜育土	有机滞水潜育土、简育滞水潜育土
	正常潜育土	有机正常潜育土、暗沃正常潜育土、简育正常潜育土
均腐土	岩性均腐土	富磷岩性均腐土、黑色岩性均腐土
	干润均腐土	寒性干润均腐土、堆垫干润均腐土、暗厚干润均腐土、钙积干润均腐土、简育干润均腐土
	湿润均腐土	滞水湿润均腐土、黏化湿润均腐土、简育湿润均腐土
富铁土	干润富铁土	黏化干润富铁土、简育干润富铁土
	常湿富铁土	钙质常湿富铁土、富铝常湿富铁土、简育常湿富铁土
	湿润富铁土	钙质湿润富铁土、强育湿润富铁土、富铝湿润富铁土、黏化湿润富铁土、简育湿润富铁土

（续）

土　纲	亚　纲	土　　类
淋溶土	冷凉淋溶土	漂白冷凉淋溶土、暗沃冷凉淋溶土、简育冷凉淋溶土
	干润淋溶土	钙质干润淋溶土、钙积干润淋溶土、铁质干润淋溶土、简育干润淋溶土
	常湿淋溶土	钙质常湿淋溶土、铝质常湿淋溶土、简育常湿淋溶土
	湿润淋溶土	漂白湿润淋溶土、钙质湿润淋溶土、黏盘湿润淋溶土、铝质湿润淋溶土、酸性湿润淋溶土、铁质湿润淋溶土、简育湿润淋溶土
雏形土	寒冻雏形土	永冻寒冻雏形土、潮湿寒冻雏形土、草毡寒冻雏形土、暗沃寒冻雏形土、暗瘠寒冻雏形土、简育寒冻雏形土
	潮湿雏形土	叶垫潮湿雏形土、砂姜潮湿雏形土、暗色潮湿雏形土、淡色潮湿雏形土
	干润雏形土	灌淤干润雏形土、铁质干润雏形土、底锈干润雏形土、暗沃干润雏形土、简育干润雏形土
	常湿雏形土	冷凉常湿雏形土、滞水常湿雏形土、钙质常湿雏形土、铝质常湿雏形土、酸性常湿雏形土、简育常湿雏形土
	湿润雏形土	冷凉湿润雏形土、钙质湿润雏形土、紫色湿润雏形土、铝质湿润雏形土、铁质湿润雏形土、酸性湿润雏形土、简育湿润雏形土
新成土	人为新成土	扰动人为新成土、淤积人为新成土
	砂质新成土	寒冻砂质新成土、潮湿砂质新成土、干旱砂质新成土、干润砂质新成土、湿润砂质新成土
	冲积新成土	寒冻冲积新成土、潮湿冲积新成土、干旱冲积新成土、干润冲积新成土、湿润冲积新成土
	正常新成土	黄土正常新成土、紫色正常新成土、红色正常新成土、寒冻正常新成土、干旱正常新成土、干润正常新成土、湿润正常新成土

第二节　中国土壤分布与土壤资源特点

一、中国土壤的分布规律

（一）土壤广域水平分布规律

1. 土壤纬度地带性分布规律　土壤纬度地带性分布规律是指地带性土壤大致沿经度（东西）方向延伸，按纬度方向（南北）逐渐变化的规律。

不同纬度上热量的差异，引起温度和降水等的差异，导致生物呈带状分布，造成土壤呈带状分布。表 6-4 总结了中国东部的自北向南各种土壤类型及其基本特性和生物气候条件。

表 6-4　我国东部的森林土壤类型的形成条件及其基本特性

（引自张凤荣，2002）

	棕色针叶林土	暗棕壤	棕壤	褐土	黄棕壤	黄壤	红壤	赤红壤	砖红壤
气候带	寒温带湿润	温带湿润	暖温带湿润半湿润	暖温带半湿润	北亚热带湿润	中亚热带湿润	中亚热带湿润	南亚热带湿润	热带湿润

（续）

	棕色针叶林土	暗棕壤	棕壤	褐土	黄棕壤	黄壤	红壤	赤红壤	砖红壤
年平均气温（℃）	<−4	−1～5	5～15	10～14	15～16	14～16	16～20	19～22	21～26
年降水量（mm）	450～750	600～1 100	500～1 200	500～800	1 000～1 500	2 000 左右	1 000～2 000	1 000～2 600	1 400～3 000
干燥度	<1	<1	0.5～1.4	1.3～1.5	0.5～1.0	<1	<1	<1	<1
植被	针叶林	针叶与落叶阔叶混交林	落叶阔叶林	森林灌木	常绿与落叶阔叶混交林	常绿阔叶林	常绿阔叶林	季雨林	季雨林与雨林
土体构型	O-A_h-AB-(B_{hs})-C	O-A_h-AB-B_t-C	A_h-B_t-C	A_h-B_{tk}-C	A_h-B_{ts}-C	A_h-B_s-C	A_h-B_s-C_s	A_h-Bs-C	A_h-B_t-B_{sv}-C
有机质含量（%）	3～8	5～10	1～3	1～3	2～3	3～8	1.5～4	2～5	3～5
pH	4.5～5.5	5.5～6.0	5.5～7.0	7.0～8.4	5.0～6.7	4.5～5.5	4.2～5.9	4.5～5.5	4.5～5.0

注：O 为枯落物层；A_h为腐殖质层；AB 为过渡层；B_{hs}为腐殖质和氧化物淀积层；C 为母质层；B_t为黏化淀积层；B_{tk}为黏化和碳酸钙淀积层；B_{ts}为黏化和氧化物淀积层；B_s为氧化物淀积层；C_s为氧化物母质层；B_{sv}为氧化物积聚网纹层。

2. 土壤经度地带性分布规律　土壤经度地带性分布规律是指地带性土壤大致沿纬度（南北）方向延伸，而按经度（东西）方向由沿海向内陆变化的规律。

由于海陆分布以及由此产生的大气环流造成不同位置受海洋影响程度不同，使水分条件和生物等因素，从沿海至内陆发生有规律的变化，使得地带性土壤相应地呈大致平行于经线的带状变化。表 6-5 总结了中国温带地区的自东向西主要土壤类型及其基本特性和生物气候条件。

表 6-5　中国温带草原土壤类型的形成条件及其基本特性

（引自张凤荣，2002）

	黑土	黑钙土	栗钙土	棕钙土	灰钙土	灰漠土	棕漠土
气候带	温带湿润或半湿润	温带半干旱半湿润	温带半干旱	温带干旱	暖温带干旱	温带极干旱	暖温带极干旱
年平均气温（℃）	0～6.7	−2～5	−2～6	2～7	5～9	5～8	10～12
年降水量（mm）	500～650	350～500	250～400	150～280	200～300	100～200	<100
干燥度	0.75～0.9	>1	1～2	2～4	2～4	>4	>4
植被	草原化草甸、草甸	草甸草原	干草原	荒漠草原	荒漠草原	荒漠	荒漠
土体构型	A_h-B_t-C	A_h-B_k-C_k	A_h-B_k-C_k	A_h-B_w-B_k-C_{yz}	A_h-B_w-B_k-C_{yz}	A_{l1}-A_{l2}-B_w-C_{yz}	A_r-A_{l2}-B_w-C_{yz}
有机质含量（%）	5～8	5～7	1～4.5	0.6～1.5	0.9～2.5	<1	0.3～0.6
钙积层位	无钙积层	B 层或 C 层	B 层	不明显	不明显		
石膏、易溶盐	无	无	无	底部	底部	中部	中部
pH	6.5～7.0	7.0～8.4	7.5～8.5	8.5～9.0	8.4～9.0	8.4～10	7.5～9.0

注：B_k为碳酸钙淀积层；C_k为碳酸钙母质层；B_w为强风化淀积层；C_{yz}为石膏和盐分积聚母质层；A_{l1}为结壳表层 1；A_{l2}为结壳表层 2；A_r为砾石表层；其余字母意义同表 6-4。

（二）土壤垂直分布规律

土壤垂直分布规律是指土壤随着地形高度的升高（或降低）依次地、有规律地、相应于生物气候带的变化而变化的规律。

山地土壤垂直分布规律取决于山体所在的地理位置（基带）的生物气候特点。一般而言，气温与湿度（包括降水）随海拔的变异，在不同的地理纬度与经度的变幅特点是不一样的。在中纬度的半湿润地区，海拔每上升 100 m，气温下降 0.5～0.6 ℃，降水增加 20～30 mm。

山体的迎风面与背风面的气候也有差异，这些差异影响土壤垂直带谱的结构。特别是我国许多东西走向和东北向西南走向的山体往往是气候的分界线（如秦岭和燕山等）。由于山体两侧基带土壤类型不同，这种坡向性的垂直带结构差异更大。

（三）隐地带性土壤

由于成土母质、水文条件、土壤侵蚀等区域成土因素的影响，还有一些土壤与地带性土壤不同，称为隐地带性土壤，如紫色土、石灰岩土、黄绵土、风沙土、潮土和草甸土等。这些土壤虽然受区域成土因素影响而没有发育成地带性土壤，但仍然有着地带性的烙印，如潮土和草甸土都受地下水影响，在心土或底土具有具有潴育化过程形成的锈纹锈斑层，土壤剖面有些冲积层理，但因为它们的气候温度不同，腐殖质层有机质含量不一样，潮土因地处暖温带（黄淮海平原），其有机质含量低于地处温带（东北平原）的草甸土。

如果控制隐带性土壤的区域成土因素发生变化，经过一定时期，也会逐渐发育成地带性土壤。例如，潮土和草甸土的地下水位不断下降，它们将脱离地下水的影响，逐渐发育成褐土或黑土；紫色土和石灰岩土如果不再发生土壤侵蚀，会逐渐发育成红壤或黄壤。

二、中国土壤资源特点

（一）土壤类型众多，土壤资源丰富

由于水热条件的差异，我国植被分布具有明显地带性分布规律。从北部的寒温带针叶林、温带的针阔（落）叶混交林、暖温带的落叶阔叶林、北亚热带的常绿阔叶与落叶阔叶混交林、中亚热带的常绿阔叶林、南亚热带的季雨林，到最南端热带的季雨林与雨林；在广大的温带和暖温带地区由东到西，由湿润森林、半湿润森林草原、半干旱草原到西北部的干旱草原、荒漠。我国地势西高东低，自东向西逐渐上升，构成巨大的阶梯状斜面，从东部以平原丘陵为主的三级阶梯、中部以高原盆地山地为主的二级阶梯到西南部以青藏高原和高山为主的一级阶梯。上述错综复杂的自然环境和多样的水热组合，加上悠久的人为耕种历史，构成了不同的成土条件，产生了不同的成土过程，形成了复杂多样的土壤类型。因此我国土壤资源丰富，土壤类型多样。

（二）山地土壤资源所占比例大

我国属于多山国家，各种山地丘陵面积占土地总面积的 65%，平原仅占 35%，同俄罗斯、加拿大和美国等国家相比，山区土壤资源所占比例大，特别是海拔 3 000 m 以上的高山土壤占 20%左右，使得我国土壤资源开发利用难度加大，而且土壤利用不当易导致水土流失等土壤退化问题。但山区复杂多样的自然环境、丰富的生物资源和土壤资源，也为创建和发展山区农林牧业相互协调的多样性立体农业提供了有利条件。

（三）人均耕地面积小，宜农后备土壤资源不多

我国人均耕地面积约 0.1 hm^2，不足世界人均耕地的一半。我国耕地利用程度高，目前垦殖率已达 13.7%，超过世界平均数 3.5 个百分点（《中国环境状况公报》，2000）。我国由于人口众多，农业开发历史悠久，绝大部分平原、沿河阶地、盆地和山间盆地、平缓坡地等条件优越的土壤资源均早被开垦耕种，开垦条件较好的土壤资源已所剩无几，故依靠扩大耕地面积达到增产增收已近于极限。但是，我国一方面还具有丰富的宜林宜木土壤资源，具有进一步发展林业和牧业的潜力；另一方面现有耕地中还有相当大比例的中低产田，只要通过土壤改良和农业基础设施建设，进一步提高耕地农作物产量的潜力也是巨大的。

（四）土壤资源空间分布差异明显

由于自然环境空间分异显著，加上农业开垦强度及历史不一，土壤资源及其开发利用状况存在东部、中部和西部的巨大差别。东部季风区面积占全国土地总面积的 47.6%，却集中了全国约 90%的耕地、95%的农业人口，为我国主要的农、林区，畜牧业和多种经营也很发达。内蒙古新疆干旱区占有全国土地总面积的 29.8%，而只占全国 10%左右的耕地，4.5%的农业人口。由于干旱少雨，水资源缺乏，难以利用的沙漠戈壁面积大，风沙、盐碱危害普遍而严重。青藏高原占全国土地总面积的 22.6%，人口比例仅为 0.5%，但由于热量不足，无霜期短，目前大部分尚难以利用。

第三节　中国主要土壤类型

一、森林土壤系列

森林土壤是指在森林植被条件下发育的土壤，主要分布在我国东部广大地区，从东北到海南和台湾南部。我国森林土壤自南向北依次为砖红壤、赤红壤、红壤、黄壤、黄棕壤、黄褐土、棕壤、褐土、暗棕壤、棕色针叶林土、漂灰土和灰化土。

（一）砖红壤

砖红壤是在热带雨林或季雨林下，发生强度富铝化和生物富集过程，具有枯落物层、暗红棕色表层和砖红色铁铝残积 B 层的强酸性的铁铝土。

1. 分布与形成条件　砖红壤是中国最南端热带雨林或季雨林地区的地带性土壤。水平分布在北纬 22°以南热带北缘，包括海南岛、雷州半岛，以及广西、云南和台湾南部的部分地区。垂直分布，海南在 450 m 以下，云南南部在 800～1 000 m 以下。在海南、广东和广西，主要分布在古浅海沉积物阶地、玄武岩台地和砂页岩、花岗岩形成的缓坡丘陵。在云南南部，主要分布在海拔 800 m 以下山间谷地和盆地。年平均气温为 21～26 ℃，≥10 ℃积温为7 500～9 000 ℃，年降水量为 1 400～3 000 mm，属高温高湿、干湿季节明显的热带季风气候。成土母质多为数米至十几米的酸性富铝风化壳。母岩为花岗岩、玄武岩和浅海沉积物等。自然植被为热带雨林、季雨林，树冠茂密，常见老茎生花和板根现象，主要植物有黄枝木、荔枝、黄桐、木麻黄、桉树、台湾相思、橡胶、桃金娘、岗松等木本植物以及鹧鸪草、知风草等草本植物。

2. 形成特点　由于热带砖红壤区水热条件较红壤区高，故砖红壤进行着强度富铝化与高度生物富集的成土过程。

（1）强度脱硅富铝化过程　砖红壤中硅（SiO_2）的迁移量可高达80%以上，最低也在40%以上；钙、镁、钾和钠的迁移量最高可达90%以上，而铁（Fe_2O_3）的富集系数为1.9～5.6，铝（Al_2O_3）的富集系数为1.3～2.0；铁的游离度为64%～71%。

（2）生物富集过程　在热带雨林下的凋落物干物质每年可高达11.55 t/hm^2，比温带高1～2倍。在大量植物残体中灰分元素占17%，N占1.5%，P_2O_5占0.15%，K_2O占0.36%，以11.55t/hm^{2}计，则每年每公顷通过植物吸收的灰分元素达1 852.5 kg，N为162.8kg，P_2O_5为16.5kg，K_2O为38.3kg。而热带地区生物归还作用亦最强，其中N、P、Ca和Mg的归还率可大于240%。从而表现出生物复盐基、生物自肥、生物归还率等在热带最强的生物富集作用。

3. 基本性状

（1）剖面形态特征　砖红壤土体深厚，一般在2m以上，通体呈红色，在高湿环境条件下呈黄色或橙色，剖面层次分化明显，土体构型为A_h-B_s-B_{sv}-C（腐殖质层-铁铝氧化物淀积层-黏粒和氧化物淀积层-母质层），在良好森林植被覆盖下，地表还具有枯落物层（O层）。

（2）主要理化特性

①土中铁铝氧化物多：砖红壤黏粒的硅铝率为1.5～1.8，硅铁铝率最小（1.1～1.5），黏土矿物主要为高岭石，其余为三水铝石和赤铁矿。

②土壤质地黏重：除表层质地较轻且疏松外，淀积层（B层）质地尤为黏重，多为壤质黏土。

③酸性强交换性盐基低：呈强酸性，在高度风化强烈淋溶条件下，土壤盐基大量淋失，交换性盐基只有0.34～2.6 cmol/kg；土壤有效阳离子交换量低，淀积层黏粒的有效阳离子交换量仅为10.36 cmol（+）/kg左右，盐基饱和度多在20%以下；交换性酸总量为2.5cmol（+）/kg（土）左右，交换性酸以活性铝为主，交换性铝占交换性酸的90%以上，土壤呈强酸性，pH4.5～5.4。

④养分含量不高：由于物质矿化和淋溶作用强，因而养分不平衡，含量不高。

4. 利用与改良　砖红壤是我国重要土壤资源，是我国热带作物和热带林木的重要生产基地，特别是橡胶的重要基地，也可种植咖啡、香茅、香蕉、菠萝、剑麻、油棕和可可等热带经济作物。农作物一年三熟，水稻一年二至三熟，甘薯全年可种。在开发利用上应注意以下几个主要问题。

（1）全面规划，合理开发　为了充分发挥自然条件的优势，本着因地制宜、统筹安排、科学规划、综合开发的原则，在丘陵和低山上部种植林果，低平地为热带作物用地，水利条件较好的地段扩大耕地面积。将单一经营橡胶调整为以橡胶为主的热带作物和粮食作物的合理布局，农林牧全面发展，建立多层次的立体农业，改善生态环境，建立各类名优特商品基地。

（2）防止水土流失，增强抗旱保水能力　在地形部位较高、坡度较大的地段，保护好现有植被。同时，推广等高开垦，修筑梯田，搞好水土保持工程。因地制宜修建农田水利设施，扩大灌溉面积，增强土壤保水抗旱能力。

（3）科学施肥，提高土壤肥力　砖红壤开垦后，有机质含量迅速降低，应采取种绿肥、施有机肥等措施，保持土壤有机质的平衡。针对砖红壤酸性强、养分含量低、缺磷严重的特点，应重视施用肥料，适当施用石灰改良土壤。

(二) 赤红壤

赤红壤曾称砖红壤性红壤，是在南亚热带高温高湿条件下，土壤富铁铝化作用介于砖红壤与红壤之间的酸性至强酸性红色土壤；为南亚热带的代表性土类，具有由红壤向砖红壤过渡的特征。

1. 分布与形成条件　赤红壤主要分布于北纬 22°～25°之间的狭长地带，其分布的范围与南亚热带的界线基本吻合。主要分布在广东西部和东南部、广西西南部、福建和台湾南部等地。此外，在海南、台湾山地垂直带谱也有赤红壤分布。

生物气候特点介于红壤与砖红壤之间，年平均气温为 19～23℃，≥10℃积温为6 500～7 500℃，年降水量为 1 500～2 000 mm。原生植被为南亚热带季雨林，植被组成既有热带雨林成分，又有较多的亚热带植物种属。地形多为低山丘陵。母岩以花岗岩为主，还有砂岩、页岩和石灰岩等。

2. 形成特点　赤红壤成土过程的特点是：脱硅富铝化作用较砖红壤弱而比红壤强；生物物质循环中的生物积累量和分解速率均介于砖红壤与红壤之间。

(1) 脱硅富铝化作用较强　土体中大量元素被淋失，碱金属和碱土金属含量极少，钙和钠只有痕迹，镁和钾也不多。黏粒硅/铝率为 1.7～2.0，硅/铁铝率为 1.4～1.8。

(2) 生物物质循环活跃　南亚热带阔叶林下次生阔叶林及针叶林下，每年凋落物可达 8.25～10.5 t/hm^2，每年可归还土壤的灰分元素 450～570 kg/hm^2，原始季雨林可达 920 kg/hm^2。可见生物积累对赤红壤的形成及肥力演变起明显的促进作用。

3. 基本性状

(1) 剖面形态特征　剖面层次分异明显，具有腐殖质表层（A_h）、铁铝氧化物及黏粒的淀积层（B_{ts}）和母质层（C），土体构型为 A_h-B_{ts}-C 或 A_h-B_s-C。

(2) 基本理化性状

①黏粒矿物的组成比较简单：主要是高岭石，且多数结晶良好，伴生黏土矿物有针铁矿和少量水云母，极少三水铝石。

②交换性铝占优势，土壤呈酸性：据统计，赤红壤交换性铝占交换性酸的 60%～95%，平均 92.3%。土壤呈酸性反应，pH 多为 5.0～5.5。

③阳离子交换量较低，有机质含量低，矿质养分缺乏。

4. 利用与改良　赤红壤地区具有较优越的生物气候条件，具有发展热带经济作物的优势，生产潜力极大。在开发利用上，应从全局出发，实行区域种植，重点发展热带、亚热带水果。

在陡坡地段，应以发展林木为主，在有条件地区可大力发展优质高产的用材林和经济林。

在水土流失地区，应封山育林种草，迅速恢复自然植被，增加地表覆盖，防止水土流失，并经过生物措施培肥土壤，为进一步开发利用创造良好土壤环境。

在土壤改良上重点解决干旱和瘦瘠两大问题。通过增施有机肥料和种植绿肥等措施，增加土壤有机质含量；合理施用矿质肥料，提高土壤肥力。通过适量施用石灰等碱性土壤改良剂，改良土壤酸度。通过农田基本建设，完善灌溉设施，降低干旱对农业生产的威胁。

（三）红壤

红壤是在中亚热带湿热气候常绿阔叶林植被条件下，发生脱硅富铝过程和生物富集作用发育而成的红色、铁铝聚集、酸性、盐基高度不饱和的铁铝土。

1. 分布与形成条件　红壤是中国铁铝土纲中位居最北、分布面积最广的土类。红壤多在北纬24°～32°之间的广大低山丘陵地区，包括江西、湖南、福建和浙江的大部分，广东、广西和云南等的北部，以及江苏、安徽、湖北、贵州、四川、西藏等的南部，涉及13个省、自治区，其中江西和湖南两省分布最广。

年平均气温为16～20℃，≥10℃积温为5 000～6 500℃，无霜期为225～350d，年降水量为1 000～2 000mm，干燥度<1.0，属于湿热的海洋季风型中亚热带气候区。其代表性植被为常绿阔叶林，主要由壳斗科、樟科、茶科、冬青、山矾科和木兰科等构成，此外尚有竹类、藤本、蕨类植物。一般低山浅丘多稀树灌丛及禾本科草类，少量为马尾松、杉木和云南松组成的次生林。云南、江西和贵州东南部有成片人工油茶林分布。成土母质主要有第四纪红色黏土、第三纪红砂岩、花岗岩、千枚岩、石灰岩和玄武岩等风化物，且较深厚。

2. 形成特点　红壤是在富铁铝化和生物富集过程相互作用下形成的。

（1）脱硅富铁铝化过程　在中亚热带生物气候条件下，土壤发生脱硅富铁铝化过程。红壤的脱硅富铁铝化的特点是：硅和盐基遭到淋失，黏粒与次生黏土矿物不断形成，铁氧化物和铝氧化物明显积聚。据湖南省零陵地区的调查，红壤风化过程中硅的迁移量达20%～80%，钙的迁移量达77%～99%，镁的迁移量达50%～80%，钠的迁移量达40%～80%，铁、铝则有数倍的相对富集。

（2）生物富集过程　在中亚热带常绿阔叶林的作用下，红壤中物质的生物循环过程十分强烈，生物和土壤之间物质和能量的转化和交换极其快速，表现特点是在土壤中形成了大量的凋落物和加速了养分循环的周转。在中亚热带高温多雨条件下，常绿阔叶林每年有大量有机质归还土壤，每年常绿阔叶林的生物量约40 t/hm^2，温带阔叶林的生物量为8～10 t/hm^2。同时，土壤中的微生物也以极快的速度矿化分解凋落物，使各种元素进入土壤，从而大大加速了生物和土壤的养分循环并维持较高水平而表现强烈的生物富集作用。

3. 基本性状

（1）剖面形态特征　红壤的典型土体构型为：A_h-B_s-C_{sq}或A_h-B_s-B_{sv}-C_{sv}。红壤剖面以均匀的红色为其主要特征。

（2）基本理化性状

①黏粒的组成：SiO_2/Al_2O_3为2.0～2.4，黏土矿物以高岭石为主，一般可占黏粒总量的80%～85%，赤铁矿占黏粒总量的5%～10%，还含有少量蛭石、水云母，少见三水铝石。阳离子交换量不高，为15～25 cmol（+）/kg。

②质地较黏重：红壤黏粒的含量高达30%以上，以壤质黏土为主。质地也与成土母质有关，石灰岩发育的红壤黏粒占46%～85%，第四纪红色黏土上发育的红壤黏粒占43%～52%，玄武岩发育的红壤黏粒占60%以上，其他母质发育的红壤的质地黏重程度依次为：板岩与页岩>凝灰岩>花岗岩>砂岩与石英砂岩。

③酸碱性和交换性：呈酸性至强酸性反应，心土的pH为4.2～5.9，底土的pH为4.0。红壤交换性铝可达2～6 cmol/kg，占潜在酸的80%～95%或以上。由于大量盐基淋失，盐基饱和度很低，以有效阳离子交换量计算的盐基饱和度低于25%。

④养分含量低：红壤有机质含量通常在20g/kg以下，磷素含量低，土壤严重缺磷，缺钾现象普遍。

4. 利用与改良 红壤地区水热条件优越，植物资源丰富，为发展亚热带作物及农林牧业提供了有利的资源基础。红壤主要的利用改良方向如下。

(1) 全面规划，综合利用 在开发利用红壤资源时，要全面规划，走“农林牧相结合，山水田综合治理”的道路，实现持续增产。

(2) 防治水土流失 发挥森林在生态平衡中的主导作用，大力发展林业。修筑梯田，实行等高种植。对于水土流失严重地区，采取生物（造林、育草）和工程相结合的防治措施。

(3) 增施有机肥 通过施用有机肥，促使土壤有机质的积累，改良土壤物理、化学和生物学性质，提高土壤肥力。

(4) 改良土壤酸性 通过适量施用石灰等碱性土壤改良剂，降低土壤酸度，增强土壤微生物活性，促进土壤有机物的分解和转化，增加土壤有效养分。

(四) 黄壤

黄壤是中亚热带暖热阴湿常绿阔叶林和常绿落叶阔叶混交林下，氧化铁高度水化的土壤，黄化过程明显，富铝化过程较弱，具有枯落物层、暗色腐殖层和鲜黄色富铁铝淀积（B层）的湿暖铁铝土。

1. 分布与形成条件 黄壤广泛分布于我国北纬30°附近的亚热带，热带山地、丘陵和高原也有分布，以贵州省最多，四川省次之，云南、湖南、西藏、湖北、江西、广东、海南、广西、福建、浙江、安徽等省、自治区也有分布。

黄壤的分布大体与红壤在同一纬度带，此区年平均气温为14～16℃，≥10℃积温为4 000～5 000℃，年降水量为2 000mm左右，年降水日数长达180～300d，日照少（每年仅1 000～1 400h），云雾大，相对湿度为70%～80%，属暖热阴湿季风气候，夏无酷暑，冬无严寒。成土母质为酸性结晶岩、砂岩等风化物及部分第四纪红色黏土。植被主要为亚热带湿润常绿阔叶林与湿润常绿落叶阔叶混交林。在生境湿润之处，林内苔藓类与水竹类生长繁茂。主要树种有小叶青冈、小叶栲等各种栲类、樟科、茶科、冬青、山矾科和木兰科等构成，此外尚有竹类、藤本和蕨类植物。此区大面积均为次生植被，一般为马尾松、杉木、栓皮栎和麻栎等。

2. 形成过程 在潮湿暖热的亚热带常绿阔叶林下，黄壤除普遍具有亚热带、热带土壤所共有的脱硅富铝化过程外，还具有较强的生物富集过程和特有的黄化过程。

(1) 黄壤的黄化过程 这是黄壤独具的特殊成土过程。即由于成土环境相对湿度大，土壤经常保持潮湿，致使土壤中的氧化铁高度水化形成一定量的针铁矿，并常与有机质结合。导致剖面呈黄色或蜡黄色，其中尤以剖面中部的淀积层明显。这种由于土壤中氧化铁高度水化形成水化氧化铁的化合物致使土壤呈黄色的过程为黄壤的黄化过程。

(2) 脱硅富铝化过程 黄壤在潮湿暖热条件下进行黄化过程的同时，因具有较好的土壤水分条件，淋溶作用较强，淋溶较红壤差而具弱度脱硅富铝化过程。

(3) 生物富集过程 在潮湿温热的水热条件下，林木生长量大，有机质积累较多，一般在林下有机质层厚度可达20～30cm，有机质含量一般为50～100g/kg，高者可达100～200g/kg，因螯合淋溶作用强，甚至在5m处有机质含量仍可达10g/kg左右。但在植被破坏或耕垦后，有机质含量则急剧下降至10～30g/kg。又因土壤滞水而通气不良，有机质矿化程度较红壤差，故腐殖质积累比红壤强。

3. 基本性状

（1）剖面形态特征　黄壤的土体构型为：A_h-B_s-C或O-A_h-AB_s-B_s-C型。基本发生层仍为腐殖质层和铁铝聚积层，其中最具标志性的特征乃是其铁铝聚积层，因黄化过程而呈现鲜艳黄色或蜡黄色。

（2）基本理化性状

①因富铝化过程较弱，黏粒硅铝率为2.0～2.5，硅铁铝率2.0左右；黏土矿物以蛭石为主，高岭石、伊利石次之，亦有少量三水铝石出现。

②因黄化和弱富铝化过程使土体呈黄色而独具鲜黄铁铝淀积层。

③酸碱性和交换性：由于中度风化和强度淋溶，黄壤呈酸性至强酸性反应，pH4.5～5.5。交换性酸为5～10cmol（+）/kg（土），最高达17cmol（+）/kg（土）；交换性酸以活性铝为主，交换性铝占交换性酸的88%～99%。土壤交换性盐基含量低，淀积层盐基饱和度小于35%。

④有机质含量高：因湿度大，黄壤表层有机质含量可达50～200g/kg，较红壤高1～2倍，且螯合淋溶较强，表层以下淀积层有机质含量也达10g/kg左右。腐殖质组成以富里酸为主，HA/FA为0.3～0.5。开垦耕种后表层有机质可急剧下降至20～30g/kg，而盐基饱和度和酸碱度均相应提高。

⑤黄壤质地一般较黏重：多黏土、黏壤土，加上有机质含量高，阳离子交换量可达20～40cmol（+）/kg。

4. 利用与改良　黄壤是我国南方的主要林木基地，也是西南旱粮、油菜和拷烟的生产基地。黄壤的开发利用应本着因地制宜，全面规划，综合利用的原则。对陡坡地（包括陡坡耕地），应以发展林业为主，保持水土，建立良好的生态系统，种植杉、松、栎、竹，建立林木基地。在地势高、湿度大、云雾多的地段可发展优质云雾茶，在山顶应以水土保持林涵养水源为主。山地中部缓坡开阔向阳地段，应农林牧相结合，发展油桐、油茶、漆树、山苍子、茶叶和杜仲、山楂、黄柏等，林下可发展天麻、五加、柴胡、白术、厚朴、田七和当归等，建立经济林和药材基地，也可林粮间作和种草养畜，发展畜牧业。山地下部和丘陵平缓地区，应以农业为主，加强农田基本建设，修筑梯田，发展绿肥，合理轮作和施肥，提高土壤肥力，建设旱粮、油菜和烤烟基地。在有水源的地方，大力发展水利灌溉，变旱地为水田，提高土壤的生产能力。

对于酸性强，矿质养分缺乏的黄壤，应通过施用石灰、增施有机肥或种植绿肥等措施改良。对土体薄的黄壤，应客土增厚土层。

（五）黄棕壤

黄棕壤是北亚热带湿润气候、常绿阔叶与落叶阔叶林下的淋溶土壤，具有暗色但有机质含量不高的腐殖质表层和亮棕色黏化B层，通体无石灰反应，pH为微酸性，土壤剖面构型为O-A_h-B_{ts}-C的淋溶土壤。

1. 分布与形成条件　黄棕壤主要分布于江苏和安徽的长江两侧以及浙江北部地区。气候条件属北亚热带湿润气候，年平均温度为15～16℃，年降水量为1 000～1 500mm。地貌类型主要是丘陵、阶地等排水条件较好的部位。母质为花岗岩、片麻岩和玄武岩等风化物的残积物和坡积物，以及第四纪晚更新世的下蜀黄土。自然植被为常绿阔叶或落叶阔叶林，主要成分有槭属、枫杨属及栎属等阔叶树种，也有南方树种的水青冈、女贞和石楠等。并广泛栽培有杉木、水杉、毛竹、油茶和油桐等人工林。农业利用以旱作与水稻为主，是中国重要的粮食、茶叶与蚕桑的生产基地。

2. 形成过程

（1）腐殖质积累过程　黄棕壤是在北亚热带生物气候条件下，在温度较高，雨量较多的常绿阔叶和落叶阔叶混交林或针阔叶混交林下形成的土壤。生物循环比较强烈，自然植被下形成的枯落物，在地面经微生物分解，可积聚成薄而不连续的残落物质，其下即为亮棕色土层，厚度因植被类型而异，一般针叶林下土壤的腐殖质层最薄，阔叶林下居中，而灌丛草类下最厚，腐殖质类型以富里酸为主。

（2）黏化过程　由于具有较高的温度和雨量，为母质风化提供了有利条件，原生矿物变成黏土矿物的过程较快，处于脱钾和脱硅阶段，黏粒含量高，常形成黏重的心土层，甚至形成黏盘。土壤结构体面上可见明显的黏粒淀积胶膜，微形态更见孔隙壁有大量黏粒胶膜和大量铁质淀积胶膜，这说明黄棕壤以淋淀黏化过程为主。

（3）弱富铝化过程　弱富铝化接近于铁红化阶段，含钾矿物的快速风化，SiO_2也开始部分淋溶，并形成2∶1或2∶1∶1或1∶1型的黏土矿物。铁明显释放，形成相当数量的针铁矿或赤铁矿为主的游离氧化铁，在风化淀积层的游离氧化铁含量在2%或以上，游离度在40%或以上。因为铁的水化度较高，故呈棕色。土体中的铁、锰形成胶膜或结核，聚集在结构体面上。接近地表的结核较软，易碎；而下层的结核较坚硬。

3. 基本性状

（1）剖面形态特征　黄棕壤的剖面构型为$O-A_h-B_{ts}-C$或A_h-B_t-C。

（2）基本理化性状

①质地：一般为壤土至粉砂黏壤土，但黏化层淀积层多为壤质黏土至粉砂质黏土，Bt层/A层黏化率（黏粒/粉砂）大多高于1.2，下蜀黄土上发育的黄棕壤比花岗岩上发育的质地较重；块状结构。黏粒的阳离子交换量一般为30～50 cmol（+）/kg。

②黏粒组成：黏粒指示矿物为水云母、蛭石和高岭石等，充分反映了这种风化的过渡特征。黏粒硅铝率一般为2.4～3.0。

③酸碱性和交换性：土体中不含游离碳酸盐，pH5.0～6.7，盐基饱和度30%～75%，交换性盐基以钙、镁为主，含有1～13 cmol（+）/kg的交换性氢、铝，一般铁的游离度≥40%。

④养分特性：表层腐殖质有一定的积聚，林草植被好的，有机质含量就高，反之则低。有机质含量一般为20～50 g/kg，松林、灌丛及旱地仅为15～20 g/kg。腐殖质层（A层）以下，有机质含量普遍不足15 g/kg，全氮一般不足0.7 g/kg。土壤全磷含量多为0.2～0.4 g/kg，全钾含量多在10 g/kg左右，速效磷的含量不足5 mg/kg，速效钾的含量多为50～100 mg/kg。微量元素含量水平则因母质的不同而有一定差异。

4. 利用与改良　黄棕壤地区的水热条件优越，自然肥力较高，很适宜于植物生长，是重要的农作区，盛产多种粮食和经济作物，也很适宜多种林木的生长。所以在黄棕壤地带，山地是林木的生产基地，适宜麻栎、小叶栎、白栎及湿地松、火炬松、短叶松等针阔叶林生长。在土地较厚地势较平缓的丘陵地区，可在注意保持水土的基础上，发展茶、果、竹和中药材。地势平缓地区，可作为农业生产基地，适宜水稻、小麦、棉花和油料作物的生长，一年两熟，属我国古老的农业区。

黄棕壤质地黏重，耕性和通透性差，以致在雨季山地容易发生水土流失，而平地又容易出现水分过多的现象。在干季土壤产生大的裂缝，对作物生长不利。因此，应多施有机肥料，以改善土壤的物理性质及增加土壤通气、透水性能。另外，注意水土保持，兴修水利，发展灌溉，改善农业生产条件。

（六）棕壤

棕壤是在暖温带湿润半湿润大陆季风气候、落叶阔叶林下，发生较强的淋溶作用和黏化作用，土壤剖面通体无石灰反应，呈微酸性反应，具有明显的黏化特征的淋溶性土壤。

1. 分布与形成条件　棕壤集中分布在暖温带湿润地区的辽东半岛和山东半岛的低山丘陵，向南延伸到江苏北部的丘陵。此外，在华北平原、黄土高原、内蒙古高原、淮阳山地、四川盆地、云贵高原和青藏高原等地的山地垂直垂直带谱中也有广泛分布。

棕壤分布区具有暖温带湿润半湿润季风气候特征，一年中夏秋多雨，冬春干旱，水热同步，干湿分明，从而为棕壤的形成创造了有利的气候条件。但由于受东南季风、海陆位置及地形影响，东西之间地域性差异极为明显。年平均气温为5～15℃，≥10℃积温为2 700～4 500℃，无霜期为120～220d；年降水量为500～1 200mm，降水量主要集中于夏季，干燥度为0.5～1.4。棕壤所处地形多属山地、丘陵。

棕壤的成土母质多为非石灰性的坡面残积物和土状堆积物。非石灰性残积物以岩浆岩为主，变质岩次之，而沉积岩较少。非石灰性土状堆积物包括黄土和洪积物等。非石灰性洪积物主要分布于山麓缓坡地段、洪积扇、山前倾斜平原和沟谷高阶地上。非石灰性土状堆积物主要分布于辽东山地丘陵的高阶地和低丘上。

棕壤分布区的暖温带原生落叶阔叶林植被残存无几，目前为天然次生林。

2. 形成特点

（1）淋溶与黏化　在湿润气候下，成土过程中所产生碱金属和碱土金属等易溶性盐类均被淋溶，棕壤土体中已无游离碳酸盐存在。土壤胶体表面部分为氢铝离子吸附，因而产生交换性酸，土壤呈微酸性至酸性反应。但在耕种或自然复盐基的影响下，土壤反应接近中性，盐基饱和。原生矿物风化所形成的次生硅铝酸盐黏粒，随土壤渗漏水下移并在心土层淀积形成黏化层，其黏粒（$<$0.002mm）含量与表层之比大于1.2。棕壤的黏化层是残积黏化与淀积黏化共同作用的结果。

在黏粒形成和黏粒悬移过程中，铁锰氧化物也发生淋移。全量铁锰、游离铁锰和活性铁锰自表层向下层略有增加的趋势，表明铁锰氧化物有微弱向下移动的特征。因此，棕壤的心土呈鲜艳的棕色。所以，棕壤的成土过程也可称为棕壤化过程。

（2）生物积累作用　棕壤在湿润气候条件和森林植被下，生物富集作用较强，积累大量腐殖质，土壤有机质含量一般为50g/kg左右。但耕垦后的棕壤，生物富集明显减弱，表土有机质含量锐减到10～20g/kg。棕壤虽然因淋溶作用而使矿质营养元素淋失较多，但由于阔叶林的存在，枯落物分解后向土壤归还的CaO和MgO等盐基较多，可以不断补充淋失的盐基，并中和部分有机酸，因而使土壤呈中性和微酸性，所以无灰化特征。土壤上部土层中进行灰分元素的积聚过程，使棕壤在其形成过程中，保持了较高的自然肥力；在木本植物及湿润气候条件下，形成的腐殖质以富里酸为主，HA/FA为0.47～0.82；开垦耕种后胡敏酸的量有所增加。

3. 基本性状

（1）剖面形态特征 棕壤的剖面基本层次构型是O-A-B_t-C。

（2）基本理化性状

①土壤质地：因母质类型不同而质地变化较大，发育于片岩和花岗岩等岩石风化残积物上的棕壤质地较粗，表土层多为砂壤土或壤质砂土，剖面中部多为壤土。而由洪积物或黄土状母质发育的棕壤，质地较细，表层为粉质壤土，剖面中部为黏壤土或更黏。但总的来说，在发育良好的棕壤中，由于黏化作用而使淀积层质地较黏。

②黏土矿物：黏土矿物处于硅铝化脱钾阶段，以水云母和蛭石为主，还有一定量的绿泥石、蒙脱石和高岭石。

③保水透水性：发育良好的棕壤，特别是发育于黄土状母质上的棕壤，质地细，凋萎系数高，达10%左右；田间持水量亦高，达25%～30%，故保水性能好，抗旱能力强。棕壤的透水性较差，尤其是经长期耕作后形成较紧的犁底层，透水性更差。在坡地上由于降水来不及全部渗入土壤而产生地表径流，引起水土流失，严重时，表土层全部被侵蚀掉，黏重心土层出露地表，肥力下降。在平坦地形上，如降水过多，表层土壤水分饱和，会发生渍、涝现象，作物易倒伏，生长不良。

④交换性和酸碱性：土壤阳离子交换量为15～30 cmol/kg，交换性盐基以Ca^{2+}为主，其次为Mg^{2+}，而K^+、Na^+甚少；盐基饱和度多在70%以上。土壤呈中性至微酸性反应，pH为5.5～7.0，无石灰反应。

4. 利用与改良 棕壤区具有良好的生态条件，生物资源丰富，土壤自然肥力较高。自古以来，棕壤地区为我国发展农业、林业、柞蚕和药材的重要生产基地。

由于不合理的农业利用，水土流失加剧，土壤肥力下降。改良利用重点包括：①加强水土保持措施，实现坡耕地梯田化，兴修水利工程，造林，护坡，截流，防治水土流失；②因地制宜综合治理与改造中低产土壤，广开肥源，培肥地力，合理施用化肥，全面推广优化配方施肥技术；③陡坡地退耕还林还草，良田应防止“弃耕种果”的不合理现象，挖掘水源扩大水浇地面积，发展节水灌溉。

（七）褐土

褐土是在暖温带半湿润季风气候、干旱森林与灌木草原植被下，经过黏化过程和钙积过程发育而成的具有黏化淀积层、剖面中某部位有$CaCO_3$积聚（假菌丝）的中性或微酸性的半淋溶性土壤。

1. 分布与形成条件 我国褐土总面积约为2 515.85 hm^2，主要分布于北纬34°～40°，东经103°～122°之间，北起燕山、太行山山前地带，东抵泰山、沂蒙山山地的西北部和西南部的山前低丘，西至晋东南和陕西关中盆地，南抵秦岭北麓及黄河一线。年平均气温为10～14℃，年降水量为500～800 mm，年蒸发量为1 500～2 000 mm，属于暖温带半湿润的大陆季风性气候。

一般分布在海拔500 m以下，地下潜水水位在3 m以下，母岩各种各样，有各种岩石的风化物，但以黄土状物质和石灰性成土母质为主。

自然植被是以辽东栎、洋槐、榆树和柏树等为代表的干旱森林和酸枣、荆条、菅草为代表的灌木草原。目前是中国北方的小麦、玉米、棉花和苹果的主要产区，一般两年三熟或一年两熟。

2. 形成过程

（1）干旱的残落物腐殖质积累过程　干旱森林与灌木草原的残落物在其腐解与腐殖质积聚过程中有两个突出特点：①残落物均以干燥的落叶疏松地覆于地表，以机械摩擦破碎和好气分解为主，所以积累的腐殖质少，腐殖质类型主要为胡敏酸；②残落物中 CaO 含量丰富，如残落物中的 CaO 含量一般可高达 2%～5%，保证了土壤风化淋溶的钙的部分补偿。

（2）碳酸钙的淋溶与淀积　在半干润条件下，原生矿物的风化首先是大量脱钙阶段，这个风化阶段的元素迁移特点是 CaO 和 MgO 大于 SiO_2 和 R_2O_3 的迁移。但由于半湿润半干旱季风气候的特点，一方面是降水量小，另一方面是干旱季节较长，土体中带有 $Ca(HCO_3)_2$ 水流的 CO_2 分压势到一定深度即减弱而导致 $CaCO_3$ 的沉淀。这种淀积深度，也就是其淋溶深度，一般与其降水量呈正相关。

（3）黏化作用　褐土的形成过程中，由于所处温暖季节较长，气温较高，土体又处于碳酸盐淋移状态，在水热条件适宜的相对湿润季节，土体风化强烈，原生矿物不断蚀变，就地风化形成黏粒，致使剖面中部和下部土层里的黏粒（<0.002 mm）含量明显增多。在频繁干湿交替作用下，发生干缩与湿胀，有利于黏粒悬浮液向下迁移，并在裂隙与孔隙面上淀积。因此，出现残积黏化与悬移黏化两种黏化特征。

3. 基本性状

（1）剖面形态特征　典型的褐土的剖面构型为 A - B_t - C。

（2）基本理化性状

①颗粒组成及特性：褐土的土壤颗粒组成，除粗骨性母质外，一般均以壤质土居多。在这种质地剖面中，主要特征是在一定深度内具有明显的黏粒积聚，即黏化层，其黏粒（<0.002 mm）含量大于 25%，黏化特征层的黏化值（B/A）大于 1.2。由于黏粒的积聚，碳酸钙含量也高，土壤由中性到微碱性，盐基饱和度多在 80%以上，钙离子饱和。黏粒的交换量一般为 40～50 cmol（+）/kg。

②黏粒组成：褐土在暖温带季风气候条件下，虽然有一定量的黏土矿物的形成与悬移，但矿物的类型及元素的风化迁移变化不大，且各亚类间的矿物风化程度差异也不大。由于矿物风化处于初级阶段，其黏土矿物以云母层钾离子释放而形成的蛭石为主，蒙脱石次之，少量的高岭石。

③元素的迁移特性：褐土处于季节性湿热气候条件下，黏土矿物中铁质元素季节性水解、氧化和迁移均比较明显，而且在淀积层（B_t）往往有微量积聚。这一方面可以说明褐土的矿物风化迁移的高价元素中仅有铁的移动，而二氧化硅与三氧化二铝均无迁移；另一方面也可视为褐土中褐色黏土矿物的物质基础。

④物理性状与水分特性：土壤物理性状及水分特性与土壤质地关系较大，一般表层容重为 1.3 g/cm^3左右，底层为 1.4～1.6 g/cm^3，砂性质地则稍大，黏性质地则稍小。褐土剖面中一般无特殊的障碍性层次，个别的石灰性褐土有石灰淀积层，一般不影响水分物理特性。

⑤养分特性：一般耕种的褐土，0～20 cm 的有机质含量为 1%～2%，非耕种的自然土壤可达 3%以上。褐土的含氮量为 0.4～1 g/kg，碱解氮含量为 40～60 mg/kg，供氮能力属中等水平；有效磷含量低；有效钾含量一般均在 100 mg/kg 以上，所以钾比较丰富。至于微量元素，则与土壤的 pH 和母质关系较大。

⑥盐基饱和度和酸碱性：一般全剖面的盐基饱和度大于80%，pH为7.0～8.2左右。

4. 利用与改良 褐土区属于暖温带半湿润气候区，光热资源丰富，适宜发展农业、林业和果业。由于蒸发量大于降雨量，且降雨年季分布不均，易受干旱威胁，应发展雨养农业，不能完全依靠灌水。雨养农业的管理措施主要包括下述几个方面。

（1）保墒耕作 将农民的经验与现代旱作农业的土壤少耕理论和措施相结合，采用镇压与耙地是保墒的主要措施。

（2）地面覆盖 包括塑料薄膜覆盖与果园地面的干草覆盖等，对减少田面蒸发和早期提高地温等均具有明显效果。

（3）节水灌溉 例如，果树的滴灌、大田作物的地下灌溉与喷灌等，既节约用水，又防止因灌溉冲刷而引起的土壤结构破坏。

(八) 暗棕壤

暗棕壤是在温带湿润季风气候和针叶与阔叶混交林植被条件下发育形成的，剖面构型为O - A_h- AB - B_t- C型，表层腐殖质积聚，全剖面呈中性至微酸性反应，盐基饱和度为60%～80%，剖面中部黏粒和铁锰含量均高于其上下两层的淋溶型土壤。

1. 分布与形成条件 暗棕壤分布于我国东北广大的天然针阔叶混交林区，包括小兴安岭、完达山系和长白山系，在大兴安岭东坡亦有零星分布。此外，在秦岭、神农架、四川西北部和云南北部的高山地区以及青藏高原东南部的深切河谷的山地垂直带谱上也有分布。主要分布于黑龙江、吉林和内蒙古3个省、自治区，在四川、西藏、云南、甘肃和陕西境内也有分布。

暗棕壤地区属于温带湿润季风气候类型，年平均气温为－1～5℃，一年中最热的7月份月平均气温为15～20℃，≥10℃积温为2 000～3 000℃；无霜期为115～135d；季节冻层深度为1.0～2.5m，最深可达3m，冻结时间为120～200d。年降水量为600～1 100mm，干燥度小于1.0。总的说来，暗棕壤地区的气候特点是一年中有一个水热同步的夏季和漫长严寒的冬季以及短暂的春秋两季。

暗棕壤地区的原生植被为以红松为主的针叶与阔叶混交林，林下灌木和草本植物生长繁茂。

暗棕壤所处的地形多为中山、低山和丘陵。海拔高度一般为500～1 000m，高度在1 000m以上的山峰不多。最高峰白头山海拔高度为2 744m，在此高度已经是山地草甸土。

暗棕壤的母质为各种岩石的残积物、坡积物、洪积物及黄土。其中，花岗岩分布的范围最广，另有变质岩和新生代玄武岩覆盖，在小兴安岭北部有第三纪陆相沉积物黄土的分布。

2. 形成过程 暗棕壤的成土过程，主要表现为弱酸性腐殖质累积和轻度的淋溶与黏化过程。

（1）腐殖质积累 在暗棕壤地区自然植被为针叶与阔叶混交林，林下有比较繁茂的草本植被。因雨季同生长季节一致，生物累积过程十分活跃，每年都有大量的凋落物残留于地表。据观测，每年每公顷有4～5t残落物归还土壤。加之该地区气候冷凉潮湿，土壤表层积累了大量的有机质，其有机质含量可高达100～200g/kg。由于阔叶树的加入和影响，森林归还物中灰分含量较棕色针叶林土高，灰分中钙、镁等盐基离子较多，约占灰分总量80%。这些盐基离子的存在，足以中和有机质分解过程中释放的有机酸。因此，暗棕壤腐殖质层的盐基饱和度较高，土壤不至于产生强烈的酸性淋溶过程。

（2）盐基与黏粒淋溶过程 暗棕壤地区的年降水量一般为600～1 100mm，而且70%～80%的降水集中在夏季（7～8月），使暗棕壤的盐基、黏粒的淋溶淀积过程得以发生。

森林土壤的枯落物层在雨季的保水能力很强，能够抑制土壤水分的蒸发，会使雨季土壤上部土层水分达到饱和状态，从而造成还原条件，使土壤中的铁还原，还原性铁向下运动到土体的中下部以胶膜的形式包被在土壤结构体的表面，使土壤染成棕色。

（3）假灰化过程 土壤溶液中来源于有机残落物和岩石矿物化学风化产生的硅酸，由于冻结作用成为SiO_2粉末析出，以无定型SiO_2粉末的形式附着在土壤结构体的表面，因此称为假灰化现象。它不同于灰化过程，灰化过程中有铁、铝的络合移动与淀积。

3. 基本性状

（1）剖面形态特征 暗棕壤剖面的土体构型是：$O-A_h-AB-B_t-C$。

（2）基本理化性状

①拥有较高的有机质含量：暗棕壤表层有机质含量为50～100 g/kg，有的甚至可高达200 g/kg，向下锐减。

②交换性和酸碱性：表层土壤（腐殖质层）阳离子交换量为25～35 cmol（+）/kg，盐基饱和度为60%～80%，随剖面深度的增加而降低。与盐基饱和度有关的pH亦有大致相同的变化规律，表层pH为6.0，下层pH只有5.0左右。

③元素的迁移特性及黏粒组成：土体中铁、黏粒有明显的淋溶淀积，而铝的移动不明显。A_h层的SiO_2/R_2O_3多在2.2以上，SiO_2/Al_2O_3则在3.0以上；B_t层SiO_2/R_2O_3多在2.02，SiO_2/Al_2O_3则为2.82；底土层硅铁铝率和硅铝率则又有所增大。黏土矿物以水化云母为主，并含有一定量的蛭石、高岭石。

④水分特性：土壤水分状况终年处于湿润状态，季节变化不明显。土壤表层含水量较高，向下剧烈降低，相差可达数倍。由于湿度较高，土壤温度低，土壤冻结期较长，冻层厚度较大，因此，造成的土壤上层滞水现象比较严重。

⑤质地：质地大多为壤质，从表层向下石砾含量逐渐增多，黏粒在淀积层有所增加，但与棕壤相比并不十分明显。

4. 合理利用 暗棕壤是中国最为重要的林业基地，它以面积最大，木材蓄积量高而著称，是红松的主产地。该区除红松、云杉、冷杉、柞、榆和椴等优势树种外，尚有水曲柳、黄菠萝、胡桃楸等伴生树种。这些丰富的林木资源，在中国国民经济中占有及其重要的地位。为此，必须对暗棕壤进行科学合理的利用，充分发挥暗棕壤地区林业资源在社会、经济和生态等诸多方面的功能和作用。林业管理经营应注意如下几点。

（1）合理采伐，注重森林在保护生态环境中的作用 合理采伐可以理解为根据地形部位、林木长势确定不伐、择伐或皆伐。具体做法是：山顶幼林不能伐；陡坡（>25°）或石塘林因作为保安林，应择伐，其采伐强度不能大于40%；其他地段的采伐强度不能大于70%。要遵守的一个原则是：留小的，伐老的，种新的。只有这样做才能把生长旺盛的幼林合理地保存下来，使之很快成材，大大缩短轮伐周期。对于只有单层同龄过熟林才能采用小面积皆伐，并在皆伐之后立即进行人工营造针阔混交林，加强科学管理，使之一步到位，达到顶极群落的最佳状态。总之，只有做到合理采伐，科学管理，综合经营才能使森林资源不断增长，充分发挥暗棕壤地区林业资源在社会、经济、生态等诸多方面的功能和作用。

暗棕壤地处山区，坡度通常较大，利用时要注意利用方式和利用强度。否则水土流失一经发生，土壤则失去生产能力。所以，山区经营与管理的一个重要的前提与手段就是千方百计地预防和治理水土流失。

（2）抚育更新，适地适树　对于大面积采伐迹地及火烧迹地，应迅速采用人工种植的办法，结合天然更新，尽快恢复其成林状态，但要注意适地适树。

（3）适度发展种植业　暗棕壤作为林业基地，应主要用于发展林业之用。但可适度发展种植业，如小麦、马铃薯、甘蓝、白菜和萝卜等，这对于解决暗棕壤林区粮食和蔬菜的供给是非常重要的，对于维持林业职工和当地农民的生活也是必需的。目前，暗棕壤已经开垦为耕地的接近 2.0×10^6 hm^2，约占暗棕壤土类的 4.9%。但是，暗棕壤都是山地丘陵区，有水土流失的危险，开垦种植必须加强水土保持工作，同时，注意施肥以保持土壤肥力。

（九）棕色针叶林土

棕色针叶林土是在寒温带针叶林下，冻融回流淋溶型（夏季表层解冻时铁、铝随下行水流淋溶淀积；秋季表层结冻时夏季淋溶淀积物随上行水流表聚）的棕色土壤。

1. 分布与形成条件　在中国，棕色针叶林土主要分布在东北地区，分布在北纬46°30′～53°30′之间，集中分布在大兴安岭北段以及小兴安岭 800 m 以上，长白山 1 100 m 以上的针叶林下向西到新疆阿尔泰山的西北部。另外，在四川西部和云南北部的高山、亚高山地区的山地土壤垂直带谱中也有分布。其分布的省份有黑龙江、内蒙古、吉林、四川、云南和西藏。

大兴安岭棕色针叶林土区的气候属于寒温带大陆性季风气候。年平均气温低于－4 ℃，平均气温在 0℃以下的时间长达 5～7 个月，≥10 ℃积温为 1 400～1 800 ℃，无霜期仅 80 d 左右。年降水量为 450～750 mm，冬季积雪覆盖厚度可达 20 cm 以上，干燥度约为 1.0。气候特点是寒冷湿润。土壤冻结期长，冻层深厚（可达 2.5～3 m），并有岛状永冻层存在。冻层造成特殊的土壤水文条件，温度梯度引起汽化水上升，在土体上部随温度下降而凝结，在冻融过程中可使水分大量集聚于表层，使表层呈现过湿状态。另一方面，春天化冻或雨季来临时，因为冻层的存在，阻碍物质向土壤深处淋溶，甚至在冻层之上形成上层滞水而发生侧向移动。低温和冻层对棕色针叶林土形成有显著影响。

棕色针叶林土的自然植被为明亮针叶林伴有暗色针叶林。明亮针叶林的主要树种为兴安落叶松和樟子松，林下地被灌草层主要有兴安杜鹃、杜香、越橘和各种蕨类，混有少量的桦和山杨等阔叶树。暗色针叶林的建群树种是云杉和冷杉。草本植物主要有大叶章和红花鹿蹄草等。针叶林树叶中灰分元素含量低。

棕色针叶林土的成土母质多为岩石风化的残积物和坡积物，少量洪积物。残积物和坡积物质地粗松，风化度低，土层浅薄，混有岩石碎块。

棕色针叶林土分布的地形一般为中山、低山和丘陵，坡度较为和缓。

2. 形成过程

（1）针叶林毡状凋落物层和粗腐殖质层的形成　针叶林及其树冠下的灌木和藓类，每年有大量枯枝落叶等植物残体凋落于地表，凋落物中灰分元素含量低，呈酸性，凋落物主要靠真菌的活动进行分解，形成富里酸，而冻层本身又阻碍水分自凋落物中把分解产物淋走。由于气候寒冷，每年的凋落物不能全部分解，年复一年地积累，便形成毡状凋落物层。在凋落物层之下，则形成分解不完全的粗腐殖质层，甚至积累成为半泥炭化的毡状层。

（2）有机酸的络合淋溶　在温暖多雨的季节，真菌分解针叶林凋落物时，形成酸性强、活性较大的富里酸类的腐殖酸下渗水流，含有富里酸类的下渗水流导致盐基及铁和铝的络合淋溶，使土壤盐基饱和度降低，土壤呈酸性。但由于气候寒冷，淋溶时间短，淋溶物质受冻层的阻隔，这种酸性淋溶作用并不能像灰化土一样有显著发展，与此相伴生的淀积作用也不明显。因此，棕色针叶林土的有机酸的络合淋溶过程只能称为隐灰化过程。

（3）铁铝的回流与聚积　当冬季到来时，表层首先冻结，土体中下部温度高于地面温度，上下土层产生温差，本已下移的可溶性铁铝锰化合物等水溶性胶体物质又随上升水流回流重返表层。由于地表已冻结，铁铝锰化合物因土壤冻结脱水而析出，以难溶解的凝胶状态在表层土壤中积聚。在可溶性铁铝锰化合物等水溶性胶体物质回流过程中，遇到土体中的石块、砾石时，即附着于其底面，故棕色针叶林土土体中的石块底面常见附着大量暗红棕色胶膜，上部土壤也多被染成棕色。在表层积聚的着色物质主要是有机质和活性铁。

3. 基本性状

（1）剖面形态特征　棕色针叶林土的剖面形态特征可以概括为：土层较浅薄，一般在40 cm左右；土层内多砾质岩屑；质地较轻，无论坡上坡下多以壤质为主；全层呈棕色或暗棕色；分层不明显；表层腐殖质处于半分解状态。其剖面构型为：O（O_1，O_2）-A_h-AB-（B_{hs}）-C。

（2）基本理化性状

①质地：全剖面含有石砾，质地多为轻壤到重壤，B/A的黏化率（<0.002 mm黏粒）略高于1.2或小于1.2，黏粒有下移趋势，但不显著。

②有机质含量：A_h层有机质含量可达80g/kg或以上；而枯落物层（O层）有机质含量极高，一般大于200 g/kg，以粗有机质为主，呈泥炭状。A_h层以下有机质含量急剧下降，可降至30 g/kg以下。棕色针叶林土土壤肥力较低，由于土温低，呈粗有机质状态，营养成分多为有机态存在，有效性低；土壤全磷与有效磷含量亦均低。

③酸碱性及交换性：土壤呈酸性反应，各层土壤pH在4.5～5.5之间，A_h层交换性Ca^{2+}、Mg^{2+}含量较高，盐基饱和度为20%～60%，淀积层（B层）一般高于50%，但在交换性Al^{3+}含量高的土壤中，盐基饱和度可下降到50%以下。

④矿物组成：表层和亚表层SiO_2明显聚积，淀积层R_2O_3相对积累，表层黏粒的SiO_2/R_2O_3为2.6～2.7，淀积层为2.3～2.5。活性铁、铝含量较高，在剖面中有明显分异。

⑤黏粒组成：剖面上层黏土矿物以高岭石、蒙脱石为主，下层以水云母、绿泥石、蛭石为主，矿物发生了明显的酸性蚀变。

4. 利用与改良　棕色针叶林土为我国重要的木材生产基地，也是森林中食用植物、药用植物和香料等珍稀植物的资源库。由于处于森林带的上限，对松嫩平原、松辽平原和三江平原的自然生态起屏障作用与水源涵养作用。

由于棕色针叶林土区地处高寒，林木生长缓慢，加之泥炭化有机层的阻隔，林木天然更新困难，因此在采伐森林的同时，森林更新与营林措施必须同步进行。

为充分利用林区的土地资源与植物资源，改单一林业经营为综合经营，在科学营林的同时，应对临近大面积生长薹草或大叶章和小叶章沼泽地改良为草场提高产草量，发展畜牧业。另外，山区的山果、山菜、山药是无污染的绿色食品，应加工成商品，提高其经济价值。

对小面积农田，应采取提高地温，逐渐消除或降低多年冻土层的措施。整地方式应以高垄或窄床（苗田）等为好，既可充分利用当地的日光来提高地温又能排洪。另外，在严防山火的同时，也应有控制地科学用火，达到以火提高地温和增加有效养分的目的。

二、草原土壤系列

草原土壤是指在草甸草原或草原植被下发育而形成的土壤。它们主要分布在小兴安岭和长白山以西，长城以北，贺兰山以东的广大地区，区内多属温带、暖温带半湿润、半干旱气候。草原土壤主要包括黑土、黑钙土、栗钙土、棕钙土和灰钙土。

（一）黑土

黑土是在温带湿润或半湿润气候草甸植被下形成的，具有深厚腐殖质层，黏化淀积层或风化淀积层，通体无石灰反应，呈中性反应的土壤。

1. 分布与形成条件　中国黑土总面积为 $7.346\ 5\times10^6$ hm^2，集中分布在北纬 44°～49°，东经 125°～127°之间，以黑龙江和吉林两省的中部最多，多见于哈尔滨—北安、哈尔滨—长春铁路的两侧，东部、东北部至长白山、小兴安岭山麓地带，南部至吉林省公主岭市，西部与黑钙土接壤。在辽宁、内蒙古、河北和甘肃也有小面积的分布。大约有 65.67％的黑土分布在黑龙江省，14.99％的黑土分布在吉林省，14.63％的黑土分布在内蒙古。

黑土分布区的气候属于温带湿润或半湿润季风气候类型。年平均气温为 0～6.7℃，≥10℃的积温为 2 000～3 000℃，无霜期为 110～140 d，有季节性冻层的存在，冻层深度为 1.5～2.0 m，北部冻层厚度可达到 3 m，冻层延续时间长达 120～200 d。年降水量为 500～650 mm，干燥度为 0.75～0.90；雨热同季，4～9 月的降水量占全年降水量的 90％左右。

黑土地区的自然植被是草原化草甸、草甸或森林草甸，以杂草群落（五花草塘）为主，包括菊科、豆科和禾本科等植物。植被生长繁茂，覆盖度可以达到 100％，草丛高度 50 cm 以上，一般在 50～120 cm 之间，每公顷年产干草一般在 7 500 kg 以上。局部水分较多时，有沼柳灌丛的出现。地势较高，水分含量较低的地段，则出现榛子灌丛，当地老乡称之为榛柴岗。

黑土地区的地形多为受到现代新构造运动影响的、间歇性上升的高平原或山前倾斜平原，但这些平原实际上又并非平地，波状起伏，坡度一般在 3°～5°。群众称之为漫川漫岗，海拔高度在 200～250 m。

地下水位一般在 5～20 m，地下水矿化度为 0.3～0.78 g/L，水质为重碳酸-氧化硅型水。

黑土的成土母质主要是第三纪、第四纪更新世和第四纪全新世的沉积物，质地从沙砾到黏土，以更新世黏土或亚黏土母质分布最广，一般无碳酸盐反应。

黑土区种植的农作物主要有玉米、大豆和春小麦，一年一熟，是我国重要的商品粮基地之一。

2. 形成过程　黑土的成土过程包括腐殖质积累过程和淋溶淀积过程。

（1）腐殖质积累过程　黑土在温带半湿润气候条件下，草甸草原植物生长十分旺盛，形成相当大的地上地下生物量。据有关资料，年干物质产量可高达 150 t/hm^2 左右，温暖丰水季节产生的如此大的生物量，因漫长的寒冷冬季，限制了微生物对有机质分解，故黑土腐殖质积累强度大，具体表现在腐殖质层深厚和腐殖质含量高。

（2）淋溶淀积过程　在质地黏重、季节冻层的影响下，土壤透水性较弱；夏秋多雨时期土壤水分较丰富，致使铁锰还原成为可以移动的低价离子，随下渗水与有机胶体、灰分元素等一起向下淋溶，在淀积层以胶膜、铁锰结核或锈斑等新生体的形式淀积下来。土壤一部分铝硅酸盐经水解产生的 SiO_2，也常以 SiO_4^{4-} 溶于土壤溶液中，待水分蒸发后，便以无定形的 SiO_2 白色粉末析出，附于淀积层（B 层）土壤结构体表面。

3. 基本性状

（1）剖面形态特征　黑土剖面的土体构型是 A_h-B_t-C 或 $A_h-AB_h-B_{tq}-C$（B_{tq}为黏化和次生硅淀积层）。

（2）基本理化性状

①机械组成：机械组成比较均一，质地黏重，一般为壤土或黏壤土，以粗粉沙和黏粒两级所占比例最大，分别占 30%左右和 40%左右。通常土体上部质地较轻，下层质地较重，黏粒有明显的淋溶淀积现象。黑土的机械组成受母质的影响很大，如母质为黄土状物质者，则以粉沙、黏粒为主，若母质为红黏土者，则黏粒含量明显增多。

②（B_{tq}为黏化和次生硅淀积层）结构良好，自然土壤表层土壤以团粒为主，其中水稳性团粒含量一般在 50%以上。

③容重和孔隙度：容重 1.0～1.4 左右，随着团粒结构的破坏，耕垦后土壤容重有增大的趋势。另外开垦后通常有腐殖质含量降低，淀积层位置提高的趋势（侵蚀的结果）。总孔度一般多在 40%～60%，毛管孔度所占比例较大，可占 20%～30%，通气孔度占 20%左右。因此，黑土透水性、持水性、通气性均较好。

④养分特性：有机质含量相当地丰富，自然土壤 50～100 g/kg，在草原土壤中是最高的。腐殖质类型以胡敏酸为主，HA/FA＞1，胡敏酸钙结合态比例较大。养分含量丰富，表层全氮为 1.5～2.0 g/kg，全磷为 1.0 g/kg 左右，全钾 13 g/kg 以上。

⑤酸碱反应和交换性：土壤呈微酸性至中性反应，pH 6.5～7.0，剖面分异不明显，通体无石灰反应。腐殖质层阳离子代换量一般为 30～50 cmol（＋）/kg，以钙镁为主，盐基饱和度为 80%～90%。

⑥黏粒组成：黏土矿物组成以伊利石、蒙脱石为主，含有少量的绿泥石、赤铁矿和褐铁矿，黏粒硅铁铝率为 2.6～3.0。

4. 利用与改良　黑土肥沃，虽然在几十年前，这里还是大片荒原，但昔日的“北大荒”，今天已经成为“北大仓”。据全国第二次土壤普查资料，黑土中耕地约占黑土土类总面积的 65.6%，目前，黑土基本已经开垦完。

（1）农田生态保护　该地区地势较为平坦开阔，光热水资源丰富或适宜，土质肥沃，盛产玉米、小麦、大豆和高粱等，是中国重要的商品粮生产基地。黑土具有良好的自然条件和较高的土壤肥力，生产潜力很大。今后应加强农田基本建设，改变农业生产条件，建立高效的人工农业生态系统，建立旱涝保收的高产稳产农田。本区应在综合规划的基础上，进一步搞好“三北”防护林建设，广大农田区要营造农田防护林，以林划方，使大地方田化，并做好林、渠、路规划和农田内部规划。在此基础上，搞好黑土的培肥。天然存在的沼柳灌丛、榛子灌丛都要予以保护，它们是自然界造就的抑制黑土风蚀的屏障。

（2）水土保持　黑土开垦后，由于地形起伏，坡长较长，垦后失去自然植被的保护，在夏秋雨水集中的季节，易形成地表径流，发生水土流失。春季多风季节，还容易发生风蚀。因此，对于坡耕地应注意修建过渡梯田或水平梯田，实现等高耕作和种植，注重生物护埂。

沟蚀严重时，应封沟育林，并应在沟内修建谷坊，拦蓄水土。侵蚀严重区可退耕还林还草。

（3）培肥土壤　开垦后的黑土腐殖质含量明显降低，目前耕地黑土土壤有机质含量仅为20～40 g/kg，比自然黑土的50～80 g/kg降低一半左右。据全国第二次土壤普查统计资料分析，黑土区土壤有机质含量约以每年0.01 g/kg的速度降低。此外，在土壤腐殖质组成中，活性胡敏酸的含量也在降低。为培肥土壤，保持良好的团粒结构，应增施有机肥，积极提倡并推广秸秆还田，特别是秸秆过腹还田，做好配方施肥和平衡施肥。

（4）保墒耕作与灌排配套　黑土区春季干旱多风，应注意抗旱保墒，力争一次保全苗仍是增产的关键性措施。为保墒要秋耕秋耙，减少蒸发，春季顶凌（浆）打垄，适时早播，有条件情况下，应扩大水浇地面积。黑土局部地区，因夏秋雨水集中，有时出现内涝，影响小麦收获。因此，低洼地应修建排水工程。在此基础上，实施农艺综合措施，搞好土壤改良。

（二）黑钙土

黑钙土是温带半干旱半湿润气候，在草甸草原草本植被下经历腐殖质积累过程和碳酸钙淋溶淀积过程所形成的具有黑色腐殖质表层，下部有钙积层或石灰反应的土壤。

1. 分布与形成条件　中国黑钙土面积为1.321 06×10^7 hm^2，主要分布于黑龙江和吉林两省以内蒙古自治区的东部，即松嫩平原、大兴安岭东西两侧和松辽分水岭地区。地理坐标为北纬43°～48°，东经119°～126°。东北以呼兰河为界，西达大兴安岭西侧，北至齐齐哈尔以北地区，南至西辽河南岸。在新疆昭苏盆地、华北燕山北麓、阴山山脉、甘肃祁连山脉东部的北坡、青海东部山地、新疆天山北坡及阿尔泰山南坡等山地土壤的垂直带谱中也有分布。

黑钙土地区属温带半干旱半湿润大陆性季风气候类型，冬季寒冷，夏季温和。年平均气温为－2～5 ℃，≥10 ℃积温为1 500～3 000 ℃，无霜期为80～120 d；年降水量为350～500 mm，年蒸发量为800～900 mm，干燥度＞1。春季干旱多风，大部分降水集中在夏季，春旱较为严重，对于农业生产十分不利，同时又为土壤盐渍化提供了气候条件。

黑钙土的自然植被属于草甸草原类型，主要植物有贝加尔针茅、大针茅、羊草、线叶菊、地榆、兔茅篙和披碱草等；草丛高度为40～70 cm，覆盖度为80%～90%。每公顷年产干草2 250 kg。

黑钙土区也是中国重要农区，主栽作物有玉米、大豆、小麦、甜菜、马铃薯和向日葵等。基本上一年一熟。

黑钙土的地形在大兴安岭西侧主要是低山、丘陵和台地，且以丘陵为主，即大兴安岭向内蒙古高原的过渡，海拔高度为1 000～1 500 m；在大兴安岭东侧的黑钙土分布的地形地貌主要是岗地（丘陵），海拔高度为150～200 m。

黑钙土主要的母质类型有冲积母质、洪积母质、湖积物、黄土及少量的各种石灰性岩石的残积物和坡积物等。大兴安岭西侧的黑钙土的母质质地较粗，土壤易发生风蚀沙化。大兴安岭东侧黑钙土质地较黏。

2. 形成过程　黑钙土的成土过程中具有明显的腐殖质累积和碳酸钙积聚过程。

（1）腐殖质的累积过程　黑钙土处于温带湿润向半干旱气候过渡区，植被为具有旱生特点的草甸草原，草本植物地上部分干物质年产量可达1 200～2 000 kg/hm^2，地下部分总量远大于地上部分总量，加上适宜的水热条件，因而腐殖质积累较多。腐殖质层的厚度在30～60 cm或以上，腐殖质平均含量在45 g/kg左右，高者达70 g/kg以上。

（2）碳酸盐的淋溶与淀积　黑钙土区降水较少，渗入土体的重力水流只能对钾和钠等一价盐基离子进行充分淋溶淋洗，而对于钙和镁等二价盐基离子只能部分淋溶。淋溶与淀积过程内的生物化学过程是盐基与水以及土壤微生物和根系所产生的 CO_2 形成重碳酸盐，如 $Ca(HCO_3)_2$ 和 $Mg(HCO_3)_2$ 等，淋溶到一定的土体深度，一方面是由于土粒的吸收作用使水分减少，另一方面是由于生物活动减弱，而 CO_2 分压降低，因而重碳酸盐放出 CO_2 而淀积。

在冬季地表冻结以后，土壤水以水汽形式自下层向上层移动，下层的重碳酸盐亦可由于水分减少，浓度增大而淀积下来。

由于碳酸盐在剖面中的移动和淀积，形成石灰斑或各种形状的石灰结核，这是黑钙土剖面重要的发生学特征。碳酸盐淀积层位与深度和淋溶强度有关，气候愈干旱，其层位离地表愈近。

3. 基本性状

（1）剖面形态特征　黑钙土的剖面层次十分清楚，典型的剖面构型为 $A_h-B_k-C_k$ 或 $A_h-AB_h-B_k-C_k$。

（2）基本理化性状

①质地：黑钙土的质地多为砂壤土到黏壤土，粉沙占30%～60%，黏粒占10%～35%，黏粒在剖面中部有聚积现象，但无明显黏化特征。黑钙土表层具有水稳性团粒结构，通气性、适水性、保肥性、耕性均较好。

②腐殖质：腐殖质含量在自然土壤多为50～70g/kg，耕作土壤明显降低，仅为20g/kg左右。由东到西黑钙土腐殖质层逐渐变薄，含量逐渐减少。

③交换性和酸碱性：阳离子交换量较高，多为20～40cmol（+）/kg，盐基饱和度在90%以上，以钙、镁为主。表层pH为中性，向下逐渐过渡到微碱性。

④矿物和黏粒组成：SiO_2、Fe_2O_3 和 Al_2O_3 在剖面分异不明显，上下均一。但CaO和MgO有一定分异，由上至下逐渐增多。黏土矿物以蒙脱石为主。

⑤养分特性：营养元素中氮和钾较丰富，有效磷含量较低，微量元素中有效铁、锰和锌较少，有时出现缺素症。

4. 利用与改良　黑钙土的肥力虽然不及黑土，但区内地势平坦，光照充足，土质较肥沃，土壤适宜性较广，适于发展粮食作物和经济作物，也是一种潜在肥力较高的土壤。黑钙土是中国主要商品粮基地，盛产玉米、小麦、谷子、向日葵和甜菜等。

黑钙土地区土地资源丰富，人均占有耕地较多，但耕作管理粗放，农业技术水平较低，加之风沙、干旱（草甸黑钙土除外）、内涝等自然灾害的威胁，粮食单产水平较低，农业增产潜力仍然很大。今后在利用上应采取如下措施。

（1）防止春旱夏涝，改善土壤水分状况　黑钙土地区易发生春旱，在有条件的地区应积极发展灌溉农业。不能实行灌溉的地段，应注意采取深松蓄水和充分利用好返浆水的耕作法。同时注意防治夏涝，尤其在沿江河平原低处，在雨水集中季节，采取防洪排涝措施，防治涝害。

（2）增施有机肥料，培肥地力　对耕种年限久，肥力已明显减退的黑钙土，应当特别注意培肥，包括集中增施有机肥、秸秆和根茬还田以及种植绿肥等，保持和提高土壤有机质含量，为农业的持续发展提供保障。

（3）植树造林，改变农业生态环境　本区多风干旱，森林覆盖率低，生态环境差，应有计划地搞好农田林网建设以及部分片林建设。国家实施的“三北”防护林工程，已为本区林业建设奠定了基础。本区退化、沙化的黑钙土地带应建立林、草、田复合生态系统，这样不但可以防治黑钙土风蚀退化，还可带来明显的经济效益和社会效益。为了防止风蚀，作物留茬、少耕免耕等耕作措施值得提倡。

（三）栗钙土

栗钙土是在温带半干旱大陆气候和干草原植被下经历腐殖质积累过程和钙积过程所形成的具有栗色腐殖质层和碳酸钙淀积层的钙积土壤。

1. 分布与形成条件 中国栗钙土总面积为 $3.748\ 64\times10^{7}\ hm^{2}$，自东北向西南呈弧状延伸，包括呼伦贝尔高原的西部、锡林郭勒高原的大部、乌兰察布高原南部和鄂尔多斯高原的东部、大兴安岭东南侧的低山和丘陵，并分布于阴山、贺兰山、祁连山、阿尔泰山、天山和昆仑山等山地的垂直带谱和山间盆地中。在内蒙古高原栗钙土东邻黑钙土带，西接棕钙土带，北与蒙古和俄罗斯栗钙土相接。

栗钙土地区在气候上属于温带半干旱大陆性气候类型。年平均气温－2～6℃，≥10℃积温为1 600～3 000℃，无霜期为70～150 d；年降水量为250～400 mm，年蒸发量为1 600～2 200 rnm，干燥度为1～2。东部（主要指内蒙古）地区受季风影响，70%降水集中于夏季（6～8月份），冬春两季少雪。而新疆栗钙土地区受西风影响，降水年内分配较均匀，冬季西部降雪较东部多，夏季相对干燥，表现出一定的地区性差异。

栗钙土的自然植被是以针茅、羊草和隐子草等禾草伴生中旱生杂类草、灌木与半灌木组成的干草原。草丛高度为30～50 cm，覆盖度为30%～50%。每公顷年产干草600～1 200kg，为中国北方主要的放牧场。目前已有部分土地开垦，主栽作物是：谷子、高粱、玉米、小麦、筱麦和马铃薯等。主要是一年一熟的雨养农业。

栗钙土的地形在大兴安岭东南麓为丘陵岗地，在内蒙古高原和鄂尔多斯高原为波状和层状高平原，局部有低山丘陵，也有部分为冲积平原和洪积平原，但总的来说，以平坦地形为主。

栗钙土成土母质有黄土状沉积物、各种岩石风化物、河流冲积物、风沙沉积物和湖积物等。

2. 形成过程

（1）干草原腐殖质积累过程 栗钙土的干草原腐殖质积累基本过程同黑钙土，但由于干草原植被无论是高度，还是覆盖度均比草甸草原低，生物量比黑钙土区低，所以栗钙土有机质积累量不如黑钙土，团粒结构也不及黑钙土。草原植被吸收的灰分元素中除硅外，钙和钾占优势，对腐殖质的性质及钙在土壤中的富集有深刻影响。

（2）石灰质的淋溶与淀积 栗钙土的石灰质淋溶与淀积基本过程也同黑钙土，只是由于气候更趋干旱，所以石灰积聚的层位更高，聚集量更大。当然，石灰质聚集的层位、厚度和含量与母质类型及成土年龄有关。此外，由于淋溶作用较弱，由风化产生的易溶性盐类不能全部从土壤中淋失，往往在碳酸盐淀积层以下有一个石膏和易溶性盐的聚集层。在中国广大栗钙土地区，可能由于气候受季风的影响，降水集中于夏季，盐分积聚过程较弱，土壤剖面中并不存在石膏层，只有局部地区（如新疆）的栗钙土，在底土（120～150 cm）才有数量不等的石膏积聚。

（3）残积黏化 季风气候区的内蒙古栗钙土，雨热同期所造成的水热条件有利于矿物风化及黏粒的形成，典型剖面的研究和大量剖面的统计均表明栗钙土剖面中部有弱黏化现象，主要是残积黏化（无黏粒胶膜），黏化部位与钙积层的部位大体一致，往往受钙积层掩盖而不被注意，所以也称之为隐黏化。处于西风区的新疆的栗钙土则无此特征。

3. 基本性状

（1）剖面形态特征　栗钙土剖面的发生层次分化明显，由腐殖质层、钙积层和母质层组成，剖面土体构型为 $A_h - B_k - C$ 或 $A_h - B_k - C_k$。

（2）基本理化性状

①有机质含量：A_h 层有机质含量为 10～45 g/kg，具体含量因亚类和地区而异。

②酸碱度：pH 在 A_h 层为 7.5～8.5，有随深度而升高的趋势。盐化、碱化亚类 pH 可达 8.5～9.5。

③黏粒组成：黏土矿物以蒙脱石为主，其次是伊利石和蛭石，受母质影响有一定差别。黏粒的 SiO_2/R_2O_3 为 2.5～3.0，SiO_2/Al_2O_3 为 3.1～3.4，表明矿物风化蚀变微弱；铁、铝基本不移动。

④淋溶特性：除盐化亚类外，栗钙土易溶盐基本淋失，内蒙古地区栗钙土中石膏也基本淋失，但新疆的栗钙土 1 m 以下底土石膏聚集现象相当普遍，反映东部季风区的栗钙土的淋溶较强。

4. 利用与改良　干草原栗钙土地带是中国北方主要的草场，历来以牧为主，作为天然放牧场和割草场。近百年来已有较大规模的农垦，引发了较严重的风蚀沙化。

栗钙土区以一年一熟的雨养农业为主。由于降水偏少，年际变幅大，干旱是粮食生产的主要限制因素。加上耕种粗放，农田建设水平低，风蚀和水蚀的破坏，土壤资源退化明显。统计表明，耕地表层有机质较自然土壤减少 20%～30%，作物产量低而不稳。

广大牧区由于草场保护与建设跟不上畜牧业的发展，长期超载过牧，导致草场退化，土壤在植被覆盖度降低后发生沙化、盐化、退化。

应针对栗钙土的自然条件、土壤性质和存在问题，并考虑经营利用的历史和经济发展的需要，确定利用方向和改良措施。

①栗钙土虽属农牧兼宜型土壤，但雨养旱作农业受到降水限制，总的利用方向应以牧为主，适当发展旱作农业与灌溉，牧农林结合，严重侵蚀的坡耕地应退耕还草。

②干草原产草量较低，年际和季节间变化大。应有计划在适宜地段建设人工草地，种植优良高产牧草，改良退化草场，提高植被覆盖度，防止土壤沙化、退化。应严格控制牲畜头数，防止超载过牧。

③栗钙土耕地肥力普遍有下降趋势，应合理利用土地资源，农牧结合，增施有机肥。推广草田轮作，种植绿肥牧草，增加土壤有机质。在农田及部分人工草场施用氮、磷化肥，并根据丰缺情况合理施用微肥，是增产的一项重要措施。在有水源地区应根据土水平衡的原则发展灌溉农业，建设稳产高产的商品粮、油、糖及草业基地。

④农牧区都应建设适合当地立地条件的防护林体系，保护农田、牧场，改善生态环境。但在有紧实钙积层的土地，应以灌木为主体，不宜种植乔木林。

（四）棕钙土

棕钙土是指在温带草原向荒漠过渡区，具有薄层棕色腐殖质层及白色薄碳酸钙淀积层，地表多砾石的土壤。

1. 分布与形成条件　棕钙土主要分布于与我国荒漠接壤的干旱草原地区，主要有内蒙古高原中西部（苏尼特左旗、温都尔庙以西，白云鄂博以北）、鄂尔多斯高原西部、新疆准噶尔盆地北部、塔城盆地的外缘以及中部天山北麓山前洪积扇的上部。全国棕钙土面积为 $2.649\ 77\times10^{7}$ hm^2，其中新疆 $1.424\ 4\times10^{7}$ hm^2，内蒙古 $1.062\ 33\times10^{7}$ hm^2，青海 1.37×10^{6} hm^2，甘肃 2.6×10^{5} hm^2。

棕钙土分布区为温带大陆性气候，年平均气温为 2～7℃，≥10℃积温为 1 400～2 700℃，年降水量为 100～300 mm。受东南季风影响的内蒙古地区降水 70%集中于夏末秋初，受西风影响的北疆地区四季降水较平均。棕钙土地区年辐射总量达 600～670 kJ/cm^2，光热资源十分丰富。

棕钙土的植被具有草原向荒漠过渡的特征，分为邻近干草原的荒漠草原和向荒漠过渡的草原化荒漠两个亚带。在内蒙古西部的荒漠草原常为小针茅和沙生针茅，伴生冷蒿和狭叶锦鸡儿等；草原化荒漠则以超旱生的藏锦鸡儿、红砂、小针茅和冷蒿等构成群落。在北疆除超旱生小半灌木的蒿属、假木贼以及小禾草（如沙生针茅和新疆针茅等）外，还有短命与类短命植物。

在地形上，除残丘和山前冲积洪积平原外，绝大部分为剥蚀的波状高原，地面起伏不大。成土母质以沙砾质残积物和洪积冲积物以及风成沙为主，只有塔城盆地和天山北麓的棕钙土是发育在黄土母质上。棕钙土地带是中国西北主要的天然牧场，有灌溉条件的可发展农业。

2. 形成过程

（1）腐殖质积累过程　棕钙土的植被中旱生及超旱生灌丛的比例大，植被盖度为15%～30%，鲜草年产量仅 750～1 500 kg/hm^2，明显少于干草原。因此，在干旱气候条件下，有机质大部分被矿化，腐殖质积累量很少，但还可以区分出腐殖质层。腐殖质结构较简单，以富里酸为主。

（2）石灰、石膏和易溶盐的淋溶与积淀　在干旱气候条件下，尽管年降水量只有 150～250 mm，但降水比较集中，矿物风化产生的碱金属和碱土金属的盐类受到一定的淋溶。由于各元素的迁移速率不同，使剖面发生分化，钙积层层位比较高，一般出现在 20～30cm 处，紧接在腐殖层下部淀积形成。在向荒漠过渡中，淋溶不断减弱，石膏和易溶盐在土体下部积聚逐渐明显。

（3）弱黏化与铁质化　腐殖质层（A 层）下部是水热条件相对较好、较稳定的层位，土内矿物在碱性介质中缓慢破坏，发生残积黏化，形成黏粒。矿物分解破坏释出的含水氧化铁，在干热条件下逐渐脱水成红棕色的氧化铁，与黏粒及腐殖质一起使淀积层（B 层）上部染上褐棕色色调。这种荒漠化的特征是一个缓慢而长期的过程，因而其表现程度与成土年龄及荒漠化强度有关。

3. 基本性状

（1）剖面形态特征　典型的棕钙土剖面形态为 $A_h-B_w-B_k-C_{yz}$。

（2）基本理化性状

①有机质含量：棕钙土的有机质含量较低，平均为 10.5 g/kg，腐殖酸的含量很低，仅占全碳量的 23%～30%，HA/FA 多为 0.4～0.9，显示了荒漠化的特征。

②交换性与酸碱性：土壤中可溶性盐与石膏的含量不高，但在剖面下部土层有增高趋

势；土壤阳离子代换量（*CEC*）不高，交换性钠绝对量也不高。土壤 pH 为 8.5～9，一般碱化层及钙积层较高，含石膏的土层偏低。

③质地：除少量黄土和黏重母质外，大部分质地较粗，多为砂砾质、砂质、砂壤和轻砂壤，砂粒含量一般在 50%～90%，并含有不同数量的砾石。棕钙土具有弱黏化现象。

④黏粒：黏粒的硅铁率为 3～4。黏土矿物以伊利石（水云母）为主，次为蒙脱石，并有氧化铁出现。

4. 利用与改良　棕钙土主要利用于畜牧业生产，是良好的放牧基地。由于气候干旱，棕钙土基本不能进行旱作农业，目前只在有灌溉条件的局部地方，才有小面积的农耕地。

在发展牧业方面，由于超载放牧，草场退化，土壤沙化。因此应做好草场的合理利用与规划，以草定畜，建立轮牧制度，以恢复和改良草场。严禁滥垦、乱挖药材，以防草场的破坏。在水源条件较好的地区，宜挖掘水源，发展灌溉，建设人工草料基地，实行草粮轮作，建立防风林带，为发展畜牧业提供可靠的草料供应。

棕钙土地区气候干旱，无灌溉则农业无保障，而且易导致土壤沙化。因此，棕钙土旱农地应逐步退耕种草或种树（以灌木为主）。棕钙土的灌溉农田，是重要的粮油糖基地。土壤改良措施包括：①要搞好农田基本建设，充分利用各种水源，改善灌溉排水条件；②改善耕作制度，实行草田轮作，种植业与畜牧业结合；③坚持秸秆还田，增施有机肥料，合理搭配和使用化肥，要特别注意增施磷肥，适当施用氮素化肥。

（五）灰钙土

灰钙土是发育于暖温带荒漠草原地带、黄土及黄土状母质上的干旱土壤，地表有结皮，腐殖质含量不高，但染色较深，石灰有弱度淋溶和淀积，土壤剖面分化不明显。

1. 分布与形成条件　灰钙土分布于黄土高原的西北部，鄂尔多斯高原的西缘，贺兰山、罗山及祁连山山麓，河西走廊东段的低山丘陵与河谷阶地，甘肃屈吴山、宁夏香山及牛首山等低山。新疆伊利河谷两侧的山前平原也有分布。中国灰钙土面积为 $5.371\,7\times10^{6}$ hm^{2}，其中，以甘肃省面积最大，占灰钙土总面积的 54.3%；其次是宁夏，占灰钙土总面积的 24.5%；新疆占灰钙土总面积的 12.7%；青海、内蒙古及陕西也有分布。

灰钙土地区的气候比较温暖干旱，年平均气温为 5～9 ℃，≥10 ℃积温为 2 000～3 400℃。年降水量为 180～350 mm，但在年内分配上，东西两个分布区有明显的差异：东区主要集中于 7～9 月，这是季风气候的特点；而西区一年中降水较均匀，仅春季较高一些。自然植被为干草原，以多年生旱生禾草、强旱生小半灌木及耐旱蒿属为主，植物种类随降水不同而有差异。灰钙土分布区的地貌以黄土丘陵与河谷高阶地为主，部分为低山，鄂尔多斯高原的西部多为缓坡低丘。地下水位一般很深。成土母质以黄土及次生黄土为主，部分为洪积冲积物质。

2. 形成过程

（1）弱腐殖质积累过程　由于灰钙土是荒漠草原的地带性土壤，地面植被以半灌木蒿属植物为主，其腐殖质积累过程明显弱。但由于其具有季节性淋溶及黄土母质等特点，其腐殖质染色较深而不集中，腐殖质层扩散一般可达 50～70 cm。

（2）$CaCO_3$ 在土体中的移动与聚积　灰钙土的水分状况比较干旱，气温温和，冬季土层不冻结，有季节性淋溶过程。尽管淋溶较弱，但仍然有 $CaCO_3$ 由剖面上部向下的移动。但在夏季由于强烈的地面蒸发及植物蒸腾，随着土壤上升水流，又使一部分碳酸钙重新回到剖面上部。因此，$CaCO_3$ 在剖面中分布曲线表现平滑，一般在剖面 30～50 cm 处能观察到假菌丝状的 $CaCO_3$ 聚积。

3. 基本性状

（1）剖面形态特征　灰钙土剖面发育微弱，但仍可见结皮层、腐殖质层、钙积层及母质层等，典型剖面构型为 A_l - A_h - B_k - C 或 A_l - A_h - B_k - C_y 或 A_l - A_h - B_k - C_z 等。

（2）基本理化性状

①有机质、酸碱性和交换性：灰钙土有机质含量为 9～25 g/kg，因亚类不同而有较大差异，腐殖质下延较深。pH 为 8.0～9.5。盐基饱和，但阳离子交换量一般不高，表层为5～11 cmol（+）/kg。$CaCO_3$ 含量为 120～250 g/kg。

②机械组成：土壤机械组成因地区不同有较大差异。新疆地区的灰钙土质地一般较细，多为轻壤与中壤，东部地区（甘肃）的灰钙土质地较粗，多为砂壤土和轻砂壤土。黏粒含量一般为 80～120 g/kg，黏粒累积最多的土层同钙积层基本一致。

③元素迁移性和黏粒组成：灰钙土矿质成分在剖面中移动不明显，同母质比较，只是钙、钠和钾有轻微移动，硅、铁和铝则比较稳定，但因其他元素的淋失，有相对累积的趋势，剖面上部铁和铝的含量稍高于下部，黏粒的 SiO_2/R_2O_3 为 2.8～3.2，黏土矿物以水云母为主，夹有少量蒙脱石、绿泥石、蛭石与高岭石，表明土体的分化程度较低。

④养分特性：灰钙土钾素丰富，缺磷，有效态微量元素含量较低。

4. 利用与改良　灰钙土地区的气温、热量及日照条件较好，但干旱缺水，故大部分未开发，主要为放牧草场。农用地中，灌溉农田较少，旱农地较多。

为综合发展灰钙土地区的农、林、牧业，并在发展生产的同时，使土壤不断获得改良，农业生态环境不断得到改善，必须做好合理利用灰钙土的规划，做到因地制宜，趋利避害。首先要节约灌溉用水，挖掘水源，进一步发展灌溉农业。其次要逐步压缩旱农地面积，退耕种草。只在地形相对低平，水土条件较好处保留少量的旱农地。积极发展舍饲，扩种人工草地，减少草场载畜量，加强草场的保护和改良。农地和草场均应规划防护林带，以防治风沙危害。

三、荒漠土壤

中国的荒漠区分布于内蒙古、宁夏西部、青海西北部、甘肃河西走廊以及新疆全境的平原地区。根据水热条件的不同，中国荒漠分为两个地带，大致以天山、马鬃山至祁连山一线为界，其北为干旱温带荒漠，包括准噶尔盆地、河西走廊及阿拉善地区；其南为极端干旱的暖温带荒漠，包括塔里木盆地、噶顺戈壁及柴达木盆地西部。我国荒漠土壤包括灰漠土、灰棕漠土与棕漠土 3 个土类。

（一）荒漠土的分布与形成条件

1. 灰漠土　灰漠土是发育于温带荒漠草原向荒漠过渡，母质为黄土及黄土状物的地带性土壤，具有明显多孔状荒漠结皮层（A_{l1}）、片状至鳞片状层（A_{l2}）、褐棕色紧实层（B_w）和可溶性盐和石膏聚集层（C_{zy}）组成的土体构型。

灰漠土分布于温带荒漠边缘向干草原过渡地区。主要分布在内蒙古河套平原，宁夏银川平原的西北角，新疆准噶尔盆地沙漠两侧山前倾斜平原、古老冲积平原和剥蚀高原地区，甘肃河西走廊中西段，祁连山山前平原也有一部分。行政区域包括宁夏、内蒙古、甘肃和新疆4个省、自治区。

灰漠土形成于温带荒漠生物气候条件下。例如，新疆，夏季炎热干旱，冬季寒冷多雪，春季多风且风力较大；年平均气温为4.5～7.0℃，≥10℃积温为3 000～3 600℃；年均降水量为140～200mm，年均蒸发量为1 600～2 100mm，干燥度为4～6。植被以耐旱性强的旱生小灌木为主，伴生少量的短命植物。灰漠土的成土母质以黄土状洪积物冲积物母质最为广泛，红土状母质较少，部分为风积物和坡积物，是沙漠中成土物质含砾石最少而含细土粒最多的土壤类型。

2. 灰棕漠土　灰棕漠土是发育于温带荒漠地带，粗骨性母质上的地带性土壤，地表有砾幂，$CaCO_3$ 有表聚；具有孔状结皮及鳞片层、铁质黏化层和石膏、易溶盐聚积。

灰棕漠土主要分布在内蒙古西部、宁夏西北部、甘肃北部的阿拉善-额济纳高平原、河西走廊中段和西段山前平原、北山山前平原、新疆准噶尔盆地西部山前平原和东部将军戈壁、诺敏戈壁以及青海柴达木盆地怀头他拉至都兰一线以西砾质戈壁。在准噶尔西部山地的东南坡、天山北坡的低山、甘肃马鬃山东北坡、合黎山和龙首山等山地也有分布。

灰棕漠土是在温带大陆性干旱荒漠气候条件下形成的。主要特征是夏季炎热而干旱，冬季严寒而少雪；春季和夏季风多，风大，平均风速达4～6m/s，气温日较差和年较差大，年均日较差为10～15℃，夏季极端最高气温达40～45℃，冬季极端最低气温－33～－36℃；≥10℃积温为3 000～4 100℃；年降水量为50～100mm，6～8月降水量占全年降水量的50%左右，且多以短促的暴雨形式降落，年蒸发量达2 000～4 100mm或以上；冬季积雪极不稳定，最大积雪深度一般仅5～10cm。因此，植被主要为旱生和超旱生的灌木、半灌木，如梭梭、麻黄、假木贼和戈壁藜等，覆盖度一般在5%以下，甚至为不毛之地。

灰棕漠土广泛发育在新疆的北疆和东疆北部的砾质洪积冲积扇、剥蚀高地及风蚀残丘上。成土母质主要有两类，在山前平原上为沙砾质洪积物或洪积冲积物；在低山和剥蚀残丘上为花岗岩、片麻岩与其他古老变质岩等风化残积物或坡积物，以粗骨性为主，细土物质甚缺。

3. 棕漠土　棕漠土是发育于暖温带极端干旱荒漠，具有多孔状结皮——鳞片层、铁质黏化层和石膏、易溶盐聚积的地带性土壤，剖面构型为 A_r - A_l - B_w - B_{yz} - C_{yz}。

棕漠土主要分布于河西的赤金盆地以西，天山、马鬃山以南，昆仑山以北，包括河西走廊的最西段，新疆的哈密盆地、吐鲁番盆地、噶顺戈壁以及塔里木盆地边缘洪、冲积扇中上部，甚至延伸到中低山带。东与阿拉善-额济纳高平原灰漠土和灰棕漠土相连，西隔帕米尔高原与塔吉克斯坦、吉尔吉斯斯坦境内天山和中亚细亚南方棕色荒漠土带相望，构成亚洲大陆中部温带、暖温带漠境土壤带。

分布地区的气候特点是：夏季极端干旱而炎热，冬季比较温和，极少降雪。≥10℃的积温多为3 300～4 500℃（新疆吐鲁番最高可达5 500℃）；1月气温为－6～－12℃，7月气温为23～32℃，平均气温为10～14℃，无霜期为180～240d；降水量不到100mm，大部分地区低于50mm，托克逊、吐鲁番及且末、若羌一带仅有6～20mm；蒸发量为2 500～3 000mm，哈密及吐鲁番盆地高达3 000～4 000mm；干燥度为8～30，吐鲁番高达85。因此，棕漠土分布地区植被稀疏简单，多为肉汁、深根、耐旱的小半灌木和灌木，以麻黄、伊林藜（戈壁藜）、琵琶柴、泡果白刺、假木贼、霸王、合头草和沙拐枣等为主，覆盖度常常不到1%。每公顷干物质年产量多不足375kg。

棕漠土分布的地形主要是塔里木盆地山前倾斜平原、哈密倾斜平原和吐鲁番盆地，其中包括细土平原和砾质戈壁。在昆仑山、阿尔金山北坡，其分布高度上升到3 000m左右的山地上。棕漠土的成土母质主要有洪积冲积细土、沙砾洪积物、石质残积物和坡积残积物，一般粗骨性强。

(二) 荒漠土的共性特征

1. 成土过程

(1) 微弱的生物积累过程　荒漠植被极为稀疏，有些地区为不毛之地，植物残落物数量极其有限，在干热的气候条件下，有机质易于矿化，土壤表层的有机质含量通常在5g/kg以下，很少超过12g/kg，水热条件直接作用于母质而表现出非生物的地球化学过程。

(2) 孔状结皮和片状层的形成　荒漠砾幂下的孔状结皮与片状层是荒漠土壤的重要发生特征。风和水等外营力直接作用于地表细土物质，结合碳酸盐，可形成结皮层。与此同时，蓝绿藻和地衣于早春冰融时在土壤表层进行光合作用而放出CO_2，可形成微小的气孔。另一方面，在夏季高温下，阵雨的及时汽化也可形成气孔，从而形成荒漠区所特有的具有海绵状孔隙的脆性表层A_l（孔状结皮层）。至于结皮层下薄片状层次的形成，可能和土壤干湿交替及冻融交替等因素有关。

(3) 荒漠残积黏化和铁质化过程　因在荒漠地表下一定土层厚度内水热状况能短暂地保持稳定，土内矿物就地蚀变风化并且残积黏化。与此同时，无水或少水氧化铁相对积聚，使土壤黏粒表面涂成红棕色或褐棕色，并形成相对紧实的B_w层。不过，有人认为这是古湿热条件下的产物。这种过程也可以发生在地面砾石和岩石的表面以下，这些蚀变风化的氧化铁和氧化锰可在雨后随岩石风化裂缝和毛管而蒸发于岩石表层，形成褐棕色的所谓“荒漠漆皮”。

(4) 石膏和易溶盐的聚积　在荒漠条件下，石膏和易溶盐难于淋出土体，积聚于土层下部。正常情况下，易溶盐出现层位深于石膏。石膏和易溶盐的积累强度由灰漠土、灰棕漠土到棕漠土不断增加，同时，随干旱程度的增加出现层位升高。

2. 基本性状

(1) 剖面形态特征　荒漠土壤剖面构型为$(A_r)-A_l-B_w-B_{yz}-C_{yz}$。

(2) 基本理化性状

①腐殖质含量很少，通常在5g/kg以下。

②土壤组成与母质近似，灰棕漠土和棕漠土粗骨性强，剖面中粗粒含量由上向下增多，地表多砾石。

③表层有海绵状多孔结皮，其下为片状层，淀积层（B层）具有“黏化”和“铁质化”的红棕色紧实层；普遍含有较多的石膏和易溶盐。

④细土部分的阳离子交换量不高，多数不超过10cmol（+）/kg。

⑤土壤矿物以原生矿物为主，含大量的深色矿物。黏粒含量低，黏粒矿物以水云母和绿泥石为主，伴生一定量的蛭石、蒙脱石和石英。

⑥盐化和碱化相当普遍，pH一般高于8.5。

(三) 荒漠土的利用与改良

荒漠土壤地区光照充足，春季土壤升温快，夏季温度高，昼夜温差大，矿质养分储量丰富，且病虫害较轻，只要土地利用适当，具有广阔的发展前景。

1. 利用方向　以牧为主，牧农林结合，以草定畜，固定草场使用权，划区轮牧，防止超载过牧，以利草场资源的恢复。加强农田基本建设，提高单产，一方面为农区人民生活提供足够的产品，另一方面也为牧区提供精饲料。林业发展以农田防护林、牧场防护林、防风固沙林、水土保持林和水源涵养林为主，严禁或限制山区林木采伐。

2. 充分开辟和利用水源，发展灌溉绿洲农业及饲草料基地　引水灌区要控制灌溉定额，减少渠系渗漏，灌排配套，防止次生盐渍化。井灌区要注意地下水平衡，防止过采。灌溉农业要积极推广应用节水灌溉新技术（喷灌、滴灌、渗灌）。充分利用光热资源，建立粮食、棉花、瓜果、甜菜等优质产品基地。

3. 加强土壤管理　已开垦农用或将开垦农用的荒漠土壤，要通过深耕晒垡，破除板结层，加速土壤熟化。精细平整土地，推行细流沟灌、高埂淹灌、小水畦灌。种植苜蓿，增施有机肥，合理施用化肥，提高改土培肥效益。防止土壤风蚀沙化。

四、盐 碱 土

盐碱土是在各种自然环境因素和人为活动因素综合作用下，盐类直接参与土壤形成过程，并以盐（碱）化过程为主导作用而形成的。盐碱土具有盐化层或碱化层，土壤中含有大量可溶盐类，从而抑制作物正常生长。盐碱土包括盐土和碱土两个亚类。盐土亚类包括草甸盐土、滨海盐土、酸性硫酸盐土、漠境盐土和寒原盐土 5 个土类。

（一）盐土

盐土是指含可溶盐较高的土壤。

1. 分布与形成条件　中国盐土分布地域广泛，主要分布在北方干旱半干旱地带和沿海地区。除滨海地带外，在干旱、半干旱、半湿润气候区，蒸发量和降水量的比值均大于 1，土壤水盐运动以上升运动为主，土壤水的上升运动超过了重力水流的运动，在蒸降比高的情况下，土壤及地下水中的可溶性盐类随上升水流蒸发、浓缩、积累于地表。气候愈干旱，蒸发愈强烈，土壤积盐也愈多。西北干旱区及漠境地区蒸发量大于降雨量几倍至几十倍，土壤毛管上升水流占绝对优势，所以土壤积盐程度强，且盐土呈大面积分布。

2. 形成过程　根据我国盐土形成条件及土壤盐渍过程特点，大致可分为现代积盐过程和残余积盐过程。

（1）现代积盐过程　在强烈的地表蒸发作用下，地下水和地面水以及母质中所含的可溶性盐类，通过土壤毛管，在水分的携带下，在地表和上层土体中不断累积，是土壤现代积盐过程的主要形式。

土壤现代积盐过程包括海水浸渍影响下的盐分累积过程、区域地下水影响下的盐分累积过程、地下水和地面渍涝水双重影响下的盐分累积过程及地面径流影响下的盐分累积过程。

（2）残余积盐过程　土壤残余积盐过程是指在地质历史时期，土壤曾进行过强烈的积盐作用，形成各种盐渍土。此后，由于地壳上升或侵蚀基准面下切等原因，改变了原有的导致土壤积盐的水文和地质条件，地下水位大幅度下降，不再参与现代成土过程，土壤积盐过程基本停止。同时，由于气候干旱，降水稀少，以致过去积累下来的盐分仍大量残留于土壤中。

3. 基本特性

(1) 剖面形态特征　盐土剖面形态以盐分积聚为标志，土壤剖面构型为 A_z - B - C_g 或 A_z - B_z - C_g 两种类型，即盐分聚集于表层，或者是通体聚集。

(2) 基本理化性状　盐土的主要特征是土壤表面或土体中出现白色盐霜或盐结晶，形成盐结皮或盐结壳。长期受地下水和地表水双重作用下发生的盐土，由于所处生物气候条件的不同，土壤积盐状况差异很大，并与蒸降比（年平均蒸发量与降水量之比）呈正相关。蒸降比愈大，土壤积盐愈重，盐结皮或盐结壳愈厚。在半湿润半干旱地区盐土的积盐层和盐结皮较薄，盐分呈明显的表聚性，季节性变化大，但心土和底土含盐量都低，盐渍土多呈斑块分布。干旱和荒漠地区的盐土，积盐层和盐结皮较厚，一般在地表形成盐结壳，表层积盐量很高，底土的含盐量也高，盐分的季节性变化小，并呈片状分布。

根据土壤盐分的组成及其对植物的危害特点，可分为中性盐类与碱性盐类两大类型。中性盐类主要包括 $NaCl$、Na_2SO_4、$CaCl_2$ 和 $MgCl_2$ 等，它们主要因为溶解于土壤水中而产生渗透压来影响作物对水分的吸收，对植物细胞来说，就是这些离子对水分的亲和力对细胞膜的吸水渗透产生反渗透，土壤溶液中这种盐分浓度越高，则植物根系吸水越困难。碱性盐类主要是 Na_2CO_3，由于它使土壤溶液产生 pH＞9.0 以上的碱性和强碱性，其危害大于中性盐类。

4. 利用与改良　由于我国人均耕地面积少，开垦了许多盐土。盐土在利用过程中的主要问题是盐分过多，影响作物的正常生长，因此应通过改良措施，降低土壤中盐分含量。改良措施包括水利工程措施和农业技术措施。

(1) 水利工程措施　水利工程措施对农业生产是首要的，更是盐碱土综合开发与治理的前提条件。排水工程可降低地下水位，为淋洗盐分创造前提条件；灌溉系统提供冲洗土体盐分的水分。有灌有排，灌排通畅，综合运用排、灌、蓄、补不同方式，统一调控天上水、地面水、地下水和土壤水。

(2) 农业技术措施　通过增施有机肥、种植绿肥、中耕松土等农业措施，可以增加土壤有机质和养分含量，改良土壤结构。还可以通过增加地面覆盖、切断土壤表层毛管空隙，降低水分蒸发，减少盐分的上升积累。

(二) 碱土

碱土是土体含较多的苏打（Na_2CO_3），使土壤呈强碱性，钠饱和度在 20%以上，而且具有被 Na^+ 分散的胶体聚集的碱化淀积层（B_{tn}）的土壤。

1. 分布与形成条件　碱土在中国的分布相当广泛，从最北的内蒙古呼伦贝尔高原栗钙土区一直到长江以北的黄淮海平原潮土区；从东北松嫩平原草甸土区经山西大同-阳高盆地、内蒙古河套平原到新疆的准噶尔盆地，均有局部分布，地跨几个自然生物气候带。中国碱土呈零星分布，常与盐渍土或其他土壤组成复区。

2. 形成过程　土壤碱化过程是指土壤吸附钠离子的过程。它既可发生在土壤积盐过程中，也可发生于土壤脱盐过程中，或土壤积盐和脱盐反复进行过程中。在土壤溶液（或地下水）以碱性钠盐为主的情况下，在积盐过程同时可发生土壤碱化过程。而当土壤溶液中以中性钠盐为主时，虽然在积盐过程中有钠离子被土壤胶体吸附的现象，但因土壤溶液中有大量中性盐类的电解质存在，土壤吸附的钠离子不能解离而影响土壤的理化性质，故土壤一般不显示碱化的特征。只有当中性钠盐盐渍土在稳定脱盐后，土壤才显示明显的碱化特征，而形成碱化土壤。钠-钙离子的交换是碱化过程的核心。

3. 基本性状

（1）剖面形态特征　根据以上的形成过程，碱土的典型剖面形态是 A_h - (E) - B_{tn} - BC_{yz} 的构型。

（2）基本理化特性　碱土的特点是土壤含有较多的交换性钠，pH 很高（一般在 9 以上），或多或少含可溶性盐，土粒高度分散，湿时泥泞，干时板结坚硬，呈块状或棱柱状结构。碱土的明显特征是碱化层的存在。碱土的含盐量并不高，其特点是土壤胶体吸附有大量的钠离子，并具有强烈碱化特性。碱土的盐分组成比较复杂，但普遍含有碳酸根和重碳酸根，且与钠离子结合形成碳酸钠和重碳酸钠，二者占碱土总盐量的 50%以上。

4. 利用与改良　碱土中含有大量的 Na_2CO_3 及代换性 Na^+，致使土壤碱性强，土粒分散，物理性质恶化，作物难以正常生长。改良碱土除了消除多余的盐分外，主要应清除土壤胶体上过多的代换性 Na^+ 和降低碱性。因此，很有必要采用化学措施加以改良。

化学改良主要是施用一些改良剂，通过离子交换及化学作用，降低土壤代换性 Na^+ 的饱和度和土壤碱性。改良碱化土壤的化学改良剂一般有 3 类，一类是含钙物质，如石膏、磷石膏、亚硫酸钙和石灰等，它们以钙代换 Na^+ 为改良机理；第二类是酸性物质，如硫酸、硫酸亚铁和黑矾等，它们是以酸中和碱为改良机理；第三类是有机类改良剂，如腐殖质类物质等，通过改善土壤结构，促进淋洗，通过抑制钠吸附和培肥等起到改良作用。

在用化学措施改良的同时，可以种植水稻和耐碱牧草。这样，改良与利用相结合，而且可以增加土壤有机质含量，改良效果更好。

五、初育土壤

初育土壤是幼年土壤，是由于土壤形成过程中存在阻碍土壤发育成熟的因素，如沉积覆盖、侵蚀等原因，其土壤发生层分异不明显，即相对成土年龄短，因而土壤性质具有极大的母质继承性。初育土壤又根据其土壤母质起源分为土质初育土和石质初育土。土质初育土起源于疏松母质，包括冲积土、风沙土和黄绵土 3 个土类；石质初育土起源于坚硬的母岩，包括紫色土、石灰岩土、火山灰土、磷质石灰土、石质土和粗骨土等。这里仅介绍其中的紫色土和石灰（岩）土。

（一）紫色土

紫色土是湿润热带和亚热带由紫色砂、页岩发育形成的带紫色的岩性土。

1. 分布与形成条件　紫色土分布范围很广，南起海南，北抵秦岭，西至横断山系，东达东海之滨，形成于具有亚热带和热带湿润气候条件的南方 15 个省、自治区。紫色砂泥（页）岩中以四川盆地最大，相应紫色土也以四川省面积最大，其他如云南、贵州、浙江、福建、江西、湖南、广东和广西等省、自治区也有零星分布。

母岩：紫色砂、页岩。

生物气候：湿热的亚热带、热带气候。

地形：丘陵和山地，地形起伏明显，坡度较大。

2. 成土特点

（1）物理风化强烈　紫色岩固结性差，岩性松软，吸热性强，物理风化强烈，母岩→母质→土壤时间短。

(2) 化学风化微弱 紫色土的化学风化多处在脱钾、钠阶段。大量的原生矿物石英、长石和云母等未能彻底分解，元素迁移弱，母岩、母质和土壤矿物组成和化学组成基本相近，表现出岩性土化学风化微弱的特点。

(3) 碳酸岩的不断淋溶和复钙 紫色土中除少数由酸性紫色砂页岩发育形成的之外，绝大多数含有数量不等的碳酸钙，在热带、亚热带气候条件下，遭到不同程度淋失，土壤剖面中出现了碳酸钙含量由上而下逐渐增高的变化趋势，即下层可出现复钙现象。

3. 基本特性

(1) 剖面形态特征 通体呈单一紫色，紫色是紫色土的特殊表征。土壤与母质之间的颜色几乎没有或仅有微小的差异。剖面分化微弱，土体内物质淋溶和淀积都很微弱，一般无新生体生成，发生层次分异很不明显，常成过渡型分界。母质碎屑含量高，土壤结构不稳定。紫色土以物理风化为主形成土块，在强烈侵蚀下，土体中多含有半风化的母质碎屑。土壤微团聚体的发育很差，遇水易于分散，土壤抗蚀能力弱。

(2) 土壤理化性质

①砂粒含量高，粉砂粒含量适中，质地以砂质黏壤土居多。

②以2∶1型的水云母、蒙脱石和绿泥石占优势。

③紫色土碳酸钙含量变化大，pH变化范围为4.5～8.5。

④胶体吸附的交换性盐基中，钙离子占优势，盐基饱和度除酸性紫色土外，多数在80%以上。

⑤有机质含量低，氮素普遍不足；矿质养分（P、K）丰富；微量元素除锌、硼、钼有效量偏低外，其余均较丰富。

4. 利用与改良 由于人口多，耕地少，不得不开垦紫色土。同时，也因为紫色砂岩、页岩在南方湿热的气候件下易于崩解风化，形成土层，所以人们开垦紫色土，甚至刨挖半风化状态的基岩，以致紫色土成为中国南方，特别是四川、贵州和云南等省的重要耕作土壤。相对于红壤和黄壤等同地带的其他地带性土壤来说，紫色土因为养分水平较高，酸性弱，所以其土壤肥力较高，在紫色土上生产出了丰富的农产品，包括粮食、油料和水果。改良利用措施为：①改坡地为梯地（田），控制水土流失；②加强农田水利建设，提高抗旱能力；③建立特产农林业基地，发挥紫色土资源优势。

（二）石灰（岩）土

石灰（岩）土是在热带、亚热带地区石灰岩经溶蚀风化，由于风化物中含钙物质不断供给，延缓了脱硅富铝化速度，形成了盐基饱和、岩性特征明显的土壤。

1. 分布与形成条件 石灰（岩）土按分布面积由大到小的次序是：贵州、四川、湖北、湖南、云南、广西、陕西、广东、安徽、江西和浙江。在北方石灰岩上形成的土壤一般不称为石灰（岩）土，只有在南方湿热气候条件下，由石灰岩溶蚀风化形成，而且土壤因母岩中的碳酸钙不断供给土壤盐基致使土壤酸性发育受阻，盐基饱和度高，才称为石灰（岩）土，以区别于其他成土母质发育成的地带性土壤。

石灰（岩）土主要见于我国亚热带地区，常与赤红壤、红壤和黄壤形成组合分布；高海拔地区常与黄棕壤和棕壤组合分布。

2. 成土过程

（1）溶蚀风化的钙、镁迁移　碳酸盐岩类一般含碳酸钙及碳酸镁达80%以上，在水和二氧化碳存在下发生溶蚀，钙、镁元素形成重碳酸盐不断遭到淋洗迁移。

（2）$CaCO_3$的淋溶与富集　在富含钙质的水文条件及喜钙植物的综合作用下，石灰（岩）土在强烈脱钙的同时，又不断接受从高处流下的含重碳酸盐的新水溶液，以及受喜钙植物生物富集作用的影响，土壤中钙得到不断补充，这种淋溶脱钙和富集复钙作用反复活跃进行。

（3）腐殖质钙的积累　高温多湿的气候条件有利于生物的旺盛生长，每年有较丰富的根叶残落物归还土壤。在钙质丰富的土壤中，微生物活动旺盛，使有机物分解形成腐殖质，并与钙、镁离子结合，形成高度缩合而稳定的腐殖质钙，从而富集腐殖质。

3. 基本性状

（1）剖面形态特征　一般初期发育的石灰（岩）土浅薄，土体构型为A-R或A-C型，腐殖质层（A层）土壤棕黑色至橄榄棕色，有石灰反应。进一步发育，土壤较厚，土体发育为A-BC-C型，心土层黄棕色或黄色，表土层为粒状或核状结构。

（2）基本理化性状　石灰（岩）土呈中性至微碱性反应，pH 7.0～8.5。土壤质地黏重，表土层多为黏壤至壤土，结构性好，土壤蓄水、通气、透水性及耕性均较好。土壤中黏土矿物以伊利石、蛭石和水云母为主，有的含蒙脱石或高岭石。黏粒的硅铝率较高，多达2.5～3.0；阳离子交换量为20～40 cmol（+）/kg（土），交换性盐基以钙、镁占绝对多数。土壤有机质丰富，平均为40 g/kg或以上，腐殖化程度高，与钙形成腐殖酸钙使土壤具有良好的结构，且颜色较暗。土壤碳氮比值低，养分含量丰富，速效磷、钾中等水平。但由于pH较高，土壤中微量元素（如硼、锌、铜等）有效性低，易导致缺素现象。

4. 利用与改良　石灰（岩）土地区多是贫困山区，这里山高坡陡，交通不便，耕地地块狭小零散，土层薄，砾石多，不利于机械耕作。石灰岩裂隙多，漏水，因此，石灰岩山区往往也是缺水地区。石灰（岩）在改良利用措施上，主要有以下几个方面：①重视绿色水库的建设，保护和发展森林，保持水土，涵养水源，调节气候，改善生态环境；②加强土壤肥力建设，搞好水土平衡，充分认识土壤水库的作用；加强农田基本建设，改良培肥土壤，增强蓄水抗旱能力；③实行以玉米和豆类为主的旱作多熟制，发展药材和土特产等商品经济，搞好农业综合开发，增加群众收入，改善生活；④发展旅游业，岩溶地区旅游资源丰富，山青、水秀、石美、洞奇，旅游开发前景良好。

六、水成土壤和半水成土壤

半水成土壤是指在地下水位较高，地下水毛管前锋浸润地表，土体下层经常处于潮湿状态下形成的土壤。半水成土壤的共性是剖面具有氧化还原交替形成的锈色斑纹层。半水成土壤广泛分布于河流平原，包括草甸土、潮土、砂姜黑土、林灌草甸土和山地草甸土5个土类。

水成土壤是在地面积水或土层长期水分饱和状态、生长喜湿与耐湿植被下形成的土壤。由于土层长期处于嫌气还原状态，土壤潜育过程十分活跃，土层中的游离铁和锰还原、移位，形成蓝灰色潜育土层。水成土壤包括沼泽土和泥炭土两个土类。

（一）草甸土

草甸土是温带地区受地下水浸润作用影响，在草甸植被下，进行着腐殖质积累和潴育化过程，具有腐殖质层及锈色斑纹层两个基本发生层的半水成土壤。

1. 分布与形成条件　草甸土主要分布于中国东北地区的三江平原、松嫩平原和辽河平原，以及内蒙古及西北地区的河谷平原或湖盆地区。在行政区上，草甸土主要分布在黑龙江省，约占全国草甸土总面积的 1/3，其次是内蒙古和新疆，分别占全国草甸土总面积的 23.9%和 15.3%。

草甸土分布区地势低平，地表水及地下水汇集，排水不畅，潜水水位一般在 0.5～3 m，地下水矿化度大多为 0.5～0.9 g/L。高潜水位是形成草甸土的重要条件，土壤水分充足，地下水位随旱季雨季呈季节性变化，为土壤中下部氧化还原过程的进行创造了条件。

我国草甸土大部分分布在温带湿润、半湿润、半干旱季风气候区。年平均气温为－4～10℃，年降水量为 200～1 000 mm，夏季降水占全年降水总量的 80%左右，土壤冻结期达 5～7 个月，冻层深度为 1～2 m。其气候特点是：春季干旱多风，夏季温暖多雨，秋季气温多变，冬季漫长寒冷，气候条件对于草甸植被生长和土壤腐殖质积累十分有利。

草甸土的自然植被因地而异，有湿生型的草甸植物，如小叶章、沼柳和薹草等；草甸草原区的植物有羊草、狼尾草、拂子茅和鸢尾等；局部低洼处有野稗草、三棱草和芦苇等湿生及沼泽植物。草甸土的植被覆盖率一般可达到 70%～90%，甚至 100%，并且草甸植被生长繁茂，每年都能够向土壤提供丰富的植物残体，加之气候冷凉，微生物分解活动受到抑制，故草甸土有机质含量较高，腐殖质层深厚。

草甸土母质多为近代河湖相沉积物，地区性差异明显，主要表现在碳酸盐的有无及质地分异上。例如，东北地区西部多碳酸盐淤积物，东部和北部多为无碳酸盐淤积物。母质的砂黏程度直接影响腐殖质、养分积累和水分物理性质。

2. 形成过程　草甸土形成过程的特点是：具有明显的腐殖质累积过程和潴育化过程。

（1）腐殖质累积过程　草甸土的草甸草本植物，每年不但地上部分补给土壤表层以大量有机质，而且其根系也主要集中于表层。植株死亡后，有机质归还于土壤表层，有机质分解产生大量钾、钠、钙和镁等矿质元素，使土壤溶液为钾、钠、钙和镁等凝集剂所饱和；腐殖质以胡敏酸为主，多以胡敏酸钙盐形式存在。这是草甸土表层腐殖质积累，养分丰富，具有团粒结构等良好水分物理性质的主要原因。

（2）潴育化过程　草甸土潴育化过程主要决定于地下水水位的季节性动态变化。由于草甸土分布区地形低，地下水埋藏较浅，变幅大，升降频繁。在剖面中下部地下水升降范围土层内，土壤含水量变化于毛管持水量至饱和含水量之间，铁锰的氧化物发生强烈氧化还原过程，并有移动和淀积，土层显现锈黄色及灰蓝色（或蓝灰色）相间的斑纹，具有明显的潴育化过程特点及轻度潜育化现象。

3. 基本性状

（1）剖面形态特征　草甸土一般可以分为两个基本发生学层次，即腐殖质层（A_h）和锈色斑纹层（BC_g 或 C_g）。剖面构型为 A_h - AB - BC_g（C_g）或 A_h - AB - BC_g - C_g 型等。

（2）基本理化性状

①土壤水分含量高：毛管活动强烈，有明显季节变化，旱季为水分消耗期，雨季为水分补给期，冬季为冻结期。土壤水分剖面自上而下一般分为易变层（0～30 cm）、过渡层

(30～80 cm) 和稳定层 (80～150 cm)。

②腐殖质含量较高：腐殖质含量自西而东自南向北逐渐增加，北部的兴凯湖低平原和三江平原腐殖质含量高达 50～100 g/kg，西部内蒙古干旱草原地带的草甸土一般为 20～40 g/kg，低者仅 10～20 g/kg。

4. 利用与改良 草甸土属较肥沃土壤，其所处地势平坦，地下水位较高，土壤水分充足，成土母质含有相当丰富的矿质养分，土体较深厚，适宜多种作物和牧草生长，并能获得较高产量，是我国北方重要的农牧业土壤资源。

草甸土耕地具有较大的生产潜力，但不少草甸土仍受旱涝盐碱危害，影响产量提高，可采取以下改良措施：①合理轮作，用地与养地相结合；②发展灌溉，修建防洪堤及骨干田间排水和截流排水系统，防洪排涝；③以水利为基础，运用化学改良剂和农业改良的综合技术，防治土壤盐碱化；④改良土壤质地，不断补充新鲜有机质，平衡施肥，提高土壤肥力。

(二) 潮土

潮土是一种受地下潜水影响和作用形成的具有腐殖质层（耕作层）、氧化还原层及母质层等剖面构型的半水成土壤。潮土是根据其地下水位较浅，毛管水前锋能到达地表，具有"夜潮"现象而得名。

1. 分布与形成条件 潮土广泛分布在中国黄淮海平原、长江中下游平原以及上述地区的山间盆地和河谷平原。在行政区划上潮土主要分布在山东、河北和河南 3 省，各自的面积都在 4.0×10^6 hm^2 以上，其次是江苏、内蒙古和安徽，各自面积为 1.0×10^6～2.0×10^6 hm^2，再次为辽宁、湖北、山西和天津等省、直辖市。

潮土的主要成土母质多为近代河流冲积物，部分为古河流冲积物、洪积物及少量的浅海冲积物。在黄淮海平原及辽河中下游平原，潮土的成土母质多为石灰性冲积物，含有机质较少，但钾素丰富，土壤质地以砂壤质和粉砂壤质为主；而长江水系主要为中性黏壤或黏土冲积物。

潮土分布地区地形平坦，地下水埋深较浅，土壤地下水埋深随季节而发生变化，旱季时地下水埋深一般为 2～3 m，雨季时可以上升至 0.5 m 左右，季节性变幅在 2 m 左右。

潮土的自然植被为草甸植被。但由于该地区农业历史比较悠久，多辟为农田，耕地面积占潮土总面积的 86%以上，自然植被为人工植被所代替。

潮土地区光热资源充足，为小麦、玉米和棉花等作物的生产基地，也是各种水果、蔬菜等农产品的重要产区。

2. 形成过程 潮土是由潴育化过程和受旱耕熟化影响的腐殖质累积过程两个成土过程形成的。

(1) 潴育化过程 潴育化过程的影响因素是上层滞水和地下潜水。潮土剖面下部土层常年在地下潜水干湿季节周期性升降运动的作用下，土壤干湿交替，氧化还原作用交替进行，造成土壤中铁、锰的迁移和淀积，在毛管水升降变幅土层中的空隙与结构面上形成棕色锈纹斑、铁锰斑与雏形结核。

(2) 腐殖质累积过程 因气候温暖，自然潮土的有机质累积并不多，因此，表层颜色较淡，称为浅色草甸土。现在，潮土绝大多数已垦殖为农田，其腐殖质累积受耕作、施肥和灌排等农业耕作栽培等措施影响。因此，潮土的有机质累积是在自然因素与人类影响共同作用下达到了新的平衡。

3. 基本性状

（1）剖面形态特征　潮土的发生层有腐殖质层（或耕作层）、过渡层（或亚耕层）和氧化还原层，土体构型为 A_h/A_p - AB - BC_g - C_g。

（2）基本理化性状

①颗粒组成：潮土颗粒组成因河流沉积物的来源及沉积相而异，一般来源于花岗岩山区者粗，来源于黄土高原的黄河沉积物者多为砂壤及粉砂质，长江与淮河物质较细，且质地层次分异不明显。

②黏粒组成：潮土的黏土矿物一般以水云母为主，蒙脱石、蛭石和高岭石次之。

③碳酸钙含量及酸碱性：发育在黄河沉积母质上的潮土碳酸钙含量高。含量变化多在5%～15%之间，砂质土偏低，黏质土偏高。土壤呈中性到微碱性反应，pH 为 7.2～8.5，碱化潮土 pH 高达 9.0 或更高。长江中下游钙质沉积母质发育的潮土，碳酸钙含量较低，为2%～9%，pH 为 7.0～8.0；发育在酸性岩山区河流沉积母质上的潮土，不含碳度酸钙，土壤呈微酸性反应，pH 为 5.8～6.5。

④养分特性：分布于黄河中下游的潮土（黄潮土），腐殖质含量低，多小于 10g/kg，普遍缺磷，钾元素丰富，但近期高产地块普遍出现缺钾现象，微量元素中锌含量偏低。分布于长江中下游的潮土（灰潮土）养分含量高于黄潮土。潮土养分含量除与人为施肥管理水平有关外，与质地有明显相关性。

4. 利用与改良　潮土分布区地势平坦，土层深厚，水热资源较为丰富，适种性广，是中国主要的旱作土壤，盛产粮棉。

①发展灌溉，建立排水与农田林网，加强农田基本建设，是改善潮土生产环境条件，消除或减轻旱、涝、盐、碱危害的根本措施，也是发挥潮土生产潜力的前提。

②培肥土壤。目前出现了重视化肥投入，而忽视有机肥投入的现象。虽然大量投入化肥使得根茬归还量增大，土壤有机质含量有上升趋势，但若实行秸秆还田和采取施用其他有机肥措施，土壤有机质含量将更进一步提高。潮土富含碳酸钙，pH 较高，应注意施用磷肥。在大量施用氮、磷肥的情况下，已经出现局部地区（块）开始缺钾的现象，应适当补施钾肥，配合施用微肥，实行平衡施肥。

③改善种植结构，提高复种指数，合理配置粮食与经济作物，同时发展林业和牧业，提高潮土的产量、产值和效益。

（三）沼泽土和泥炭土

沼泽土和泥炭土是在地表水和地下水影响下，在沼泽植被（湿生植物）下发育的具有腐泥层或泥炭层和潜育层的土壤。

1. 分布与形成条件　沼泽土与泥炭土除了部分地区分布比较集中外，一般呈零星分布。全国沼泽土总面积为 $1.260\,67\times10^7$ hm^2，泥炭土总面积为 $1.481\,2\times10^6$ hm^2。总的趋势是以东北地区为最多，其次为青藏高原，再次为天山南北麓、华北平原、长江中下游、珠江中下游以及东南滨海地区。

一般来说，沼泽土和泥炭土的形成，不受气候条件的限制，只要有潮湿积水条件，在寒带、温带和热带均可形成。但是，气候因素对沼泽土和泥炭土的形成和发育也有一定的影响。一般来说，在高纬度地带，气温低，湿度大，有利于沼泽土和泥炭土的发育。在中国的具体条件下，大致由北（冷）向南（热）、由东（湿）向西（干），沼泽土和泥炭土的面积呈递减趋势，发育程度也趋于变差。

沼泽土和泥炭土总是与低洼的地形相联系，斑点状分布于全国各地的积水低地。在山区多见于分水岭上碟形地、封闭的沟谷盆地、冲积扇缘或扇间洼地；在河间地区，则多见于泛滥地、河流会合处，以及河流平衡曲线异常部分。此外，在滨海的海湖、半干旱地区的风蚀洼地、丘间低地、湖滨地区也有沼泽土和泥炭土的分布。

母质的性质对沼泽土和泥炭土的发育也有很大的影响。母质黏重，透水不良，容易造成水分聚积。母质矿质营养丰富，则会延缓沼泽土和泥炭土的发育速度。由于上述因素的综合作用，首先造成土壤水分过多，为苔藓及其他各种喜湿性植物（薹草、芦苇和香蒲等）的生长创造了条件。而各种喜湿作物的繁茂生长以及草毡层的形成，又进一步促进了土壤过湿，从而更加速了土壤沼泽化的进程。

2. 形成过程　沼泽土和泥炭土大都分布在低洼地区，具有季节性或长年的停滞性积水，地下水埋深都小于 1m，并具有沼生植物的生长和有机质的嫌气分解的生物化学过程，以及潜育化过程。沼泽土的形成称为沼泽化过程，它包括了潜育化过程、腐泥化过程或泥炭化过程。泥炭土则这 3 个过程都有。

（1）潜育化过程　由于地下水位高，甚至地面积水，使土壤长期渍水，首先可以使土壤结构破坏，土粒分散。同时由于积水，土壤缺乏氧气，土壤氧化还原电位下降，加上有机质在嫌气分解下产生大量还原性物质（如 H_2、H_2S、CH_4 和有机酸等），更促使氧化还原电位降低，E_h 一般低于 250mV，甚至降至负值。这样的生物化学作用引起强烈的还原作用，土壤中的高价铁和锰分别被还原为亚铁和亚锰。上述的潜育化过程，其结果是形成土壤分散、具有青灰色或灰蓝色，甚至成灰白色的潜育层。沼泽土和泥炭土均有这一过程而产生的潜育化层次。

（2）泥炭化或腐泥化过程　沼泽土或泥炭土由于水分多，湿生植物生长旺盛，秋冬死亡后，有机残体残留在土壤中，由于低洼积水，土壤处于嫌气状态，有机质主要进行嫌气分解，形成腐殖质或半分解的有机质，有的甚至不分解，这样年复一年地累积，不同分解程度的有机质层逐年加厚，这样累积的有机物质称为泥炭或草炭。但在季节性积水时，土壤有一定时期（如春夏之交）嫌气条件减弱，有机残体分解较强，这样不形成泥炭，而是形成腐殖质及细的半分解有机质，与水分散的淤泥一起形成腐泥。

（3）脱沼泽过程　沼泽土在自然条件和人为作用下，可发生脱沼泽过程。例如，由于新构造运动、地壳上升、河谷下切、河流改道、沼泽的自然淤积和排水开发利用等，使沼泽变干而产生脱沼泽过程。在脱沼泽过程中，随着地面积水消失，地下水位降低，土壤通气状况改善，氧化作用增强；土壤有机质分解和氧化加速，使潜在肥力得以发挥；土壤颜色由青灰转为灰黄，这样沼泽土也可演化为草甸土。

3. 基本性状

（1）剖面形态　沼泽土的剖面形态一般分 2～3 个层次，即腐泥层和潜育层（A_d－B_r），或泥炭层、腐泥层和潜育层（H－A_d－B_r）。泥炭土的剖面形态一般有厚层泥炭层及潜育层（H－G），或厚层泥炭层、腐泥层及潜育层（H－A_d－G）。

（2）基本理化性状

①泥炭常由半分解或未分解的有机残体组成，其中有的还保持着植物根、茎、叶等的原形。颜色从未分解的黄棕色，到半分解的棕褐色甚至黑色。泥炭的容重小，仅 0.2～0.4

g/cm^3。

②泥炭中有机质含量多为 50%～87%，其中腐殖酸含量高达 30%～50%；全氮量高，可达 10～25 g/kg；全磷量变化大，为 0.5～5.5 g/kg；全钾量比较低，多为 3～10g/kg。

③泥炭的吸持力强，阳离子交换量可达 80～150 cmol/kg。持水力也很强，其最大吸持的水量可达 300%～1 000%，水藓形成的高位泥炭则更多。

④泥炭一般为微酸性至酸性，高位泥炭酸性强，低位泥炭为微酸性乃至中性。

4. 利用与改良

①泥炭是有价值的自然资源，用途很广，可用做肥料、制作营养土和用做燃料或用于发电。

②在农牧业生产利用方面，应注意疏干排水，这是利用沼泽土（包括泥炭土）的先决条件。但是在大面积疏干之前一定要进行生态环境分析，防止不良生态后果的发生。通过小面积的治涝田间工程，如修筑条状台田、大垄栽培等，以局部抬高地势，增加田块土壤的排水性，也可以促进土壤熟化。有些排水稍差的沼泽土，由于有湿生植被，可以作为牧场或刈草场，但要注意沼泽土的湿陷性很强，防止牲畜陷落和饮水卫生及烂蹄等。

③作为湿地资源保护，沼泽土和泥炭土是天然湿地，对于调节气候、防止洪涝有巨大作用。同时，沼泽土和泥炭土上生长着湿生植物，积水地带有淡水鱼类，也是许多水禽的栖息地。因此，将沼泽土和泥炭土作为湿地资源保护起来，既有利于保护生物多样性，也有利于蓄洪防洪，调节气候，保护生态环境。

七、水 稻 土

水稻土是指在长期淹水种稻条件下，受到人为活动和自然成土因素的双重作用，而产生水耕熟化和氧化与还原交替，以及物质的淋溶、淀积，形成特有剖面特征的土壤。

（一）分布与形成条件

水稻土是我国重要的耕作土壤之一。由于水稻的生物学特性对气候和土壤有较广的适应性，因而水稻土可以在不同的生物气候带和不同类型的母土上发育形成。主要分布于秦岭至淮河一线以南的广大平原、丘陵和山区，其中以长江中下游平原、四川盆地和珠江三角洲最为集中。

（二）形成过程

1. 周期性的氧化还原交替作用 氧化还原交替作用下，土壤中易变价显色的铁氧化物和锰氧化物被还原，并产生一定数量的铁、锰有机络合物，在一定程度上改变了耕作层土壤的基色。当耕作层排水落干，活性低价铁化合物和锰化合物，一部分随耕作层的静水压力向下淋移；一部分随地表水流失；还有一部分储积或滞留在耕层土壤孔隙或土块裂面而被氧化淀积，形成棕红色的锈纹或与有机物络合形成“鳝血”斑。

2. 有机质的合成与分解 与母土（不包括有机土）相比，水稻土有利于有机质累积，故耕作层土壤有机质含量比母土均有不同程度的增加，但其 HA/FA 之比、芳构化程度和分子质量均较低。

3. 盐基淋溶和复盐基作用 种稻后土壤交换性盐基将重新分配，一般盐基饱和的母土盐基将淋溶，而盐基不饱和的母土中发生复盐基作用，特别是酸性土壤施用石灰以后。不同母土上形成水稻土后，土壤酸碱向着中性演变。

（三）剖面形态特征

1. 水稻土的剖面分层　水稻土剖面可划分出以下一些发生层。

（1）耕作层（A_a 层）　耕作层淹水与脱水（烤田、旱作排水）水旱频繁交替，受周期性耕作和作物根系影响大，从而形成较肥沃的表层。

（2）犁底层（A_p 层）　犁底层是长期受耕作机械挤压及静水压的影响而密实化的层段，略呈片状结构，结构面上有铁、锰斑纹。

（3）渗育层（P）　渗育层是受田面静水压以及上层饱和水的渗淋，在犁底层下出现的土层，还原态铁、锰氧化物在该层被氧化淀积，其特征是铁锰新生体呈斑点状，并分层淀积。呈棱块状结构，结构面具有灰色胶膜和锈色斑纹。

（4）潴育层（W 层）　潴育层在土体内水分运动方式上，既有降水和灌溉水自上而下的渗淋作用，又有周期性地下水升降的双重影响，大量还原态铁、锰氧化物被氧化淀积。一般在黄棕色土体的结构面上显现灰色胶膜。

（5）潜育层（G 层）　潜育层受地下水或层间积水影响，长期浸水，处于还原状况。其特征是土色以蓝灰色为主，土粒分散，结持力甚低，土体糊烂，亚铁反应十分显著。

（6）脱潜层（G_w 层）　脱潜层是由湖沼沉积体或潜育水稻土排除地表渍水和降低地下水位后，在水旱轮作影响下，形成由潜育向潴育过渡的发生层次。土体内水分状况受降雨、灌溉水和地下水的双重影响。其特征是铁锰氧化物叠加淀积，为斑纹状或斑点状，较为密集，土体呈棱柱状或棱块状结构，一般在灰蓝色土体的结构面上显现锈色胶膜。

（7）漂洗层（E 层）　漂洗层是在漂洗作用下形成的灰白色土层。由于所处地势略高，土体内长期渍水，游离铁作用及侧向漂洗下形成白色的土层。其特征是色泽浅淡发白，界面清晰，淀板，质地较轻，具有少量铁锰新生体。

2. 水稻土的分类　水稻土可分为：①潴育型，土体构型为 $A_a-A_p-P-W-C$ 或 A_a-A_p-W-C；②淹育型，土体构型为 A_a-A_p-C；③渗育型，土体构型为 A_a-A_p-P-C；④潜育型，土体构型为 A_a-A_p-G 或 A_a-G；⑤脱潜型，土体构型为 $A_a-A_p-G_w-G$；⑥漂洗型，土体构型为 A_a-A_p-E-C；⑦盐渍型，土体构型为 $A_a-A_p-C_z$；⑧咸酸型，土体构型为 $A_a-A_p-C_{su}$。

（四）水稻土的培肥管理与改良

1. 培肥管理措施

（1）搞好农田基本建设　这是保证水稻土的水层管理和培肥的先决条件。

（2）增施有机肥料，合理使用化肥　水稻土的腐殖质系数虽然较高，而且一般有机质含量可能比当地的旱作土壤高，但水稻的植株营养主要来自土壤，所以增施有机肥，包括种植绿肥在内，是培肥水稻土的基础措施。在合理施用化肥上，除养分种类（如北方盐化水稻土的缺锌）全面考虑以外，在氮肥的施用方法上也应考虑反硝化作用造成的气态氮损失，应当以铵类化肥进行深施为宜。

（3）水旱轮作与合理灌排　水旱轮作是改善水稻土的温度、氧化还原状态以及养分有效释放的重要土壤管理措施。合理灌排可以调节土温，一般称“深水护苗，浅水发棵”。

2. 低产水稻土改良　水稻土的低产特性主要有冷、黏、砂、盐碱、毒和酸等，改良措施有：①开沟排水，增加排水沟密度和沟深，改善排水条件，降低地下水位，提高土温。

②增加土壤有机质累积，改善土壤性状，如条件许可，可采用客土的方法，改良过黏和砂的水稻土。③对于盐碱的影响，主要是在排水的基础上，加大灌溉量以对盐碱进行冲洗。④对一些土壤酸度过大的水稻土应当适量施用石灰。

第四节 土壤退化及其防治

一、土壤退化的概念与分类

（一）土壤退化的概念

土壤（地）退化指的是数量减少和质量降低。数量减少可以表现为表土丧失，或整个土体的毁坏，或是土地被非农业占用。质量降低表现为土壤在物理、化学和生物学方面的质量下降。

土壤（地）退化是自然因素和人为因素共同作用的结果。破坏性自然灾害及其异常的成土因素如气候、母质、地形等是引起土壤自然退化过程（侵蚀、沙化、盐化和酸化等）的基础；而人与自然相互作用的不和谐是加剧土壤（地）退化的根本原因。

（二）土壤退化的分类

20 世纪 80 年代以来，我国对土壤（地）退化研究较为活跃，并提出了许多关于土壤（地）退化的分类方法。

中国科学院南京土壤研究所借鉴国外的分类，根据我国的实际情况，将将我国土壤退化分为土壤侵蚀（水蚀、冻融侵蚀和重力侵蚀）、土壤沙化（悬移风蚀和推移风蚀）、土壤盐化（盐渍化和次生盐渍化及碱化）、土壤污染（无机物污染、农药污染、有机废物污染、化学废料污染、污泥、矿渣和粉煤灰污染、放射性物质污染、寄生虫、病原菌和病毒污染）以及不包括上列各项的土壤性质恶化（土壤板结、土壤潜育化和次生潜育化、土壤酸化和土壤养分亏缺）、耕地的非农业占用等 6 大类，并根据引起土壤退化的成因进行二级分类（表 6-6）。

表 6-6 中国土壤（地）退化分类

一 级	二 级
A 土壤侵蚀	A_1 水蚀
	A_2 冻融侵蚀
	A_3 重力侵蚀
B 土壤沙化	B_1 悬移风蚀
	B_2 推移风蚀
C 土壤盐化	C_1 盐渍化和次生盐渍化
	C_2 碱化
D 土壤污染	D_1 无机物（包括重金属和盐碱类）污染
	D_2 农药污染
	D_3 有机废物（工业及生物废弃物中生物易降解有机毒物）污染
	D_4 化学废料污染

（续）

一　级	二　级
	D_5 污泥、矿渣和粉煤灰污染
	D_6 放射性物质污染
	D_7 寄生虫、病原菌和病毒污染
E 土壤性质恶化	E_1 土壤板结
	E_2 土壤潜育化和次生潜育化
	E_3 土壤酸化
	E_4 土壤养分亏缺
F 耕地的非农业占用	

二、土壤退化的主要类型及其防治

（一）土壤侵蚀及其防治

1. 土壤侵蚀的概念　土壤物质在外力作用下，被破坏、分散、分离、剥蚀、搬运和沉积的过程称为土壤侵蚀。根据土壤侵蚀力，可将土壤侵蚀划分为水力侵蚀、风力侵蚀、重力侵蚀和冻融侵蚀。以水为主要侵蚀力的土壤侵蚀也称为水土流失。

衡量土壤侵蚀的常用指标是土壤侵蚀模数，即每年每平方公里土壤流失量。根据土壤侵蚀模数对区域划分土壤流失强度：无明显侵蚀、轻度侵蚀、中度侵蚀、强度侵蚀、极强度侵蚀和剧烈侵蚀。

2. 影响水土流失的主要因素　自从人类在地球上出现以来，就不断以自己的各种活动对自然界施加影响。正常侵蚀的自然过程受到人为活动的干扰和影响，产生水土流失。气候、地形、土壤、地质和植被等自然因素是产生土壤侵蚀的基础，而人为不合理的活动是造成水土流失的主导因素。

（1）植被破坏　植被破坏使得土壤失去了天然保护屏障，成为加速土壤水土流失的主要因子。水土流失与植被覆盖率密切相关。

（2）陡坡开荒和不合理的耕作　陡坡开荒不仅破坏了地面植被，且又翻松了土壤，造成了产生严重土壤侵蚀的条件。顺坡耕作使坡面径流也顺坡集中在犁沟里下泻，造成沟蚀。

（3）开矿、工业和交通等基本建设工程的影响　工程施工过程中，破坏地表植被，并有大量矿渣、弃土等，如不做妥善处理，往往造成水土流失，也是加剧土壤侵蚀的人为因素之一。

3. 水土流失的危害　严重的水土流失，给我国经济社会的发展和人民群众的生产、生活带来多方面的危害。

（1）耕地减少，土地退化严重　1956—1996 年，我国因水土流失毁掉的耕地达 2.667×10^7 hm^2，平均每年毁掉耕地 6.7×10^4 hm^2 以上。因水土流失造成退化、沙化、碱化草地约 1.0×10^6 km^2，占中国草原总面积的 50%。

（2）泥沙淤积，加剧洪涝灾害　由于大量泥沙下泻，淤积江、河、湖、库，降低水利设施调蓄功能和天然河道泄洪能力，加剧下游的洪涝灾害。黄河年均约 4×10^8 t 泥沙淤积在下游河床，使河床每年抬高 8～10 cm，形成著名的地上悬河，增加防洪的难度。1998 年长江发生的全流域性特大洪水的原因之一，就是中上游地区水土流失严重、生态环境恶化，加速了暴雨径流的汇聚过程。

（3）影响水资源的有效利用，加剧干旱的发展　黄河流域 3/5～3/4 的雨水资源消耗于水土流失和无效蒸发。为了减轻泥沙淤积造成的库容损失，部分黄河干支流水库不得不采用蓄清排浑的方式运行，使大量宝贵的水资源随着泥沙下泻。

（4）生态恶化，加剧贫困程度　植被破坏，造成水源涵养能力减弱，土壤大量石化、沙化，沙尘暴加剧。同时，由于土层变薄，地力下降，群众贫困程度加深。中国 90%以上的贫困人口生活在水土流失严重地区。

4. 水土流失的防治措施　尽管人类活动导致了水土流失的发生，但人们也在探索通过正确的方法来抑制土壤侵蚀过程，即水土保持工作。所谓水土保持就是指人类使用一定的技术和方法，通过改变局部环境条件来减缓或者控制水土流失的过程。水土保持的技术措施有下述几个方面。

（1）生物措施　在水土流失区域植树造林种草，提高森林覆盖率，增加地表覆盖，保护地表土壤免遭雨滴直接打击，拦蓄径流，涵养水源，调节河川、湖泊和水库的水文状况，防止土壤侵蚀，改良土壤，改善生态环境。

（2）耕作措施　现代水土保持的耕作措施主要有等高种植、垄作耕作、留茬免耕和等高带状间作等，充分利用光、温、水土资源，建立良性生态环境，减少或防止土壤侵蚀。

（3）工程措施　通过改变小地形（如坡地改梯田等平整土地措施）或利用构筑物等工程措施，拦蓄地表径流，增加降水入渗，改善农业生产条件。工程措施包括坡面水土保持工程、护坡工程和沟道水土保持工程等。

（二）土壤风蚀沙化及其防治

1. 土壤风蚀沙化的发生　风蚀是干燥土粒在一定风力的作用下发生移动。风蚀受风速、地面粗糙度以及土壤抗蚀性等因素的影响。风蚀与风速呈正相关，与地面粗糙度、土壤的抗蚀性呈负相关。

风蚀造成的土壤颗粒变粗，结构破坏，土壤松散，称为土壤沙化。土壤沙化不仅降低土壤肥力，而且随着沙化过程的不断进行，表沙开始随风移动，形成流沙直至沙漠，此称为沙漠化。

风蚀的产生，有自然因素和人为因素。在自然因素方面，由于降水少（年降水量小于 250 mm）而集中，风大而频繁，以至造成土壤干燥，植物稀疏矮小和地表裸露。人为因素主要是过度放牧、滥垦草场、毁林毁草，使地面植被受到严重破坏。

沙化、沙漠化通常是由于土壤使用过度而变干开始的，如过度放牧使原有的植被衰减，使保持土壤结构的有机物减少，土壤变得十分坚硬，以至使干旱区少有的暴雨不能渗入到土壤中去，植物缺少水分更加衰退，植被覆盖度更低，导致沙漠化。

在干旱半干旱地区开垦草地耕种，更加重土壤沙化的风险。草地被农作物代替以后，土壤无植被覆盖而裸露的时间延长，遭受风蚀的时间更长，而且翻耕的土壤松散也加大风蚀的强度。大风吹扬造成土壤中细土粒的丧失，土壤开始沙化，最终只好弃耕撂荒。撂荒地由于植被遭到破坏，在风力作用下很快发生沙化。

2. 土壤沙化的危害　土壤沙化对经济建设和生态环境危害极大，主要表现在下述几个方面。

①土壤沙化使大面积土壤失去农、牧生产能力，使有限的土壤资源面临更为严重的挑战。

②土壤沙化使大气环境恶化。由于土壤大面积沙化，使风挟带大量沙尘在近地面大气中运移，极易形成沙尘暴，甚至黑风暴。

③土壤沙化的发展，造成土地贫瘠，环境恶劣，威胁人类生存。

3. 土壤沙化的防治　土壤沙化的防治必须重在防。因为从地质背景上看，土地沙漠化是不可逆过程。防治重点应放在农牧交错带和农林草交错带，在技术上要因地制宜。主要防治途径有下述几条。

（1）营造防沙林带　我国已实施建设“三北”地区防护林体系工程，应进一步建成为“绿色长城”。因植树造林已使数百万公顷农田得到保护，轻度沙化得到控制。

（2）实施生态工程　我国的河西走廊地区，在北部沿线营造了超过 1 220 km 的防风固沙林（1.32×10^5 hm^2），封育天然沙生植被 2.65×10^5 hm^2，在走廊内部营造了 5×10^4 hm^2 农田林网，部分地区已成为林茂粮丰的富庶之地。

（3）建立生态复合经营模式　内蒙古东部、吉林白城市和辽宁西部等半干旱半湿润地区，有一定的降雨资源，土壤沙化发展较轻，应建立林农草复合经营模式。

（4）合理开发水资源　在新疆、甘肃的黑河流域应当高度重视合理开发和利用水资源的问题。应合理规划，调控河流上游、中游和下游的流量，避免使下游干涸，控制下游地区的进一步沙化。

（5）控制农垦　土地沙化正在发展的农区，应合理规划，控制农垦，草原地区应控制载畜量。草原地区原则上不宜农垦，旱粮生产应控制在沙化威胁小的地区，实行农牧轮作，培育土壤肥力。

（6）完善法制，严格控制破坏草地　在草原、土壤沙化地区，工矿、道路以及其他开发工程建设必须进行环境质量影响评价。对人为盲目垦地种粮、樵柴和挖掘中草药等活动要依法从严控制。

（三）土壤次生盐渍化及其防治

1. 土壤次生盐渍化的发生　土壤中可溶性盐类随水向土壤表层运移累积，从而达到影响一般植物正常生长的含量（超过 0.1%）的过程，称为土壤盐渍化。在自然条件下的土壤盐渍化称为原生土壤盐渍化。由于人为活动不当，使原来非盐渍化的土壤发生了盐渍化，或增强了原土壤的盐化程度，或已经改良好的盐渍化土壤再次发生盐渍化，称为土壤次生盐渍化。

灌溉是作物增产的最有效的途径之一，特别是在水分短缺的地区。为了获得更高的产量，人们往往引水灌溉，这种需求在干旱和半干旱地区特别强烈。但过度灌溉或灌溉方式不当以及缺少有效的排水系统也造成地下水位提高，含盐的地下水借助土壤毛细管上升到地表，或者灌溉水本身含盐量高，水分被蒸发后，留下盐分，从而造成土壤的次生盐渍化。

2. 土壤次生盐渍化的防治

（1）完善排水体系　排水体系是防止土壤次生盐渍化的基本设施。在排水体系中，排水沟是防止土壤次生盐渍化极为重要而不可替代的保证措施。排水沟不但可以排除灌溉退水、降雨所产生的地表径流，而且还可以排除灌溉渗漏水、淋盐入渗水和部分地下水。在排水的同时，也排走溶解于水中的大量盐分。

（2）合理灌溉　合理灌溉也是防止土壤次生盐渍化的重要保证。因此，地面灌溉要避免大水漫灌，确定合理的灌溉定额，采用合适的节水灌溉措施，以免大量水分渗漏抬高地下水位，造成土壤积盐返盐。在地面引水不便的地区，可以利用浅井水灌溉。抽取浅层地下水还可以降低地下水位，有助于防止土壤返盐。

（3）平整土地　土地不平整是形成盐斑的重要原因之一。通过平整土地，消除盐分富集的微域地形条件，使土壤在降雨和灌溉时受水均匀，蒸发也趋于一致，以防止土壤次生盐渍化。

◈复习思考题

1. 土壤发生分类和系统分类主要区别在哪里？
2. 试述我国土壤的纬度分布规律和垂直分布规律。
3. 请问当地主要分布什么类型的土壤？有哪些特性？如何保护和利用？
4. 什么是土壤退化？土壤退化的类型有哪些？
5. 当地土壤主要退化类型有哪些？如何防治？

第七章

土壤圈元素循环与环境效应

第一节　土壤圈碳、氮、硫循环与环境效应

一、土壤圈中碳的循环与环境效应

(一) 概述

碳 (C) 是一种非金属元素，位于元素周期表的第二周期ⅣA 族。它的原子序数是 6。早在 1722 年，法国化学家拉瓦锡就通过燃烧金刚石试验获得了碳并为之命名。碳是一种很常见的元素，它存在于自然界中（如以金刚石和石墨形式），是煤、石油、沥青、石灰石和其他碳酸盐以及一切有机化合物的主要成分。

碳在地壳中丰度比氧、硅、铝、铁和钙等元素的丰度低得多，含量约为 0.027%。

大气圈中以 CO_2 形式存在的碳总量为 7.5×10^{17} g，水圈（主要是海洋中）以碳酸盐和有机碳形式存在的碳总量为 3.8×10^{19} g。

全球土壤总碳库中，碳元素的存在状态有碳酸盐（如 $CaCO_3$、$MgCO_3$、Na_2CO_3 和 $NaHCO_3$ 等）、CO_2、有机化合物（如土壤腐殖质、生物躯体、石油、天然气、煤炭和油页岩等）和单质碳（如石墨和金刚石）等。土壤有机碳库（SOC）达 $1.5\times10^{19}\sim2\times10^{19}$ g，土壤无机碳库（SIC）达 $0.7\times10^{19}\sim1\times10^{19}$ g。中国土壤总碳库的估计为 1.1×10^{18} g，仅为加拿大的 60%，其中土壤有机碳约为 5.0×10^{17} g，土壤无机碳约为 6.0×10^{17} g。

碳是占生物体干物质比例最多的一种元素。在地球环境系统中碳元素能够形成种类繁多的化合物，碳是构成一切生命体的基本成分。碳在生命过程中占有特殊地位，其重要性仅次于水，陆地植物的含碳量为 5.6×10^{17} g，森林生态系统为地球陆地生态系统中最大的碳储库，其中，全球森林地上部碳库为 $3.6\times10^{18}\sim4.8\times10^{18}$ g 占全球植物地上部碳的 80% 左右。

(二) 土壤圈碳的循环

1. 土壤中碳的形态　土壤中的碳有有机态碳和无机态碳两种形态。

(1) 无机态碳　土壤中的无机态碳主要以 CO_2 和碳酸盐的形态存在。

(2) 有机态碳　土壤有机态碳包括固体形态、生物形态和溶解态。固体形态是指土壤有机碳以粗有机质、细颗粒状有机质和与土壤矿物质的结合态存在。而生物形态的有机态碳主要指土壤环境中微生物碳，微生物碳量一般达 $0.1\sim0.4$ kg/m^3，占土壤有机碳的 0.5%～4.6%。土壤生物量碳明显地随作物生长季节和耕作制变化而变化。微生物量碳与土壤有机碳的比值可作为土壤碳有效性的指标。溶解性有机碳（DOC）是指能溶解于水中的有机碳，它是土壤水及陆地水系统中的重要物质。溶解性有机碳作为移动碳库对于土壤中元素迁移具有驱动作用。

2. 土壤中碳的迁移转化 地球环境系统中的碳素循环过程主要包括生物的同化和异化作用（主要是植物的光合作用和生物的呼吸作用）、大气圈与水圈（特别是海洋）之间的CO_2交换过程、大气圈与土壤圈及陆地生物圈之间的CO_2交换过程、水圈之中的碳酸盐沉积过程、人类活动对岩石圈中碳的加速释放和对陆地生物圈碳储量的影响等。碳素在各类生物的作用下，在有机态和无机态之间不断发生转化和循环，借以保持自然界生态系统平衡。

土壤和陆地生态系统普遍存在CO_2、有机碳和$CaCO_3$三相不平衡系统。在不同生态系统条件下，植物同化作用固定的有机碳储存于土壤有机碳中，这是陆地生态系统主要的碳汇途径，在农业和森林的条件下每年可达到7～20 g/m²。此外，通过土壤-水系统的移动以溶解性有机碳形式向海洋沉积系统迁移和沉淀成为土壤无机碳碳酸盐。土壤有机碳因矿化作用向大气逸出CO_2，它表现为对大气CO_2的源效应，这种源效应的全球速率估计为每年$5.0\times 10^{17}\sim 7.5\times 10^{17}$ g。

土壤碳转移是地球表层系统碳循环的重要控制途径。土壤释放的CO_2是土壤对大气CO_2源效应的主要途径，历史上土壤碳转移的趋势主要表现为源效应的增强。据估计全球土壤每年释放总碳库的5%，比石油燃烧CO_2释放量高1个数量级。由于土地开垦和土壤生物化学条件的改变，每年增加土壤有机碳损失而造成的CO_2释放量相当于石油燃烧量的20%。

土壤对大气CO_2的汇效应可通过以下两种主要途径实现。

①土壤地球化学系统对CO_2的吸收和土壤有机碳积累。温带森林生态系统是对抗大气CO_2浓度上升的碳汇。世界各地新成母质上的每年碳固存速率分别为：北方森林和温带森林10～12g/m²；热带森林和温带草原为2.2～23g/m²；荒漠为0.7～0.8g/m²；北极苔原为0.2g/m²。因土壤有机碳积累而达到的全球每年碳固存量为0.4×10^{16} g。

②热带稀林地的生物量建造、土壤的改良和恢复、全球沙漠化控制、农业生态系统管理的碳固存及作物育种方面的革新也将有助于土壤碳固存。不利的环境胁迫条件都可能改变土壤碳转移的强度甚至方向。例如，干旱胁迫、低磷胁迫均会表现为促进土壤碳的释放，环境污染特别是日益加剧的酸沉降和土壤重金属污染可能促进土壤碳的分解损失。

进入土壤的有机碳在微生物作用下，进行着复杂的转化过程，包括矿质化过程与腐殖化过程。矿质化是指微生物分解有机质，释放CO_2和无机物的过程。碳水化合物的分解，不仅为微生物的活动提供碳源和能源，扩散到近地表大气层中的CO_2还可供绿色植物光合作用所需要的碳素营养。腐殖化指有机质被分解后再合成新的较稳定的复杂的有机化合物，并使有机质和养分保蓄起来的过程。矿质化和腐殖化两个过程互相联系，随条件改变相互转化。矿化的中间产物是形成腐殖质的原料，腐殖化过程的产物再经矿化分解释放出养分，通常需调控两者的速度，使其既能供应作物生长的养分，又使有机质保持在一定的水平。

（三）碳的环境效应

1. 碳对环境的影响 地球上的碳主要存在于岩石圈、化石燃料、大气圈、水圈和生物圈当中。碳通过燃料燃烧、光合作用、动植物呼吸等过程在不同的碳库之间流动、转化而形成循环的过程（图7-1）。岩石圈和化石燃料当中的碳占总量的99.9%，是碳最主要的储存库，但是这两个碳库中碳的活动缓慢，参与循环的数量很少。

近200年来，由于人类挖掘并使用了大量化石能源，促进了岩石圈中固化的碳向大气圈的释放；人类大规模开垦沼泽地加速了土壤圈有机碳向大气圈的释放；人类大规模砍伐森

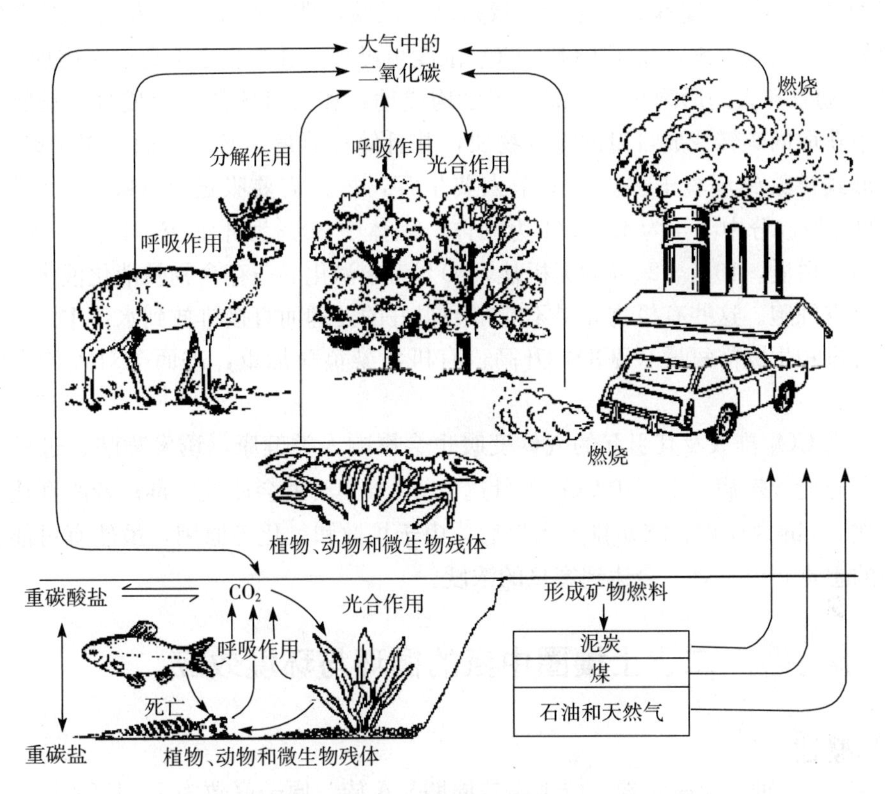

图 7-1 自然界的碳循环

（引自 http://www.chinabaike.com/）

林、破坏植被也导致植物性有机质向土壤圈输入速率的降低。根据相关研究资料，人类化石燃料燃烧以及生物质燃烧每年可以向大气圈排放的碳元素总量在 0.62×10^{15} g 以上，相当于 2.27×10^{15} g 的 CO_2。过度农业生产活动在某种程度上破坏了生物圈与土壤圈之间碳素循环过程，据估计每年这种失衡引起全球农田土壤中 CO_2 净释放量大约相当于每年石油燃烧释放 CO_2 总量的 20%。根据法国科学家对南极冰芯的研究，在过去 250 年间，全球大气中 CO_2 浓度发生了明显的变化，即由工业革命前的 280×10^{-6} 增加到目前的 320×10^{-6}。大气圈中 CO_2 浓度的不断增加可进一步加速寒温带、亚极地带广泛的冰沼土和泥炭土中有机质的矿质化过程，同时向大气圈释放更多的 CO_2。由于 CO_2 能吸收地表的红外辐射，是一种典型的温室气体，因此加速全球气候的变化，给人类社会带来了深远的影响。

2. 碳对植物的影响 CO_2 是植物光合作用的重要原料。植物和藻类利用自身的叶绿素将可见光转化为化学能（包括光反应和暗反应）驱动 CO_2 和水转化为有机物并释放 O_2 的过程。它是生物界赖以生存的生化反应过程，也是地球碳氧循环的重要途径。绿色植物通过光合作用制造有机物的数量是非常巨大的。据估计，地球上的绿色植物每年制造 $4\times10^{11}\sim5\times10^{11}$ t 有机物，这远远超过了地球上每年工业产品的总产量。CO_2 浓度大小直接影响植物生长发育状况。浓度低于植物的 CO_2 补偿点时，植物的呼吸强度大于光合强度，体内有机物质逐渐被消耗，长势衰退，以致死亡。浓度等于 CO_2 补偿点时，呼吸强度和光合强度相等，有机物质“收支平衡”，既不增加也不减少。浓度高于 CO_2 补偿点时，有机物质逐渐积累，生长正常。在不超过 CO_2 饱和点的范围内，植物的光合作用随 CO_2 浓度的加大而增强。但

不意味着大气中 CO_2 浓度越高，作物产量越高。试验证明，高粱、玉米和甘蔗等 CO_2 饱和点低的植物已最大限度地利用了 CO_2，CO_2 浓度再提高，其产量也不会相应增加。

3. 碳对动物和人的影响 一方面，碳是构成动物和人机体的主要成分。动物和人把从各种食物中获取的碳转变成自身的组成物质，并且储存能量。另一方面，碳又以二氧化碳、有机物等形式排放到环境中去。如一个人要生存，每天需要吸进 0.8 kg O_2，排出 0.9 kg CO_2。人的粪便成分中 3/4 为水，1/4 为固体；固体中 30%为死细菌，10%～20%为脂肪，2%～3%为蛋白质，10%～20%为无机盐，30%为未消化的残存食物及消化液中的固体成分如脱落的上皮细胞。这些有机物如果不能得到很好的处理而直接排放到水体中去，就会造成水体耗氧有机物生物需氧量（BOD）升高，有机污染负荷加重，进而会对人类产生直接或间接的危害。

此外，高 CO_2 排放及其引起的气候变暖也会影响人类健康，诱发哮喘、过敏及其他代谢、呼吸、心血管疾病。空气中 CO_2 含量达 10mL/m^3 时就会使人中毒；若浓度达 10L/m^3，可以使人在 2 min 内死亡。CO_2 排入大气后，由于扩散和氧化等原因，虽然有可能会给人体造成不适的感觉，但一般不会达到窒息的浓度。

二、土壤圈中氮的循环与环境效应

（一）概述

氮（N）是一种非金属元素，位于第二周期ⅤA族，原子序数为 7。1772 年，由瑞典药剂师舍勒和英国化学家卢瑟福同时发现，后由法国科学家拉瓦锡确定是同一种元素。

氮是地球环境系统中常见的化学元素，在大气中的含量高达 75.51%（质量分数），而在地壳中的含量仅为 0.002%。

氮的储存量在岩石圈中为 1.8×10^{22} g，土壤圈中为 3.5×10^{15} g，大气圈中为 3.9×10^{21} g，在水圈中为 8.0×10^{15} g。

土壤全氮含量是土壤中各种形态氮素含量之和，包括有机态氮和无机态氮，在一定程度上它可以代表土壤的供氮水平。土壤全氮含量比较稳定，但亦是处于动态的变化之中。土壤全氮含量的消长决定于氮的积累和消耗的相对强弱，特别是取决于土壤中有机质的生物积累和分解作用的相对强弱。我国自然植被下土壤表层的全氮含量，自东向西，随着降水量的逐渐减少和蒸发量的逐渐增大，植被渐变稀疏，生物积累量逐渐减少，生物分解作用相对增强，土壤全氮含量逐渐减少。由北向南，随温度的增高，分解速率的增大远胜于植物生物量的增多，土壤全氮含量降低；而由黄棕壤再向南至红壤、砖红壤，可能由于植物生物量的增大更甚于分解速率的增高，含量又逐渐升高。高山地带，由于全年大部分时间处于冰冻条件下，虽然植物生长量很低，但分解速率更低，因此，在长期的成土过程中，土壤也积累了较多的氮素。据我国第二次土壤普查的结果，农田耕层土壤氮含量变幅为 0.4～3.8 g/kg，平均值为 1.3 g/kg；自然植被下未受侵蚀的土壤全氮含量通常高于农田，其变幅大体是 0.4～7.5 g/kg，平均值为 2.9 g/kg。

在生物体中，氮是蛋白质的主要组成元素，在生物圈中的储量为 9.5×10^{15}～1.4×10^{16} g。

（二）土壤圈中氮的循环

1. 土境氮的形态

（1）无机态氮　土壤无机态氮包括铵态氮、硝酸态氮和亚硝酸态氮等。铵态氮可分为土壤溶液中的铵、交换性铵和黏土矿物固定态铵。交换性铵、土壤溶液中的铵及硝酸态氮总称速效态氮，是植物氮素的直接来源。

（2）有机态氮　有机态氮的组成复杂，目前已分离鉴定出的含氮化合物单体有：氨基酸、氨基糖、嘌呤、嘧啶以及微量存在的叶绿素及其衍生物、磷脂、各种胺、维生素等。在土壤中，它们与其他土壤有机质或与黏土矿物相结合，或与多价阳离子形成复合体，还有一小部分存在于生物体中。绝大部分有机态氮存在于土壤固相中，只有很少量存在于土壤液相中。大部分有机态氮难于分解，只有少量存在于土壤中活的或死的生物体中的有机态氮较易分解，从而被植物吸收利用。在作物生长过程中，通过有机态氮矿化作用释放出来的氮是作物重要的氮素来源。因此，土壤有机态氮在作物氮素营养中起重要的作用。

2. 土壤中氮的迁移转化　由于氮元素在不同的环境条件下以不同形态存在，故氮素的生物地球化学循环过程非常复杂（图 7-2）。每年都有大量的氮元素被投入到农业生态系统中，其中有大量的氮素从农田土壤中流失并引发了诸多的生态环境问题，如内陆水体和沿海水域的富营养化，以及农产品和饮用水中硝态氮浓度增高都会危害人群的健康，如果含氮化合物扩散到平流层中也会导致臭氧层破坏。地球环境系统中的氮素循环过程主要包括：氮素输入、氮素存留与转化、生物吸收、生物归还和氮素失散。

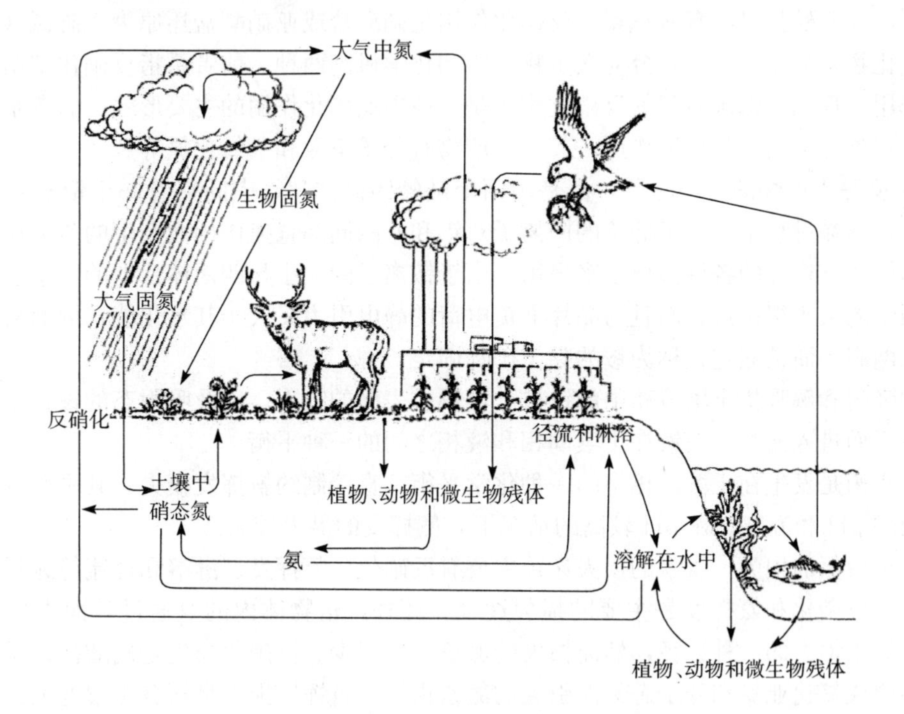

图 7-2　自然界的氮循环

（引自 http：//www.chinabaike.com/）

（1）土壤氮的来源　土壤中的氮素来源除施入的化学氮肥和有机肥外，还包括生物固氮，灌溉以及降水和干沉降等带入的氮。化学氮肥是农田土壤氮素的重要输入项之一，据估计人为固氮量占全球总固氮量的 25%左右。有机肥的主要来源是人畜粪尿，其次是秸秆、饼肥、绿肥和污水污泥等。施用有机肥不仅能为作物提供氮、磷、钾和微量元素养分，而且能增加土壤有机质，改善土壤结构，提高土壤肥力。生物固氮主要有共生固氮作用、自生固氮作用和联合固氮作用 3 种类型。其中，共生固氮作用贡献最大。据估计，共生固氮量占整个生物固氮量的 70%。大气圈中雷电作用、光化学作用、火山活动、森林火灾所形成的 NO_3^- 通过降水过程进入土壤。降水中的氮主要是铵和硝酸盐，以及微量的亚硝酸盐和有机态氮。此外，在工业集中的地区，大气干沉降也是一种重要的氮素来源。

氮进入土壤后有 3 个去向，一部分被当季作物吸收利用，一部分残留于土壤中，另一部分则离开土壤-作物系统而损失。三者的比例随土壤性质、作物种类、环境条件、施肥时期及方法等而变化。

（2）土壤氮的转化　土壤中的氮素通过生物化学作用、物理化学作用、物理作用和化学作用不断发生形态的变化，即氮素的转化。

氮素的矿化与生物固持作用是土壤有机态氮的矿化及无机态氮的生物固持作用的简称，是土壤中不断进行的两个方向相反的生物化学过程。氮素的矿化作用是土壤有机态氮经土壤微生物的分解形成铵或氨的作用。氮素生物固持作用是土壤微生物同化无机态氮，将其转化成细胞体中有机态氮的作用。

硝化作用是土壤中的铵在微生物的作用下氧化为硝酸盐的作用。在一般的土壤中，亚硝酸盐的含量极微，硝化作用的主要产物是硝酸盐。但是，在碱性环境中，由于硝酸细菌的活性受抑制，亚硝酸盐可能有所积累。反硝化作用是硝酸盐或亚硝酸盐还原为气态氮（分子态氮和氮氧化物）的作用过程，分为微生物机制和化学机制两种。前者系指反硝化细菌引起的反硝化作用。反硝化细菌引起的反硝化作用是土壤中反硝化作用的主要形式。后者是指亚硝酸盐在一定条件下的化学分解作用。其主要产物有分子态氮和一氧化氮等。

2∶1 型黏土矿物的每一晶层，都是由两个硅氧四面体片，中间夹着一个铝氧八面体片所构成。在结晶过程中，由于低价的阳离子对铝和硅的同晶置换作用而产生的负电荷，需由晶层间和层状结构外的各种阳离子来平衡。由于铵离子的大小与四面体片上的 6 个氧围成的复三角网眼的大小很接近，而且与晶片上负电荷的静电引力又大于其水化能，因而易脱去水化膜进入网眼中而被固定，称为铵的黏土矿物固定。

铵的吸附和解吸指土壤液相中的铵被土壤颗粒表面的吸附，以及吸附态的铵自土壤颗粒表面的解吸而进入液相，是铵在土壤固相和液相之间的一种平衡。

铵氨平衡是发生在土壤液相中的一种化学平衡，直接制约氨挥发损失，其平衡点决定于土壤溶液的 pH 和温度。在 pH 较高的情况下，氨挥发的潜力较大。

（3）土壤氮的损失　氮素的损失途径主要有反硝化、氨挥发、淋溶和径流等途径。在多数情况下，反硝化和氨挥发是主要的损失途径。此外，植物体内的氨通过叶面直接逸向大气，也是氮素损失的一种途径，然而损失的氮量一般很少。反硝化损失是硝酸盐在嫌气条件下，被还原成氧化亚氮和分子态氮而引起的氮素损失。氨挥发损失是氨自土壤逸散至大气所造成的氮素损失。当土壤表面氨分压大于其上大气的氨分压时，即可发生氨挥发。淋溶损失是土壤中的氮（主要是硝酸态氮）随水垂直向下移动至根系活动层以下而造成的氮素损失。径流损失是土壤中的氮随径流水或排水自土表流失而造成的氮素损失。在一般情况下，径流损失的氮量很少。但是，在水土流失明显以及不合理的施肥和田面排水时，径流损失较多。

（三）氮的环境效应

1. 氮对环境的影响　土壤氮素通过地表径流或者土壤侵蚀向水圈的散失过程，会引发一系列的生态环境问题。过量氮素进入地表水体会引发水体富营养化而可能导致水生生态系统崩溃。氮磷是水体富营养化最重要的营养因子，当水体中磷达到 0.015mg/L，无机氮含量大于 0.2mg/L 时，就可能出现藻华现象。水体一旦发生富营养化，藻类和其他水生生物就会异常繁殖，大量的水生生物死亡，从而使水生生态系统和水功能受到严重阻碍和破坏，直接影响工农业用水和人畜饮水质量，给人类健康和水产养殖带来威胁。

土壤氮素向大气圈逸散，一是通过氨的挥发，二是土壤中的反硝化过程。在过去的几十年中，氮肥施用量的提高已经造成大气 N_2O 浓度的提高。N_2O 在大气圈的平流层中与 O_3 相互作用使 O_3 被消耗，增加到达地表的紫外辐射。N_2O 还是一种温室气体，可使温室效应加剧。

人类活动中的石油燃烧与化学工业排放的大量氮氧化物，可以在大气中发生多种光化学反应，造成严重的光化学烟雾型大气污染，危害人群健康。氮氧化物在大气圈中经过光化学氧化还可以形成硝酸微粒，遇雨滴结合形成酸雨，给区域陆地生态系统（如森林、农田）、水体生态系统（水体养殖业）、城市建筑物及人群健康造成严重危害。

2. 氮对植物的影响　植物需要多种营养元素，而氮素尤为重要。一般情况下，氮都是限制植物生长和形成产量的首要因素。氮是作物体内许多重要有机化合物的组分，例如蛋白质、核酸、叶绿素、酶、维生素、生物碱和一些激素等都含有氮素。此外，氮对改善产品品质也有明显作用。氮素不足致使植物叶片叶绿素含量降低，同时叶色退绿。氮素缺乏初期症状是叶色呈现淡绿或淡黄绿，继而较老叶片变干或脱落。在大多数植物上，氮素不足的特征是叶色一致变黄。氮素过量会出现植物营养生长过度，果实产量也随着下降，或者导致糖类作物产糖量降低，也可能使果实品质变劣。

3. 氮对动物和人的影响　饲料中过量的硝酸盐会引起动物中毒，而这种毒害是在饲料中的硝酸盐转化为亚硝酸盐后才表现出来的，所以确切地说应为亚硝酸盐中毒。在不同动物当中，牛和羊等反刍动物受害最为严重，这是由于这些动物的第一胃内微生物数量多、易于产生大量的亚硝酸盐的缘故。

对于成年人而言，由于胃的构造和胃液酸度的原因，摄入过量的硝酸盐一般也不易表现出受害症状；但对于婴儿来说，由于胃液分泌不足，在胃及十二指肠内微生物能将硝酸盐还原为亚硝酸盐，而且婴儿的胎性血红蛋白比成人的血红蛋白更易于转变成为氧化血红蛋白，所以婴儿易发生亚硝酸中毒。一般出生 3 个月的新生儿，当其体内 NO_3^--N 含量达到1.5～2.7mg/kg（体重）或 NO_2^--N 含量达到 0.9～1.6mg/kg（体重）时，就可使体内 10%的血红蛋白变成氧化血红蛋白，进而表现出中毒症状。另有研究表明，当体重 5.4kg 的出生 3 个月的婴儿摄入 11mg NO_2^--N 时，就会造成中毒。亚硝酸盐中毒的发病症状为皮肤呈青紫色，通常被称为发绀，这是亚硝酸盐中毒的重要外观特征。

当动物或人体摄入硝酸盐、亚硝酸盐后，硝酸盐和亚硝酸盐很快就会进入血液。当摄入数量未达急性毒性水平时，人体常常表现为甲状腺机能降低、维生素缺乏等慢性中毒症状；而家畜则表现为体重降低、产乳和产蛋量减少，甚至导致造血功能下降，引起怀孕母畜流产。

亚硝酸在人体内经过一系列生物化学过程可进一步形成亚硝胺。亚硝胺具有致癌、致畸和致突变作用。国内外流行病学调查资料表明，人体内的亚硝胺含量与食管癌、鼻咽癌、胃癌和膀胱癌等肿瘤发病率呈正相关关系。我国男性胃癌发病率最高的福建省长乐县，其81%以上的井水硝酸盐含量超过 100 mg/L。1975 年江苏南通的调查结果表明，土壤 NO_3^--N 含量与肝癌的发病率呈正相关关系。

三、土壤圈中硫的循环与环境效应

（一）概述

硫（S）原子序数是 16，位于化学元素周期表第三周期ⅥA 族。硫在远古时代就被人们发现并利用。在西方，古代人们认为硫燃烧时所形成的浓烟和强烈的气味能驱除魔鬼。人们利用的硫大部分用于制造硫酸，橡胶制品工业、火柴、烟火、硫酸盐、亚硫酸盐和硫化物等产品中也需要很多硫，部分用于制造药物、杀虫剂以及漂染剂等。

硫是地壳中含量最丰富的元素之一。地壳中平均含量估计在 0.06%～0.10%，其丰度居第 13 位。重要的硫化物是黄铁矿，其次是有色金属元素的硫化物矿。天然的硫酸盐中以石膏和芒硝为最丰富，可从它的天然矿石或化合物中制取。

硫元素在海水中的含量为 870 mg/L。存在于大气中的含硫化合物可分为还原性化合物和氧化性化合物两类。还原性化合物有硫化氢、二硫化碳、二甲基硫、二甲基二硫和硫醇等，其中的硫都是最低价态的（化合价为−2）。还原性化合物的自然来源，主要是平坦沿海地区和沼泽地等的有机物质的细菌分解。氧化性硫化物在大气中的主要形态有 SO_2、SO_3、H_2SO_4、MSO_4（金属硫酸盐）。每年出入大气进行循环的硫量达 10^8 t，其中约 6.5×10^7 t 是由人为因素而进入大气的，其主要形态是 SO_2。

世界土壤全硫含量在 30～1 600 mg/kg 的范围内。含有机质多的土壤含硫量可以超过 5 000 mg/kg，平均为 700 mg/kg。中国土壤全硫含量为 100～500 mg/kg。在南部和东部湿润地区，有机硫占土壤全硫比例较高，为 85%～94%。在干旱的石灰性土壤区，则以无机硫占优势，一般为土壤全硫量的 39%～62%。

硫是人体所需的较大量元素，是构成氨基酸的成分之一，硫占人体重量的 0.64%。摄入人体内的无机硫除少量结合到氨基酸内外，大部分进入软骨质中，直接参与软骨代谢。硫还与 B 族维生素协同改善人体的基本代谢。

（二）土壤圈中硫的循环

1. 土壤中硫的形态　土壤中含硫物质的化学结合形式和存在无机硫和有机硫有两种形态。

（1）无机硫　土壤中未与碳结合的含硫物质为无机硫，其主要来自岩石。土壤中的无机硫按其物理性质和化学性质可划分为 4 种形态：水溶态硫酸盐、吸附态硫、与碳酸钙共沉淀的硫酸盐和硫化物。

（2）有机硫　土壤中与碳结合的含硫物质为有机硫，其来源有 3 个：新鲜的动植物遗体、微生物细胞和微生物合成过程的副产品和土壤腐殖质。一般有机硫占全硫的 95%左右。土壤有机硫分为 3 类：氢碘酸（HI）还原硫（能为氢碘酸还原为 H_2S 的部分）、碳键硫（土壤有机硫中硫与碳直接结合的一类化合物，能为 Ni-Al 金属粉末混合物还原的一类含硫物质）和惰性硫（土壤有机硫中既不能为氢碘酸又不能为 Ni-Al 还原的一类含硫物质）。

2. 土壤中硫的迁移转化　自然界的硫最初来自黄铁矿与黄铜矿等矿物，风化进入土壤，再由植物或微生物吸收，或经冲刷进入河流，再流入大海，然后沉积或被海洋生物继续利用等（图 7-3）。除了被生物再吸收利用外，一部分硫由生物转化为硫化氢并释放到大气，或经过微生物作用转变为单质硫。空气中的二氧化硫气体或硫酸盐化合物颗粒从大气圈中或直接降落或以雨水形式降落，形成地表环境下的硫化物。某些形式的硫被植物吸收到其组织中，当这些植物死亡或被动物消化后，其中的有机硫化物又重返陆地或水中。在这一过程中，细菌能将有机硫转变为硫化氢气体。海洋中的某些浮游植物能产生一种化学物质，将硫转变为大气中的二氧化硫气体。这些气体可以重新进入大气、水和土壤，继续进行循环。

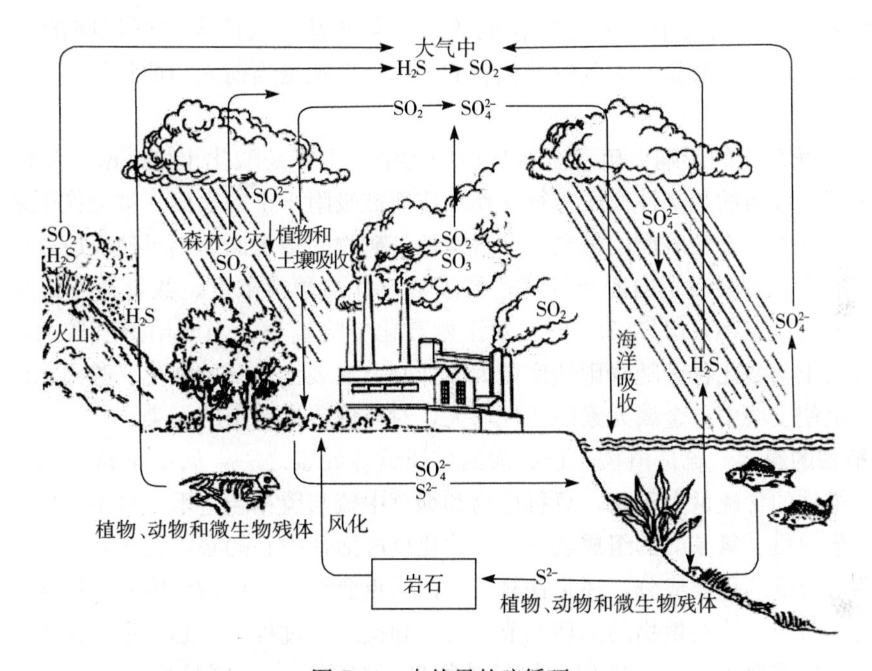

图 7-3　自然界的硫循环

（引自 http：//www.chinabaike.com/）

土壤中硫的来源是多种多样的，其主要方式为以下 3 种途径。

（1）含硫岩石矿物的风化　岩石矿物中的硫化物在长期的风化作用下，逐渐在土壤中积存下来，形成了土壤中各种形态的含硫化合物。

（2）大气的干湿沉降　火山喷发出的硫化物及海洋挥发的含硫化合物被氧化成 SO_2 进入大气圈，SO_2 在大气圈中又经光化学氧化、催化氧化形成硫酸或硫酸盐气溶胶，再通过干沉降和湿沉降过程进入土壤中。

（3）含硫的矿质肥料和生物有机肥的施用　硫酸铵、硫酸钾、硫酸镁及石膏等矿质肥料的施用是土壤剖面有效硫累积的重要原因之一。

进入土壤的无机硫具有还原和氧化作用。无机硫的还原作用是指硫酸盐还原为 H_2S 的过程。主要通过两个途径进行，一是由生物将 SO_4^{2-} 吸收到体内，并在体内将其还原，再合成细胞物质（如含硫氨基酸）；二是由硫酸盐还原细菌（如脱硫弧菌和脱硫肠状菌）将 SO_4^{2-} 还原为还原态硫。无机硫的氧化作用是指还原态硫（如 S、H_2S 和 FeS 等）氧化为硫酸盐的过程。参与这个过程的硫氧化细菌利用氧化的能量维持其生命活动。

土壤有机硫在各种微生物作用下，经过一系列的生物化学反应终转化为无机（矿质）硫。在好气情况下，其最终产物是硫酸盐；在嫌气条件下为硫化物。能分解含硫有机物的土壤微生物很多，一般能分解含氮有机物的氨化细菌，都能分解有机硫化物，产生硫化氢，其反应如下。

$$蛋白质\longrightarrow 含硫氨基酸\longrightarrow H_2S$$

(三) 硫的环境效应

1. 硫对大气环境的影响 进入大气的硫化物主要来源包括土壤中的气态硫化物，包括硫化氢、硫氧化碳、二氧化硫及二硫化碳等。二氧化硫是研究较多的含硫气体，它是大气酸沉降的主要来源，在大气中易氧化转化成硫酸或硫酸盐。我国大气酸沉降的主要成分中70％～90％是硫酸和硫酸盐。大气的酸化和酸沉降的增加是当前人类面临的重大环境污染问题之一。

2. 硫对土壤酸化的影响 硫对土壤环境的污染，主要是酸化土壤。酸雨中的氢离子与土壤胶体表面上吸附的盐基性离子进行交换反应而被吸附于土粒表面，被交换下来的盐基性离子随渗漏水淋失。土粒表面的氢离子又自发地与矿物晶格表面的铝迅速反应，转化成交换性铝。土壤酸化一般由表土向心土和底土层发展，并与酸雨浓度、数量及持续时间呈正相关。在酸雨淋溶量较小，$pH>3.5$ 时，对土壤酸化影响较小；当酸雨淋溶较大，$pH<3.5$ 时，不仅耕层土壤酸化程度随降雨酸度增大而加剧，亚表土也开始酸化。酸雨在使土壤酸度提高的同时也使土壤中重金属元素的活性增大，对环境造成严重的污染。

3. 对植物的影响 硫是植物生长必需的矿质营养元素之一，属中量营养元素。十字花科和百合科植株的含硫量大于磷，豆科植物和烟草中硫与磷相当，禾本科植物中硫仅略低于磷。硫素是蛋白质、氢基酸的组成成分，是酶化反应活性中心的必需元素，是叶绿素、谷胱甘肽和辅酶等合成的重要成分，还是铁氧还蛋白的重要组分，植物细胞质膜结构和功能的表达也需要硫的参与。硫在植物的生理调节、解毒和抗逆等过程中也起一定的作用，并且还是影响植物品质的重要因素。硫能促进豆科植物形成根瘤，参与固氮酶的形成，增强固氮活力。此外，氨基酸转换酶、羧化酶、脂肪酶、苹果酸脱氢酶都是含有硫氢基的酶类，这些酶对植物的氮代谢、脂代谢和糖代谢都有重要影响。缺硫植物生长受阻，尤其是营养生长，其症状类似缺氮，植株矮小，分枝、分蘖减少；叶片失绿或黄化，向上卷曲，变硬，易碎，脱落较早。

然而，酸度大（例如 $pH<3.5$）的酸雨可直接危害植物，特别是一些对酸雨敏感的植物。

4. 硫对人和动物的影响 硫对人和动物是非常重要的元素，含硫氨基酸在蛋白质结构中具有举足轻重的作用，肽链之间的二硫键交叉连接对于蛋白质的二级结构是非常重要的。硫元素的代谢功能主要来源于蛋白质中的含硫氨基酸、游离含硫氨基酸以及一些低分子质量的其他含硫化合物。除了含硫氨基酸在蛋白质中起的结构性功能之外，巯基是酶的活性位置的组成部分，如果巯基被破坏，大约 90％的酶就会失去活性。由于硫元素在蛋白质结构和酶的活性中所起的重要作用，它几乎参与所有的机体代谢过程。除了它在蛋白质中的作用，硫元素作为维生素（如硫胺素和生物素）的组成元素也参与代谢过程。此外，以硫酸根形式存在的硫离子在有害物质从尿液排出前的脱毒代谢过程中起重要作用。

第二节　土壤圈其他大中量元素循环与环境效应

一、土壤圈中磷的循环与环境效应

（一）概述

磷（P）原子序数为15，位于第三周期ⅤA族。磷是1669年德国的汉林·布朗德发现的。他在蒸发尿的过程中，偶然在曲颈瓶的接收器中发现一种特殊的白色固体，在黑暗中不断发光，拉瓦锡首先把磷列入化学元素的行列。

地球环境系统中的磷元素几乎全部以化合物形式存在，无游离态磷存在。无机含磷化合物主要存在于岩石圈上部、土壤圈和水圈之中。有机含磷化合物多属于蛋白质类物质，主要存在于生物圈、土壤圈和水圈的生物代谢产物之中。而大气圈中磷的含量较低。

岩石圈上部磷的含量为1 120 mg/kg，而水圈的淡水中磷的含量仅为0.005 mg/L，海水中磷的含量为0.07 mg/L。

土壤全磷含量，从世界范围来看，大体在200～5 000 mg/kg范围内，平均为500 mg/kg。土壤中全磷含量，通常低于土壤氮、钾含量。我国土壤的全磷含量大部分变化在200～1 100 mg/kg之间，最高的达到1 700 mg/kg以上；最低的是广东浅海沉积物发育的红壤，为40 mg/kg以下。我国土壤全磷含量随风化程度增加而减少。这表现在从北向南土壤全磷含量有减少趋向。从广泛范围来看，我国土壤全磷含量有明显的从北向南减少倾向，但是由于耕作施肥等的影响，土壤全磷含量变幅不大。

生物圈中磷的含量为7 100 mg/kg，生命有机体中磷是含量较多的元素之一，稍次于钙排列为第六位。植物体的含磷量相差很大，为干物质量的0.2%～1.1%，而大多数作物的含量在0.3%～0.4%，其中大部分是有机态磷，约占全磷量的85%，而无机态磷仅占15%左右。有机态磷主要以核酸、磷脂和植素等形态存在；无机态磷主要以钙、镁、钾的磷酸盐形态存在，它们在植物体内均有重要作用。磷约占人体重的1%。人体内85.7%的磷集中于骨和牙中，其余分散在全身各组织及体液中，其中一半存在于肌肉组织。

（二）土壤圈中磷的循环

1. 土壤中磷的形态

（1）土壤中的无机态磷　土壤中的无机磷是土壤磷的主体，在一般情况下，可占旱地土壤全磷量的70%以上。土壤中无机磷的形态可分为：水溶磷和松结合态磷、与钙结合的磷（Ca-P）、与铝结合的磷（Al-P）、与铁结合的磷（Fe-P）；闭蓄态磷（O-P）。

（2）土壤有机磷　从世界范围的土壤来看，有机态磷在土壤全磷中的比重为15%～80%。我国大部分土壤有机态磷占20%～50%，但在森林和草原植被下的土壤可占50%～80%。土壤中的有机磷化合物一般可区分为3类：肌醇磷酸盐、核酸和磷脂。

2. 土壤中磷的迁移转化　地球环境系统中磷素循环属于典型的沉积循环，其基本过程包括：岩石圈表层及土壤中的磷酸盐被风化、迁移转化、淋溶流失就会进入水圈然后再沉积形成磷酸盐（图7-4）。在土壤生态系统中的磷素大多数来自成土母质，有少部分磷素来自大气干沉降和湿沉降，也有人类开采磷矿并合成磷肥再投入土壤中。在土壤生态系统中，磷素无气相化合物，故磷元素的挥发损失常可忽略不计。在农业生态系统中，人们种植农作物或者牧草都要吸收土壤中的磷元素，而人类又将生活废弃物、排泄物或磷肥施入土壤之中，从而维持了土壤圈中磷素的平衡。在土壤生态系统中磷素在各类生物的作用下，在无机磷与有机磷间不断地发生转化与循环，保持土壤生态系统中磷素的平衡。

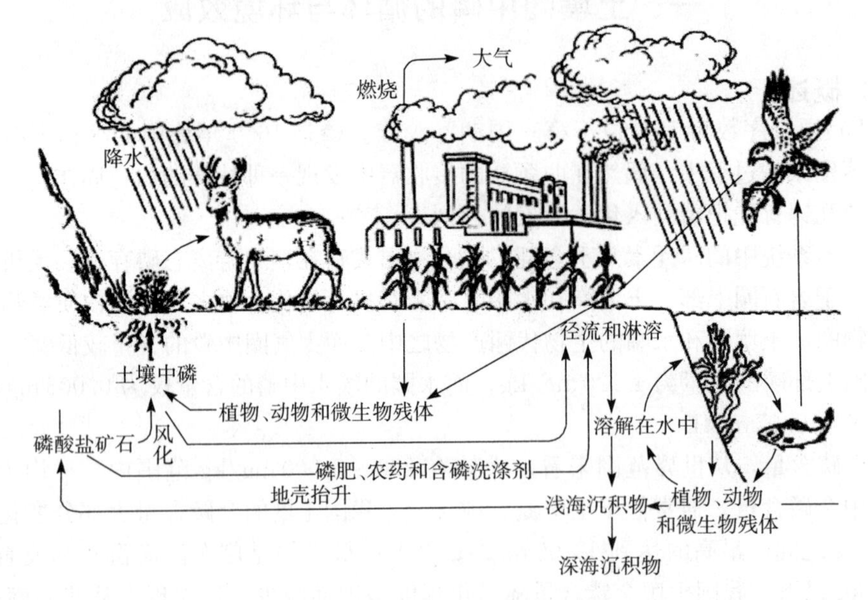

图 7-4　自然界的磷循环
（引自 http://www.chinabaike.com/）

磷在土壤中的转化过程，极大地影响磷对作物的有效性。磷是一个在化学上十分活跃的元素。它可以和多种元素进行化学反应，从而形成各种化合物。所以，它在自然界天然存在的化合物不少于 172 种。因此，进入到土壤中去的磷，经过转化以后，在性质上、形态上都有很大差异。旱地土壤中水溶性磷的最终产物，在碱性土壤和石灰性土壤中是羟基和氟基磷灰石，而在中性和酸性土壤中是磷铝石和粉红磷铁矿。

土壤对磷有固定作用，这主要是因为磷进入土壤后进行两方面的反应，一个是磷化合物的沉淀作用，另一个是磷的吸附作用。沉淀作用是磷和其他阳离子结合形成固体而沉淀。吸附作用则是液相中的磷离子转入固相的过程，或液相中磷离子被土壤固相吸引的过程，被吸附离子在固相中的浓度高于液相。这两种作用在土壤中都是存在的。在不同条件下，它们的相对重要性也不同。通常，在磷的浓度较高、土壤中有大量可溶态阳离子存在时，沉淀作用是主要的；相反，在磷素浓度较低、土壤溶液中阳离子浓度也较低的情况下，吸附作用则是主要的。沉淀作用和吸附作用另外一个重要的区别是，在吸附作用中，吸附量决定于液相磷的浓度；而在沉淀作用中，是最小溶解度的磷素沉淀物决定液相磷的浓度。从实际情况看，只有在磷进入土壤后很短的时间内，沉淀作用可能占主要地位，而在以后的大部分时间内，控制土壤中磷在固液间分配的，主要是吸附和解吸作用。

土壤磷的解吸作用是磷的释放作用的重要机理之一，它是磷从土壤固相向液相转移的过程。土壤溶液中磷的浓度通常很低，以至无法满足植物生长对磷的需要，大部分的磷主要靠吸附态磷的解吸供应。当土壤溶液中磷因作物吸收而降低时，原有的平衡被打破，使反应向磷溶解的方向进行。另外，竞争吸附也是磷素释放的重要途径。凡是能进行阴离子吸附作用的阴离子，在理论上都可与磷酸根有竞争吸附作用，这会导致不同程度的吸附态磷的解吸。在根系附近某些根系分泌物也可以促进磷的解吸。

（三）磷的环境效应

1. 磷与水体富营养化　水体富营养化是指氮、磷等营养物质大量进入湖泊、河口、海湾等缓流水体，引起藻类及其他浮游生物迅速繁殖，水体溶解氧量下降，水质恶化，鱼类及其他生物大量死亡的现象。在自然条件下，湖泊也会从贫营养状态过渡到富营养状态，不过这种自然过程非常缓慢。而人为排放含营养物质的工业废水和生活污水所引起的水体富营养化则可以在短时间内出现。水体出现富营养化现象时，浮游藻类大量繁殖，形成水华。因占优势的浮游藻类的颜色不同，水面往往呈现蓝色、红色、棕色和乳白色等。这种现象在海洋中则叫做赤潮。

水体是否产生富营养化，决定于水中氮和磷的浓度。在地表淡水系统中，磷酸盐通常是植物生长的限制因素，而在海水系统中往往是氨氮和硝酸盐限制植物的生长以及总的生产量。一般认为，水体中磷的浓度达到0.02mg/L时即可能产生富营养化。同时，也与水中N/P比值有关。在未受到人为活动影响的地区，自然排水中N/P比的变化幅度为4～10，平均为7左右，而在天然水中N/P比是20左右或更大。

水体中磷的来源主要是农业来源的污染物，水体中的磷含量与流域内农业施用的磷肥比例呈正相关关系。磷进入水体的途径，一个是通过径流进入地表水，一个是农田磷通过渗漏进入地下水。磷通过径流进入水体是水体富营养化的主要因素。影响径流水中磷量的因素是施肥，它可以显著提高径流中磷的浓度。

2. 磷肥施用中的重金属污染　由于磷矿中含有少量镉及其他重金属，在磷肥加工过程中，这些重金属一般有60%～95%会转移到磷肥中。长期施用磷肥会使镉在土壤中积累。据测定，我国磷矿镉含量范围为0.1～571mg/kg，但大部分在0.2～2.5mg/kg，主要磷矿镉的平均值为0.98mg/kg，在国际上属于较低浓度。镉在土壤中不能为生物分解，所以在土壤中积累，而且会通过土壤进入人类的食物链。在自然界，磷矿石除钙的磷酸盐矿物外，还含有相当数量的杂质，特别是中低品位磷矿含有的杂质更多。这些杂质直接影响磷矿和磷肥中锌、镍、铜和铬的含量。这使其通过食物链进入人体的几率大大增加。

3. 磷对植物的影响　磷是形成细胞核蛋白、卵磷脂等不可缺少的元素。磷元素能加速细胞分裂，促使植物根系和地上部加快生长，促进花芽分化，提早成熟，提高果实品质。植物缺磷的症状常首先出现在老叶，从较老叶片开始向上扩展。从外观上看，缺磷植株生长延缓，个体矮小，分枝和分蘖减少；因体内碳水化合物代谢受阻，使糖分积累而形成花青素（糖苷），许多一年生植物的茎叶呈现典型症状——紫红色。供磷不足时，细胞分裂迟缓，新细胞难以形成，同时也影响细胞伸长。缺磷对植物光合作用、呼吸作用及生物合成过程都有影响。

4. 磷对人和动物的影响　磷是构成骨骼和牙齿的重要成分。磷酸组成生命的重要物质，促进成长及身体组织器官的修复。磷参与代谢过程，协助脂肪和淀粉的代谢，供给能量与活力，调节酸碱平衡。过量摄入表现为骨质疏松易碎，牙齿蛀蚀，各种钙缺乏症状日益明显，精神不振甚至崩溃，破坏其他矿物质平衡，出现高磷血症。磷质缺乏会导致佝偻病和牙龈溢脓等疾患。同时，缺磷会使人虚弱，全身疲劳，肌肉酸痛，食欲不振。

二、土壤圈中钾的循环与环境效应

（一）概述

钾（K）是一种银白色、质软、有光泽的金属元素，原子序数是19，位于元素周期表中第四周期ⅠA族。钾的熔点低，比钠更活泼，在空气中很快氧化。钾与水的反应比其他碱金属元素显得温和。钾可以和卤族、氧族、硫族元素反应，还可以使其他金属的盐类还原，对有机物有很强的还原作用。钾主要用做还原剂及用于合成中。钾的化合物在工业上用途很广。钾盐可以用于制造化肥及肥皂。钾对动植物的生长和发育起很大作用，是植物生长的三大营养元素之一。

地壳中钾的丰度为2.59%。岩浆岩平均含钾量为3.01%，喷出岩为1.83%，变质岩为2.24%，沉积岩为1.73%。

海水中的钾含量约为0.1%，储存量为6×10^{14} t，主要以钾离子的形式存在。钾在海水中含量比钠离子少的原因是由于被土壤和植物吸收多。天然钾盐矿，一是古代海湾经地壳变动成为陆地湖泊，海水蒸发后盐类结晶而成；二是陆地盐湖蒸发后盐类结晶而成。

土壤钾含量由于母质、气候等成土条件的影响，差异很大。我国土壤钾含量可从不足0.01%到超过5.0%。按地区划分，淮河以北的土壤钾含量（以K_2O计）多在1.8%～2.6%之间，淮河以南在0.6%～4.0%之间，而广东南部、海南岛和云南等地的土壤在0.1%～3.9%之间。

陆生植物中钾含量（以K_2O计）大多在0.3%～5.0%。因作物种类和器官不同而有很大差异。通常，含淀粉、糖等碳水化合物较多的作物含钾量高于禾谷类作物；谷类作物种子中钾含量较低，而茎秆中较高。此外，薯类作物的块根、块茎含钾量也比较高。

（二）土壤圈中钾的循环

土壤环境中钾的循环主要包括：岩石风化、降水、施肥、种子等途径向土壤中输入钾，土壤中钾的淋失、作物带走钾等环节输出钾，植物对钾的同化和回归形成内循环。自然条件下，土壤钾主要来自含钾矿物岩石的剥蚀和分解。这些矿物有正钾长石和微斜钾长石、白云母、黑云母和金云母。含钾矿物风化的性质和方式很大程度上取决于其自身的特性和所处的环境。降水中所含钾量不仅因地区不同，而且与不同季节的降水与降水次数也有密切关系。雨水带入的钾，每年常少于5 kg/hm²。根据我国观测资料，每年通过降水带进农田的钾量为2～10 kg/hm²。虽然雨水中钾含量不多，但对森林、撂荒地及低钾含量农田仍有重要意义。与磷相似，自然界中大部分钾是在生物圈和土壤圈之间循环。生长期间进入植物子实中的钾在成熟时大部分返回秸秆中，又随作物残体返回土壤。转移到动物体中的钾随排泄物（主要是尿液）返回环境中。钾的溶解性稍大于磷，所以土壤钾淋失量也比磷大些。洛桑实验站长期定位试验地边的排水沟中，每年排出水的钾平均浓度，砂质黏壤土耕地为3.14 mg/L，牧草地为0.15 mg/L。

1. 土壤中钾的形态　土壤中钾的形态可分为4类：水溶性钾、交换性钾、非交换性钾和矿物钾。从植物营养的角度可分为：速效钾（包括吸附于颗粒表面的钾及溶液钾）、缓效钾和矿物钾。

（1）水溶性钾　水溶性钾就是存在于土壤溶液中的钾，是土壤中活动性最高的钾，是植物钾营养的直接来源。水溶性钾大多在2～5mg/L，一般占全钾量的0.05%～0.15%。自然土壤水溶性钾的含量受土壤风化情况以及溶液中的二价离子浓度等因素影响；农业土壤水溶性钾还依前茬作物以及钾肥施用情况而变化。

（2）交换性钾　交换性钾也就是代换性钾，是指土壤胶体表面负电荷所吸附的钾，一般占全钾量的0.15%～0.5%。自然土壤交换性钾的含量，受土壤黏土矿物种类、胶体含量的影响；而农业土壤交换性钾的含量还与耕作和施肥等因素有关。

交换性钾和水溶性钾都是植物能直接吸收利用的，因此常统称为速效钾。

（3）非交换性钾　非交换性钾是非代换性的，主要是指层状黏土矿物层间所固定的钾离子和黏土矿物中的水云母系以及一部分黑云母中的钾。通常占全钾量的很小部分，最多不超过6%。一般不足2%。

从植物营养的角度，非交换性钾又被称为缓效钾，当土壤溶液中的钾和交换性钾因被植物吸收而数量减少时，缓效钾可逐步向溶液中释放钾离子。可见，缓效钾是土壤速效钾的储备，可作为衡量土壤供钾能力的一个重要指标。

（4）矿物钾　矿物钾又称为结构钾，是指构成矿物或深受矿物结构束缚的钾，主要存在于原生矿物中，如钾长石、白云母等都是含钾的原生矿物。矿物钾占全钾量的90%～98%。矿物钾一般需要经过很长时间的风化才能释放出钾离子，植物难以利用这部分钾。

2. 土壤中钾的迁移转化　土壤中钾的迁移转化可以归结为两方面：水溶性钾与交换性钾的被固定和非交换性钾与矿物钾的释放。

（1）水溶性钾与交换性钾的固定　水溶性钾与交换性钾进入黏土矿物晶层间转化为非交换性钾即称为钾的固定。

土壤固定钾通常有3种方式：①钾离子渗进伊利石、某些蒙脱石和蛭石等2∶1型黏土矿物的层间，当晶层失水收缩时而被固定。一般认为，这是重要的固钾方式。②在蒙脱石、拜来石及其过渡性矿物中由于Al^{3+}对Si^{4+}的同晶置换而产生负电荷，能强烈地束缚钾离子。③某些风化而造成缺钾的矿物，如伊利石，有“开放性钾位”，能为钾离子所占据，也可以视为钾的固定。被黏土矿物固定的钾，根据其所处位置，可分为p位、e位和i位。其中p位在表面，结合能力最弱；e位在边缘，结合能力较强；i位在层间中位，结合能力最强。p位吸附属非专性吸附，e位吸附和i位吸附属专性吸附，有很强的选择性。

钾的固定受很多因素影响，如黏土矿物种类、土壤水分状况、土壤pH和铵离子等。通常1∶1型矿物几乎不固定钾。2∶1型黏土矿物固钾能力的次序为：蛭石＞拜来石＞伊利石＞蒙脱石。一般随土壤干燥而固钾作用加强，尤其在干湿交替条件下，更能促进钾的固定。水溶性钾含量高时，干燥会导致钾的固定；而含钾量低时，干燥反而有利于钾的释放。土壤对钾的固定随土壤pH的提高而增加。NH_4^+和K^+的半径分别为14.8nm和13.3nm，比较接近，因此NH_4^+可以交换出已被固定的钾。

（2）非交换性钾与矿物钾的释放　非交换性钾的释放是指土壤中含钾原生矿物和次生矿物，在物理化学、生物化学以及生物的作用下，通过风化和分解释放钾的过程。

土壤非交换件钾的释放受矿物结构特征、结晶缺陷、颗粒大小以及干燥化过程、土壤溶液离子的浓度、作物根际pH和作物根系特性等影响。

矿物钾的释放机制一般有两种，一种是扩散，一种是矿物分解。在酸性条件下，金云母和黑云母的分解是钾释放的主要机制；在中性条件下，扩散作用增强。白云母的分解比较困难，钾的释放受扩散影响较大。云母是未风化的原生矿物，钾离子以配位作用保持在结构内。云母水化脱钾，它的晶层边缘稍有打开，释放出部分钾，形成水云母；进一步风化即形成蛭石，此时晶层已完全打开。从云母向蛭石的风化过程中，黏粒变细，含钾量减少，而水分、比表面和交换量增加。在长石的架状结构中，钾离子位于相连四面体的空隙中。留在四面体架状空穴中的钾离子，只有矿物结构解体后才能释放出来。

（三）钾的环境效应

1. 钾对植物的影响 钾是植物的必需营养元素，在植物体中的含量仅次于氮。钾在植物体中不形成稳定的化合物，而呈离子形态存在。因此，植物体中的钾十分活跃，易流动，再分配的速度很快。钾可以调节植物细胞水势，是构成植物细胞渗透势的重要无机成分。钾能调节气孔的运动，有利于植物经济用水。钾能促进光合作用，提高 CO_2 的同化率。钾能促进光合作用产物的运输，增加植物"库"的储存。钾是许多酶的活化剂，能提高酶的活性，促进植物的新陈代谢。此外，钾在增强植物的抗逆性方面也具有非常重要的作用。

植物缺钾初期植株生长减缓，矮化，叶片呈现暗绿色。进一步缺钾才出现较明显的症状。首先在老叶上出现症状，于叶尖或叶缘开始出现黄色或褐色斑点或条纹，并逐渐向脉间组织蔓延，而后发展为坏死组织。缺钾的植株往往根系发育不良，有时出现腐烂现象，种子或果实小，产量低，产品的品质较差。

2. 钾对动物和人的影响 钾是动物和人体内一种重要的微量元素，正常成人体内钾总量约为 50 mmol/kg。它主要储存于细胞内，与细胞外的钠协同起着维持细胞内外正常渗透压和酸碱平衡的作用，并且能维持神经和肌肉的正常功能，特别是能起维持心肌正常运动等作用。

缺钾会减少肌肉的兴奋性，使肌肉的收缩和放松无法顺利进行，精神和体力下降，容易倦怠；耐热能力也会降低。低钾会使胃肠蠕动减慢，导致肠麻痹，引起便秘，加重厌食，出现恶心、呕吐、腹胀等症状。临床医学资料还证明，中暑者均有血钾降低现象。当人体钾摄取不足时，钠会带着许多水分进入细胞中，使细胞破裂而导致水肿。血液中缺钾会使血糖偏高，导致高血糖症。另外，缺钾对心脏造成的伤害最严重，缺乏钾，可能是人类因心脏疾病致死的最主要原因。

三、土壤圈中钙的循环与环境效应

（一）概述

钙（Ca）是银白色的轻金属，位于第四周期的ⅡA族。1808 年，英国化学家戴维电解石灰与氧化汞的混合物，得到钙汞合金，将合金中的汞蒸馏后，就获得了银白色的金属钙。瑞典的贝采利乌斯、法国的蓬丁使用汞阴极电解石灰，在阴极的汞齐中提出金属钙。钙化学性质活泼，能与水、酸反应，有氢气产生。在空气中其表面会形成一层氧化物和氮化物薄膜，以防止继续受到腐蚀。加热时，几乎能还原所有的金属氧化物。

地壳中平均含钙为 36.4 g/kg，按含量列第五位。母岩含钙量差异很大，如沉积岩中的页岩氧化钙平均含量为 31 g/kg，而石灰岩高达 425.7 g/kg。含钙矿物主要是非硅酸盐矿物（如方解石）和硅酸盐矿物（如斜长石）。

水中钙、镁矿物质的含量通常以每升水中碳酸钙含量为计量单位，它决定了水的软硬度。测定饮水硬度是将水中溶解的钙、镁换算成碳酸钙，当水中碳酸钙的含量低于150 g/L时称为软水，达到150～450 mg/L时为硬水，450～714 mg/L时为高硬水，高于714 mg/L时为特硬水。

土壤全钙量变化很大，这决定于成土母质、风化条件、淋溶强度和耕作利用方式。从岩石风化发育成土壤，所处成土条件不同，土体中的含钙量可能与母质中的差别极大。在我国热带多雨湿润地区，由于风化和酸性淋溶作用强烈，尽管母岩中含钙量高达8.84%～36.70%，但土体中的钙仅为痕量；而在同一地带的干燥地区，虽然母岩中含氧化钙仅0.58%，而土体中仍有0.1%的氧化钙。而在淋溶作用弱的干旱、半干旱地区，土壤钙含量通常在10 g/kg，有的达100 g/kg以上，其中以棕漠钙土和灰漠钙土含量最高。

植物含钙量为0.2%～1.0%。不同植物含量差异很大，通常是双子叶植物含钙高于单子叶植物，双子叶植物平均含钙0.5%以上，单子叶植物平均为0.3%～0.5%，而双子叶植物中又以豆科植物含钙量高。人体中的矿物质约占体重的5%，钙约占体重的2%。身体的钙大多分布在骨骼和牙齿中，占总量的99%，其余1%分布在血液、细胞间液及软组织中。

（二）土壤圈中钙的循环

1. 土壤中钙的形态

（1）溶液钙　溶液钙即存在于土壤溶液中的钙离子，含量因土而异，每升在数十毫克至数百毫克之间。溶液钙的浓度在石灰性土壤上，受土壤空气中的CO_2分压影响，在非石灰性土壤中则受土壤盐基交换作用制约。

（2）交换性钙　交换性钙为吸附于土壤胶体表面的钙离子，是土壤中主要的代换性盐基之一，是植物可利用的钙。土壤中交换性钙含量高，变幅也大，为10～300 mg/kg，甚至可高达500 mg/kg以上。

（3）有机态钙　有机态钙存在于土壤中活的生物体、腐殖质、植物残体和土壤颗粒表面的有机胶结物中。

（4）非交换性钙　用较低浓度的酸浸提出来的这部分钙称为非交换性钙。

（5）矿物态钙　矿物态钙是存在于土壤矿物晶格中，不溶于水，也不易为溶液中其他阳离子所代换的钙。矿物态钙占全钙量的40%～90%。

2. 土壤中钙的迁移转化　钙在土壤中的移动速度比想象的快得多，土壤钙的淋溶损失远大于施钙量。钙进入土壤后还可发生交换吸附、专性吸附，形成络合离子或生成难溶性沉淀。土壤含钙矿物易于风化或具一定的溶解度，并以钙离子形态进入溶液，其中大部分被淋失，一部分为土壤胶体吸附成为交换性钙，因而矿物态钙是土壤钙的主要来源。

矿物晶格对钙无明显的固定作用。次生黏粒矿物晶格中也很少有钙存在，但在伊利石或蒙脱石的层间中可能存在一些难交换的钙离子，它们的含量分别为0%～2%和0%～3%。高岭石晶格几乎不含钙。钙的另一部分以较简单的碳酸钙（方解石及白云石）、硫酸钙（石膏）等形态存在。这两种含钙矿物的溶解度较大。硫酸钙通常存在于干旱地区土壤，碳酸钙只存在于pH>7.0的土壤中。含钙矿物风化以后，进入溶液中的钙离子可能随排水而损失，或为生物所吸收，或吸附在颗粒周围，或在干旱地区再次沉淀为次生钙化合物。

钙在土壤中有多种形态，主要以吸附态存在，还有相当一部分为非交换态和非酸溶态，而水溶态钙量很少。随着外界条件的变化，土壤中钙形态会发生改变。

交换性钙与溶液钙呈平衡状态，后者随前者的饱和度增加而增加，也随pH的升高而增加。溶液钙因植物吸收或淋失而浓度降低时，交换性钙即释放到溶液中。土壤交换性钙的释放取决于交换性钙总量、交换性盐基饱和度、土壤黏粒的类型、吸附在黏粒上的其他阳离子性质。土壤溶液态钙还和含钙的固相进行平衡，因此在石灰性和盐渍化土壤中，溶液态钙的含量较高。

植物根部排出的碳酸和雨水中溶存的碳酸也可以把钙从土壤胶体上取代出来，形成重碳酸钙而流失。如果土壤中交换性钙数量不断减少，交换性氢就逐渐取代它，当交换性氢占土壤交换总量的50%时，土壤即呈强酸性。土壤与碳酸钙的反应如下。

$$CaCO_3 + 2H^+\text{-土壤} \longrightarrow \text{土壤-}Ca^{2+} + CO_2 + H_2O$$

（三）钙的环境效应

1. 钙对植物的影响　钙作为植物的必需营养元素被人们认识已超过百年。钙以二价离子形态进入植物细胞。钙对胞间层的形成和稳定性具有重要意义。缺钙使细胞分裂不能正常进行。钙还影响生物膜结构的稳定性，对膜电位、膜透性、离子转运以及原生质黏滞性、胶体分散度都有一定效应。钙能中和作物体内代谢过程产生过多且有毒的有机酸，调节细胞pH。钙是一些重要酶类的活化剂，对某些酶的活化是专一性的。钙有加强有机物运输的作用。钙与植物钙调素结合具有多种调节细胞功能的作用。植物缺钙时往往导致分生组织坏死，引起许多生理失调症，在园艺作物中由于缺钙引起的失调症达40多种。如番茄和辣椒的脐腐病、大白菜和生菜的干烧心、马铃薯的格斑病和鸭梨的黑心病等。

2. 钙对动物和人的影响　钙是动物和人类的骨骼、壳质最主要的组成物，也是各种肌体组织和细胞的活性元素。它在体内的含量虽然很低，但是它的作用是巨大的。直接的作用是钙能维持调节机体内许多生理生化过程，增加内分泌腺的分泌，维持细胞膜的完整性和通透性，促进细胞的再生，增加机体抵抗力。钙在体内维持骨骼的新陈代谢，尤其是对幼年动物钙的营养显得更加重要。血钙浓度水平过低会引起神经冲动的自动发送而导致动物的惊厥，钙在血液凝固过程中也有很重要的作用。人体缺钙会导致骨质疏松、骨质增生、儿童佝偻病、手足抽搐症以及高血压、结肠癌、老年痴呆等疾病的发生。

四、土壤圈中镁的循环与环境效应

（一）概述

镁（Mg）是银白色的金属，原子序数为12，位于第三周期ⅡA族。1808年，英国的戴维，用钾还原白镁氧（即氧化镁MgO），最早制得少量的镁。镁具有比较强的还原性，能直接与氮、硫和卤素等化合，然而，包括烃、醛、醇、酚、胺、脂和大多数油类在内的有机化合物与镁仅仅轻微地反应或者不起作用。

地壳平均含镁量为19.3g/kg，存在于原生矿物和次生黏土矿物中。镁元素在海水中的含量为1 200mg/L。

土壤全镁量平均为5g/kg。土壤全镁含量主要受成土母质和风化条件等的影响。我国南方热带和亚热带地区，成土母质风化程度高，土壤含镁量平均只有3.3g/kg。紫色土全镁含量高，可达22.1g/kg。红壤含镁量最低，平均值为2.3g/kg。北方土壤全镁含量达5～20g/kg。由于镁大多存在于较细的土粒中，黏粒和粉砂所含的镁占全镁量的95%以上，故砂质土的全镁量一般很低。水稻土因经常受灌水、排水及水分渗漏的影响而导致镁的损失。另一方面，强烈的还原条件使矿物表面的氧化铁胶膜减少，也促进镁的释放和淋失，故水稻土的全镁含量较其前身的旱地土壤要降低 30%～50%或以上。

正常成人身体总镁含量约 25g，其中 60%～65%存在于骨和齿，27%分布于软组织。镁主要分布于细胞内，细胞外液的镁不超过 1%。

(二) 土壤圈中镁的循环

1. 土壤中镁的形态 土壤镁的形态有：溶液态镁、交换性镁、非交换性镁、有机态镁和矿物态镁。

(1) 溶液态镁 存在于土壤溶液中的镁离子，其含量一般为每升数毫克至数十毫克，甚至高达数百毫克，是土壤溶液中含量仅次于钙的一个成分。

(2) 土壤交换性镁 土壤交换性镁是指被土壤胶体吸附，并能为一般交换剂（如 1 mol/L NH_4Ac）所交换出来的镁，是植物可以利用的镁。

(3) 有机态镁 土壤有机态镁主要以非交换态存在，只占全镁量的 0.5%～2.8%。

(4) 非交换性镁（或称酸溶性镁、缓效性镁） 用较低浓度的酸浸提，则可以溶解其中一部分矿物态镁，这部分镁称为非交换性镁，其数量随所用酸液的浓度而异。非交换性镁可作为植物能利用的潜在有效态镁，在土壤中的含量差异很大，最低者在 20 mg/kg 以下，最高者达 6 690 mg/kg。

(5) 矿物态镁 矿物态镁是土壤中镁的主要来源，占镁含量的 70%～90%。

2. 土壤中镁的迁移转化 矿物态镁在化学风化和物理风化作用下，逐渐发生破碎和分解，分解产物黏土矿物内参加土壤中各种形态镁之间的转化和平衡。交换性镁和非交换性镁之间存在着平衡关系；土壤溶液中的镁和交换性镁之间也是一个平衡关系，但其平衡速度较快。

镁素的固定指土壤有效性镁转变为非有效性镁的过程。镁被固定的原因有：镁离子与水溶性硅反应形成硅酸镁沉淀或与氢氧化铝共沉淀；镁被黏土矿物内层专性吸附后变成非交换态镁；在土壤反应为碱性时，土壤中无定形的羟基铝聚合物表面的负电荷增多，从而增强对镁的固定。干湿交替也可以增强对镁的固定。在我国南方酸性红壤和水稻土进行的镁肥固定能力试验表明，施入的镁肥只有约 15%被固定，这与南方土壤中矿物是高岭石和三水铝石为主有关，因为这些矿物对阳离子的吸附固定能力较弱。

镁从非交换态释放出来，就是镁的有效化过程。当土壤中的水溶性镁和交换性镁由于作物的吸收而降低时，就会有利于有效化过程的进行。矿物层间的镁，部分可被其他阳离子代换而释放；有一些则被闭锁在晶层之间，不易被取代，但在一定条件下仍可释出。而存在于硅酸盐晶格中的镁，由于处在层状硅酸盐的晶格内部，成为晶格的一部分，因此基本上不可能和其他离子相互交换，难以释放。土壤镁的释放受很多因素的影响。首先，与土壤黏土矿物类型有关。以蒙脱石、蛭石、绿泥石及伊利石等 2∶1∶1 型黏土矿物为主的土壤，其所能释放的镁较多。以高岭石等 1∶1 型黏土矿物为主的土壤，其所能释放的镁量很少。其次，土壤酸度、温度、水分状况也影响土壤镁素的释放，土壤酸性的增强，温度的升高，土壤保持湿润及频繁的干湿交替，都能促进镁的释放。再次，矿物晶格和层间铁的氧化还原反应也影响镁的释放。当铁发生还原反应时，晶格和层间镁易释放，而当铁发生氧化反应时，镁的释放量降低。

（三）镁的环境效应

1. 镁对植物的影响 镁是植物体内多种重要成分的组成元素。叶绿素的形成过程需要镁参加，镁是叶绿体的中心金属离子，在叶绿体中10%左右的镁包含在叶绿素里，叶绿素中含有2.7%的镁。

缺镁时，叶绿素和类胡萝卜素含量下降，叶片退绿。同时，对 CO_2 的同化能力下降，光合能力下降。镁离子促进光合碳同化产物的转运、氮素同化、蛋白质生物合成、糖类和脂肪代谢以及能量转化作用。镁的缺乏症状首先出现在中下部叶片，这是由于植物体内镁的再利用效率较高的缘故。缺镁症状常为叶脉间失绿，严重时叶缘死亡，叶片出现褐斑。

2. 镁对动物和人的影响 镁是一种参与生物体正常生命活动及代谢过程必不可少的元素。其含量在人体中仅次于钙、钠和钾而居矿质元素第四位，镁离子在细胞内的含量则仅次于钾离子而居第二位。镁影响细胞的多种生物功能：影响钾离子和钙离子的转运，调控信号的传递，参与能量代谢、蛋白质和核酸的合成；可以通过络合负电荷基团，尤其核苷酸中的磷酸基团来维持物质的结构和功能；激活和抑制酶的活性，调控细胞生命周期、细胞增殖及分化；镁还参与维持基因组的稳定性，并且还与机体氧化应激和肿瘤发生有关。

五、土壤圈中铝的循环与环境效应

（一）概述

铝（Al）是银白色有光泽金属，原子序数为13，位于第三周期ⅢA族。1827年，德国的韦勒把钾和无水氯化铝共热，制得铝。铝是活泼的金属，但在空气中其表面会形成一层致密的氧化膜，使之不能与氧、水继续作用。

天然水中 Al^{3+} 的浓度很低，在海水中的含量为0.000 13mg/L。但因 $Al(OH)_3$ 具有两性特质，酸雨的降落或酸性废水的排出，均会使水中氢离子浓度增加，因而使 $Al(OH)_3$ 溶解。

铝在地壳和土壤中的含量仅次于氧和硅，是土壤中含量最丰富的金属元素，约占地壳总量的7.1%。在自然界中，铝通常以难溶性的硅酸盐或氧化铝的形式存在于一系列含铝矿物中，如长石、云母、绿泥石、蒙脱石、高岭石和三水铝石等。由于矿物结构不同，其铝含量和抗风化能力也不同。各类岩石的铝含量，火成岩为8.1%，页岩为8.2%，砂岩为2.5%，石灰岩为0.4%，黏土为9.5%。矿物、岩石中铝的状况直接影响土壤、水体和湖泊沉积物中铝的含量。

植物生长过程时会吸收铝，不过蔬菜、水果铝含量极低，大多在0.5～5.0mg/kg或以下。铝在动物体内含量很低，是一种微量元素。人类每天从食物中摄取10～18mg/kg铝，其中大部分随粪便排出，小部分在睾丸、肾、脾、肌肉、骨骼和脑组织内蓄积。

（二）土壤圈中铝的循环

1. 土壤中铝的形态 一般来说，土壤中的铝主要以铝硅酸盐和铝的氢氧化物存在。在土壤溶液中，铝与其他元素以及一定量的有机质形成复杂的混合物和化合物，使土壤体系中铝的形态十分复杂。土壤中的铝主要的化学形态有下述几种。

（1）水溶性铝 水溶性铝指溶解在土壤溶液中的铝。在pH小于5的情况下，铝在土壤中主要以 Al^{3+} 形式存在；随着pH的逐渐升高，铝的形式以 $Al(OH)^{2+}$、$Al(OH)_2^+$ 为主；

当土壤溶液接近中性时，则以固态 $Al(OH)_3$ 形式存在；在碱性土壤溶液中则以$Al(OH)_4^-$或铝酸盐为主要形式。

（2）交换性铝　吸附在土壤颗粒表面的铝为交换性铝。

（3）活性羟基铝　当铝溶液局部受到强碱中和时，产生的羟基铝和聚合羟基铝为活性羟基铝。

（4）有机络合态铝　与有机物相结合的铝称为有机络合铝。一般来说，土壤交换性铝和水溶性铝是高活性铝，对植物生长的影响最大，是导致植物铝中毒最主要的原因。而有机络合态铝的形成则增加了铝在土壤中的移动性，也降低了铝对生物的毒性。

在土壤化学中，常把溶于草酸盐和醋酸盐的铝称为活性铝（Al_o），把连二亚硫酸钠提取的铝称为游离氧化铝（Al_d），把焦磷酸钠提取的铝称为结合态铝。活性铝和游离氧化铝为生物有效态铝。

2. 土壤中铝的迁移转化　铝是原生矿物和次生矿物的风化产物，可以通过化学风化过程和生物化学风化过程从矿物中释放到土壤和水体环境中。人为因素和天然酸性物质对含铝矿物的溶蚀作用，也可使土壤和水体环境中的沉积物和悬浮物解体而释放出交换性铝，形成有机络合态铝，再由地表水和地下水带入江河湖泊，从而造成环境的酸化和污染。

成土过程中，通过风化从矿物释放出的铝经水解、聚合、络合、沉淀和结晶等反应转化为不同结构、性质和形态的铝，包括从水溶态铝到结构态铝的各种形态，其中仅部分是游离态铝。

铝的氧化物和氢氧化物矿物存在于土壤中，与溶液的 Al^{3+} 呈平衡状态。平衡 Al^{3+} 活度随 pH 而变化，pH 每增加 1 个单位，Al^{3+} 活度减少 99.9%。$Al(OH)_3$（无定形）可缓慢地转变成一种或多种结晶形态。铝的硫酸盐矿物极易溶解，以致在土壤中不能存在。铝是土壤中的大量成分，会形成若干不溶性的磷酸盐。

铝离子具有两性化学特征，当岩矿、土壤和水体底泥中释放出来的铝离子溶解在溶液中时，首先生成水合铝络合离子。水合铝络合离子在土壤溶液和水体中会发生一系列水解反应，释放氢质子而导致土壤溶液 pH 降低。

土壤溶液中单体羟基铝离子强烈趋于聚合反应，生成二聚体、低聚体及高聚体等多种聚合形态。例如，单体羟基铝在 pH 升高时，会发生缩聚反应而生成二聚体；当土壤溶液 pH 继续升高时，铝的水解聚合反应会继续下去，生成多种聚合形态，最终生成 $Al(OH)_3$ 无定形沉淀物。

在土壤中存在其他阴离子时，会竞争络合土壤溶液中的铝离子，甚至形成更稳定的其他络离子。土壤溶液中的氟离子是最强烈的竞争阴离子，可形成 6 种稳定的氟铝络合离子。

除无机阴离子外，许多天然有机配位体（如富里酸、多酚类、还原糖及有机酸化合物等）也具有络合水体及土壤中铝的能力，并可显著增加土壤溶液中铝的溶解度。

（三）铝的环境效应

1. 铝对植物的影响　铝可以在植物体内移动，但移动性很小。植物根系吸收的铝主要积累在根部，只有极少量的铝被转移至地上部分，茎叶中铝的含量均很少。有试验表明，适量的铝能促进茶树和野牡丹的生长发育，如铝在一定范围（$\leqslant 400\ \mu mol/L$）可增加茶树侧根数量和长度，低于 $50\ \mu mol/L$ 的铝对水稻幼苗生长有促进作用。但一般而言，铝是一种非营养性元素，植物体内的铝通过抑制有丝分裂与 DNA 的合成、破坏膜的结构和功能、影响酶的活性、阻碍离子通道等对植物产生直接的毒性或引起间接的生理障碍作用。由于植物吸收的铝主要分布在根内，因此铝毒症状首先表现在根系上，而且对根的伤害最为严重。

2. 铝对动物和人的影响 动物体内过量的残铝会破坏或扰乱生物的正常代谢活动，使动物的血磷、采食量和增重率明显下降；可降低钙的吸收率，使血清镁和锌降低；可导致典型的骨软化，骨质疏松，骨形成率下降，小细胞性贫血。水体中铝含量增加，将导致大量有机物凝聚，致水生动物因营养匮乏而死亡。铝的聚合物还可堵塞鱼鳃。人体内如果含铝量过高，会沉积在大脑内，可能导致脑损伤，造成严重的记忆力丧失。铝还能直接抑制成骨细胞的活性，从而抑制骨的基质合成，同时影响消化系统对铝的吸收，导致尿钙排泄量的增加及人体内含钙量的不足。此外，铝在人体内不断地蓄积和进行生理作用，还能导致非缺铁性贫血。

3. 铝毒与酸雨、土壤酸化的关系 酸雨、土壤酸化与铝毒三者是密切相关的。酸雨促进土壤酸化，可导致铝大量溶解和流失，继而产生铝毒害。酸雨也使水体酸化，是导致水体铝溶出极其重要的原因，而铝的溶出又使酸雨的危害更加严重化。土壤淋出液中的铝含量与酸雨 pH 是密切相关的，随着酸雨 pH 的降低，土壤溶液中的铝溶出量逐渐增多，使毒性大的交换性铝的比例增加，而毒性小的络合态铝则呈下降趋势。

第三节 土壤圈微量元素循环与环境效应

一、土壤圈中铁的循环与环境效应

（一）概述

铁（Fe）是有光泽的略带灰色的白色金属，硬而有延展性，原子序数为 26，位于第四周期Ⅷ族。人类最早发现铁是从天空落下的陨石。铁有很强的铁磁性，并有良好的可塑性和导热性。

铁是地球上分布最广的金属之一，约占地壳质量的 5.1%，居元素分布序列中的第四位，仅次于氧、硅和铝。铁的主要矿石有：赤铁矿（Fe_2O_3）、磁铁矿（Fe_3O_4）、褐铁矿（$Fe_2O_3 \cdot nH_2O$）、菱铁矿（$FeCO_3$）和黄铁矿（FeS_2）等。

正常的河水中铁的含量小于 0.1g/L，海水中铁的含量在 0.01～0.1g/L。井水中的铁含量往往比河水稍高，有的甚至超过饮用水标准。空气中铁的含量极低，往往结合在飘尘中。

土壤中铁的含量变化很大，一般为 1%～4%，有的土壤则高达 5%～25%。铁的土壤化学性状十分复杂，与氧、硫、碳密切相关。土壤中大多数铁以铁镁的硅酸盐矿物的形态存在。岩石和矿物风化释放的铁常沉淀成氧化物、氢氧化物，少量铁存在于土壤有机质和次生矿物中。

铁在植物体内的含量比其他微量营养元素多，以植物体干物质量计算，铁的含量范围为 50～250mg/kg。铁元素是血红细胞的重要组成元素，在人体中是微量元素中含量最多的。人体中含镁 4～5g，其中 72%为血红蛋白，3%为肌红蛋白，0.2%为其他化合物形式；其余则为储备铁，以铁蛋白的形式储存于肝脏、脾脏和骨髓的网状内皮系统中，约占总量的 25%。

(二) 土壤圈铁的循环

1. 土壤中铁的形态

(1) 矿物态铁　矿物态铁指土壤矿物中的铁，包括原生矿物、次生黏粒矿物和次生的氧化铁等铁盐。

(2) 有机态铁　土壤中的铁大部分以无机形态存在，与有机质相结合的铁（即有机态铁）远少于无机态铁。

(3) 水溶态铁和交换态铁　土壤溶液中的铁（即为水溶态铁和交换态铁）的浓度，因分离溶液所采用的技术不同而有一定的差异，一般在 50～1 000 μg/L 之间，其浓度与土壤类型和土壤条件，如氧化还原电位（E_h）、pH 有关，形态也很复杂。

Tessier 采用不同的化学试剂，利用连续提取的方法将土壤中的金属元素进行了形态上的区分，将土壤中的铁依结合状态区分为水溶态、交换态、碳酸盐结合态、铁锰氧化物结合态、有机结合态和残渣态。其中残渣态占全铁含量的 90%左右；其次为铁锰结合态和有机结合态，可占到全铁量的 10%左右；其他 3 种形态的铁含量则非常低。

2. 土壤中铁的迁移转化　铁既可被氧化又可被还原，酚还原三价铁为二价铁而被氧化成酸，二价铁又可以重新被氧化，形成的三价铁则被剩余的酚化合物作用而形成配合物及还原。这一反应在黑暗的土壤中经常发生，当铁和还原态碳接受太阳光能时，也可以发生。

土壤铁的释放和固定的一般规律是：氧化和碱性反应促使铁沉淀，还原和酸性反应促使铁溶解。一般情况下，所释放出的铁迅速沉淀成氧化物或氢氧化物。铁的氧化物或氢氧化物形成小的颗粒或者与矿物表面相结合，在富含有机物的层次中主要以螯合物的形态存在。游离的铁的矿物常能作为土壤和其层次的关键性的特征。土壤中的矿质铁和有机态铁易于发生转化，有机质对于氧化铁的形成有一定的作用，微生物对铁的转化也有相当的影响。微生物的异化还原是厌氧环境中铁氧化物生物转化的主要形式，是一种以三价铁作为终端电子受体的微生物代谢过程，异化还原的产物为二价铁。

土壤中铁的形态转化受酸度、水分、温度、碳酸钙、有机质、磷酸盐和重金属的影响。这些因子影响氧化还原电位、氧化铁的水化和脱水。土壤中铁的释放与 pH 之间的关系很密切，在土壤有效态铁与 pH 之间存在着相反的关系。土壤含水量过高或者通气不良会导致土壤中氧的不足而使还原性增强，氧化还原电位（E_h）下降，三价铁被还原成二价铁。土壤的碳酸钙含量与土壤中铁的形态有一定的关系，碳酸钙水解产生的高 pH 影响了铁的溶解，碳酸钙与铁形成难溶的化合物。

(三) 铁的环境效应

1. 铁对植物的影响　铁在植物体中可形成螯合物，铁离子在植物体内有价态的变化，这两个特性是铁具有许多重要生理功能的基础。铁影响叶绿素的合成，虽然铁不是叶绿素的成分，但影响叶绿素的前身的形成。铁直接参与光合作用，植物体内的铁，有 80%集中在叶绿体内，铁直接参与光合作用。铁是固氮酶的主要成分。与呼吸有关的酶都含有铁，所以，铁直接影响呼吸作用。缺铁症状首先出现在幼嫩部位，在叶片上表现最典型的症状称为失绿症。

2. 铁对动物和人的影响　铁是最早被证实与人和动物健康有关的微量元素之一。早在 1832 年便已发现贫血病人血液的铁含量比健康人低。1886 年证实，马的血红蛋白的纯结晶体中含有 0.335%的铁。在动物体中，铁含量约为 40 mg/kg，许多不同种的动物的血红蛋白所含有的铁是相近的。缺铁会使人患贫血病，是常见的营养病，尤其是孕妇和儿童容易发生。

二、土壤圈中锰的循环与环境效应

（一）概述

锰（Mn）是一种灰白色、硬脆、有光泽的金属，原子序数为 25，位于第四周期ⅦB族。1770 年，瑞典的甘恩，用软锰矿和木炭在坩埚中共热，发现了锰。

锰在地壳中的丰度为 0.085%。锰的主要矿物是软锰矿（MnO_2），其他矿物还有黑锰矿（Mn_3O_4）、水锰矿（$Mn_2O_3 \cdot H_2O$）以及褐锰矿（$3Mn_2O_3 \cdot MnSiO_3$）。

海水中锰浓度约为 2 μg/L，淡水中锰浓度为 1 μg/L 到数百微克每升之间。饮用水中锰的浓度一般都低于 100 μg/L。

土壤中锰的含量在一定程度上受成土母质的影响。土壤中锰的平均含量为 600～900 mg/kg，随地质本底、采矿活动等不同而在 1～7 000 mg/kg 范围内变动。铁、镁质岩发育的土壤一般含锰较高。以红壤为例，玄武岩发育的红壤的锰含量最高，花岗岩发育的则较低，二者间可能有成倍的差异。中国土壤全锰的含量平均为 710 mg/kg，低于地壳岩石圈中锰的平均含量。

植物对锰的需要量大约为铁的 1/2，体内适当浓度为 50 mg/kg（按干物质算）。通常植物中，锰的含量变动在 10～300 mg/kg 范围内。在人体及动物体内锰含量甚少。成人体内锰总量为 10～20 mg。

（二）土壤圈锰的循环

1. 土壤中锰的形态

（1）水溶态锰　水溶态锰即土壤溶液中的锰，以二价锰为主，介于 0.025～8 mg/kg（以干土计）之间。

（2）交换态锰　交换态锰即吸附在土壤胶体上的锰，主要是二价锰离子，一般为 0～100 mg/kg（以干土计）。

（3）有机态锰　有机态锰指和有机质结合的锰，含量为数毫克每千克（以干土计）至数千毫克每千克。

（4）矿物态锰　矿物态锰包括土壤原生矿物和次生矿物中锰氧化物和氢氧化物，是土壤中锰的主要形态和有效锰的潜在供应库。在锰的原生矿物中，锰常以混合价态出现，且各价态之间又以不同比例存在，因而所构成的矿物种类繁多，又加上锰易与铁、镁、钴等金属元素共生形成混杂的或复合的氧化物，使其矿物种类更为复杂。

2. 土壤中锰的迁移转化　锰参与土壤中氧化还原、离子交换、专性吸附、溶解平衡等一系列反应，而核心是锰的氧化还原，这是锰形态转化的本质，三价锰和四价锰都是土壤氧化还原体系中的强氧化剂，特别是自由基三价锰离子。两个三价锰离子经过自发的热力学歧化反应可以同时产生二价锰和四价锰，其中三价锰一个失去一个电子生成四价锰，另一个得到一个电子形成二价锰。上述歧化反应的逆反应是：当二价锰给四价锰提供一个电子时，得到两个分子的三价锰自由基。

$$Mn^{2+} + MnO_2 + 3(COOH)_2 \longrightarrow 2Mn(COOH)_3 + 2H_2O + 2H^+$$

从锰存在的价态来看，则主要是二、三、四价之间转换。在土壤中，四价锰通常以胶体氧化物的形式存在，其表面的负电荷一般被吸附的二价锰所占据，使整个氧化物表面呈正电性，因而可以吸附带负电荷的有机质胶体。三价锰也可以被氧化锰表面吸附使其带正电荷。

土壤中锰的迁移转化主要由环境条件决定，而与土壤的全锰含量关系很小。此外，有机质和微生物活动也有一定的影响。在这些影响因子中以 pH 和氧化还原电位（E_h）为最突出，影响 pH 和氧化还原电位的任何因子都会影响锰的价态、形态和活性。土壤中锰的水溶态和交换态随 pH 的降低而升高。在强酸性土壤上会出现锰中毒现象，而缺锰现象则常在 pH$>$7.5 时发生。土壤中所能存在的锰的氧化还原体系很多，因而氧化还原电位与锰的形态的关系也较复杂。任何一个影响电位的因子都会影响锰的形态和活性。碳酸钙除了影响土壤 pH 以外，还与交换态锰含量存在负相关关系。交换态锰在石灰性土壤中因碳酸钙含量增加而减少。碳酸钙颗粒的表面对锰也有吸附作用。土壤锰的形态与有机质含量有关，表层土壤有机质含量较高，其交换态锰含量较剖面的其他层次高。在土壤中加入有机质以后，土壤交换态锰和植物锰含量都有所提高。土壤的湿度和温度都与锰的形态转化有关。在潮湿和排水不良的土壤中及在灌溉条件下都发现交换态和水溶态锰降低的现象；在温度较低时交换态锰或水溶态锰含量最低。交换态锰的含量与土壤次生矿物类型有关，以蒙脱石为主的土壤交换态锰含量较高，而以高岭石为主的土壤交换态锰含量较低。

（三）锰的环境效应

1. 锰对植物的影响　土壤中锰的供给不足或者过多都会影响植物生长。由于锰直接参与光合作用，所以各种植物都会受它的供给情况的影响。植物缺锰现象在世界各地分布得也很广泛。在酸性土壤上则会出现因锰过多的毒害现象或者所诱发的缺铁现象。植物对缺锰的敏感程度不一，因种类而异。

2. 锰对动物和人的影响　锰是高等动物所必需的微量元素。虽然锰在体内的含量很少，但起非常重要的作用。已知锰是某些酶的组成成分，例如精氨酸酶、丙酮酸羧化酶、超氧化物歧化酶等，在体外有上百种酶可由锰激活，其中有水解酶、脱酰酶、脱羧酶、激酶、转移酶和肽酶等。二价锰还参与软骨和骨骼形成所需的糖蛋白的合成。缺锰可引起多种疾病。在黏多糖的合成中，需要锰来激活葡萄糖基转移酶。黏多糖是软骨及骨组织的重要成分。因此，缺锰可影响动物骨骼的正常生长和发育。缺锰后，葡萄糖利用率下降，胰岛组织肥大，还可引起组织超微结构异常、智力低下、不可逆的先天型运动失调和癌症。

三、土壤圈中铜的循环与环境效应

（一）概述

铜（Cu）是淡红色有光泽的金属，原子序数为 29，位于第四周期ⅠB 族。铜是古代就已经知道的金属之一。在我国，距今 4 000 年前的夏朝已经开始使用红铜，即天然铜。铜广泛用于冶金、机器制造、电镀和化学等工业中。

铜在地壳中以基性岩和中性岩中最为丰富，在碳酸盐岩中则较少。铜形成多种矿物，常见的原生矿物中的铜以硫化物状态存在。地球岩石圈的铜含量是 100 mg/kg。

空气中铜主要存在于尘埃和气溶胶中，离人类活动频繁区越近，含量越高。空气中含铜量为 0.015～2.1 $\mu g/m^3$。

海水含铜量为1～3μg/kg，淡水体系含铜量为6～37μg/kg，主要取决于天然水系中悬浮物性质及水环境。

铜在土壤中是十分活跃的，但移动较小，所以在土壤剖面中铜的含量随时间变化较小，其含量大小与成土母质的类型有密切的关系。一般的情况下，土壤铜含量的差异主要是分布在各气候带和地理区域的土壤成土母质中铜的含量不同所致。正常土壤的铜含量为15～40mg/kg，平均含量为20mg/kg上下。温带和寒温带地区的土壤的铜含量较其他气候带低。例如，花岗岩和砂岩发育的灰壤中铜含量很低，仅为3～5mg/kg，而在云母片岩、橄榄岩、辉长岩上发育的灰壤则高达25～30mg/kg。干旱、半干旱地区土壤的铜含量中等，例如黑钙土为15～70mg/kg，栗钙土和盐土的铜含量都很丰富。热带地区土壤铜含量变化很大，由痕迹到200mg/kg以上。

植物中都含有铜，正常含量为5～20mg/kg，因品种、生长阶段和土壤中铜的供给情况而异。成年人体内的铜含量为每公斤体重1.4～2.1mg。

（二）土壤圈铜的循环

1. 土壤中铜的形态　Tessier采用不同的化学试剂，利用连续提取的方法将土壤中的铜元素进行了形态上的区分，具体如下。

（1）水溶态铜　水溶态铜的含量一般不超过1mg/kg，常为全铜含量的1%左右或者更低。

（2）交换态铜　土壤所吸附的铜为交换态铜。土壤的矿质部分对铜的吸附少于有机部分，在有机质土中，较多的铜离子被紧密地吸附。

（3）铁锰氧化物结合态铜　这种形态的铜与土壤中铁锰氧化物表面结合，形成配位化合物，或同晶置换铁锰氧化物中的铁或锰而存在于氧化物结构中。

（4）有机质结合态铜　铜与其他金属元素比较，具有较强的形成络合物的倾向，与有机配位体形成的螯合物具有很强的稳定性。

（5）碳酸盐结合态铜　在pH较高的石灰性土壤中，碳酸盐结合态铜较多。

（6）残渣态铜　存在于原生和次生矿物的晶格中的铜为残渣结合态铜。

2. 土壤中铜的迁移转化　土壤矿物风化后释放出二价铜离子，大部分被有机质所吸附。在渍水条件下则形成硫化物CuS和CuS_2，当土块变干时又被氧化成硫酸铜。此外，土壤中还可能有碳酸铜、硝酸铜和磷酸铜存在。

土壤溶液中以络合离子状态存在的铜占溶液中总铜量的98%～99.5%，包括无机络合形态和有机络合形态。在土壤中最重要的铜无机络合物是硫酸络合态铜和碳酸络合态铜。土壤有机质的络合作用是保持铜的重要机制。在土壤溶液中，有机络合态铜比无机络全态铜更为重要，并且络合态铜与非络合态铜的比值极高，铜比其他金属具有更强的络合稳定性。铜可以直接以两个或两个以上的有机功能团键合，所以，铜被固定于坚实的内层络合物（螯合物）中。土壤中腐殖质及各种脂肪酸、多糖类、氨基酸、蛋白质、木质素均能对铜起络合作用。一些有机功能团对金属络合的亲和力大小有以下顺序。

$$-O^- > -NH_2 > -N{=}N- > -COO^- > C{=}O$$

土壤的有机和无机部分都能够紧密地吸附和固定铜离子。所有的土壤矿物都能够吸附铜，其吸附特性因矿物的表面电荷而异。与其他的金属阳离子不同，铜离子在层状硅酸盐矿物、铁、铝和锰的氧化物和有机质上呈专性吸附。专性吸附又称为选择性吸附，是指发生在扩散双电层的内层的吸附。而代换态吸附主要是通过库仑力而发生在双电层外层。铜的吸附不是单纯的代换反应，专性吸附占主导地位。

土壤中铜的迁移转化与土壤 pH 和氧化还原电位（E_h）的变化而有所不同。在酸性土壤中，铜的溶解度较大，在土层中易发生向下迁移；在石灰性土壤中溶解度较小，在土层中较为不易向下迁移。土壤有机质与铜的结合与它的类型、性质和状态有密切关系，因而具体情况不同常导致不同的结果。土壤渍水后，一方面 pH 和氧化还原电位发生改变，铁锰氧化物被还原，氧化物所吸附和包被的铜被释放，使水溶态铜和交换态铜增多，迁移性提高。另一方面，渍水时有机质分解缓慢，不利于铜的释放。

（三）铜的环境效应

1. 铜对植物的影响　铜是植物正常生长繁殖所必需的微量营养元素。植物中有许多功能酶（如抗坏血酸氧化酶、酚酶和漆酶等）都含有铜。在氮的代谢中，缺铜能影响蛋白质的合成，使氨基酸的比例发生变化，降低蛋白质的含量。在碳水化合物的代谢中，缺铜可抑制光合作用，使叶片畸形和失绿；在木质素的合成中，缺铜会抑制木质化，使叶、茎弯曲和畸形，木质部导管干缩萎蔫。缺铜还能影响花粉、胚珠的发育，降低花粉的生命力。同时，缺铜的植物，抗病性差，容易发生白粉病。

2. 铜对动物和人的影响　人和动物缺铜的一般症状是骨疾患、生长抑制、运动失调、毛发或毛皮脱色、脊髓脱髓鞘、心肌纤维性病变、胃肠障碍等。血色素中含有少量铜，缺铜时会导致贫血。骨疾患是缺铜的特有症状，特征是自然骨折，并且发生在磷营养正常的情况下。当机体摄入过量的铜时，易引起铜在体内特别是肝脏的大量蓄积，从而产生毒性作用，引发铜中毒，发生流涎、恶心、呕吐、阵发性腹痛，严重者可有头痛、心跳迟缓、呼吸困难甚至虚脱，也可引起中枢神经系统的损害。

四、土壤圈中锌的循环与环境效应

（一）概述

锌（Zn）是一种蓝白色金属，原子序数为 30，位于第四周期ⅡB 族。锌也是人类自远古时就知道其化合物的元素之一。锌矿石和铜熔化制得合金——黄铜，早为古代人们所利用。世界上最早发现并使用锌的是中国；早在 10～11 世纪，中国就成为大规模生产锌的国家。

地壳中锌的平均含量为 70 mg/kg。按照地球化学分类，锌属于亲硫元素也属于亲硅元素。它在地壳中主要形成硫化物矿物闪锌矿。

水中锌含量非常低，河底沉积物中含锌平均为 110mg/kg，是水体中锌含量的10 000倍。

正常土壤中全锌含量为 10～300 mg/kg，平均为 50 mg/kg。土壤的锌含量变化很大，在很大程度上取决于成土母质（母岩）的组成和性质，并决定于成土过程的各种环境条件。成土母质不同，其风化产物中含锌量也不同。由于含锌矿物和岩石是易被风化的，并被风化成细质地土壤，而抗风化能力强的粗粒部分含锌极少。因此，缺锌的土壤多为质地较轻的土壤。除了成土母质对土壤含锌起重要作用外，有机质也是影响含锌量的一个因素，有机质能与锌紧密结合，从而减少锌的淋溶损失，因而一些积累较多有机质的表层土壤，常含有较多的锌。

植物中含锌量为1～10 000mg/kg（以干物质计）。但对于大多数作物和牧草来说，一般为20～100mg/kg。不同种类的植物，锌含量有很大的差异。植物的不同部位含锌量不同，一般多分布在茎尖和幼嫩的叶片中。锌元素主要存在于海产品和动物内脏中，其他食物里含锌量很少。水生动植物有很强的吸收锌的能力，致使水中的锌向生物体内迁移。人体正常含锌量为2～3g。绝大部分组织中都含有极微量的锌，而肝脏、肌肉和骨骼中含量较高。

（二）土壤圈中锌的循环

1. 土壤中锌的形态

（1）水溶态锌　水溶态是以锌离子或锌络合离子等形态存在于土壤溶液中的锌和与可溶性有机物质络合和螯合的锌，可以用水提取出来，但含量极低。

（2）交换态锌　交换态锌是黏粒矿物或腐殖质等活性土壤组分交换位上的锌，即非专性吸附态锌。交换态锌在土壤中的数量也很少。

（3）铁锰结合态锌　它存在于铁锰结核、土壤颗粒间的胶结物或简单地包裹在土壤颗粒表面。

（4）有机结合态锌　有机结合态锌存在于土壤中活的生物体、腐殖物质、植物残体和土壤颗粒表面的有机胶结物中。有机结合态的锌得经过有机物分解后才能释放出来，它的含量与土壤有机质含量有关。

（5）残渣态锌　残渣态锌指原生矿物晶格中的锌，其不能与土壤中其他形态的锌保持动态平衡，是植物不能利用的锌。在干旱和半干旱地区及风化程度差的土壤中，这部分锌所占的比例较大。

2. 土壤中锌的迁移转化　土壤对锌的吸附作用是制约土壤溶液中锌的浓度和锌对植物有效性的一个重要因子。施入土壤中的锌通常在较短的时间内几乎完全被土壤所吸附，从而避免锌从土壤中淋失。土壤中锌的吸附固定受诸如土壤pH、黏粒矿物、阳离子交换量、有机质和质地等因子的影响，其中对锌产生吸附作用的最重要的组分有黏粒矿物、水化氧化物、碳酸盐和土壤有机质等。锌能被土壤中的黏粒矿物所吸持，特别是在接近中性或碱性时，蒙脱石能吸附超过其阳离子代换量的锌。黏粒矿物对锌的吸附或固定的能力不同，主要是由于它们的阳离子代换量、比表面和矿物结构不同造成的。土壤中的锌很难在不受络合解离平衡影响下发生吸附作用。能与锌产生络合解离平衡的物质种类包括无机配位体（OH^-、Cl^-、NO_3^- 等）、有机配位体（土壤腐殖酸等各种低分子有机化合物）、各种合成配位体（EDTA、DTPA等）以及具有络合能力的一些农药及其降解产物。土壤中的胡敏酸、富里酸和胡敏素具有较多的含氧功能团，包括羧基、酚基以及各种类型的羰基，这些功能团使胡敏酸和富里酸等对锌有络合能力。土壤中铁、铝和锰的氧化物对锌也有吸附作用，酸性土壤中含有大量的铁、铝和锰的水化氧化物，它包裹在黏土矿物表面或形成像黏粒一般大小的颗粒，这些“胶结剂”在土壤吸附锌时起重要的作用。

土壤中锌的释放与土壤的pH和有机质含量有较大的关系。土壤中的锌易在酸性条件下溶解，即有效态锌含量随pH的降低而升高。所以在酸性土壤中有效态锌含量较高，并以二价锌离子的形态存在，一般较少出现缺锌现象。而在中性和碱性土壤中，可形成含锌大分子有机螯合物，也可以沉淀为氢氧化物等。因此，在中性和碱性土壤中，锌的溶解度降低，缺锌极为普遍，甚至发生严重的缺锌现象。土壤溶液中的锌离子与土壤中的有机酸等可以形成锌的天然有机络合物，由此增加了锌的溶解度和移动性。在缺锌的土壤中，一般有效锌含量很低，交换态锌含量也很少。在这种情况下，小分子有机物与锌的络合作用能释放部分无效态锌，提高土壤中锌的有效性。

(三) 锌的环境效应

1. 锌对植物的影响　锌在植物中的功能主要是作为某些酶的组成成分和活化剂。锌在酶系统中起重要的作用，锌是一些脱氢酶、蛋白酶和肽酶的必不可少的组分。这些酶对植物体内的物质水解和氧化还原过程以及蛋白质合成起重要的作用。锌在植物体内还参与生长素吲哚乙酸的合成过程。植物缺锌时，体内生长素的含量减少，使植物生长发育出现停滞状态，叶片变小，茎节缩短，形成小叶丛生等症状。锌还可能以某种方式参加叶绿素的形成，缺锌植物叶片出现叶脉间失绿。

2. 锌对动物和人的影响　锌是多种金属酶的组成成分或酶的激活剂，又是胰岛素的成分。动物缺锌时，生长迟缓，骨骼发育不正常，患皮肤病，羽毛不正常，饲料利用效率低，性成熟延迟，不孕和丧失生育能力，死亡率高。严重缺锌时也引起猪、家禽和牛失去食欲，并且使猪精神萎靡、多病，呕吐和下痢。人体缺锌时生长停滞，智力发育缓慢，性成熟受到抑制，性腺机能减退，自发性味觉减迟和创伤愈合不良。有人认为，肝脏病、溃疡等也与缺锌有关。

五、土壤圈中硼的循环与环境效应

(一) 概述

硼（B）是一种非金属，原子序数为5，位于第二周期ⅢA族。公元前约200年，古埃及、罗马、巴比伦曾用硼砂制造玻璃和焊接黄金。1808年，法国化学家盖·吕萨克和泰纳尔分别用金属钾还原硼酸制得单质硼。

自然界中几乎所有的岩石都含硼，平均含量为50 mg/kg，其含量因岩石性质不同而异。一般沉积岩的硼丰度高于火成岩，火成岩高于火山灰。其中以海相沉积岩的含量最高，其含量可达500 mg/kg以上。

水中硼浓度差异较大。一般降水含硼0.1 mg/L，少数干旱地区（如青海盐湖地区）雨水含硼量为3～4 mg/L。江河水含硼量约0.5 mg/L，海水平均含硼为4.6 mg/L。

空气中硼含量不高，一般在检测限以下。现代工业中燃煤和硼的工业成为大气主要的污染源。例如，广州郊区大气硼含量为0.03 $\mu g/m^3$，商业区为0.047 $\mu g/m^3$，而工业区为0.29 $\mu g/m^3$。

土壤含硼量极不均匀，这主要与土壤母质及发育过程有关。土壤中含硼矿物约有56种，包括不同溶解度的硼酸盐、硼硅酸盐、硼铝酸盐，而以电气石为最重要，其次为硬硼钙石和硼砂等。许多矿物中也含有微量硼，例如黑云母、白云母、钠云母、伊利石和海绿石等含硼100～200 mg/kg，长石含硼多于100 mg/kg，蒙脱石和高岭石含硼21～35 mg/kg。土壤硼含量的变化范围一般为2～100 mg/kg，世界土壤硼平均含量为10mg/kg，我国土壤平均含硼量为64 mg/kg。

植物体内的含硼量因其种类和生长期不同而异，一般在2～100 mg/kg范围内。双子叶植物含硼量和需硼量比单子叶植物高，而蝶形花科和十字花科植物含硼量特别高。

(二) 土壤圈中硼的循环

1. 土壤中硼的形态

(1) 水溶态硼　水溶态硼即以离子状态存在于土壤溶液中的硼，可被植物直接吸收利用。水溶态硼包括土壤溶液中的硼和各种可溶的硼酸盐。土壤溶液中的硼，在酸性和中性条件下主要以 H_3BO_3 形态存在；在碱性条件下则主要以 $H_4BO_3^-$ 存在。

（2）缓效态硼　缓效态硼指吸附固定于土壤胶体表面的硼。

（3）有机态硼　有机态硼指存在于有机物和有机络合物中的硼，其主要来源是植物残体。

（4）难溶态硼　难溶态硼即指土壤中的含硼矿物。

2. 土壤中硼的迁移转化　土壤水溶态硼移向植物根系被植物吸收，成为植物体内的硼，动物通过食用动、植物和饮水摄取硼。在生物体内的硼，无论是无机态还是有机态，均在生命新陈代谢中或生命终止时返回无机界，完成一次循环，同时又进入下一次循环，由此循环往复，无穷无尽。

吸附在土壤胶体或颗粒表面的缓效态硼与水溶态硼之间存在吸附与解吸动态平衡。铁铝氧化物与硼吸附量之间存在高度正相关，黏土矿物通过破损边缘表面羟基的配位体交换机制产生吸附，且吸附硼量与土壤溶液的 pH 有关。土壤有机质含量和硼吸附量之间存在高度正相关，除了含硼的有机物外，土壤的有机胶体也可以通过表面所带的阳离子吸附硼酸根阴离子，使硼保存在有机物上。关于有机物吸附硼的机制，一般认为是由于硼能与含羟基的有机化合物生成酯类或络合物，如硼酸与一元醇反应可生成酯类。

$$3CH_3OH + H_3BO_3 \longrightarrow (CH_3)_3BO_3 + 3H_2O$$

土壤中硼的迁移是植物吸收硼的重要环节，4 种形态的硼中只有水溶态硼易在土壤中迁移，其他 3 种形态的硼需转化为水溶态硼后才能迁移。水溶态硼在土壤中以质流、扩散和根截取 3 种方式而迁移到植物根系表面，其中以质流的迁移作用最大，可达硼供应量的一半。硼在中性至酸性土壤易于迁移，在黏性土壤中则难以迁移。在酸性土壤中，硼主要以硼酸形式存在，易溶解，不易被土壤吸附，因而淋溶较为严重。土壤硼淋溶的强弱与土壤质地、pH、有机质、气候和植被等因素密切相关。相对于植物的吸收而言，上述诸因素中，降水量的影响较为复杂，一方面，降水量大时，土壤中水溶态硼含量增多，硼的移动性增大，硼易于淋溶，作物缺硼严重。另一方面，降水量很小时，土壤含水量下降，硼易于固定，土壤硼的有效性下降，作物缺硼症状在少雨年份发生也较为普遍。

（三）硼的环境效应

1. 硼对植物的影响　作为植物必需营养素之一的硼，有着与其他必需营养元素显著不同的特点，它既不直接参与植物体或酶的组成，也不能引起酶和基质螯合而直接影响酶的活性。硼在植物代谢中的作用有多种，概括起来有以下几方面：硼可加速糖运输的浓度，增加糖转运量；硼抑制淀粉磷酸化酶、UDPG 葡萄糖转化酶、磷酸葡萄糖异构酶、过氧化物酶、多酚氧化酶、核糖核酸酶、蛋白酶和肽酶活性；硼能控制植物体内吲哚乙酸（IAA）水平，保持其促进生长的生理浓度和合理分布；硼影响核酸及蛋白质代谢，促进核酸和蛋白质的合成，抑制核酸分解，促进核苷酸合成；硼参与木质素合成。

植物硼中毒的一般症状是：叶尖端或边缘退绿，接着出现黄褐色的坏死斑块；双子叶植物首先出现在叶缘，单子叶植物出现在叶尖，最后扩展到侧脉间，叶片呈枯萎状并过早地脱落。

2. 硼对动物和人的影响　虽然人们早就验检出人和动物体内存在微量的硼，且近年来的研究表明人和动物需要硼，但至今仍不能肯定它是否为人和动物必需的微量元素。硼在人体内的生理作用研究尚少，而且无肯定结论。另一方面，由于硼广泛地应用于工业、农业、医疗卫生等部门，有关硼中毒的研究较多。硼中毒者的病理检查可见：胃、肾、肝、脑和皮肤出现非特异性病变，主要有肝脏充血、脂肪变性、肝细胞混浊肿胀；肾呈弥漫性水肿，肾小球和肾小管均有损害；脑和肺则出现水肿。睾丸对硼较敏感，尤其是性成熟期的睾丸。

六、土壤圈中钼的循环与环境效应

（一）概述

钼（Mo）是金属元素，原子序数为42，位于第五周期第ⅥB族。1782年，瑞典一家矿场主埃尔摩从辉钼矿中分离出金属，它得到贝齐里乌斯等人的承认。

在地壳的大多数的岩石中部存在着钼，其含量则是很低的。岩石圈钼的平均含量为1～2mg/kg。火成岩钼的平均含量是2mg/kg。

钼在水中多以MoO_4^{2-}、$HMoO_4^-$及多聚酸盐形式存在，海水中钼的平均含量为10 mg/L。

钼在土壤中的总含量很小，平均含量约为2.3mg/kg。我国土壤的全钼含量为0.1～6 mg/kg，平均含量为1.7mg/kg。土壤钼含量主要与成土母质及土壤类型有关，不同的成土母质、不同的土壤类型含钼量有较大的差异。温带和寒温带地区土壤的钼含量最低，常低于1mg/kg；干旱和半干旱地区土壤为最高，平均含量是2～5mg/kg；热带和湿润地区土壤的钼含量与干旱和半干旱地区土壤相近。

植物中钼的含量很低，为0.1～0.5mg/kg。通常植物叶片中含钼量（以干物质计）为0.10mg/kg。在动物体内，钼主要储存于骨骼、肝和肌肉中含1～4mg/kg。动物体内单纯以储存形式存在的钼并不多，多数结合在酶分子中。

（二）土壤圈中钼的循环

1. 土壤中钼的形态

（1）水溶态钼　水溶态钼指可溶的钼酸盐，也包括少量MoO_3，为对植物有效的钼，含量极低。土壤溶液中钼的含量很低一般不高于10μg/L。

（2）交换态钼　在黏粒矿物和次生矿物的带正电荷的表面上吸附的钼酸根离子为交换态钼。

（3）有机态钼　钼与含有羟基的有机化合物（酚、醇、羟酸和一元的有机酸等）能够形成络合物，即为有机态钼。钼与腐殖酸的结合可能与它和多羟基酚（例如焦儿茶酚、焦棓酚等）的结合相似。

（4）难溶态钼　难溶态钼指原生矿物和次生矿物晶格中的钼，不能被植物所利用。

2. 土壤中钼的迁移转化　土壤的主要含钼矿物是辉钼矿。辉钼矿易于风化，钼形成钼酸根而释出并进入土壤溶液，所以钼是以阴离子的形态存在的。土壤溶液中还会有螯合态钼存在，这些有机态钼来自植物残体。钼离子在有大量Ca^{2+}、Cu^{2+}、Mn^{2+}和Zn^{2+}时容易形成沉淀，而溶液中的离子则主要被黏粒矿物和铁铝氧化物所吸附或包蔽。土壤中的铁铝化合物、黏土矿物（如高岭土、针形矿、偏埃洛石、绿脱石、蒙脱石和伊利石等）及腐殖质都可吸附和固定钼。不同化合物吸附钼的能力有较大的差异，其吸附能力顺序为：铁氧化物>铝氧化物＞偏埃洛石＞蒙脱石＞高岭土＞伊利石。土壤中钼的吸附可归为3种形式：阴离子代换吸附、形成难溶性盐和固定在铁铝锰等氧化矿物的晶格内。土壤中钼通过钼阴离子与胶体表面或其他阴离子进行配位交换而被吸附，往往在钼离子与吸附体之间形成一个球形的内表面化合物。钼在土壤中（尤其砂质中）易于解吸，可用水、乙二胺四乙酸（EDTA）等解吸剂解吸。影响土壤中钼吸附和解吸的因素很多，最主要的有土壤的pH、温度、湿度、土壤溶液中的钼离子浓度和竞争离子浓度等，其中pH影响最大。

钼是较易迁移的元素，在土壤中有较大的移动性。虽然钼在酸性土壤中的迁移率很小，但还是显著大于磷的迁移率。钼一般只有溶解在水溶液中才能进行迁移，故土壤中交换态钼、有机态钼和难溶态钼只有转变为水溶态钼后才会在土壤中进行迁移。通常钼在土壤中迁移无规律性，而当植物根系吸收钼时，钼大多通过质流迁移至根系附近，当然根系也可通过截取获得，钼还可以通过扩散方式进行迁移。钼的淋溶较少发生，只有当雨量较大，或在盐碱干旱地区进行灌溉时，土壤中钼盐易通过淋溶而损失。

（三）钼的环境效应

1. 钼对植物的影响 植物对钼的需求量是必需营养元素中最低的。钼作为酶的重要组成成分而参加生理作用。目前已知存在于植物体中的钼酶有5个：固氮酶、硝酸还原酶、亚硫酸还原酶、醛氧化酶和黄嘌呤氧化酶。另外，钼还可以不作为酶的成分直接影响生理作用，主要通过引起酶的相关重要参与物质的变化而使其生理生化发生改变。植物缺钼使叶绿素含量减少，光合强度降低，使呼吸强度产生变化，花粉形成受损害，降低花粉产生量和生活力。

2. 钼对动物和人的影响 已知人体内有3种含钼酶，它们是黄嘌呤氧化酶、亚硫酸盐氧化酶和醛氧化酶。在这3种酶的结构中，钼与嘌呤构成一个小的、非蛋白的辅因子，体内的钼约有一半以这种形式存在于肝脏中，需要时转移到上述3种酶的蛋白上，与之结合成有活性的酶。钼可抑制体内对亚硝酸胺的合成和积累，所以有一定的抗癌作用。钼对心血管疾病也有一定预防作用。

七、土壤圈中氯的循环与环境效应

（一）概述

氯（Cl）元素原子序数为17，位于第三周期ⅦA族。1774年，瑞典化学家舍勒通过盐酸与二氧化锰的反应制得氯，但他错误地认为是氯的含氧酸，还定名为“氧盐酸”。1810年，英国化学家戴维证明氧盐酸是一种新的元素，并定名。

氯在地壳中的质量分数为0.031%，主要以氯化物的形式蕴藏在海水里，海水中含氯大约为1.9%。在某些盐湖、盐井和盐床中也含有氯。

土壤平均含氯100mg/kg左右。在土壤溶液中，氯的含量为2.5～56.8mg/L。盐污染土壤溶液中氯的含量要高得多。氯在土壤中很易变化，其含量与降水量、地势及是否盐渍化有密切关系。一般降水量高、地势高、土壤淋溶性能好的非盐渍化土壤，氯的含量低，反之则高。

在植株中，氯的含量水平随物种和取样地点而变动，一般在0.03%～1.5%之间。但也有含量达10%的（如烟草叶）。动物体中氯的含量在0.11%左右。

（二）土壤圈中氯的循环

1. 土壤中氯的形态

（1）水溶态氯 土壤溶液中的氯主要以阴离子的形式存在，包括氯离子、次氯酸根离子、亚氯酸根离子、氯酸根离子和高氯酸根离子。其中以氯化物和氯酸盐为主要形式。

（2）吸附态氯 吸附在可变电荷土壤中的土壤黏粒表面的氯为吸附态氯。

2. 土壤中氯的迁移转化 氯在土壤中有显著的横向移动。影响氯在土壤中扩散的因素很多。土壤含水量和 pH 是控制氯扩散和迁移的主要因子。在一定温度下，土壤水分下降时，氯的扩散系数也下降。施用农家肥，尤其是猪粪，以及土壤添加石膏和压滤泥浆都能显著提高氯的扩散系数，增加氯在土壤中的迁移距离。土壤温度、土壤容重和土壤类型及其阴离子负吸附量对氯的扩散都有影响。pH 对氯扩散的影响主要是通过影响土壤的表面电荷性质而实现。氯的扩散系数随 pH 升高而增大。施用含氯化肥可导致氯在土壤中积累，氯在土壤中的残留率随土壤的渗水性和土质而异，变幅为 0%～30%。土壤 0～200 cm 土层剖面氯的残留量与施氯量呈显著相关。旱地土壤渗漏液中的氯随作物生育进程而逐渐增加。

土壤对氯的吸附主要发生在可变电荷土壤中，可变电荷土壤对阴离子氯的电性吸附是由于其表面带有正电荷引起的。这种吸附作用完全由土壤吸附表面与离子之间的静电作用力所控制。因此，凡是能够影响这种静电作用力的因素都可以影响可变电荷土壤对氯的电性吸附。这些因素主要是土壤表面性质（氧化物含量）和溶剂条件（土壤溶液 pH、电解质浓度和溶剂介电常数）。

（三）氯的环境效应

1. 氯对植物的影响 氯是高等植物生长所必需的营养元素。氯的生理作用一般可归纳以下几种：参与光合作用；调节叶片气孔运动；抑制病害发生；促进养分吸收。缺氯的一般症状为植株萎缩，叶片失绿，叶尖变小。不同植物缺氯症状可能完全不同，例如冬小麦缺氯表现为植株叶片发黄，并有许多斑点；莴笋、甘蓝和苜蓿缺氯表现为叶片萎缩，但根粗短呈棒状，由叶叶缘上卷成杯状；棉花缺氯，叶片凋萎，叶色暗绿，严重时，叶缘干枯，卷曲。

2. 氯对动物和人的影响 氯是人体必不可少的元素。氯离子在人体内酸碱平衡的调节中起重要作用。氯参与胃酸（即盐酸）的形成；胰液、胆汁里的助消化的化合物，同样也是血液中的 NaCl 和 KCl 形成的。视网膜对光脉冲的反应有赖于 Na^+、K^+ 和 Cl^- 的适当浓度。氯还可以激活某些酶，人体细胞外液阴离子中约有 60%是氯离子。人体摄入氯过多引起对机体的危害作用并不多见。下列情况可引起氯过多而致高氯血症：严重失水、持续摄入高氯化钠或过多氯化铵；临床上输尿管-肠吻合术、肾功能衰竭、尿溶质负荷过多、尿崩症以及肠对氯的吸收增强等。此外，敏感个体尚可致血压升高。

一些氯的化合物是严重的污染物，如氯氟烃、滴滴涕（DDT）和六六六等。由于人类大量生产使用氯氟烃，排放后进入大气后游离出来的氯原子可以破坏臭氧层。滴滴涕和六六六则属于高残留农药，是具有“三致”效应的持久性有机污染物。

八、土壤圈中氟的循环与环境效应

（一）概述

氟（F）属于卤族元素，原子序数是 9，位于第二周期ⅦA 族。1886 年，法国的莫瓦桑在铂制U形管中，用铂铱合金做电极，电解干燥的氟氢化钾，制得氟。

氟在岩石圈内的分布十分广泛，平均含量为270mg/kg。其以多种化合物的形式存在于岩石或矿物中。已知的含氟矿物近100种，如萤石、氟镁石、氟铝石、水晶石、氟磷灰石以及磷灰石、云母和各种氟酸盐类矿物。

自然环境中，空气中的氟含量很低，小于0.01 $\mu g/m^3$。氟在天然水中广泛分布，但含量极不均一，海水的含氟量比大陆地表水高10倍左右，为0.1mg/L。

世界各地土壤含氟（全氟）范围为0～184 000mg/kg。我国土壤含氟上限为4 000～6 000mg/kg，一般为50～500mg/kg。全氟中通常只有极小部分呈活性状态，其中水溶态氟是活性氟的最大部分。土壤氟背景与土壤的地球化学类型密切相关。富钙土壤地球化学环境中的土壤、盐渍化土壤（尤其是苏打盐渍土壤）、富铁铝土壤地球化学环境中的火山岩和酸性花岗岩风化发育的土壤等，都是富氟土壤。土壤的含氟量与其成母岩的种类有关，酸性岩含氟量为0.08%，中性岩含0.05%，基性岩含0.037%。

氟在植物体中的含量为0.1～15mg/kg，在动物体和人体的含量为几十毫克每千克，占体内微量元素的第三位，仅次于硅和铁。

（二）土壤圈中氟的循环

1. 土壤中氟的形态

（1）水溶态氟　水溶态氟即简单阴离子态氟化物和络合态氟化物。

（2）吸附态氟　吸附在可变电荷土壤中的土壤黏粒表面的氟为吸附态氟。

（3）有机态氟　存在于有机物和有机络合物中的氟为有机态氟。

（4）矿物态氟　矿物态氟即指存在于矿物中（如磷灰石）的氟。

2. 土壤中氟的迁移转化　土壤中的氟主要来源于各种岩石。岩石经长期风化和淋溶，以极细微的不溶性残留物或水解物的形式在黏土矿物中迁移。一般土壤中主要的氟源是黏土矿物。在温暖而潮湿的土壤中，氟以稳定的氟化钙形式出现。岩石风化、大气沉降所带来的氟以及含氟废水通过灌溉进入土壤进而被植物吸收，进入水体时亦可被水生生物所吸收。水中的氟化物直接进入生物圈，或通过土壤部分进入生物圈，其他随地表水流入海洋。在海里，大量的氟随磷和钙一起沉积于海生动物的骨骼中，并随其衰亡沉入海底，形成稳定的氟磷灰石。

土壤中氟的迁移途径有多种，其中最主要的两个途径是水迁移和植物迁移。由于氟具挥发性，可随海水的蒸发、火山活动、被风刮起的灰尘而被运动的空气带到很远距离的地方，然后又可伴随雨、雪等重新落到地表面。植物在吸收土壤中的水及养分时也吸入一些氟。氟化物能以氟化钠、氟化钾和氟化氢等易溶的化合物存在，因此，可以被植物的根吸收。植物也可以从空气中富集氟，植物对大气中富集氟化物主要是通过叶片吸收。动物既可以从水中摄取部分氟，也可以通过取食动物和植物食品而摄入部分氟，摄入体内的氟有的被排泄掉，而吸收的氟沉积在硬组织中。植物和动物死亡后，氟又重新回到土壤中，随地下水被带到土壤的深处。氟在这里由于微生物的分解作用部分被沉积下来，长时期的作用后形成氟磷灰石，其中可溶性的氟化物被水带到江、河、湖、海中。

随着社会经济的发展，人类的生活和生产活动越来越强烈地影响氟在自然界的循环。人类大量开采氟矿用做工业原料和作为肥料，这无疑促进了自然界的风化作用，使地壳中储藏的大量氟进入循环活动。

（三）氟的环境效应

1. 氟对植物的影响　土壤氟污染对作物的危害一般是慢性积累的生理障碍过程，主要表现为作物生育前期干物质累积量减少，成熟期子实产量降低。此外，氟危害还会表现为分蘖减少，成穗率降低，营养吸收组织和光合成组织受到损伤。这些损伤一般表现为叶尖坏死，受伤害组织逐渐退绿，很快变为红褐色或浅褐色。

2. 氟对人和动物的影响　适量的氟对哺乳类动物的生长发育和繁殖是必要的。氟不足对骨、齿的生成发育有很大影响。在低氟区，往往也是软水区，常常出现佝偻病、骨质松脆症等，而表现最明显的是龋齿。环境中氟含量过高也会引起严重的疾病，地方性氟过剩所致的疾病统称为氟病。轻度的氟病首先反映在牙齿上。重度的氟病除患有严重的斑釉齿外，主要表现为骨质病变、肌肉萎缩和肌体变形等症状，统称为氟骨症。

九、土壤圈中碘的循环与环境效应

（一）概述

碘（I）的原子序数为 53，位于第五周期ⅦA 族。18 世纪末和 19 世纪初，法国药剂师库尔图瓦将硫酸倒进海草灰溶液中，发现了碘；后由英国戴维和法国盖・吕萨克研究确认为一种新元素。

碘在岩石中的分布极不均匀，其大致分布规律为：深山区多于半山区，半山区少于平原，平原少于沿海，沿海少于海洋淤泥。母岩中碘的含量一般为 0.5 mg/kg。

陆地水中的碘含量，取决于水流经过的土壤和岩石层，还可因季节而有差异，通常冬季高于夏季。由于碘的易升华性和尘埃对碘的吸附性，使得大气中也含有一定数量的碘。沿海空气中碘含量一般为 2 ng/m^3，大陆空气中的碘含量较低，仅 0.2 ng/m^3。

土壤中的碘，因土壤类型不同而有差异，沼泽土、腐殖土、黑钙土和盐渍土中碘含量较高。而灰化土和砂土中碘含量低。土壤中的碘含量，除与母岩性质有关外，还与土壤中机物的含量以及酸碱度有关。世界上土壤中的碘含量范围为 0.1～25 mg/kg；但是，由于气候、土壤及植被条件的不同，各地区土壤中的含碘量呈现一定的差异。例如，在俄罗斯草地土壤中的碘含量低至 0.009 mg/kg，而在南太平洋岛屿，土壤碘含量则高达 10.7 mg/kg。

碘不仅存在于人体，而且还广泛存在于其他生物体中，不论是陆生动植物，还是海生动植物，都不同程度地含有碘。碘在大多数植物中的存在形式主要是无机物，而陆生和海生脊椎动物体内的碘大多以有机碘存在，且大部分集中在甲状腺内。

（二）土壤圈中碘的循环

1. 土壤中碘的形态

（1）碘化物　早在 1959 年，Vinogragov 就注意到土壤中碘化物的存在，在土壤中，小部分碘化物与铜、银及汞形成矿物形式。

（2）碘酸盐　处于高氧化状态的中性或碱性土壤通常形成碘酸钾、碘酸钠、次碘酸钠和次碘酸钾。

（3）硅酸缔合碘　碘取代硅酸盐结构中的硅形成硅酸缔合碘。

（4）黏土矿物固定态碘　黏土矿物固定态碘是土壤黏土腐殖质复合体对碘的吸附形成的。

（5）有机束缚态碘　有机质的束缚作用形成的有机碘为有机束缚态碘。

（6）单质碘　在土壤中还存在单质碘。

2. 土壤中碘的迁移转化　碘在自然界中主要以化合物形式存在。碘的化合物都溶于水，因而在水流动中，碘亦随之流动。陆地上的一切碘化物最后都随水流入海洋，所以海洋是地球上碘的总储积所。流入海洋中的碘在海水中以 I_2、I^{-1} 和 IO_3^{-1} 的形式存在。阳光，特别是波长 560 nm 的光线，可把碘离子氧化成游离碘而溢出海洋。由于波涛风浪的撞击，得到干燥的含碘微粒亦可溢出海洋进入大气，再随降水（雨、雪）落到陆地。在生物界中，不论海陆产的动植物以及人类本身，从外界获得的一切碘，归根结底都要返回土壤、海洋中，由微生物分解，继续被海陆植物所吸收利用重新进入循环。

陆地上碘能得到补充的基本来源是海洋，这也正是土壤中的碘比其母岩中多、成熟土壤中的碘比新生土壤中多的原因。由降水向陆地补碘的这种过程相当缓慢，估计须经 10 000～20 000 年才能让新生土壤中的碘补充到成熟土壤的程度。降水固然可以补充土壤中的碘，但降水的冲刷淋滤作用也可洗掉土壤中的碘。这个作用在地势倾斜、土质松散、雨量集中的地区尤为显著。

碘的固定和释放受到诸多因素的制约，主要有以下几方面。

（1）pH　新沉淀的铁氧化物从 pH<5.5 的溶液中吸收大量的碘化物，但 pH 高于 5.5 时吸收大大降低，在等于 7 时趋于零。在酸性土壤溶液中，土壤对碘的吸附随着 pH 升高而增加。

（2）土壤矿物组成　不定型黏土矿物对碘固定强，蒙脱石和高岭石对碘的固定少。

（3）土壤有机质　土壤有机质含量高，对碘的吸附也多，施用堆肥、污泥和腐殖酸可以增加土壤对碘的吸附。

（4）环境因子　土壤对碘的固定随温度升高而减少。

（三）碘的环境效应

1. 碘对植物的影响　碘在植物中有广泛的分布，平均含量为 0.25～1.45 mg/kg。碘有可能是植物生长的必需元素，是某些酶的组分，影响光合作用、呼吸作用和碳水化合物代谢，而且促进抗病能力的提高。在我国许多地方适量增施碘肥（碘化钾、智利硝石）可以提高作物的产量，改善产品品质。

2. 碘对动物和人的影响　碘是动物必需的微量元素之一，动物体内碘的平均含量为 50～200 mg/kg，它的生物学作用主要通过甲状腺表现出来，表现为促进生物氧化、调节蛋白质合成和分解、促进糖和脂肪代谢、调节水盐代谢、促进维生素的吸收利用、增强酶的活力、促进生长发育等。人或动物一旦缺碘，就会导致生长发育受阻，生长停滞，发育不全，形成呆小症。雄性动物缺碘还可导致性欲下降，精液品质低劣。雌性动物缺碘则胚胎率下降，易发流产、产弱胎及其产后胎衣不下等。此外，有些动物缺碘时毛皮发育不正常，皮肤干燥，毛发失去光泽，甚至全身脱毛。值得注意的是，人体摄入过多的碘也是有害的，日常饮食碘过量同样会引起甲状腺机能亢进。

十、土壤圈中稀土元素的循环与环境效应

（一）概述

稀土元素是元素周期表ⅢB族中原子序数为 21、39 和 57～71 的 17 种化学元素的统称，

包括钪（Sc）、钇（Y）、镧（La）、铈（Ce）、镨（Pr）、钕（Nd）、钷（Pm）、钐（Sm）、铕（Eu）、钆（Gd）、铽（Tb）、镝（Dy）、钬（Ho）、铒（Er）、铥（Tm）、镱（Yb）和镥（Lu）。其中，原子序数为57～71的15种化学元素又统称为镧系元素。通常把镧、铈、镨、钕、钷、钐、铕称为轻稀土；钆、铽、镝、钬、铒、铥、镱、镥和钇称为重稀土。中性的稀土元素在6s、5d和4f外层轨道上分布着3个价电子，这3个电子极易失去而形成稀土正离子，因而稀土元素的价态一般为+3，具有很强的正电性。正是由于稀土元素具有相同的外层价电子，它们的物理化学性质非常接近。“稀土”一词是由Johann Gadolin于1794年提出的。在18世纪，这17种元素都是很稀少的，尚未被大量发现，因而得名为稀土元素。现已查明，它们并不稀少，特别是中国的稀土资源十分丰富，有开采价值的储量占世界第一位。

在地球化学上，稀土对Ca、Ti、Nb、Zr、Th、F、PO_4^{3-}、CO_3^{2-} 等具有明显的亲和力，所以富含稀土的矿石是碳酸盐矿和磷酸盐矿。而又以磷酸盐矿石（如磷灰石）含量更高。

水体中溶解态的稀土含量极低，占水体中稀土浓度的20%～30%。世界主要河流中溶解态单一稀土元素含量为1×10^{-10}～1×10^{-5} g/L。

土壤中稀土的含量因成土母质和成土过程而异，呈一定的生物气候带分布特征。我国土壤中稀土的含量为190mg/kg左右。南方土壤中稀土含量较高，北方土壤次之，西北干旱区土壤较低。总的趋势是由南到北和从东向西逐渐降低。我国土壤稀土元素构成中，镧、铈和钕的平均含量分别为37.1mg/kg、76.2mg/kg和40.8mg/kg，三者合计占土壤稀土总量的70%以上；其中铈占稀土总量的34%～56%，并且随纬度由低到高逐渐降低。

植物中稀土元素含量为0.002%～0.057%，因植物种类而异。有的植物能富集稀土元素，如山核桃叶片中的稀土元素高达3～2 300mg/kg。此外，桦树、黑草莓中稀土元素也比较多。

（二）土壤圈中稀土元素的循环

1. 土壤中稀土元素的形态

（1）水溶态　水溶态稀土的含量一般很低，为0.02～1.08 mg/kg，约占稀土总量的0.17%。

（2）交换态　交换态稀土含量从痕量到24.04 mg/kg，变化幅度大，占稀土总量的0%～15%，平均为3.11%。

（3）碳酸盐结合态　碳酸盐结合态的稀土元素只在石灰性土壤中存在。

（4）有机态（专性吸附态）　与有机物相结合的稀土为有机态稀土，其含量较高，平均为12.6%。

（5）铁锰氧化物结合态　与铁锰氧化物相结合的稀土为铁锰氧化物结合态稀土。

（6）残渣态　残渣态稀土占总量的63%～89%。

稀土元素在土壤中的存在形态是研究其生态环境效应的关键参数，也是控制稀土的生物有效性、毒性和生物地球化学循环的主要因素。

2. 土壤中稀土元素的迁移转化　稀土在土壤中的迁移首先受稀土在土壤固液界面吸附与解吸的制约，施加的稀土大部分吸附在土壤的表层，此后稀土在土壤中迁移、转化。其迁移与其他金属一样因土壤的组成以及基本理化性质不同而存在很大的差异，而转化更多的受环境条件的影响。

影响稀土在土壤中迁移的环境因素有：土壤的氧化还原电位（E_h）、pH、离子交换和络合作用等。另外，土壤水分、质地、温度、土壤表面特性、伴随离子及有机质以及生物因素（诸如作物种类、生育期等）对稀土元素吸收差异引起的迁移条件的改变等，也影响稀土的迁移。

稀土进入土壤后将发生形态的转化。外源稀土进入土壤后，随着时间延长，交换态迅速下降；碳酸盐结合态的变化与交换态基本相同，但下降幅度小；铁锰氧化物结合态先微弱上升，然后下降；有机结合态先稳定，然后逐步升高；残渣态相对稳定。进入土壤的外源稀土元素绝大部分在很短的时间内被土壤吸附固定，只有很少的一部分以离子形态、可溶性的有机无机络合态存在于土壤溶液中，可被植物直接吸收利用，在一定的环境条件下有向下迁移的趋势。被吸附固定的稀土在一定条件下，可以解吸下来进入土壤溶液中，一部分被植物吸收利用和向下迁移，一部分逐渐转化成其他的形态存在于土壤固相中，主要积累在表层土壤中。固相中的稀土也可以随扬尘进入大气中。

（三）稀土元素的环境效应

1. 稀土对植物的影响 植物中的稀土来自土壤，其含量主要受环境和遗传因素制约。稀土微肥具有促进农作物增产的作用。稀土可以提高叶绿素的含量和光合作用效率；影响植物根的分化；促进根系伤流的溢流量以及影响根细胞质膜的透性等。在研究稀土的生理功能时还发现，作物施用稀土后，增强了作物对不良生长环境的适应能力。但随着环境的污染加剧，植物体可以吸收稀土元素，并可使稀土元素在植物体内积累，产生危害。在一些特定环境中，植物会产生适应性反应。

2. 稀土元素对人和动物的影响 稀土元素经不同途径进入机体后，随血液输导分布于各组织器官，与其他有毒物质一样在机体内滞留或蓄积是诱发其毒性效应的基础，它可产生的生物效应具有多个方面。稀土元素对生物体具有毒物刺激（hormesis）效应，即低剂量表现促进作用而高剂量产生抑制作用，反映稀土元素在机体内蓄积可能诱发负面效应，长期摄入低剂量可在脑部蓄积，诱发脑毒性效应。

第四节 土壤圈重金属和放射性元素循环与环境效应

一、土壤圈中镉的循环与环境效应

（一）概述

镉（Cd）为蓝白色的金属，原子序数是48，位于第五周期ⅡB族。1817年，德国的斯特罗迈厄，从不纯的氧化锌中分离出褐色粉，使它与木炭共热，制得镉。镉和锌在化学性质上有许多相似之处，镉的地球化学过程总是和锌相联系。

镉是相对稀少的金属。地壳中镉的含量很低，其背景值为0.15 mg/kg。在自然界还没有发现过单独的镉矿，常在铅锌矿、铅铜锌矿中被发现。镉在锌矿中的含量为0.2%～0.4%，极少情况下超过1%。因此，从统计上讲，锌矿物中的Cd/Zn比值基本上是一个常数。人们常利用这一点来估计镉的含量。

未污染的大气中，镉含量很低，在大西洋上空，含镉量仅为0.003～0.006 2 ng/m^3。但随着工业活动的开展，大气中镉含量明显增加。

天然水体中的镉大部分存在于底部沉积物和悬浮颗粒中，溶解性镉的含量很低。未受污染的水体中，镉的浓度不足1μg/L。

土壤镉的平均含量不超过0.5mg/kg，如土壤中含镉量增高，可认为土壤被污染。土壤中的镉集中分布于土壤表层，一般在0～15cm，15cm以下含量明显减少。在各剖面不同深度上，镉含量随土壤质地不同而有明显不同，一般镉元素随土壤黏性增大其含量升高。

通常情况下，植物中镉含量都很低，不超过1mg/kg；但某些特殊植物吸收镉的能力很强，其叶部含量可高达1 200mg/kg。

（二）土壤圈中镉的循环

土壤镉污染的主要来源是采矿、选矿、有色金属冶炼、电镀、合金制造以及玻璃、陶瓷、油漆和颜料等行业生产过程排放的“三废”物质。污水灌溉也是外源镉进入土壤的主要途径。

1. 土壤中镉的形态

土壤中镉形态的区分，目前多采用加拿大地球化学家Tessier等提出的连续浸提法。镉的形态可分为水溶态、可交换态、碳酸盐结合态、铁锰氧化物结合态、有机物结合态和残渣态。

镉有两种常见价态，0价和+2价，镉在土壤中只能以二价简单离子或简单配位离子的形式存在于土壤溶液中，如Cd^{2+}、$CdOH^{+}$、$Cd(OH)_3$等，以难溶态$Cd(OH)_2$、$CdCO_3$、$Cd_3(PO_4)_2$、CdS等存在于土壤中。

2. 土壤中镉的迁移转化　镉伴随着锌的岩石而风化。风化产物一部分进入地表水和地下水，很少一部分进入大气。镉不仅存在于锌矿中，也存在于铜矿、铅矿和其他含有锌矿物的矿石中。这些矿在冶炼过程中，镉主要通过挥发作用、冲刷溶解作用释放到环境中去。

土壤中镉的形态与腐殖质的络合特性有关。腐殖质含量高，由于吸附和络合作用造成重金属有效性降低。交换态、铁锰氧化结合态、有机态镉的比例与有机质含量呈正相关。土壤有机质分解过程中不仅产生酸性物质降低土壤pH，而且其小分子物质可与镉形成溶解度大的络合物。结构复杂的有机物质可与镉形成沉淀而产生固定作用。此外，有机质的存在有利于氧化铁的活化，对土壤镉的形态有重要影响。

土壤中镉的迁移性受pH的影响。土壤偏于酸性时，镉的溶解性高，而且在土壤中易于迁移。土壤为碱性时，镉不易溶解。镉在土壤中的迁移转化还受氧化还原电位（E_h）的影响。一般在水淹条件下，土壤中硫酸根可还原为硫，镉易形成硫化镉形态存在，难于溶解。而在非水淹水条件下，可能形成硫酸镉，可溶性较高。

土壤中各种胶体对镉有吸附作用，其强弱受pH等多种因素影响。另外，相伴离子也影响镉的吸附，如Zn^{2+}、Pb^{2+}、Cu^{2+}、Fe^{2+}、Ca^{2+}等的影响。例如，水稻田中Fe^{3+}含量高时，也会使可给态镉增多，它们之间的反应为

$$2Fe^{3+} + CdS \longrightarrow 2Fe^{2+} + S\downarrow + Cd^{2+}$$

由于表层土壤对镉的吸附和化学固定，使土壤中镉的分布集中于最表层几厘米内。但镉元素在土中迁移能力强。镉迁出率随土壤质地变粗而增大，随pH和土壤有机质含量增大而降低。然而，水溶性有机质对土壤中镉的迁移具有明显的促进作用。

（三）镉的环境效应

1. 镉对植物的影响　镉被作物吸收后，可使叶绿素结构遭到破坏，叶绿素含量降低，使叶片发黄、退绿，叶脉间呈褐色斑纹。镉也可以影响淀粉酶的活性，影响细胞膜的通透

性，可对植物细胞膜产生严重的破坏作用。此外，镉既可能与氨基酸、蛋白质相结合而对其合成发生直接作用，又可能通过干扰蛋白质合成系统的镁和钾，对其合成发生间接作用。作物吸收的镉主要积累在根部。谷类作物镉的毒害症状一般类似于缺铁的萎黄病，此外还表现为枯斑、萎蔫、叶子产生红棕色斑块和茎生长受阻等。粮食作物对镉的耐性普遍高于蔬菜类。

2. 镉对动物和人的影响 镉离子可与组织蛋白羧基形成不溶性金属蛋白盐，也可以与巯基形成稳定的金属硫醇盐，从而使许多酶系统的活性受到抑制和破坏，使肾、肝等组织中的酶系统功能受到损害。镉可以引起脂质过氧化、DNA 链的断裂以及蛋白质的氧化修饰等。镉可直接与膜作用产生脂质过氧化反应，导致膜功能障碍，导致细胞的损伤甚至死亡。长期食用含镉植物会影响钙和磷的正常代谢，引起肾、肺和肝等内脏器官的病理变化，诱发骨质疏松，最终可引发“骨痛病”。另外，镉对哺乳动物具有较强的致畸、致癌、致突变作用。

二、土壤圈中铅的循环与环境效应

（一）概述

铅（Pb）是一种蓝色或银灰色的软金属，原子序数为 82，位于第六周期ⅣA 族。铅是人类最早使用的金属之一，公元前 3000 年，人类已能从矿石中熔炼铅。

铅是地壳的组成成分之一，地壳中的含量约为 13mg/kg。

在远离人类活动的地区，大气中铅的含量为 0.000 1～0.001μg/m^3。但是大气往往由于人类的种种活动而受到广泛的铅污染，特别是从 1923 年含铅汽油使用以后，加速了全球性的铅污染。

世界上地面水中天然铅的平均值大约为 0.5μg/L，地下水的铅浓度波动在 1～60μg/L 之间，但是不同地区常有很大的变化。

土壤中铅的含量常稍高于母岩，平均为 15～20mg/kg。在远离人类活动的地区，土壤中的平均含量为 5～25mg/kg。在工业区和市区，其铅量常比上述含量高 10 倍左右。在靠近污染源（如冶炼厂附近或繁忙的公路旁）的表层土壤，其铅含量可高达 1 000mg/kg 以上。在矿区附近严重污染的土壤，铅含量可高达 5 000mg/kg。

植物中含铅量均值范围为 0.1～1mg/kg（按干物质计），鱼体含铅均值范围为 0.2～0.6mg/kg，部分沿海受污染地区甲壳动物和软体动物体内含铅量甚至高达 3 000mg/kg 以上。人体中血铅含量超过 100mg/L 则对机体产生毒害作用。

（二）土壤圈中铅的循环

土壤铅污染主要来源于矿山、蓄电池厂、电镀厂、合金厂和涂料厂等排出的“三废”物质以及汽车排出的废气和农业上施用的含铅农药（如砷酸铅等）。污水灌溉也是外源铅进入土壤的主要途径。

1. 土壤中铅的形态 土壤中铅的化学形态分为：水溶态、可交换态、碳酸盐结合态、铁锰氧化物结合态、有机态和残渣态。水溶态铅和可交换态铅毒性较大，前者含量极微，故常包含在可交换态中一起测定。土壤中残渣态（毒性低）铅占总铅量的 35%～75%。有机态和铁锰氧化物结合态铅也较丰富。土壤环境中铅的形态分布，实际上受铅的沉淀溶解特性的影响，与土壤的物理化学特性有关。

2. 土壤中铅的迁移转化　铅进入土壤时，可以有卤化物形态存在。但它们很可能转化为难溶性化合物，如 $PbCO_3$、$Pb_3(PO_4)_2$ 和 $PbSO_4$ 等，使得铅的迁移性和对植物的有效性都降低。当土壤 pH 降低时，部分被固定的铅可以释放出来，土壤中的 $PbCO_3$ 特别明显。

铅可以被土壤复合体阳离子交换吸附。被吸附的程度取决于土壤的负电性、铅的离子势以及已在交换性复合体上的离子的离子势。铅也能和配位基结合形成稳定的金属络合物和螯合物。随着土壤的氧化还原电位的升高，土壤中可溶态铅的含量降低。这是由于在氧化条件下，土壤中的铅与高价铁、锰的氢氧化物结合在一起，降低了可溶性的缘故。在酸性土壤中，可溶态铅含量较高，在碱性土壤中含量较低。

铅从土壤中向植物根系的迁移主要决定于土壤溶液中的铅离子。植物吸收的铅，绝大部分积累于根部，转移到茎叶中的很有限。不仅土壤中的氧化还原电位（E_h）和 pH 影响铅在土壤植物系统中的迁移，而且土壤中的其他元素也影响着这个过程。当土壤中同时存在铅和镉时，土壤镉可能降低作物体中铅的浓度，而铅会增加作物体中镉的浓度。此外，铅可被微生物甲基化而成为四甲基铅。但是它在生态系统的重要性尚未明确。

（三）铅的环境效应

1. 铅对植物的影响　植物受铅污染的危害可由植物所附着的污染土壤以及大气污染引起。植物根系的生长介质中存在过多的铅时，对根系直接产生毒害作用，抑制根系生长，导致根系生物量和体积下降。铅影响植物对锰、锌的吸收，而且铅含量越高，占据的位点越多，锰、锌的吸收就越少，含量就越低。据研究，铅与镉一起，参与对蛋白质的破坏作用，使生物体内蛋白质含量降低，小分子的有机化合物如氨基酸积累。

2. 铅对人和动物的影响　当动物和人体内铅积累到一定数量后，就会出现受害症状，生理受阻，发育停滞，甚至死亡。环境中的铅化合物，主要以粉尘和气溶胶状态从呼吸道进入人体，也有部分被咽入消化道。铅在肺部的弱酸性介质中较易溶解，借肺泡弥散吞噬细胞的作用，直接进入血液循环。铅是一种蓄积性毒物。铅被吸收后，在血液中以磷酸氢铅、甘油磷酸化物、蛋白质复合物或铅离子状态循环，随后除少量在肝、脾、肾、肺、脑等内脏和红细胞中存留外，有90%～95%的铅以较稳定的磷酸铅储存于骨骼系统。铅的毒性作用主要侵犯造血系统、神经系统及肾脏，其他毒性作用（诸如对心血管系统、生育功能以及致癌、致突变、致畸等作用）也可能发生。

三、土壤圈中汞的循环与环境效应

（一）概述

汞（Hg）的原子序数为 80，位于元素周期表第六周期ⅡB族。我国古代劳动人民把丹砂（也就是硫化汞）在空气中烧得到汞。汞是室温下唯一的液体金属，在自然界中汞常以辰砂的形式存在，有时候也以游离态存在。汞是一种毒性极强的污染元素，在诸多环境污染物指标中，被列为第一类污染物。

地壳中的平均含汞量为 80μg/kg。普通岩石中含汞量在 5～1 000μg/kg 之间，大多数岩石的含汞量小于 200μg/kg。

汞在水体中的含量在自然状态下是极低的，正常溪水、河水、湖水中含量范围为0.01～0.1μg/L，海洋中含量范围为 0.005～5.0μg/L，正常地下水中含量范围为 0.01～0.1μg/L，雨水中含量范围为0.05～0.48μg/L。

世界上未污染土壤环境中汞的含量为0.03mg/kg，基本上反映了火成岩和沉积岩中汞的丰度。一般由火成岩发育的土壤汞含量较低，而由沉积岩发育的土壤中汞的含量较高。尤其是黏土页岩和富含有机质页岩起源的土壤，其汞的自然含量更高。中国土壤中汞的含量平均值为0.04mg/kg，范围值为0.06～0.272mg/kg，高于世界上土壤中汞的自然含量平均值。从总体上来说，北方土壤含汞量低，变幅较小；南方土壤含量高，变幅较大。土壤中的含汞量与成土母质、成土过程和污染程度等有关。

生物体中以水产动物对汞有较高的富集作用，软体动物及鱼中汞的含量为0.000 01～0.2mg/kg，个别地方浮游生物可达3.5mg/kg。陆地植物中汞的含量为0～0.040mg/kg，而陆地动物和人体等汞的含量为0.001～0.1mg/kg。

(二) 土壤圈中汞的循环

自然界的岩石及土壤中都含有微量汞。煤和石油燃烧以及制造水泥焙烧矿石等过程中，燃料和矿石中的汞可蒸发到空气中，而后再沉降至地面并进入到土壤中。当前，污染环境的汞主要来自使用或生产汞的企业（仪表、电器、机械、氯碱化工、塑料、医药、造纸、电镀和汞冶炼等）所排放的“三废”，农业生产过程中曾经使用过的有机汞农药也是其重要来源。

1. 土壤中汞的形态 土壤中汞的存在形态各种各样，归结起来，主要分为下述三大类。

(1) 金属汞 土壤中常常存在一部分单质汞，往往只占土壤总汞的1%以下，但是它对生物体是高度有效的。

(2) 无机化合态汞 土壤中存在的无机化合态汞有HgS、$HgCl_2$、$HgCl_4^{2-}$、$HgCO_3$、$HgHCO_3^-$、$HgNO_3^+$、$HgSO_4$、HgO、$HgHPO_4$等，它们因土壤类型不同而各有差异。在各种无机化合态汞中，并不是所有赋存形态对生物体都是有效的。

(3) 有机化合态汞 土壤中的有机化合态汞包括CH_3HgS、CH_3HgCN、$CH_3HgSO_3^-$、$CH_3HgNH_3^+$和腐殖质结合汞等，其中以腐殖质结合汞最为主要。

2. 汞在土壤中的迁移转化 汞从岩石中释放出来，其中一部分进入土壤而使局部地区土壤含汞量较高。岩石在风化作用下，其中的硫化汞可被还原为金属汞或变成二价汞离子而进入环境（大气、水体）。进入水中的汞和水中的悬浮固体结合沉降于水底，或被水生植物、动物吸收。进入土壤中的汞，被生长在土壤上的植物吸收到体内。汞亦可挥发而进入大气层。随废水排放到水体中的汞，可在适宜的地方进行沉淀，使沉积物的汞含量迅速提高。

土壤中的汞以金属汞、无机化合态汞（磷酸汞、醋酸汞和硫化汞）和有机化合态汞的形式存在。土壤类型不同，汞的形态也不同。土壤腐殖质和黏土矿物对汞的吸附固定作用强烈，在pH较低时，汞多被腐殖质螯合或吸附；pH升高后，则主要为黏土矿物所吸附。土壤腐殖质能够对汞产生强烈的螯合作用，如腐殖质成分中的半光氨酸态硫或硫脲态硫，能使汞被螯合而呈可溶态。

汞在土壤中的存在形态还与所处的土壤条件密切相关。在还原条件下，二价汞可以被还原为单质汞。而在S^{2-}存在的强还原条件下，二价汞离子则生成极难溶的硫化汞。在氧化条件下，硫化汞又可慢慢地被氧化为亚硫酸汞和硫酸汞。在好气条件下，某些微生物（极毛杆菌属）也能将二价汞转化为单质汞。另外，在嫌气条件下存在甲基钴胺素时，无机汞在某些微生物的作用下，可转化为剧毒的可溶态的有机汞——甲基汞和二甲基汞。很多有机汞化合物（如二甲基汞）都能够挥发，且速度较快。

（三）汞的环境效应

1. 汞对植物的影响　一般来说，存在于土壤中的低剂量汞可促进植物的生长和发育，并不产生危害作用。一些盆栽试验结果表明，当土壤中汞含量达25～50 mg/kg时，才会对农作物的生长发育产生危害。土壤中汞对植物的危害，主要是使根功能受到伤害，进而抑制植物的生长及阻碍植物根对营养成分的吸收作用。当根受到汞毒害后，形态扭曲，呈褐色，有锈斑，根系发育不良；相应地，地上部分的生长发育也受到影响，叶片发黄，植株变矮，有的甚至枯萎死亡。

2. 汞对动物和人的影响　当动物体内汞积累到一定程度后，会发生慢性毒害，对动物的肝和肾具有损伤作用，导致重量减轻，肌肉运动变弱和失衡，行动困难，最终引起死亡。此外，汞还可影响鸟类的繁殖功能，使孵化率下降，严重的可导致胎儿死亡。汞化合物侵入人体，被血液吸收后可迅速弥散到全身各组织器官。血液和组织中蛋白巯基与汞迅速结合，并逐步集中到肝脏和肾脏组织中。人体汞中毒的症状表现为疲乏、多汗、头痛以及易怒，而后出现战栗、手指和脚趾失去感觉，视力模糊，肌肉萎缩，造成运动失调、听觉损害和语言障碍等。

四、土壤圈中铬的循环与环境效应

（一）概述

铬（Cr）位于元素周期表第四周期ⅣB族，原子序数是24。铬是一种变价元素，自然界中主要以铬铁矿（$FeCr_2O_4$）形式存在。1797年，法国的沃克兰从红铅矿和盐酸反应的产物里，提出三氧化铬，并用木炭共热，得到金属铬粉。

铬在地壳中的平均含量为260 mg/kg。海水中铬含量比较低，在1 μg/L以下。江河中铬含量要高些，一般为1～10 mg/L。

世界土壤含铬量为100～1 500 mg/kg；我国土壤含铬量为17.4～118.8 mg/kg，平均值为57.3 mg/kg。

铬在植物体中的一般含量是0.05～0.5 mg/kg。动物体内含铬量为1～10 mg/kg，广泛分布在体内的组织和器官中，主要储存在肾、肝和脾等器官内，血液、骨骼和皮肤中的含量较少。一般认为，成人体内含三价铬的总量仅为5～100 mg，并且是唯一随年龄增加而体内含量下降的金属。

（二）土壤圈中铬的循环

铬是一种在自然界广泛存在的重金属，含铬矿物主要有铬铁矿、铬铅矿和硫铬矿等。污染环境的铬主要来自冶金、机械、电镀、制革、医药、染料、化工、纺织、橡胶和船舶等工业所排放的“三废”。

1. 土壤中铬的形态

（1）水溶态铬　土壤中水溶态铬极少，一般只占总铬的1%～3%。在正常的土壤pH和氧化还原电位（E_h）范围内，铬常以4种离子状态存在，其中两种三价铬离子：Cr^{3+}和CrO_2^-，两种六价离子：即$Cr_2O_7^{2-}$和CrO_4^{2-}。

（2）吸附态铬　土壤胶体对三价铬有强烈的吸附作用，含水氧化铁铝对CrO_7^{2-}的吸附力也很强，可使铬成为吸附态铬。

(3) 难溶态铬　氧化态铬、氢氧化物态铬、被封闭在铁化合物中的铬以及黏土矿物晶格组成中由同晶代换的铬均为难溶态铬。

2. 土壤中铬的迁移转化　铬在土壤中仍然以正三价和正六价两种价态存在，其中以 $Cr^{(III)}$ 为最稳定，因为在土壤中最常见的 pH 和氧化还原电位范围内，$Cr^{(VI)}$ 都可以迅速还原为 $Cr^{(III)}$。

环境中的胶体对三价铬有强烈的吸附作用。土壤胶体对铬的强吸附作用是使土壤中铬的迁移能力降低的原因之一。Cr^{3+} 甚至可交换黏土矿物晶格中的 Al^{3+}。三价铬在地下水中极不稳定，易以沉淀和吸附两种形式积累到土壤中，其量的多少取决于水-土体系中的 pH。自然土壤环境中，氧化锰是三价铬氧化的主要电子接受体，土壤对三价铬氧化能力与易还原性氧化锰含量呈显著相关。

离子态铬在土壤中的迁移转化情况，与土壤氧化还原电位（E_h）、pH、有机质含量、无机胶体组成、土壤质地及其他化合物的存在有关。我国北方地区黏粒矿物组成以伊利石为主，这些土壤对六价铬的吸附能力较弱；南方红壤的黏粒矿物组成以高岭石为主，并含有大量带正电荷的铁、铝氧化物凝胶，所以对六价铬的吸附能力较强。土壤有机质可使六价铬还原成三价铬，pH 和氧化还原电位是影响铬离子的迁移和转化的条件。不同的有机物质，在不同的 pH 条件下，对六价铬的还原能力随着 pH 的升高而降低。因此增施有机肥，调节土壤酸碱度，可减轻六价铬的危害。

（三）铬的环境效应

1. 铬对植物的影响　铬是否为植物的必需元素，目前尚无定论。但微量铬对某些植物的生长有促进作用却是客观事实。有人认为，铬能提高植物体内一系列酶的活性，并增加叶绿素、有机酸、葡萄糖和果糖的含量。但当植物体内铬含量超过一定限度时，就会影响作物的生长，表现出毒性。

铬能够影响作物种子的萌发。试验表明，当水中六价铬的浓度大于 0.1mg/L 时，就会对水稻种子萌发起抑制作用；当六价铬浓度大于 1mg/L 时，会对小麦种子的萌发产生不良影响。出苗后作物对铬的耐受能力有所增加。

2. 铬对动物和人的影响　铬是动物机体必不可少的微量元素之一，但只有三价铬才具有生理意义。一般来说，成年动物每天需要 5～10μg 的铬。铬与 β 球蛋白络合，为球蛋白的正常新陈代谢所不可缺少。铬是葡萄糖耐量因子（GTF）的有效成分，在糖和脂肪的代谢作用中，它协助胰岛素起作用。铬虽不是胰岛素分子的组成部分，但当胰岛素附在人体细胞的作用部位时，它就与胰岛素相互作用。当人和动物缺铬时，最早出现的症状是糖耐量降低，严重的可导致糖尿症和高血糖症。这是由于机体对胰岛素的反应降低所致。在有胰岛素存在情况下，适当添加铬可改善铬缺乏动物对葡萄糖的利用。铬也是维持正常的胆固醇代谢所必需的。死于冠心病者的主动脉检查不出铬，而死于其他病者则可检查出铬。此外，铬对于由实验诱发的动脉粥样硬化，能发挥一种有益的抵抗作用。

铬的毒性与其存在状态有极大的关系。通常认为，六价铬的毒性比三价铬高约 100 倍。短期吸入含铬的气溶胶，对人也有刺激作用。口服重铬酸盐的致死剂量约为 3g，除见胃黏膜有充血、炎症以至溃疡外，还可见肾组织坏死、脑水肿和内脏器官出血等病变。铬污染的致畸胎、致突变与致癌作用已引起人们的重视。如接触铬的工人，其血淋巴细胞培养物中，发生染色体畸变（主要是染色单体的断裂）的细胞的频率比对照高。接触铬酸盐的工人发生肺癌的危险性比一般人高 3～30 倍。另外，接触铬色素的工人发生肺癌的危险性比一般人要高出 38 倍。

五、土壤圈中砷的循环与环境效应

（一）概述

砷（As）位于元素周期表第四周期ⅤA族，原子序数是 33。其物理性质类似金属，故称为类金属，其化学性质类似磷。自然界中单质砷少见，多以化合物形式存在。固体化合物有三氧化二砷（As_2O_3，俗名砒霜）、二硫化二砷（As_2S_2，俗名雄黄）、三硫化二砷（As_2S_3，俗名雌黄）和五氧化二砷（As_2O_5）等。液态化合物有三氯化砷，气态化合物有砷化氢等。无机砷或有机砷都有毒性，其中三价砷较五价砷的毒性强。

地壳岩石圈上部砷的平均含量为 5mg/kg。火成岩平均含砷量为 1～3mg/kg，沉积岩含砷量为 1.0～16.6mg/kg。自然界含砷矿物有 200 多种。因砷是亲硫元素，故矿物中的砷主要以硫化物形态存在。

海水中砷浓度为 2～3μg/L，河流、湖泊水中一般为 1μg/L 左右。但温泉水由于火山活动而含砷量较高。例如，日本 190 个温泉水的平均值是 0.3mg/kg，最高值达到 5.1mg/kg。美国加利福尼亚的咸湖砷高达 198～243mg/kg。

世界土壤砷含量一般为 0.1～58mg/kg，火山地区土壤砷的平均含量为 20mg/kg，个别地区可达 10 000mg/kg 以上。我国土壤砷背景值为 9.6mg/kg，其含量范围为 2.5～33.5mg/kg。

陆生植物地上部分全砷大多在 0.1～5.0mg/kg 范围，平均约为 1mg/kg。砷在作物中的含量一般为根＞茎叶＞子实。例如，水稻根中砷含量一般是茎叶中的几十倍。某些耐砷植物含砷量高达每千克数百甚至数千毫克。海洋生物对砷的富集能力强。

（二）土壤圈中砷的循环

土壤砷污染主要来源于砷矿的开采、含砷矿石（如铅矿石、锌矿石、铜矿石、镍矿石、钨矿石、钴矿石、铁矿石和锡矿石）的冶炼以及皮革、颜料、农药、硫酸、化肥、造纸、橡胶、纺织等行业所排放的“三废”。此外，含砷农药和猪场粪便的使用也是造成土壤砷污染的原因之一。

1. 土壤中砷的形态　土壤中的砷常呈三价和五价两种价态，前者多见于水地，后者多见于旱地。自然界中的砷与磷的性质十分相似，以含氧酸根的形式与金属离子化合成盐，其中碱金属盐类溶于水，碱土金属盐类难溶于水，重金属及铝、铁盐类一般则不溶于水。

可根据化学浸提剂不同，对土壤中的砷进行分组，分为水溶态及代换吸附态砷、酸溶态砷和难溶态砷 3 种形态，而难溶态砷又进一步分为铝型砷、铁型砷、钙型砷和包蔽型砷。水溶态砷和代换态砷是植物吸收的有效形态。对我国 13 种土壤的研究结果表明，代换吸附态砷占土壤总砷量的 0%～21.26%，其中湿润海洋性地带土壤为 0.59%，旱地内陆地带性土壤达 4.36%～21.26%。土壤中水溶态砷含量较低，一般仅占全砷的 5%～10%，水溶态砷主要以阴离子 AsO_4^{3-}、AsO_3^- 形式存在。

土壤对砷的吸附能力主要决定于土壤中黏土矿物（主要为铁铝氢氧化物）和有机胶体的数量。根据土壤中铁铝氧化物含量不同，我国土壤对砷的吸附能力的顺序为：红壤＞砖红壤＞黄棕壤＞黑土＞碱土＞黄土。

2. 土壤中砷的迁移转化 土壤中溶解态、吸附态以及难溶态砷之间的相对含量与土壤的氧化还原电位（E_h）、pH 关系密切。随着 pH 升高和氧化还原电位下降，土壤中砷的可溶解性显著提高。这是因为随着 pH 升高，土壤胶体上的正电荷减少，砷被吸附的数量减少，可溶态砷的含量随之增高。其次，随着氧化还原电位的下降，砷酸被还原为亚砷酸，而砷酸的交换吸附能力要大于亚砷酸，这也会使砷的吸附量减少，可溶态砷的含量相应增加。第三，氧化还原电位降低还会使砷酸铁以及与砷酸盐相结合的其他形式的三价铁还原为比较容易溶解的亚铁形式，所以溶解态砷与土壤氧化还原电位之间呈明显的负相关。但是当土壤含硫量较高时，在还原条件下，可以生成稳定的难溶性 As_2S_3。

由于土壤中的砷酸和亚砷酸相对数量随氧化还原电位的变化而相互转化，旱地土壤呈氧化条件，大部分砷化物以砷酸形式存在。水田土壤呈还原状态，随着氧化还原电位的下降，砷酸转化为亚砷酸，砷的可溶性提高，砷的危害可能性增加，而且亚砷酸（三价）对作物毒性也比砷酸强。

微生物对砷化合物在土壤中的转化有重要作用。人们已经发现一种称为砷霉的短青霉或短帚霉的微生物，能使无机砷化物转化为有机态砷。一些微生物还能将土壤中的亚砷酸氧化为砷酸，另外一些微生物则能将无机砷变为甲基砷。

（三）砷的环境效应

1. 砷对植物的影响 砷不是植物的必需元素营养，但低浓度的砷对植物有刺激作用。当摄入过量砷时，植物就会受害。植物受砷害的症状首先表现在叶片上，其次是根部的伸长受到阻碍，致使植物的生长发育受到显著抑制，甚至死亡。

砷可以取代 DNA 中磷酸基团中的磷，妨碍水分特别是养分的吸收，从而造成叶片凋萎以至枯死。

植物受砷毒害的叶片发黄，其原因一方面是叶绿素受到了破坏，另一方面是水分和氮素的吸收受到了阻碍。

2. 砷对动物和人的影响 砷是合成动物血红蛋白的必需成分。但过量的砷对动物和人都会产生毒害作用。砷中毒多发生食欲不振、贫血、皮疹及色素沉着、腹泻、呕吐、发烧、腹胀和肝肿大等。长期饮用含砷浓度高的水可以引起皮肤色素沉着，出现黑色素细胞，皮肤变黑。该病变称为皮肤黑变病或黑足病。

近年来研究发现，砷还是致癌元素之一。据许多砷慢性中毒的流行病调查资料表明，在慢性砷中毒的人群中常常伴随皮肤癌、肝癌、肾癌和肺癌发病率的显著升高。

砷化合物对胚胎发育也有一定影响。早在 1942 年就有人指出二甲基砷酸钠和砷酸钠有致畸作用，是很强的致畸剂。动物试验证明，亚砷酸钠引起某些鼠类胚胎死亡率增加、胎儿体重减轻和畸形。

六、土壤圈中放射性元素循环与环境效应

（一）概述

放射性元素（确切地说应为放射性核素）是具有放射性的元素的统称。原子序数在 84 以上的元素都具有放射性，原子序数在 83 以下的某些元素如 K 和 Rb 等也具有放射性。

1789年，德国化学家克拉普罗特发现了铀（U）。1828年，瑞典化学家贝采利乌斯发现了钍（Th）。在当时，铀和钍只被看成一般的重金属元素。直到1896年法国物理学家贝可勒尔发现铀的放射性，1898年居里夫妇发现钋（Po）和镭（Ra）以后，人们才认识到这一类元素都具有放射性，并陆续发现了其他放射性元素。放射性元素最早应用的领域是医学和钟表工业。镭的辐射具有强大的贯穿能力，发现不久便成为当时治疗恶性肿瘤的重要工具。后来放射性元素的应用深入到人类物质生活的各个领域，例如核电站和核舰艇使用的核燃料，工业、农业和医学中使用的放射性标记化合物，工业探伤、测井（石油）、食品加工和肿瘤治疗所使用的某些放射源等。

（二）土壤圈中放射性元素的循环

1. 放射性污染的来源　放射性元素的原子核在衰变过程放出α射线、β射线、γ射线的现象，俗称放射性。由放射性物质所造成的污染，叫放射性污染。放射性污染的来源有：原子能工业排放的放射性废物、核武器试验的沉降物以及医疗、科研排出的含有放射性物质的废水、废气、废渣等。

（1）原子能工业　原子能工业中核燃料的开采、提炼、精制和核燃料元件的制造都会有放射性废弃物产生和废水、废气的排放。

（2）核武器试验　在进行大气层、地面或地下核试验时，排入大气中的放射性物质与大气中的飘尘相结合，由于重力作用或雨雪的黏附而沉降于地球表面，这些物质称为放射性沉降物或放射性粉尘。

（3）医疗行业　在医疗检查和诊断过程中，患者身体都要受到一定剂量的放射性照射。

（4）科研试验　科研工作中广泛地应用放射性物质，除了原子能利用的研究单位外，金属冶炼、自动控制、生物工程、计量等研究部门，几乎都有涉及放射性方面的试验。在这些工作中都有可能造成放射性污染。

2. 土壤中放射性元素的迁移转化　土壤中的放射性是从岩石的侵蚀和风化作用转移而来的。由于岩石的种类很多，受到自然条件的作用程度也不尽一致，土壤中天然放射性核素的浓度变化范围很大。土壤的地理位置、地质来源、水文条件、气候以及农业历史等都是影响土壤中天然放射性核素含量的重要因素。

存在于岩石和土壤中的放射性物质，由于地下水的浸滤作用而受损失，地下水中的天然放射性核素主要来源于此途径。此外，黏附于地表颗粒土壤上的放射性核素，在风力的作用下，可转变成尘埃或气溶胶，进而转入到大气圈并进一步迁移到植物或动物体内。土壤中的某些可溶性放射性核素被植物根吸收后，输送到可食部分，接着再被食草动物采食，然后转移到食肉动物，最终成为食品中和人体中放射性核素的重要来源之一。

（三）放射性元素的环境效应

在自然状态下，来自宇宙的射线和地球环境本身的放射性元素一般不会给生物带来危害。20世纪50年代以来，人类活动使得人工辐射源和人工放射性物质大大增加，环境中的射线强度随之增强，危及生物的生存，从而产生了放射性污染。放射性污染很难消除，射线强度只能随时间的推移而衰减。

放射性对生物的危害是十分严重的。放射性损伤有急性损伤和慢性损伤。如果人在短时间内受到大剂量的X射线、γ射线和中子的全身照射，就会产生急性损伤。轻者有脱毛、感染等症状。当剂量更大时，出现腹泻、呕吐等肠胃损伤。在极高的剂量照射下，发生中枢神经损伤直至死亡。放射性辐射慢性损伤会导致人群白血病和各种癌症的发病率增加。

复习思考题

1. 简述土壤碳库的大小及其对温室效应的影响。
2. 简述土壤氮素的形态及其迁移转化。
3. 简述氮素过量的环境效应。
4. 简述燃烧释放硫的环境效应。
5. 简述磷素过量的环境效应。
6. 氮、磷和钾的迁移转化有什么不同的特点？
7. 简述铝迁移转化的特点和环境效应。
8. 简述各种微量元素对动植物影响的共同点和不同点。
9. 简述各种重金属迁移转化的特点。
10. 哪些元素既是有益的微量元素也是有害的重金属？
11. 简述放射性污染的来源和危害。

第八章

土壤污染及污染源

土壤是自然环境要素之一，它处于岩石圈、水圈、大气圈和生物圈相互紧密交接的地带，是陆生生态系统的物质交换和能量循环的中心环节，也是各种废弃物的汇集和净化的场所。土壤的自然形成过程是极其缓慢的，土壤环境一旦遭到污染即很难在短时间内得以恢复。

第一节　土壤污染及其危害

一、土壤环境背景值

（一）土壤环境背景值的概念

土壤环境背景值是指未受或少受人类活动（特别是人为污染）影响的土壤环境本身的化学元素组成及其含量水平。它是诸成土因素综合作用下成土过程的产物，所以实质上是各自然成土因素（包括时间因素）的函数。由于成土环境条件仍在继续不断地发展和演变，特别是人类社会的不断发展，科学技术和生产力水平不断提高，人类对自然环境的影响也随之不断地增强和扩展，目前已难以找到绝对不受人类活动影响的土壤。因此，现在所获得的土壤环境背景值也只能是尽可能不受或少受人类活动影响，只是代表土壤环境发展中一个历史阶段的、相对意义上的数值，并不是确定不变的数值。

土壤环境背景值不仅是土壤环境学，也是环境科学的基础研究之一。土壤环境背景值具有以下重要意义：①土壤环境背景值是土壤环境质量评价，特别是土壤污染综合评价的基本依据；②土壤环境背景值是研究和确定土壤环境容量，制定土壤环境标准的基本数据；③土壤环境背景值是研究污染元素和化合物在土壤环境中的化学行为的依据；④土壤环境背景值是在土地利用及其规划，研究土壤生态、施肥、污水灌溉、种植业规划，提高农林牧副各业生产水平和产品质量，进行食品卫生、环境医学研究时的重要参比数据。

（二）土壤环境背景值的研究现状

20 世纪 70 年代，国内外逐渐开展环境背景值的研究工作，其中美国、英国、加拿大和日本等国家开展得比较早。美国的康诺尔（Conoor）和沙格莱特（Shacklette）1975 年发表了美国大陆一些岩石、土壤、植物和蔬菜中 48 种元素的地球化学背景值。这些背景值是对美国 147 个景观单元和 8 000 多个岩石、土壤、植物及蔬菜样品分析结果的总结。这也是美国地球化学背景值研究比较系统的资料，是世界自然背景值研究的重要文献之一。加拿大的米尔斯（Mills）等（1975）发表了曼尼托巴省农业土壤中重金属含量资料，弗兰克（Frank）等发表了安大略省农业土壤中重金属含量资料，指出安大略省土壤自然背景值，汞为 0.08mg/kg，镉为 0.56mg/kg，钴为 4.4mg/kg，砷为 6.3mg/kg，铅为 14.1mg/kg，铬为 14.3 mg/kg，镍为 15.9 mg/kg；同时指出绝大多数土壤重金属含量随土壤黏粒及有机质含量增加而升高。日本的若月利之、松尾嘉郎和久马一刚于 1978 年发表了日本 15 个道、县水稻土中铅、锌、镍、铬和钒的自然本底值的分布及变异幅度。若月利之的关于土壤母质风化的地球化学研究，为日本土壤肥料和环境科学作出了重要贡献。前联邦德国运用土壤学和地球化学方法来研究土壤-植物系统，特别研究了环境化学物质在土壤-植物系统中的转化、迁移及其潜在影响，其中重点研究农药等有机物在环境中的状态、转化及其影响因素。英国的英格兰、威尔士土壤调查总部于 1979—1983 年按网格设计，每隔 5 km 采集一个表土样品，在英格兰、威尔士共采集 6 000 个土样，测定了 P、K、Ca、Mg、Na、F、Ti、Zn、Cu、Ni、Cd、Cr、Pb、Co、Mo、Mn、Ba 和 Cs 等元素的含量；苏格兰麦肯莱（Macanlay）土壤研究所在苏格兰采集 1 000 个土样，测定了 Cr、Co、Cu、Pb、Mn、Mo、Ni、V、Hg、Cd 和 Zn 共 11 种元素的含量，并提出了英国土壤部分元素含量水平。

我国于 1972 年召开了第一次全国环境保护大会，1973 年开始了自然环境背景值研究，其中大多数是结合科学研究做了一些背景值测定。1977 年初，中国科学院土壤背景值协作组对北京、南京和广东等地的土壤、水体、生物等方面的背景值开展研究。上海市农业科学院于 1983 年公布了对上海农业土壤中 Cd、Hg、Zn、Pb、Cr、As 和 F 的含量及背景水平的研究结果，介绍了上海农业土壤背景值含量的频率分布，提出检验背景值水平的方法。1979 年，农牧渔业部组织农业研究部门、中国科学院、环境保护部门和大专院校共 34 个单位，对北京、天津、上海、黑龙江、吉林、山东、江苏、浙江、贵州、四川、陕西、新疆和广东等 13 个省、直辖市、自治区的主要农业土壤和粮食作物中 9 种有害元素的含量进行了研究。

1982 年，国家把土壤环境背景值研究列入“六五”重点科技攻关项目，由中国农牧渔业部环境保护科学研究监测所主持，组织农业环境保护部门、中国科学院和大专院校等 32 个单位，开展了我国 9 省、直辖市主要经济自然区农业土壤及主要粮食作物中污染元素环境背景值的研究，共采集 12 个土类、26 个亚类土壤样品 2 314 个，粮食样品 1 180 个，工作面积约 2.8×10^7 hm^2 耕地，测定了 Cu、Zn、Pb、Cd、Ni、Cr、Hg、As、Ti、F、Se、B、Mo 和 Co 共 14 种元素的背景值，并于 1986 年通过部级鉴定。“七五”计划期间，国家再次把土壤环境背景值研究列入重点国家科技攻关项目，由中国环境监测总站等 60 余个单位协作攻关，调查范围包括除了台湾省以外的 29 个省、直辖市、自治区，共采集 4 095 个典型剖面样品，测定了 As、Cd、Co、Cr、Cu、F、Hg、Mn、Ni、Pb、Se、V、Zn 以及有机质、粉砂、物理性黏粒和黏粒的含量和 pH 共 18 项；还从 4 095 个剖面中选出 863 个主剖面，增加测定了 48 种元素，即 Li、Na、K、Rb、Cs、Ag、Be、Mg、Ca、Sr、Ba、B、Al、Ga、In、Tl、Se、Y、La、Ce、Pr、Nd、Sm、Eu、Gd、Tb、Dy、Ho、Er、Tm、Yb、Lu、Th、U、Ge、Sn、Ti、Zr、Hf、Sb、Bi、Ta、Te、Mo、W、Br、I 和 Fe，并测定了总稀土（TR）、铈组、钇组稀土的统计量，总共获得 69 个项目的基本统计量。这是我国土壤环境背景值测定范围最大、项目最多的一项研究。1990 年出版的《中国土壤元素背景值》一书是迄今为止我国土壤环境背景值研究最重要的著作。

（三）影响土壤环境背景值的因素

影响土壤环境背景值的因素主要有成土母岩（母质）、气候、地形以及土地的利用方式、耕作历史等。

1. 成土母岩、母质　土壤是在成土母岩、母质基础上形成的，土壤中化学元素的组成及其数量和成土母岩、母质的化学组成特征有着“亲缘”关系，这种关系具有以下几个特征：①不同岩石的性质各异。例如火成岩中的超基性岩、基性岩、中性岩、酸性岩以及各种沉积岩，由于其成岩条件及矿物组成和抗风化能力的不同，岩石及其风化物中的常量、微量及稀有元素的种类和数量均有很大差异。②成土母岩中的化学元素决定土壤中化学元素的最初含量。但是，由于母岩中化学成分在风化过程中发生了重新组合和重新分配，因此同一矿物组成的母岩，也会导致土壤化学元素最初含量的不同。③母质在成土过程中发生的一系列物理、化学、生物地球化学作用，导致化学元素在土壤剖面上的迁移、扩散和集中，使土壤剖面中化学元素的形态、数量、分布产生差异，进而使土壤背景值发生分异。这种分异随着土壤风化程度的加深、成土过程的发展和成土年龄的演进而逐步增强。

根据南京地区 8 种母质上发育的土壤，15 种元素背景值进行分析，证实同一元素的背景值在不同母质中存在着差异。例如，不同母质土壤的铜含量的高低趋势是：玄武岩＞石灰岩＞紫色页岩＞下蜀黏土＞长江冲积物＞酸性页岩＞砂岩＞花岗岩；砷在石灰岩母质上发育的土壤含量最高，花岗岩母质的土壤最低，而在紫色页岩、冲积物及玄武岩上发育的土壤含量比较接近平均值。研究还表明，在同一地区不同火成岩母质的土壤的各种元素含量差别较大，而相同火成岩母质的土壤差别较小。一般来说，火成岩中的超基性岩、基性岩石，如橄榄岩、辉岩、辉长岩和玄武岩等发育起来的土壤，Cu、Zn、Pb、Cr、Ni、Co、Mn、Li 和 As 等含量高；在酸性岩、花岗岩上发育起来的土壤含量低，中性岩（如安山岩、凝灰岩等）含量居中；在沉积岩上发育起来的土壤，因沉积岩种类不同，其形成的原生岩石、矿物、沉积物种类的不同而异；变质岩随变质前的岩石、矿物性质不同而异。一般来说，沉积岩由于原矿物种类的不同，在其上发育的土壤背景值的差异较大。

2. 气候生物带　气候和生物是影响成土过程的重要因素。在不同气候条件下发生的各种成土过程中，土壤中的矿物及化学元素的组成会不断地分化、组合，因此导致土壤元素背景值在不同气候下的差异。在高寒、高山地带，如高山漠土等原始土壤形成过程中，生物主要有藻类和地衣、苔藓等。由于成土年龄短，生物风化和化学风化作用微弱，矿物化学分解程度低，土壤环境背景值几乎和母岩、母质含量相同。在温带、暖温带、半干旱和干旱地区的地带性土壤，如栗钙土和棕钙土，降水量少，干燥度较大，土壤腐殖质累积来自草本植物根系和残体，土壤风化程度低，淋溶作用弱，易溶盐分发生移动，而硅、铁、铝基本上未移动，钙的淋溶与淀积较为活跃，土壤背景值与母岩、母质元素含量相近。

在我国暖温带的湿润和半湿润地区，干湿季分明，高温与雨季一致，土壤盐基淋溶十分活跃，呈中性与微酸性反应。例如，棕壤的黏粒形成和移动明显，土壤背景值与母质化学元素发生明显的分异。在我国热带和亚热带地区，土壤物质强烈风化，生物循环迅速。例如，红壤和黄壤等土壤处在脱硅富铝过程，硅酸盐矿物被强烈分解，硅和盐基遭到淋失，铁铝氧化物明显聚积，土壤化学元素背景值与成土母岩、母质化学成分有很大区别。

3. 地形　地形对成土母质的分异作用，以及对物质、水分和热量的重新分配作用，影响土壤形成过程，进而引起土壤元素背景值的空间分异。这种分异在高原和低山丘陵地区表现明显。由于沟谷和水系的发育，土壤从顶部到谷地可形成不同的地带性土壤类型、水成或半水成土壤；在山间盆地、山麓平原及冲积平原，由于山麓洪积扇、河流冲积物的影响，可形成性质相异的土壤类型，其土壤元素背景含量各不相同。我国学者对辽河平原按山地丘陵区、平原区和洼地等地理环境单元进行土壤背景值的调查研究，说明山地丘陵分布着棕壤和褐土，母质来自残积物与坡积物；平原和洼地分布着草甸土，母质来自淤积物。总的背景值含量特征是，山地＞丘陵区＞岗地＞洼地＞平原。《我国9省市农业经济自然区主要农业土壤及粮食作物中污染元素环境背景值研究》中指出，土壤背景值中汞为平原地区最高，中山地形地区最低；铜为低山丘陵地带最高，中山地带次高，平原最低；而镉、砷、铅、镍、锌和钼为中山地带最高，平原最低（表8-1）。

表8-1 不同地形背景值区域差异（mg/kg）

（引自农业部环境保护科研监测所，1986）

元 素	中 山	低山丘陵	山前平原	平 原
Hg	0.027 3	0.033 4	0.043 6	0.069 0
Cd	0.128	0.125	0.125	0.118
As	8.92	8.21	8.44	7.92
Pb	15.58	15.39	14.09	11.57
Cr	58.1	50.0	58.6	52.1
Ni	26.27	25.15	22.36	20.39
Cu	20.01	22.69	19.46	14.48
Zn	71.2	69.66	55.25	46.69
F	359.9	379.6	364.8	335.6
Co	11.1	11.98	8.50	8.17
Mo	0.837	0.810	0.624	0.588
Mn	609.9	541.2	488.7	514.2

4. 土地利用 不同的土地利用方式、耕作历史和种植作物种类对土壤环境背景值可产生不同的影响。水稻土由于长期处在淹水状态，某些元素的背景值与原自然土壤相比产生差异。例如，我国川西平原冲积性水稻土，表层中砷的含量比自然土壤降低了1/2；自然土壤砷的含量在剖面上是上高下低，而水稻土则大部分是上低下高；汞在水稻土中的含量比自然土壤高，表层高出4.5倍，下层高出2.93倍，这主要是由于汞在水稻土中自然富集的缘故；锰在水稻土表层中的含量比自然土壤低，而下层二者含量相近，说明锰被水稻吸收带走。分析结果表明，水稻土中除了Hg和Pb外，As、Cd、Co、Cu、Cr、Mn、Ni、Zn和F等都有程度不同的淋失。在耕作旱地褐土和棕壤土中，由于上部土层黏粒淋溶作用，中部土层有黏化现象，重金属随黏粒移动，使土壤中部元素含量随黏粒增高而偏高。

土壤中化学元素的数量还受到自身化学行为、植物吸收的特点及土地管理措施影响。例如，锌是植物生长发育必需的元素，直接参与植物体内的生理生化过程，并随枯枝落叶回归到土壤。林地每年回归到土壤表层的枯枝落叶多，回归到土壤的锌的数量也多，因此林地土壤表层锌的含量显著地高于农田、荒地；而农田的秸秆、子粒大部分被带出田外，作物体内的锌也随之被带出，土壤锌的含量不但不能累积，如果不施入锌肥，锌的数量会逐年下降。因此，农田土壤的锌含量显著低于林地，而荒地的锌含量居于林地和农田之间。

人工施肥会带入镉、汞，使土壤镉、汞含量相对提高。但是这种影响只有大量施入化肥后才能显现出来。由于农田施入农药，因此农田土壤砷和铬常常会显著高于同地区同一土壤的林地和荒地的含量。

(四) 土壤环境背景值的空间分异特征

1. 地质地层空间分异特征　土壤元素主要来源于母岩、母质。地层分布和岩石矿物的化学组成直接决定土壤元素背景含量。地质构造、岩石、矿物不同，其风化物及其上面发育的土壤化学元素有很大差异。例如，由富氟岩层和含氟矿物发育的土壤，氟的背景值高。贵州省遵义南山页岩含氟1 510mg/kg，其形成的土壤全氟含量高达1 120mg/kg；湖北恩施的页岩含氟1035mg/kg，土壤全氟含量为845mg/kg。而含氟低的岩石，在其上发育的土壤氟背景值也低，如湖北由紫红色砂岩发育的紫色土全氟含量为230mg/kg。又如，世界土壤的镍含量变动很大，为5～5 000mg/kg，平均为40mg/kg，其差异主要决定于岩层和岩石矿物组成。在蛇纹岩上发育的土壤含镍丰富，为600～5 000mg/kg；而在花岗岩和砂岩上发育的土壤镍含量低，为4～8mg/kg，而在片麻岩、安山岩、闪长岩上发育的土壤镍的背景含量居于中间。同种土壤类型，其母岩不同，镍的含量也有很大差异。同是棕色森林土，花岗岩发育土壤的镍含量为5mg/kg，安山岩冰碛物上发育土壤的镍含量为18～25mg/kg，玄武岩发育的土壤的镍含量为51mg/kg。

2. 地带性分异特征　生物的地球化学作用和气候对岩石、母质风化作用有深刻影响，使土壤环境背景值具有明显的水平和垂直地带性分异特征。我国土壤中12种主要元素（Cu、Ni、Zn、Cr、F、Mn、Cd、Co、As、Hg、Pb和V）的背景值的地带性分布表现在：

（1）12种元素的地带性土纲和岩成土纲的空间分布有关　除Hg和Pb外，其他元素均以富铝土纲为最低，不饱和硅铝土亚纲次之。除Mn外，其他元素含量均在岩成土纲中最高，在高山土纲中次高。除Hg和V外，其他元素在饱和硅铝土亚纲、钙成土纲及石膏盐成土纲中较接近，排序居中间位置。Cu、Ni、Co、V和Cr等第四周期过渡元素在各土纲中含量顺序为：岩成土纲>高山土纲>钙成土纲、石膏盐成土纲、饱和硅铝土亚纲>不饱和硅铝土亚纲>富铝土纲。

（2）我国东部森林土类元素背景值的纬向变化　我国东部自北向南依次分布棕色针叶林土、暗棕壤、棕壤、褐土、黄棕壤、黄壤、红壤、赤红壤和砖红壤9种森林土壤，这些土壤中微量元素含量的纬向变化为：Cu、Ni、Co、V、Cr及F在褐土、棕壤和黄棕壤中含量较高，北部的暗棕壤和棕色针叶林土以及南部赤红壤和砖红壤含量较低，砖红壤最低；Mn和Cd的含量自北向南的土类逐渐降低；Hg和Zn等无明显变化。

（3）北部荒漠与草原土类元素背景值经向变化　我国北部自东向西6个草原和荒漠土类为灰色森林土、黑钙土、栗钙土、棕钙土、灰漠土与灰棕漠土，由于区域内生物气候与母岩、母质条件交互影响复杂，微量元素含量的变化难以通过统计均值反映出来。因此，在比较土壤类型间元素含量差异时，经剔除母质因素的干扰，而采用多种分类分析获得的调整独立方差来描述不同土类中微量元素含量的差别。该指标在数值上可反映含量的相对关系，以Cu、Zn、Cr、Ni和V为例，其值有从东向西先递减而后递增的变化趋势。

3. 土壤属性的分异特征　土壤环境背景值的高低还与土壤本身的诸多性质有关，因而随土壤属性的变化而分异。由于土壤中很多化学反应都有氢离子参与，所以pH影响一系列化学平衡、元素的活性及其迁移，因而影响土壤背景含量。不同质地的土壤中，砂质土壤的颗粒粗，结构性和蓄水性差，吸附能力小，矿物释放出来的元素容易淋失，元素背景值低；而黏质土的黏粒含量高，吸附力强，保存的元素含量高。一般来说，质地黏重的土壤化学元素含量高，而质地轻的土壤元素含量低。例如，我国黄河下游不同土壤质地间土壤铜、锌、铅、镍、铬、砷、氟、锰和钴等含量均有显著差异，其背景值高低顺序为：黏土＞重壤土＞中壤土＞轻壤土＞砂壤土。土壤环境背景值与土壤有机质含量呈正相关，原因是土壤有机质保存了多量的元素，使之相对富集。例如，秦岭太白山土壤中砷的背景值明显受土壤有机质含量的影响，有机质含量高，土壤砷背景值也高；黄河下游土壤中铜、锌、铅、镉、镍、砷、铬、氟、锰、钴的背景含量都与土壤有机质含量呈显著正相关。地下水的埋藏深度及其升降变化影响土壤 pH 和氧化还原电位（E_h）的变化，因而也影响土壤背景值。此外，土壤剖面构型对土壤元素迁移亦能产生重大影响，使土壤环境背景值产生分异。

（五）土壤环境背景值的应用

1. 土壤环境背景值是制定土壤环境质量标准的依据 土壤环境质量标准是保护土壤环境质量，保障土壤生态平衡，维护人体健康而对污染物在土壤环境中的最大容许含量所做的规定，是环境标准的一个重要组成部分，是国家环境法规之一。由于制定土壤环境质量标准难度大，制定工作开始较晚，目前各个国家制定的土壤环境质量标准均有待完善。

在制定环境质量标准研究中，首先要研究土壤环境质量基准值。土壤环境质量基准是指土壤污染物对生物与环境不产生有害影响的最大剂量或浓度。土壤环境基准与土壤环境标准是两个密切联系而又不同的概念。土壤环境质量基准是污染物与特定对象之间的剂量-反应关系。利用土壤背景值确定土壤环境基准值中的污染物累积起始值的方法有：①土壤背景值代替基准值；②土壤背景值加上标准差等于基准值；③以高背景区土壤元素平均值作为基准值。

我国学者提出，把我国土壤环境标准水平分为 4 个级别。其中，用土壤背景值作为土壤环境一级水平标准，就是把土壤元素含量处在背景值水平内的土壤作为理想的土壤环境。其特点是化学元素组成与含量处于地球化学过程的自然范围，基本未受人为污染影响，环境功能正常，可作为生活饮水的水源区等各种用途。二级土壤环境标准是用基准值作为衡量标准。基准值以土壤背景值研究测定结果平均值（X）加 2 个标准差（S）来确定，即 $X+2S$，用于判断土壤是否开始被污染。三级土壤环境标准用元素对环境产生不良影响的最低浓度的警戒值作为标准，需做元素生态效应试验来予以确定。四级土壤环境标准采用元素的临界值，元素临界含量已对环境产生较重影响，也需做生态效应试验确定。

2. 土壤环境背景值在农业生产上的应用 土壤现有含量水平在元素背景值内的土壤适合用于生产有机食品和绿色食品。某些天然高背景值地区的土壤则不适合用于生产有机食品和绿色食品，但有些特殊元素高背景值地区的土壤可用于生产富含微量元素的食品，如富硒食品。农产品元素背景值可用于判定农产品的洁净程度，土壤现有含量水平在元素背景值内的土壤通常生产出洁净的食品。

3. 土壤环境背景值与人类健康 人类健康与环境状况存在着密切关系。有关研究表明，人体内 60 多种化学元素的含量与地壳中这些元素的平均含量相近。而人类摄取这些化学元素主要来自生长在土壤上的粮食和其他食品、靠作物产品营养的动物、水生动植物以及饮水等。因此，土壤环境的化学元素种类、数量对人体维持营养元素平衡具有重要作用。由于土壤形成过程及类型的差别，土壤元素含量也发生了明显差异，以致某些元素过于集中或分散。这种空间分异特性，常常使生活在这种异常土壤环境的人群体内某些元素过多或过少，最终导致体内元素失去平衡而影响健康。

环境中化学元素异常或特殊的环境因素，对人类健康有重大影响。近 20 年来的研究证实，人类的地方性克山病、大骨节病以及动物的白肌病都发生在低硒背景的环境。在我国，克山病、大骨节病及动物白肌病分布在同一区域。黄土高原病区土壤中全硒量和水溶硒含量比非病区分别低 1/3 倍和 1/2 倍，人发含硒水平是非病区人发的 1/3.1，在土壤上生长的小麦硒含量是非病区小麦的 1/3.7。病区内土壤、小麦和人发的含硒量愈少，人畜病愈重。在硒背景含量特别高的地区，由于粮食、蔬菜和水果从土壤吸收大量的硒，可能使人发生硒中毒。日本和英国都有硒过多而中毒的报道，其症状是人的面部呈土色，食欲不振，四肢发麻、无力，慢性关节炎伴有关节损害，毛发、指甲脱落，贫血和低血压等。我国主要土壤硒背景值为 0.05～0.8mg/kg，平均为 0.25mg/kg，其中以砖红壤、红壤和黑土含硒量较高，但未见有硒超过背景区及高硒中毒的报道。

在土壤低碘背景区，会引起食用当地食品的人体内缺碘，成为地方性甲状腺肿致病原因，并影响人的智力。据调查，当土壤中碘的平均含量低于 10mg/kg 时，地方性甲状腺的发病率随土壤中碘的含量降低而增加。

在土壤低锌背景区，粮食及其他食品中锌含量低，以谷物为主食的人群会发生缺锌症。1961 年首先在伊朗发生缺锌症，1963 年埃及报道了因患锌缺乏的人体矮小病，1982 年我国新疆伽师等地发现缺锌综合征。

二、土壤的自净作用

土壤的自净作用是指在自然因素作用下，通过土壤自身的作用，使污染物在土壤环境中的数量、浓度或形态发生变化，其活性、毒性降低的过程。按照不同的作用机理，可划分为物理净化作用、物理化学净化作用、化学净化作用和生物净化作用。

（一）物理净化作用

土壤的物理净化是指利用土壤多相、疏松、多孔的特点，通过吸附、挥发和稀释等物理作用过程使土壤污染物趋于稳定，毒性或活性减小，甚至排出土壤的过程。土壤是一个犹如天然大过滤器的多相多孔体系，固相中的各类胶态物质——土壤胶体颗粒具有很强的表面吸附能力，土壤中难溶性固体污染物可被土壤胶体吸附。可溶性污染物也可被土壤固相表面吸附（指物理吸附），或被土壤水稀释而迁移至地表水或地下水层，如硝酸盐、亚硝酸盐、中性分子和以阴离子状态存在的某些农药等具有较大的迁移能力。某些污染物可挥发或转化成气态物质从土壤孔隙中迁移扩散进入大气。例如，六六六在旱田施用后，主要靠挥发散失；氯苯灵等除草剂在高温条件下易挥发失活。这些物理过程只是将污染物分散、稀释和转移，并没有将它们降解消除，所以物理净化过程不能降低污染物总量，有可能会使其他环境介质受到污染。土壤物理净化的效果取决于土壤的温度、湿度、土壤质地、土壤结构以及污染物的性质。

（二）物理化学净化作用

土壤的物理化学净化是指污染物的阳离子和阴离子与土壤胶体上原来吸附的阳离子和阴离子之间发生离子交换吸附作用。例如：

$$\boxed{土壤胶体}\ Ca^{2+} + HgCl_2 \longrightarrow \boxed{土壤胶体}\ Hg^{2+} + CaCl_2$$

$$\boxed{土壤胶体}\ 3OH^- + AsO_4^{3-} \longrightarrow \boxed{土壤胶体}\ AsO_4^{3-} + 3OH^-$$

物理化学净化作用为可逆的离子交换反应，且服从质量作用定律。同时，此种净化作用也是土壤环境缓冲作用的重要机制，其净化能力的大小可用土壤阳离子交换量或阴离子交换量的大小来衡量。污染物的阳离子和阴离子被交换吸附到土壤胶体上，可降低土壤溶液中这些离子的浓（活）度，相对减轻有害离子对生物的不利影响。通常，土壤中带负电荷的胶体较多，因此，土壤对阳离子或带正电荷的污染物的净化能力较强。当污水中污染物的浓度不大时，经过土壤的物理化学净化以后，就能得到很好的净化效果。增加土壤中胶体的含量，特别是有机胶体的含量，可以相应提高土壤的物理化学净化能力。此外，土壤 pH 升高，有利于对带正电荷的污染物的净化作用；相反，则有利于对带负电荷污染物的净化作用。对于不同的阳离子和阴离子，其相对交换能力大的，被土壤物理化学净化的可能性也就较大。但是，物理化学净化作用也只能使污染物在土壤溶液中的离子浓（活）度降低，相对地减轻危害，而并没有从根本上消除土壤环境中的污染物。此外，经交换吸附到土壤胶体上的污染物离子，还可以被其他相对交换能力更大的，或浓度较大的其他离子交换下来，重新转移到土壤溶液中去，又恢复原来的毒性、活性。所以说，物理化学净化作用只是暂时的，不稳定的。同时，对土壤本身来说，则是污染物在土壤环境中的积累过程，长期不断积累将产生严重的潜在威胁。

（三）化学净化作用

污染物进入土壤以后，可能发生一系列的化学反应，如凝聚与沉淀反应、氧化还原反应、络合螯合反应、酸碱中和反应、同晶置换反应、水解、分解和化合反应，或者发生由太阳辐射能和紫外线等引起的光化学降解作用等。通过这些化学反应，或者使污染物转化成难溶性、难解离性物质，使其危害程度和毒性减少，或者分解为无毒物或营养物质，这些净化作用统称为化学净化作用。酸碱反应和氧化还原反应在土壤自净过程中也起主要作用，许多重金属在碱性土壤中容易沉淀，同样在还原条件下，大部分重金属离子能与 S^{2-} 形成难溶性硫化物沉淀，从而降低污染物的毒性。

土壤环境的化学净化作用反应机理很复杂，影响因素也较多，不同的污染物有不同的反应过程。那些性质稳定的化合物（如多氯联苯、稠环芳烃、有机氯农药，以及塑料、橡胶等合成材料），则难以在土壤中被化学净化。重金属在土壤中只能发生凝聚沉淀反应、氧化还原反应、络合螯合反应、同晶置换反应，而不能被降解。当然，发生上述反应后，重金属在土壤环境中的迁移方向可能发生改变。例如，富里酸与一般重金属形成可溶性的螯合物，则在土壤中随水迁移的可能性增大。

土壤环境的化学净化能力的大小与土壤的物质组成和性质以及污染物本身的组成和性质有密切关系，还与土壤环境条件有关。调节适宜的土壤 pH、氧化还原电位（E_h），增施有机胶体或其他化学抑制剂，如石灰、碳酸盐、磷酸盐等，可相应提高土壤环境的化学净化能力。

（四）生物净化作用

土壤的生物净化主要是指依靠土壤生物使土壤有机污染物发生分解或化合而转化的过程。当污染物进入土壤中后，土壤中大量微生物体内酶或胞外酶可以通过催化作用发生各种各样的分解反应，这是土壤环境自净的重要途径之一。

由于土壤中的微生物种类繁多，各种有机污染物在不同条件下的分解形式也多种多样，主要有氧化、还原、水解、脱烃、脱卤、芳香羟基化和异构化、环破裂等过程，最终转化为对生物无毒的残留物和二氧化碳。在土壤中，某些无机污染物也可以通过微生物的作用发生一系列的变化而降低活性和毒性。但是，微生物不能净化重金属，反而有可能使重金属在土壤中富集，这是重金属成为土壤环境的最危险污染物的根本原因。

有机物的生物降解作用与土壤中微生物的种群、数量、活性，以及土壤水分、土壤温度、土壤通气性、pH、氧化还原电位（E_h）、C/N 比等因素有关。例如，土壤水分适宜，土温 30℃左右，土壤通气良好，氧化还原电位较高，土壤 pH 偏中性到弱碱性，C/N 比在 20∶1 左右，则有利于天然有机物的生物降解。相反，若有机物分解不彻底，可产生大量的有毒害作用的有机酸等。生物降解作用还与污染物本身的化学性质有关，那些性质稳定的有机物，如有机氯农药和具有芳环结构的有机物，生物降解的速率一般较慢。

三、土壤污染的危害

（一）土壤污染的定义

人类活动产生的污染物通过不同的途径输入土壤环境中，当其数量和速度超过了土壤的净化能力，使土壤的生态平衡被破坏，导致土壤环境质量下降，影响植物的正常生长发育或在作物体内累积污染物，或对水体或大气产生次生污染，危害人体健康，甚至危及人类生存和发展的现象，称为土壤污染。通常，评价土壤是否污染的标准包括：①土壤中某种有害物质的含量超过了土壤环境背景值，即可判断为土壤开始被污染；②土壤中有害物质的含量达到了抑制微生物和植物正常生长发育的水平，即土壤被污染了；③土壤中有害物质在作物体特别是食用部位中积累和残留，达到危害人类健康的程度，即产生了污染。

土壤污染是污染物在土壤中长期累积的结果。由于土壤本身的特殊结构和特性，使得土壤对污染物具有缓冲作用，在一定浓度范围内不会导致土壤污染，只有当污染物累积量超过了土壤环境容量，破坏了土壤原来的结构、功能和生态平衡，才造成土壤污染。

（二）土壤污染的特点

1. 隐蔽性和潜伏性　土壤污染不像大气和水体污染那样易为人们所觉察，一般要通过对土壤污染物、农作物的产量和品质、生态环境和人体健康效应的监测来确定，其后果则往往要通过长期摄食由污染土壤生产的粮食、蔬菜、水果或牧草以及摄食的人体和动物的健康状况才能反映出来，从土壤遭受污染到产生恶果有一个逐步积累的过程，因此土壤污染具有隐蔽性和潜伏性。日本的第二公害病——骨痛病便是一个典型的例证。该病 20 世纪 60 年代发生于富山县神通川流域，直至 70 年代才基本证实其原因之一是当地居民长期食用被含镉废水污染了的土壤所产生的“镉米”所致（重病区大米含镉量平均为 0.527mg/kg），此时，离致害的那个铅锌矿开采结束已有 20 余年。

2. 不可逆性和长期性　污染物进入土壤环境后，便与复杂的土壤组成物质发生一系列迁移转化作用，其中许多转化作用为不可逆过程，污染物最终形成难溶性化合物沉积在土壤中。因而，土壤一旦遭受污染，极难恢复。例如，我国沈阳抚顺污水灌溉区的土壤污染后，采用了施加改良剂、深翻、清水灌溉和种植特殊作物等各种措施，经十多年的努力，付出大量劳动与代价，但收效甚微。许多有机氯农药（如艾氏剂、氯丹、滴滴涕、狄氏剂、异狄氏剂、七氯、灭蚁灵和毒杀芬）在自然土壤环境中具有持久性，虽然目前已经禁止生产和使用，但以往的长期、大量地使用，至今还能在土壤中检测到。因此，这类污染物将在很长的一段时间内继续影响着土壤质量，值得特别关注。

3. 后果的严重性 土壤被污染后不仅其组成、结构和理化特性发生变化，而且污染物可进入农作物或水体进而危及人类健康。研究表明，土壤和粮食的污染与一些地区居民肝肿大之间有着明显的剂量-反应关系，污灌引起的土壤污染越严重，人群的肝肿大率越高。一些土壤污染事故严重威胁着粮食生产，三氯乙醛的污染是一个典型的事例，它是由于施用含三氯乙醛的废硫酸生产的普通过磷酸钙肥所引起的。此外，污染土壤多分布在工业企业密集区、矿区及其周边地区、污灌区、高度集约化生产的农业区、城市与城郊的毗邻区、交通密集繁忙区以及固废填埋区等，常呈现点状分布。

“化学定时炸弹”（chemical time bomb，CTB）问题是土壤污染后果严重的另一种例证。20世纪80年代末至90年代初，奥地利人W. M. Stigliani根据环境污染的延缓效应及其危害，提出“化学定时炸弹”的概念，是指在一系列因素的影响下，使长期储存于土壤和沉积物中的化学物质活化，而导致突然暴发的灾害性效应。“化学定时炸弹”包括两个阶段：积累阶段（往往经历数十年或数百年）和爆炸阶段（往往在几个月、几年或几十年内造成严重灾害）。污染物在土壤中的积累，在一定时间内并不表现出它的危害性，但其在土壤中的浓度超过土壤的环境容量时，就会对土壤生态环境和人体健康造成严重的威胁。

（三）土壤污染的危害

土壤是人类及一切陆生动植物赖以生存发展的物质基础之一，一旦受到污染，不仅土壤质量变差，造成农作物减产和土壤中生物多样性降低，更重要的是污染物通过食物链进入牲畜和人体内，从而危害人体健康和牲畜的生长发育与繁殖。

1. 影响土壤的结构与生态功能 污染物进入土壤后将显著改变土壤酸碱度，尤其是一些酸性沉降物在重力作用下进入土壤。我国重庆、贵阳、上海、桂林、苏州和北京等地的酸雨污染土壤现象已相当严重，有的降水pH甚至在4.0以下。此外，不合理使用农药和化肥也会改变土壤酸碱性，引起土壤板结，进而使农作物减产。

土壤是农药的集散地，施入农田的农药大部分残留于土壤环境中。农药在有效去除病、虫、草等对农作物危害的同时，也可能对农作物本身及土壤动物、土壤微生物、昆虫、鸟类甚至鱼类带来潜在的危害，影响生物多样性，使生态系统功能下降。研究表明，使用的农药有80%～90%最终进入土壤环境。农药的使用虽抑制了病虫害，却导致了90%以上的蚯蚓死亡，进而破坏了土壤生态系统的功能，严重威胁土壤环境安全。

2. 影响农作物的产量和品质 钾肥中一般含有 Cl^-，对忌氯作物（如甘薯、马铃薯、甘蔗、甜菜、柑橘、烟草、茶树和葡萄等）的产量均有不良影响，而且用量越大，负效应越大。施肥引起的重金属污染主要来自磷肥，由于在磷矿中含有痕量的Cd，从而导致成品肥料Cd的污染。不同产地的磷矿石中重金属含量也有较大差异（表8-2）。此外，磷肥可能成为土壤中天然放射性金属铀（U）、钍（Th）和镭（Ra）等污染源。例如，前苏联经浮选的马尔杜磷矿石含 ^{226}Ra 444±55.5Bq/kg，新莫斯科化学联合工厂生产的硝磷含 ^{226}Ra 29.6±3.7Bq/kg，美国由Glinvill磷矿生产的过磷酸钙中 ^{226}Ra、^{210}Po、^{210}Pb 的含量分别为358.9±

12.2 Bq/kg、301.9±22.1 Bq/kg、292.3±20.2 Bq/kg。土壤中积累过量的重金属和放射性元素对农作物的生长和发育造成严重影响。

表 8-2 部分国家和地区磷矿石的重金属含量（mg/kg）

（引自 Sarkar C M，1990）

磷矿石产地	重金属含量					
	Cd	Hg	Pb	Ni	Zn	As
摩洛哥	18	0.04	2	30	270	10
佛罗里达	5	0.09	12	13	80	5
突尼斯	34	0.03	2	16	290	2
塞内加尔	71	0.33	4	53	500	2
前苏联	0.2	0.01	4	0.5	20	<1
瑞典	0.1	0.04	3	15	21	235

目前，我国许多地方生产的粮食、蔬菜、水果等食物中镉、铬、砷、铅等重金属、农药和硝酸盐的含量超标和接近临界值。例如，我国张士灌区在 20 多年的污灌中，污灌面积约达 2 500 hm^2，镉污染十分严重，其中有约 330 hm^2 土壤含镉 5～7 mg/kg，稻米含镉 0.4～1.0 mg/kg，最高达 3.4 mg/kg。江西省某县多达 44%的耕地遭到污染，并形成 670 hm^2 的“镉米”区。据对我国 117 个农业商品基地调查发现，农药污染的粮食达 8.18×10^8 kg，占总量的 1.12%，名特优农副产品有机磷检出率达 100%，六六六检出率为 95.1%。据南京环境保护科学研究所报道，南京市的市售蔬菜几乎都受到一定程度的硝酸盐污染，以大白菜和青菜的硝酸盐污染最重，其次为菠菜，萝卜的污染较轻。北京和上海等大中城市蔬菜的硝酸盐污染超标现象也十分普遍。

土壤污染除影响食物的卫生品质外，也明显地影响到农作物的其他品质。有些地区污灌已经使得蔬菜的味道变差，易烂，甚至出现难闻的异味；农产品的储藏品质和加工品质也不能满足深加工的要求。

3. 造成严重的经济损失 对于各种土壤污染造成的经济损失，目前尚缺乏系统的调查资料。有学者曾指出，美国由于农药的使用，对环境和社会造成的经济损失达 81.23 亿美元，而我国则可能更高。据有关资料统计，1980 年我国农田农药污染面积达 1.3×10^7 hm^2（2 亿亩）左右。每年遭受的经济损失十分惊人，受农药和“三废”污染的粮食达8.28×10^{10} kg 以上，年经济损失（以粮食折算）达 230 亿～260 亿元之巨。由于农药污染，我国许多农畜产品被迫退出欧美市场，造成了很大损失。据不完全统计，我国因重金属污染而引起的粮食减产每年超过 1.0×10^7 t，被重金属污染的粮食每年超过 1.2×10^7 t，两者合计经济损失至少 200 亿元。

此外，土壤一旦被污染后，其治理和修复相当难，需要消耗大量的资金。据美国农业技术研究中心（Agrbiotech Centers）的研究人员估计，仅美国一个国家用常规技术清除有害污染物每年要花掉 4 千亿美元，单是重金属污染土壤的清除费用一项就达 71 亿美元，重金属与有机物复合污染的清理费用达 354 亿美元，使用现有的技术清除放射性污染物的费用在

100亿美元以上，庞大的支出令人忧虑。

4. 危害人体和动物的健康 土壤污染会使污染物在植物（包括作物）体中积累，并通过食物链富集到人体和动物体中，危害人畜健康，引发癌症和其他疾病等。例如，NO_3^- 随着施用过量硝酸盐类进入土壤，并在土壤中积累。NO_3^- 本身没有毒害，但这些离子可在饲料青贮过程中释放二氧化氮和一氧化氮气体，饲料中过量的 NO_3^- 可还原为亚硝酸盐，严重影响人和家畜的健康。各种磷素化肥的主要原料——磷矿石含有不定量的氟，虽然由磷肥输入土壤的氟很少，但在中性和碱性土壤中，氟会以 CaF_2 形态沉淀到土壤中，在渗漏性强的砂质土壤上一些氟还会经淋洗进入地下水。氟具有很高的化学活性，对人畜危害很大。土壤遭受重金属污染后会通过食物链危害人体健康，引发癌症或其他疾病，日本曾发生的骨痛病即是一个惨痛的教训。张士灌区内人和家畜明显受到污染危害，污灌区居民每人每日摄取的镉量达558μg，而对照区仅为17.6μg，灌区摄入量为对照区的32倍，镉在人体器官中有明显的积累（表8-3）。

表8-3 张士灌区人体血、尿、发的镉含量

（引自吴燕玉等，1986）

	血液（μg/L）			尿（μg/L）			发（μg/kg）		
	几何平均值	标准差	P	几何平均值	标准差	P	几何平均值	标准差	P
灌区	1.06	0.21	<0.05	13.26	0.37	<0.05	0.14	0.35	<0.05
对照区	0.42	0.35		2.13	0.17		0.07	0.42	

注：P 为二区的差异显著性，$P<0.05$ 表示差异显著。

5. 导致其他环境问题 土壤受到污染后，含重金属浓度较高的污染表土容易在风力和水力的作用下分别进入到大气和水体中，导致大气污染、地表水污染、地下水污染和生态系统退化等其他次生生态环境问题。例如，表土的污染物质可能在风的作用下，作为扬尘进入大气中，并进一步通过呼吸作用进入人体。这一过程对人体健康的影响可能有些类似于食用受污染的食物。因此，美国、澳大利亚、奥地利和我国香港的科学家已经注意到，城市的土地污染对人体健康也有直接影响。由于城市人口密度大，而城市的土地污染问题又比较普遍，因此，国际上对城市土地污染问题开始予以高度重视。上海川沙污灌区的地下水检测出氟、汞、镉和砷等。成都市郊的农村也因土壤污染而导致井水中汞、铬、酚、氰等污染物超标。

第二节 土壤污染源

一、土壤污染物的来源及污染类型

（一）土壤污染物

通过各种途径进入土壤环境的污染物种类繁多，既有化学污染物，也有放射性污染物和生物污染物，其中以化学污染物最为普遍和严重。土壤的化学污染物可以分为无机污染物和有机污染物两大类。表8-4列举了土壤中的主要污染物质及其来源。

表 8-4　土壤中的主要污染物质

（引自陈玲等，2004）

污染物种类			主要来源
无机污染物	重金属	汞（Hg）	氯碱工业、含汞农药、汞化物生产、仪器仪表工业
		镉（Cd）	冶炼、电镀、染料等工业、肥料杂质
		铜（Cu）	冶炼、铜制品生产、含铜农药
		锌（Zn）	冶炼、镀锌、人造纤维、纺织工业、含锌农药、磷肥
		铬（Cr）	冶炼、电镀、制革、印染等工业
		铅（Pb）	颜料、冶炼等工业、农药、汽车排气
		镍（Ni）	冶炼、电镀、炼油、染料等工业
	非金属	砷（As）	硫酸、化肥、农药、医药、玻璃等工业
		硒（Se）	电子、电器、油漆、墨水等工业
	放射性元素	铯（^{137}Cs）	原子能、核工业、同位素生产、核爆炸
		锶（^{90}Sr）	原子能、核工业、同位素生产、核爆炸
	其他	氟（F）	冶炼、磷酸和磷肥、氟硅酸钠等工业
		酸、碱、盐	化工、机械、电镀、酸雨、造纸、纤维等工业
有机污染物	有机农药		农药的生产和使用
	酚类有机物		炼焦、炼油、石油化工、化肥、农药等工业
	氰化物		电镀、冶金、印染等工业
	石油		油田、炼油、输油管道漏油
	3,4-苯并芘		炼焦、炼油等工业
	有机性洗涤剂		机械工业、城市污水
	一般有机物		城市污水、食品、屠宰工业
有害微生物			城市污水、医院污水、厩肥

1. 无机污染物　无机污染物主要包括重金属（汞、镉、铅、铬、铜、锌、镍以及类金属砷、硒等）、放射性元素（^{137}Cs、^{90}Sr、^{238}U 等）、氟、酸、碱和盐类等。无机污染物主要来自地壳变迁、火山爆发、岩石风化等天然过程，以及人类生产和生活活动。如采矿、冶炼、机械制造、建筑、化工等行业每天都排放出大量的无机污染物质，生活垃圾也是土壤无机污染物的一个重要来源。这些污染物中尤以重金属污染最具潜在威胁，一旦污染，就难以彻底消除，并且有许多重金属易被植物吸收，通过食物链，危及人类健康。

2. 有机污染物　有机污染物主要包括合成的有机农药、酚类化合物、腈、石油、稠环芳烃、洗涤剂以及高浓度的生化性有机物等。有机污染物进入土壤后可危及农作物生长和土壤生物生存。例如，稻田因施用含二苯醚的污泥曾造成稻田作物的大面积死亡和泥鳅、鳝鱼的绝迹。农药在农业生产中起到重要作用，但其残留物却在土壤中积累，污染了土壤和食物链。近年来，农用塑料地膜的广泛应用，由于管理不善，部分被遗弃田间，成为一种新的有机污染物。塑料薄膜中含大量的增塑剂——酞酸酯（如 DBP、DEHP 等），其量占 PVC 塑料的 40%～60%。国内外的研究表明，酞酸酯对瓜类、蔬菜影响较大，且 DBP 对蔬菜的影响要比 DEHP 大。

3. 生物污染　土壤中还有各类病原菌、寄生虫卵等生物污染物，它们主要来源于未经处理的粪便、垃圾、城市生活污水、饲养场和屠宰场的废弃物等。其中，传染病医院未经消毒处理的污水和污物危害最大。来自人畜粪便、动物尸体及医院的病原微生物一旦进入土壤，就可在土壤中生存一定时间，如沙门氏菌可存活 35～70 d，痢疾杆菌可存活 22～142 d，它们可通过直接接触或污染食物、饮水而传播疾病。土壤生物污染不仅危害人畜健康，还能危害植物，影响植物产品的产量和质量，造成农业损失。

（二）土壤污染源

土壤污染物的来源广泛，可分为天然污染源和人为污染源。在自然界中，在某些自然矿床中单质和化合物富集中心周围往往形成自然扩散晕，使附近土壤中某些元素的含量超出一般土壤含量，如蛇纹岩发育的土壤富含镍、铬等金属，这类污染称为天然污染。而源于工业、农业、生活和交通等人类活动所产生的污染物，通过水、气、固等多种形式进入土壤，统称为人为污染。造成土壤污染的主要原因是人为污染，特别是工业“三废”（废水、废气和废渣）的排放和农业生产使用的农药、化肥等。土壤污染的人为来源主要有以下几方面。

1. 化肥和农药施用　不合理施用和过量偏施化学肥料，可导致土壤养分平衡失调。氮素可通过土壤表面挥发、土壤微生物作用、地表径流和地下水而进入大气层或排入水体中。土壤中的氮和磷进入地下水可使地下水源受氮、磷污染，从而可造成河川、湖泊、海湾的富营养化，使藻类等水生植物生长过多。另外，肥料中常含有一些有害物质，例如含三氯乙醛磷肥，当它施用于土壤后，三氯乙醛转化为三氯乙酸，两者均可给植物造成毒害。

目前，防治病虫害主要依靠化学防治。农药在生产、储存、运输、销售和使用过程中都会产生污染。过量滥施农药的现象很普遍，施在作物上的杀虫剂大约有一半进入土壤中。进入土壤中的农药虽然经历着生物降解、光解和化学降解，但对于像有机氯这样的高残留性农药来说，那是十分缓慢的，残留在土壤中的农药具有更大的潜在危害性。

2. 污水灌溉　城市污水（包括工业废水和生活污水）未经处理，盲目排放或进行农田灌溉，可引起土壤污染。过去在一个相当长的时间内，我国污水的处理率和排放达标率均较低，用这样的污水灌溉后，使一些灌区土壤中有毒有害物质明显累积。例如，利用含重金属的矿坑水（金属含量平均为 Cu 0.04 mg/L、Pb 0.47 mg/L、Zn 3.8 mg/L、Cd 0.023 mg/L）进行污灌后，土壤 Cu 含量由 31 mg/kg 增至 133 mg/kg；Pb 含量由 44 mg/kg 增到 1 600 mg/kg；Zn 含量由 121 mg/kg 增至 3 700 mg/kg；Cd 由 0.37 mg/kg 增至 12.1 mg/kg。

3. 固体废弃物的利用　由于污泥中含有一定的养分，因而可作为肥料使用，城市生活污水处理厂的污泥含氮量为 0.8%～0.9%，含磷量为 0.3%～0.4%，含钾量为 0.2%～0.35%，有机质含量为 16%～20%。但是，如混入工业废水或工业废水处理厂的污泥，其成分较生活污泥要复杂得多，特别是重金属的含量很高。这样的污泥如在农田中施用不当，势必造成土壤污染。含这些成分的垃圾长期施用于农田，可逐步破坏土壤的团粒结构和理化性质。同样，城市垃圾亦含有一定量的重金属，使土壤中重金属含量随着垃圾施用量的增多而增加（表 8-5）。此外，城市固体废物随意堆放或填埋，其中的有害物质经微生物分解，大气扩散、降水淋滤后，进入周围地区，污染土壤。

表 8-5　施用垃圾对土壤、稻谷中重金属含量（mg/kg）的影响

（引自吕春元等，1985）

处　理	Cd	Hg	Cr	Pb	Ni	Cu	Zn
施垃圾肥土壤	1.5	0.07	12.0	82	—	—	92
对照土壤	0.6	0.05	12.0	24	—	—	20
施垃圾肥稻谷	0.033	<0.008	<0.01	0.27	6.27	3.0	16.2
对照稻谷	0.007	<0.008	<0.001	0.18	0.18	2.7	19.0

随着农用薄膜的使用量逐年增加，农用薄膜残留越来越广泛，其带来的白色污染正在蔓延和加重。随着畜牧业集约化生产程度的不断提高，畜牧业的养殖规模日益增大，大量畜禽粪便成为废弃物，堆放时成为污染源。

4. 大气沉降物　大气污染物，如二氧化硫、氮氧化物、氟化物以及含硫酸、重金属、放射性元素等颗粒物，通过干沉降和湿沉降进入土壤。二氧化硫等酸沉降本身既是一种土壤污染源，又可加重其他有毒物质的危害。我国南方酸性土壤，在酸雨的作用下，土壤进一步酸化，养分淋溶，有害物质活化，结构破坏，肥力降低，作物受损，土壤生产力退化。气源重金属微粒是土壤重金属污染的途径之一，它的构成主要是金属飘尘。这些飘尘自身降落或随着雨水接触植物体或进入土壤后为植物或动物所吸收，在大气污染严重的地区，作物亦有明显的污染（表 8-6）。

表 8-6　钢冶炼厂周围水稻中一些元素的含量（mg/kg）

（引自潘如圭，1984）

地点	叶			茎			谷　粒		
	Cu	Pb	As	Cu	Pb	As	Cu	Pb	As
污染区	176	9.7	15.3	48.0	3.5	11.9	24.0	2.7	0.7
参比区	38.4	0.8	0.9	41.1	1.2	0.7	14.2	0.6	痕量

由核裂变产生的两个重要的长半衰期放射性元素是^{90}Sr（半衰期为 28 年）和^{137}Cs（半衰期为 30 年），它们可经由大气沉降而进入土壤，土壤中^{90}Sr的浓度常与当地降水量成正比。

以上 4 种污染源可以单独起作用，也可以相互重叠和交叉起作用。由于农业生产本身的需要，采取的各种农业措施引起的土壤环境污染，有些与工业排放有关系。如不合理的污水灌溉，使土壤结构功能遭到破坏，污水灌区如事先未经严格勘察与设计，在砂砾土漏水地区，未采用任何渠道防渗措施，可导致浅层地下水及地面水污染。

（三）土壤污染的类型

按土壤污染源和污染途径进行分类，土壤污染可分为下述类型。

1. 水体污染型　此类污染约占土壤污染面积的 80%，主要是工业废水、城市生活污水和受污染的地表水，经由污灌而造成的土壤污染。其特点是污染物集中于土壤表层，但随着污灌时间的延长，某些可溶性污染物可由表层渐次向下层扩展，甚至通过渗透到达地下潜水层。污染土壤一般沿河流、灌溉干渠和支渠呈树枝状或片状分布。新中国成立后，在东北三省、西安、上海及北京等地曾进行大面积的污灌。20 世纪 80 年代以来，污灌面积在我国有增无减。污灌虽能为农业生产带来一定的收益，但如果控制不当，将导致严重的土壤污染问题，影响农产品的产量和质量，进而影响人体健康。

2. 大气污染型 大气污染物通过干沉降和湿沉降过程污染土壤，如大气气溶胶的重金属、放射性元素、酸性物质等对土壤的污染。例如，汽车尾气含有大量的铅化物，所排放的铅化物一般散落在公路两旁的农田中，导致公路两侧土壤严重污染，在公路两侧 100 m 范围内，土壤中含铅量可高达 1 000 mg/kg。其特点是污染土壤以大气污染源为中心呈扇形、椭圆形或条带状分布，长轴沿主风向伸长，其污染面积和扩散距离，取决于污染物的性质、排放量和排放形式。污染物主要集中于土壤表层，如二氧化硫、重金属以及核爆炸的尘埃等。

3. 固体废物污染型 固体废物主要有城市生活垃圾、污泥、工矿业废弃物（矿渣、煤矸石、粉煤灰等）等。固体废物的堆积、掩埋、处理不仅占用大量耕地，而且通过大气迁移、扩散、沉降，或降水淋溶、地表径流等污染周边土壤。其污染物的种类和性质都较复杂，且随着工业化和城市化的发展，有日渐扩大之势。我国工业固体废物产生量每年均在 6×10^{8} t 以上，综合利用率不超过 45%，约 50%被储存起来，每年有多于 2×10^{8} t 被排放到自然界。另外近年出现的"白色污染"（指废弃在环境中的废塑料包装物及废农用薄膜对土壤和生态环境的破坏）也受到世界各国的重视。

4. 农业污染型 农业生产中，由于化肥、农药、垃圾堆肥、污泥等长期不当施用，造成土壤污染。主要污染物为化学农药、重金属，以及氮、磷富营养化污染物等。农业生产过程排放的污染物具有剂量低、面积大的特点，属面源污染。污染物主要集中在土壤表层或耕作层。

5. 综合污染型 实际上，土壤污染的发生往往是多源性质的，对于同一区域受污染的土壤，可能受大气、水体、农药、化肥和污泥施用的综合影响，往往是多污染源和多污染途径同时造成的，其中以某一种或两种污染源的影响为主。

二、污染物在土壤中的迁移转化

污染物进入土壤后，与各种土壤组分发生生物作用、化学反应和物理反应，主要包括扩散迁移、吸附解吸、沉淀溶解、络合解络、同化矿化、降解转化等。影响土壤中污染物迁移转化的因素主要有污染物性质、土壤理化性质、生物性状以及与土壤环境相关的自然因素。污染物的物理性质影响污染物在土壤中的淋溶、扩散、吸附和挥发作用，其化学性质影响污染物在土壤中存在形态、价态、溶度性、吸附作用、氧化还原能力、化学降解与生物降解能力等。土壤理化性质（如土壤结构、土壤组成、氧化还原电位、无机胶体和有机胶体含量、pH、有机质含量、化学物质组成与形态、生物种类与数量等）影响污染物的迁移转化。影响污染物迁移转化的环境因素主要有水热条件、地表形态、植被类型以及耕作方式等。

（一）重金属在土壤中的迁移转化

土壤重金属以多种形态存在，不同形态重金属的迁移转化过程不同，而且其生物活性和毒性也差异显著。土壤中重金属元素的主要形态有：①可溶态，指土壤溶液中离子态金属及其可溶性盐。土壤可溶态重金属的含量一般随 pH 降低而增高，随氧化还原电位降低而转化为难溶硫化物。②可交换态，为吸附于土壤胶体表面的重金属离子，其含量与土壤黏粒类型、数量和各类胶体对金属的吸持性能有关。③不溶态或难溶态，指重金属难溶的沉淀物及被土壤专性吸附的部分。难溶态重金属在转为可溶态前不能被植物所吸收，有利于重金属在土壤中的固定。

重金属在土壤中的迁移转化的形式复杂多样，并且往往是以多种形式错综复杂地综合在一起，它们在土壤中的迁移转化，可以概括为下述 3 种类型。

1. 机械迁移和转化　重金属机械搬运的主要形式是，重金属被吸附于无机悬浮物和有机悬浮物上，或包含于矿物颗粒或有机胶体内，随土壤水分流动而被迁移转化；也有因其本身密度较大而发生沉淀，或闭蓄于其他无机沉淀物和有机物沉淀中；也有随土壤空气而运动的，如单质汞可转化为汞蒸气扩散。

2. 化学、物理化学迁移和转化　重金属在土壤中通过氧化与还原、沉淀与溶解、吸附与解吸、络合与解络等一系列化学作用和物理化学作用迁移和转化。这些过程决定了重金属在土壤中存在的形态、积累的状况和污染的程度，是重金属在土壤中最重要的运动形式。

土壤中的重金属能以吸附或络合螯合形式和土壤胶体结合而发生迁移转化。从吸附作用来看，有机胶体的吸附能力最大，可达 150～700 cmol（＋）/kg，平均为 300～400 cmol（＋）/kg。有机胶体对金属离子吸附的顺序是：$Pb^{2+}>Cu^{2+}>Cd^{2+}>Zn^{2+}>Ca^{2+}>Hg^{2+}$。重金属和有机胶体也可以形成螯合物。一般认为，当金属离子浓度高时，以吸附作用为主，而在低浓度时，以络合螯合作用为主。

土壤的 pH、氧化还原电位（E_h）和存在的其他物质显著地影响重金属在土壤中的迁移转化。当 pH<6 时，迁移能力强的主要是在土壤中以阳离子形态存在的重金属；当 pH>6 时，迁移能力强的主要是在土壤中以阴离子形态存在的重金属；碱金属阳离子和卤素阴离子的迁移能力在广泛的 pH 范围内都是很高的。从氧化还原电位的影响看，有的重金属（如 Cd、Zn 和 Cu 等）随氧化还原电位的降低，其随水迁移的能力和对作物可能造成的危害减小；有的（如 As 等）则具有相反的趋势。

3. 生物迁移和转化　生物迁移和转化主要是指植物通过根系从土壤中吸收某些化学形态的重金属，并在其体内积累起来。一方面，这种含有一定量重金属的植物如被食用，就有可能通过食物链造成对人体健康的危害。另一方面，如果这种植物残体再进入土壤，会使土壤表层进一步富集一种或几种重金属。另外，动物啃食重金属含量较高的表土，也是使重金属发生生物迁移的一种途径。

（二）化学农药在土壤中的迁移转化

农药在土壤中的迁移转化有以下几个方面。

1. 农药的挥发与迁移　存在于土壤中的各类农药可以通过扩散、移动、挥发等途径排出土体进入水体或大气环境，进而造成水体或大气农药污染。

农药在土壤中的移动形式以蒸气扩散为主，其扩散速度远远高于它在水中扩散的速度，如六六六在耕层土壤中因蒸发而损失的量高达 50%。农药在土壤中的蒸发速度，主要决定于农药本身的溶解度和蒸气压，也与土壤的温度、湿度等有关。例如，有机磷和某些氨基甲酸酯类农药的蒸气压高于滴滴涕（DDT）、狄氏剂和林丹的蒸气压，所以其蒸发速度快。

农药在土壤中移动性是指土壤中农药随水分运动的可迁移程度。根据水分运动方向可分为沿土壤垂直剖面向下的运动（淋溶）和沿土壤水平方向的运动（径流）两种形式。径流可使农药从农田土壤转移至沟、塘和河流等地表水体中，淋溶则可使农药进入地下水中。农药在土壤中的移动性与农药的溶解度和土壤的吸附性能有关。一些水溶性大的农药可随水移动，如敌草隆、灭草隆等；而一些难溶性农药（如滴滴涕），则吸附在土壤颗粒表面，并随地面径流和泥沙等一起移动。一般说来，农药在吸附性能小的砂性土壤中容易移动，而在黏粒含量高或有机质含量多的土壤中则不易移动。

2. 土壤的吸附作用　进入土壤的农药通过物理吸附和化学吸附等形式吸附在土壤颗粒表面，使农药的移动性和毒性发生变化。化学农药进入土壤后，一般离解为有机阳离子，被带负电荷的土壤胶体吸附。土壤对化学农药的吸附作用受土壤胶体的种类和数量以及胶体的阳离子组成的影响。一些农药也可在土壤中离解成有机阴离子，被带正电荷的土壤胶体吸附，这种情况在砖红壤中特别普遍。不同胶体对农药的吸附能力以有机胶体吸附量最大，依次为：有机胶体＞蛭石＞蒙脱石＞伊利石＞绿泥石＞高岭石。

土壤对化学农药的吸附作用还决定于农药本身的化学性质。化学农药的种类、物质成分和性质对吸附作用都有很大影响。例如凡是带有 R_2N^+—、—OH、—$CONH_2$、—NHCOR、—NH_2、—OCOR，—NHR 功能团的农药，都能增强吸附速度。在同类农药中，分子质量越大，吸附能力越强。

土壤对农药的吸附作用，在某种意义上就是土壤对农药的净化和解毒作用。但这种净化作用是不稳定的，也是有限度的，当吸附的农药被土壤溶液中的其他物质重新置换出来时，即又恢复了原来的性质。因此，土壤对化学农药的吸附作用，只是在一定条件下起净化和缓冲解毒作用，并没有使其降解。

3. 农药的降解　农药在土壤中的降解包括光化学降解、化学降解和微生物降解等。

（1）光化学降解　光化学降解指土壤表面接受太阳辐射能和紫外线等能流而引起农药的分解作用。由于农药分子吸收光能，使分子具有过剩的能量，而呈激发状态。这种过剩的能量可产生光化学反应，使农药分子发生光分解、光氧化、光水解或光异构化。其中，光分解反应是最重要的一种。由紫外线产生的能量足以使农药分子结构中碳碳键和碳氢键发生断裂，引起农药分子结构的转化，这可能是农药转化或消失的一个重要途径。如对杀草快光解生成盐酸甲铵，对硫磷经光解形成对氧磷，对硝基酚和硫己基对硫磷等。但紫外线难于穿透土壤，因此光化学降解对落到土壤表面与土壤结合的农药的作用，可能是相当重要的，而对土表以下的农药的作用较小。

（2）化学降解　农药在土壤中的化学降解包括水解、氧化和离子化等反应，其中以水解作用最为重要。这些化学反应往往可以被黏粒表面、金属离子、氢离子、氢氧根离子、游离氧及有机质等作用而催化。水解作用可改变有机污染物的结构，一般情况下，水解导致产物毒性降低，但并非总是生成毒性降低的产物，例如 2，4-滴酯类的水解作用就生成毒性更大的 2，4-滴酸。水解产物可能比母体化合物更易或更难挥发，与 pH 有关的离子化水解产物可能没有挥发性，而且水解产物一般比母体污染物更易于生物降解。

农药在土壤中的水解速率主要取决于污染物本身的化学结构和土壤水的 pH、温度、离子强度及其他化合物（如金属离子和腐殖质等）的存在。通常温度升高可使水解加快，而 pH 与溶液中其他离子的存在既可提高也可降低水解反应的速率。

（3）微生物降解　土壤中微生物（包括细菌、霉菌和放线菌等各种微生物）对有机农药的降解起重要的作用。国外文献报道，发现假单胞菌对于 4 mg/L 的对硫磷的分解只要 20 h 即可全部降解。我国的研究表明，辛硫磷在含有多种微生物的自然土壤中迅速降解，2 周后减少75%，38d可全部降解，而在无菌的土壤中38d后仅有1/4消失。同时土壤微生物也会利用这些农药和能源进行降解作用。

土壤中微生物对有机农药的降解作用主要有：脱氯作用、氧化还原作用、脱烷基作用、水解作用和环裂解作用等。有机氯农药在微生物的还原脱氯酶作用下，可脱去取代基氯。如pp′-DDT可通过脱氯作用变为pp′-DDD，或是脱去氯化氢，变为pp′-DDE。pp′-DDE极稳定，pp′-DDD还可通过脱氯作用继续降解，形成一系列脱氯型化合物，如DDNU和DDNS等。

4. 农药的残留　由于农药的性质不同，其降解速度与难易程度不同，这直接决定了农药在土壤中的残留时间。农药在土壤中的残留时间常用半衰（减）期和残留量来表示。所谓半衰期，是指施入土壤中的农药因降解等原因使其浓度减少一半所需要的时间；而残留量是指土壤中农药因降解等原因含量减少而残留在土壤中的数量，单位是mg/kg土壤。残留量R可用下式表示。

$$R=c_0 e^{-kt}$$

式中，c_0为农药在土壤中初始含量；t为农药在土壤中的衰减时间；k为常数。

实际上，影响农药在土壤中残留的因素很多，故农药在土壤中含量变化实际上不像上式那么简单。一般而言，农药在土壤中降解越慢，残留期越长，越易导致对土壤环境的污染。表8-7列出了不同农药品种在土壤中的大致残留时间。

残留在土壤中的农药可通过食物链由低营养级向高营养级转移，同时还可能发生生物浓缩作用。日本曾对216种食品进行调查，发现有84种食品含有滴滴涕（DDT）残留，37种有六六六残留，45种有获氏剂残留。我国1988—1989年曾对河南省污染现状进行调查，发现尽管六六六已停止使用，但其在肉、蛋、奶和植物中的检出率仍为100%，超标率为12.5%～30%。目前，有机磷杀虫剂的残留污染日益严重，特别是在蔬菜与水果中残留更为突出。

表8-7　不同类型农药品种在土壤中的大致残留时间

（引自赵景联，2005）

农药品种	大致半衰期（年）	农药品种	大致半衰期（年）
铅、砷、铜、汞	10～30	三嗪类除草剂	1～2
有机氯杀虫剂	2～4	苯氧羧酸类除草剂	0.2～2
有机磷杀虫剂	0.02～0.2	脲类除草剂	0.2～0.8
氨基甲酸酯	0.02～0.1	氯化除草剂	0.1～0.4

第三节　土壤污染预防

一、土壤污染源和污染途径的监控

监控土壤污染源和污染途径是避免土壤污染的最有效、最切实可行的方法。

(一) 查明污染源及污染途径

全面调查、研究本地区土壤的各种污染源和污染途径，并在此基础上制定控制污染的最佳方案。一般情况下，土壤污染主要来自灌溉水、固体废弃物的农业利用以及大气沉降物，因此，改进水质和大气质量，坚持灌溉水水质标准、农用污泥标准和其他环境标准，并设立防治土壤污染的法规和监督体制等是防止土壤污染的最重要措施，这些对策可在一定程度上控制排入土壤的污染物。但是在拟定环境标准时，应考虑到土壤污染的特点，就是说，即使污染源的浓度（例如灌溉水）已控制得相当低，但对重金属这类积累性的污染物来说，会逐渐在土壤中富集，所以标准制定的依据应尽量考虑得全面些。

(二) 控制和消除土壤污染源

为了控制和消除土壤环境的污染，首先要控制和消除土壤污染源，加强对工业“三废”的治理，合理施用化肥和农药等农用物资，才能达到解决土壤环境污染问题的目的。具体地说，应该全面实施控制土壤环境污染的各项措施。

①促进土壤污染防治各种法规、准则和标准的制定与修改。

②建立土壤环境污染、土壤质量变化监测与预警系统，制定土壤污染预防规划，识别、确定污染控制的具体区域。

③加强对农药的生产、销售和施用的管理和监控。淘汰高毒高残留农药，发展高效低残留农药和生物防治技术，发展低毒、低残留农药和生物防治措施是解决农药对作物和土壤污染最根本的途径。严格加强农药的管理和监测。合理施用农药，减少用药量，提高防治效果，降低对土壤和农产品的污染。开展综合治理，以预防为主，加强农业防治，同时开展病虫害早期预测预报和采用非化学方法防治，如及早摘除病叶、病果，采用灯光诱蛾等。

④合理施用化肥。由于化肥生产的原料和生产过程常混入各种微量环境污染物，且长期施用可能在土壤中累积，必须加强化肥中污染物质的监测检查。根据土壤情况和作物需要，氮、磷、钾平衡施用，同时配施某些微量元素肥料，这样有利于提高施肥效益，减少施肥量。采用合理的施肥量和施肥方法。发展缓效肥料，使用硝化抑制剂、脲酶抑制剂。尽量采用有机肥源，适量配施无机肥料。

⑤提倡节约用膜，农用薄膜及时回收和重复使用，特别注意日常生活塑料袋的重复使用和妥善回收。减少有毒塑料薄膜的生产和使用，尽量用分子质量小、生物毒性低、相对易降解的增塑剂，如酞酸酯类，以降低其对农业环境的影响。从价格和经营体制上加强和优化对塑料废品的回收和管理，并积极建立加工厂生产粒状再生塑料，使废塑料循环利用。发展和推广可控光解和热分解（50～60 ℃）农用薄膜代替现用较难降解的高压农用薄膜，研究和开发以天然植物（如稻秆）为纤维原料的生物降解膜。

⑥严格控制和消除工业和生活“三废”的排放，控制污染物排放的数量和浓度。严格执行农用灌溉水质标准、农用污泥标准和其他与农业环境有关环境标准。

1992 年，为贯彻执行《中华人民共和国环境保护法》，防止土壤、地下水和农产品污染，保障人体健康，维护生态环境，促进经济发展，特制定了《农田灌溉水质标准》（GB 5084—1992）（表 8 - 8）。该标准适用于全国以地面水、地下水和处理后的城市污水及与城市污水水质相近的工业废水作水源的农田灌溉用水。该标准不适用于医药、生物制品、化学试剂、农药、石油炼制、焦化和有机化工处理后的废水进行灌溉。

表 8-8　农田灌溉水质标准（GB 5084—1992）（mg/L）

序号	项　目		水　作	旱　作	蔬　菜
1	生化需氧量（BOD_5）	≤	80	150	80
2	化学需氧量（COD_{Cr}）	≤	200	300	150
3	悬浮物含量	≤	150	200	100
4	阴离子表面活性剂（LAS）含量	≤	5.0	8.0	5.0
5	凯氏氮含量	≤	12	30	30
6	总磷（以P计）	≤	5.0	10	10
7	水温（℃）	≤	35		
8	pH	≤	5.5～8.5		
9	含盐量	≤	1 000（非碱土地区），2 000（碱土地区），有条件的地区可以适当放宽		
10	氯化物含量	≤	250		
11	硫化物含量	≤	1.0		
12	总汞含量	≤	0.001		
13	总镉含量	≤	0.005		
14	总砷含量	≤	0.05	0.1	0.05
15	铬（六价）含量	≤	0.1		
16	总铅含量	≤	0.1		
17	总铜含量	≤	1.0		
18	总锌含量	≤	2.0		
19	总硒含量	≤	0.02		
20	氟化物含量	≤	2.0（高氟区）3.0（一般地区）		
21	氰化物含量	≤	0.5		
22	石油类含量	≤	5.0	10	1.0
23	挥发酚含量	≤	1.0		
24	苯含量	≤	2.5		
25	三氯乙醛含量	≤	1.0	0.5	0.5
26	丙烯醛含量	≤	0.5		
27	硼含量	≤	1.0（对硼敏感作物，如马铃薯、笋瓜、韭菜、洋葱和柑橘等） 2.0（对硼耐受性较强的作物，如小麦、玉米、青椒、小白菜、葱等） 3.0（对硼耐受性强的作物，如水稻、萝卜、油菜和甘蓝等）		
28	粪大肠菌群数（个/L）	≤	10 000		
29	蛔虫卵个数（个/L）	≤	2		

为了避免滥用污水污泥引起的土壤污染，1984 年制定的《农用污泥中污染物控制标准》（GB 4284—1984）（表 8-9）规定了适用于在农田中施用的城市污水处理厂污泥、城市下水沉淀池的污泥、某些有机物生产的下水污泥以及江、河、湖、库、塘、沟、渠的沉淀底泥中

污染物［如镉、汞、铅、铬、砷、硼、铜、锌、镍、矿物油、苯并（a）芘］的控制标准。如镉在 pH＜6.5 的酸性土壤上，最高容许含量为 5 mg/kg（干污泥）；在 pH≥6.5 的中性和碱性土壤上，其含量为 20 mg/kg（干污泥）。

表 8-9　农用污泥中污染物控制标准（GB 4284—1984）

项　目	最高允许含量（mg/kg，干污泥）	
	在酸性土壤上（pH＜6.5）	在中性和碱性土壤上（pH≥6.5）
镉及其化合物（以 Cd 计）	5	20
汞及其化合物（以 Hg 计）	5	15
铅及其化合物（以 Pb 计）	300	1 000
铬及其化合物（以 Cr 计）①	600	1 000
砷及其化合物（以 As 计）	75	75
硼及其化合物（以水溶性 B 计）	150	150
矿物油	3 000	3 000
苯并（a）芘	3	3
铜及其化合物（以 Cu 计）②	250	500
锌及其化合物（以 Zn 计）②	500	1 000
镍及其化合物（以 Ni 计）②	100	200

①铬的控制标准适用于一般含六价铬极少的具有农用价值的各种污泥，不适用于含有大量六价铬的工业废渣或某些化工厂的沉积物；

②暂作参考标准。

生活垃圾必须分类收集，进行有效的处理和回收利用。1987 年制定的《城镇垃圾农用控制标准》（GB 8172—1987）（表 8-10）适用于供农田施用的各种腐熟的城镇生活垃圾和城镇垃圾堆肥工厂的产品，不准混入工业垃圾及其他废物，共规定了 15 项指标：杂物、粒度、蛔虫卵死亡率、大肠菌值、总镉、总汞、总铅、总铬、总砷、有机质、总氮、总磷、总钾、pH 和水分。前 9 项全部合格方能用于农田，后 6 项（有机质、总氮、总磷、总钾、pH 和水分）一项不合格（但不得低于我国垃圾的平均数值）者，可适当放宽。

表 8-10　城镇垃圾农用控制标准（GB 8172—1987）

编号	项　目		标准限值	编号	项　目		标准限值
1	杂物（%）	≤	3	9	总砷（以 As 计）（mg/kg）	≤	30
2	粒度（mm）	≤	12	10	有机质（以 C 计）（%）	≥	10
3	蛔虫卵死亡率（%）		95～100	11	总氮（以 N 计）（%）	≥	0.5
4	大肠菌值		10～1～10～2	12	总磷（以 P_2O_5 计）（%）	≥	0.3
5	总镉（以 Cd 计）（mg/kg）	≤	3	13	总钾（以 K_2O 计）（%）	≥	1.0
6	总汞（以 Hg 计）（mg/kg）	≤	5	14	pH		6.5～8.5
7	总铅（以 Pb 计）（mg/kg）	≤	100	15	水分（%）		25～35
8	总铬（以 Cr 计）（mg/kg）	≤	300				

注：①表中除 2、3、4 项外，其余各项均以干基计算；②杂质指塑料、玻璃、金属、橡胶等。

1987 年制定的《农用粉煤灰中污染物控制标准》（GB 8173—1987）（表 8-11）适用于

火力发电厂湿法排出的、经过一年以上风化的用于改良土壤的粉煤灰。共规定了 11 项指标，规定了在酸性土壤、中性和碱性土壤上的最高允许含量。

表 8-11　农用粉煤灰中污染物控制标准（GB 8173—1987）

项　目		最高允许含量（mg/kg，干粉煤灰）	
		在酸性土壤上	在中性和碱性土壤上
		（pH<6.5）	（pH>6.5）
总镉（以 Cd 计）		5	10
总砷（以 As 计）		75	75
总钼（以 Mo 计）		10	10
总硒（以 Se 计）		15	15
总硼（以水溶性 B 计）	敏感作物	5	5
	抗性较强作物	25	25
	抗性强作物	50	50
总镍（以 Ni 计）		200	300
总铬（以 Cr 计）		250	500
总铜（以 Cu 计）		250	500
总铅（以 Pb 计）		250	500
含盐量与氧化物		非盐碱土	盐碱土
		3 000（其中氯化物 1 000）	2 000（其中氧化物 600）
pH		10.0	8.7

控制进入土壤中各种污染物的数量和速度，通过其自然净化，而不致引起土壤污染，这对控制和消除土壤污染具有重要意义。

（三）建立土壤环境质量监测网络系统

在不同的土壤生态类型区，进行土壤环境参数的时空动态监测，包括污染物的含量、输入、输出以及迁移消长的变化规律、土壤动植物产量和生物学质量。逐步做到建立每一块土地的田间档案，并保证监测数据的标准化和共享。

二、土壤污染与防治的立法

当前，我国缺少土壤污染防治的专门法规，尚未形成有效的土壤污染防治体系和管理机制。从《中华人民共和国环境保护法》、《中华人民共和国土地管理法》到《中华人民共和国水污染防治法》、《中华人民共和国大气污染防治法》、《中华人民共和国固体废物污染环境防治法》，从国务院的有关行政法规到地方性法规和部门规章，对土壤污染的防治均有所涉及。这些法律、行政法规、地方性法规和部门规章大体上从 3 个方面对土壤污染防治做了一些规定：①从农业环境保护方面做规定，主要是防止因使用化肥、农药以及污水灌溉而对土壤造成污染；②从防治“三废”污染方面做规定，主要是防治因排放污水、废水、废气以及不合理地处理、处置固体废弃物而对土壤造成污染；③从保护受特殊保护的自然区域、人文遗迹的角度做规定。但是，这些法律、规章基本作用是在保护这些特殊区域环境的同时，附带地保护这些区域的土壤，使其免遭人类活动可能带来的污染。为了贯彻《中华人民共和国环境保护法》，防止土壤污染，保护生态环境，我国于 1995 年制定了《中华人民共和国土壤环境质量标准》（GB 15618—1995）。该标准是具有法律性质的技术规范，是土壤污染防治法律规范中特殊的、不可缺少的组成部分，对于土壤污染的认定具有决定性的意义。

然而，这些法律规定对满足现代土壤污染防治的要求来说，是远远不够的。第一，这些规定分散且不系统。往往一部有关的法文件中只有一两个相关的法律规范，这使得土壤污染的防治无法系统有效地进行。第二，缺乏针对性。土壤污染具有隐蔽性、滞后性、累积性、不可逆转性和难治理性等特点。现有的规定并没有针对土壤污染的上述特点进行制度设计，从而使得这些规定在土壤污染防治效果上大打折扣。第三，可操作性不强。现有的规定大多比较抽象，缺乏可操作性。现行有关土壤污染防治的法律条款只是原则性、概括性地指出要"防止土壤污染"、"改良土壤"，而对于如何保护土壤不受污染，如何对已污染的土壤进行整治、修复或改良，并未做明确而具体的规定，使得这些条款无法得到具体实施，徒为其文。因此，为了有效地保护土壤遭受进一步污染，急需出台一部专门的土壤污染与防治法。第四，明显的滞后性。例如，业内专家普遍认为 1995 年颁布的《中华人民共和国土壤质量环境标准》，过分强调统一，并不适合我国土壤多样化的特点。同时，该标准中对铅的临界值偏高，难以保障儿童健康。此外，该标准中有机污染物种类太少，仅有六六六和滴滴涕（DDT）两种，而事实上，这两种农药已经于 1983 年停产，对土壤危害程度越来越小，而关于其他新型污染物的标准却并没有随之补充进来。

另外，我国目前还没有一部类似于《超级基金法》的专门清洁治理发生危险物质泄漏或可能发生泄漏的危险废物填埋场地的法律或法规。一旦危险废物填埋场地的有毒有害物质发生泄漏或极有可能发生泄漏，如何采取积极的预防和治理措施来保护公众的健康和生态环境的安全？谁来承担清洁和治理受污染土壤的法律责任？

综上所述，当前我国土壤污染防治工作，基本上处于无法可依状态。当前的关键问题是搞好土壤环境保护立法与管理工作。有了法律，管理工作才能依法办事，明确目标和职责，从而使土壤污染防治工作全面有效地开展起来。由此可见立法的急迫性，急需对《中华人民共和国土壤质量环境标准》（GB 15618—1995）进行修订和补充完善，期待我国土壤污染防治法早日颁布与实施，使我国土壤污染防治工作能够有序地、有效地开展起来。

◈复习思考题

1. 什么叫土壤污染？它的特点是什么？
2. 土壤污染有哪些发生途径？污染土壤有何特点？
3. 简述土壤环境背景值的概念和作用。
4. 何谓土壤自净作用？土壤自净作用有哪些？其对土壤有何意义？
5. 举出土壤污染的主要污染物质及其主要来源。
6. 土壤污染的类型是什么？各有何特点？
7. 试述重金属和化学农药各自在土壤中迁移转化的特点。
8. 土壤中常用的农用物质的安全标准包括哪些？它们对土壤污染防治有何作用？
9. 为什么说施用化肥是产生土壤污染的方式之一？怎样防止施肥对土壤的污染？
10. 论提出你对我国土壤环境保护和土壤污染防治的综合对策及看法。

第九章

土壤环境监测

第一节　土壤采样与制备

由于土壤的功能、组成、结构、特征以及土壤在环境生态中的特殊地位和作用，使得土壤污染很复杂。因此，防止土壤污染和及时进行土壤环境监测是当前环境监测中不可缺少的重要内容。

一、土壤样品的采集

当进行土壤环境监测时，合理地选择土壤采样单元和采样点，采集具有代表性的土壤样品并制备好土壤分析样品，是取得可靠监测分析数据的重要条件。

（一）土壤样品的采集

土壤由固、液、气三相组成，其主体是固体。污染物进入土壤后流动、迁移、混合都比较困难，因而污染土壤的均匀度较差。所以首先要根据监测目的进行调查研究，收集相关资料，在综合分析的基础上，合理选择土壤采样单元和布设采样点，确定监测项目和采样方法。土壤采样点的选择是采样的重要步骤，一般应事前到现场进行初步的环境调查工作，以掌握现场的基本情况，提出切实可行的布点方案。

1. 污染源调查　土壤监测中，为使所采集的样品具有代表性，监测结果能表征土壤客观情况，应把采样误差降到最低。在制定、实施监测方案前，必须对监测地区进行污染源调查。调查内容包括：该地区的自然条件，包括成土母质、地形、地貌、植被、水文和气候等；农业生产情况，包括土地利用、作物生长与产量情况，水利及肥料、农药使用情况等；该地区的土壤性状，如土壤类型、层次特征、分布及农业生产特性等；该地区污染历史及现状，通过水、气、农药、肥料等途径以及矿床的影响。

2. 采样点的布设　在上述的调查研究基础上，选择一定数量能代表被调查地区的地块作为采样单元（0.13～0.2 hm^2），并挑选一定面积的非污染区作为对照。在每个调查和对照采样单元中，布设一定数量的采样点。为了减少土壤空间分布不均一性的影响，在一个采样单元内，应在不同方位上进行多点采样，并且均匀混合成为具有代表性的土壤样品。

由于土壤污染的类型不同，其采样点也有区别。对于大气污染型土壤，选定采样点应根据工厂规模、污染源及废气排放情况、当地的主导风向及附近地形等具体条件，有目的地朝着一个方向或几个方向，以污染源为中心，按间距 50 m、100 m、250 m、500 m、1 000 m、2 000 m、3 000 m、4 000 m 和 5 000 m 设置采样点。采样点的数量和间距应以工作需要和实际条件确定，一般是靠近污染源的采样点间距小一些，远离污染源的采样点间距大一些。对于水型污染型土壤，采样点的选择应根据灌溉水渠的水流经路线和流经距离而定，如对水田则应在水田的进水口、田中间和出水口来设置采样点。至于既受大气污染又受水污染的混合型土壤污染，可按上述原则选择采样点。总之，采样点的布设既应尽量照顾到土壤的全面情况，又要视污染情况与监测目的而定。

图 9-1 是几种常用的采样布点方法。对角线布点法适用于面积小、地势平坦的污水灌溉或受污染河水灌溉的田块。布点方法是由田块进水口向对角线引一斜线，将此对角线三等分，在每等分的中间设一采样点，即每一田块设 3 个采样点。根据调查目的、田块面积和地形等条件可做变动，多划分几个等分段，适当增加采样点。图中记号"+"即为采样点。梅花形布点法适用于面积较小、地势平坦、土壤较均匀的田块，中心点设在两对角线相交处，一般设 5～10 个采样点。棋盘式布点法适用于中等面积、地势平坦、地形完整开阔、但土壤较不均匀的田块，一般设 10 个以上采样点。蛇形布点法适用于面积较大、地势不很平坦、土壤不够均匀的田块，布设采样点数目较多。

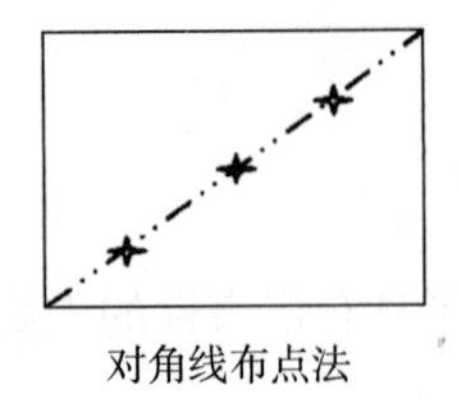
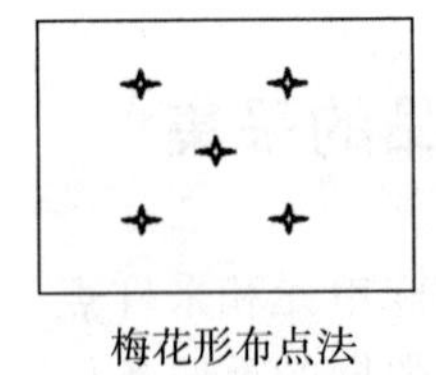
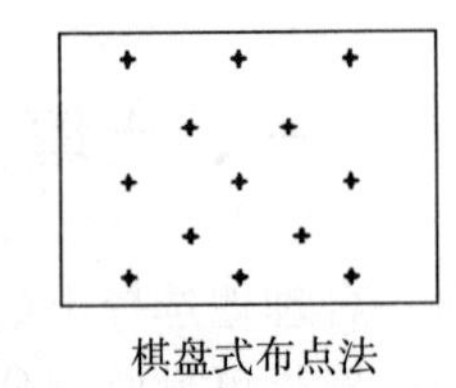
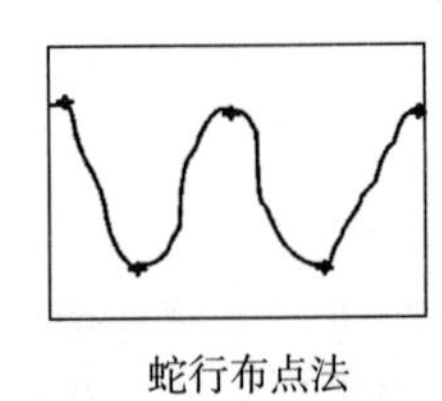

图 9-1 土壤采样布点示意图

为全面客观评价土壤污染情况，在布点的同时要做到与土壤生长作物监测同步进行布点、采样、监测，以利于对比和分析。

（二）土壤样品的类型、采样深度及采样量

1. 混合样品 如果只是一般了解土壤污染状况，对种植一般农作物的耕地，只需采集 0～20 cm 耕作层土壤；对于种植果林类农作物的耕地，采集 0～60 cm 耕作层土壤。将在一个采样单元内各采样分点采集的土样混合均匀制成混合样，组成混合样的分点数通常为 5～20 个。混合土壤样的量往往较大，需要用四分法弃取，最后留下 1～2 kg，装入样品袋。

（1）土钻取土 选好点后，除去地表面的杂草和杂物，然后把土钻垂直打入土中规定深度，先使土钻旋转 180°～360°，然后拔出，取下土样，装入牛皮纸袋或布袋，挂上注明取样地点和取样日期的标签。

（2）取土深度 禾本科作物，须根作物一般取 0～20 cm 土层土壤；果树、深根作物一般取 0～30 cm、30～60 cm 两层土壤。

（3）取土量 同一块地的各点取出的土壤混合成混合土样，总土量为 1 kg。要求每个点上所取出的土量相等。

2. 剖面样品 如果要了解土壤污染深度，则应按土壤剖面层次分层采样。土壤剖面指地面向下的垂直土体的切面。在垂直切面上可观察到与地面大致平行的若干层具有不同颜色、性状的土层。典型的自然土壤剖面分为 A 层（表层、腐殖质层、淋溶层）、B 层（淀积层）、C 层（风化母岩层、母质层）和基岩层（图 2-1）。采集土壤剖面样品时，首先需在特定采样地点挖掘一个 1 m×1.5 m 左右的长方形土坑，深度约在 2 m 以内，一般要求达到母质或潜水处即可。盐碱地的地下水位较高，应取样至地下水位层；山地土层薄，可取样至母岩风化层。根据土壤剖面的颜色、结构、质地、松紧度、温度、植物根系分布等划分土层，并

进行仔细观察，将剖面形态、特征自上而下逐一记录。采样之前，先用干净的取样小刀或小铲刮去坑壁表面1～5cm的土，随后在各层最典型的中部自下而上逐层用小土铲取土壤样，每个采样点的取样深度和取样量应一致。将同层次土壤混合均匀，各取1kg土样，分别装入样品袋。土壤剖面点位不得选在土类和母质交错分布的边缘地带或土壤剖面受破坏的地方，剖面的观察面要向阳。

土壤背景值调查也需要采集土壤剖面样品，在剖面各层次典型中心部位自下而上采样，但切忌混淆层次、混合采样。采用小铲或铁锹先将坑挖到要求深度之后，整理成垂直状，然后用非金属木片或竹片将垂直坑壁表面层刮去，再从上而下切取厚度为5～10cm的均匀整齐的一块土壤，装入牛皮纸袋或布袋，并挂上标签。

(三) 采样时间和频率

采样时间应根据采样的目的和污染特点而定。为了解土壤污染状况，可随时采集样品进行测定。如果测定土壤的物理性质或化学性质，可以不考虑季节的变化。如果调查土壤对植物生长的影响，应在植物的不同生长期和收获期均采集土壤和植物样品。如果调查大气污染型土壤，至少每年取样一次。如调查水体污染型土壤，可在灌溉前和灌溉后分别取样测定。如果观察农药污染，可在用药前及植物生长的不同阶段或者作物收获期与植物样品同时采样测定。如需同时掌握在土壤上生长的作物受污染的状况，可在季节变化或作物收获期采集。《农田土壤环境监测技术规范》规定，一般土壤在农作物收获期采样测定，必测项目每年测定1次，其他项目3～5年测定1次。

(四) 采样注意事项

采样点不能选在田边、沟边、路边或堆肥旁。采样同时，填写土壤样品标签、采样记录、样品登记表。土壤标签（图9-2）一式两份，一份放入样品袋内，一份扎在袋口，并于采样结束时在现场逐项逐个检查。同时把有关该采样点的详细情况另做记录。

土壤样品标签	
样品标号	业务代表
样品名称	
土壤类型	
监测项目	
采样地点	
采样深度	
采样人	采样时间

图9-2　土壤样品标签

测定重金属的样品，尽量用竹铲、竹片直接采集样品，或用铁铲、土钻挖掘后，用竹片刮去与金属采样接触的部分，再用竹铲或竹片采集土样。

二、土壤样品的制备与管理

(一) 土壤样品制备

将采集的土壤样品核对无误后，进行分类装箱，运往实验室加工处理。在运输途中要防止样品的损失、混淆和玷污，应该有专人押运，按时送至实验室。样品加工又称为样品制备，其处理程序是：风干、磨细、过筛、混合、分装，制成满足分析要求的土壤样品。加工处理的目的是：除去非土部分，使测定结果能代表土壤本身的组成；有利于样品较长时期保存，防止发霉、变质；通过研磨、混匀，使分析时称取的样品具有较高的代表性。加工处理工作应向阳（勿使阳光直射土样）、通风、整洁、无扬尘、无挥发性化学物质的房间内进行。

1. 样品风干 除了测定游离挥发酚、硫化物、铵态氮、硝态氮、氰化物等不稳定组分需要新鲜土样外，多数项目均需经土壤样品风干后才能测定，风干后的样品容易混合均匀，分析结果的重复性和准确性都比较好。从野外采集的土壤样品运到实验室后，为避免受微生物的作用引起发霉变质，应立即将全部样品倒在洗刷干净、干燥的塑料薄膜上或瓷盘内自然风干。将土壤样品摊成约 2 cm 厚的薄层，用玻璃棒间断地压碎、翻动，使其均匀风干。在风干过程中，拣出碎石、砂砾及植物残体等杂质。

2. 磨碎与过筛 如果进行土壤颗粒分析及物理性质测定等物理分析，取风干样品 100～200 g 于有机玻璃板上用木棒、木碾再次压碎，经反复处理使其全部通过 2 mm 孔径（10 目）的筛子，混匀后储存于广口玻璃瓶内。如果进行化学分析，土壤颗粒细度影响测定结果的准确性，即使对于一个混合均匀的土样，由于土粒大小不同，其化学成分及其含量也有差异，应根据分析项目的要求处理成适宜大小的颗粒。一般处理方法是：将风干样置于有机玻璃板或木板上用锤、碾、棒压碎，并除去碎石、砂砾及植物残体后，用四分法分取所需土样量，使其全部通过 1 mm 或 0.84 mm 孔径（20 目）尼龙筛。过筛后的土样全部置于聚乙烯薄膜上，充分混匀，用四分法分成两份，一份交样品库存放，可用于土壤 pH、土壤代换量等项目测定用；另一份继续用四分法缩减分成两份，一份备用，一份研磨至全部通过 0.149 mm 孔径（100 目）或 0.25 mm 孔径（60 目）尼龙筛，充分混合均匀后备用。通过 0.149 mm 孔径（100 目）筛的土壤样品用于元素分析；通过 0.25 mm 孔径（60 目）筛的土壤样品用于农药等项目的测定。样品装入样品瓶或样品袋后，及时填写标签，一式两份，瓶内或袋内 1 份，外贴 1 份。

（二）样品管理

土壤样品管理包括土样加工处理、分装、分发过程中的管理和样品入库保存管理。土壤样品在加工过程中处于从一个环节到另一个环节的流动状态中，为防止遗失和信息传递失误，必须建立严格的管理制度和岗位责任制，按照规定的方法和程序工作，认真按要求做好各项记录。对需要保存的土壤样品，要依据欲分析组分性质选择保存方法。风干土样存放于干燥、通风、无阳光直射、无污染的样品库内，保存期通常为半年至 1 年。如分析测定工作全部结束，检查无误后，无需保留时可弃去。在保存期内，应定期检查样品储存情况，防止霉变、鼠害和标签脱落等。用于测定挥发性和不稳定组分的新鲜土壤样品，应放在玻璃瓶中，置于低于 4℃的冰箱内存放，可保存半个月。

三、土壤污染监测项目及样品的预处理

（一）土壤污染监测项目

土壤监测必须与水体、大气和生物监测结合起来才能全面客观地反映实际情况。确定土壤优先监测指标的依据是国际学术联合会环境问题委员会（SCOPE）提出的“世界环境监

测系统”草案。土壤中优先监测物有以下两类。

①汞、铅、镉、滴滴涕（DDT）及其代谢产物与分解产物、多氯联苯（PCB）。

②石油产品、滴滴涕以外的长效有机氯、甲氯化碳、醋酸衍生物、氯化脂肪族、砷、锌、硒、铬、镍、锰、钒、有机磷化合物及其他活性物质（抗菌素、激素、致畸性物质和诱变物质）等。

我国常规监测项目中，金属化合物有铬、铜、铅、镉、汞、锌和镍；非金属无机化合物有砷、氰化物、氟化物和硫化物等；有机化合物有苯并（a）芘、三氯乙醛、油类、挥发酚、滴滴涕和六六六等。

土壤样品分解与测定方法尽量参考和采用国家标准方法。

（二）土壤样品预处理

在土壤样品的监测分析中，根据分析项目的不同，首先要经过样品的预处理，然后才能进行待测组分含量的测定。

1. 土壤样品分解方法　土壤样品分解方法有：酸分解法、碱熔分解法、高压釜分解法、微波炉分解法等。分解法的作用是破坏土壤的矿物晶格和有机质，使待测元素进入试样溶液中。

（1）酸分解法　酸分解法也称为消解法，是测定土壤中重金属常选用的方法。它是将土壤样品与一种或两种以上的强酸（如硫酸、硝酸和高氯酸等）共同加热浓缩至一定体积，使有机物分解成二氧化碳和水而被除去。为了加快氧化速度，可加入过氧化氢、高锰酸钾和五氧化二钒等氧化剂和催化剂。常用的消解方法有以下几种。

①王水（盐酸-硝酸）消解：王水为 1 体积硝酸和 3 体积盐酸的混合物，可用于消解测定铜、锌、铅等组分的土壤样品。

②硝酸-硫酸消解：由于硝酸氧化能力强而沸点低，硫酸具有氧化性且沸点高，因此，二者混合使用，既可利用硝酸的氧化能力，又可提高消解温度，消解效果较好。常用的硫酸与硝酸的比例为 2∶5。消化时先将土壤样品润湿，然后加硝酸于样品中，加热蒸发至较少体积时，再加硫酸加热至冒白烟，使溶液变成无色透明清亮。冷却后，用蒸馏水稀释，若有残渣，需进行过滤或加热溶解。必须注意的是，在加热溶解时，开始低温，然后逐渐高温，以免因迸溅引起损失。

③硝酸-高氯酸消解：硝酸-高氯酸消解适用于含难氧化有机物的样品处理，是破坏有机物的有效方法。在消解过程中，硝酸和高氯酸分别被还原为氮氧化物和氯气（或氯化氢）自样液中逸出。由于高氯酸能与有机物中的羟基生成不稳定的高氯酸酯，有爆炸危险，因此，操作时，先加硝酸将醇类中的羟基氧化，冷却后在有一定量硝酸的情况下加高氯酸处理，切忌将高氯酸蒸干，因无水高氯酸会爆炸。样品消解时必须在通风橱内进行，而且应定期清洗通风橱，避免因长期使用高氯酸引起爆炸。

④硫酸-磷酸消解：这两种酸的沸点都较高，硫酸具有氧化性，磷酸具有配合性，能消除铁等离子的干扰。

⑤盐酸-硝酸-氢氟酸-高氯酸分解：取适量风干土样于聚四氟乙烯坩埚中，用水润湿，加适量浓盐酸，于电热板上低温加热。蒸发至约剩 5 mL 时加入适量浓硝酸，继续加热至近黏稠状，再加入适量氢氟酸并继续加热。为了达到良好的除硅效果，应不断摇动坩埚。最后，加入少量高氯酸并加热至白烟冒尽。对于含有机质较多的土样，在加入高氯酸之后加盖

消解。分解好的样品应呈白色或淡黄色（含铁较高的土壤），倾斜坩埚时呈不流动的黏稠状。用水冲洗坩埚内壁及盖，温热溶解残渣，冷却后定容至要求体积（根据待测组分的含量确定）。这种消解体系能彻底破坏土壤晶格，但在消解过程中，要控制好温度和时间。如果温度过高，消解试样时间短及将试样蒸干涸，会导致测定结果偏低。

表 9-1 为土壤样品某些金属、非金属的消解方法。应注意的是，在土壤样品进行多酸消解时，消解酸的用量及加入酸的顺序非常重要。

表 9-1 土壤样品某些金属和非金属组分的消解方法

元素	消化方法	元素	消化方法
Cd、Cu、Zn、Pb	$HCl-HNO_3-HF-HClO_4$	Hg	$H_2SO_4-KMnO_4$
	$HNO_3-HF-HClO_4$		$HNO_3-H_2SO_4-V_2O_5$
Cr	$HNO_3-H_2SO_4-H_3PO_4$	As	$HNO_3-H_2SO_4$

（2）碱熔分解法 碱熔分解法是将土壤样品与碱混合，在高温下熔融，使样品分解的方法。所用器皿有铝坩埚、磁坩埚、镍坩埚和铂金坩埚等。常用的熔剂有碳酸钠、氢氧化钠、过氧化钠和偏硼酸锂等。其操作要点是：称取适量土样于坩埚中，加入适量熔剂（用碳酸钠熔融时应先在坩埚底垫上少量碳酸钠或氢氧化钠），充分混匀，移入马福炉中高温熔融。熔融温度和时间视所用熔剂而定，用碳酸钠时于 900～920 ℃熔融 30 min，用过氧化钠时于 650～700 ℃熔融 20～30 min。熔融好的土样冷却至 60～80 ℃后，移入烧杯中，于电热板上加水和 1∶1 盐酸加热浸提和中和、酸化熔融物，待大量盐类溶解后，滤去不溶物，滤液定容，供分析测定。

碱熔法具有分解样品完全、操作简便、快速且不产生大量酸蒸气的特点，但由于使用试剂量大，引入了大量可溶性盐，也易引进污染物质。另外，有些重金属（如镉和铬等）在高温下易挥发损失。

（3）高压釜密闭分解法 此法先用水润湿土样，加入混合酸并摇匀后放入能严密密封的聚四氟乙烯坩埚内，置于耐压的不锈钢套筒中，放在烘箱内加热（一般不超过 180 ℃）分解。高压釜密闭分解法具有用酸量少、易挥发元素损失少、可同时进行批量试样分解等特点。其缺点是：看不到分解反应过程，只能在冷却开封后才能判断试样分解是否完全；分解试样量一般不能超过 1.0 g，使测定含量极低的元素时称样量受到限制。分解含有机质较多的土壤时，特别是在使用高氯酸的场合下，有发生爆炸的危险，可先在 80～90 ℃将有机物充分分解。

（4）微波炉加热分解法 该方法是利用微波消化处理系统进行样本消化，将土壤样品和混合酸放入聚四氟乙烯容器中，置于微波炉内加热使试样分解的方法。由于微波炉加热不是利用热传导方式使土壤从外部受热分解，而是以土样与酸的混合液作为发热体，是用微波能来加热样品，水和其他极性液体等化合物迅速地吸收微波能量，因仪器内放有液体或离子溶液（通常是酸），而微波能穿透容器内的样品，迅速受热和升压，所以样品在短时间内能完成消化，由于热量几乎不向外部传导损失，所以热效率非常高，并且利用微波炉能激烈搅拌和充分混匀土样，使其加速分解。将样品置于密封容器中加压快速消化，样品处理时间为 10 min 至数十分钟，即可达到完全消化溶解之状态，每次可同时处理 12 个样品。

2. 净化与浓缩 土壤样品中的待测组分被提取后，往往还存在干扰组分，或达不到分析方法测定要求的浓度，需要进一步净化或浓缩。常用净化方法有层析法和蒸馏法等；浓缩方法有 KD 浓缩器法和蒸发法等。土壤样品中的氰化物、硫化物常用蒸馏-碱溶液吸收法分离。

（三）测定试液制备

土壤水浸提液可用于土壤中水溶解组分的测定，如 pH、CO_3^{2-}、总碱度、Ca^{2+}、Mg^{2+} 及可溶性有机物质。定期测定水浸提液可以掌握土壤 pH、含盐量和碱度等动态，以判别土壤质量对农作物的适应情况及危害。

水浸提液的制备方法：称取土样 50 g，放入干燥的 500 mL 具塞锥形瓶中，用量筒准确加入无 CO_2 的蒸馏水 250 mL，加塞，振荡 3 min。选用适当过滤器过滤，滤液摇匀备用。可进行 pH、CO_3^{2-}、总碱度、Ca^{2+} 和 Mg^{2+} 等项目的测定。

第二节　土壤重金属监测方法

一、样品分析质量控制

测定样品中精密度可用平行样控制，允许的最大相对偏差见表 9-2。测定中的准确度可用中国土壤标样（如 GSS 系列）进行控制，其测定范围一般控制在 $X \pm S$ 内，不超过 $X \pm 2S$。

表 9-2　平行双样允许最大相对偏差的控制

元素质量范围（mg/kg）	允许最大相对偏差（%）
＞100	5
100～10	10
10～1	20
1～0.1	25
＜0.1	30

二、土壤中铅和镉的监测方法

铅和镉都是动植物非必需的有毒有害元素，可在土壤中蓄积，并通过食物链进入人体。土壤样品中铅和镉的常用测定方法有原子吸收分光光度法和原子荧光光谱法。

（一）原子吸收分光光度法

原子吸收分光光度法具有灵敏度高、选择性好、操作简便和快速的特点，是测定土壤重金属元素的主要方法之一。

1. 方法原理　样品导入原子化器后，形成的原子对特征电磁辐射产生吸收，将测得的样品吸光度和标准溶液的吸光度进行比较，即可得样品中被测元素的浓度。测定土壤中铅和镉的总量，可将土样消化后进行。铅和镉含量低时可用碘化钾-甲基异丁基酮萃取富集分离后测定，可以排除背景和基体效应的干扰。铅和镉含量较低时可用石墨炉无火焰法测定；含量较高时，可不经萃取，直接将消化液喷入空气-乙炔火焰中进行测定。

2. 主要仪器和试剂

（1）主要仪器　主要仪器包括原子吸收分光光度计和石墨炉无火焰装置、铅和镉元素空心阴极灯。仪器使用适宜条件可参照仪器说明书。

（2）主要试剂　主要试剂包括：

①氢氟酸（HF）、硝酸（HNO_3）、盐酸（HCl）、高氯酸（$HClO_4$）。

②碘化钾溶液。

③抗坏血酸。

④甲基异丁基酮（MIBK）。

⑤铅标准储备液：称取 1.000 g 金属铅（含 Pb99.99%），溶于 HNO_3（6 mol/L），用水稀释至 1 L，溶液中的 HNO_3 为 0.5 mol/L，Pb 含量为 1 000 μg/mL。

⑥镉标准储备液：准确称取 1.000 0 g 金属镉（含 Cd 99.99%），加入少量稀 HNO_3（6 mol/L）溶解，在水浴上蒸干后，加 5 mL 1 mol/L HCl，再蒸干，加 HCl 和 H_2O 溶解残渣，用水稀至 1 000 mL，控制此溶液酸度为 0.5 mol/L，此溶液含 Cd 1 000 μg/mL。分析中使用的酸和标准物质均为符合国家标准或专业标准的优级纯试剂，其他为分析纯试剂，水为去离子水。

3. 测定方法

（1）标准曲线的制作

①火焰法：用逐级稀释法配制成含 Cd 10.00 μg/mL 的标准液，再配制成含 Cd 0.00 μg/mL、0.10 μg/mL、0.20 μg/mL、0.30 μg/mL、0.40 μg/mL、0.50 μg/mL 和 1.00 μg/mL 的标准系列。用逐级稀释法稀释 Pb 标准储备液至 50.0 μg/mL 溶液，再配制成含 Pb 为 0.00 μg/mL、0.50 μg/mL、1.00 μg/mL、1.50 μg/mL、2.00 μg/mL 和 2.50 μg/mL 的标准系列，酸度为 0.5 mol/L HCl。

②石墨炉无火焰法：Cd 的标准系列可配成 0.0 μg/L、2.0 μg/L、4.0 μg/L、6.0 μg/L、8.0 μg/L、10.0 μg/L、12.0 μg/L、16.0 μg/L、20.0 μg/L，Pb 的标准系列可配制成 0.00 μg/mL、5.00 μg/mL、10.0 μg/mL、20.0 μg/mL、50.0 μg/mL、100 μg/mL、200 μg/mL，酸度为 0.2 mol/L HCl。分别吸取标准系列溶液 5.00 mL 于 25 mL 具塞试管中，加 4 mL 水，加 2 mL 1 mol/L HCl，加 0.2 g 抗坏血酸，摇溶，再加 4 mL 饱和碘化钾溶液。激烈振荡0.5 min后，准确加入 5.00 mL 甲基异丁基酮萃取，激烈振荡 1 min，静置分层后测定有机相。

（2）土壤样品的消化　称取经 105～110 ℃烘干，过 0.149 mm 孔径（100 目）以上筛孔的土样 0.5～1 g（精确至 0.000 1 g）于 30 mL 聚四氟乙烯坩埚内，加几滴去离子水湿润，加 10 mL HF，加 5 mL 1∶1 $HClO_4$ - HNO_3 混合液，加盖低温消化（100 ℃以下）1 h 后，去盖，升高温度（低于 250 ℃）继续消化至 $HClO_4$ 大量冒烟。再加 5 mL HF 和 5 mL 1∶1 $HClO_4$ - HNO_3 混合液，消化至 $HClO_4$ 冒浓厚白烟时，加盖，使黑色有机碳化物充分分解。待坩埚上的黑色有机物消失后，开盖驱赶白烟到近干，加 5 mL HNO_3 消化至白烟基本冒尽，且内容物呈干裂状，取下趁热加 5 mL 2 mol/L HCl，加热溶解残渣（不能冒烟）。然后转移到 25 mL 容量瓶中，用去离子水定容。摇匀待测。同时做两份试剂空白。

（3）样品的测定　含量高的样品可用火焰法直接测土样消化液，含量低时可用石墨炉法测定。取适量消化液（5～10 mL）按标准曲线萃取法，与标准曲线同时测定，按照仪器性能可以直接测元素浓度或测定吸光度，然后在相应标准曲线上查得元素含量。

$$c = \frac{c_1 \times V \times t_s}{m}$$

式中，c 为土壤铅或镉的含量（μg/g）；c_1 为测得的铅或镉的浓度（μg/mL）；V 为测定时定容体积（mL）；t_s 为分取倍数；m 为样品质量（g）。

4. 注意事项　若萃取液中铅和镉含量超出标准曲线范围时，不可用甲基异丁基酮稀释测定，而应减少消化液的量，重新萃取，否则将带来较大的误差。

高氯酸的纯度对空白值影响很大，直接关系到结果的准确度，因此在消化时所加入的高氯酸的量应保持一致，并尽可能地少加，以便降低空白值。

消化时应尽可能将高氯酸白烟驱尽，否则加入碘化钾时会产生大量高氯酸钾的沉淀，但少量沉淀并不影响测定。

（二）氢化物-原子荧光光谱法

将土样用盐酸-硝酸-氢氟酸-高氯酸体系消解，彻底破坏矿物晶格和有机质，使土样中的待测元素全部进入试液。消解后的样品试液经转移稀释后，在酸性介质中及有氧化剂或催化剂存的条件下，样品中的铅或镉与硼氢化钾（KBH_4）反应，生成挥发性铅的氢化物（PbH_4）或镉的氢化物（CdH_4）。以氩气为载气，将产生的氢化物导入原子荧光光谱仪的石英原子化器，在室温（用于测铅）或低温（用于测镉）下进行原子化，产生的基态铅原子或基态镉原子在特制铅空心阴极灯或镉空心阴极灯发射特征光的照射下，被激发至高能态，由于激发态的原子不稳定，瞬间返回基态，发射出特征波长的荧光，其荧光强度与铅或镉的含量呈正比，通过将测得的试样溶液荧光强度与标准系列溶液荧光强度比较进行定量。铅和镉测定中所用催化剂和消除干扰的试剂不同，需要分别取土样消解溶液测定。它们的检出限可达到：铅 1.8×10^{-9} g/mL，镉 8.0×10^{-12} g/mL

三、土壤中铜和锌的监测方法

铜和锌是植物、动物和人体必需的微量元素，但当其在土壤中的含量超过最高允许浓度时，将会危害作物。一般采用火焰原子吸收分光光度法测定土壤中的铜、锌含量。

（一）方法原理

采用硝酸-氢氟酸-高氯酸全分解的方法，彻底破坏土壤的矿物晶格，使试样中的待测元素全部进入试液中。然后，将土壤消解液喷入空气-乙炔火焰中。在火焰的高温下，铜、锌化合物离解为基态原子，该基态原子蒸气对相应的空心阴极灯发射的特征谱线产生选择性吸收。在选择的最佳测定条件下，测定铜、锌的吸光度。

（二）主要仪器和试剂

1. 仪器　所用仪器为原子吸收分光光度计和铜和锌元素空心阴极灯。仪器使用适宜条件可参照仪器说明书。

2. 主要试剂　分析中使用的酸和标准物质均为符合国家标准或专业标准的优级纯试剂，其他为分析纯试剂和去离子水。

①氢氟酸、浓硝酸、浓盐酸和高氯酸。

②铜标准储备液：称取 1.000 0g 金属铜（含 Cu 99.99%），加入 20mL 1∶1 HNO_3 溶解，在水浴上温热。待完全溶解后，用水稀释至 1L，溶液中 Cu 含量为 1 000μg/mL。

③锌标准储备液：称取 1.000 0g 金属锌（含 Zn 99.99%），用 20mL 1∶1 HNO_3 溶解，用水稀释至 1L，溶液中 Zn 含量为 1 000μg/mL。

（三）测定方法

1. 制作标准曲线 用逐级稀释法稀释铜标准储备液至含 Cu 为 50.0 μg/mL 的标准溶液，再配制成含 Cu 为 0.00 μg/mL、0.50 μg/mL、1.00 μg/mL、1.50 μg/mL、2.00 μg/mL、2.50 μg/mL 的标准系列。用逐级稀释法配制含 Zn 为 10.0 μg/mL 的标准溶液，再配制成含 Zn 为 0.00 μg/mL、0.50 μg/mL、1.00 μg/mL、1.50 μg/mL、2.00 μg/mL 的标准系列，酸度为 0.5 mol/L HCl。

2. 土壤样品的消化 具体操作参考土壤铅和镉测定方法中土壤样品的消化处理。

3. 样品的测定 将土样消化液与标准曲线同时测定，按照仪器性能可以直接测元素浓度或先测定吸光度，然后在相应标准曲线上查得元素含量。

$$c=\frac{c_1\times V\times t_s}{m}$$

式中，c 为土壤铜或锌的含量（μg/g）；c_1 为测得的铜或锌的浓度（μg/mL）；V 为测定时定容体积（mL）；t_s 为分取倍数；m 为样品质量（g）。

（四）注意事项

锌是一个较易污染的元素，在测定中要注意。HF 溶解的样品在转移定容后，应立即倒回坩埚中或塑料瓶中，否则测定结果会偏高。

四、土壤中总铬的监测方法

由于各类土壤成土母质不同，铬的含量差别很大。土壤中铬的背景值一般为 20～200 mg/kg。铬在土壤中主要以三价和六价两种形态存在，其存在形态和含量决定于土壤 pH 和污染程度等。六价铬化合物迁移能力强，其毒性和危害大于三价铬。三价铬和六价铬可以相互转化。测定土壤中铬的方法主要有火焰原子吸收分光光度法、分光光度法、等离子发射光谱法等。

（一）火焰原子吸收分光光度法

1. 方法原理 采用硝酸-氢氟酸-高氯酸混合酸体系消解土壤样品，使待测元素全部进入试液，同时，所有铬都被氧化成 $Cr_2O_7^{2-}$ 形态。在消解液中加入氯化铵溶液（消除共存金属离子的干扰）后定容。将消解液喷入原子吸收分光光度计原子化器的富燃性空气-乙炔火焰中进行原子化，产生的铬基态原子蒸气对铬空心阴极灯发射的特征波长光进行选择性吸收，测其吸光度。按照表 9-3 所列仪器测量条件测定，当称取 0.5 g 土样消解定容至 50 mL，其检出限为 5 mg/kg。

表 9-3 仪器测量条件

项 目	条 件
元素	Cr
测定波长（nm）	357.9
通带宽度（nm）	0.7
火焰性质	还原性
次灵敏线（nm）	359.0；360.5；425.4
燃烧器高度	10 mm（使空心阴极灯光斑通过火焰亮蓝色部分）

2. 主要仪器试剂

（1）主要仪器　主要仪器为原子吸收分光光度计及石墨炉无火焰装置，铬元素空心阴极灯。仪器使用适宜条件可参照仪器说明书。

（2）主要试剂　主要试剂包括下述几种。

①氢氟酸、浓硝酸、高氯酸。

②铬标准储存液：称取1.000 0g金属铬（含Cr 99.99%）溶于少量HCl，用水稀释至1L。HCl酸度为0.5mol/L，此溶液中Cr含量为1 000μg/mL。

分析中使用的酸和标准物质均为符合国家标准或专业标准的优级纯试剂，其他为分析纯试剂，水为去离子水。

3. 测定方法

（1）标准曲线制作　用逐级稀释法稀释标准储存液，使之标准系列分别为1.00μg/mL、3.00μg/mL、5.00μg/mL和10.0μg/mL，酸度为0.5mol/L HCl。

（2）土样消化　称取经105～110℃烘干，过0.149mm孔径（100目）以上筛孔的土样0.5～1g（精确至0.000 1g）于30mL聚四氟乙烯坩埚内，加几滴去离子水湿润，加10mL HF，加5mL 1∶1 $HClO_4$-HNO_3混合液。加盖，低温消化（100℃以下）1h后，去盖，升高温度（低于250℃）继续消化至$HClO_4$大量冒烟。再加5mL HF和5mL 1∶1 $HClO_4$-HNO_3混合液，消化至$HClO_4$冒浓厚白烟时，加盖，使黑色有机碳化物充分分解。待坩埚上的黑色有机物消失后，开盖驱赶白烟到近干，加5mL HNO_3消化至白烟基本冒尽且内容物呈干裂状，取下趁热加5mL 2mol/L HCl，加热溶解残渣（不能冒烟）。然后转移到25mL容量瓶中，用去离子水定容。摇匀待测。同时做两份试剂空白。

（3）样品测定　将标准液与待测液按仪器的测定条件直接测定浓度或吸光度。

$$c=\frac{c_1\times V\times t_s}{m}$$

式中，c为土壤铬含量（μg/g）；c_1为测得的铬的浓度（μg/mL）；V为测定时定容体积（mL）；t_s为分取倍数；m为样品质量（g）。

4. 注意事项　铬是易形成耐高温氧化物的元素，其原子化效率受火焰状态和燃烧器高度的影响较大，需使用富燃烧性（还原性）火焰，观测高度以10mm处最佳。

加入氯化铵（待测液中含0.01g/mL）可以抑制铁、钴、镍、钒、铝、镁和铅等元素共存离子的干扰。

铬的消解中，铬与高氯酸或盐酸单独作用时，不会形成氯化铬酰（CrO_2Cl_2）。但用$HClO_4$分解而又存在氯化物时，铬会形成二氯二氧化铬（或氯化铬酰CrO_2Cl_2）而损失，因此在铬的消解中，不能用HCl-HNO_3-HF-$HClO_4$消解。可用本法、HF-H_2SO_4-HNO_3或碱熔法。

（二）二苯碳酰二肼分光光度法

以二苯碳酰二阱吸光光度法测定铬含量，需将低价态铬氧化至高价态铬，目前使用的有高锰酸钾氧化法和过硫酸盐氧化法。常用的消解方法有H_2SO_4-H_3PO_4法、HNO_3-H_2SO_4-H_3PO_4法以及HNO_3-H_2SO_4等湿法消解法。土壤样品经HNO_3-H_2SO_4混合酸消解，然后在Mn（Ⅱ）存在下，以Ag^+为催化剂，用过硫酸铵溶液（200g/L）氧化低价态铬至高价态，再以叠氮化钠或尿素-亚硝酸钠溶液分解剩余的过硫酸铵。

消解、氧化之后，以浓氨水调节酸度，使铁、铝、铜和锌等多种干扰离子形成沉淀，而铬在溶液中与二苯碳酰二阱反应生成红色络合物，最后在 540 nm 处测量吸光度。

1. 样品预处理

（1）消解　准确称取 0.500 g 风干土样于 100 mL 高型烧杯中，加少许水润湿，再加 4 mL硫酸、1 mL 浓硝酸，盖上表面皿，放在电炉或电热板上加热至冒白烟。如果消解液呈灰色，可取下烧杯稍冷后，滴加硝酸，再加热至冒大量白烟，土样变白为止。

（2）氧化还原　用水冲洗表面皿和烧杯壁至溶液为 40 mL 左右，加 1 mL 硝酸银溶液（5 g/L）和 5 mL 过硫酸铵溶液（200 g/L）。加数粒玻璃珠，置电热板上加热煮沸 5 min。如果溶液不呈紫红色，可再加过硫酸铵，继续煮沸 5 min，并保持溶液呈紫红色。向烧杯中滴加叠氮化钠溶液（5 g/L）至紫红色退去，取下烧杯在冷水浴中冷却。

（3）沉淀分离　向冷却后的溶液中滴加浓氨水至黄棕色出现，再过量加 0.5 mL。然后将溶液转移至 200 mL 容量瓶中，充分洗涤烧杯，洗液并入容量瓶，用蒸馏水稀释至刻度。充分摇匀，取出 50.0 mL 溶液于离心管中，以 2 000 r/min 以上的速度离心 5 min（也可静置至上清液清亮）。

2. 制作标准曲线　分别吸取铬标准溶液（10 μg/mL）0.00 mL、1.00 mL、2.00 mL、4.00 mL、8.00 mL 和 10.00 mL 于 25 mL 比色管中，加 1 mL 5 mol/L 硫酸，加水至刻度，摇匀。分别加 1 mL 二苯碳酰二阱溶液（2.5 g/L），立即摇匀。10～15 min 后用 3 cm 比色皿于 540 nm 波长处测量吸光度，绘制标准曲线。

3. 样品测定　准确吸取 20.00 mL 试样清液于 25 mL 比色管中，加 1 mL 5 mol/L 硫酸，加水至刻度，摇匀。以下操作同标准曲线。

4. 计算　按下式计算铬的含量。

$$c = \frac{m_1 \times V_{总}}{V \times m}$$

式中，c 为铬的质量分数（μg/g）；m_1 为从标准曲线上查得铬的质量（μg）；$V_{总}$ 为试样定容体积（mL）；V 为测定时分取试样体积（mL）；m 为试样质量（g）。

五、土壤中镍的监测方法

土壤中少量镍对植物生长有益，镍也是人体必需的微量元素之一，但当土壤中镍蓄积超过允许量后，会使植物中毒。某些镍的化合物有毒，例如，羟基镍毒性很大，是一种强致癌物质。

（一）方法原理

采用硝酸-氢氟酸-高氯酸全分解的方法，彻底破坏土壤的矿物晶格，使试样中的待测元素全部进入试液。然后，将土壤消解液喷入空气-乙炔火焰中。在火焰的高温下，镍化合物离解为基态原子，基态原子蒸气对镍空心阴极灯发射的特征谱线 232.0 nm 产生选择性吸收。在选择的最佳测定条件下，测定镍的吸光度。

（二）主要仪器和试剂

1. 主要仪器　主要仪器为原子吸收分光光度计及石墨炉无火焰装置；镍元素空心阴极灯。仪器使用适宜条件可参照仪器说明书。

2. 主要试剂　主要试剂包括以下几种：

①浓硝酸、盐酸、高氯酸和氢氟酸。

②镍标准储备液：称取 1.000 g 高纯（含 Ni 量为 99.99%）金属镍，用少量 HNO_3 溶解，在水浴上蒸发至干。加 5 mL HCl 再次蒸干。用 HCl 和去离子水溶解残渣，定容至 1 L，最终 HCl 浓度为 0.5 mol/L。此溶液 Ni 含量为 1 000 μg/mL。

分析中使用的酸和标准物质均为符合国家标准或专业标准的优级纯试剂，其他为分析纯试剂，水为去离子水。

（三）测定方法

1. 标准曲线制作　用逐级稀释法配制标准曲线系列为含 Ni：0.00 μg/mL、0.50 μg/mL、1.00 μg/mL、1.50 μg/mL、2.00 μg/mL、3.00 μg/mL。

2. 土样的前处理　具体操作参考土壤铅和镉测定方法中的土样前处理。

3. 测定　在给定的仪器工作条件下，同时测定标准液和待测液，测出土样的镍含量。

$$c=\frac{c_1\times V\times t_s}{m}$$

式中，c 为土壤镍含量（μg/g）；c_1 为测得的镍的浓度（μg/mL）；V 为测定时定容体积（mL）；t_s 为分取倍数；m 为样品质量（g）。

（四）注意事项

①镍具有较复杂的光谱，测定时选用较小的狭缝宽度。

②232.0 nm 波长处于紫外区，盐类颗粒物、分子化合物产生的光散射和分子吸收比较严重，会影响测定，使用背景校正可以克服这类干扰。如浓度允许，亦可用试液稀释法来减少背景干扰。

六、土壤中总汞的监测方法

天然土壤中汞的含量很低，一般为 0.1～1.5 mg/kg，其存在形态有金属汞、无机化合态汞和有机化合态汞，其中挥发性强、溶解度大的汞化合物易被植物吸收，如氯化甲基汞、氯化汞等。汞及其化合物一旦进入土壤，绝大部分被耕层土壤吸附固定。当积累量超过环境土壤质量标准最高允许浓度时，生长在这种土壤上的农作物果实中汞残留量就可能超过食用标准。测定土壤总汞的方法主要有原子荧光光谱法、双硫腙比色法和冷原子吸收法，均能满足土壤测定要求。

（一）原子荧光光谱法

1. 方法原理　基态汞原子在波长 253.7 nm 紫外光激发而产生共振荧光，在一定条件下和浓度范围内，荧光强度与汞浓度成正比，样品经王水分解后，二价汞被还原剂硼氢化钾或氯化亚锡还原成单质汞，形成汞蒸汽，由载气（氩气）导入未加热的石英原子化器中，测量荧光峰值，可求得样品中汞的含量。

2. 主要仪器和试剂

（1）主要仪器　主要仪器包括原子荧光光谱仪、汞特种空心阴极灯。

（2）主要试剂　主要试剂包括下述几种。

①汞标准储备液：准确称取 0.135 4 g 优级纯氯化汞（$HgCl_2$）于烧杯中，用 5%硝酸-

0.5g/L 重铬酸钾溶液溶解，转入 1 升容量瓶中，并用 5%硝酸- 0.5g/L 重铬酸钾溶液定容，此溶液含 Hg 100μg/mL。

②高锰酸钾溶液：称取 10g 分析纯高锰酸钾溶解于 1 000mL 去离子水中。

③草酸溶液：称取 50g 分析纯草酸溶解于 5 000mL 去离子水中。

分析中使用的酸和标准物质均为符合国家标准或专业标准的优级纯试剂，其他为分析纯试剂，水为去离子水。

3. 测定方法

（1）标准曲线制作　用逐级稀释法稀释汞标准储备液至含汞 20.0μg/L 的标准液，用 5%硝酸- 0.5 g/L 重铬酸钾溶液稀释。吸取 0.00 mL、2.50 mL、5.00 mL、10.0 mL、15.0mL稀释汞标准液分别于 100mL 容量瓶中，用 5%硝酸- 0.5g/L 重铬酸钾溶液补足到 15mL，用 20% 王水稀释到刻度。标准液含汞分别为 0.00 μg/mL、0.50 μg/mL、1.00μg/mL、2.00μg/mL、3.00μg/L。在原子荧光光谱仪上测定荧光强度，以相对荧光强度为纵坐标，汞浓度为横坐标作曲线。

（2）土壤样品的消化　称取过 0.149mm 孔径筛的土样 0.1～0.5g（精确至 0.000 1g）于 25mL 刻度试管中，加少量水湿润，然后加入新配制的 1∶1 HCl - HNO_3 10mL，摇匀后置于沸水浴中消煮 1h，期间摇动一次，取下冷却至室温，加 1%高锰酸钾溶液 1mL，摇匀放置 20min，用草酸稀释至刻度定容，放置澄清。

（3）样品的测定　与标准曲线同时测定。

$$c = \frac{m \times V_t}{m_1 \times V}$$

式中，c 为土壤汞的含量（μg/g）；m 为由标准曲线上查得的相应含汞量（μg）；V_t 为消解液定容体积（mL）；V 为测定时所取的消化液体积（mL）；m_1 为样品质量（g）。

4. 注意事项

①玻璃对汞有吸附作用，因此反应瓶、容量瓶等玻璃器皿每次使用后都需用 10%硝酸溶液浸泡，随后用去离子水洗净备用。

②玻璃对汞吸附较强，因此，在配制稀汞标准溶液时，最好先在容量瓶中加进一定量 5%硝酸- 0.5g/L 重铬酸钾溶液，再加入汞储备液。

③高锰酸钾的作用是保护痕量汞，氧化部分有机质，更重要的是将溶液中的四价硒和碲氧化成六价，可大大降低对测定汞的干扰。草酸的作用是除去反应中生成的二氧化锰和过量的高锰酸钾。

④本法 Hg 的检出限为 0.05μg/L。

⑤土壤中总汞测定的国家标准方法（冷原子吸收分光光度法）可参阅（GB/T 17136—1997）。

（二）双硫腙比色法

土壤样品经硫酸-高锰酸钾湿热消化后，使汞变为二价汞，在酸性溶液中，汞与双硫腙生成橙色配合物，可用氯仿提取进行比色测定。干扰金属离子可控制 pH 和加掩蔽剂除去。

1. 试剂

①1∶100 硫酸溶液。

②5%高锰酸钾溶液，优级纯。

③10%盐酸羟胺溶液，需用双硫腙-氯仿溶液除杂质。

④5%EDTA 溶液，化学纯。

⑤36%乙酸溶液，化学纯。

⑥汞标准液：准确称取 0.135 3g 干燥二氯化汞（$HgCl_2$），溶于 1mol/L 硫酸溶液中，倾入 1L 容量瓶中，用 1mol/L 硫酸溶液稀释至刻度。此时 1.0mL 溶液相当于 100mg 汞。临用时用 1mol/L 硫酸溶液稀释至 1.0mL 相当于 1.0μg 汞。

⑦浓双硫腙储备液：称取 0.5g 双硫腙，溶于 100mL 氯仿中，滤去不溶物，放入分液漏斗内，用 1∶100 稀氨水每次 20mL 提取数次，此时双硫腙进入水层，合并水层。加入 1∶1 盐酸中和并使成酸性，此时双硫腙析出。加入氯仿 50mL 抽取 2～3 次，将氯仿层合并，并用滤纸过滤，放入棕色瓶中，保存于冰箱内备用。

⑧50%双硫腙氯仿溶液：将上述储备液用四氯化碳稀释，以四氯化碳为空白，在505nm 波长校正溶液透光率为 50%±0.5%，临时配用。

2. 操作步骤

（1）样品处理　将风干土通过 0.149～0.25mm 孔径（60～100 目）筛，准确称取 1.0g（含汞高时，土壤样品酌量减少），放在 150mL 有刻度三角烧瓶中，再倾入 10mL 1∶1 硫酸溶液、20mL 5%高锰酸钾溶液，充分摇匀。置沸水浴器孔中消化 1h（消化液温度为 75～80℃）。消化过程中每 5min 摇一次，使消化液和沉淀在三角烧瓶中的土壤充分作用。如高锰酸钾紫色退去，可补加 5%高锰酸钾 5～10mL，充分混合，对有机物质含量过高的土壤，可能补加多次，此时更应充分摇匀，直至在明显紫红色情况下消化 1h。取下放冷，滴加 10%盐酸羟胺溶液，边滴边摇，至紫红色和棕色刚退尽，再多加 1～2 滴。然后，过滤到 250mL 分液漏斗中，用 1∶100 硫酸溶液洗至 100mL，充分摇匀。

（2）样品分析　在上述分液漏斗中，加 2mL 10%盐酸羟胺溶液、2mL5% EDTA 溶液、2 滴 36%乙酸溶液，充分摇匀后，开口放置 0.5h。然后精确加入 10mL50%双硫腙氯仿溶液，振摇 1min，静置分层。氯仿层通过分液漏斗（颈部塞有棉花）过滤至 1cm 比色皿中，在 505nm 波长处以试剂空白为零点测量吸光度，从标准曲线中查出汞含量。

（3）标准曲线的绘制　取 250mL 分液漏斗数个，分别加入汞标准溶液 0.0mL、0.5mL、1.0mL、2.0mL、3.0mL 和 4.0mL，加入 10mL 1∶1 硫酸溶液、10mL 5%高锰酸钾溶液，滴加 10%盐酸羟胺还原到红色刚退尽，用 1∶100 硫酸补充至 100mL。以下操作同样品分析。根据标准汞浓度及吸光度绘制标准曲线。

3. 计算　依下述公式计算出汞含量。

汞含量（mg/kg）＝相当于标准微克数/样品质量（g）

4. 注意事项

①本法能消解出 90%以上乙酸苯汞、碱式硝酸苯汞、硫柳汞及西力生、富力隆等有机汞农药。

②最低检出量为 0.05mg/kg。

（三）冷原子吸收法

汞蒸气对波长 252.7nm 的紫外光具有最大吸收，在一定的汞浓度范围内，吸收值与汞蒸气的浓度成正比。

先将样品消化，使有机汞转化为二价汞，用氯化亚锡使汞还原，再用一定流量的无汞气体将样品中的汞蒸气吹入测汞仪而测量之。仪器灵敏度为 0.01mg/10mL。

1. 试剂

①浓硫酸。

②10%盐酸羟胺溶液。

③5%高锰酸钾溶液。

④30%氯化亚锡溶液：取 30g 化学纯氯化亚锡溶于 25mL 浓盐酸中，加热使之溶解，加水稀释至 100mL。加数粒锡粒。

⑤无水氯化钙，干燥用。

⑥汞标准溶液：1.0mL 相当于 0.10μg 汞（Hg^{2+}）。

2. 步骤

（1）样品处理　按双硫腙比色法的样品处理方法处理样品后，取 10mL 于试管中，加 0.25mL 浓硫酸、0.25mL 5%高锰酸钾溶液，摇匀，放置 10min。

（2）仪器调整　测量前首先开启仪器电源开关，预热 30min。将测汞仪量程旋钮放在“200”挡，检查全部管道，不得漏气，无水氯化钙一定要保持干燥。待仪器稳定后，将旋钮拨至“测量”和“校正”位置，使表针分别指向“0”和满刻度端，同时开动自动记录仪，并相应调节至“0”到满刻度。气体流量控制在 0.5L/min，反复调整稳定后开始测量。

（3）测量　处理过的样品先用 10%盐酸羟胺溶液使高锰酸钾的紫色退去，倒入汞蒸气发生管中（用冲击式空气采样瓶代替），接通气路橡皮管，加入 2mL 30%氯化亚锡溶液，迅速塞紧瓶塞，勿使漏气，立即转动三路活塞开关，使气流通过发生管，将样品中汞蒸气吹入测汞仪中。根据自动记录仪峰高或面积，从汞标准曲线中查出汞的含量。

（4）汞标准曲线的绘制　吸取汞标准溶液 0.0mL、0.1mL、0.2mL、0.4mL、0.6mL、0.8mL 和 1.0mL，分别置于 10mL 刻度试管中，用水补充到 10mL。加 0.25mL 浓硫酸、0.25mL 高锰酸钾溶液，摇匀放置 10min。以下按样品测量方法处理。

以峰高（格数）为纵坐标，汞含量（μg）为横坐标，绘制汞标准曲线。根据量程的不同（200 和 800）分别绘制不同浓度的汞标准曲线，绘制曲线时应减去空白峰高。

3. 计算　依下述公式计算汞含量。

汞含量（mg/kg）＝相当于汞标准微克数/样品质量（g）

4. 注意事项

①无自动记录仪时，可从仪器表针上读数。

②本法测定十分灵敏，要求室内空气及试剂和仪器必须十分洁净，所用蒸馏水必须是无汞离子水。

七、土壤中总砷的监测方法

单质砷毒性极低，而砷的化合物均有剧毒。土壤中砷的背景值一般为 0.2～40mg/kg，而受污染土壤含砷量可高达 550mg/kg。砷在土壤中大部分被土壤胶体吸附或与有机物配位、螯合形成难溶性化合物。土壤中砷的测定方法常用的有原子吸收法、原子荧光法及分光光度法等，从方法的灵敏度、准确度、精密度、抗干扰能力及适用性上来看，这几种方法均可采用，原子吸收与原子荧光法比分光光度法简便、快速。

（一）氢化物-原子荧光光谱法

1. 方法原理　在发生器的酸性溶液中，砷与还原剂硼氢化钾发生氢化反应，砷被还原成砷化氢气体，由载气（氩气）导入电热石英炉原子化器。砷化氢气体进入原子化器即解离而成为砷的气态原子，砷原子受到光源特征辐射线的照射后因被激发而产生砷原子荧光，产生的荧光强度与试样中被测元素含量成正比，因而可从标准曲线或相关方程中求得被测元素的含量。

2. 仪器　所用仪器为原子荧光光谱仪（仪器使用最佳工作条件需要参照各仪器说明书先进行试验）、砷特种空心阴极灯。

3. 主要试剂　分析中使用的酸和标准物质均为符合国家标准或专业标准的优级纯试剂，其他为分析纯试剂，水为去离子水。

①砷标准储备液：准确称取三氧化二砷（As_2O_3）1.320 4g，用 50mL0.5mol/L NaOH 溶液预溶，转入 1 000mL 容量瓶中，用水稀释至刻度，摇匀备用。此溶液 As 含量为 1 000mg/L。

②硼氢化钾溶液：称取 7g 硼氢化钾（KBH_4）溶于先溶有 2g KOH 的 200mL 溶液中，然后稀释至 1L，现用现配。

③100g/L 硫脲-抗坏血酸水溶液：称取 10g 硫脲、10g 抗坏血酸，溶于去离子水中，稀释至 100mL，现用现配。

④三价铁盐溶液：1g/L，酸度为 1.2mol/L 盐酸。

⑤浓盐酸（HCl）、浓硝酸（HNO_3）。

4. 操作步骤

（1）标准曲线绘制　用逐级稀释法稀释砷标准储备液至含砷 100μg/L 和 10.0μg/L 的标准液，吸取一定量稀释砷标准液分别于 50mL 容量瓶中，使其最终含砷分别为 0.0μg/L、1.0μg/L、3.0μg/L、5.0μg/L、10.0μg/L、20.0μg/L 和 30.0μg/L。分别添加 8mL 6mol/L盐酸、10mL 100g/L 硫脲-抗坏血酸溶液和 10mL 三价铁盐溶液，用水定容。摇匀，放置 20min。在原子荧光光谱仪上测定荧光强度，以相对荧光强度为纵坐标，As 浓度为横坐标作曲线。

（2）样品预处理　称取 0.100 0～0.500 0g 土样（过 0.149mm 孔径筛）于 25mL 刻度试管中，加少量水湿润，然后加入新配制的 1∶1 HCl-HNO_3 10mL，在室温下放置过夜，再置于沸水浴中消煮 2h，其间摇动两次。取下冷却后用水定容，放置澄清。

（3）样品测定　吸取 5mL 待测液于 25mL 容量瓶，加 5mL 三价铁盐溶液，加 4mL 6mol/L盐酸，加 5mL 100g/L 硫脲-抗坏血酸水溶液，定容。摇匀，放置 20min，用与标准曲线法的同样方法测定。

5. 结果计算　依下式计算砷的含量。

$$c=\frac{c_1\times V\times t_s}{m_1}$$

式中，c 为土壤砷含量（μg/g）；c_1 为测得的砷的浓度（μg/mL）；V 为测定时定容体积（mL）；t_s 为分取倍数；m_1 为样品质量（g）。

6. 注意事项

①试样酸度不宜过大，一般在 1.2mol/L HCl 为宜。

②本法的检测限为 0.5μg/L。

（二）二乙基二硫代氨基甲酸银分光光度法

1. 方法原理　As（Ⅴ）在酸性溶液中经碘化钾与氯化亚锡还原为 As（Ⅲ），与新生态氢生成 AsH_3 气体，通过乙酸铅棉花除去硫化物后，吸收于二乙基二硫代氨基甲酸银（Ag-DDC）-三乙醇胺-氯仿溶液中，生成红色配合物，可用比色测定。

2. 仪器

①分光光度计，10mm 比色皿。

②砷化氢发生装置：包括砷化氢发生瓶、150mL 磨口锥形瓶、导气管（一端带有磨口塞，并有一球形泡，内装乙酸铅棉花；一端为毛细管，管口直径不大于 1mm。）、吸收管（内径为 8mm 的带刻度试管）。

3. 主要试剂　分析中使用的酸和标准物质均为符合国家标准或专业标准的优级纯试剂，其他为分析纯试剂，水为去离子水。

①浓硫酸（H_2SO_4）、浓硝酸（NHO_3）和浓盐酸（HCl）。

②碘化钾（KI）溶液 150g/L：称取 15g 碘化钾溶于去离子水中，并稀释至 100mL，储于棕色瓶内。

③氯化亚锡溶液 400g/L：称取 40g 氯化亚锡（$SnCl_2 \cdot 2H_2O$），溶于 40mL 浓盐酸中，并加去离子水稀释至 100mL，投入 3～5 粒金属锡粒保存。

④乙酸铅棉花：将脱脂棉浸入 100g/L 醋酸铅溶液（约 1mol/L CH_3COOH）中。2h 后取出，待其自然干燥，储存于密封的容器中。

⑤无砷锌粉（过 10～20 目）含砷在 0.1mg/kg 以下。

⑥吸收液（二乙氨基二硫代甲酸银-三乙醇胺-氯仿溶液）：称取 0.25g 二乙氨基二硫代甲酸银（$C_5H_{10}NS_2Ag$），研碎后用少量氯仿溶解。加入 1.0 mL 三乙醇胺［$(HOCH_2CH_2)_3N$］，再用氯仿（$CHCl_3$）稀释至 100mL。静置过夜，用脱脂棉过滤至棕色瓶内，避光保存。

⑦氢氧化钠溶液：2mol/L，储存在聚乙烯瓶中。

⑧砷标准储备溶液：准确称取 As_2O_3 0.132 0g，置于 100mL 烧杯中，加 5mL 200g/L 氢氧化钠溶液，温热至 As_2O_3 全部溶解后，以酚酞为指示剂，用 1mol/L 硫酸中和至溶液无色。再过量加硫酸 10 mL，转入 1 000 mL 容量瓶中，用水定容，此溶液浓度为含砷100 μg/mL。

4. 操作步骤

（1）标准曲线绘制　用逐级稀释法稀释砷标准储备液到含砷 1μg/mL 的标准稀释液。吸取 0.00mL、0.50mL、1.00mL、2.50mL、5.00mL、7.50mL、10.00mL 砷标准稀释液，各加蒸馏水至 50mL。加入 7mL 硫酸（1∶1）溶液，4mL 150g/L 碘化钾溶液，2mL 400g/L 氯化亚锡，摇匀，放置 15min。于各吸收管中分别加入 5.0mL 二乙氨基二硫代甲酸银-三乙醇胺-氯仿溶液，插入塞有乙酸铅棉花的导气管。迅速向各发生瓶中倾入预先称好的 4g 无砷锌粒，立即塞紧瓶塞，勿使泄漏。在室温下反应 1h。最后用氯仿将吸收液体积补充到 5.0mL，在 1h 内于 510nm 波长处，用 1cm 比色皿，以试剂空白为参比，测定吸光度。以吸光度为纵坐标，砷含量（μg）为横坐标绘制标准曲线。

（2）样品预处理　称取制备的土壤样品 0.5～2g（准确至 0.000 2g）于 150mL 锥形瓶中，加少量去离子水润湿样品，加 10～15mL 浓硝酸。置电热板上加热数分钟后取出冷却，加3.5mL浓硫酸，摇匀。先低温消化，后逐步提高温度，消解完全的土壤样品应为灰白色（若有黑色颗粒物应补加硝酸）。待作用完全并冒硫酸白烟后，取下锥形瓶冷却。用水冲洗瓶壁，再加热至冒浓白烟，以驱尽硝酸。取下锥形瓶冷却备用。同时做空白试样。

（3）样品测定　取部分或全部消解液，置于砷化氢发生瓶中，加蒸馏水至50mL，以下同标准曲线绘制相同的步骤进行操作。

5. 结果计算　依下式计算砷的含量。

$$c=\frac{m\times t_s}{m_1}$$

式中，c为土壤砷的含量（μg/g）；m为测试样品中的含砷量（μg）；t_s为分取倍数；m_1为称取样品质量（g）。

6. 注意事项

①AsH_3有毒，吸收过程应在通风橱中进行。

②导气之前，每加一种试剂均需摇匀。

③吸收液吸收砷化氢后在60min内稳定。

④本方法最低检出限为0.5μg。

⑤锑和硫化物对测定有正干扰。锑在300μg以下，可用$KI-SnCl_2$掩蔽。在试样氧化分解时，硫已被硝酸氧化分解，不再有影响。试剂中可能存在的少量硫化物，可用乙酸铅脱脂棉吸收除去。

第三节　土壤有机污染监测方法

有机氯农药、有机磷农药、多氯联苯和苯并（a）芘属于持久性有机污染物，由于其具亲脂性和抗生物降解，在环境中长期持留，威胁着人类和动物的健康，是一类最为关注的全球性污染物。

一、土壤有机氯类污染物的监测方法

（一）六六六和滴滴涕的监测方法

六六六和滴滴涕属于高毒性、高生物活性的有机氯农药，在土壤中残留时间长，其半衰期为2～4年。土壤被六六六和滴滴涕污染后，对土壤生物和植物都会产生直接毒害，并通过生物富集和食物链进入人体，危害人体健康。广泛采用气相色谱法测定土壤中的六六六和滴滴涕，其最低检测浓度为0.05～4.87μg/kg。

1. 方法原理　用丙酮-石油醚提取土壤样品中的六六六和滴滴涕，经硫酸净化处理后，用带电子捕获检测器的气相色谱仪测定。根据色谱峰进行两种物质异构体的定性分析，根据峰高（或峰面积）进行各组分的定量分析。

2. 仪器及主要试剂　主要仪器是带电子捕获检测器的气相色谱仪，仪器的主要部件包括以下几种。

①全玻璃系统进样器。

②与气相色谱仪匹配的记录仪。

③色谱柱：长1.8～2.0m，内径2～3mm，螺旋状硬质玻璃填充柱，柱内填充剂（固定相）为1.5%OV-17（甲基硅酮）+1.95%QF-1（氟代烷基硅氧烷聚合物）/Chromosorb W AW-DMCS，80～100目；或1.5%OV-17+1.95%OV-210/Chromosorb W AW-DMCS-HP，80～100目。

④电子捕获检测器：可采用^{63}Ni放射源或高温^{3}H放射源。

3. 色谱条件 气化室温度220℃；柱温195℃；载气（N_2）流速40～70mL/min。

4. 测定要点

（1）样品预处理 准确称取20g土样，置于索氏提取器中，用石油醚-丙酮（1∶1）提取。六六六和滴滴涕被提取进入石油醚层，分离后用浓硫酸和无水硫酸钠净化，弃去水相，石油醚提取液定容后供测定。

（2）定性和定量分析 用色谱纯α-六六六、β-六六六、γ-六六六、δ-六六六、p,p′-DDE、o,p′-DDT、p,p′-DDD、p,p′-DDT和异辛烷、石油醚配制标准工作溶液。用微量注射器分别吸取3～6μL标准溶液和样品试液注入气相色谱仪测定，记录标准溶液和样品试液的色谱图。根据各组分的保留时间和峰高（或峰面积）分别进行定性和定量分析。用外标法计算土壤样品中农药含量，计算式如下。

$$\rho_i = \frac{h_i \times m_{is} \times V}{h_{is} \times V_i \times m}$$

$$\rho_i = \frac{h_i \times m_{is} \times V}{h_{is} \times V_i \times m}$$

式中，ρ_i为土样中i组分农药含量（mg/kg）；h_i为土样中i组分农药的峰高（cm）或峰面积（cm^2）；m_{is}为标样中i组分农药的质量（ng）；V为土样定容体积（mL）；h_{is}为标样中i组分农药的峰高（cm）或峰面积（cm^2）；V_i为土样试液进样量（μL）；m为土样质量（g）。

（二）有机氯农药氯氰菊酯的测定

1. 测定方法 采用气相色谱法。

2. 基本原理 土壤中的有机氯农药氯氰菊酯经癸二酸二壬酯内标溶液溶解后，使用OV-101/Gas Chrom Q60～80目为填充物的不锈钢柱和氢火焰离子化检测器，对氯氰菊酯进行分离和分析，在一定范围内检测器的响应讯号与土壤中氯氰菊酯的浓度成正比，利用内标法定量，可测得土壤中氯氰菊酯组分的含量。

3. 仪器设备和试剂

（1）仪器设备 气相色谱仪（具有氢火焰离子检测器），10μL微注射器，记录仪（5mV数字积分仪），色谱柱[1m×0.3cm（内径）不锈钢柱，内填5%OV-101/Gas Chrom Q60～80目]。

（2）试剂 甲苯、氯氰菊酯标准品（已知准确含量）、内标物（癸二酸二壬酯，为试样中没有的一种纯物质）、色谱固定液（硅酮OV-101）、载体（Gas Chrom Q 60～80目）、内标溶液[准确称取癸二酸二壬酯0.72g（精确至0.000 2g）于10mL容量瓶中，用甲苯稀释至标线摇匀即成]。

4. 测定步骤

（1）色谱柱的制备

①固定液的涂渍：准确称取0.5g左右OV-101置于100mL小烧杯中，加三氯甲烷使其溶解（三氯甲烷量能浸没载体）。称取确定量的载体（约10g），在轻轻摇动下，加至固定液溶液中，不时摇动，使涂布均匀（最好在通风橱中进行），自然挥发干后，于110℃左右烘箱中干燥2～3h，即可装柱。

②色谱柱的填充：将洗净、烘干的不锈钢柱，一端接小漏斗，另一端塞适量玻璃棉，裹以纱布后，通过橡皮管与真空泵相连。开启真空泵，从漏斗处分次加入已制备好的填充物，同时不断轻敲管壁，使填充物均匀、紧密地填满色谱柱。在入口端塞一小团玻璃棉，并适当压紧，以保持填充物不被移动。

③色谱柱的老化：将色谱柱的入口端与气相色谱仪的气化室相连，出口端暂不接检测器。以大约25mL/min流速通载气，于240℃柱温下，至少老化24h。

（2）色谱操作条件

①温度：柱室210℃；气化室270～280℃；检测室250℃。

②气体流速：载气（高纯氮气）25mL/min；氢气35mL/min；空气400～500mL/min。

③灵敏度×衰减：100×1。

④纸速：2mm/min。

⑤相对保留时间：氯氰菊酯1.00（约23min）；癸二酸二壬酯1.42。

（3）相对校正因子f的测定　准确称取已知含量的氯氰菊酯标准品0.080g（精确至0.000 2g）于带塞小玻璃瓶中，用移液管加入1mL内标溶液，溶解并混匀。于上述气相色谱操作条件下，用微量注射器吸取适量该溶液，注入色谱柱，利用下式求相对校正因子f_i'值。

$$f_i' = \frac{m_i \times w \times A_s}{m_s \times A_i}$$

式中，m_i和m_s分别为氯氰菊酯标准品和癸二酸二壬酯的质量（g）；w为氯氰菊酯标准品的质量分数；A_i和A_s分别为氯氰菊酯标准品和癸二酸二壬酯的峰面积（mm^2）。

（4）土壤样品含量的测定　准确称取约含0.080g氯氰菊酯相应质量的土壤样品（精确至0.000 2g）于带塞小玻璃瓶中，用移液管加入1mL内标溶液，溶解并混匀，于上述色谱操作条件下，用微量注射器吸取适量该溶液，注入色谱柱，利用下式计算土壤中氯氰菊酯（$C_{22}H_{19}Cl_2NO_3$）的含量（w）。

$$w = (f_i' \times m_s \times A_i)/(m \times A_s)$$

式中，m_s和m分别为癸二酸二壬酯和土壤样品的质量（g）；A_s和A_i分别为癸二酸二壬酯和土壤样品的蜂面积（mm^2）；f_i'为相对校正因子。

5. 注意事项

①通氢气后待管道中残余气体排除后应及时点火，并保持火焰是点着的。

②判断氢火焰是否点燃，可用一干燥的金属扳手放在气路的上方，过一会移开扳手看一下其表面有无水蒸气凝结的水珠，若有说明点火成功，否则要重新点燃。

③氢火焰点燃后，必须将“引燃”开关及时接通，否则放大器无法工作。

④内标物的结构或官能团与待测组分相似，内标物与样品能互溶且两峰接近而不重叠，二者的加入量即浓度接近。在分析条件下内标物不与样品发生反应。

二、多氯联苯的气相色谱分析

（一）方法原理

由于物质在气相中传递速度快，待测组分汽化后在色谱柱中与固定相多次相互作用，并在流动相和固定相中反复进行多次分配，使分配系数本来只有微小差别的组分得到很好的分离。土壤中的多氯联苯（PCB）经索氏提取、净化后用双柱-双 ECD 气相色谱测定，以保留时间定性，峰高或峰面积外标法定量。

（二）仪器及主要试剂

1. 试剂

①无水 Na_2SO_4（分析纯）：在马福炉中 500℃下烘 4h，待冷至常温后，置于玻璃瓶中密封放置，供试验用。

②正己烷（分析纯）或石油醚（分析纯，60～90℃）和丙酮（分析纯）：均在配有分馏柱的全玻璃装置中重蒸，收集蒸馏液于棕色玻璃瓶中待用。

③硅胶（色谱用，100～200 目）：130℃下烘 8h，冷至室温，置于玻璃瓶中加入 3%的超纯水摇匀，脱活，密封放置过夜，供装柱，以分离土壤样品提取液。

2. 标准物　多氯联苯按 IUPAC 命名分别为 PCB_{28}、PCB_{52}、PCB_{70}、PCB_{74}、PCB_{76}、PCB_{77}、PCB_{87}、PCB_{99}、PCB_{101}、PCB_{118}、PCB_{126}、PCB_{153}、PCB_{141}、PCB_{138}、PCB_{167}、PCB_{185}、PCB_{180}和 PCB_{194}，共 18 种 PCB 同系物标准物。准确称取各种标准物，分别先用少量重蒸苯溶解，再以正己烷配制浓度各约为 2 000 μg/mL 的标准储备液。取各种储备液适量，以正己烷稀释成混合标准母液。取混合标准母液以正己烷逐步稀释，配制成标准曲线工作液，其浓度范围为 1.0～100.0μg/mL。

3. 试验仪器　采用 Agilent 6890N 气相色谱仪，配双柱-双微池电子俘获检测器（GC/μECD）系统，7683 自动进样器，色谱工作站。双柱为：①毛细管柱 DB－5，30 m×0.32mm×0.25μm；②毛细管柱 DB－1701，30m×0.32mm×0.32μm，柱①和②通过 Y 形管与分流/不分流进样口连接。气相色谱仪在样品测试前，进行必要的校准、核对和条件化，并且需进同一浓度标样 5～7 次，直到相对标准差＜5%，开始进行样品测试，以确保色谱仪的准确性。

（三）测定方法

准确称取待测土样 20.0g，用 1∶1 正己烷（或石油醚）/丙酮液（V/V）60mL 于 65℃的水浴中索氏提取 6h 后。提取液转入梨形瓶，在 55℃水浴中，经旋转浓缩仪或 K－D 浓缩仪浓缩至近干。再加入 15mL 正己烷继续浓缩至 1～2mL，为上柱样液，待硅胶柱分离。在配有活塞的 8mm×300mm 玻璃层析柱中，底部置少许脱脂棉，加入 15mL 正己烷（或石油醚），依次填入 10mm 无水硫酸钠、1.0g（约 2.4mL）脱活硅胶、10mm 无水硫酸钠，敲实柱体并排出气泡。放出柱中溶液，弃去。待液面放至无水硫酸钠刚要露出时，将上柱样液转入柱中，用 1mL×3 正己烷洗涤容器，使上柱样液转移完全。加入 16mL 正己烷，为洗脱液，控制流出速度约为 1mL/min，收集前 15mL 淋出液，浓缩至 1～2mL，以 N_2 吹干。然后准确加入 1mL 正己烷，在涡旋仪上摇匀，为待测液。将待测液转入气相色谱仪（GC）样品瓶中，供测定。本方法对所选择的 18 种 PCB 同系物的回收率大于 91.0%，最低检测限

(DML) 小于等于 10 ng/kg。

(四) 色谱分析条件

色谱工作条件：载气为 He，柱流速为 1.5 mL/min，进样口温度为 240℃；检测器温度为 300℃；辅助气体为高纯氮气，流速为 60 mL/min；柱温度为 165℃，保持 2 min，以 2.5℃/min的速度升温至 210℃，再以 15℃/min 的速度升温至 275℃并保持 7 min；进样量 3 μL。PCB 同系物在两根毛细管色谱上具有不同的保留时间，而且出峰顺序亦有不同，只有在两根柱上保留时间与标准样都完全吻合的组分才可确认为多氯联苯。

(五) 结果计算

样品的定量可选择一根柱的峰高或峰面积外标法定量。用 Agilent 6890 型色谱工作站处理数据，按以下计算公式计算土壤中多氯联苯污染物的残留量。

$$X_i = \frac{c_i \times V}{m \times R_i}$$

式中，X_i 为试样中各种多氯联苯污染物残留量 (ng/g)；c_i 为待测液中多氯联苯同系物 i 的浓度 (ng/mL)；V 为待测液体积 (mL)；m 为称取试样量 (g)；R_i 为多氯联苯同系物 i 的添加回收率 (%)。

三、除草剂丁草胺的测定方法

(一) 方法原理

样品中丁草胺用混合有机溶剂提取后，经液液分配、弗罗里硅土柱净化等步骤除去干扰物，以配有电子捕获检测器的气相色谱仪测定。根据试样中待测组分在气相色谱柱中流动相和固定相之间分配系数的不同而达到分离的目的。以保留时间进行定性分析、以峰高或峰面积外标法进行定量分析。

(二) 仪器及主要试剂

1. 试剂　主要试剂包括下述几种。

①丙酮 (AR)。

②重蒸石油醚 (60～90℃；AR)。

③重蒸正己烷 (AR)。

④重蒸乙醚 (AR)。

⑤无水硫酸钠 (AR)：500℃高温电炉中烘制 4 h，冷至室温后，收集于广口玻璃瓶中密封储藏备用。

⑥6% (m/V) 硫酸钠水溶液：称取一定量的结晶硫酸钠 (AR)，折算成纯硫酸钠量，以蒸馏水配制成所需浓度备用。

⑦弗罗里硅土：0.149～0.25 mm 60～100 目，农残级，进口分装，高温电炉中 650℃烘制 2 h，冷至室温后，加入适量超纯水脱活，使弗罗里硅土中水分含量为 5% (m/m)，摇匀，收集于全玻璃瓶中密封，静置 24 h 后可供分离净化用。

⑧医用脱脂棉。

2. 标准物质　标准物质为丁草胺标准溶液，其配制方法：准确称取丁草胺标准物质 (含量在 99.0%或以上)，以正己烷配制成浓度约为 20 mg/mL 的储备液，全玻璃瓶中密封，

−20℃储存。使用前用正己烷逐步稀释法来制备系列标准工作液，其浓度范围为0.05～1.56μg/mL。

3. 仪器　所用仪器有箱式振荡机、恒温水浴锅、旋转蒸发浓缩器、气相色谱仪（配微池电子俘获检测器GC/ECD系统，7683自动进样器，色谱工作站，毛细管柱DB-5或类似色谱柱，30m×0.32mm×0.25μm）。

（三）样品的采集与储存

田间多点采集水稻田耕层土壤（0～20cm），沥去过量水分，转入500mL广口玻璃瓶中，搅匀，置于冰箱中，避光、低温（4℃）保存。

（四）分析步骤

1. 提取　准确称取15.0g鲜土置具塞玻璃离心管中，加入25mL石油醚-丙酮混合液（2∶3，*V/V*），盖紧管塞，振荡提取30min，离心3min（转速为2 500～3 000r/min）。上清液转入盛有6%硫酸钠水溶液100mL的250mL分液漏斗中。然后再向离心管中加入20mL石油醚-丙酮混合液（2∶3，*V/V*），振荡提取20min，离心3min。上清液合并入分液漏斗中。

2. 分离　盛有样品的分液漏斗振荡后静置5min，待分层后，弃去下层水相。玻璃层析柱底部置少许脱脂棉，装入约10g无水硫酸钠，将分液漏斗中的有机相转入层析柱中通过无水硫酸钠脱水。脱水后的有机提取液收集入梨形瓶中，在水浴（50℃）中，旋转浓缩至近干，加入10mL正己烷，再浓缩至2mL，为待净化液。

3. 净化　具活塞玻璃层析柱底部置少许脱脂棉，加入正己烷15mL，再依次装入1g无水硫酸钠、1g脱活弗罗里硅土（约2.4mL）和1g无水硫酸钠，打开活塞放出正己烷以预淋洗柱体。待柱中无水硫酸钠层刚露出液面时，将待净化液转入柱中，打开活塞控制过柱液体流速为2mL/min，以2mL×3正己烷清洗梨形瓶，使之完全转移。以5∶95（*V/V*）乙醚-正己烷混合液5mL预淋洗，弃去上述所有淋出液。待柱中无水硫酸钠层刚露出液面时，加入20∶80（*V/V*）乙醚-正己烷混合液15mL洗脱，收集所有淋出液，待浓缩。

4. 浓缩　淋出液在水浴（50℃）中，经旋转浓缩仪或K-D浓缩仪浓缩至近干，氮气吹干，以1mL正己烷定容，为待测液。

（五）色谱分析条件

气相色谱工作条件：载气为He，流速为1mL/min；ECD辅助气（尾吹）为N_2，流速为55mL/min。进样口温210℃；分流或不分流进样。

柱温及程序升温模式：190℃，保持3min；以8℃/min升温至250℃并保持6min。

检测器温度300℃。以10μL微量进样器准确抽取2μL系列标准工作液或待测液进样，以保留时间定性，以丁草胺峰响应值（峰高或峰面积）外标法定量，仪器对丁草胺检测的线性范围为：49～1 560ng/mL。以本方法测定土壤中丁草胺残留量，回收率在96%或以上。方法最小检出浓度为0.3ng/g。

（六）结果计算

土壤中丁草胺含量以烘干土质量计算。

$$X=\frac{c\times V}{m\times(1-w)\times R}$$

式中，X为土壤中丁草胺残留量（ng/g，干重）；c为待测液中丁草胺的浓度（ng/mL）；V为待测液定容体积（mL）；m为称取试样量（g）；w为以自然湿土为基数的水分含量（%）；R 为丁草胺的添加回收率（%）。

四、有机磷农药久效磷的测定

（一）测定方法

采用薄层色谱法测定。

（二）基本原理

土壤中的有机磷农药久效磷经甲醇溶解、薄层分离后，取下薄层上已展开的久效磷谱带，用水洗脱，在 214 nm 波长处测定吸光度，对久效磷进行定量分析。

（三）仪器设备和试剂

1. 仪器设备　仪器设备主要包括：256 nm 紫外灯、容量瓶（5 mL、100 mL）、直径为 8～10 cm 的玻璃长颈漏斗、紫外分光光度计、50 mL 烧杯、中速定性滤纸、50 μL 微量注射器。

2. 试剂　主要试剂包括：甲醇、氯仿、正己烷、丙酮、硅胶 GF254（薄层层析用 1～40 μm）、久效磷标准品（纯度不应低于 98.0%）。

（四）测定步骤

1. 硅胶薄层板的制备　称取 5 g 硅胶于研钵中，加入 13 mL 蒸馏水。顺时针方向研磨 1 min后，迅速均匀地铺至 12 cm×16 cm 玻璃板上，风干。在 105～110℃烘箱中活化 1 h，放入干燥箱备用。

2. 标准液和样品液制备　称取久效磷标准品 200 mg（称准至 0.2 mg），置 5 mL 容量瓶中，用甲醇稀释至标线，摇匀。称取约含 200 mg 土壤样品（称准至 0.2 mg），置于另一个 5 mL容量瓶中，用甲醇稀释至标线，摇匀。

3. 展样　用两支微量注射器分别吸取 30 μL 标准溶液和土壤样品溶液。以线状方式点于活化后的薄层板上，点样线距底边、两侧以及它们之间均不得小于 1.5 cm。放入适宜的带磨口盖的展开缸内（缸内四周有被展开剂浸湿的滤纸）。展开剂的体积比为：丙酮∶正己烷∶氯仿＝11∶11∶5。缸内展开剂的量以能浸到薄层板下方 0.5 cm 为准。盖上缸盖。当展开剂前沿上升至距点样基线约 13.5 cm 处时，取出薄层板，在空气中让展开剂自然挥发晾干。在紫外灯下，观察薄层图谱。

4. 久效磷谱带的洗脱　对照标准和样品，分别用小针圈出标准品和土壤样品中久效磷谱带的边缘。用刮刀将久效磷谱带的硅胶层分别刮入两个 50 mL 烧杯中。用蒸馏水浸湿的脱脂棉球将刮去硅胶层的玻璃面擦几次，将棉球亦并入烧杯中。在两个烧杯中，各加入 20 mL 蒸馏水，用玻璃棒搅拌溶脱，用长颈玻璃漏斗过滤，并用 40 mL 蒸馏水分数次洗涤硅胶和棉球。滤液分别收集于 100 mL 容量瓶中，稀释至标线，摇匀。

5. 洗脱液测定　在紫外分光光度计稳定后，于波长 214 nm 处测定两个溶液的吸光度，土壤样品中久效磷的含量（w）可按以下公式计算。

$$w=\frac{A\times m_1\times w_1}{A_1\times m}$$

式中，m_1 为久效磷标准品的称量质量（g）；m 为土壤样品的称量质量（g）；A_1 为标准溶液的吸光度；A 为土壤样品溶液的吸光度；w_1 为标准品的质量分数。

(五) 注意事项

①久效磷溶于水、醇、丙酮等溶剂，难溶于石油醚，因此土壤试样不能用石油醚溶解。

②标准溶液和样品溶液的制备和测定，均应在相同条件下进行。硅胶薄层板使用前要干燥。

③用蒸馏水洗脱时要彻底，否则会影响结果的准确度。

④样品中久效磷谱带位置对照标准品确定，且谱带边缘能把谱带全部包括在内。

五、苯并（a）芘的测定方法

苯并（a）芘是研究得最多的多环芳烃，被公认为强致癌物质。它在自然界土壤中的天然本底值很低，但当土壤受到污染后，便会产生严重危害作用。开展土壤中苯并（a）芘的监测工作，掌握不同条件下土壤中苯并（a）芘量的变化规律，对评价和防治土壤污染具有重要意义。测定苯并（a）芘的方法有紫外分光光度法和荧光分光光度法等。

1. 紫外分光光度法的测定要点 称取通过 0.25 mm 筛孔的土壤样品于锥形瓶中，加入氯仿，在 50℃水浴上充分提取，过滤。滤液在水浴上蒸发至近干，用环己烷溶解残留物，制备成苯并（a）芘提取液。将提取液进行两次氧化铝层析柱分离纯化和溶出后，在紫外分光光度计上测定 350～410 nm 波段的吸收光谱，依据苯并（a）芘在 365 nm、385 nm 和403 nm 处有 3 个特征波峰，进行定性分析。测量溶出试液对 385 nm 紫外光的吸光度，对照苯并（a）芘标准溶液的吸光度进行定量分析。该方法适用于苯并（a）芘含量大于 5 μg/g 的土壤。如苯并（a）芘含量小于 5 μg/g，则用荧光分光光度法。

2. 荧光分光光度法的测定要点 将土壤样品的氯仿提取液蒸发至近干，并把环己烷溶解后的试液滴入氧化铝层析柱上，进行分离和用苯洗脱。洗脱液经浓缩后再用纸层析法分离，在层析滤纸上得到苯并（a）芘的荧光带，用甲醇溶出。取溶出液在荧光分光光度计上测量其被 386 nm 紫外光激发后发射的荧光（406 nm）强度，对照标准溶液的荧光强度进行定量分析。

◆复习思考题

1. 在制定土壤样品的采集方案时要考虑哪些问题？
2. 重金属和有机污染物分析的土壤样品在采集和处理中各应注意什么问题？
3. 根据土壤污染监测目的，怎样确定采样深度？为什么需要多点采集混合土样？
4. 怎样加工制备土壤风干样品？
5. 对土壤样品进行预处理的目的是什么？怎样根据监测项目的性质选择预处理方法？
6. 分析比较土壤各种酸式消化法的特点是什么？各有哪些注意事项。
7. 以镉为例说明重金属分析测试中样品制备步骤和注意事项。
8. 比较砷的两种测定方法的异同点。
9. 怎样用气相色谱法对土壤样品中六六六和滴滴涕的异构体进行定性与定量分析？
10. 有一地势平坦的田块，由于污水灌溉，土壤被铅、汞和苯并（a）芘污染，试设计一个监测方案，包括布设监测点、采集土样、土样制备和预处理，以及选择分析测定方法。

第十章

土壤环境质量评价

第一节　土壤环境容量与环境质量标准

一、土壤环境容量

（一）土壤环境容量的概念

1. 环境容量　环境容量是指在一定条件下环境单元所允许承纳污染物的最大数量。环境容量是环境的一种重要属性和特征，通过环境容量可以了解某一环境单元对污染物的最大承载量，还为制定该环境单元的环境标准、污染物排放标准、污泥施用与污水灌溉量与浓度标准，以及区域污染物的控制与管理提供重要的科学依据，在环境层面指导该地区的产业规划、布局和规模，进而实现人类生产与自然相协调。环境容量与环境单元的结构和功能有着密切的关系，通常环境单元的容积（体积）越大，则环境容量就越大，环境单元的组成越复杂，则环境容量就越大。

环境容量是一个变量，包括两个组成部分：基本环境容量（也称为差值环境容量或静容量）和变动环境容量（又称为动容量或同化容量）。前者可以通过环境标准减去环境现有浓度求得，后者是该环境单元的自净能力。确定环境容量的关键是如何拟定环境容纳污染物的最大容许量，其前提条件是人与生态环境不致受害。

2. 土壤环境容量　土壤环境容量是指土壤污染物达到环境标准时土壤所能容纳的污染物数量。从不同角度考虑，土壤环境容量又有静容量和动容量之分。与大气和水相比，土壤具有相对稳定的特点，污染物进入土壤后较易累积。土壤环境容量可认为是土壤污染起始值和最大负荷值之间的差值。若以土壤环境标准作为土壤环境容量的最大允许极限值，则该土壤的环境容量的计算值，便是土壤环境标准值减去现有浓度，即上述土壤环境的基本容量。在尚未制定土壤环境标准的情况下，则往往通过土壤环境污染的生态效应试验研究，拟定土壤环境所允许容纳污染物的最大限值——土壤的环境基准，土壤环境基准减去现有浓度即为土壤环境基本容量（土壤环境的静容量）。

土壤环境静容量仅仅反映土壤污染物生态效应和环境效应所容许的水平，未考虑土壤污染物累积过程中的污染物输入与输出、吸附与解吸、固定与溶解、累积与降解等，也未顾及土壤环境的自净作用与缓冲性能，这些过程都处在动态变化中，其结果都能影响污染物在土壤环境中的最大容纳量。因此，将土壤的自净作用和污染物输入和输出都考虑在内，才可以获得土壤动态的全部容许数量（土壤环境动容量）。

（二）土壤环境容量的计算

土壤中污染物的含量在未超过一定浓度之前，不会在作物体内产生明显的累积，也不会危害作物生长，只有超过一定浓度之后，才有可能生产出超过食品卫生标准的农产品，或使作物减产。因此，土壤容纳污染物的量是有限的。一般将土壤在环境质量标准的约束下所能容纳污染物的最大数量，称为土壤环境容量。

如上文所述，在实际工作中，将土壤环境容量分为静容量和动容量。土壤静容量是指在一定的环境单元和一定的时限内，假定污染物不参与土壤圈物质循环情况下所能容纳污染物的最大负荷量，其通式可表示为

$$Q_{si} = m(c_{ci} - c_{oi})$$

式中，Q_{si}为污染物i的静容量；m为耕层土壤质量；c_{ci}为污染物i的临界含量；c_{oi}为污染物i的现有含量。当c_{oi}等于土壤背景值时，即为区域土壤背景静容量。将Q_{si}除以预测年限（t），即可获得在一定时限内的年静容量。土壤静容量虽与实际容量有差别，但参数简单而具有一定的参考价值。

土壤动容量是指一定的环境单元和一定时限内，假定污染物参与土壤圈物质循环时，土壤所能容纳污染物的最大负荷量，其通式可表示为

$$Q_{di} = m(c_{ci} - c_{oi}) + f(Out_1, Out_2, Out_3, \cdots, Out_n)$$

式中，Q_{di}为污染物i的土壤动容量；c_{ci}为污染物i的临界含量；c_{oi}为土壤中污染物i的现有实测浓度；Out为输出项，即土壤各种降解作用和迁移转化作用在一定年限内对土壤污染物的降低量，各输出项可分别建立各自的子函数方程。

（三）土壤环境容量的应用

1. 制定土壤环境标准 土壤环境标准是进行土壤环境质量影响评价的重要依据。由于土壤环境具有复杂多样性及作为一个开放系统的特点，制定土壤环境标准的难度很大。迄今，国内外仅对少数重金属元素比较明确地提出了土壤环境标准，如日本提出以生产出镉米（>1 mg/kg）的土壤含镉 2 mg/kg 作为水稻土的土壤环境标准。当前，我国在土壤环境质量评价中多数采用土壤背景值加两倍标准差作为评价标准。这仅能用于衡量元素在区域土壤中是否异常的地球化学性指标。它既不能反映土壤元素的生态效应，也不能反映化学元素的环境效应，用其作为土壤环境质量评价标准，只是一种暂时的替代办法。因此，应以土壤生态系统为基础，在全面研究污染物的生态效应和环境效应的过程中，提出污染物（重金属元素）的土壤基准值作为制定区域土壤环境质量标准的依据（表 10-1）。

表 10-1 我国土壤 Cd、Pb、Cu 和 As 的环境基准（mg/kg）

土 壤	Cd	Pb	Cu	As
酸性土壤	0.5	200	50	40
中、碱性土壤	1	300	100	20

2. 制定农田灌溉用水水质和水量标准 我国是世界上水资源比较缺乏的国家之一。污水灌溉一方面为缺水地区解决部分农田用水，减缓用水的紧张程度，减少污水处理费用；另一方面由于大部分污水未经处理或仅经一级处理便排放利用于农田灌溉，结果使土壤环境遭受污染，土壤生态遭到破坏，也影响了污水灌溉的长期发展。因此，控制有害污水对农田的污染，加强污水灌溉的管理，已成为进一步发展污水灌溉的重要措施。制定农田灌溉水质标准，把灌溉污水的水质、水量限制在容许范围内，是避免污水灌溉污染环境的基本措施之一。在制定农田灌溉水质标准时，应遵循如下原则。

（1）以农田生态系统为中心 除考虑污水对作物的影响外，还应从整个土壤生态系统重

视对土壤生物及其生态效应的研究。

（2）重视对环境的次生污染　需重视因长期污灌对地表水和地下水的污染。

（3）重视污染物的动态变化　需考虑污水灌溉过程中污染物的动态变化过程，如重金属的不断输入和输出。确定其临界含量或环境基准时，有两种情况，一是容许持久性污染物在设定的若干年限内累积到土壤的临界含量或土壤环境标准时，每年容许进入土壤的量或折合为容许的灌溉水水质浓度，可依据土壤静容量而得出；二是根据土壤动容量获得。但最理想的安全农田灌溉水质标准，即为永远不会达到土壤临界含量或土壤环境标准时的容许灌溉水质浓度。

（4）要考虑污灌的效应　既要考虑污灌造成的短期生态效应和环境效应，还要考虑长期效应。

（5）考虑我国自然条件的差异　即因土壤临界含量区域分异而逐步建立不同地区的农田灌溉水质标准。当获得土壤临界含量或土壤基准后，求一定年限内的灌溉水质标准 c 的公式如下。

$$c=\frac{c_0}{YQ_w}$$

式中，c_0 为土壤临界含量（g/hm^2）；Y 为年限；Q_w 为年灌溉水量（m^3/hm^2）；c 为灌溉水质标准（g）。

考虑到实际上除灌溉外，大气降尘、降水、施肥等输入项，用允许污灌水带入农田的量减去这些正常的量值，得到允许农田灌溉的水质浓度或水质标准（c）为

$$c=\frac{Q-r-f}{Q_w}$$

式中，Q 为土壤某元素的动容量［$g/(hm^2\cdot a)$］；r 为每年由降水、降尘带入的某元素量（g/hm^2）；f 为每年由施肥带入某元素的量（g/hm^2）。

3. 制定污泥施用量的标准　随着污水及其处理量的增加，污泥量也在不断增加，由污泥农用带入农田的污染物量也不可忽视。一般来说，污泥中污染物含量决定着污泥允许施入农田的量，但实质上，其允许每年施用的量决定于每年每公顷农田容许输入的污染物最大量，即土壤动容量或年容许输入量。可由下式求得不同施污泥量下的污泥标准。

$$c=\frac{Q-r-f-W}{Q_s}$$

式中，c 为污泥标准（mg/kg）；Q 为土壤年动容量（g/hm^2）；r 为每年由降水、降尘带入的某元素量（g/hm^2）；f 为施肥带入某元素的量（g/hm^2）；Q_s 为污泥每年施用量（t/hm^2）；W 为每年由灌溉水带入量（g/hm^2）。

二、土壤环境质量标准

（一）制定土壤环境质量标准应考虑的因素

1. 土壤环境质量标准的概念　土壤环境质量标准是指为了保护土壤环境质量、保障农业生产和维护人类健康所做的规定，是环境政策的目标，是评价土壤环境质量和防止土壤污染的依据。由于土壤系统的复杂性，土壤环境标准的制定是一个不断研究和完善的过程，并逐步形成土壤环境质量标准体系。总体来看，世界各国在制定土壤环境质量标准时，通常考

虑各种化学物的生态毒害性、土壤环境背景值、污染程度、影响化学污染物迁移和暴露的环境因素，从土地利用功能保护和污染土壤修复目的出发，形成以重金属、有机污染物为主要指标，由土壤质量基准与标准、污染起始浓度、污染土壤修复行动值、修复基准与标准构成的土壤质量标准体系。以保护生态系统、人体健康为目标而确定的土壤污染物临界含量，是制定土壤环境质量标准的基础依据。

国内外制定土壤环境质量标准大体上有两种技术路线：地球化学法和生态效应法。

地球化学法是应用统计学方法，根据土壤中元素的地球化学容量状况、分布特征来推断土壤环境质量基准的方法。例如，英国环境部暂定的园艺土壤中铅的最大容许浓度为500 mg/kg，是根据表层土壤含铅平均值（X）75 mg/kg 和标准差（S）388 mg/kg 制定的。

生态效应法又可以分为下面几种：①建立土壤-植物-（动物）-人的系统，应用食品卫生标准推算土壤中污染物的最大容许浓度；②将作物产量减少 10%或 20%时的土壤污染物浓度作为最大容许浓度；③当土壤微生物减少或土壤微生物降低到一定数量时，土壤污染物的浓度作为最大容许浓度；④把地表水、地下水未产生次生污染时的土壤污染物临界浓度作为最大容许浓度；⑤将土壤-植物体系、土壤-微生物体系、土壤-人体系作为整体考虑，选择各自体系的最低值制定最大容许浓度。

一般说来，应用地球化学法得出的数值，属于土壤背景值范围。生态效应法得出的结果，由于污染物在土壤中已经积累，所以数值往往大于背景值。

2. 土壤污染暴露途径及其临界值　土壤污染暴露途径可从以下 10 个方面考虑：①食入土壤；②吸入土粒；③皮肤接触土壤；④食入植物产品（土壤-植物-人）；⑤食入畜禽产品（土壤-植物-动物-人）；⑥饮水（土壤-地下水-人）；⑦呼吸（土壤-空气-人）；⑧植物生长发育；⑨土壤微生物与酶；⑩土壤动物。前面三项为直接接触土壤，后面几项为间接接触土壤。前面 7 项属于人体健康范畴，后 3 项属于陆地生态范畴。

对以上 10 个方面途径的受体，进行基于风险的污染物的毒理学或生态毒理学的评估，对每个途径的受体都取得土壤污染物的无毒害浓度。但是，我国还缺乏毒理学、生态毒理学等方面的资料，因而拟吸取国外经验，对于不同污染物，分别找出有主导影响的主要途径，进行剂量-效应关系研究，得出主要途径的土壤环境污染临界值（即产生质量恶化的临界值）。并就此数值进行其他途径的验证，最后得出该土壤环境污染临界值。在诸多土壤的污染临界值中，取其最低的污染临界值，作为土壤环境质量指导值。再考虑国家的技术经济实际情况，包括必要性和可行性，确定土壤环境质量标准值。

（二）国内外的土壤环境质量标准

1. 国外的土壤环境质量标准　20 世纪中叶以来，世界各国普遍认识到环境保护的重要性，加强了环境立法工作，土壤环境质量标准逐渐纳入各国环境标准体系，尤其是荷兰、英国、丹麦、法国和日本等国土面积较小或工业历史较长的发达国家，以及经济力量雄厚的前苏联、美国等大国。在 1968 年，前苏联制定了第一个土壤环境质量标准（表 10 - 2）。表 10 -3 为英国土壤污染“起始浓度”与丹麦土壤质量标准，表 10 - 4 为一些国家土壤中某些污染物最高允许浓度。各国制定土壤标准的原则依据基本相同，即以污染物对动植物、人体健康的环境基准值作为定值的基础依据。但在标准定值方法、标准应用目标的理解上有所差异，各有侧重。不难发现，各国标准中某些项目的定值相差甚远。这是由于尽管各国多以人体日允许摄入总量为基准，但采取不同的暴露方式、摄入途径（如尘土、食物、水、空气等）及其比例，计算确定的土壤最大允许浓度就相差甚远；其次，最高允许浓度往往作为各国进行土壤污染修复的行动值，标准的制定势必考虑土壤修复的技术和经济因素。

表 10-2　前苏联土壤中污染物控制标准

指　标	最大允许浓度（mg/kg）
As	15.0
Cr（Ⅵ）	0.05
Sb	4.5
Mn	1 500
V	150
Mn+V	1 000+100
聚氯蒎烯	0.5
有效态镍	5
有效态效态氮（NO_3^-）	130
过磷酸石灰（P_2O_5）	200
苯并（a）芘	0.02

表 10-3　英国土壤污染“起始浓度”与丹麦土壤质量标准

污染物	英国土壤污染“起始浓度”（mg/kg）		丹麦土壤质量标准（mg/kg）		
	庭院、副业生产地	公园、运动场和开阔地	土壤质量标准	生态毒理学土壤质量标准	背景水平
As	10	40	20①	10	2～6
Cd	3	15	0.5②	0.3	0.03～0.5
Cr（Ⅵ）	25	不限	20	2	
Cr（Ⅲ）	600	1 000	500	50	1.3～23
Pb	500	2 000	40②	50	10～40
Hg	1	20	1	0.1	0.04～0.12
Mo			5	2	
Se	3	6			
Cu	130（有植物生长，任何土地利用）		500①	30	13
Ni	70（有植物生长，任何土地利用）		30①	10	0.1～50
Zn	300（有植物生长，任何土地利用）		500	100	10～300

注：①以急性效应为依据；②以慢性效应为依据。

表 10-4　一些国家土壤中有害物质最高允许浓度（mg/kg）

元素	德国	美国	法国	意大利	加拿大	英国		苏格兰	前苏联	日本	欧洲联盟
						非石灰性	石灰性				
Cd	3	3.56	2	3	3(1.6)	3.5	3.5	1.6	5	0.01(水)	1～3
Hg	2	5.34	1	2	2(0.5)	1	1	0.4	2.1	0.000 5(水)	1～1.5
As	20	36.6			14	10	10	12	20(15)	0.05(水)	20

（续）

元素	德国	美国	法国	意大利	加拿大	英国		苏格兰	前苏联	日本	欧洲联盟
						非石灰性	石灰性				
Cu	100		100	100	100	140(EDTA)	280(EDTA)	80	3(有效态)	125(HCl)	100
Pb	100	1 821	100	100	60	550	550	90	背景值+20	0.1(水)	50～300
Cr	100		150	50	120	600	600	120	100(三价) 0.05(六价)	0.05 (水,六价)	
Zn	300		300	300	220	280(EDTA)	560(EDTA)	150	23(有效态)		150～300
Ni	50		50	50	32	35(EDTA)	70(EDTA)	48	35		30～75
pH	≥6.0					≥6.5(耕地)	≤6.0(牧场)	≥5.5			

注：英国的最高允许浓度值为每升土壤的毫克数(mg/L)，Cu、Zn、Ni 为 EDTA 提取液测定值；前苏联的有效 Cu、Zn 为 pH4.8 醋酸铵缓冲液测定值；日本标准中注明(水)的以土水比为 1∶10 的土壤溶液浓度为依据，单位为 mg/L。

2. 我国土壤环境质量标准（GB 15618—1995）　我国的土壤环境工作者也早就认识到制定土壤环境质量标准的重要性和必要性，国家环境保护总局于 1995 年 7 月正式发布了《土壤环境质量标准》（表 10－5）。该标准是在 20 世纪 70 年代中期以来中国取得的土壤环境背景值、土壤环境容量、土壤环境基准值等大量研究成果的基础上制定的。

表 10－5　中国土壤环境质量标准值（GB 15618—1995）

级别		一级	二级			三级
pH		自然背景	<6.5	6.5～7.5	>7.5	>6.5
Cd	≤	0.20	0.30	0.30	0.60	1.0
Hg	≤	0.15	0.30	0.50	1.0	1.5
As	水田≤	15	30	25	20	30
	旱地≤	15	40	30	25	40
Cu	农田等≤	35	50	100	100	400
	果园≤	—	150	200	200	400
Pb	≤	35	250	300	350	500
Cr	水田≤	90	250	300	350	400
	旱地≤	90	150	200	250	300
Zn	≤	100	200	250	300	500
Ni	≤	40	40	50	60	200
六六六	≤	0.05		0.50		1.0
滴滴涕	≤	0.05		0.50		1.0

注：①重金属（铬主要是三价）和砷均按元素量计，适用于阳离子交换量>5 cmol（+）/kg 的土壤，若阳离子交换量≤5 cmol（+）/kg，其标准值为表内数值的半数。②六六六为 4 种异构体总量，滴滴涕为 4 种衍生物总量。③水旱轮作地的土壤环境质量标准，砷采用水田值，铬采用旱地值。

我国土壤环境质量标准以土壤应用功能分区、土地保护为目标，考虑土壤主要性质，把土壤环境质量划分为 3 类，Ⅰ类主要适用于国家规定的自然保护区（原有背景重金属含量高除外）、集中式生活饮用水源地、茶园、牧场和其他保护地区的土壤，土壤质量基本保持在自然背景水平；Ⅱ类主要适用于一般农田、蔬菜地、茶园、果园、牧场等土壤，土壤质量基本保持在对植物和环境不造成危害和污染；Ⅲ类主要适用于林地土壤及污染物容量较大的高背景值土壤和矿产附近等地的农田土壤（蔬菜地除外），土壤质量基本上对植物和环境不造成危害和污染。3类土壤分别执行三级标准，一级标准为保护区域自然生态、维持自然背景的土壤环境质量的限制值；二级标准为保障农业生产、维护人体健康的土壤限制值；三级标准为保障农林业生产和植物正常生长的土壤临界值。

我国土壤环境质量标准考虑了土壤pH（Ⅱ类土壤最高允许浓度指标值）、耕作方式（As、Cu、Cr分水田、旱地或果园分别定值）和土壤阳离子交换量。

第二节　土壤环境质量现状评价

土壤环境质量现状评价的任务是要对土壤环境污染的现状（包括污染程度、范围和污染物的分布等）做定量或半定量的评价，是在全面掌握土壤及其环境特征、主要污染源和污染物、土壤背景值等基础上，选择适当的评价因子和评价标准，建立合适的评价模式和指数系统，再进行研究分析，评价土壤污染级别。

一、评价因子和评价标准的选择

（一）评价因子的选择

评价因子选取是否合理得当，关系到评价结论的科学性和可靠程度。应根据土壤污染物的类型和评价的目的要求来选择评价因子。土壤中的污染指标归纳起来主要有以下几种。

①有机污染物：其中数量较大、毒性较强的是化学农药，主要包括有机氯农药和有机磷农药两大类。有机氯农药主要包括滴滴涕、六六六、艾氏剂和狄氏剂等，有机磷农药主要包括马拉硫磷、对硫磷和敌敌畏等。此外，还有酚、苯并（a）芘、油类及其他有机化合物。

②重金属及其他无机污染物：主要包括镉、汞、铬、铅、砷和氰等。

③土壤中pH、全氮量、硝态氮量及全磷量。

④有害微生物：如大肠杆菌、肠寄生虫卵、破伤风菌和结核菌等。

⑤放射性元素：如^{317}Cs、^{90}Sr。

在进行某一区域土壤质量评价时，可根据污染源调查情况和评价目的，从上述土壤污染指标中选择适当数量的、既有代表性又切实可行的污染指标作为评价因子。此外，还应选择一些参考因子，即对土壤污染物积累、迁移、转化影响较大的理化指标，如土壤的有机质含量、黏粒含量、氧化还原电位、阳离子交换量、可溶性盐种类和含量、黏土矿物的种类和含量等。

（二）评价标准的选择

1. 以区域土壤环境背景值作为评价标准

（1）标准值计算　区域土壤背景值是指一定区域内，远离工矿、城镇和铁路（公路和铁路），无明显“三废”污染，也无群众反映有过“三废”影响的土壤中的有毒物质的含量。其计算式为

$$c_{0i}=\bar{c}\pm S$$

$$S=\sqrt{\frac{\sum(c_{ij}-\bar{c}_i)^2}{N-1}}$$

式中，c_{oi}为区域土壤中第 i 种有毒物质的背景值（mg/kg）；c_{ij}为区域土壤中第 i 种有毒物质的实测值（mg/kg）；$\bar{c}_i$ 为区域土壤中第 i 种有毒物质实测值的平均值（mg/kg）；S 为标准差（mg/kg）；N 为统计样品数。

（2）不正常值的剔除方法　环境背景值研究中不正常值的统计检验和剔除方法有下述几种。

①标准差检验：实测值超过算术平均值加 3 倍标准差的应舍弃，不参加背景值的统计。

②4d 检验：一组 4 个以上的实测值，其中一个偏离平均值较远，视为可疑值。该值不参加平均值计算，由另 3 个监测值求出平均值，该值与此平均值相比大于 4 倍的平均偏差时，则该值弃去不用。

③相关分析法：选定一种没有污染的元素为参比元素，求出这种元素与其他元素的相关系数和回归方程，建立 95%的置信带，落在置信带之外的样品可认为含量异常，应予删除。

④上下层比较：某物质在表土层中的含量与底土中含量的比值明显大于 1 时，认为此样品已受污染，应予剔除。

⑤富集系数检验：在成土过程中，有些元素会淋失，有些元素会富集，所以表土中重金属含量高于母质或底土，不一定都是污染造成的。因此，需要由一种稳定的元素作为内参比元素，进行富集系数检验。土壤中元素的富集系数可根据 Mcheal 公式计算。

$$富集系数=\frac{土壤中元素含量/土壤中\ TiO_2\ 含量}{母质中元素含量/母质中\ TiO_2\ 含量}$$

如富集系数>1，表示该元素有外来污染，应将该土样弃去。

上述检验方法可根据测试目的选取 1～2 种即可。

2. 以土壤环境质量标准作为评价标准　我国 1995 年发布、1996 年实施的《土壤环境质量标准》（GB 15618—1995）是现行的土壤环境质量评价的评价标准。此外，还有一些行业标准可以作为区域的、局部的参考执行标准。

3. 其他评价标准

（1）以区域性土壤自然含量为评价标准　区域性土壤的自然含量是指在清水灌区内，选用与污灌区的自然条件、耕作栽培措施大致相同，土壤类型相同，土壤中有毒物质在一定保证率下的含量。其计算公式为

$$c_{oi}=c_i\pm 2S$$

（2）以土壤对照点含量为评价标准　对照点一般选在与污染区的自然条件、土壤类型和利用方式大致相同，而又未受污染的地区内。对照点可选一个或几个，以对照点的有毒物质的平均含量作为评价标准。

（3）以土壤和作物中污染物的相关含量作为评价标准　土壤中某种污染的含量和作物中该种污染物积累量之间有一定的相关关系。农牧业产品和食品的卫生标准和污染分级是可以制定的。以这种卫生标准和污染分级推断土壤中该种污染物的相关含量和污染分级，把这种相关含量作为评价标准。这种方法是通过食物链把土壤中的污染物与人体健康联系起来制定评价标准的，它反映了土壤污染物危害人类健康的实际途径，是一种好方法，但是目前此项研究还有待进一步深入。

二、土壤环境质量现状的评价方法

（一）单因子评价

1. 分指数法　逐一计算土壤中各主要污染物的污染分指数，以确定污染程度。土壤污染分指数计算式为

$$P_i=c_i/c_{oi}$$

式中，P_i 为土壤中 i 污染物的污染分指数，为无量纲的量；c_i 为土壤中 i 污染物实测含量；c_{oi}为 i 污染物的评价标准。

当 $P_i<1$ 时，表示未受污染；$P_i>1$ 时，表示受到不同程度的污染，P_i 越大，污染越严重。分指数法的计算简单，物理意义清楚，得到了广泛应用。

以土壤背景值为评价标准时，评价结果表明污染物的积累程度，与污染危害程度没有直接的相关性，$P_i>1$ 时，也不一定表示受到明显污染。我国早期的评价工作常采用此标准，例如，我国农业部颁布的《中华人民共和国绿色食品执行标准（草案）》中提出的《绿色食品土壤质量标准》，绿色食品生产要求的土壤较干净，采用了这个标准。

2. 根据土壤和植物中污染物积累的相关含量来计算的土壤污染指数法　根据土壤和作物对污染物积累的相关数量，以确定污染等级和划分污染指数范围，然后再根据不同的方法计算污染指数。

该种方法的应用首先应确定污染等级划分的起始值。土壤污染显著积累起始值是指土壤中污染物含量恰好超过评价标准的数值，以 X_a 表示。土壤轻度污染起始值是指土壤污染超过一定限度，使作物体内的污染物的含量相应增加，以致作物开始受污染危害时土壤中该物质的含量，以 X_b 表示。土壤重度污染起始值是指土壤污染物含量大量积累，作物受到严重污染，以致作物体内的某污染物含量达到食品卫生标准时的土壤中该污染物的含量，以 X_c 表示。根据 X_a、X_b、X_c 等数值，确定污染等级和污染指数范围。

非污染，土壤中某污染物的实测值小于 X_a，即 $P_i<1$。

轻度污染，土壤中某污染物的实测值等于或者大于 X_a，但是小于 X_b，即 $1\leqslant P_i<2$。

中度污染，土壤中某污染物的实测值等于或者大于 X_b，但是小于 X_c，即 $2\leqslant P_i<3$。

重度污染，土壤中某污染物的实测值等于或者大于 X_c，即 $P_i\geqslant 3$。

按照上述污染指数范围，再计算具体的污染指数，这样可以清除在计算时由于各种污染物的评价标准不同，P_i 可能相差极大的现象。具体计算如下。

$$\text{当 } c_i<X_a \text{ 时，} P_i=\frac{c_i}{X_a}$$

$$\text{当 } X_a\leqslant c_i<X_b \text{ 时，} P_i=1+\frac{c_i-X_a}{X_b-X_a}$$

$$\text{当 } X_b\leqslant c_i<X_c \text{ 时，} P_i=2+\frac{c_i-X_p}{X_a-X_b}$$

$$\text{当 } c_i\geqslant X_c \text{ 时，} P_i=3+\frac{c_i-X_b}{X_c-X_b}$$

（二）多因子评价

1. 平均污染综合指数　假定土壤中的各项污染物对土壤的污染程度是相同的，用以下

公式计算。

$$P=1/n\sum_{i=1}^{n}P_i$$

式中，P 为土壤综合质量指数；P_i 为土壤中污染物 i 的污染指数；n 为污染物的种类。

2. 内梅罗（N. L. Nemerow）**综合污染指数** 这种方法可以突出污染最为严重的污染物的作用，公式为

$$P=\sqrt{\frac{\max\ (P_i)^2+\ (\overline{P}_i)^2}{2}}$$

式中，$\overline{P}_i$ 为土壤中各污染指数平均值。

修正的内梅罗指数法，其计算公式为

$$P=\sqrt{\max(P_i)\times(\frac{1}{n}\sum_{i=1}^{n}\overline{P}_i)}$$

式中，各参数的意义与内梅罗法相同。

3. 均方根综合污染指数 采用均方根的方法求综合指数，即

$$P=\sqrt{\frac{1}{n}\sum_{i=1}^{n}P_i^2}$$

4. 加权综合污染指数 在土壤污染中，各项污染物的作用有差别，需要作权重处理。再以土壤中各污染物的污染指数和权重计算土壤综合指数，即

$$P=\sum_{i=1}^{n}W_iP_i$$

式中，W_i 为污染物 i 的权重。表 10－6 列出了几种有机污染物在土壤污染中的权重值。

表 10－6 土壤中不同有机污染物的权值

（引自孙铁珩等，北京燕山石化区土壤污染评价，1983）

污染物	苯并（a）芘	芳烃	矿物油	氯仿提取物	烷烃	酚
权值	0.50	0.25	0.10	0.05	0.05	0.05

第三节 土壤环境影响评价

一、环境影响的识别与监测调查

（一）开发项目对土壤环境影响的识别

1. 开发项目对土壤环境影响的识别 土壤是在漫长的地球演变过程中形成的，它受自然和人类行动的双重影响，特别是近百年来，人类的影响是巨大的。影响土壤环境质量的因素很多，这里仅从建设项目对土壤环境的影响分析，主要包括土壤污染和土壤退化、破坏两个方面。对土壤环境有重大影响的人类活动主要表现在以下几个方面。

（1）改变植被和生物的分布状况 在农业生产中，人类利用土壤获取粮食及其他经济作物的同时，通过合理的耕作和施肥，合理控制土壤上动植物种群，松土犁田增加土壤中的氧，施加粪便和各种有机肥等可不断提高土壤肥力，满足人类日益增长的需求，这是有利因

素。但当这种需求超过了土壤肥力水平，或急功近利，采取了不合理的利用方式，则成为不利因素。例如，草原土壤地区，为追求牲畜产量，放牧过度，牧草破坏，会引起土壤沙化。平原地区，为追求粮食高产，盲目发展灌溉，引起地下水位升高，会发生土壤沼泽化，地下水矿化度增高，还会发生土壤次生盐渍化。丘陵、山地、土壤垦殖过度，林木破坏，可导致土壤侵蚀。

（2）全球气候变暖和人工改变局部地区小气候　人工增雨、改变风向、农田灌溉补水和排水等对土壤的影响是有利的；而气温升高，使土壤曝晒以及风蚀影响加大则是不利因素。

（3）改变地形　例如，土地平整并重铺植被，营造梯田，在裸土上覆盖或铺砌植被等是有利因素。湿地排水和开矿及地下水过量开采引起地面沉降和加速土壤侵蚀，以及开山、挖地生产建筑材料则是不利因素。

（4）改变成土母质　例如，在土壤中加入水产和食品加工厂的贝壳粉、动物骨骸，清水冲洗盐渍土等是有利因素；将含有有害元素的矿石和碱性粉煤灰混入土壤，每年农业收割带走的矿物养分超过了补给量等则是不利因素。

（5）改变土壤自然演化的时间　例如，通过水流的沉积作用将上游的肥沃母质带到下游，对下游的土壤是有利的；过度放牧和种植作物会快速移走成土母质中的矿物营养，造成土壤退化，则是不利的。

人类活动对土壤环境的有些是直接影响，如土壤侵蚀、土壤沙化、土壤因施入固体废弃物或污水灌溉造成的污染等；有些是间接影响，如土壤沼泽化、盐渍化，一般需经过地下水或地表水的浸泡作用和矿物盐类的浸渍作用才能分别发生；有些是可逆影响，如土壤退化、土壤有机物污染，可在土壤上恢复植被，土壤经生化作用对有机毒物进行降解，可逐步消除沙化、沼泽化、盐渍化和有机污染，恢复到原来的正常状态；有些则是不可逆影响，如严重的土壤侵蚀、重金属污染等。

2. 各种建设项目对土壤环境的影响　多种建设项目会对土壤和地质环境造成破坏性影响，而这些影响又能反过来影响项目功能的正常发挥。建设项目影响土壤环境污染的因素，主要包括建设项目类型、污染物性质、污染源特点、污染源排放强度、污染途径、土壤所在区域的环境条件以及土壤类型和特性等方面。

（1）工业工程建设项目对土壤环境的影响　工业工程建设项目对土壤的环境影响主要来自工业“三废”排放。

工业生产过程中烟气的排放来源于作为生产动力燃烧的矿石燃料，以及生产过程本身产生的烟气。全球每年因矿冶而排放的二氧化硫估计在 $7\times10^{6}\sim10\times10^{6}$ t，约占全球二氧化硫总排放量的 10%。二氧化硫在大气中经过复杂的化学作用和物理作用后，通过降水、扩散和重力作用降落至地面，渗透进入土壤，导致土壤的酸化。土壤酸化可促进养分的淋溶，在长期受酸性物质淋溶的影响下，淋洗出的营养物质比未酸化的土壤高 3～10 倍，造成土壤肥力下降。同时，有色金属的冶炼废气中含有大量重金属元素，随废气排放进入大气，再沉降进入土壤，进而污染土壤环境。

处理或未经处理的工业废水用于农田灌溉，或工业废水排入河流湖泊，再作为农业灌溉水源，使土壤受到污染。污水灌溉对土壤环境的效应与污水的性质有关。污水灌溉引入的重金属对农作物有毒害作用，毒害作用与污水中的重金属含量、种类、灌溉量及灌溉年限有关。

工业生产中的固体废弃物指在加工生产的过程中抛弃的副产物或不能使用的渣屑。固体废弃物在掩埋或堆放处可能通过各种途径引起污染物质的迁移，危害土壤环境。

此外，工业工程建设项目对土壤环境的影响还包括原料的生产与运输、储藏、工业生产品的消费与使用过程。例如，农业生产中使用的农用薄膜在使用后，若清理不彻底，大量的农用薄膜残留于土壤中，土壤的通水透气性能受到干扰，影响农作物的生长以致减产。

（2）水利工程建设项目对土壤环境的影响　水利工程在产生巨大正面效益的同时，也带来了各种明显的或潜在的环境问题。水利工程周边及其下游区域的土壤环境受到水利工程直接的或间接的不利影响，主要方面有下述几方面。

①占用土地资源：水利工程建设施工期间即占用土地资源，包括各种施工机械的停放、建材的堆场、开挖土石的安置、施工队伍的生活区所占用的土地等。这部分被占用的土地在施工结束后能部分得到恢复。被水利工程占用的土地在项目建成使用后，立即带来突发性的土地资源的永久损失。

②诱发土壤-地质环境灾害：大型水利工程在建设期间，由于土石的开挖，直接破坏了原有土体岩层结构，可能造成滑坡、山体崩塌，剥离的土石方在径流冲刷下可能形成泥石流。水库建成蓄水后水面加宽，水位加深，容易产生巨大的波浪，加之长期受高水位的浸泡，库区易诱发地震、崩塌、滑坡和泥石流等次生地质灾害。这些灾害将加剧土壤侵蚀和土壤损失。另外，水利工程的兴建涉及移民工程，移民往往在库区附近的新居住区进行土地开发活动，扩大坡地的开垦量或对已有的坡地过度地垦殖，破坏原有的植被，加快水土的流失。

③引发土壤盐渍化：库区土壤的盐渍化是水利工程运行后，通过长期的、缓慢的累积作用产生的效应。建设水坝，拦河蓄水时，水库水位剧增，同时也引起水库附近的地下水水位的升高，引起土壤返盐。另外，在水库建成蓄水后，下游泄水量减小，河口地区也将发生盐渍化。

④促进土壤沼泽化：水利工程对土壤的影响不仅仅限于库区范围，可能会延伸于整个水利的流域，大型水利工程的全流域影响作用更为明显。例如，三峡水利枢纽位于长江流域中上游，对长江中下游的湖泊、支流与长江干流都有补偿和调节作用。

⑤河口地区土壤肥力下降，海岸后退：水库蓄水后，河流上游的泥沙在水库库区发生沉积，河流下泄速度降低，河流向下游的输沙量减少。河流侵蚀河岸与淤泥沿河岸沉积之间的平衡被打破，下游土壤得不到原有水平肥沃淤泥的补充，土壤质量开始下降。此外，在河口地区由于没有泥沙的补充，河岸易受海水的侵蚀，岸线开始后退。

（3）矿业工程建设项目对土壤环境的影响　矿业开采中，侵占大面积的土地，这是一个显著问题。若采用露天开采法，所占土地面积远大于开采矿田的面积。一般露天矿开采面积占地与矿区配套设施占地比例为5：1。若采用坑采法，也会引起土壤塌陷，损失大面积的土地资源。另外，矿区附近堆积如山的矸石也占用大量的土地。

矿山在开采过程中会产生大量粉尘，露天矿山的爆矿产生的粉尘气体可飘浮10～12km远。同时煤矿开采过程中产生的大量污水（主要包括矿井废水、酸性废水、洗煤水和生活污水等）也会引起土壤污染。如使用被矿业工程污染的水体灌溉农田，易引起土壤的硫酸盐盐渍化，土壤生产力下降，农作物减产。矿业工程建设还可能带来重金属污染，其土壤重金属污染的途径主要有：固体废弃物的散播、废水流经土壤、灌溉引用矿山污染的水体、精矿在运输途中散落、降雨时尾矿进入土壤等。

矿业工程建设的挖掘采剥方法会深刻改变矿区的地质地貌和植被等环境条件，加剧水土流失。在干旱、半干旱地区，煤矿建设还促进土壤的沙漠化。矿山开采还可引发地震、崩塌、滑坡和泥石流等次生地质灾害。煤矿开采的矸石山在雨期可能发生泥石流，并使河水的水质变酸。在露天开采中剥离的大面积表土与松散物等易诱发泥石流和滑坡等地质灾害，造成大面积的土壤损失。

(4) 农业工程建设项目对土壤环境的影响　现代农业生产为提高生产机械化程度，使用了各种类型的大型农业生产机械。农田需经过除去灌丛、林带、田埂草皮等隔离物，将小块的土地连成大片。失去植被保护的农田大面积直接暴露，水蚀、风蚀的几率增大。另外，大型的农业机械会压实土壤，增加植物根系向下生长的阻力。压实土壤的渗透能力下降，水下渗到土壤中的速率降低，土壤被压实后能形成较大的径流，加速土壤的侵蚀。

农业工程建设项目中的排水建设是提高农业生产率的保证。良好的土壤排水系统可以带走土壤中多余的盐分，缓解土壤的盐渍化，使土壤的物理性质得到改善。同时，植物的根系有较大的生长空间，能充分地交换二氧化碳与氧气。但土壤的排水工程也可能产生不利影响，如排水系统排水强度过高，会加快地表径流，提前出现河道洪峰，增加泛滥的危险。长期的土壤排水还会使土壤质量下降。农业工程中的灌溉水渠建设还会产生土壤的次生盐渍化，出现返盐现象。

农业工程中的垦殖工程也会对土壤环境产生影响。如长期施用化肥可对土壤的酸度产生影响。过磷酸钙和磷酸铵等生理酸性肥料在植物吸收养分离子后，会使土壤中氢离子上升。大量施用化肥还会加快土壤中有机碳的消耗，使土壤中有机碳和氮出现消减。另外，商品化肥中普遍存在有毒有害化合物，如重金属、有机化合物等，这些物质对种子、幼苗或者土壤微生物有毒害作用，化肥中的放射性元素还可通过食物链进入人体。

(5) 交通工程建设项目对土壤环境的影响　交通工程建设项目对土壤产生直接影响的是陆地上的水泥公路建设。公路建设基本上都要征用农用土地，有时还需要砍伐部分森林。占用土地是一切陆上交通工程建设项目对土壤环境的共同影响，并且这种影响是永久性的。在农村地区，农用土地被混凝土所覆盖，造成永久性的损失。城市中建设道路，也必须占用大量的土地资源。交通建设占用城郊和城市土地的环境影响更为深刻。

交通工程建设项目对土壤环境的影响可分为建设阶段和建成阶段。建设期间，大量的土地裸露，并且由于车辆的运输与开挖，土壤极易受到侵蚀，侵蚀程度相当于自然侵蚀或农业侵蚀的数倍。公路建成投入使用后，机动车辆往复行驶，排放废气，公路成为线性的污染源，对公路两侧的环境产生影响。例如，山西省 5 000 km 运煤公路两侧，5×10^4 hm^2 农田受到煤尘严重影响，粮食减产 2.8×10^7 kg。

(6) 能源工程建设项目对土壤环境的影响　能源工程建设项目包含煤、石油、天然气等化石燃料工程项目建设和火力发电、水力发电、核能发电等电力能源工程项目建设。这里以石油工程建设项目为例。石油开采包括陆地石油资源的开采和海洋石油资源的开采。陆地石油开采对土壤影响较大，陆地石油开发区往往由多个油井组成，每一个油井都是独立的污染源。油井的勘探期、生产期和废弃期有各自独特的排污特征。其中，勘探期排污量最大，变化最快。石油工程建设必然占用土地资源。除油井、仓储、交通、厂房、职工居住区和矿区生产生活设施外，大型远程输油管道的建设也暂时或长期地占用大量的土地资源。此外，油管还可能发生意外灾害破裂溢油，引起油管附近土壤的石油污染。落地原油除去蒸发或地表径流流失以外，大部分残留地表，集中污染 0～20 cm 的土壤表层，油类物质渗入土壤大孔隙。在常年积油的洼地或输油的渠道上，石油污染的深度可达 40～60 cm。用被石油烃污染的水源灌溉农田和挥发进入大气的石油烃通过沉降作用进入土壤也是污染途径之一。全球每年约有 4.0×10^6 t 石油烃沉降进入土壤。

（二）土壤环境和污染源的监测调查

1. 土壤环境调查 土壤环境调查资料可从有关管理、研究和行业信息中心以及图书馆和情报所收集，内容包括：①自然环境特征，如气象、地貌、水文和植被等资料。②土壤及其特性，包括成土母质（成土母岩和成土母质类型）、土壤类型（土类名称、面积及分布规律）、土壤组成（有机质、氮、磷、钾及主要微量元素含量）、土壤特性（土壤质地、结构、pH 和氧化还原电位，土壤代换量及盐及饱和度等）。③土地利用状况，包括城镇、工矿、交通用地面积，农、牧、副、渔业用地面积及其分布。④水土趋势类型、面积及分布和趋势模数等。⑤土壤环境背景资料，可查阅《中国土壤元素背景值》。⑥当地植物种类、分布及生长情况。

2. 土壤环境监测 土壤是一个开放的体系，土壤中的污染物来自自然界的各个环境要素，而这些污染物也会由土壤迁移到其他环境要素中去，所以在对土壤进行环境监测的时候要注意与水、大气等其他环境要素的监测结合起来。

（1）土壤环境监测的目的 土壤环境监测的目的主要有以下几点。

①土壤环境质量的现状调查：主要摸清土壤中污染物的种类、含量水平以及污染物的空间分布，以考察对人体和动植物的危害。

②区域土壤环境背景值的调查：掌握土壤的自然本底值，为环境保护、环境区划、环境影响评价及制定土壤环境质量标准等提供依据。

③土壤污染事故调查：由废气、废水、废渣、污泥以及有害化学品对土壤造成的污染事故，使土壤结构和性质发生变化，造成植物的危害，因此，必须分析它的主要污染物的种类、污染的来源、污染程度和污染范围，以便为行政主管部门采取正确的对策提供科学的依据。

④污染物土地处理的动态观测：我国已普遍开展污水灌溉、污泥土地利用及固体废弃物的土地处理，使许多污染物残留在土壤中，要知道其含量是否会对作物和人体造成危害，就必须进行长期的监测。

（2）土壤环境监测的方法 土壤环境监测的具体方法有下述几种。

①监测范围：与土壤环境的调查相同。

②监测布点：原则上应因时、因地而定，一般情况下应考虑下述几个方面的因素。

A. 合理确定监测布点的密度及均匀性。对于一级和二级评价，多采用网络布点法；对于三级评价，可按要求散点布设。

B. 在受排放污水影响而导致土壤污染的地段，应注意污染物散播的方式与途径。其布点方法通常是沿着纳污河两侧，并按水流方向呈带状布点，布点密度自排污口起由密渐稀。

C. 在受大气污染物沉降而导致土壤污染的地段，则应以高架点源为中心，沿四周各方位呈放射状布点。布点密度自中心起由密渐稀。还应考虑在主风向一侧适当增加监测距离和布点数量。

D. 在受固体废物堆置而导致土壤污染的地段，其布点方法应以堆场为中心，按地表径流和地下水流方向呈放射状向外布设。布点密度也是近密远稀，地下水流上游布点较疏、下游较密。

③植物监测调查：植物监测调查主要是观察研究自然植物和作物等在评价区内不同土壤环境条件下，各生育期的生长状况及产量、质量变化。植物样品应在土壤样点处多点采取，采样的部位可分别为植物的根、茎、叶、花、果以及混合样。

3. 土壤侵蚀和污染源调查　这主要是对引起影响土壤环境因素的源头进行调查，其内容有下述几个方面。

（1）土壤侵蚀源　主要是调查现有的各种认为破坏植被和地貌造成土壤侵蚀的数量。

（2）工业污染源　重点是调查“三废”排放进入土壤的污染物种类、途径和数量。

（3）农业污染源　重点调查化肥、农药、污泥和垃圾肥料的来源、成分及施用量（包括自身所含污染物）。

（4）污水灌溉　主要调查污水来源、污灌量、主要污染物种类、浓度、灌溉面积及灌溉年限。

二、土壤环境影响评价

污染土壤环境影响预测的主要任务是根据建设和实施项目所在地区的土壤环境现状，对建设和实施项目可能带来的污染物在土壤中的迁移与积累，用预测模型进行预测，判断未来土壤环境质量状况和变化趋势。

（一）土壤中常见污染物残留量预测

1. 重金属残留量的计算　土壤重金属污染物在土壤中年残留量（年累积量）的计算模式为

$$W=K\ (B+R)$$

式中，W 为污染物在土壤中年残留量（mg/kg）；B 为区域土壤本底值（mg/kg）；R 为土壤污染物对单位土壤的年输入量（mg/kg）；K 为土壤污染物残留率。若污染年限确定，每年的 K 和 R 不变，则污染物在土壤中 n 年内的累积量为

$$W_n=BK^n+RK\frac{1-K^n}{1-K}$$

从上式可知，年残留率（K）对污染物在土壤中年残留量的影响很大，而 K 的大小因土壤特性而异。

年残留率的推求可通过盆栽实验进行的。在盆中加入某区域土壤 x kg，厚度为 20 cm 左右，先测定出土壤中实验污染物的本底值，然后向土壤中加入该污染物 y mg，其输入量为 y/x（mg/kg）。种植作物，以淋灌模拟天然降水，灌溉用水及施用的肥料均不应含该污染物，倘若含有，需测定其含量，并计算在输入量中。该区域土壤的年残留率按下式计算。

$$K=\frac{\text{残留含量 (mg/kg)}}{\text{年输入量 (mg/kg)}}\times 100\%$$

式中，残留含量为试验后土壤污染物浓度减去土壤原本底值。在缺乏盆栽实验或田间试验的情况下，预测土壤一定年限内的重金属污染物的残留量，或预测土壤可污灌的年限，可

按照下式计算。

$$W=nX+W_0$$

$$N=\frac{c_k-W_0}{X}$$

$$X=\frac{W_0-B}{N_0}$$

式中，W 为预计年限内土壤中重金属污染物的残留量（mg/kg）；X 为土壤中重金属的平均年增长值（mg/kg）；B 为土壤环境背景值（mg/kg）；c_k 为土壤环境标准值（mg/kg）；W_0 为重金属当年含量（mg/kg）；N_0 为已污灌的年限；N 为预计可污灌的年限。

2. 有机污染物（包括农药）**残留量的计算**　农药输入土壤后，在各种因素作用下，会产生降解或转化，可以按下式计算。

$$R=ce^{-kt}$$

式中，R 为农药残留量（mg/kg）；c 为农药施用量；k 为降解常数；t 为时间。

从上式可知，连续施用农药后，如果农药能不断降解，土壤中的农药累积量有所增加，但达到一定值便趋于平衡。

假定一次施用农药时，土壤中农药的浓度为 c_0，施后的残留量为 c，则农药残留量（F）可以用下式表示。

$$F=c/c_0$$

如果每年一次连续施用，则数年后农药在土壤中的残留总量为

$$R_n=(1+f+f^2+f^3+f^4+\cdots+f^{n+1})\ c_0$$

式中，R_n 为残留总量（mg/kg）；f 为残留率（%）；c_0 为一次施用农药在土壤中的浓度（mg/kg）；n 为连续施用年数。

当 $n\rightarrow\infty$ 时，则有

$$R_n=c_0/(1-f)$$

R_n 为农药在土壤中达到平衡时的残留量。

3. 废（污）**水灌溉的土壤影响预测举例**

（1）重金属残留量的计算　计算某污灌区灌溉 20 年后土壤中镉（Cd）的残留量。土壤中镉的本底值为 0.19 mg/kg，年残留率（K）为 0.9，年输入土壤中的镉为 630 g/hm^2。

设每公顷耕作土层质量为 2 250 t，将上述数据代入公式中，得

$$W_{20}=0.19\times0.9^{20}+(630\times10^3/2.25\times10^6)\times0.9\times(1-0.9^{20})/(1-0.9)$$
$$=2.236\ (\text{mg/kg})$$

（2）有机污染物残留量的计算　若土壤中石油类污染物背景值为 250 mg/kg，年残留率为 0.7，年输入量为 100 mg/kg，试计算石油类污染物在土壤中的残留量。

将上述数据代入公式中，得

$$W_{20}=250\times0.7^{20}+100\times0.7\times(1-0.7^{20})/(1-0.7)=233.5\ (\text{mg/kg})$$

根据上述公式及有关调查资料和土壤环境质量标准，还可以计算土壤污染物达到土壤环境质量标准时所需的污染年限，也可以求出污水灌溉的安全污水浓度和施用污泥中污染物的最高容许浓度。

（3）施用污泥中重金属的最高容许浓度计算　将上述公式稍加改变，可计算施用污泥中

重金属的最高容许浓度，计算式如下。

$$W_n = BK^n + (XM/G) \cdot K \cdot \frac{1-K^n}{1-K}$$

$$X = \frac{W_n - BK^n}{(M/G) \cdot K \frac{1-K^n}{1-K}}$$

式中，W 为土壤中污染物残留总量（累积总量，mg/kg）；B 为土壤中污染物的本底值（mg/kg）；X 为污泥中污染物最高容许含量（mg/kg）；G 为耕作层单位土壤质量（kg/hm²）；M 为污泥每年施用量（kg/hm²）；K 为污染物年残留率；n 为污泥施用年限。

（二）土壤环境影响评价的其他内容

1. 拟建项目对土壤影响的重大性和可接受性 根据土壤环境影响预测与影响程度的分析，指出工程在建设过程和投产后可能遭到污染或破坏的土壤面积和经济损失状况。通过费用-效益分析和环境整体性考虑，判断土壤环境影响的可接受性，由此确定该拟建项目的可行性。

任何开发行动或拟建项目必须有多个选址方案，应从整体布局上进行比较，从中筛选出对土壤环境的负面影响较小的方案。具体内容如下。

（1）将影响预测的结果与法规和标准进行比较 如拟建项目造成的土壤侵蚀或水土流失十分严重，但水土保持方案却不足以显著防治土壤流失，则该项目的负面影响是重大的，在环境保护方面是不可行的。

（2）将影响预测值加上背景值后与土壤标准做比较 如一个拟建化工厂排放有毒废水使土壤中的重金属含量超过土壤环境质量标准，则可判断该废水的影响是重大的。

（3）用分级型土壤指数对土壤的基线值与预测拟建项目影响后算得的两个指数值进行比较 如果土质级别降低（例如基线值为轻度污染，受影响后为中度污染），则表明该项目的影响是重大的；如果仍维持轻度污染，则表示影响不显著。

（4）与历史上已有污染源或土壤侵蚀源进行比较 请专家判断拟建项目所造成的新的污染和增加侵蚀程度的影响的重大性。如土壤专家一般认为在现有的土壤侵蚀条件下，该大型工程的兴建将使侵蚀率每年的提高值不大于 11 t/hm² 则是允许的。但在做这类判断时，必须考虑区域内多个项目的累积效应。

2. 避免、消除和减轻负面影响的对策 拟建工程项目可以采用以下措施来控制工程对土壤的负面影响。

①工业建设项目应首先通过清洁生产或废物最少化措施，以减少或消除废水、废气和废渣的排放，同时在生产中不用或少用易在土壤中累积的化学原料。其次是采取排污管终端治理方法，控制废水和废气中污染物的浓度，保证不造成土壤的重金属和持久性的危险有机化学品（如多环芳烃、有机氯、石油类等）的累积。

②危险性废物堆放场和城市垃圾等固体废物填埋场应有隔水层。隔水的设计、施工要求要高，要确保工程质量，使渗漏液的影响减至最小。同时做好渗漏液收集和处理工程，防止土壤和地下水受污染。

③对于在施工期破坏植被、造成裸土的地块应及时覆盖沙、石和种植速生草种并进行经常性管理，以减少土壤侵蚀。

④对于农副业建设项目，应通过休耕、轮作以减少土壤侵蚀。对于牧区建设，应避免过

度放牧，保证草场的可持续利用。

⑤在施工中开挖出的弃土应堆置在安全的场地上，防止侵蚀和流失。如果弃土中含污染物，应防止流失、污染下层土壤和附近河流。在工程完工后，这些弃土应尽可能返回原地。

⑥加强土壤与作物或植物的监测和管理。在建设项目周围地区加大森林和植被的覆盖率。

第四节 土壤污染毒理学评价

环境污染物对生物体作用的性质和强度，往往是生物、化学物质及环境条件三者相互作用的结果。不同种类的生物对同一种环境污染物的反应往往差别很大，不同的环境污染物对同一种生物常常有不同的毒性作用，不同的环境条件又影响着生物体与环境污染物之间的相互作用。

一、污染土壤的毒理学效应

（一）重金属污染的胁迫作用

土壤中重要的重金属类污染物包括：①致癌重金属，如砷、铬及其化合物，铍、镍等金属化合物；②在土壤中易移动的金属类；③在食物链中积累的金属。土壤中自然存在的重金属及推荐土壤及饮水中允许浓度比较数据见表 10-7。

表 10-7 土壤中自然存在的重金属及推荐土壤及饮水中允许浓度比较

污染物	浓度范围（mg/kg）	平均水平（mg/kg）	推荐允许浓度	
			土壤（mg/kg）	饮水（mg/kg）
银	0.01～5.0	0.05	5.0	0.05
砷	1～50	5.0	5.0	0.05
钡	100～3 000	430	100	1.00
镉	0.01～0.7	0.06	1.0	0.04
铬	1～1 000	100	5.0	0.05
汞	0.01～0.3	0.03	0.2	NA
铅	2～200	10	5.0	0.05
硒	0.1～2	0.3	1.0	0.01

重金属进入土壤生态系统后，通过与土壤多介质组分的交互作用，对土壤生态系统构成污染胁迫。土壤环境中过量的金属离子对土壤动物、土壤微生物和植物通过以下各种过程和机制，最终导致极为复杂的生态毒理效应：①与生物必需元素的离子发生取代反应；②与磷酸基团以及 ADP 或 ATP 活性基团反应的亲和力作用；③与巯基基团（—SH）发生生物化学作用；④改变生物膜的通透性。

在研究重金属污染土壤的生态毒理效应时，要注意以下几方面的问题：①不同类型的土壤以及土壤各种性质影响重金属在土壤环境中的生态行为以及在土壤动物、土壤微生物和植物体系转移的过程与速率；②生物体对土壤中重金属的吸收、积累同时受其他环境因子（如水分、pH、氧化还原电位和盐度）的影响；③生物体本身具有屏蔽重金属作用，抵制、阻止或减少重金属离子吸收，以及减弱重金属毒性的能力；④不同重金属甚至同一重金属在不同土壤条件下的生态毒性差异很大；⑤重金属在土壤环境中还可能与其他化学物质甚至土壤组分发生各种交互作用。

土壤环境中重金属盐的毒性效应直接与暴露剂量和时间有关，低浓度暴露下，生物体能够恢复正常。以对细胞分裂的毒性效应大小为指标，重金属可以分为3类：①效应极显著的重金属，包括镉、铜、汞、铬、钴、镍和铍等；②效应显著的重金属，包括锌、铝、锰、铁、硒、锶、锑、钙和钛等；③效应相对较弱的重金属，包括镁、钒、砷、铜、钡和铅等。另外Ⅳ和Ⅶ族的金属盐导致的细胞染色体异常率显著比Ⅲ族金属盐高。

植物对重金属有较宽的耐受范围，这种耐受的机理因品种而异。一些植物可将重金属排阻在根土界面，从而不吸收重金属；另一些则在根内与金属形成配合物；还有一些称为积累植物，它们可以从土壤中吸收高浓度的重金属而无明显受害症状，原因在于其可以阻止重金属到达植株的敏感部位。对于砷、铜、镍和锌来说，因为对植物有害的浓度低于对动物有害的浓度而使食物链受到保护；而对于镉、硒和钼来说，高浓度对植物无害，因此易在植物体内形成对动物有害的积累。其他重金属，如铅、钴和汞也在一定程度上通过植物吸收而进入食物链。

重金属对土壤微生物的毒理效应主要表现在能够抑制微生物的活性。如重金属镉能够与碱性磷酸酶的活性位点结合而使其失活，但对碳和氮的矿化作用影响不大。能够指示土壤重金属污染的微生物效应的主要指标如微生物菌落的生长、群落结构变化以及生物量的变化等，在土壤微生物的污染胁迫下一般都没有显著的效应。

（二）有机污染物的胁迫作用

土壤的吸附和解吸作用是控制有机污染物在土壤环境中是否对生物产生胁迫作用的重要机制。当有机污染物被土壤吸附后，其生物活性和微生物对它的降解作用都会减弱。未被土壤吸附的一些有机污染物可以通过挥发、粒子扩散迁移进入大气，引起大气污染；或随水迁移、扩散进入水体，引起水体污染。

有机污染物对土壤动物的毒理效应一般表现在个体的毒害反应、致毒过程、死亡，以及种群数量下降和群落结构发生变化等方面。研究发现，除草剂乙草胺处理的蚯蚓中毒症状明显，高浓度处理组几秒钟就开始剧烈弹跳、扭动，低浓度处理组要几分钟后才开始有扭动反应，随着处理时间延长，蚯蚓身体变柔软，环节松弛，部分身体糜烂，并失去逃避能力，直至死亡。当试验浓度仅为0.1mg/kg时，污染暴露48h，表现出致死毒性；而在试验的最高浓度时，污染暴露48h，蚯蚓则全部死亡。

有机污染物对植物的毒理效应包括影响植物生理生化过程，抑制植物光合作用，使植物生长受到抑制，甚至死亡。例如，土壤受到除草剂污染后，对植物的生长发育及生理代谢过程均有一定影响，主要表现在抑制种子的萌发和根、茎的生长，改变种子萌发时的酶的活性和根尖细胞有丝分裂频率。

尽管土壤微生物对有机污染物有一定的降解能力，但有机污染物对土壤微生物也能产生抑制作用。例如，敌草隆的降解产物对亚硝酸细菌和硝酸细菌有抑制作用；2，4-滴和甲基氯苯氧乙酸对土壤中蓝细菌的光合作用有毒性作用。有机污染物对土壤微生物的抑制作用一般是在高浓度情况下发生，在低浓度则影响不大，对土壤微生物活性也不会产生长期的有害影响。比如，较高浓度的乙草胺对土壤细菌生长具有急性毒性效应，但这种毒性作用可以随时间延长不断减弱，土壤中被抑制的细菌活细胞数量逐渐得到恢复，并最终显著高于对照组。乙草胺对可培养自生固氮菌表现出强烈的刺激作用，甲胺磷则表现为严重抑制作用。

（三）复合污染的联合胁迫作用

在单因子污染胁迫下，环境毒物或污染物对土壤生物的毒性效应，基本上决定于该毒物或污染物的理化性质，但暴露浓度水平也是一个极为重要的影响因素。在多元复合污染条件下，除了污染物的理化性质本身的作用外，污染物的不同组合及其浓度起至关重要的作用。

有研究表明，就产量、微生物群落、酶活性和可溶性蛋白含量等影响为指标的复合污染生态毒理效应，更为直接和更为重要的是取决于其存在的浓度水平的组合关系。例如在研究除草剂乙草胺与铜的复合污染对蚯蚓的毒性时发现，低浓度水平的铜与乙草胺复合时，毒性减弱；高浓度水平的铜与乙草胺复合时，毒性大大增强。复合污染生态毒理效应的这种浓度组合决定作用，在分子水平上也得到了反映和证实：在高浓度组合以及在低剂量长时间暴露条件下，微生物为了抵御污染毒性作用而发生基因突变或特异微生物物种的大量繁殖和富集。另外，在生物体的不同组织，复合污染的联合毒理效应也有较大差别。例如，豆磺隆与镉复合处理小麦幼苗时，对叶片超氧化物歧化酶（SOD）活的联合效应表现出加和效应，并且酶活变化类似镉单效应作用，而根部超氧化物歧化酶酶活则不同于豆磺隆和镉的单效应。

二、污染土壤的毒理学评价测定方法

（一）微生物毒性评价测定方法

研究环境污染物对某一种类微生物的毒理学作用时，通常要经过样品采集、富集培养、分离纯化和分类鉴别，并在此基础上进行污染物种类、浓度对该微生物的毒理学效应及机制的分析试验。一般来说，这样的研究工作在实验室内进行。首先研究环境污染物对微生物的致死剂量、杀菌率。在确定毒性作用后，通过形态观察、代谢产物分析和遗传特性分析进行毒理学机制研究。

1. 形态观察　形态学观察包括对菌落、细胞、亚细胞结构和超微细胞结构的形态观察。在固体培养基上由同一微生物细胞组成的菌落常常呈现特征性的形态，如散射状、梅花状和馒头状等，通过肉眼观察可以直接看到这些菌落的形态变化。微生物的细胞形态呈丝状、杆状、球状、弧状和螺旋状等，需要借助显微镜进行观察，亚细胞结构和超微细胞结构则在电子显微镜下才能看到。有时环境污染物会造成微生物形态的变化，有时却并不表现出形态变化，仅仅导致生理学和遗传学性状的改变。

2. 代谢产物分析方法　分析代谢产物的常用方法有色谱法、质谱法、色质联用法和核磁共振法。色谱法包括气相色谱和液相色谱，其检测特点是需要有标准样品，所以不能用于对无标准样品的产物测定。红外线色谱法、质谱法和核磁共振法能够分析代谢产物的分子结构。色质联用法既可以检出代谢产物的种类，又可以测定它们的数量。放射性元素示踪法，是跟踪监测代谢过程的有效研究方法。例如，将^{14}C和^{32}P等放射元素分别导入化合物中，便可以跟踪检测代谢产物的变化过程而推断出微生物遭受毒性作用后的代谢变化。

3. 蛋白质分析方法 蛋白质种类和数量与代谢活动密切相关，应用凝胶电泳或层析柱分离可以测定蛋白质的种类与数量，而通过酶活性测定则可以得到某种代谢活动是否受阻的信息。相对于其他试验，土壤中的大量酶常作为测量的试验参数。在试验时，化合物要与土壤混合均匀，含水量调节到与田间土壤相似或为40%～60%，在20℃避光的条件下进行微生物的孵育。

4. 基因分析方法 通过基因组测序并与相关基因文库比对，也可以通过分子杂交以确定DNA的变化位点，再结合蛋白质与代谢产物分析，便可以确定基因受损的情况。

综合上述分析结果，比照未受毒性作用的细胞，推断出环境污染物对微生物毒性作用的机制。

5. 比色测定方法 发光菌的荧光测定法（Microtox）可测定微生物（酶）的毒性。

这里具体介绍Bitton等（1996）提出的土壤重金属毒性直接测定法（MetPLATE）。测定原理是利用一种能产生β-半乳糖苷酶（β-galactosidase）的大肠杆菌（*Escherichia coli*）变种，所产生的β-半乳糖苷酶能与酶试剂——半乳糖吡喃苷酶氯酚红（chlorophenol red-galactopyranosidase，CRPG）形成红色物质，通过比色测定该酶的数量。若土壤受重金属毒性，该菌产生的酶就会减少，从而使颜色减弱。该菌对重金属毒性敏感，但对有机污染物不敏感。具体测定方法如下。

（1）样品测定 称0.5～1.0g土壤于可以密封的透明小瓶子中，加入0.9mL 0.1mol/L $NaNO_3$ 和0.1mL菌液（来自MetPLATE™ test kit，Group 206 Technologies，Gainesville，FL，USA），涡动振荡10s，在35℃恒温振荡下培养1h，再加入0.5mL用0.15mol/L磷酸缓冲液配制的125mg/L（CRPG）半乳糖吡喃苷酶氯酚红溶液，置于35℃恒温振荡下培养至形成明显的颜色。涡动振荡15s，过滤，在575nm波长比色，记录吸光度（S）。

（2）有菌无土对照 称好与上述样品测定中一样多的土壤，但只在全部培养反应形成颜色后加入，涡动振荡15s，等待2min，过滤。在575nm波长比色，记录吸光度（C_S）。

（3）有土无菌对照 与样品测定相同处理，但不加入菌液，而用0.1mL 0.1mol/L $NaNO_3$ 代替，吸光度记为 S_B。

（4）无菌无土对照 与有菌无土对照处理相同，但不加入菌液，而用0.1mL 0.1mol/L $NaNO_3$ 代替，记为 C_{BS}。

土壤重金属毒性用抑制率来表示，抑制率由下式计算得到。

$$抑制率=[(C_S-C_{BS})-(S-S_B)]/(C_S-C_{BS})$$

该法设多个对照，以消除土壤本身微生物的影响和土壤对颜色吸附等的干扰。

（二）植物毒性评价测定方法

在植物生态毒理学研究中，最常规的毒性试验就是通过植物生长的形态和解剖学指标测量污染物对植物的急性毒性，也就是将植物培养在一定的可控制系统中，然后根据需要进行染毒，进行相关的形态学和解剖学毒性测试。一般选取染毒后一定时间内植物的生长指标（如发芽率、生长速率、生长量、株高、叶面积、叶长、生根数、根系长度、侧根数目、叶色变化、器官畸形率、死亡率等指标）进行观察，调查测定各个处理植物的生长参数，用生长指标和中毒症状与对照组的相应参数加以比较，确定毒物对植物的急性损伤程度。

1. 种子发芽试验 包括维管植物在内的、最广泛使用的植物急性毒性试验，是种子萌发测试（用直接暴露方法）和根系伸长测试（通常用浸洗液测定），因为种子萌发过程代表生长周期中敏感的时期。有趣的是，种子萌发过程对很多化学物质很不敏感。原因在于：①很多化学物质不可能进入种子中；②胚芽植物通过种子所储存的物质来获取自身所需的营养，使它与外在环境的联系并不紧密。根据生态学的观点，种子萌发对多年生植物种类来说并不怎么重要，但对于野生的一年生植物，极低的种子萌发率是具有代表性的。植物短期毒性测试方法，最初是从植物生理学和种子科学的简单检测方法中而来的。这种测试适用于检测单个化学物质和混合化学物质对植物的影响。最近，这种测试方法还用于评估、检测废弃物对土壤污染的影响。

种子萌发试验是通过种子暴露于土壤基质中来检测化学物质的污染。该方法在美国已经被广泛使用。试验土壤与对照土壤以对数级进行混合，试验开始 5 d 后统计种子萌发数。当种子萌发率减少 50%时，试验土壤的浓度就是 EC_{50}（半数受影响浓度）。这个测试被看成直接的土壤毒性测试。常选择 4～5 种不同的植物。

种子发芽系数测定植物毒性的具体实验步骤如下：在培养皿内垫上一张滤纸，均匀放入 10 粒水堇（*Lepidium sativum*）种子，加入水样或土壤水浸提滤液（固液比 1∶10）5.0 mL，盖上盖子，在 25℃黑暗的培养箱中培养 48 h 后，测定发芽率和根长。每个样品做 3 个重复，同时以去离子水做空白试验。用以下公式计算种子的发芽系数。

$$\text{发芽系数}=\frac{\text{处理的发芽率（\%）}\times\text{处理的根长}}{\text{空白的发芽率（\%）}\times\text{空白的根长}}\times 100\%$$

该系数若小于 100%，则具有植物毒性，该值越小毒性越强，通常以 50%作为固体废物农用可接受的水平。

2. 根系生长试验　根系生长的测试是指在控制温度和湿度的容器中培育植物，根系暴露在受试物中，可溶性毒物在试验土壤中的潜在毒性到达生长的根系，可以测得根系的长度。从而计算测试种群的 E_{50}（半抑制浓度）就是当试验样品的根系长度为控制样品根系长度的一半时的浓度。莴苣是常用的测试样品。

3. 其他植物生理学试验　一系列的植物生理学端点可用于生态毒理学研究中，遗憾的是大部分生理学方法在常规种群的方案中没有被采用。标准化的检测可以从联合国环境署（UNEP）《生物生产力和光合作用技术》（Coombs 等，1988）中获得。可以利用不同的生物化学技术，这些技术适用于急性或慢性毒性端点，也适用于一些生命阶层。

（1）光合作用　用光合作用参数来评估环境条件的方法已经被大家所接受。但是很难在实际中将光合作用与植物产量联系起来，即使与环境胁迫相关联也同样困难，这是由于不同物种之间存在的差异，再加上年度间、季度间和每日间的变化造成的。暴露于环境化学物质的植物多胺的增加也可用于光合作用过程检测。如类似的谷氨酰胺-S-转移酶检测和植物细胞色素 P_{450} 都可以用于光合作用的检测。

（2）叶绿素荧光方法　对光合作用进行荧光分析已经被广泛作为一种检测植物的遗传学、生物化学和生理学状况的方法。近几十年来，已经收集了上百种化学物质和一些植物种类的光合作用系统的毒理学数据。这些丰富的物质使叶绿素荧光成为检测暴露和影响的最有前途的生物标记物。叶绿素荧光方法是一种评价生态学的重要环境胁迫的生物标记方法。这种检测方法灵敏度高、可靠性强。该方法在农药、有毒化学品风险评价、危险废弃物评估和生态观察活动上的使用具有很大的潜能。叶绿素荧光的检测方法要比其他用于评估环境影响的生物学方法实用得多。

（3）酶测定方法　对过氧化物酶活性的测定，已经表明其可以用做生物标记物。Byl 和 Klaine 于 1991 年报道了铜和磺脲类除草剂的剂量-反应关系。研究表明，酶测定方法比生长测定方法更敏感，过氧化物酶活性测定可能被超氧化歧化酶的同工酶检测所代替，不同的同工酶对应不同胁迫下的不同植物。

（4）细胞培养分析　农药、有毒化学品和金属对植物生长和代谢过程的影响，可用植物细胞培养进行研究，也可用愈伤组织培养。培养基中植物细胞对化学物质响应的初步检验是可行的。因为培养基缺乏微生物，植物细胞对化学物质的响应和代谢可以检测出来。被选物种的植物细胞和微生物的联合影响可以在每次单个变量变化的试验中进行研究。最简单的方法就是将培养基暴露在有毒化学物质中来检测其生长。通过选取已知代表性的细胞悬浊液的样本、在离心管中离心细胞，然后称量细胞的干重和湿重来实现的。一般来说，测得湿重就足够了。在多数的情况下，存在这样一个可能性，即研究细胞在培养基中没有进行繁殖而是仅仅吸收了水和溶液，此时需要测定干重和湿重的比例。

（三）动物毒性评价测定方法

1. 测定方法　一般毒性指环境污染物在一定剂量下对动物机体产生总体毒效性的能力，又称为一般毒性作用或基础毒性。动物接触化学物的剂量、时间不同，所产生的毒效应也不同，可以将一般毒性分为急性毒性和慢性毒性。急性毒性是指机体一次接触或 24 h 内多次甚至连续接触某一化学物后，在短期内所引起的毒效应，包括死亡效应。所谓“短期内”一般指染毒后 7～14 d。急性毒性研究的目的主要是确定化学物的致死剂量，评价化学物对机体急性毒性的大小、毒效应的特征和剂量-反应（效应）关系，并根据半数致死剂量（LD_{50}）进行急性毒性分级。慢性毒性试验在试验设计和方法上除了染毒期限与急性毒性不同外，其他方面基本相同。

（1）实验动物　一般要求选择两个动物物种，一种为啮齿类动物，另一种为非啮齿类动物。首选的啮齿类实验动物是大鼠，非啮齿类动物是狗。一般选用雌、雄两种性别，经皮染毒毒性试验时，也可以考虑用兔或豚鼠。

（2）染毒途径　亚慢性毒性和慢性毒性试验中，外源化合物的染毒途径，应该尽量模拟实际接触受试化学物的方式。常用的染毒途径是经胃肠道、呼吸道或皮肤染毒。

（3）染毒期限　染毒期限应该依据受试物的种类和实验动物的物种而定，工业生产过程中接触的毒物可以相对短一些，慢性毒性试验染毒 3～6 个月。环境毒物试验的染毒期限则相对要长一些，如慢性毒性试验染毒 1 年以上。如果慢性毒性试验与致癌试验结合进行，则染毒期限最好接近或等于动物的预期寿命。为了探讨受试化学物对实验动物有无延迟毒性作用及引起的毒性变化可否恢复，在染毒期结束后，各剂量组与对照组留部分动物继续饲养 1～2 个月，在此期间动物不再染毒，观察各项指标的变化情况。

（4）剂量分组　在慢性毒性试验中，为了得到明确的剂量-反应关系，一般至少应该设 3 个剂量组和 1 个阴性（溶剂）对照组。可以选毒效应的 NOAEL（无可见毒害作用水平值）或其 1/5～1/2 为高剂量，1/100 为低剂量组。总之，在设计剂量时，必须根据受试化合物的特点，具体问题具体分析。

（5）观察指标　观察指标主要有动物中毒症状、体重和食物利用率。观察并记录动物每日的饲料消耗，并计算动物的食物利用率（每食入 100 g 饲料所增长的体重克数）。还要进行实验室检查，如血液细胞学检查、血液生化学检查及尿液检查。

水生生物慢性毒性试验可以选用鱼类（淡水为鲤、鲫，海水为鳟），暴露时间一般为6～12个月或更长。也可以选用无脊椎动物，如大型蚤（淡水）、糠虾（海水），暴露时间为3～4周或更长。通过水生生物慢性毒性试验可以确定受试化合物对水生生物生长、发育和繁殖能力影响的剂量-反应（效应）关系。

2. 测定举例 这里具体介绍用鱼类作动物毒性试验。

鱼类毒性试验是检测成分复杂的废水和废渣浸出液的综合毒性的有效方法，也可用于土壤浸出液检测，其结果可作为判断污染介质后毒性高低的依据。

（1）实验鱼的选择和驯养 试验用鱼以金鱼最适宜。试验用鱼必须是无病、健康的，其外观是行动活泼，体色发亮，鱼鳍完整舒展，逆水性强，食欲强，并无任何鱼病。鱼的大小和品种都可能对毒物敏感度不同，因此同一试验中要求选用同一批同属、同种和同龄的金鱼，体长（不包括尾部）约3cm，最大鱼的体长不超过最小鱼体长的一倍半。新选来的鱼必须经过驯养，使它适应新的环境才能进行试验。一般是在与试验条件相似的生活条件下（水温、水质等）驯养一周或10d以上，试验前4d最好不发生死亡现象。正式试验的前1d应停止喂食，因为喂食会增加鱼的呼吸代谢和排泄物，影响试验液的毒性。

（2）试验准备 每种试验浓度为一组，每组至少10尾鱼。为便于观察，容器用玻璃缸，容积10L（以10尾鱼计）左右，以保证每升水中的鱼重不超过2g。试验液中溶解氧量保持在温水鱼不小于4mg/L，冷水鱼不小于5mg/L。如试验液中含有大量耗氧物质，为防止因缺氧引起死亡，应采取措施，如采用更换试验液、采用恒流装置等，但最好不要采用人工曝气法。

试验液的温度不宜太高，一般温度高，污染物的毒性大。通常对鱼类适宜生存温度进行试验。冷水鱼的适宜温度一般在12～18℃，温水鱼的适宜温度在20～28℃，同一试验中温度变化为±2℃。

试验液的pH通常控制在6.7～8.5。试验和驯养用水是未受污染的河水和湖水。pH对鱼类生存有影响。如用自来水必须经过人工曝气或自然曝气3d以上，以排除余氯和增加溶解氧量。蒸馏水与实际差异太大，不宜做试验用水。

（3）试验步骤

①预试验（探索性试验）：为保证正式实验顺利进行，必须先进行探索性试验，以观察现象，确定试验的浓度范围。选用的浓度范围可大一些，每组鱼的尾数可少一些。观察24h（或48h）鱼类中毒的反应和死亡情况，找出不发生死亡、全部死亡和部分死亡的浓度。

②试验浓度设计和毒性判定：合理设计试验浓度，对试验的成功和精确有很大影响。通常选7个浓度（至少5个），浓度间取等对数间距，例如：100、5.6、3.2、1.8、1.0（对数间距0.25）或10.0、7.9、6.3、5.0、4.0、3.6、2.5、2.0、1.6、1.26、1.0（对数间距0.1）。需要时也可用10的指数来乘或除，这些数值在对数纸上是等距离的。另设一对照组，在试验期间，对照组鱼死亡超过10%，则整个试验结果不能采用。试验开始的前8h应连续观察，随时记录。如正常，开始试验，做24h、48h和96h时的观察记录。试验过程发现特异变化应随时记录，根据鱼的死亡情况、中毒症状判断毒物或工业废水毒性大小。如毒物的饱和浓度或所试工业废水在96h内不引起试验鱼的死亡时，可以认为毒性不显著。

③半致死浓度求算：鱼类毒性试验的半致死浓度（TL_m），是反映毒物或工业废水对鱼类生存影响的重要指标，TL_m的计算要求必须有使实验鱼存活半数以上和半数以下的各浓度。在半对数纸上用直线内插法推导，方法是以对数坐标（纵坐标）表示试样浓度，用算术坐标（横坐标）表示试验鱼的存活百分数，然后将实验结果标在图上（图10-1）。直线与50%存活直线相交，再从交点引一垂线至浓度坐标，即为TL_m。根据24h、48h、96h的试验数据，可分别得到$24TL_m$、$48TL_m$和$96TL_m$。根据表10-8实验数据作图10-1即得$24TL_m$为6.7mg/L，$48TL_m$为4.7mg/L，$96TL_m$为3.56mg/L。

表10-8　某毒物试验结果

毒物浓度（c，mg/L）	每组鱼数（尾）	试验鱼成活数		
		24h	48h	96h
10.0	10	0	0	0
7.5	10	3	0	0
5.6	10	8	2	1
4.2	10	9	7	2
3.2	10	10	9	7
2.4	10	10	10	9
对照组	10	10	10	10

在河流、湖泊或海岸受污染出现鱼死亡时，可以通过各工厂废水的鱼类毒性试验结果找出主要污染源。鱼类毒性试验也可以作为水体修复效果的鉴定指标，即根据处理前后的毒性改变，确定处理效果。将土壤浸出液（固液比为1∶10）参照鱼类毒性实验进行检测，其结果也可作为判断土壤污染毒性高低的参考，可作为农田排水安全性的一种参考检定法。

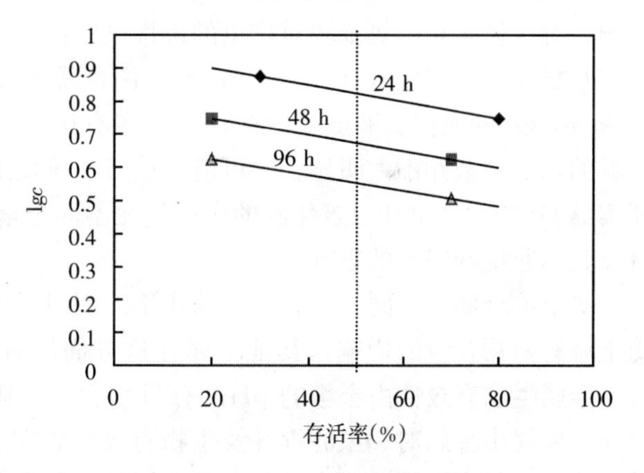

图10-1　TL_m的直线内插法

（四）污染土壤毒理学评价的影响因素

1. 影响毒理学测试的土壤因子　土壤不仅是生物生存的基质，也是化学污染物的残存介质。土壤的物理化学性质对污染物的生物有效性起重要作用。

文献中介绍的测试方法中，曾用过很多不同的介质。除了自然和人工的土壤外，还有大量的人造土壤介质，如石英砂、硅胶、琼脂、湿滤纸、水、营养液。与天然土壤相比，根据它们得到的结果难以适用于土壤，所得结果的可靠性有限。在一些测试中，生物体不是在介质中直接接触污染物，而是经由摄食途径接触的，因此就难以将其转换成土壤中的结论。在土壤生物活性的研究中，只有自然土壤（新鲜样品）可以使用，因为污染物对本土微生物的影响起决定性的作用。

从生态学观点来说，大田试验是必要的，但自然和人工土壤的利用也是可以的。对不同微生物毒性试验来说，为了方法标准化和结果具有可比性，制作一些土壤样本标准也是必要的。如做蠕虫毒性试验用的、与土壤性质相似的人工土壤，是一种混合物，含石英砂（直径在 0.50～0.2 mm）70%、高岭土 20% 和煤（过 1 mm 孔径筛）10%，其 pH 用碳酸调节到 6.0。

2. 土壤生物与污染物的接触方式　土壤生物接触污染物的方式主要有 3 种：①摄食和口腔接触土壤颗粒；②皮肤通过土壤溶液接触污染物；③吸入土壤空气中的污染物。其他接触方式的资料尚未见报道。节肢动物门的生物有着坚固的表皮或外骨骼，因而接触方式主要是经口摄食。有研究表明，对于蜘蛛类生物，表皮的接触可能更为重要。其他节肢动物除口腔接触方式外的其他接触方式尚未见报道。对于像蠕虫类的离土壤更近的软体动物，与土壤空隙水的接触是最主要的，污染物的毒性大小主要由水中污染物的浓度决定。从吸收作用的数据也可以看出，污染物的毒性来自总浓度。

3. 土壤污染物的吸附方式　土壤对重金属的吸附方式，不能只通过土壤有机质的含量来测算，还应该考虑有机质和黏土的种类、铁和铝的氢氧化物和氧化物、pH、阳离子交换能力（CEC）、氧化还原电位和金属种类等因素的影响。每种金属都有不同的吸附情况，因此要找出金属生物有效性和土壤性质之间的关系是非常困难的。时间越长，土壤对有机污染物和金属的吸附就会越多。把化合物直接投放到土壤中的实验室毒性试验可能高估了长期存在于土壤中化合物的危险性。所以更多的研究应该使生物有效性的有效测算成为可能。

4. 土壤性质对毒性作用的影响　对于有机化合物，其毒性常直接受土壤有机质成分的影响。对三氯苯和二氯苯胺对蠕虫的毒性试验证实了这一点。土壤有机物含量与毒性的相关性在对蟋蟀（*Gryllus pennsylvanicus*）、两种线虫（*Melanotus communis* 和 *Heterodera rostochiensiss*）的农药影响试验中被证实。在有机污染物包括农药对土壤微生物的影响方面，二者的相互关系并不太明显。这可能是由于土壤质地和微生物所在位置的不同所致。有研究证实 ATP 的生产量和二氧化碳的生产量在不同土壤类型上波动较大，并受土壤性质、含水量及其他非生物因素的影响。

对于重金属，不同元素有不同的作用。铜对蠕虫（*Octolasium cyaneum*）的强烈毒性只受土壤有机物含量的影响，其他金属在这方面的研究未见报道。从蠕虫的生物富集资料来看，金属生物有效性由土壤的 pH、有机物含量、阳离子交换量（CEC）和黏土含量决定。因此，要找出金属对蠕虫的毒性及生物有效性的定量关系几乎是不可能的。镉对跳虫的毒性及与几种人工及天然土壤中的阳离子交换量之间有明显的联系，与土壤中有机物的含量有微弱的联系，而与土壤 pH 无关。

镉对土壤呼吸作用的影响主要受土壤黏粒含量的制约，铜、铅、锌则主要受土壤中的铁含量的制约，镍则取决于土壤的 pH。在这些土壤性质中，没有发现对铬的影响因素。对于含砷、镉和铬的粗质土壤，低有机物含量的磷酸酯酶的活性较低。由于这些土壤中的黏土含量和 pH 都不相同，也就难以推断哪种因素起主要作用。

◇复习思考题

1. 简述土壤环境容量及其组成。
2. 简述土壤环境质量标准及其制定过程需考虑的土壤污染的暴露途径。
3. 我国土壤环境质量标准包括哪些污染物指标？如何分级？考虑了哪些土壤因素？

4. 土壤环境质量评价可采用哪些评价标准？计算出的污染指数含义有何不同？

5. 土壤环境质量综合评价的计算模式有哪些？各有什么优缺点？

6. 简述不同的建设项目对土壤环境可能造成的影响。

7. 简述土壤重金属在多年后的残留量的估算方法以及污泥农用时其中重金属的最高容许浓度计算方法。

8. 污染土壤的毒理学评价可采用哪些方法？

第十一章

重金属污染土壤的修复和利用

重金属污染土壤的修复是指实施一系列的技术以清除污染土壤中的重金属或者降低土壤中重金属的活性和生物有效态组分，以期恢复土壤生态系统的正常功能，减少土壤中重金属向食物链和地下水的转移。土壤修复可以采取不同的策略，而最终的选择受到诸多因素的影响，主要因素包括：①土壤中重金属的种类、性质和污染程度；②土壤的物理性质、化学性质和生物学性质，以及修复后该土壤的利用类别和方案；③技术经济上的可行性；④各种环境、法律、地理和社会因素进一步决定修复技术的选择。按照修复原理，国内外一般将重金属污染土壤的修复方法分为物理化学修复技术（工程措施）、生物修复技术（以植物修复为主）以及农业生态工程技术修复。

第一节　重金属污染土壤的物理化学修复

重金属污染土壤的物理修复是指以物理手段为主体的移除、覆盖、稀释等污染治理技术；化学修复是指利用外来的或土壤自身物质之间的或环境条件变化引起的化学反应来进行污染治理的技术。

一、物理修复

物理修复是指利用污染物与土壤颗粒之间、污染土壤颗粒与非污染土壤颗粒之间各种物理特性的差异性，利用物理（机械）、物理化学原理去除、稀释、分离污染土壤中的重金属，主要有翻土、客土、换土、热解吸和固化等。这些工程措施治理效果通常较为彻底、稳定，但其工程量比较大，投资大，易引起土壤肥力减弱，因此目前它仅适用于小面积的重污染区。

（一）翻土、客土、换土和填埋

翻土法就是深翻土壤，使聚积在表层的污染物分散到更深的层次，达到稀释的目的。该法适用于土层较深厚的土壤，且要配合增加施肥量，以弥补耕层养分的减少。

客土法就是向污染土壤加入大量的干净土壤，覆盖在表层或混匀，使污染物浓度降低或减少污染物与植物根系的接触，从而达成减轻危害的目的。客入的土壤与污染土壤混匀后，应使污染物浓度低于临界危害浓度，才能起到治理的作用。对于浅根植物（如水稻等）和移动性较差的污染物（如铅），采用覆盖法较好，客入的土壤应尽量选择比较黏重或有机质含量高的土壤，以增加土壤环境容量，减少客土量。

换土法是把污染土壤取走，换入新的干净的土壤。该方法对小面积严重污染且污染物又易扩散难分解的土壤是必需的，以防止扩大污染范围，危害人畜健康。对散落性放射性污染的土壤应迅速剥去其表层。由于重金属容易积聚在细粒中，因此可先过筛，换走细粒部分，从而减少换土量。但是对换出的土壤应妥善处理，以防止二次污染。一般来讲，换出的土壤需要像垃圾一样填埋，放射性污染等对人体和环境影响大的需要当做有害废物进行处理。

吴燕玉等在张士灌区调查土壤剖面中镉含量时，发现77%～86.6%土壤镉累积在30cm以上土层，尤以0～5cm和5～10cm内含量最高。去土15～20cm可使米中的镉下降50%左右。

该类方法治理效果显著，不受土壤条件限制。但需大量人力和物力，投资大，且翻土换土可能会使肥力有所降低，应多施肥料以补充肥力。

（二）固化/稳定化

固化/稳定化（solidification/stabilization）技术是将重金属污染土壤按一定比例与固化剂混合，经熟化最终形成渗透性很低的固体混合物。固化剂种类繁多，主要有水泥、硅酸盐、高炉矿渣、石灰、窑灰、粉煤灰和沥青等。固化技术的处理效果与固化剂的成分、比例、土壤重金属的总浓度以及土壤中影响固化的干扰物质有关。采用高炉渣含量不超过80%的水泥固化镉污染土壤的结果表明，铬浓度超过1 000mg/kg的土壤经固化后，浸提出的铬浓度可以低于5.0mg/kg。而且，随着高炉渣比例的提高，浸提液中铬的浓度进一步降低，固化后的混合物强度很大。固化技术不仅可以减轻土壤重金属污染，而且其产物还可用于建筑、铺路等，可谓一举两得。它的不足之处在于会破坏土壤，而且需要使用大量的固化剂，因此只适用于污染严重但面积较小的土壤修复。

玻璃化（vitrification）是固化的另一种形式，其原理是通过加热将污染的土壤熔化，冷却后形成比较稳定的玻璃态物质，金属很难被浸提出来。玻璃化技术还可将污染的土壤与废玻璃或玻璃的组分MgO、Na_2CO_3和CaO等一起在高温下熔融，冷却后也能形成稳定的玻璃态物质。玻璃化技术比较复杂，实际应用中会出现难以达到完全熔化以及地下水的渗透等问题。此外，熔化过程需要消耗大量的能量，需要将土壤加热到1 600～2 000℃，这使得玻璃化技术成本很高，限制了它的应用。不过，如果不考虑它的上述缺点，玻璃化技术对某些特殊废物（如放射性废物）是非常适用的，因为在通常条件下玻璃非常稳定，一般的试剂难以破坏它的结构。并且玻璃化之后污染土壤的体积可以降低到20%～40%。

这些法用水泥等可黏结硬化的物质，与污染土壤混合制成块状惰性体，然后放置储藏在合适地方，是固体有害废物处置的常用方法。在美国等发达国家还研究了塑料封闭法（thermoplastic microencapsulation）等较彻底但成本较高的固定方法。

（三）热解吸法

对于挥发性的重金属如汞，可采取加热的方法将其从土壤中解吸出来，然后在回收利用。此种汞去除/回收技术包括以下几道工序：①将被污染的土壤和废弃物从现场挖掘后进行破碎。②往土壤中加具特定性质的添加剂，此添加剂既有利于汞化合物的分解，又能吸收处理过程中产生的有害气体。③在不断向土壤通入低速气流的同时，对土壤进行加热，且加热分两个阶段，第一阶段为低温阶段（88～100℃），主要去除土壤中的水分和其他易挥发的物质；第二阶段温度较高（538～650℃），主要是从干燥的土壤中分解汞化合物并使汞气化，让其凝结成纯度为99%的金属汞后予以收集。④对低温阶段排出的气体通过气体净化系统，用活性炭吸收各种残余的含汞蒸气和其他气体，以防汞对大气的污染。⑤对在高热阶段产生的气体通过与第④道工序相同的处理净化后再排入大气。为了保证工作环境的安全，程序操作系统采用双层空间，空间中为负压，以防止事故发生时汞蒸气向大气中散发。研究表明，热处理是汞污染土壤修复的有效方法。如 Rose 等（1995）在粉碎的土壤中混入促使难溶的汞化合物分解的物质，然后分两个阶段，分别向土壤中通入低温蒸汽和高温蒸汽，并收集挥发出来的汞蒸气。结果表明，砂性土、黏土和壤土中 Hg 含量分别从 15 000mg/kg、900mg/kg 和 225mg/kg 降至 0.07mg/kg、0.12mg/kg 和 0.5mg/kg，通过气体纯化装置收集的汞纯度可达 99%。适当的催化剂可以加速污染土壤中汞的去除率（Matsuyama 等，1999）。在加热去除火山灰土壤中的硫化汞时（含汞量为 400mg/kg），向土壤中添加氯化铁做催化剂，汞的去除率可随土壤温度的升高而提高。在 300℃时，无论何种类型的土壤，如果添加氯化铁的量等于或略大于土壤中汞的浓度时，99%的硫化汞均可去除。在空气中加热氯化铁时构成了氧化还原气氛，产生了氧化铁和氯化氢气体，促进了三价铁和硫化汞之间的反应。

二、化学修复

化学修复主要是基于污染物土壤化学行为的改良措施，如添加改良剂、抑制剂等化学物质来降低土壤中重金属的水溶性、扩散性和生物有效性，从而使重金属转化为低毒性或移动性较低的化学形态，以减轻重金属对生态和环境的危害。重金属污染土壤的化学修复的机制主要包括沉淀、吸附、氧化还原、水解和 pH 调节等。

化学修复剂的施用方式多种多样，如果是水溶性的化学修复剂，可以通过灌溉将其浇灌或喷洒在污染土壤的表层，或通过注入井把液态化学修复剂注入亚表层土壤。如果试剂会产生不良环境效应，或者所施用的化学试剂需要回收再利用，则可以通过水泵从土壤中抽提化学试剂。非水溶性的改良剂或抑制剂可以通过人工撒施、注入和填埋等方法施入污染土壤。如果土壤湿度较大，并且污染物质主要分布在土壤表层，则适合使用人工撒施的方法。为保证化学稳定剂能与污染物充分接触，人工撒施之后还需要采用普通农业技术（例如耕作）把固态化学修复剂充分混入污染土壤的表层，有时甚至需要深耕。如果非水溶性的化学稳定剂颗粒比较细，可以用水、缓冲液或是弱酸配置成悬浊液，用水泥枪或者近距离探针注入污染土壤。

（一）土壤改良技术

施用改良剂、抑制剂等降低土壤重金属的水溶性、扩散性和生物有效性，可降低它们进入植物体、微生物体和水体的能力，减轻对生态环境的危害。土壤性能改良技术的原理包括沉淀作用、吸附作用和拮抗作用。

1. 沉淀作用　在某些重金属污染土壤中加入石灰性物质，能提高土壤 pH，使重金属生成氢氧化物沉淀。施加有机物等促还原物质，降低土壤氧化还原电位，使重金属生成硫化物沉淀。施用磷酸盐类物质可使重金属形成难溶性磷酸盐。

对于重金属污染的酸性土壤，施用石灰、高炉灰、矿渣和粉煤灰等碱性物质，或配施钙镁磷肥、硅肥等碱性肥料，能提高土壤 pH，降低重金属的溶解性，从而有效地降低植物体的重金属浓度。石灰用量每季以 1 500～1 875kg/hm^2 为宜，注意不可施用量过多，否则易造成烧苗，缺苗，导致减产。通常石灰与钙镁磷肥配施效果优于单施石灰。而在重金属污染的碱性土壤中（如碳酸盐褐土），含 $CaCO_3$高，土壤中有效磷易被固定，不宜施石灰等碱性物质，而施加 K_2HPO_4可使重金属形成难溶性磷酸盐，还可增加有效磷含量，治理效果较显著。

施入含硫物质，如石灰硫黄合剂、硫化钠等，能与土壤中镉形成 CdS 沉淀。施入还原物质（如堆厩肥、腐熟的稻草和牧草）或富淀粉物质及其他有机物质，并结合水田淹水，能促进土壤还原而减少水溶性镉含量。同时有机肥对重金属有吸附作用，从而提高土壤容量。

另外，土壤的氧化还原状况影响污染物的存在状态，通过控制土壤水分，调节土壤氧化还原状况以及硫离子含量，可达到降低污染物危害的作用。在淹水还原状况下，有机物质不易分解，产生 H_2S 同时，SO_4^{2-} 还原为 S^{2-}，而与金属元素形成硫化物沉淀，特别是在氧化还原电位降到－150mV 以下时。反之，旱地氧化条件下，土壤中硫生成 H_2SO_4，土壤 pH 下降，镉易溶解。据研究，在水稻抽穗到成熟期，无机成分大量向穗部转移，此时减少落干、保持淹水可明显减少水稻子实中镉、锌、铜、铅的含量。但砷与上述金属相反，还原条件下以亚砷酸的形式存在，增多砷溶出量，最好改为旱作。此外，汞在还原状况下可与甲烷形成甲基汞，增强汞的毒性，也应注意。

2. 吸附作用 向土壤施入有机物质和黏土矿物，不仅能提高土壤肥力，同时通过有机物质与重金属的络合、螯合作用，黏土矿物对重金属离子和有机污染物产生强烈的物理化学作用和化学吸附作用，使污染物分子失去活性，减轻土壤污染物对植物和生态环境的危害。有机物质包括生物体排泄物（如动物粪便和厩肥）和泥炭类物质、污泥等。厩肥含有多种胡敏酸胶体，它能与黏粒结合，无论在酸性还是石灰性土壤，均能促进团粒结构的形成。同时，厩肥中含有有机酸（如乳酸和酒石酸等），可与重金属形成稳定性的络合物，改善重金属污染土壤状况。泥炭类有机物能够增加土壤的吸附容量和持水能力，有研究表明，以泥炭为垫料的猪厩肥用来改造矿毒田，效果很好。用膨润土、合成沸石等硅铝酸盐做添加剂钝化土壤中镉等重金属，可显著降低受镉污染土壤中作物的镉浓度。例如，张士灌区镉污染土壤上喷二硝基酚镉抑制剂，结合淹水，米镉含量由 1.10mg/kg 降到 0.4mg/kg，降低 64%。

有机物质和黏土矿物对重金属和有机污染物都形成强吸附区，而且有机黏土矿物价廉易得，因此可作为一种简单、有效、经济的土壤修复工具，同时配合化学和生物降解手段，进一步提供新的土壤原位修复技术。

3. 拮抗作用 化学性质相似的元素之间，可能会因为竞争植物根部同一吸收点位而产生离子拮抗作用，因此在改良被重金属污染的土壤时，可以考虑利用金属元素之间的拮抗作用，减轻重金属对植物的毒性。例如，Ca^{2+} 能减轻铜、铅、镉、锌、镍等重金属对水稻和番茄的毒害。锌和镉化学性质相似，在被镉污染的土壤，比较便利的改良措施之一便是以合适的锌镉浓度比施入植物肥料，缓解镉对农作物的毒害作用，但这种情况仅适用于含锌量较低的土壤，否则可能造成锌污染。例如，Chaney 等（1983）研究表明，Cd/Zn 低于 1%时，作物中含镉量不会引起食物链中毒。据法国农业科学院波尔多试验站的研究结果，在镉、锌污染的土壤上施用含铁丰富的物质（铁渣或废铁矿）能明显降低植物镉、锌含量（Mench 等，2004）。

利用工业废物和农业废物作为土壤改良剂，如糖厂白滤泥（傅显华等，1995）、生产

TiO_2产生的高铁废物（IRM）（Berti 和 Cunningham，1997），可实现以废治废，变废为宝，土壤改良措施的效果及费用都适中，对于中度污染土壤，不失为适宜的方法。如果与农业措施及生物措施配合使用，效果会更好。但要加强管理，以免被吸附或固定的污染物再度活化。

（二）土壤淋洗技术

土壤淋洗技术（soil washing/leaching）是指借助能促进土壤环境中重金属溶解或迁移作用的溶剂，通过水力压头推动清洗液，将其注入被污染土层中，然后再把包含有重金属的液体从土层中抽提出来，进行分离和污水处理的技术（图 11-1）。清洗液可以是清水，也可以是包含冲洗助剂的溶液，清洗液可以循环再生或多次注入地下水来活化剩余的污染物。淋洗剂的类型包含有机和无机两大类，有机淋洗剂通常为螯合剂（如 EDTA、DTPA），与金属形成配位化合物而增强其移动性。无机淋洗剂通常为酸、碱、盐，常用的提取剂主要有：硝酸、盐酸、磷酸、硫酸、氢氧化钠、草酸和柠檬酸等。

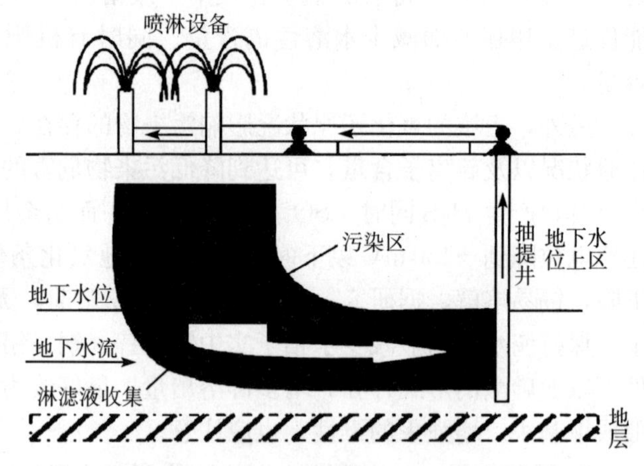

图 11-1 土壤淋洗技术示意图
（引自周启星和宋玉芳，2004）

由于土壤淋洗过程的主要技术手段在于向污染土壤中注射溶剂或化学助剂，因此，提高污染土壤中污染物的溶解性和它在液相中的可迁移性是实施该技术的关键。这种溶剂或化学助剂应该具有增溶效果。例如，镉污染土壤，酸溶液是一种高效的淋洗助剂；锌、铅和锡等重金属污染的土壤，碱溶液是较好的淋洗助剂；一些螯合剂（如 EDTA 等）对于重金属污染土壤的淋洗效果较好。例如，日本学者曾将 EDTA（45 kg/hm^2）撒在稻田或旱地中（土壤含镉分别为 10.4 mg/kg 和 27.9 mg/kg），淹水或小雨淋洗，清洗 1～2 次，水量以能达到根层以外而未到达地下水位为宜。如此清洗一次可使耕层土壤镉降低 50%，清洗两次使稻米镉含量减少 81%。美国曾联合应用淋滤法和洗土法成功地治理了被 8 种重金属（镉、铜、汞、铬、镍、银、铅和铽）污染的土壤。治理中所采用的提取剂为酸性溶剂，并添加了合适的氧化剂、还原剂或配位剂。重金属的初始浓度都在 1 600 mg/kg 以上。经过治理后，铅的浓度降至 175 mg/kg 以下，达到了治理目标，其他金属的浓度均达到了土壤背景值。此项技术治理了污染土壤，并使重金属得到了回收利用，治理过程没有产生废水和任何危险性废弃物。同样，美国曾将酸提取法用于被砷、铬、镉、铜、铅、镍和锌污染土壤的治理中，治理后金属的淋溶性均在资源保护回收法（RCRA）规定的允许范围之内。

土壤清洗法较适合于轻质土壤，如砂土、砂壤土和轻壤土等，对重污染效果较好，但易造成地下水污染及土壤养分流失，土壤变性。

（三）电动修复

1. 电动修复的原理 电动修复（electrokinetic remediation）是通过在污染土壤两侧施加直流电压形成电场梯度，土壤中的污染物质在电场作用下通过电迁移、电渗流或电泳的方式被带到电极两端，从而使污染土壤得以修复的方法（Probstein 和 Hicks，1993）。当电极池中的污染物达到一定浓度时，便可通过收集系统排入废水池，按废水处理方法进行集中处理。土壤电动修复原理如图 11-2 所示。其装置主要包括：提供直流电压的电源、阴极电解池、阳极电解池、阴极和阳极以及处理导出污染液体的处理装置等。电解池通常设有气体出口，用来分别导出阴极和阳极产生的氢气和氧气。实验装置中的电极可选择铂电极、钛合金电极，也可采用较便宜、易得的石墨电极等。

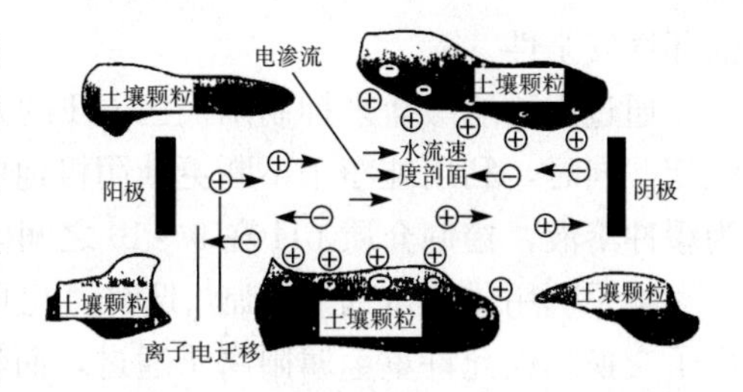

图 11-2　污染土壤电动修复示意图

土壤中的污染物在电场作用下将发生运动，其主要运动机制有电迁移、电渗流以及电泳等。电迁移指带电离子在土壤溶液中朝向带相反电荷电极方向的运动，如阳离子向阴极方向移动，阴离子向阳极方向移动。电渗流指土壤微孔中的液体在电场作用下由于其带电双电层与电场的作用而做相对于带电土壤表层的移动。电泳指带电粒子相对于稳定液体的运动。由于电动修复过程中带电土壤颗粒的移动性小，因而电泳对污染物移动的贡献常常可以忽略。此外，电动修复过程还包括另外一些化学物质的迁移机制，如扩散、水平对流和化学吸附等。扩散是指由于浓度梯度而导致的化学物质运动，水溶液中离子的扩散量与该离子的浓度梯度和其在溶液中的扩散系数呈正相关。水平对流则是由溶液的流动而引起物质的对流运动。

伴随着以上几种迁移，在电动修复过程中，土壤体系还存在着一系列其他变化，如 pH、孔隙液中化学物质的形态以及电流大小变化等。而土壤中的这些变化可能引起多种化学反应发生，包括吸附与解吸，沉淀与溶解、氧化与还原等。根据化学反应自身的特点，它们可以加速或者减缓污染物的迁移。

电极两端的化学反应主要是水的电解。在电场作用下，阳极发生氧化反应，阴极发生还原反应。

阳极　$H_2O - 2e \longrightarrow 1/2O_2 + 2H^+$　　$E^\circ = -1.23V$

阴极　$H_2O + 2e \longrightarrow H_2 + 2OH^-$　　$E^\circ = -0.83V$

电极反应在阴极和阳极分别产生了大量的 OH^- 和 H^+，导致电极附近的 pH 相应地升高和下降。在电场作用下，H^+ 和 OH^- 又以电迁移、电渗流、扩散、水平对流等方式向阴极和阳极移动，直到两者相遇且中和。在相遇的区域产生 pH 突变，并从该点将整个操作区间划为酸性和碱性区域。其中，H^+ 迁移速度是 OH^- 迁移速度的 1.8 倍。在酸性区域内，金属离子的溶解度增大，有利于土壤中重金属离子的解吸。但 pH 的降低使得双电层的 Zata 电位降低，不利于电渗流的发展；而在碱性区域，重金属离子容易生成沉淀，从而限制污染物的去除效率。

2. 阴极区 pH 的控制　pH 控制着土壤溶液中离子的吸附与解吸、沉淀与溶解等，而且对电渗速度有明显影响，所以控制土壤 pH 是电动修复技术的关键。为了控制阴极区的 pH，可通过添加酸来消除电极反应产生的 OH^-。无机酸可用于中和电解池中阴极产生的 OH^-，但无机酸常常会引起一系列环境问题，如使用盐酸将在土壤中形成金属的氯化物沉淀，增加土壤孔隙水中的氯离子含量并在阳极生成氯气等。而有机酸具有较好的应用前景，这是因为有机酸形成的金属配合物大多数是水溶性的，同时，由于它的生物可降解性，因而具有良好的环境安全性。

通过添加醋酸盐来抑制阴极区 pH 的升高，可防止在较强碱性条件下，重金属离子生成沉淀。同时，利用纯净水不断更新阴极池中的碱溶液也可避免土柱的 pH 聚焦。利用磷酸作为缓冲溶液，控制介质 pH 在 9～10 之间能够有效去除高岭石中的 Cr（Ⅵ）。

除了利用化学试剂来控制 pH 外，也可考虑在土柱与阴极池之间使用阳离子交换膜。阳离子交换膜仅允许重金属阳离子通过，而禁止 OH^- 离子向土柱中移动。同样为了防止阳极池中的 H^+ 向土柱移动，引起土柱内 pH 降低，影响其电渗作用，也可在阳极池与土柱间使用阴离子交换膜。利用电渗析的方法亦能够有效地避免土壤的碱化，在实验优化条件下，铜、铬和砷的去除效率可分别达到 93%、95%和 99%。Leinz 等（1998）报道，在电极与电解液之间使用盐桥可以有效减少阴极产生的 OH^- 向电解液中的释放，避免在靠近阴极的土壤中形成重金属沉淀。Lee 等（2000）采用循环体系将阴极的电解液与阳极的电解液进行中和，来改变电极产生的酸碱对土柱 pH 的影响，显著改善修复效果。

3. 电动修复的应用　在理论的基础上，人们越来越意识到对污染土壤电动修复的发展趋势应是原位修复。原位电动修复技术不需要把污染的土壤固相或液相介质从污染的现场挖出或抽取出去，而是依靠电动修复过程直接把污染物从污染的现场清除，显著减少花费（Zagury 等，1999）。在实验室中成功地用电动修复去除土壤中的污染后，人们对污染土壤的原位修复表现出极大的兴趣，它在荷兰已取得了较好的结果。对铅、铜污染土壤的原位修复试验表明，在铅的浓度为 300～1 000mg/kg、铜的浓度为 500～1 000mg/kg、测试区为长 70m、宽 3m 的一个治理场地上，每天通电 10h，43d 后土壤中的铅减少 70%，铜减少 80%（Lageman，1993）。为了处理土壤中难溶的汞化合物，在阴极区加入 I_2-KI，使难溶的汞化合物转化为 HgI_4^{2-} 并向阳极移动，使得土壤中 99%以上的汞得以去除。

Marceau 等（1999）研究了小规模的镉污染土壤的电动修复。土柱中包含 3.25 t 的镉污染土壤，电极之间距离为 1 m，电流控制在 0.3 mA/cm²，并加入硫酸以控制阴极的酸度。镉的起始浓度为 882mg/kg。经过 3 259h 的电动修复后，98.5%的镉被清除，电能消耗为 159 kWh/m³。Probstein 等（1993）研究发现，电动修复 1 m³ 污染土壤约需要 40 kWh 的电力，相当于花费 2 美元。而整个处理费用约相当于 10 倍电力的花费，即处理 1 t 的污染土壤约需花费 20～30 美元。与一般处理需每吨 150 美元相比，该技术具有很好的竞争力。Li 等（1998）研究发现，电动修复可将含铅 100mg/kg 的土壤降至 5～10 mg/kg，且可回收多种金属。运行费用为每立方米土壤 2.6～3.9 美元，加上硬件费用为每立方米 4.6～5.9 美元。

三、物理化学修复技术小结

工程措施治理效果最为明显和稳定，是一种治本措施，适用于大多数污染物和土壤条件，但投资大、成本高（表 11-1），易引起土壤肥力减弱，适于小面积的重度污染区。近年来，把其他工业领域，特别是污水处理、大气污染治理技术引入土壤污染治理过程中，为土壤污染治理研究开辟了新途径，如磁分离技术、阴阳离子膜代换法等。虽然多还处于试验、探索阶段，但积极吸收、转化新技术、新材料，在保证治理效果的基础上，降低治理成本，提高工程实用性，有重要的实际意义。

表 11-1　工程措施治理污染土壤的每吨成本估计（美元）

方法	处理成本
清洗法	40～200
玻璃化	250～425
电动修复	20～200
焚烧	200～1 500
填埋	100～500

第二节　重金属污染土壤的植物修复

一、植物修复技术概述

（一）植物修复技术的发展历史与现状

植物修复技术研究历史可以大致分为两个方面：植物忍耐、超积累重金属的机制研究和利用植物进行污染土壤修复的应用研究。

从文献记载的历史看，20 世纪 50～70 年代，植物的耐重金属机制研究成为人们当时的研究热点，且人们对植物忍耐重金属的机制有了一个初步的认识。科学家提出过许多学说来解释植物为什么会蓄积和忍耐重金属，归纳起来有下面几种看法：①回避机制；②排除机制；③细胞壁作用机制；④重金属进入细胞质机制；⑤重金属与各种有机酸络合机制；⑥酶适应机制；⑦渗透调节机制。上述学说的提出，标志着人们对植物忍耐或蓄积重金属机制的认识进入了一个新的阶段（唐世荣，2006）。

20 世纪 70 年代末至 90 年代初，人们逐渐把研究兴趣转向超积累植物。Minguzzi 和 Vergnano（1948）最早在意大利托斯卡纳区的富镍蛇纹石风化土壤中找到了一种名为布氏庭荠（*Alyssum bertolonii* Desvaux）的植物，该植物叶片中镍（Ni）的含量达到 1%（以干物质计）。随后，许多学者在非洲、澳大利亚等地发现了其他镍超积累植物，如半卡马菊（*Dicoma niccolifera*）、多花鼠鞭草（*Hybanthus floribundas* ）、塞贝山榄（*Serbertia acuminata*）等（唐世荣，2006）。这些超积累植物的发现激发了科学家们的极大兴趣，促使镍超积累植物的研究飞速地向前发展。20 世纪 70 年代末期，Brooks 等（1979）对采自富镍地区的植物标本进行了广泛的分析后发现，镍超积累植物主要分布在几个属内。在已鉴别出的 168 种植物中，有 45 种镍超积累植物属于庭荠属（*Alyssum*）。在镍超积累植物研究快速发展的同时，其他类型的金属超积累植物（如铜、钴、锰、铅、硒、镉和锌的超积累植物）也相继被发现（Bake 和 Brooks，1989）。据不完全统计，在至今已发现的近 500 种超积累植物中，绝大部分为镍超积累植物，且只有镍超积累植物研究得比较透彻。

进入 20 世纪 90 年代后，植物修复技术进入了一个全新的研究阶段。这一阶段最明显的标志包括：大型国际会议频繁召开、学术性成果大量出版、科研立项资助率增加、许多专利得到批准、植物修复技术研究开始由温室盆栽转向大田试验、各种先进的理化分析测试手段被应用到植物修复领域。例如，在哥伦比亚密苏里大学召开的第一次有关植物修复的国际会议上，有 250 多位专家（包括生物化学家、植物生理学家、生态学家和土壤学家等）参加；

在国际互联网上有许多专业网点，如植物修复技术讨论组、美国环境保护局（EPA）的植物修复技术论坛等；国际企业联络处（IBC）多次召开国际植物修复年会，并在第二届国际企业联络处国际植物修复学术讨论会结束后，在互联网上首次发布《植物修复参考文献手册》，该手册对散布在文献海洋中的有关文献进行筛选和归纳，首次公布时共收录 865 篇文章和简报，第二次更新时收集到与植物修复技术有关的文章和简报超过 1 171 篇，此后还不定期的更新，可见有关植物修复技术信息量增长之迅速；有关植物修复技术论文、专著、论文集和非正式出版的报告难计其数，并且有数篇有关超积累植物和植物修复的成果发表在国际顶级刊物《Nature》和《Science》上，1999 年 Taylor & Francis 开始出版植物修复的国际新期刊《Intl. J. Phytoremediation》。

由于许多国家都已意识到植物修复这门技术的潜在价值，它们的政府和财团组织纷纷出钱资助科学家在植物修复领域内开展立项研究。立项较早、资助率较高、资助额较大的国家有：美国、英国、德国、瑞士和比利时。到 2006，植物修复在美国的商业化应用或试点研究达 200 处污染场地，处理的污染物包括重金属、有机物和放射性元素。其中最有代表性的立项首推 Ilya Raskin 博士主持的课题“利用植物清洁有毒重金属污染土壤和水体”（申请单位：Rutgers University；课题编号：R82 - 1558；主持者：Ilya Raskin；课题期限：3 年；资助金额：373 000 美元；课题来源：美国环境保护局）。在众多的项目资助下，许多学者在植物修复技术领域内也取得了可喜的成绩，并申报了专利。如幼苗回收金属（专利号：US5853576，批准时间：1998 年 12 月 29 日）、促进植物修复的微生物分离物（专利号：US5809693，批准时间：1998 年 9 月 22 日）、金属的植物修复（专利号：US5885735，批准时间：1998 年 7 月 28 日）等。

此外，国外在植物修复技术的实际应用方面也有一定成绩，陆续成立了一些植物修复公司（Watanabe，1997），植物修复技术的研究也由实验室转向大田试验。例如，英国著名的 IACR-Rothamsted 实验站 McGrath 教授及同事于 1993 年首次在其长期定位实验田块上开展植物修复因施用工业污泥导致土壤重金属污染的大田试验。他们研究了 10 种植物：*Thlaspi caerulescens*、*Thlaspi chroleucum*、*Cardaminopsis halleri*、*Reynoutria sachalinense*、*Cochlearia pyrenaica*、*Alyssum lesbiacum*、*Alyssum tenium*、*Alyssum murale*、*Raphanus satinus*（radish）和 *Brassica napus*（spring rape）在植物修复工业重金属污染土壤方面的潜力。随后，有关植物修复技术的大田试验便相继铺展开来。

与国外相比，我国在耐重金属机制的基础研究方面也做了不少工作（孙铁珩等，1995；杨景辉，1995；陈怀满，1995），但对重金属超积累植物的基础研究起步较晚（唐世荣，1996）。但自进入 21 世纪以来，为了促进我国环境修复工作以及参与国际竞争，我国政府和科技界也不失时机地组织强有力的科研队伍开展植物修复的基础研究和应用研究。在国家自然科学基金、国家高技术研究发展计划、国家重点基础研究发展计划和中国科学院知识创新工程重点项目的大力支持下，我国的植物修复研究迅速活跃起来。每年在北京中国科技会堂举办以“污染环境的植物修复”为主题的“青年科学家论坛”学术研讨活动。据不完全统计，我国目前从事植物修复及相关领域研究的单位有 40 余家，包括中国科学院地理科学与资源研究所、中国科学院南京土壤研究所、中国科学院沈阳应用生态研究所、中国科学院生态环境研究中心、浙江大学、南京大学、南开大学、武汉大学、中山大学、复旦大学、云南大学、中国农业大学、华南农业大学、华中农业大学等（唐世荣，2006）。而且，陆陆续续在我国发现了一些重金属超积累植物，随着对这些植物的研究和开发，将进一步促进我国在植物修复领域的研究和发展。

（二）植物修复技术的概念和原理

1. 植物修复的概念　在英文中，植物修复（phytoremediation）由希腊词“phyto”（植物）和拉丁词“remediation”（修复）两词合成，意指指利用植物及其共存微生物体系来去除、转化、稳定和破坏环境中的污染物。植物修复系统，可以看成以太阳能为动力的“水泵”和进行生物处理的“植物反应器”，植物可吸收转移单质和化合物，可以积累、代谢和固定污染物，是一条从根本上解决土壤污染的重要途径，因而植物修复在土壤污染治理中具有独特的作用和意义。广义的植物修复包括利用植物修复重金属和放射性核素污染的土壤、利用植物净化空气和水体、利用植物及其根际微生物共存体系净化土壤中的有机污染物。狭义的植物修复技术主要指利用植物清除或固定污染土壤中的重金属、放射性核素和有机污染物。植物修复既可原位进行，也可异位进行。在实际操作时，先将植物种植于被污染的土壤中，然后收获其地上部分。土壤中的污染物在种植过程中或被转化为低毒或无毒的形态或化合物、或被植物吸收随收获而从土中带走，然后再将收获的植物进行利用和处理。

2. 植物修复的原理　植物修复的原理主要有以下 6 种类型：植物提取（phytoextraction）、植物固定（phytostabilization）、植物挥发（phytovolatization）、植物降解（phytodegradation）或称为植物转化（phytotransformation）、植物刺激（phytostimulation）和根际过滤（rhizofiltration）（表 11－2）。植物提取是指植物从生长介质中吸收污染物，并将其积累在可收获部分（包括根系和地上部）。植物定化是指植物吸附或沉淀污染物，降低其生物有效性及迁移性，达到钝化、稳定、隔断、阻止其进入水体和食物链的目的。植物挥发是指植物吸收污染物并将其转化为气态物质释放到大气中。植物降解或植物转化是指利用植物及其根际微生物区系将有机污染物降解，转化为无机物（CO_2、H_2O）等无毒物质或者转化为毒性较小的形态，以减少其对生物与环境的危害。植物刺激是指植物的根系分泌物（如氨基酸、糖和酶等物质）能促进根系周围土壤微生物的活性和生化反应，有利于污染物的释放和降解。

表 11－2　植物修复的原理

原理	过程目标	适合介质	典型污染物	植物类型
植物提取	植物吸收、去除介质中的污染物	土壤、沉积物、污泥	金属或类金属：银、镉、钴、铬、铜、汞、锰、钼、镍、铅、锌、砷和硒 放射性核素：^{90}Sr、^{137}Cs、^{239}Pu、^{238}U和^{234}U等	草本植物、树、湿地植物
植物固定	植物稳定污染物，降低其有效性和移动性	土壤、沉积物、污泥	砷、镉、铬、铜、锰、镍、铅和锌	草本植物、树、湿地植物
植物挥发	植物吸收污染物，将其转化为气态物质，释放到大气中	土壤、沉积物、污泥、地下水	无机物（如砷、汞、硒）、氯化溶剂、MTBE	草本植物、树、湿地植物
植物降解	植物降解污染物，转化为无机物（CO_2、H_2O）无毒物质或毒性较小的形态	土壤、沉积物、污泥、地下水、地表水	有机化合物（TPH、PAH、BTEX、PCB、氯化溶剂、杀虫剂）	藻类、草本植物、树、湿地植物

（续）

原理	过程目标	适合介质	典型污染物	植物类型
植物刺激	植物的根系分泌物促进微生物降解污染物	土壤、沉积物、污泥、地下水、地表水	有机化合物（TPH、PAH、BTEX、PCB、氯化溶剂、杀虫剂）	草本植物、树、湿地植物
根际过滤	植物根系吸附、浓缩和沉淀重金属	地表水、浅层地下水	金属：镉、钴、铬、铜、汞、锰、钼、镍、铅、锌 放射性核素：^{90}Sr、^{137}Cs、^{239}Pu、^{238}U和^{234}U等	禾本植物、树、湿地植物

注：MTBE为甲基叔丁基醚；TPH为总石油烃；PAH为多环芳烃；BTEX为苯系物；PCB为多氯联苯。

重金属污染土壤的植物修复主要包括植物提取、植物钝化和植物挥发。

(三）植物修复技术的优缺点

1. 植物修复的优点

（1）成本低　据美国的实践，种植管理的费用为每公顷200～10 000美元，即每年每立方米土壤的处理费用为0.02～1.00美元，比物理化学处理的费用低几个数量级。如Schnoor（2002）报道，如采用土壤淋洗或玻璃化技术处理重金属污染土壤，其每吨的费用分别为75～210美元和300～500美元，而采用植物修复的费用为25～100美元。

（2）可同时增加土壤肥力　植物修复过程也是土壤有机质含量和土壤肥力增加的过程，植物修复干净土壤可直接种植其他植物。

（3）有利于改善生态环境　植物修复技术可增加地表的植被覆盖，控制风蚀、水蚀，减少水土流失，有利于生态环境的改善和野生生物的繁衍生境。

（4）可美化环境　植物修复不会破坏景观生态，能绿化环境，不需要挖掘和运输土壤以及巨大的处理场所，因此其有较高的环境美化价值，易为社会大众所接受。

（5）可减少二次污染　对修复植物集中处理可减少二次污染，对一些重金属含量较高的植物还可通过植物冶炼技术回收利用植物吸收的重金属，尤其是贵重金属。

（6）修复彻底　植物提取技术能彻底地、永久性地解决土壤重金属污染问题。

2. 植物修复的缺点

（1）难于找到理想的植物　要针对不同污染种类、污染程度的土壤选择不同类型的植物，通常一种植物只忍耐或吸收一种或两种重金属元素，对土壤中其他浓度较高的重金属则表现出某些中毒症状，从而限制了植物修复技术在重金属复合污染土壤上的应用。

（2）周期长而效率低　由于植物的生长比较缓慢、生物量小，因此植物修复比常规治理（挖掘、场外处理等）的周期长，效率低。

（3）制约因素较多　植物对土壤肥力、气候、水分、盐度、酸碱度、排水与灌溉系统等自然条件和人工条件有一定的要求，植物受病虫害袭击时会影响其修复能力，因此成功修复围绕土壤需要许多环境因子的配合，包括水肥管理、品种选育和搭配、病虫害防治等。

（4）必须及时收割并妥善处理　用于净化重金属的植物器官往往会通过腐烂、落叶等途径使重金属元素重返土壤，因此必须在植物落叶前收割植物器官，并需进一步对其进行无害化处理。

二、超积累植物与植物提取

(一) 重金属超积累植物

1. 超积累植物的定义　在重金属胁迫条件下，大多数植物会将重金属排除在组织外，使重金属浓度一般不超过每千克数毫克，但也有一些特殊植物能超量积累重金属，即重金属超积累植物。超积累植物是一类能超量吸收重金属并将其运移到地上部的特殊植物。对于超积累植物的界定，其地上部某一或几种重金属元素含量大于一定的临界值是常用的指标。由于各种重金属在地壳中的丰度及在土壤和植物中的背景值存在较大的差异，因此，对不同重金属，其超积累植物的浓度标准也有所不同。目前采用较多的是 Baker 等人（2000）提出的参考值，即把植物叶片或地上部（按干物质计算）中镉含量达到 100 mg/kg，砷、钴、铜、镍、铅含量达到 1 000 mg/kg，锰、锌含量达到 10 000 mg/kg，金含量达到 1 mg/kg 以上的植物称为超积累植物。但也有学者提出，钴、铜和镍超积累植物的临界标准降低到 500 mg/kg 干重。表 11-3 为常见重金属在土壤和普通植物中的平均含量以及超积累植物的临界标准。

表 11-3　重金属在土壤和普通植物中平均浓度以及超积累植物的临界标准（mg/kg，干物质）

（引自陈怀满，2005）

元素	土壤	普通植物	超积累植物的临界标准
Cd	—	0.1	100
Co	10	1	1 000
Cr	60	1	1 000
Cu	20	10	1 000
Mn	850	80	10 000
Ni	40	2	1 000
Pb	10	5	1 000
Se	—	0.1	1 000
Zn	50	70	10 000

2. 超积累植物的特征　超积累植物之所以从土壤中富集如此高的重金属，其原因在于该植物有如下的特性。

（1）超积累植物能忍受根系和地上部细胞中高浓度的重金属　这种忍耐能力主要是植物体内在组织和细胞水平的区隔化分布和有机配位体的螯合作用降低了重金属的毒性（Ortiz 等，1995；Vogeli 和 Wagner，1990）。研究表明，在组织水平上，重金属主要分布在表皮细胞、亚表皮细胞和表皮毛中；在细胞水平，重金属主要分布在质外体和液泡。重金属进入根细胞质后，可以游离金属离子形态存在，但细胞质中游离金属离子过多，对细胞产生毒害作用，干扰细胞的正常代谢。因而细胞质中金属可能与细胞质中的有机酸、氨基酸、多肽和无机物等结合，通过液泡膜上的运输体或通道蛋白转入液泡中。

（2）超积累植物能以较高的比率将金属从根系转移到地上部　一般植物的根系锌、镉或镍的含量比地上部的高出 10 多倍，而超积累植物的地上部重金属含量超过根系。金属离子从根系转移到地上部分主要受两个过程的控制：从木质部薄壁细胞转载到导管和在导管中运输，后者主要受根压和蒸腾流的影响。在超积累植物中，可能存在更多的离子运输体或通道蛋白，从而促进重金属向木质部装载，但目前还缺乏直接证据。木质部细胞壁的阳离子交换量高，能够严重阻碍金属离子向上运输，故非离子态的金属螯合复合体，如镉-柠檬酸复合体在蒸腾流中的运输更有效（Strasdeit 等，1991）。用 X 射线衍射吸收精细结构分析法（EXAFS）研究，发现印度芥菜伤流液中镉与氧或氮原子配位，表明有机酸参与镉在木质部的运输，而没有发现镉与硫配位，表明植物螯合肽或含巯基的配位体没有直接参与镉在木质部的运输（Salt 和 Wagner，1993）。

（3）超积累植物能快速吸收土壤溶液中的重金属，且对重金属的需求量比其他植物大得多　Lasat 等（1996）报道，与非累积植物 *Thlaspi arvense* 相比，超积累植物具有较高的锌最大吸收速率，但两者的 K_m 相差不大。对于水稻和小麦等植物，溶液中游离锌浓度低于 $10^{-10.5}$ μmol/L 时，会导致植物缺锌；但在水培试验中，当供给 10 μmol/L 锌时，遏蓝菜（*Thlaspi caerulecens*）的生长比在 1 μmol/L 锌时好，而当锌活度降低至 $10^{-9.6}$ μmol/L 时，遏蓝菜叶片中叶绿素含量和植株干重均显著下降（沈振国，1998）。

3. 一些典型的超积累植物　已经发现的超积累植物约为 500 多种，广泛分布于植物界的 45 科，但大多数属于十字花科植物，以镍超积累植物最多，但能同时富集镉、钴、铜、铅和锌的超积累植物比较少（唐世荣，2006）。国外发现的一些代表性的重金属超积累植物见表 11 - 4。3 种典型超积累植物遏蓝菜（*Thlaspi caerulescens*）、香芥（*Alyssum murale*）和蜈蚣草（*Pteris vitata*）见图 11 - 3。该类植物地上部重金属含量高，收获植物后，灰化后可回收重金属，是植物提取研究的主要对象。

表 11 - 4　国外发现的主要重金属超积累植物

（整理自唐世荣，2006）

重金属元素	品种数	主要分布的科	代表植物
Ni	>300	十字花科（Brassicaceae）、大风子科（Flacourtiaceae）、堇菜科（Violaceae）	香芥（*Alyssum murale*）、*Sebertia acuminata*、遏蓝菜（*Thlaspi caerulescens*）
Zn	18	十字花科（Brassicaceae）、唇形科（Lamiaceae）、堇菜科（Violaceae）	遏蓝菜（*Thlaspi caerulescens*）、碎米荠（*Cardaminopsis balleri*）、*Viola calaminaria*
Cd		十字花科（Brassicaceae）、堇菜科（Violaceae）	遏蓝菜（*Thlaspi caerulescens*）
Cu	24	唇形科（Lamiaceae）、菊科（Asteraceae）、禾本科（Poaceae）、莎草科（Cyperaceae）	*Aeollanthus biformifolius*、*Anisopappus davyi*、*Ascolepis metallorum*、*Bulbostylis mucronata*
Mn	8	山龙眼科（Proteaceae）、卫矛科（Celastraceae）、夹竹桃科（Apocynaceae）、桃金娘科（Myrtaceae）	*Macadamia angustifolia*、*Maytenus bureauvianus*、*Alyxia rubricaulis*、*Eugenia clusioides*
Cr	7	桃金娘科（Myrtaceae）、山毛榉科（Fabaceae）、禾本科（Poaceae）、鸭跖草科（Commelinaceae）	
Co	26	唇形科（Lamiaceae）、玄参科（Asteraceae）、菊科（Asteraceae）、莎草科（Cyperaceae）、苋科（Amaranthaceae）	蝇子草（*Silene colbalticola*）、*Haumaniastrum katangense*

（续）

重金属元素	品种数	主要分布的科	代表植物
Pb	5	十字花科（Brassicaceae）、石竹科（Caryophyllaceae）、白花丹科（Plumbaginaceae）	*Thlaspi rotundifolium*（遏蓝菜属）、*Thlaspi alpestre*（遏蓝菜属）、海石竹（*Armeria maritima*、*Polycarpaea synandra*
As			蜈蚣草（*Pteris vittata*）、*Pitylogramma camelanos*
Se	21	菊科（Asteraceae）、十字花科（Brassicaceae）、豆科（leguminosae）	黄芪（*Astragalus*）

图 11-3　3 种典型超富集植物

1～2. Cd-Zn 超富集植物遏蓝菜（*Thlaspi caerulescens*）　3. Ni 超富集植物香芥（*Alyssum murale*）
4. As 超富集植物蜈蚣草（*Pteris vittata*）

最早发现的和数量最多的超积累植物是镍的超积累植物，目前已报道的镍超积累植物有300多种，分布于17目22个科38个属内，主要分布在十字花科（Cruciferae）、大风子科（Flacourtiaceae）、大戟科（Euphorbiaceae）、黄杨科（Buxaceae）和茜草科（Rubiaceae）等植物。在空间范围上，镍超积累植物的分布很广，在南欧、东南亚、美洲、非洲和大洋洲均有分布，主要生长在蛇纹岩发育的土壤。在镍超积累植物中，以庭荠属（*Alyssum*）植物最多，如 *Alyssum murale*、*Alyssum argenteum* 和 *Alyssum bertolonii* 的地上部镍最大含量为7 080mg/kg、29 400mg/kg 和 13 400mg/kg；其次是遏蓝菜属，如 *Thlaspi elegans*、*Thlaspi oxyceras*、*Thlaspi montanum* L var. *californicum* 和 *Thlaspi montanum* L. var. *siskiyouense* 叶片含镍量范围分别为 8 800～20 800 mg/kg、3 080～35 600 mg/kg、3 850～11 600 mg/kg 和 8 240～24 600 mg/kg。来自新喀里多尼亚、印度尼西亚、菲律宾和古巴的大部分镍超量积累植物是乔木或灌木，一种可长到 10 m 高的塞贝山榄（*Sebertia acuminata*）可产生一种蓝绿色的乳液，含镍达 26%（按干物质计算，若按鲜物质计算，为 11%）。原产在南

非的草本植物 *Berkheya coddii* 叶片含镍量高达 11 600mg/kg（按干物质计）。这一植物的株高可达 1.8m，年生物量可达 22t/hm²，在污染土壤的植物修复中具有很高的潜力（沈振国等，2002）。

锌超积累植物的分布较少，目前发现的约有 18 种，主要是十字花科遏蓝菜属（*Thlaspi*）（又称菥蓂属）植物，其中以 *Thlaspi caerulescens* 最为著名，其一些生态型能同时超积累锌和镉。Brown 等（1995）在水培试验发现，*Thlaspi caerulescens* 地上部分锌和镉含量可分别达 33 600mg/kg 和 1 140mg/kg（按干物质计），且地下部锌含量高达 26 000mg/kg（按干物质计），而植物尚未表现中毒症状。一些遏蓝菜属植物还有积累镍或（和）镉的能力。Reeves 等（1984）证实，奥地利的 *Thlaspi goesingense* 积累镍和锌的能力是植物的内在特性，而与植物产地的地球化学特性无关。锌超量积累植物 *Thlaspi caerulescens* 对其他重金属（镉、钴、锰和镍）（而铝、铬、铜、铁和铅主要积累在根系）也有较高的积累能力（Baker 等，1994）。这对复合污染土壤的植物修复具有特别的意义。除了遏蓝菜属植物外，锌超量积累植物还有 *Cardaminopsis halleri*、*Minuartia verna*、毒鼠子（*Dichapetalum gelonioides*）、酸模（*Rumex acetosa*）和 *Viola calaminaria* 等。*Thlaspi caerulescens* 是当前研究得比较多的锌超富集植物，对其吸收和富集机制、解毒机制、根系分布、实际修复能力等方面已进行了广泛的研究，并获得了很多有价值的研究成果。

我国也陆续找到一些超富集植物，陈同斌等（2002）发现一种超积累砷的蕨类植物蜈蚣草（*Pteris vittata*），其羽片含砷高达 5070μg/g。杨肖娥等（2002）在浙江古老铅锌矿废弃地找到一种新的锌超积累植物东南景天（*Sedum alfredii*），在矿山废弃地上生长的东南景天的地上部锌含量可达到 5 000mg/kg，且地上部锌含量/根系锌含量的比值大于 1。刘威等（2004）通过野外调查和温室实验，发现宝山堇菜（*Viola baoshanensis*）在自然状态下，地上部分镉的平均含量为 1 168mg/kg，地上与地下部分镉含量比值变化范围为 0.41～2.22，对镉的生物富集系数变化范围为 0.7～5.2，在营养液中镉的浓度为 50mg/L 时，宝山堇菜地上部分镉含量可以达到 4 825mg/kg。这几种植物的外观形态见图 11-4。

a

b

c

图 11-4　国内发现的几种超富集植物

a. 砷超富集植物蜈蚣草　b. 锌超富集植物东南景天　c. 镉超富集植物宝山堇菜

（二）植物提取技术

1. 植物提取技术的概念　植物提取（phytoextraction）这一概念由 Chaney（1983）和 Baker 等（1991）提出来的，是指利用金属积累植物或超积累植物从土壤中吸取一种或几种重金属，并将其转移、储存到地上部分，随后收割地上部分并集中处理，连续种植这种植物，即可使土壤中重金属含量降低到可接受水平（图 11－5）。Baker 等报道(1994)，如果在污染土壤上连续种植 *Thlaspi caerulescens* 14 茬，土壤中锌含量可从 440 mg/kg 降低到 300 mg/kg（欧洲联盟规定的标准），而种植萝卜需种 2 000茬。

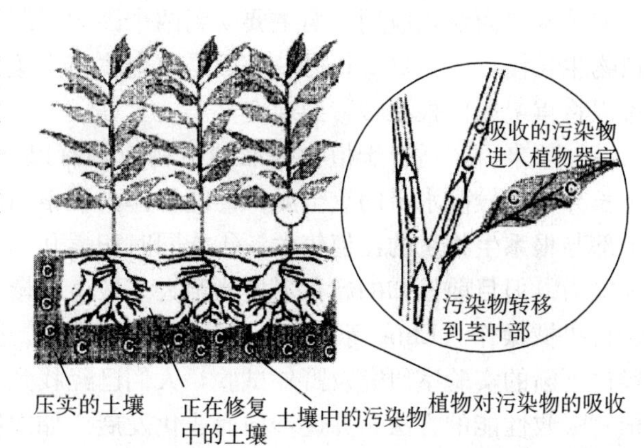

图 11－5　植物提取技术示意图
（引自唐世荣，2006）

适用植物提取技术的污染物包括：①各种金属，如银、镉、钴、铬、铜、汞、锰、钼、镍、铅和锌；②类金属，即砷和硒；③放射性核素，如 ^{90}Sr、^{137}Cs、^{239}Pu、^{238}U 和 ^{234}U 等；④非金属，如硼等；⑤各种有机物质。

植物对各种金属的吸收程度差异较大，可用富集系数表示。

富集系数＝每克茎叶部（烘干质量）器官中金属含量（g）/每克土壤（烘干质量）中金属含量（g）

富集系数越大，表明金属越易被植物吸收并进入植物茎叶部。Zhao 和 McGrath 指出(2004)，超积累植物的富集系数是植物提取可否应用的关键，如果富集系数小于1，不管生物量再大也是不可行的，因为要使土壤重金属减少一半至少要 100 年以上；如果生物量 10 t/hm^2，要使土壤重金属通过 10 次种植而减少一半，富集系数要 20 以上；如果生物量 20 t/hm^2，种植 10 次而使土壤重金属减少一半，富集系数需要 10 以上。表 11－5 列出了印度芥菜对各种金属的萃取系数（Kumar 等，1995），印度芥菜对铅的富集系数比镉小得多，因此，铅更难被植物吸收。

表 11－5　印度芥菜对某些金属离子的富集系数
（引自唐世荣，2006）

金属离子类型	富集系数
Cr^{6+}	58
Cd^{2+}	52
Ni^{2+}	31
Zn^{2+}	17
Cu^{2+}	7
Pb^{2+}	1.7
Cr^{3+}	0.1

2. 影响植物提取效率的因素　植物提取的效率取决于植物地上部的生物量和金属含量，其地上部生物量越大、金属含量越高，修复效率越高。虽然国内外对植物提取技术进行了大量的研究，但植物提取技术成功的案例还比较少，商业化应用也不多。一般来说，商业化的植物修复希望在一个合理的时间范围内（1～3 年）降低金属的浓度，要达到这一目标，要求植物的地上部能积累 1%左右的重金属，且每年地上部的生物量达 20 t/hm^2。目前，植物

提取技术在商业化应用方面主要受到两个因素限制，一方面是超富集植物的生长特性，这种植物生长慢，生物量少；另一方面是重金属在土壤中的生物有效性低，植物难以吸收，并且难以将重金属由根系转移到地上部。

一般来讲，适合于植物提取的植物应具有以下特性（Alkorta 等，2004）：①能够忍耐生长介质中较高水平的重金属；②能在体内积累高浓度的污染物；③生长快，生物量大，地上部与根系生物量的比值较大；④能同时积累几种金属；⑤具有发达的根系；⑥具有抗虫抗病能力。但目前已知的超积累植物绝大多数生长慢、生物量小，且大多数为莲座生长，较难进行机械操作（Ebbs 等，1997；Ernst，1988），进而限制了植物提取技术的推广和应用。经过不断的实验室研究及野外试验，人们已经找到了一些能吸收不同金属的植物种类及改进植物吸收性能的方法，并逐步向商业化发展。如镍在美国已有工业应用实例，金在澳大利亚也有示范工程（Anderson 和 Moreno，2004）。

重金属进入土壤后，与土壤组分发生各种反应，包括沉淀溶解、吸附解吸、螯合解离和氧化还原。因此，重金属以不同的形态存在土壤中，一般将其分为水溶态、交换态、有机质结合态、碳酸盐结合态、铁锰氧化物和氢氧化物结合态以及残留态。此外，一些学者根据植物吸收的难易程度，将土壤中的重金属分为可利用态、可交换态和不可利用态。可利用的金属包括游离的或螯合的金属离子，它们易被植物吸收；不可利用态金属包括残留态，它们很难被植物所吸收；可交换态金属包括有机质、碳酸盐和铁锰氧化物结合的金属离子，它们部分可被植物所吸收。在植物的根际环境中，这 3 种状态的金属处于一个动态平衡状态。植物提取效率在很大程度上取决于植物能否容易得到所需的金属，因此，土壤中金属的存在形式和生物有效性直接影响植物能否通过根系吸收相应的重金属离子。通常，人们可以看到这一现象，植物地上部的重金属含量在水培条件下远超过土培条件。超积累植物是在水培试验中其地上部的重金属含量往往超过 1%，但生长在重金属污染土壤上时，其地上部的重金属含量则很难达到 1%，原因在于营养液中重金属的活性高，而土壤中重金属的活性非常低。不同重金属的生物有效性是不同的。根据重金属的有效性不同，将其分为表 11 - 6 所示的 3 类。例如，铅在土壤正常的 pH 范围内是难溶的（不能被植物吸收）（Raskin 等，1997），可溶态铅的含量不到土壤铅总量的 0.1%，所以生长在重污染土壤上的作物，其地上部的铅含量低于 50 mg/kg（Cunningham 等，1995）。

表 11 - 6　金属的生物有效性

（引自 Miller，1996）

类型	金属
生物有效性高（readily bioavailable）	Cd、Ni、Zn、As、Se、Cu
生物有效性中等（moderately bioavailable）	Co、Mn、Fe
生物有效性低（hardly bioavailable）	Pb、Cr、U

3. 提高植物提取效率的措施　虽然植物提取技术的应用前景看好，但真正推广这项技术仍有许多问题需要解决。其中关键的瓶颈问题是如何增加植物对金属的绝对吸收量以提高植物修复的绝对效率，如何改善植物的生物学性状（生长速率、生长周期等），增加单位面积上植物对重金属的吸收和积累总量以提高植物修复的相对效率。因此，如何在增加植物生物量同时又大幅度提高植物对重金属的绝对吸收量是科学家多年来致力追求的目标。从国内

外现已发表的文献资料来看，突破上述瓶颈问题的措施主要有下述几个方面。

（1）调控修复植物的根际环境，增加重金属的生物有效性　土壤是一个由不同矿物、有机物、有机无机物和其他固体成分组成的复杂的混合物，因此，土壤对重金属的结合机制是非常复杂的，且随着土壤的组成、酸碱度和氧化还原状况的变化而不同。土壤中的重金属的生物有效性和移动性取决于重金属在土壤的固液相、固相之间的分配。影响土壤中重金属有效性和移动性的主要因素包括重金属的来源、种类和浓度，土壤性质（如 pH、氧化还原电位、有机质的含量、黏土矿物的类型和含量），植物类型及其分泌物和气候等。因此，可通过调控植物根际环境，增加土壤重金属的生物有效性，目前采取的措施主要包括：改变土壤 pH、施加螯合剂、施用合适的肥料、改变土壤的离子强度、接种合适的土壤微生物、施加植物高铁载体和根系分泌物等。表 11-7 列举了一些调控根际环境对重金属有效性和植物修复效率影响的一些实例。

表 11-7　根际添加物对重金属生物有效性和植物修复效率影响的实例

（引自 Singh 等，2006）

重金属	根际添加物	植　物	反应	参考文献
Cd	Fe	*Thlaspi caerulescens*	植物的吸收减少了 2/3	Lombi et al.（2002）
Cd、Zn	植物根系分泌物（有机基团）	*Thlaspi caerulescens*	促进了金属的积累	Zhao et al.（2001）
Cd、Fe、Mn	*Bacillus* sp.，*Pseudomonas* sp.	*Brassica juncea*	促进了金属的积累	Salt et al.（1995）；Shekhar et al.（2004）
Fe、Mn、Cu	EDTA	*Zea mays*	促进了金属的吸收	Fuentes（1997）
Fe、Mn、Cu	高铁载体	单子叶植物	促进了金属的积累	Khan et al.（2000）；Treeby et al.（1989）；Ma and Nomoto（1996）
Pb	EDTA（0.5～1 mmol/L）	*Pisum sativum*	积累量增加了 2 倍	Piechalak et al.（2003）
Pb	EDTA（0.25 mmol/L）	*Brassica juncea*	植物体内 Pb 含量比营养液中高 75 倍	Vassil et al.（1998）
Pb	EDTA（1 g/kg，土壤）	*Garcinia cambogia*	积累量增加了 1.5 倍	Sekhar et al.（2004）
Pb	NaCl	*Vigna radiata*	积累量减少了 70%～80%倍	Singh et al.（2003）
Pb	K_2HPO_4（10 mmol/L），$CaCl_2$（10 mmol/L），KNO_3（10 mmol/L）	*Vigna radiata*	根系和叶片中金属的积累量减少	Singh et al.（1994）
Ni	NPK 肥	*Alyssum bertolonii*，*Thlaspi caerulescens*，*Streptanthus polygaloids*	生物量增加，但地上部金属含量没有变化	Bennett et al.（1998）
Se	根际细菌	*Brassica juncea*	Se 的积累量和挥发量增加了 4～5 倍	de Souza et al.（1999）
Zn	石灰石、牛粪、禽粪	*Zea mays*	生物有效性降低	Pierzynski and Schwab（1993）
Zn	植物高铁载体	*Triticum aestivum*	促进了金属的吸收	Zhang et al.（1991）

在众多影响重金属有效性的土壤因素中，土壤 pH 是关键因素之一。一般来说，随着土壤 pH 降低，大部分重金属的生物有效性增加。降低土壤 pH 有两种常用的方法：一是直接酸化，即稀释的浓硫酸直接喷洒在土壤表面，然后通过机械方法（如耕作）将酸与土壤充分混匀；其二是向土壤中施加营养物质（由有机肥、无机肥或稀硫酸组成），然后采用机械或手工方法与土壤混匀。研究证明，施加含铵的肥料、有机酸、无机酸、单质硫、硝酸和碳酸钙均可以降低土壤的 pH，提高植物修复的效率（Huang 等，1997；Cristofaro 等，1998；Chaney 等，2000；Gao 等，2003；Thangavel 和 Subburaam，2004）。一些研究结果则相反，植物修复的效率反而降低了（Singh 等，1996；Khan 等，2000）。例如，随着土壤 pH 降低，土壤溶液中砷含量反而降低。值得注意的是，土壤 pH 的降低不能抑制植物的生长，且施加酸化物质可能带来潜在的环境风险。因此，需要更多精确的研究来评价土壤 pH 和土壤添加物对超积累植物的产量和去除土壤重金属效率的贡献以及带来的潜在环境风险。

污染土壤中的大部分金属不是以液相形式存在，而是被土壤中黏土等成分牢固地吸附在固相中，这部分金属离子的生物有效性极低，只有当它们变成极易被植物吸收的液相时才能被植物吸收和转移，因此，向土壤中添加螯合剂（chelating agent）或活化剂（mobilizing agent）可增加土壤溶液中金属的浓度，促进植物对金属的吸取和富集。这种通过施用螯合剂或活化剂诱导或强化植物蓄积重金属的过程称为螯合诱导修复技术。对于那些极难迁移的污染元素（如铅、铜和金），螯合剂或移动剂的加入具有十分重要的意义，否则固相中的金属难以释放出来供植物根系吸取，植物对金属的吸收将受到限制。研究表明，化学螯合剂可以明显增加土壤中金属离子等污染物的溶解性，从而大幅度增加金属等污染物在植物中的积累（Fuentes，1997；Huang 等，1997；Khan 等，2000；Kayser 等，2000）。如 Huang 和 Cunningham（1996）在作物收获前期，向铅污染土壤（2 500 mg/kg）中施入 2 mmol/L HEDTA 后，玉米茎叶和根组织中铅的浓度大幅度增加（超过 1%），土壤溶液中铅浓度也大幅度提高（由原来的 16.7 μmol/kg 增加到 19 000 μmol/kg）。Ebbs 和 Kochian（1998）盆栽实验发现，EDTA 的加入极显著提高燕麦、大麦和印度芥菜 3 种植物对锌的富集量，其中 EDTA 的存在使燕麦对锌的富集量比大麦高出 2～4 倍，并且通过 EDTA 的螯合诱导后，燕麦潜在的超富集能力与印度芥菜相当。Chen 和 Cutright（2001）的盆栽试验发现，加入 EDTA 0.5 g/kg 后，向日葵（*Helianthus annuus*）地上部镉和镍含量分别从 34 mg/kg 和 15 mg/kg上升到 115 mg/kg 和 117 mg/kg。

现已发现，各种螯合剂、有机酸和某些化合物都可以用来诱导许多高产农作物产生重金属超积累，但针对不同的污染土壤处理需要使用不同的螯合剂或化合物。常用的螯合剂或活化剂主要有两类，一类是人工合成的，另一类是天然的。前者如乙二胺四乙酸（EDTA）、羟乙基乙二胺三乙酸（HEDTA）、二乙基三胺五乙酸（DTPA）、乙二醇双四乙酸（EGTA）、氨基三乙酸（NTA）、乙二胺二乙酸（EDDHA）、环已烷二胺四乙酸（CDTA）、乙二胺二琥珀酸（EDDS）等；后者主要是一些低分子量有机酸，如柠檬酸、草酸、酒石酸等，还包括一些无机化合物如硫氰化铵等。针对不同环境污染物和超积累植物种类应选择合适的螯合剂。一般而言，某种螯合剂与重金属离子形成螯合物的稳定性越大，该种螯合剂活化对应重金属的能力越强，土壤溶液中这种重金属浓度也就越高。实验表明，EDTA 对铅、EDGA 对镉、柠檬酸对铀具有较好的选择性。在 EDTA、NTA、HEDTA、DTPA 等螯合剂中，EDTA 螯合诱导植物提取重金属的效果最好。

由于螯合剂或活化剂的加入对土壤污染物的增溶能力快过它们强化植物根际吸收污染物的能力，因此，污染土壤中加入螯合剂或活化剂在提高金属溶解性的同时也带来潜在的环境风险。表现在：①土壤污染物的淋失与地下水质的污染。施用 EDTA 等螯合剂将影响土壤中锌、铜、铅、镉和镍等重金属的活性和迁移能力，从而增大重金属污染地下水的潜在危险性。Vogeler 等（2001）研究表明，铜污染土壤中加入 EDTA 7 d 后铜开始淋溶迁移，16 d 后铜迁移量达到最大。EDTA 的活化作用可使铜向下运移 700 cm。Clothier 等（2002）用土柱生长试验方法研究了加入螯合剂后铜流失情况，结果表明，铜流失进入地下水的量达到土柱总铜量的 20%。②螯合剂在土壤中的残留及潜在负面效应。③土壤中金属螯合物的突然增加会形成金属胁迫环境等。

根际土壤微生物可通过分泌金属螯合物（如高铁载体）、酸化、溶解金属磷酸化合物、改变土壤氧化还原电位等途径影响土壤中重金属的移动性和植物有效性（Smith 和 Read，1997；Lasat，2002；Khan，2005）。例如，无机异养型细菌通过酸化土壤提高重金属的移动性，或通过形成硫化物降低重金属的移动性（Lasat，2002）。研究表明，一些土壤微生物能分泌某些有机物质，增强重金属的生物有效性和促进根系吸收，如 Fe^{2+}（Crowley 等，1991；Bural 等，2000）、Mn^{2+}（Barbar and Lee，1974）和 Cd^{2+}（Salt 等，1995）。Vivas 等（2003）从铅污染土壤上分离出的一种常见菌不仅可促进红车轴草（*Trifolium pratense*）的生长以及对土壤中氮和磷的吸收，而且也大大促进了其对铅的吸收能力。Chen 等（2005）等发现，当污染土壤中接种从海州香薷（*Elsholtzia splendens*）的根际土壤中分离的耐铜菌株后，土壤中的水提取态铜的含量显著增加，而且当营养液中加入耐铜菌株后，海州香薷的根系和地上部铜含量和积累量显著增加，而同时加入耐铜菌株和抗生素处理后，根系和地上部铜含量低于对照处理。Whiting 等（2001）盆栽试验也证明，当土壤中添加微生物 *Microbacterium saperdae*、*Pseudomonas monteilii* 和 *Enterobacter cancerogenes*，锌超积累植物 *Thlaspi caerulescens* 的鲜重、地上部分的锌含量均增长为原来的两倍。

菌根指植物根系与真菌形成的共生体，其中的真菌称为菌根菌。在二者的共生结合中，植物根系与菌根菌形成两个相互依赖的共存体，表现在植物根系供给菌根菌所需的碳源等营养物质，提供栖息场所，而菌根菌的菌丝可使根系在更为广泛的范围内更有效地吸收土壤中的水分和矿质元素。现已发现，广泛存在于土壤中的 VA 菌根对植物矿质营养运输起着重要的作用。Sylvia 等（1992）证实，VA 菌根对植物吸收铜过程有一定的影响，接种 VA 菌根的植物对铜的吸收量明显高于对照植物。近年的研究发现，生长在重金属污染环境中的植物也发育有菌根（Chaudhry 等，1999）。据报道，某些分离出的丛枝菌根真菌属微生物如 *Glomus* 属和 *Gigaspora* 属在重金属污染生境中可与寄主植物共存（Raman 和 Sambandan，1999），说明菌根真菌已演化出重金属抗性，它们在重金属污染土壤植物修复过程中具有重要的意义。植物在重金属污染土壤上与微生物形成共存体对植物作为先锋植物定居于污染场地非常有利，在某种程度上甚至决定植物定居的成功与否。

菌根能生产刺激植物生长的物质，从而促进矿质营养吸收、植物生长和生物量增加，有利于重金属污染土壤的植物修复。然而，有关丛枝菌根的研究结果颇具争议。一些人认为，植物中重金属浓度之所以很高，甚至超过中毒临界值，原因在于丛枝菌根；另一些人提出，重金属（如铜和锌）含量在菌根植物中并不高，有时还很低。Diaz 等（1996）用土培法研究接种 *Glomus mosseae* 和 *Glomus macrocarpum* 丛枝真菌的情况下 *Lygeum spartum* 和 *An-*

thyllis cytisoides 对铅、锌的吸收情况。结果发现，铅、锌含量低的情况下，菌根植物蓄积的铅、锌量等于或高于非菌根植物；而铅、锌含量高的情况下，接种 *Glomus mosseae* 的植物对金属的蓄积量低于非接种植物，接种 *Glomus macrocarpum* 的植物对重金属的吸收量与对照相当的或更高。Mench 等（1994）提出，锌对土壤根瘤菌群落定居生长存在负面的影响，而对玉米的孢子和菌根定居无不利影响，各种土壤因子（如黏土含量和金属的活性）也会影响到植物和土壤生物群落。植物根吸收重金属多少与土壤及其共存的微生物体关系密切。因此，在评价土壤污染对植物吸收及相关的毒性效应时，应考虑金属的活性及其生物可获得性。无论如何，从重金属污染土壤中寻找微生物共存体对植物修复污染土壤来说仍是一件有意义的事。因为菌根组合可增加植物的表面积，真菌菌丝向外延伸到根外，有利于水分和矿质吸收。矿质的大量吸收无疑会使生物量增加，而生物量的高低是植物修复行动成功与否的先决条件，通过选用适合于污染土壤生长的菌根真菌，并将它们接种超积累植物上，有可能强化污染土壤植物修复的效率。

（2）采用合适农艺措施，促进植物生长和对重金属的吸收　植物地上部生物量是影响植物修复效率的重要因素之一，如果能增加植物地上部的生物量，那么植物修复效率就可以提高。施肥和灌溉是促进植物生长的两个重要因素，合适的水肥管理能促进植物生长，增加地上部的生物量，从而提高植物提取效率。一般来说，酸性或生理酸性肥料，如 $(NH_4)_2SO_4$、NH_4Cl、过磷酸钙和 KCl，可明显增加植物提取重金属的效率。适当使植物缺磷，可以增加植物根系分泌有机酸，从而提高植物提取重金属的效率。例如，Bennett 等（1998）发现，施加氮肥可增加 *Alyssum bertolonii*、*Streptanthus polygaloides* 和 *Thlaspi caerulescens* 的生物量，而对地上部镍含量没有显著影响。Hamlin 和 Barker（2006）发现，施加硝酸盐肥料可促进印度芥菜的生长和锌积累量，当供给植物的氮肥中含有 10% NH_4^+-N 和 90%的 NO_3^--N，印度芥菜对锌修复效率达到最大值。Chou（2005）研究了钾肥对植物提取 ^{137}Cs 的影响，结果显示，钾肥能显著提高油菜（*Brassica campestris*）地上部的生物量和 ^{137}Cs 转运系数。廖晓勇等（2004）通过田间试验表明，适量施用磷肥可促进蜈蚣草的生长，显著提高其生物量，但过量施用磷肥对植物产量无贡献。然而，在实际操作时，应防止施肥和灌溉过多，从而影响植物的生长。在应用某种植物进行植物修复之前，首先必须掌握植物对水肥的需求，一般来说，植物苗期和开花期对水肥比较敏感。

此外，环境因素（如光照、温度、水、气和热等）会影响植物的生长。因此，应根据植物对环境因素的反应，通过调控环境因素可以缩短植物的生长周期，从而减少植物修复的时间。例如，一些植物耐低温的能力差，温室栽培可加速植物生长；一些超积累植物为阴生植物（如东南景天），遮阴可促进植物生长，在热带可帮助植物度过夏天；增加 CO_2 浓度可促进植物的光合作用，增加生物产量。目前公认 CO_2 浓度加倍可使植物产量增加 30%左右。CO_2 浓度升高不同程度地提高正常环境中植物的产量与生物量，也可显著提高生长于铜污染环境中的印度芥菜和向日葵地上部生物量，增加植物的叶面积和植株叶面积指数（Tang 等，2003）。

通常，超积累植物的种子非常小，其直径或长度只有数毫米，甚至只有数微米，这么小的种子不便于播种或移栽。种子包埋技术是指利用一些物质（含有肥料和杀虫剂）包裹种子，从而提高种子的发芽率，防治苗期病虫害；此外，增加种子的体积方便于机械播种。因此，种子包埋是植物提取技术大规模和商业化应用所不可缺少的技术之一。

（3）采用基因工程技术改良超积累植物的生物学性状和植物对重金属的积累特性　迄今为止，植物修复领域内的研究工作和商业活动都使用天然植物。随着分子生物学技术的兴起，人们逐渐意识到基因工程技术渗透到植物修复领域中的潜力，人们已发现许多植物可用来进行基因工程操作，包括印度芥菜、油菜、向日葵和杨树等。通过基因工程手段增加植物对重金属的耐性与积累特性的主要途径有：调控植物中金属转运子、植物螯合素和金属硫蛋白的类型与数量，改变植物的生物学特性等。

修复植物吸收和向地上部转运重金属是植物提取技术的前提途径。转运蛋白和细胞内高亲和力的结合位点调控金属的吸收和跨膜运输。因此，利用基因工程手段调控金属转运子，可改变植物的金属耐性和植物对金属的积累。近年来，许多金属转运蛋白基因已被克隆（Datta 和 Sarkar，2004）。例如，Maser 等（2001）从 *Thlaspi careulescens* 克隆出 ZIP 基因家族中 *ZNT*1 和 *ZNT*2，其在 *Thlaspi careulescens* 的根系中高度表达，但表达的丰度不受植物体内 Zn 水平的影响。Van der Zaal 等（1999）将来源于 *Thlaspi goesingense* 的锌转运子 *ZAT* 基因导入拟南芥（*Arabidopsis thaliana*），转基因拟南芥对锌、铅和镉耐性增加，其根部锌的积累量较对照高出 2 倍多。将源自拟南芥的液泡膜上的钙转运子 CAX-2 转入烟草后，烟草对钙、镉和锰的积累量得到增强（Hirschi 等，2000）。将编码钙调素结合蛋白的另一个转运子基因 *NtCBP*4 导入，可以观察到植物对镍的耐性增强（Arazi 等，1999）。

植物螯合素（PC）是参与植物体内解重金属毒害的重要的配位体之一。通过修饰或过量表达催化谷胱甘肽（GSH）或 PC 合成的酶，可以提高植物耐金属能力和金属积累量。如 Zhu 等（1999a，1999b）研究发现，大肠杆菌的 GS 或 γ-ECS 基因遗传转化的印度芥菜突变体积累的镉比野生型高，其中 *E. coli gsh* Ⅱ在胞质中表达后，地上部镉的浓度增加到 25%，地上部的镉总积累量比野生型高 3 倍；而且，镉的积累量和忍耐能力与 *gsh* Ⅱ表达水平呈正相关，镉处理的 GS 转化植株体内 GSH、PC、巯基、S 和 Ca 含量比野生型植株高；水培实验发现（Zhu 等，1996），当 *E. coli gsh* Ⅰ在质体中过量表达，导致转基因植物在镉胁迫下比野生型生长好，同时地上部镉浓度比野生型高 40%～90%，GSH 和 PC 含量也增加。

将金属硫蛋白基因克隆并转入某些植物中可增加植物对金属的富集能力。例如，Misra 等（1989）研究表明，将人类 *MT*-Ⅱ基因插入烟草和油菜基因组后，100 μmol/L 镉对幼苗的生长无任何影响。Elmayan 和 Tepler（1994）发现，人类 *MT*-Ⅱ基因或 *MT*-Ⅱ融合的 β-葡萄糖醛酸酶基因在烟草中表达后，转基因植物幼苗体内的镉分配发生改变，地上部积累的镉比对照植物低 60%～70%。而且，其中表达 $35S^2$-*MT*-Ⅱ最好的转基因株生长在温室和田间条件下，植株积累的镉总量与对照没有差别，但在对照植物中，70%～80%的镉被转运到叶，而在转基因植物中只有 40%～50%被转运到叶；同时，镉在转基因植物的叶中的分配也发生了改变，叶片镉含量减少 73%，中脉镉含量相应增加（de Borne，1998）。因此，利用 MT 转化植物，提高其金属积累量或向地上部转运能力，不失为提高植物修复效应的一条有效途径。

应用分子生物学及基因工程技术改良超积累植物的生物学性状（如生物量、根系发育等）以提高植物修复污染环境的相对效率是一个很诱人的研究课题，尽管这方面的研究工作报道不多。据研究，将增加植物生长素合成的基因导入超积累植物中可使超积累植物生物量增加。人们已掌握了大多数植物激素的生物合成途径，并克隆出编码多种酶的基因，可望有更多的机会人工调控植物的激素含量及生物合成（Hedden 等，2000）。如转基因树木中增加赤霉素合成可促进植物生长，提高植物产量（Eriksson 等，2000）。改善植物根系的发育，扩大根表面积，同样可增加植物对有毒金属的蓄积量。实验表明，农杆菌（*Agrobacterium rhizognes*）可以提高某些超积累植物的根系生物量。诱导某些超积累植物产生更多的毛状根，有利于植物吸收更多的放射性核素（Eapen 等，2003）和重金属（Nedelkoska 等，2000）。

4. 植物提取技术的案例　美国铅污染地的合同招标和示范研究项目表明，用植物修复铅污染土壤非常有效。研究表明，通过植物吸收铅能使污染物处理的体积减小达 95%。Edenspace 公司对美国新泽西州特伦顿的一个铅污染地进行了植物修复研究。结果表明，该污染地整个夏季种植 3 茬植物就可以减少 75%的铅污染量。

廖晓勇等（2004）通过在湖南省郴州市的田间试验研究表明（图 11-6），在砷含量为 60～70 mg/kg 的污染水稻土上，种植蜈蚣草 7 个月后，地上部干物量可达 2 500 kg/hm² 左右，蜈蚣草地上部砷含量达到 1 535 mg/kg 左右，土壤总砷均有不同程度的下降，土壤修复效率最高为 7.84%。他们还发现，适量施用磷肥促进蜈蚣草的生长，显著提高其生物量，但过量施用磷肥对植物产量无贡献。随着磷肥施用量的增加，蜈蚣草地上部砷含量呈先增加后减少的趋势，理论上在施磷量为 340 kg/hm² 时，砷含量可达最高（1 622 mg/kg）。施磷量为 200 kg/hm² 的砷总累积量最高，是不施磷处理砷累积量的 214 倍及 600 kg/hm² 施磷量砷累积量的 112 倍。施用磷肥可以维持土壤有效态砷含量在蜈蚣草种植前后变化不大，保证蜈蚣草下个生育期对砷的吸收。这些结果说明施用磷肥是蜈蚣草等砷超富集植物在现场修复中的必要手段，优化施磷技术可大大提高砷污染土壤的修复效率。

图 11-6　蜈蚣草修复砷污染土壤工程
（湖南郴州，陈同斌等）

吴启堂等（Wu 等，2007）将东南景天（锌镉超积累植物）与和低累积玉米以及促进超富集植物吸收锌、镉的混合添加剂（MC）（柠檬酸：味精废液：EDTA：KCl＝10：1：2：3）为试验材料，在广东乐昌某铅锌矿废水污染水稻田进行田间试验（图 11-7），结果发现，东南景天和低累积玉米均适合在重金属复合污染土壤上生长，将两者套种，同时施加混合添加剂，东南景天的生物量最高，其地上部锌和镉含量也显著高于与其他处理（锌含量达到 6 628 mg/kg，镉含量达到 51.07 mg/kg），因此，东南景天对重金属的提取效率明显高于其他处理。这一组合技术不仅提高了植物对重金属的提取效率，缩短了修复时间，而且还可以收获符合一定卫生标准的农产品，使农民继

图 11-7　东南景天与玉米套种修复
锌镉污染土壤工程
（广东乐昌，吴启堂等）

续进行农业生产，从而降低污染土壤修复的经济和社会成本（卫泽斌等，2006）。

其他成功的案例还有：Edenspace 公司用植物修复的方法处理波士顿一个高铅含量污染的城市居民点，结果使土壤中的铅从 1 200 mg/kg 降低到 600 mg/kg。他们还成功地修复了美国俄亥俄州芬得雷的一个镉和锌污染地以及乌克兰切尔诺贝利核反应堆事故造成的锶和铈污染土壤。该公司还从事美国能源部和国防部污染地的修复工作。

5. 植物提取技术的成本估算　据 Cunningham（1996）估算，用植物提取技术修复铅污染土壤 30 年每公顷的成本为 4 万美元，而土壤覆盖每公顷的成本为 12 万美元，土壤冲洗法每公顷的成本为 126 万美元，挖掘后再进行处理的成本是每公顷 240 万美元。Cornish 等（1995）认为，植物提取技术的成本只有土壤冲洗技术成本的 1/3 左右。Salt 等（1995）研究表明，用植物提取技术修复 0.5 m 厚、0.4 hm^2 面积的砂质亚黏土需花费 6 万～10 万美元，而挖掘和储藏同样多的土壤至少需要 40 万美元。

三、植物固定

有类重金属耐性植物，如香蒲植物、香根草、无叶紫花苕子（*Vicia villosa*）对铅锌具有强的忍耐和较强的吸收能力，生长量大，但重金属主要留在根中，可以用于固定和净化矿区等污染土壤。该类植物根系通常含较高浓度重金属，尽量连根收走才能将重金属除去。

植物固定（phytostabilization）是利用植物使环境中的金属活性降低，生物可利用性下降，使金属对生物的毒性降低，同时减少水土流失和污染物扩散。Cunningham 等研究了植物对环境中土壤铅的固定，发现一些植物可降低铅的生物可利用性，缓解铅对环境中生物的毒害作用。

植物固定并没有将环境中的重金属离子去除，只是暂时将其固定，使其对环境中的生物不产生毒害作用，没有彻底解决环境中的重金属污染问题。如果环境条件发生变化，金属的生物可利用性可能又会发生改变。因此植物固定不是一个理想的去除环境中重金属的方法。添加一些前述的改土剂和植物固定一起来固定重金属，效果更好。如 Mench（2004）等在炼砷厂大气降尘污染的重金属复合污染土壤上，施用土重 5%的棕闪粗面岩（beringite）和 1%的废铁粉，使植物稳定的效果明显提高，根瘤等生物多样性指标明显改善。

Қасаткина Т. П 用铬还原细菌将六价高毒铬离子还原成低毒形态，使含 Cr^{6+} 工业污水经过 Dechromatic KC-Ⅱ菌，一昼夜内可将 Cr^{6+} 降低到 0.1mg/L 以下，Cr^{3+} 可降低到 2mg/L 以下。Chen 等（2004）的研究结果表明，接种外生菌根可以加强植物根系对铀的固定作用。因此微生物固定作用可与植物固定作用结合在一起。

四、植物挥发

植物挥发是利用植物去除环境中的一些挥发性污染物，即植物将污染物吸收到体内后又将其转化为气态物质，释放到大气中。有人研究了利用植物挥发去除环境中汞，即将细菌体内的汞还原酶基因转入拟南芥属植物（*Arabidopsis*）中，这一基因在该植物体内表达，将植物从环境中吸收的汞还原为 Hg（0），使其成为气体而挥发。

另有研究表明，利用植物也可将环境中的硒转化为气态形式（二甲基硒和二甲基二硒）

(Watanabe, 1997)。

由于这一方法只适用于挥发性污染物，应用范围很小，并且将污染物转移到大气中对人类和生物有一定的风险，因此它的应用将受到限制。

第三节 重金属污染土壤的农业合理利用

虽然目前国内外广泛开展了对污染土壤修复的研究，提出了许多较为实用的修复方法，并对一些重要方法已经从机理、工程等方面进行了深入研究，取得了较好的结果，为污染土壤的修复和再利用奠定了坚实的基础。但从目前来看，土壤修复还存在一些缺陷，如投资大、效果不稳定（生物修复）、难于切断食物链污染、对土壤的自然属性破坏强烈（物理修复和化学修复）、周期长（植物修复）、实践中推广应用并取得成功的实例不多等。因此，将污染土壤作为一种特殊的资源，因地制宜地、高效安全地加以利用，在保障人体和动物健康的同时，给农户带来一定的经济收入，这对于我国尤其重要。

近年来，我国土壤污染及食品安全等“瓶颈”问题将对我国农产品的生产、销售和出口带来诸多负面影响。另一方面，随着我国快速推进的城市化进程，土地资源越来越短缺，人多地少的矛盾日益突出。对于我国绝大部分处于低中度污染水平的农业土壤，不可能将其停止生产来进行各种各样的修复。因此，从长远和可持续发展的观点来看，通过改变耕作制度、选育吸收污染物少和在可食部位污染物积累少的作物品种、合理地施肥和水分管理，在继续发挥土壤的生产力的同时，收获符合卫生安全的农产品，从而降低污染物进入食物链的风险，这也是今后我国中低度污染土壤安全利用的重要途径。

一、改变耕作制度

在污染较严重的农田，可改变耕作制度，改种非食用植物，如花卉、苗木、棉花和桑麻类等。木本植物对土壤中镉、汞等重金属有较强的富积作用和耐性。旱柳幼树在 50 mg/kg 镉污染土壤中，生物量未受影响。土壤中镉为 200 mg/kg 时，旱柳体内富集镉 47.19 mg/kg。当年生加拿大杨生长期内对 50 mg/kg 汞处理的土壤中的汞吸收积累高达每株 6 779 μg，为对照的 130 倍。

将中重度污染区作为良种繁育基地。例如，张士灌区上游污染严重地块改为水稻、玉米良种基地，收获的子实不作直接食用的商品粮，而是作为种子。用这种种子生产的水稻，糙米中含镉量小于 0.1 mg/kg，产量超过 15 000 kg/hm^2（亩产千斤以上），效益显著。

对于污染严重的某些农田，若污染物不会直接对人体产生危害，在治理困难的情况下，可优先考虑改为建筑用地等非农业用地。

二、选择合适形态的化肥和管理土壤水分

由于不同形态的氮、磷、钾化肥对土壤理化性质和根际环境具有不同的影响，某些形态的化肥更有利于降低植物体内污染物的浓度。研究表明，降低作物体内镉浓度的肥料形态是：①氮肥为：$Ca(NO_3)_2 > NH_4HCO_3 > NH_4NO_3$、$CO(NH_2)_2 > (NH_4)_2SO_4$、

NH_4Cl；②磷肥为：钙镁磷肥＞$Ca(H_2PO_4)_2$＞磷矿粉、过磷酸钙；③钾肥为：K_2SO_4＞KCl。艾绍英等（2010）研究表明，在重金属镉和铅污染土壤上，尽量避免施用单质化肥硫酸铵、氯化铵和氯化钾；尿素、硝酸钙和硫酸钾配合施用对蔬菜吸收积累镉和铅的抑制作用较好。因此，在农业生产中配合施用合适形态的化肥品种和用量范围，可以有效低减少重金属在农产品中积累，该方法既经济，又易被农民所接受。

水稻土的氧化还原状况可控制土壤中重金属的迁移转化。如受镉和钼污染的土壤可采用长期淹水、避免落干、烤田和间歇灌水的方法抑制其毒性效应。在水稻抽穗后，采取浅水勤灌，防止落干，可以减少水稻对镉和钼的吸收。而砷污染的土壤不能采用此法，因为其在还原条件下可转化为亚砷酸，反而会增强它的毒性。重金属镉、铅、铜和锌等均能与土壤中硫化氢反应，产生硫化物沉淀。通过合理管水，调节土壤水分，亦可有效地减轻重金属的危害。对于已被有机氯农药（如滴滴涕和六六六）污染的土壤，可以通过旱作改水田，或水旱轮作方式，加速土壤中有机氯农药的分解排除。

三、选择抗污染低累积农作物品种

改种吸收污染物少或食用部位污染物累积少的作物。研究表明，菠菜、小麦和大豆吸镉量多，而玉米和高粱吸镉较少。在中轻度重金属污染的土壤，不种叶菜、块根类蔬菜，而种瓜果类蔬菜或果树等，能有效地降低农产品的重金属浓度。

同一种作物的不同品种对污染物的吸收累积也不同。国外研究表明，种植于同一污染土壤上，大麦、生菜、玉米、大豆和烟草的不同品种对重金属的吸收具有明显差异（Adriano，1986）。我国华南地区种植的水稻、菜心的不同品种对镉的吸收累积也有明显差异（吴启堂等，1994，1999；徐照丽等，2002）。在镉污染的土壤上种植野奥丝苗、增城丝苗等优质米水稻和特青菜心 60 天、50 天等品种，明显减少镉在食品中的累积。因此，可以筛选出在食用部位累积污染物较少的品种，用于进一步选育抗污染品种，或直接用于种植在中轻度污染的土壤上，可明显减轻农产品中污染物的浓度。

◆复习思考题

1. 重金属污染土壤的物理修复技术主要有哪些方法？简述各种技术方法的原理。
2. 简述重金属污染土壤的化学改良技术的原理和过程。
3. 何谓土壤淋洗技术？该技术的关键因素是什么？
4. 电动修复重金属污染土壤的原理是什么？可以采取哪些措施来控制阴极区的 pH？
5. 何谓植物修复？根据修复原理，植物修复重金属污染土壤有哪几种主要技术类型？
6. 与物理化学修复技术相比较，植物修复技术具有哪些优点和缺点？
7. 简述重金属超积累植物的概念。超积累植物有哪些主要特点？请列举几种近年来在我国发现的超积累植物。
8. 影响植物提取效率的主要因素有哪些？可采取哪些措施进行改进？
9. 针对我国大部分污染农业土壤处于中轻度水平，如何对这些已污染土壤进行安全、有效地综合利用？

第十二章

有机污染土壤的修复

土壤环境中的有机物污染物主要有人工合成的有机农药、酚类物质、氰化物、石油、多环芳烃、洗涤剂以及高浓度耗氧有机物等。这些有机化合物一般具有较高的土壤-水分配系数，进入土壤以后，其绝大多数积聚在土壤里，尤其是有机氯农药、有机汞制剂和多环芳烃等，由于其不仅难降解，而且毒性大，造成严重的污染危害。所以，有机化合物污染土壤的修复技术成为污染土壤修复技术领域的一大研究热点。修复有机物污染的土壤主要有物理方法、化学方法以及生物的方法。尽管有人认为生物修复技术还是不太成熟的方法，但这种方法在环境科学界已被广泛接受并认为是具有发展前途的。

第一节　有机污染土壤的物理化学修复

一、土壤蒸气浸提技术

（一）技术原理

土壤蒸气浸提技术（soil vapour extraction，SVE）最早于1984年由美国Terravac公司研究成功并获得专利权。其原理是通过布置在不饱和土壤层中的提取井，利用真空向土壤导入空气，空气流经土壤时，挥发性和半挥发性有机物随空气进入真空井而排出土壤，从而降低土壤中的污染物浓度。土壤蒸气提取技术有时也被称为真空提取技术（vacuum extraction），属于一种原位处理技术，但在必要时，也可以用于异位修复。该技术适合于挥发性有机物和一些半挥发性有机物污染土壤的修复，如汽油、苯和四氯乙烯。

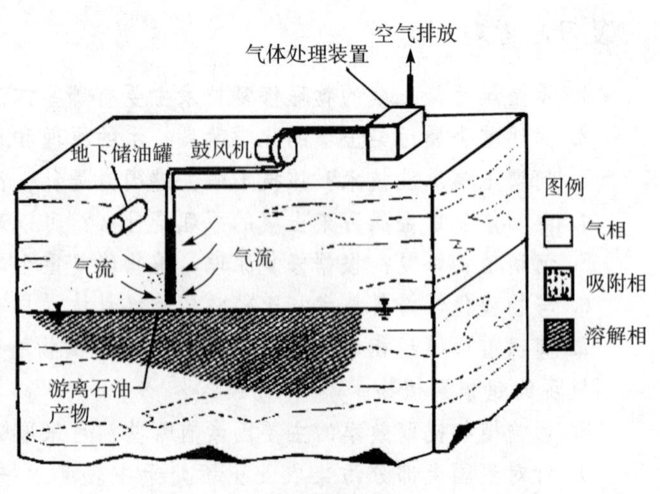

图12-1　土壤蒸气浸提系统的示意图
（引自洪坚平，2005）

在基本的土壤蒸气浸提技术设计中，要在污染土壤中设置垂直或竖直井（通常采用PVC管）。水平井特别适合于污染深度较浅的土壤（小于3m）或地下水位较高的地方。真空泵用于从污染土壤中缓慢地抽取空气。真空泵安置在地面上，与一个气水分离器和废物处理系统（off-gas treatment system）连接在一起。从土壤空隙中抽取的空气携带有挥发性污染物的蒸气。由于土壤空隙中挥发性污染物分压不断降低，原来溶解在土壤溶液中或被土壤颗粒吸附的污染物持续地挥发出来以维持空隙中污染物的平衡（图 12 - 1）。

在美国的密歇根州，曾采用蒸气提取技术处理一个面积为 47 hm^2 的挥发性有机物污染的土壤。这些挥发性有机物包括氯甲撑（methylene chloride）、氯仿、1，2 -二氯乙烷和 1，1，1 -三氯乙烷。土壤质地从细砂土到粗砂土。水力传导率为 $7\times10^{-5}\sim4\times10^{-4}$ m/s。修复过程从 1988 年 3 月开始到 1999 年 9 月结束，大约 18 000 kg 挥发性有机物被提取出来，每立方米处理费用大约是 50 美元。

（二）技术特点

土壤蒸气浸提技术的特点是：可操作性强，设备简单，容易安装；对处理地点的破坏很小；处理时间较短，在理想的条件下，通常 6～24 个月即可；可以与其他技术结合使用；可以处理固定建筑物下的污染土壤。因其具有巨大的潜在价值而很快应用于商业实践。

该技术的缺点是：很难达到 90%以上的去除率；在低渗透土壤上的有效性不确定；只能处理不饱和带的土壤，要处理饱和带土壤和地下水还需要其他技术。欧洲国家处理每吨土壤的费用为 5～50 英镑，在美国，采用土壤原位浸提技术修复污染土壤的成本，为每立方米 26～78 美元，价格不算昂贵。

（三）技术要求

土壤蒸气浸取技术能否用于具体污染点的修复及其修复效果取决于两方面的因素：土壤的渗透性和有机污染物的挥发性（表 12 - 1）。

表 12 - 1 土壤蒸气浸提技术的应用条件

项目		有利条件	不利条件
污染物	存在形态	气态或蒸发态	被土壤强烈吸附或呈固态
	水溶解度	$<$100 mg/L	$>$1 000 mg/L
	蒸气压	$>$100 mmHg	$<$10 mmHg
	亨利常数	$>$0.01	$<$0.01
土壤	温度	$>$20℃（通常需要额外加热）	$<$10℃（通常在北方气候）
	湿度	$<$10%（体积）	$>$10%（体积）
	组成	均匀	不均一
	空气传导率	$>10^{-4}$ cm/s	$<10^{-6}$ cm/s
	土壤表面积	$<0.1\ m^2/g$	$>0.1\ m^2/g$
	地下水位	$>$20 m	$<$1 m

注：1 mmHg＝133.322 Pa。

土壤的渗透性与质地、裂隙、层理、地下水位和含水量都有关系。细质地的土壤（黏质土和粉砂土）的渗透性较低，而粗质地土壤的渗透性较高。土壤蒸气提取技术用在砾质土和砂质土上效果较好，用在黏质土和壤质黏土上的效果不好，用在粉砂土和壤土上的效果中等。裂隙多的土壤的渗透性较高。有水平层理的土壤会使蒸气侧向流动，从而降低蒸气提取效率。土壤蒸气提取技术一般不适合于地下水位高于 0.9 m 的土壤。地下水位太高可能淹没部分污染土壤和提取井，致使气体不能流动。这一点对水平提取井尤为重要。当真空提取时，地下水位还可能上升。因此，地下水位最好在地表 3 m 以下。当地下水位为 0.9～

3.0 m时，需要采取空间控制措施。高的土壤含水量会降低土壤的渗透性，从而影响蒸气提取技术的效果。有机质含量高的土壤对挥发性有机物的吸附很强，不适合于土壤蒸气提取技术。

有机化合物的挥发性可以用蒸气压、沸点和亨利常数来衡量。土壤蒸气抽提技术一般要求所治理的污染物必须是挥发性的或者是半挥发性有机物，不能用于蒸气压低于66.661 Pa（0.5 mmHg）或沸点低于250～300 ℃或亨利常数大于1.013×10^7 Pa的有机化合物。此外，污染物必须具有较低的水溶性，并且土壤湿度不可过高。

（四）技术发展

据不完全统计，到1997年，美国已有几千个应用该技术进行污染土壤修复的实例。最初，对土壤蒸气浸提技术的研究集中在现场条件下的开发和设计，但由于早期研究很大程度上凭借经验，设计上比较粗糙，经常出现超设计或设计不足的缺点。Crotwell在对美国早期一些土壤蒸气浸提技术应用地点进行效果评价时发现，经过一定时期的操作后，一些地点挥发性有机物（VOC）去除率在90%以上（其中半数达99.9%以上），而另一些地点挥发性有机物去除率只有60%～70%。20世纪90年代以后，土壤蒸气浸提技术发展很快，Chiuon强调建立数学模型描述土壤介质中的微观传质机理以获取控制气相流动的相关参数十分重要。现阶段流行模式大多是建立在气液局部相平衡假定的基础上。虽然利用亨利常量的计算使问题大大简化，但在操作后期，挥发性有机物含量很低时，模型的结果往往很难与真实情况相吻合，即所谓尾效应。多组分土壤蒸气浸提模拟实验中发现，主体气相流动将选择性夹带挥发性强的挥发性有机物。

土壤蒸气浸提研究的另一个方向，是对该技术本身的改进和拓展。其中，最重要的是原位空气注射（in-situ sparging）技术，该技术将土壤蒸气浸提技术的应用范围拓展到对饱和层土壤及地下水有机污染的修复。操作上用空气注入地下水，空气上升后将对地下水及水分饱和层土壤中有机组分产生挥发、解吸及生物降解作用，之后空气流将携带这些有机组分继续上升至不饱和层土壤，在那里通过常规的土壤蒸气浸提系统回收有机污染物。尽管原位空气注射技术使用不过十年时间，但因其高效、低成本的修复优点，使之正在取代泵抽取地下水的常规修复手段，对该技术的深入研究是目前土壤及地下水污染治理的一个热点。此外，为提高有机组分挥发性，扩大土壤蒸气浸提技术的使用范围的热量增强式土壤蒸气浸提技术（thermally enhanced SVE），包括热空气注射（hot air injection）和蒸气注射（steam injection）等，也正在研究和开发中。

二、热处理技术

热处理技术（thermal treatment）通过向土壤中通入热蒸汽或用射频加热等方法把污染土壤加热，使污染物产生热分解或将挥发性污染物赶出土壤并收集起来进行处理（图12-2）。产生热的方法有多种，例如红外线辐射、微波和射频方式等，亦可用管道输入水蒸气，或打井引入地热等来加热土壤，从而使污染物变为气态而挥发去除。在美国，处理有机污染物的热处理系统非常普遍，有些是固定的，有些是可移动的。在荷兰也建立了热处理中心。在英国，热处理工厂被用于处理石油烃污染的土壤。热处理技术最常用于处理有机污染的土壤，如该法可去除土壤中99%的多环芳烃（PAH）和挥发性污染物（Pope等，2000）。根据其原理，热处理技术包括热解吸技术和焚烧技术。

(一) 热解吸技术

热解吸技术（thermal desorption）通过直接或间接热交换，将土壤中的污染物加热到一定温度后，使其转化为气态得以挥发。使土壤污染物转移到蒸气相所需的温度取决于土壤类型和污染物存在的物理状态，通常在150～540℃之间。所有的热解吸技术均可分成两步：①加热土壤使其中的有机污染物挥发；②处理第一阶段产生的废气，防止污染物扩散到大气。

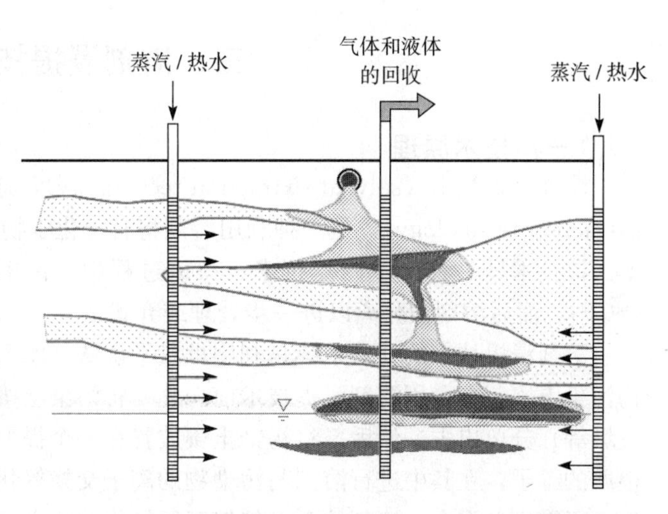

图12-2　热处理示意图（由南开大学陈威教授提供）

热解吸技术适用的污染物有挥发和半挥发有机污染物、卤化或非卤化有机污染物、多环芳烃、氰化物和炸药等，不适合于多氯联苯、二噁英、呋喃、除草剂和农药、石棉、非金属及腐蚀性物质。

热解吸技术处理紧密团聚的土块时比较困难，因为土块中心的温度总低于表面的温度。待处理土壤中存在挥发性金属时会引起废气污染控制的困难。有机质含量高的土壤处理也比较困难，因为反应器中污染物的浓度必须低于爆炸极限。高pH的土壤会腐蚀处理系统的内部。

在1992—1993年间，热解吸技术曾被用于处理美国密歇根州一个被多环芳烃和重金属污染的土壤，该土壤锰的含量高达100g/kg。先将污染土壤挖掘、过筛、脱水。土壤在热反应器中处理90min（245～260℃），处理后的土壤用水冷却，然后堆置于堆放场。排出的废气先通过纤维筛过滤，然后通过冷凝器以除去水蒸气和有机污染物。处理后的4,4-亚甲基双2-氯苯胺（MBOCA）浓度低于1.6mg/kg。每吨处理费用是190～304美元。

(二) 焚烧技术

在高温条件下（800～2 500℃），通过热氧化作用以破坏污染物的异位热处理技术称为焚烧（incineration）技术。典型的焚烧系统包括预处理、一个单阶段或二阶段的燃烧室、固体和气体的后处理系统。可以处理土壤的焚烧器有：直接点火和间接点火的Kelin燃烧器、液体化床式燃烧器和远红外燃烧器。其中Kelin燃烧器是最常见的。焚烧的效率取决于燃烧室的3个主要因素：温度、废物在燃烧室中的滞留时间和废物的紊流混合程度。大多数有机污染物的热破坏温度在1 100～1 200℃。大多数燃烧器的燃烧区温度为1 200～3 000℃。固体废物的滞留时间为30～90min，液体废物的滞留时间为0.2～2s。紊流混合十分重要，因为它使废物、燃料和燃气充分混合。焚烧后的土壤要按照废物处置要求进行处置。

焚烧技术适用的污染物包括挥发和半挥发性有机污染物、卤化或非卤化有机污染物、多环芳烃、多氯联苯、二噁英、呋喃、除草剂和农药、氰化物、炸药、石棉及腐蚀性物质等，不适合于非金属和重金属。所有土壤类型都可以采用焚烧技术处理。

三、溶剂浸提技术

（一）技术原理

溶剂浸提技术（solvent extraction technology），通常也被称为化学浸提技术（chemical extraction technology），是一种利用溶剂将有害化学物质从污染土壤中提取出来或去除的技术。该技术是一种异位修复技术，在该过程中，污染物转移进入有机溶剂或超临界液体（SCF），而后溶剂被分离以进一步处理或弃置。

溶剂浸提技术的处理系统是利用批量平衡法（图 12－3），在常温下采用溶剂处理被有机物污染土壤。在采用溶剂浸提技术前，先要将污染土壤挖掘出来，并将大块杂质（如岩石和垃圾等）分离出去。然后，将污染土壤放置在一个提取箱内。提取箱是一个除排出口外密封很严的罐子，在其中进行溶剂与污染物的离子交换等化学反应过程，以浸提内含的土壤污染物而无需经过混合。溶剂的类型依赖于污染物的化学结构和土壤特性进行选择，典型的有机溶剂包括一些专利溶剂，如三乙基胺。提取箱可容纳 12～13 m^3 的土壤。洁净的浸提溶剂从溶剂储存罐运送到提取箱内，溶剂必须漫浸土壤介质，以便土壤中的污染物与溶剂全面接触。其中在溶剂中浸泡的时间，取决于土壤的特点和污染物的性质。当监测表明，土壤中的污染物基本完全溶解于浸提的溶剂时，借助泵的力量将被溶剂提取出的有机物连同溶剂一起从提取器中分离出来，进入分离器进行进一步分离。在分离器中由于温度或压力的改变，使有机污染物从溶剂中分离出来。溶剂进入提取器中循环使用，浓缩的污染物被收集起来进一步处理，或被弃置。干净的土壤被过滤、干化，可以进一步使用或弃置。干燥阶段产生的蒸气应该收集、冷凝，进一步处理。按照这种方式重复提取过程，直到目标土壤中污染物水平降低到预期标准。

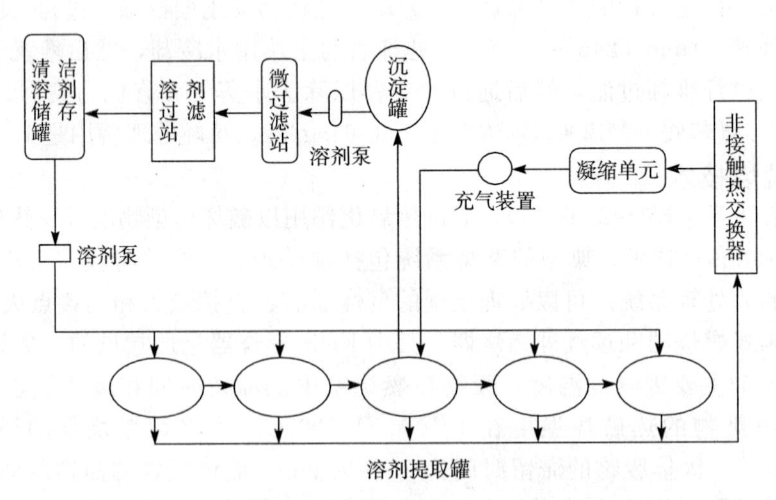

图 12－3　溶剂浸提技术的示意图

（引自周启星和宋玉芳，2004）

如果溶剂浸提技术设计和运用得当，它是比较安全而有效的土壤清洁技术。在土壤挖掘现场，为了防止土壤中挥发的污染物对周围大气的污染和对人体健康的危害，还要注意监测空气中有害物质的含量，以确保空气中污染物含量不超过特定标准。由于溶剂浸提技术的大部分流程都在密闭环境中进行，因此，任何蒸发出来的有害化学物质和溶剂都能被收集做进一步处理。同时，修复工程各步骤完成后，还要检测经过修复的土壤其中所含的污染物含量是否已经降低到认可的标准以下。如果已经达到预期目的，要对这些土壤进行原位回填。

溶剂浸提技术每天可处理125t土壤，具体持续时间依赖于以下几个因素：①污染土壤体积；②土壤类型和状况（如土壤干湿程度、是否含有大量废弃物等）；③污染物类型和数量。

（二）技术要求

1. 污染物浓度与种类 溶剂提取技术适用于挥发和半挥发有机污染物、卤化或非卤化有机污染物、多环芳烃、多氯联苯、二噁英、呋喃、除草剂和农药及炸药等，不适合于氰化物、非金属和重金属、腐蚀性物质和石棉等。在美国某公司进行的一次小规模现场试验中，经过3次循环提取，土壤中农药的浓度降幅达98%以上（表12-2）。而在阿拉斯加的另一次采用浸提技术修复土壤的研究中，土壤中多氯联苯的浓度从300mg/kg降低到6mg/kg，但需要经过57次循环提取。

表12-2 美国某土壤修复公司小规模现场试验中农药去除效率

项目	DDD（mg/kg）	DDE（mg/kg）	DDT（mg/kg）
未处理土壤	12.2	1.5	80.5
处理后的土壤	0.024	0.009	0.093
去除率（%）	98	99.4	98.8

一般来说，溶剂浸提技术不用于去除重金属和无机污染物，因为在待处理土壤上开展的淋溶试验以及可行性试验结果表明，土壤经修复处理后，无机污染物和重金属的淋溶特性没有明显的改变。

2. 土壤类型 适合采用溶剂浸提技术的最佳土壤条件是黏粒含量低于15%，湿度低于20%。如果黏粒含量较高，循环提取次数就要增加，同时也要采用合理的物理手段降低黏粒聚集度。实际上，黏粒含量高于15%的土壤很难采用这项技术去除污染物，因为污染物被土壤胶体强烈吸附。土壤胶体本身也形成很难打破的聚合物，妨碍了提取溶剂的渗透，因此对这类土壤还要采取额外的处理方式以降低黏粒含量。在含水量高的污染土壤上使用非水溶剂，可能会导致部分土壤区域与溶剂的不充分接触。在这种情况下，要对土壤进行干燥，因此会提高成本。使用二氧化碳超临界液体要求干燥的土壤，此法对小分子质量的有机污染物最为有效。研究表明，多氯联苯的去除效果取决于土壤有机质含量和含水量。高有机物含量会降低滴滴涕的提取效率，因为滴滴涕强烈地被有机物吸附。处理后会有少量的溶剂残留在土壤中，因此溶剂的选择是十分重要的环节。

（三）技术应用

1993年10月，美国某公司运用溶剂浸提技术，对来自加利福尼亚州、阿拉斯加州被多氯联苯污染的土壤进行可行性试验研究，分析结果表明，这些土壤中Aroclor 1260是唯一存在的多氯联苯形式。试验结果肯定了溶剂浸提技术的有效性。该公司于1994年6月又在北岛空军基地开展了另一项小规模现场试验。这两次试验的目的，在于评价该公司所开发的溶剂浸提技术去除土壤中多氯联苯的效率，是否已达到有毒物质控制议案中关于多氯联苯浓度标准的规定（2mg/kg）。该公司在美国海军环境指导计划的资助下，运用溶剂浸提技术，还在北卡罗来纳州和加利福尼亚州成功地处理了有毒土壤。到目前为止，该公司的溶剂浸提技术已经原位修复了大约 20 000 m^3 被多氯联苯和二噁英污染的土壤和沉积物，含量高达 20 000 mg/kg的多氯联苯被减少到 1 mg/kg，二噁英的含量减幅甚至达到了 99.9%，平均每吨土壤的处理费用为 165～600 美元。项目资助人美国海军环境指导计划对该公司给予了高度的评价，称赞这一新技术与传统的"挖掘与拖走"方式处理多氯联苯污染土壤相比，可节省海军和纳税人 5 000 万美元，并且由于这是现场处理技术，还减少了北卡罗来纳州的交通阻塞。

在美国加利福尼亚北部的一个岛上，曾采用此法对多氯联苯浓度高达 17～640 mg/kg 的污染土壤进行了处理。该处理系统采用了批量溶剂提取过程（batch solvent extraction process），使用的溶剂是专利溶剂，以分离土壤的有机污染物。整个提取系统由 5 个提取罐、一个微过滤单元、一个溶剂纯化站、一个清洁溶剂存储罐和一个真空抽提系统组成。处理每吨土壤需要 4 L 溶剂。处理后的土壤中多氯联苯的浓度从 170 mg/kg 降到大约 2 mg/kg。

四、原位化学氧化修复技术

原位化学氧化（in-situ chemical oxidation）修复技术主要是通过掺进土壤中的化学氧化剂与污染物所产生的氧化反应，使污染物降解或转化为低毒、低移动性产物。原位化学氧化修复技术由注射井、抽提井和氧化剂等三要素组成（图 12－4），不需要将污染土壤全部挖掘出来，而只是在污染区的不同深度钻井，然后通过井中的泵将氧化剂注入土壤中。通过氧化剂与污染物的混合、反应使污染物降解或导致形态的变化。该技术主要用来修复被油类、有机溶剂、多环芳烃（如萘）、五氯苯酚（PCP）、农药以及非水溶态氯化物（如三氯乙烯）等污染物污染的土壤，通常这些污染物在污染土壤中长期存在，很难被生物所降解。

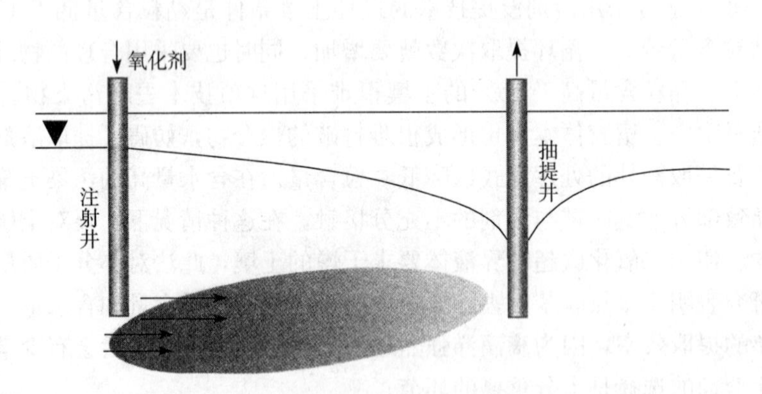

图 12－4　原位化学氧化修复技术示意图

（箭头示氧化剂运动方向；阴影的深浅示污染物的浓度梯度）

（引自周启星和宋玉芳，2004）

（一）氧化剂的类型

原位化学氧化修复技术最常用的氧化剂是 K_2MnO_4、H_2O_2 和 O_3。K_2MnO_4 和 H_2O_2 以液体形式泵入地下污染区；O_3 是一种强有力的氧化剂，但由于呈气态，较难应用。常见氧化剂及其在原位化学氧化技术中应用的一些特征列于表 12－3，对适用的污染物、修复对象和各种影响因素及潜在不利影响都做了适当描述。

表 12-3　原位化学氧化技术的特征概要

化学氧化技术	注入的氧化剂		
	过氧化氢	高锰酸盐	臭氧
适用的污染物	氯代试剂、多环芳烃以及油类产物，对饱和脂肪烃则不适用		
修复对象	土壤和地下水		
影响因素			
pH	最好在 2～4 之间，但在中性下仍可应用	最好在 7～8 之间，但在其他 pH 下仍可应用	中性
有机质和其他还原性物质	系统中存在的任何还原性物质都耗费氧化剂。天然存在的有机质、人类活动产生的有机质和还原性无机物都对氧化剂的修复效率有较大影响		
土壤可渗性	推荐高渗性土壤，如果应用先进的氧化剂分散系统如土壤深度混合和土壤碎裂技术，在低渗土壤上也能开展修复工作。Fenton 试剂和臭氧靠化学反应生成的自由基产物做强氧化剂，因此要防止产物从注射点溢出		
土壤深度	如果采用先进的分散系统，土壤深度不是限制因子		
氧化剂的降解	与土壤和地下水接触后很快降解	比较稳定	在土壤中的降解很有限
其他因素	需要加入 $FeSO_4$ 以形成 Fenton 试剂	—	—
潜在不利影响	加入氧化剂后可能生成逃逸气体、有毒副产物，使生物量减少或影响土壤中重金属存在形态		

1. H_2O_2　以铁催化的 H_2O_2 作为氧化体系所产生的自由基 HO· 是一种非特异和强有力的氧化剂，以自由基 HO· 氧化有机物的化学反应常数为 $10^7 \sim 10^{10}$ L/（mol·s）。例如 Fenton 氧化反应利用可溶 Fe^{2+} 作为催化剂，生成具有高反应活性的 OH·，化学反应方程为

$$Fe^{2+} + H_2O_2 \longrightarrow Fe^{3+} + OH^{\cdot} + OH^-$$

产生的 $OH^{\cdot}$ 能无选择性地攻击有机物分子中的 C—H 键，由此降解各种有机溶剂如酯、芳香烃以及农药等。在酸性条件和过量 Fe^{2+} 下，$OH^{\cdot}$ 能进一步与 Fe^{2+} 反应，生成 Fe^{3+}。

$$Fe^{2+} + OH^{\cdot} \longrightarrow Fe^{3+} + OH^-$$

如果正确控制反应条件，Fe^{2+} 可通过 Fe^{3+} 与另一分子 H_2O_2 反应，还原成 Fe^{2+}，生成的 $HO_2\cdot$ 也能参加某些有机化合物的氧化反应，但其反应活性要比 $OH^{\cdot}$ 低得多

$$Fe^{3+} + H_2O_2 \longrightarrow Fe^{3+} + HO_2^{\cdot} + H^+$$

因此，可以利用 Fenton 反应氧化氯化溶剂（如三氯乙烯和四氯乙烯等）。Huang 等（1993）总结了 Fenton 反应优于其他氧化反应的几个方面：①Fe^{2+} 和 H_2O_2 都没有毒，且价格便宜；②催化反应中不需要额外的光照，设计起来比紫外光照系统简单得多；③H_2O_2 可在土壤污染区中以电化学方式自动产生，这更增加了经济可行性和修复土壤的效率；④没有污染物浓度限制；⑤反应速率很快。

2. $KMnO_4$　尽管利用 $KMnO_4$ 处理废水的文献报道相当多，但对其用于处理和修复土壤的研究很少。Gates 等（1995）比较了用 $KMnO_4$、H_2O_2、H_2O_2+Fe 3 种氧化剂处理对三氯乙烯、四氯乙烯和三氯乙酸污染土壤进行修复的可行性。结果发现，在三氯乙烯

(TCE)浓度为130mg/kg、四氯乙烯(PCE)为30mg/kg、三氯乙酸为130mg/kg的情况下，3种氧化剂都没有明显降解三氯乙酸(低于2%)，三氯乙烯和四氯乙烯的降解率取决于所用氧化剂的剂量，$KMnO_4$的氧化能力最强，其次是H_2O_2+Fe，最后是单独的H_2O_2。每千克土壤中加入20g $KMnO_4$可降解100%三氯乙烯、90%四氯乙烯；加入40g H_2O_2和5mmol/L Fe^{2+}降解85%三氯乙烯、70%四氯乙烯；加入单独的H_2O_2(40g H_2O_2/kg土)可降解75%三氯乙烯、10%四氯乙烯。West等也通过实验室阶段和小规模现场试验，注意到$KMnO_4$处理三氯乙烯的高效性，作为技术推广前的筛选试验，他们发现90min内，1.5%$KMnO_4$能将溶液中的三氯乙烯浓度从1 000mg/L降低到10mg/L。

可被高锰酸盐氧化的污染物包括：芳香烃、多环芳烃、石炭酸、农药和有机酸。反应的理想pH条件是7~8，但在其他pH条件下仍然有效。$KMnO_4$与有机物的反应产生MnO_2、CO_2和中间有机产物。

3. O_3 与H_2O_2、$KMnO_4$氧化剂一样，O_3的氧化能力也比较强，它能够在接触有机化合物的瞬间将其氧化，其适用的污染物有氯代溶剂、多环芳烃和石油类产品等。如Day(1994)发现，在含有100mg/kg苯的土壤中，加入500mg/kg的O_3能够有效去除81%的苯。Masten和Davies(1997)的试验证明，向非污染的土壤中以250mg/h的速率通O_3，2.3h后，可达到95%的降解率；如果是芘，在流速为600mg/h、时间为4h的情况下，其降解率为91%。许多非亲水多环芳烃与O_3的实际反应速率比能达到的理论值慢，这说明污染物向土壤有机质的分配降低了它的反应活性。

与其他土壤修复技术相比，O_3作为原位化学氧化修复技术的氧化剂有好多优点：①O_3的分散能力高于液态氧化剂；②不需要将目标污染物转化成挥发态，由此克服了与土壤排气相联系的气流运输限制；③采用原位氧化时，比生物降解或土壤排气过程更快，因此减少修复时间和处理费用。O_3是活性非常强、对物质腐蚀性也较强的化学物质，因此应用时必须就地生成。O_3在土壤下表层反应速率较快，从注入点向周围传送的距离不够远。

(二) 氧化剂的分散技术

一个成功的原位修复技术离不开从注射井加入氧化剂的恰当分散技术，常见的传统分散手段有竖直井、水平井、过滤装置和处理栅等，这些已经通过现场应用证明其有效性。其中，竖直井和水平井都可用来向非饱和区的土壤注射气态氧化剂。据报道，在向非饱和土壤分散臭氧方面，水平井比竖直井更有效。即使土壤是低渗土壤，采用土壤深度混合、液压破裂等创新方法也能够对氧化剂进行分散，并达到较好的分散效果。需要注意的是，不论应用哪种化学分散技术，建造注射系统的材料必须与氧化剂相匹配。

对于渗透性较低的土壤，推荐用深度土壤混合技术将氧化剂分散到污染区域。这种技术采用一系列特别的钻，配以混合板，使它们旋转时达到混合土壤的目的。如果装置类型匹配得当，能够钻直径约30.5m的孔。为了提高整个混合区修复剂的分散度，可以用空气流吹散氧化剂，使其以细雾状进入混合区。据报道，深度土壤混合技术已经能够将H_2O_2疏散到土壤表层下7.5m的地方，并在治理南俄亥俄州湖泊底层沉积污染物中取得了成功。

液压破裂技术是另一种可用来修复低渗土壤的创新分散技术，这种技术简单说来就是在高压条件下，将水或空气泵到土壤下表层去，破裂土壤结构。该方法在石油工业中早已广泛应用，以分散淋洗液或再生的石油类碳氢化合物，用在土壤修复上只是最近的事。

一种由某国际公司发明并申请了专利、商业可行的注射技术，证明在现场采用Fenton

试剂并将其分散到土壤下表层有效。建造的注射器中装有一个用来混合氧化剂、促进地下水循环，从而加速氧化剂扩散的混合钻头。在注射氧化剂以前，先注射混有催化剂溶液的空气，以保证注射器畅通，并为下一步修复过程做准备。当空气流达到要求流速时，Fenton 试剂被同时注射。注射器配备了检查阀门和恒压分散系统，防止 Fenton 试剂达到污染区之前自我混合。

深度土壤混合技术已经通过现场应用，在应用 $KMnO_4$ 修复低渗土壤中取得成功。对于渗透性较高或者物理破坏污染区行不通的土壤条件下，则不推荐采用深度土壤混合技术。例如，美国橡树岭国家实验室研制了一项可行的、将 $KMnO_4$ 分散到土壤下层的成功技术，其特点是通过再循环方式原位化学氧化土壤污染物，它包括多种水平井和竖直井，向污染的含水土层注射和再循环氧化剂溶液。该技术的优点在于，由于土壤毛细水已被先抽提出来，因此它能够引入大体积的氧化剂溶液修复污染土壤。

(三) 应用实例

在美国，已经有许多成功应用原位化学氧化修复技术的小规模试验。这里，仅举 5 例来说明这一技术的可行性和有效性。

1. 俄亥俄州 Piketon 地区 DOE Portsmouth 煤气输送厂（X-231B 号修复地点）

①修复的污染物：易挥发有机物（VOC）。

②采用的氧化剂：H_2O_2。

③处理过程与效果：设计目的是为了估测土壤混合后，H_2O_2 对易挥发有机物的氧化效率。5%（质量分数）H_2O_2 稀释液从周围空气压缩系统注射到空气运送管道。处理过程在地下 4.6m 深处延续了 75min，大约 70%的易挥发有机物被降解。

2. 俄亥俄州 Piketon 地区 DOE Portsmouth 煤气输送厂（X-701B 号修复地点）

①修复的污染物：氯化溶剂，主要是三氯乙烯（TCE）。

②采用的氧化剂：$KMnO_4$。

③处理过程与效果：实验采用了 ISCOR 技术，将地下水从一个水平井抽提出来，加入 $KMnO_4$ 后再注射到距离大约 27m 远的平行井中。在 1 个月的处理时间内，加入的 $KMnO_4$ 溶液体积大约占土壤总毛孔体积的 77%。21d 后，在距注射井 4.6m 远的几个监测井中都含有氧化剂。地下水监测井（在处理开始 8～12 周后）的监测数据表明，三氯乙烯的浓度从 700 000μg/L 降低到不足 5μg/L。

3. Savannah 河流域 A/M 地区

①修复的污染物：重质非水相稠油（DNAPL），主要是三氯乙烯和四氯乙烯。

②采用的氧化剂：Fenton 试剂。

③处理过程与效果：估计待处理地区重质非水相稠油含量有 272kg，四氯乙烯含量为 10～150μg/g。Fenton 试剂采用 Geo-Cleanse 公司开发的技术注射到土壤中。处理过程持续了 6d，大约 90%的重质非水相稠油被降解，目标区污染物残留量为 18kg。

4. 堪萨斯州 Hutchinson 干洁设备公司

①修复的污染物：四氯乙烯（PCE）。

②采用的氧化剂：O_3。

③处理过程与效果：处理对象为四氯乙烯（浓度为 30～600μg/L）污染的含水土层，处理过程采用 C-Sparge 专利技术，O_3 的流量为 0.085m^3/min。对离注射井 3m 远的多点取样

分析，91%的四氯乙烯被除去。

5. 美国加利福尼亚州Sonoma地区工厂废弃遗址土地

①修复的污染物：五氯酚（PCP）和多环芳烃（PAH）。

②采用的氧化剂：O_3。

③处理过程与效果：待修复土壤大约含有1 800 mg/kg的多环芳烃、3 300 mg/kg的五氯酚。O_3通过注射井被注射到地下水位线以上的区域，采用流量变换方式，最大流量为0.28 m^3/min。大约1个月后，10个地点的取样结果表明，67%～99.5%的多环芳烃、39%～98%的五氯酚被去除。土壤气体分析证明，注入的O_3消耗了90%。

五、原位化学还原与还原脱氯修复技术

原位化学还原与还原脱氯修复法就是利用化学还原剂将污染物还原为难溶态，从而使污染物在土壤环境中的迁移性和生物可利用性降低。使土壤下表层变为还原条件的方法，是向土壤中注射液态还原剂、气态还原剂或胶体还原剂。已有研究对几种可溶的还原剂，如亚硫酸盐、硫代硫酸盐、羟胺以及SO_2等在实验室、厌氧条件下的还原性能进行了比较，其中SO_2是最有效的。其他试验过的气态还原剂有H_2S，胶体还原剂有Fe^0和Fe^{2+}。

污染土壤的原位化学还原修复处理过程主要涉及3个阶段：注射、反应、将试剂与反应产物抽提出来。在设计过程中，比较重要的设计因素包括：当地水文学特征、布井点的选择、还原剂的浓度、注射和抽提速度及每一阶段持续时间等。

在注射阶段，值得关注的一个主要问题是，将试剂注射到包含Fe^{3+}土层中以创造长期还原氛围的可行性如何。通常，气态还原剂通过钻井注射方法注入待修复土壤的中部，一系列的抽提井则建造在其外围，以除去多余的还原剂，并控制气流状态。为了防止废气溢出地表，地面上还要覆盖一层不透气的遮盖物。在处理过程的最后，整个系统要通以空气，将残余的还原剂清洁出去。深度土壤混合技术和液压技术都能用来向土壤下层注射Fe^0胶体，也可以布置一系列的井创造活性反应墙。起初，Fe^0胶体被注射到第一个井中，然后第二口井用来抽提地下水，这样Fe^0胶体向第二口井方向移动。当第一口井和第二口井之间的介质被Fe^0胶体所饱和时，第二口井就成为注射井，第三口井作为地下水抽提井并使Fe^0胶体运动到它附近来。对其余的井重复以上过程，就创造了一个活性反应墙。最好是Fe^0胶体以高速注入，同时，要应用一种具有较高黏性的液态载体，保证Fe^0胶体在其中很好地悬浮，并快速分散到待修复地点。采用表面活性剂和尽可能完善的溶液状态也能有利于分散Fe^0胶体。

第二节　有机污染土壤的生物修复

一、生物修复技术概述

（一）生物修复技术的发展

人类利用微生物制作发酵食品已经有几千年的历史，利用好氧或厌氧微生物处理污水、废水也有100多年的历史，但是使用生物修复技术现场处理有机污染才有30年的历史。首次记录实际使用生物修复是在1972年，于美国宾夕法尼亚州的Ambler清除管线泄漏的汽

油。开始时生物修复的应用规模很小，一直处于试验阶段。直到 1989 年，美国阿拉斯加海域受到大面积石油污染以后才首次大规模应用生物修复技术。阿拉斯加海滩污染后生物修复的成功最终得到了政府环境保护部门的认可，所以阿拉斯加海滩溢油的生物修复被认为是生物修复发展的里程碑。美国从 1991 年开始实施庞大的土壤、地下水、海滩等环境危险污染物的治理项目，称为“超基金项目”（Superfund Program）。美国对有毒废物污染场所的生物修复，项目费用由 1994 年的 2 亿美元提高到 2000 年的 28 亿美元，6 年内增长达 14 倍之多。欧洲的生物修复技术可与美国并驾齐驱，德国和荷兰等国位于欧洲前列。普遍认为生物修复是一项很有希望、很有前途的环境污染治理技术。

（二）微生物修复的概念

广义的生物修复技术（bioremediation）包括利用土壤中的各种生物——植物、土壤动物和微生物吸收、降解和转化土壤中的污染物，使污染物的浓度降低到可接受水平，或将有毒有害的污染物转化为无害的物质。因此，可将土壤生物修复分为植物修复、动物修复和微生物修复 3 种类型。

狭义的土壤生物修复，就是利用微生物的作用降解土壤中的有机污染物，或者通过生物吸附和生物氧化还原作用改变有毒元素的存在形态，降低其在环境中的毒性和生态风险。由于这种技术应用最为广泛，所以通常就把这种技术称为土壤的生物修复。

根据对污染土壤的扰动情况进行分类，微生物修复可以分为原位修复和异位修复两大类型。从污染物的角度来看，微生物修复既可以用于修复受有机物污染的土壤，也可以用于修复某些受重金属污染的土壤。

根据生物修复利用微生物的情况，可以分为使用污染环境土著微生物（indigenous microorganism）、使用外源微生物（exogenous microorganism）和进行微生物强化作用(bioaugmentation)。使用土著微生物是利用污染环境中自然存在的降解微生物，不需加入外源微生物，已成功应用于石油烃类的生物修复，如地下储油罐的汽油泄漏。对于天然存在的有机化合物都可以用土著微生物来生物修复。但对于异生素，如果污染新近发生，很少会有土著微生物能降解它们，所以需要加入有降解能力的外源微生物。例如，在生物反应器中接种外源培养物就可以去除氯代芳烃或硝基芳烃、二氯甲烷、农药或杂酚油等废物。微生物强化作用又称为生物促进作用（biostimulation），需要不断地向污染环境投入外源微生物、酶、其他生长基质或氮、磷无机盐。有些微生物可以降解特定污染物，但它们不能利用该污染物作为碳源合成自身有机物（共代谢），因此需要另外的生长基质维持它们的生长。例如，处理五氯酚需加入其他基质维持微生物的生长。在生物修复处理海面石油污染时，有充足的碳源和氧气供应，只需供应氮、磷进行强化。

在土壤、沉积物和地下水的中，根据人工干预的情况，生物修复可以进行如下分类。

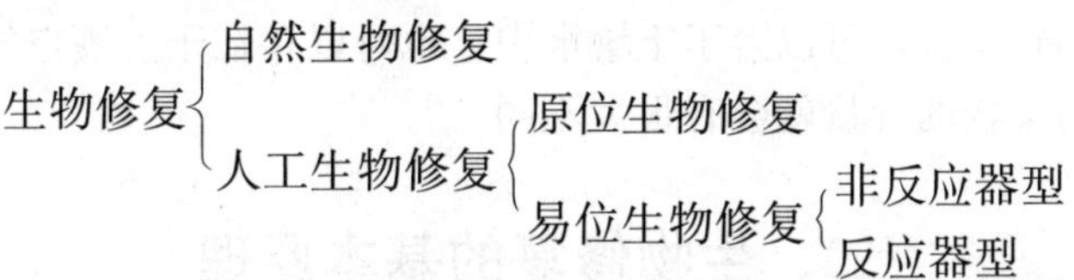

自然生物修复（intrinsic bioremediation）是不进行任何工程辅助措施或不调控生态系统，完全依靠自然的生物修复过程，即靠土著微生物发挥作用。这类被污染土壤和地下水的生物修复需要有以下环境条件：①有充分和稳定的地下水流；②有微生物可利用的营养物；

③有缓冲 pH 的能力；④有使代谢能够进行的电子受体。如果缺少一项或两项条件，将会影响生物修复的速率和程度。

在生物降解速率很低或不能发生时，可采用人工生物修复，通过补充营养盐、电子受体，改善其他限制因子或微生物菌体，促进生物降解。

原位生物修复（in situ bioremediation）在污染的原地点进行，采用一定的工程措施，但不人为移动污染物，不挖出土壤或抽取地下水，利用生物通气、生物冲淋等一些方式进行。

易位生物修复（ex situ bioremediation）是移动污染物到邻近地点或反应器内进行，采用工程措施，挖掘土壤或抽取地下水进行。很显然这种处理更好控制，结果容易预料，技术难度较低，但投资成本较大。例如可以用通气土壤堆、泥浆反应器等形式处理。

反应器型生物修复处理在反应器内进行，主要在泥浆相或水相中进行。反应器使细菌和污染物充分接触，并确保充足的氧气和营养物供应。

生物修复依赖于微生物的降解活动，使自然的生物降解速度和能力人为加强和加快，它包括所有微生物处理方法和过程。基于微生物能利用污染物作为碳源和能源，从而达到对污染物的分解和矿化的原理，基于遗传学和分子生物学的方法改善微生物的降解能力，基于实验科学手段，创造微生物生长的良好环境条件，使生物修复技术有能力通过这一系列过程有效地消除污染，净化环境，将已被破坏的生态平衡重新加以恢复。这项技术的创新之处在于它精心选择、合理设计操作的环境条件，促进或强化在天然条件下本来发生很慢或不能发生的降解或转化过程，其目的着眼于解决问题，使用的手段是生物技术。

（三）生物修复和生物净化、生物处理的异同

土壤微生物是土壤生态系统中的重要成员，它们可以分为细菌、真菌、放线菌、藻类和原生动物等。它们本身在生命的代谢活动过程中具有对外源污染物自发降解的能力。在履行这一功能的过程中，土壤微生物将环境中的污染物降解或利用，从而使生态系统具有一定的纳污和清污的能力，使土壤保持正常的功能，这种特殊作用称为生物净化。

生物修复与城市污水以及工业废水的生物处理有许多相似之处。它们都是利用微生物的降解作用，同时也都是利用微生物的同化作用扩大繁殖，并通过工程措施保持生物处理过程有很高的效率，在处理特殊废物时都需要驯化和筛选高效微生物。

生物修复和生物处理的不同之处在于：①生物修复主要控制环境中的污染物，而生物处理则控制排放口污染物。②生物处理是在精心设计的工程系统中进行，活性污泥法处理的废水大部分为生活污水，比较容易降解。活性污泥法使处理的废水处于均匀混合状态，操作运行比较容易。生物修复降解的化学品多是比较难降解的有毒化学品的复杂混合物，如燃油、杂酚油、工业溶剂的混合物。污染物的浓度从很低到特别高，可以相差 100 倍，有时还会有无机废物（如重金属）的存在。进行生物降解的介质经常是多相的非均质的环境，污染物在土壤中可以与土壤颗粒结合，可以溶于土壤水中，也可以存在于土壤空气中，有时土壤中两点之间相差几厘米污染物的含量就会有很大不同。

二、生物修复的基本原理

（一）用于生物修复的微生物

在生物修复中起作用的微生物可根据其来源分为三种类型：土著微生物、外源微生物和

基因工程菌。

1. 土著微生物　微生物修复的基础是土壤中生存着各种微生物。土壤遭受污染后，会对微生物产生自然驯化和选择，一些特异的微生物在污染物的诱导下产生分解污染物的酶体系，进而将污染物降解、转化。目前，在大多数生物修复工程中实际应用的都是土著微生物，主要原因一是由于土著微生物降解污染物的潜力巨大，另一方面是因为接种的微生物在环境中难以长期保持较高的活性，并且工程菌的利用在许多国家（如欧洲）受到立法上的限制。

环境中往往同时存在多种污染物，单一微生物的降解能力常常是不够的。实验中未发现有单一微生物具有降解所有污染物的能力，污染物的降解通常是分步进行的，在这个过程中需要多种酶系和多种微生物的协同作用，一种微生物的代谢产物可以作为另一种微生物的底物。因此，在实际的处理过程中，必须考虑多种微生物的相互作用。土著微生物具有多样性，群落中的优势菌种会随着污染物的种类和环境等条件发生相应的变化。

2. 外来微生物　土著微生物虽然在土壤中广泛地存在，但其生长速度较慢，代谢活性不高，或者由于污染物的存在造成土著微生物的数量下降，致使其降解污染物的能力降低，因此有时需要在污染土壤中接种一些降解污染物的高效菌。例如，在 2-氯苯酚污染的土壤中，只添加营养物时，7 周内 2-氯苯酚浓度从 245 mg/kg 降为 105 mg/kg；而添加营养物并接种恶臭假单胞菌（*Pseudomonas putida*）纯培养物后，4 周内 2-氯苯酚的浓度即明显降低，7 周后其浓度仅为 2 mg/kg。

接种的外来微生物都会受到土著微生物的竞争，因此外来微生物的投加量必须足够多，才能形成优势菌群，以便迅速促进微生物降解过程。研究表明，在实验室条件下，每克土壤接种 10^6 个五氯酚（PCP）降解菌，可以使五氯酚的半衰期从 2 周减少为 1d。接种在土壤中用来启动生物修复的最初步骤的微生物称为先锋微生物，它们能起催化作用，加快生物修复的速度。

近年来，在污染物高效降解菌种的分离、选育方面已经取得许多新进展。一方面，积极寻找具有广谱降解特性、活性较高的天然微生物；另一方面，研究在极端环境下生长的微生物，试图将其用于生物修复过程。这些微生物包括耐极端温度、耐强酸或强碱、耐有机溶剂等。这类微生物若用于生物修复工程，将会使生物修复技术提高到一个新的水平。例如，美国分离出能降解三氯丙酸或三氯丁酸的小球状反硝化细菌；意大利从土壤中分离出某些菌种，其酶系能降解 2，4-滴除草剂；日本发现土壤中的红酵母能有效地降解剧毒的多氯联苯。

3. 基因工程菌　近年来，采用遗传工程手段研究和构建高效的基因工程菌已引起人们的普遍关注。构建基因工程菌的技术包括组建带有多个质粒的新菌株、降解性质粒 DNA 的体外重组、质粒分子育种和原生质体融合技术等。采用这些技术可将多种降解基因转入同一微生物中，使其获得广谱的降解能力；或者增加细胞内降解基因的拷贝数来增加降解酶的数量，以提高其降解污染物的能力。例如，将甲苯降解基因从恶臭假单胞菌（*Pseudomonas putida*）转移给其他微生物，从而使受体菌在 0℃时也能降解甲苯。这比简单地接种特定的微生物要有效得多，因为接种的微生物不一定能够成功地适应外界环境的要求。瑞士的 Kulla 分离到两株分别含有两种可降解偶氮染料的假单胞菌，应用质粒转移技术获得了含有两种质粒、可同时降解两种染料的脱色工程菌。

基因工程菌接种到修复现场后会与土著微生物产生激烈的竞争。因此，基因工程菌必须有足够长的存活时间，其目的基因才能稳定地表达出特定的基因产物——特异的酶。如果在环境中基因工程菌最初没有足够的能源和碳源，就需要添加适当的基质，以促进其增殖并表达其产物。如果没有外加碳源，引入土壤的大多数外源基因工程菌就不能在土壤中生存。解决这一问题的一条新思路就是为目的基因的宿主微生物创建一个生态位，使其能利用土著微生物所不能利用的选择性基质。理想的选择性基质（如某些表面活性剂）应当对人和其他高等生物无毒、价廉且便于使用。选择性基质有时还会成为土著微生物的抑制剂，从而增加基质的有效性，增强其对有毒物质的降解效果。在环境中加入选择性基质会造成土壤微生物系统的暂时失衡，土著微生物需要一段时间才能适应变化，而基因工程菌正好可以利用这段时间建立自己的生态位。由于土著菌群中的某些菌在后期也可利用这些基质，因此在现场修复中，基因工程菌主要适用于一次性处理目标污染物，而不适于反复使用。

尽管利用遗传工程提高微生物生物降解能力的工作已取得了良好的效果，但是目前美国、日本和其他大多数国家对基因工程菌的实际应用有严格的立法控制。在美国，基因工程菌的使用受到“有毒物质控制法（TSCA）”的限制。一些人担心基因工程菌释放到环境中会产生新的环境问题，导致对人和其他高等生物产生新的疾病或影响其遗传基因。但一些微生物学家指出，从科学的观点来看，决定一种微生物是否适宜于释放到环境中，主要是取决于该微生物的生物特性（如致病性等），而不是看它究竟是如何得来的。他们指出，应该实事求是地对待基因工程菌问题，过分严格的立法和不切实际的宣传会阻碍现代微生物技术在环境污染治理中的推广应用。

（二）微生物对污染物的代谢作用

1. 微生物对污染物的降解作用　自然界中的微生物种类繁多，有巨大的开发潜力。实际上，几乎所有有机污染物都可以被微生物降解。微生物可以利用污染物进行生长与繁衍。转移或降解有机污染物是微生物正常的活动或行为。有机污染物对微生物生长有两个基本的作用：①为微生物提供碳源，这些碳源是新生细胞组分的基本构建单元；②为微生物提供电子，获得生长所必需的能量。

微生物通过催化产生能量的化学反应获取能量，这些反应一般使化学键破坏，使污染物的电子向外迁移，这种化学反应称为氧化还原反应。氧化还原过程通常供给微生物生长与繁衍的能量。其中，氧化作用是使电子从化合物向外迁移过程；还原作用，则是电子向化合物迁移的过程，当一种化合物被氧化时这种情况可发生。在反应过程中有机污染物被氧化，是电子的丢失者或称为电子供体；获得电子的化学品被还原，是电子受体。通常的电子受体为氧、硝酸盐、硫酸盐和铁，是细胞生长的最基本要素，通常被称为基本基质，它们是用来保证微生物生长的电子受体和电子供体。这些化合物类似于供给人类生长和繁衍必需的食物和氧。

许多微生物是在微尺度上的有机体，能够通过对食物源的降解作用生长与再生，这些食物源也包括有害污染物，它们都利用氧分子作为电子受体。这种借助于氧分子的力量破坏有机化合物的过程被称为好氧呼吸作用。在好氧呼吸作用过程中，微生物利用氧分子将污染物中的部分碳氧化为二氧化碳，而利用其余的碳产生新细胞质。在这个过程中，氧分子减少，水分子增加。好氧呼吸作用（微生物利用氧作为电子受体的过程）的主要产物是二氧化碳、水以及微生物种群数量的增加。

2. 微生物对污染物的固定作用　微生物除了将污染物降解转化为毒性小的产物以及彻底氧化为二氧化碳和水之外，还可改变污染物的移动性，其方法是将这些污染物固定下来。这是一个十分有效的战略方法。微生物固定有机污染物的机理主要包括生物屏障和键合作用。

生物屏障是指一些微生物可以吸收疏水性有机分子，使微生物在污染物迁移过程中阻止或减慢污染物的运移。键合是指微生物可降解键合在金属上并与金属保持在溶液中的有机化合物，被释放的键合金属可产生沉淀而固定下来。

在微生物降解或固定污染物的过程中，会引起周围环境的变化。在进行生物修复评价时，了解这一变化十分重要。

3. 微生物对污染物的共代谢利用　共代谢（co-metabolism）（又称为共降解）是指微生物利用一种容易降解的物质作为支持生长的营养基质，而同时降解另一种物质，但是后一种物质的降解并不支持微生物的生长。前者通常称为第一基质，而后者称为第二基质或者共降解基质，且往往是难降解的污染物质。例如，在氧化甲烷的过程中，一些细菌可以降解在其他情况下很难降解的有氯代基团的溶剂。这是因为当微生物氧化甲烷的过程中产生了某种附带的能破坏氯代溶剂的酶。这种有氯代基团的溶剂本身不能提供微生物生长的基质，而甲烷充当了电子供体。甲烷是微生物的主要能量来源。而有氯代基团的溶剂是次级基质，因为它不能供给细菌生长提供基质。

共代谢是 Leadbetter 和 Foster 于 1959 年研究甲烷细菌代谢乙烷现象时发现的。甲烷细菌以甲烷为生长基质，同时能够与乙烷发生作用，产物是乙醇、乙醛和乙酸，但是乙烷及其任何一种代谢产物对甲烷细菌的生长没有任何作用。严格地说，共代谢一词对于单个微生物细胞并不准确，因为共代谢基质及其产物并不能进入细胞的后续代谢过程。另外的术语 co-oxidation，即共氧化，是从活性酶的角度来说，更加准确一些。但是，这种现象并不仅仅限于好氧过程，也存在于厌氧过程。因此，采用 co-degradation，即共降解，对于环境科学和工程领域来说也许更合适。

共降解过程主要特点可以概括为：①微生物利用第一基质作为碳和能量的来源，用于本身的生长和维护，难降解的有机污染物作为第二基质被微生物降解。②作为第二基质的污染物与第一营养基质之间存在竞争性抑制现象。③污染物共降解的产物不能作为营养被同化为细胞质，有些共降解中间产物对细胞具有毒性抑制作用，但是共降解产物可能被其他微生物所利用。④共降解是需能反应，能量来自第一营养基质的产能代谢。在某些条件下，能量可能成为共降解过程的控制性因素。

能够进行共降解的微生物包括好氧微生物、厌氧微生物和兼氧微生物等，如无色杆菌、节杆菌、黑曲霉、固氮菌、芽孢杆菌、巨大芽孢杆菌、短杆菌、黄色杆菌、氢假单胞菌、红色微球菌、微球菌、微杆菌、红色诺卡氏菌、诺卡氏菌、荧光假单胞菌、青霉菌、恶臭假单胞菌、假单胞杆菌、黄色链霉菌、绿色木霉、弧菌和黄色假单胞菌等。

共降解途径对于难降解有机污染物质的生物降解是非常重要的。因为，难降解污染物质并不能单独支持微生物的生长。根据研究报道，许多难降解有机污染物是通过共降解开始而完成降解全过程的。这类污染物包括稠环芳烃、杂环化合物、氯化有机溶剂、氯代芳烃类化合物、表面活性剂（ABS）以及农药等。氯代有机物是广泛用于工农业生产中的化学物质，它们中有些物质（如多氯联苯、有机氯农药等）性质稳定，在自然界很难生物降解。但近年来的研究表明，微生物可以通过共代谢的途径降解大多数氯代有机物，在氯代芳香类化合物的共代谢氧化中，开环和脱氯往往是同时进行的。

三、生物修复的影响因素

生物修复过程中主要涉及污染物的种类和浓度、环境条件和微生物，因此在微生物修复过程中必须考虑上述因素的影响。

（一）污染物的种类

不同的污染物种类，需要有不同的甚至是专门的微生物种类来对付，这表明了微生物在污染物降解和转化过程中的专一性。污染物的化学组成和分子结构，对生物降解性能具有决定性的作用，与生命物质结构越是相似的物质，越容易被微生物降解。有机化合物分子中如果含有生命物质中很少含有的特殊基团或根本就不含有的特殊基团，都将降低其生物降解性，这些基团包括卤素、硝基、氰基等。这些基团的数量和在主体化合物的位置都将影响化合物的生物降解性，这些基团数目越多，其生物降解性能越差。同样，基团在主体化合物上的位置也影响这些化合物的生物降解性。对于同一化合物，即使在同一位置，基团的不同也将导致生物降解性的不同。人们对化合物的结构与生物降解性之间的关系越来越感兴趣，但由于问题的复杂性，有关的研究仍处于萌芽状态。

现有的经验表明，脂肪族化合物一般比芳香族化合物容易被生物降解，不饱和脂肪族化合物一般易被生物降解，但在主链上若含有除碳原子以外的原子，其生物降解性将大大降低。分子质量大的聚合物和复合物一般难以生物降解。分子的排列、官能团的性质与数量等，都会影响其生物降解性能，如伯醇、仲醇易被生物降解，而叔醇却难以降解。化合物上有羟基或胺基取代后，其生物降解性会有所改善，而卤代作用后会使生物降解性能降低。

研究结果表明，有机物的水溶性对其生物降解性能影响也很显著。一般而言，溶解度较小的有机物的生物降解性也较差，这是由于其在水中的扩散程度较差，且很容易被吸附或捕集到惰性物质的表面上，难以与微生物进行接触，从而影响其生物降解性能。

（二）污染物的浓度

土壤环境中污染物浓度过高是生物修复的一个关键性问题，特别是当污染物的生物有效性或生物可利用性很高，如土壤中的水溶性污染物或污染物在土壤水相中的浓度过高，就不利于生物修复的进行。一些化学品在低浓度下可以被生物降解，但在高浓度下对微生物有毒。毒性作用的产生将阻止、减缓代谢反应的速度，阻止刺激污染物迅速移动的新生物量的快速生长。污染物的毒性及毒性作用机理因污染物质的性质、浓度以及其他污染物的存在和这些污染物对微生物的暴露方式不同而异。例如，张倩茹等（2003）通过富集培养，分离到5株乙草胺抗性菌株，分别定名为SZ1、SZ2、SZ3、SZ4和SZ5。此5菌株均能以乙草胺为唯一碳源和氮源进行生长。这5菌株及对照菌株（B57）的乙草胺抗性谱试验结果表明，各菌株都能耐受300mg/L以下的浓度，并且在100mg/L浓度条件下生长良好。但是，当乙草胺浓度增加至300mg/L以上，就只有其中的若干株可以耐受来自乙草胺的毒害作用，特别是菌株SZ4甚至在3 000mg/L时仍然正常生长，而其他菌株则由于污染物的浓度上升导致降解功能的丧失甚至死亡，起不到对乙草胺污染土壤的生物修复作用。资料表明，在微生物的生长、发育过程中，如果有一个基本环节受阻，微生物细胞将停止其正常的降解功能及其他的生命活动功能。这种不良效应可能来自细胞结构的损伤或来自代谢毒污染物质的单一酶的竞争键合。

土壤环境中污染物浓度过低也是生物修复的一个问题。当污染物的浓度降低到一定水平时，微生物的降解作用就会停止，这时，微生物就无法进一步将污染物去除。在生物修复过程中，并非微生物的生物量越多越好，过量的生物量会使过程发生挤压而阻塞，从而不利于生物降解的发生。

通常，污染点是一个多种污染物共存的复合（混合）污染现场，复合污染对微生物的毒性与其单一存在时有较大的区别，因此进一步影响微生物对污染物的降解作用和过程。例如，张倩茹等（2003）的研究表明，乙草胺、Cu^{2+}单因子及复合因子对黑土中土著细菌、放线菌及真菌数量均有一定的影响。其中，乙草胺和Cu^{2+}单因子作用对土著细菌活菌数量的抑制率分别为53.15%和83.08%。这就是说，以细菌活菌数量为指标，单因子铜的毒性作用比乙草胺要强。当乙草胺和Cu^{2+}同时或先后进入土壤环境，由于两者的复合作用，导致其抑制效果更为明显，抑制率甚至高达93.15%。对放线菌活菌数量的考察发现，乙草胺和Cu^{2+}单因子作用时抑制率分别为46.97%和42.26%，两者的毒性作用相当。但在复合作用下，抑制率为89.68%。可见，二元复合因子表现出显著的毒性加强作用，两者似有明显的加成效应。与上述两者相比，乙草胺和Cu^{2+}单因子及复合因子对真菌活菌数量的抑制作用并不明显，甚至表现为一定的促进作用。其菌落形成单位（cfu）分别是清洁土壤的2.08和1.83倍。当两者同时进入土壤时，却又表现为并不显著的抑制作用，抑制率仅为24.46%。

（三）污染现场和土壤的特性

影响生物修复的场地条件主要包括氧气、水分与湿度、营养元素、温度和土壤pH等。

1. 氧气　微生物氧化还原反应的最终电子受体主要可以分为3类：溶解氧、有机物分解的中间产物和无机酸根。在土壤中，溶解氧的浓度分布具有明显的层次，从上到下，存在着好氧带、缺氧带和厌氧带。由于微生物代谢所需的氧主要来自大气，因此氧的传递成为生物修复的一个控制因素。在表层土壤，微生物主要是好氧代谢；在深层土壤，由于水等阻隔，氧气的传递受到阻碍，微生物呼吸所需的氧越来越缺，这时微生物的代谢逐渐由好氧过渡到缺氧代谢，直到厌氧代谢。

烃类化合物的降解要在好氧条件下进行。据推算，1g石油完全矿化为二氧化碳和水需要3～4g氧气。因此，提供足够的氧气，很可能是提高石油生物降解的重要因素。土壤嫌气条件可由积水造成，也可由于氧气的大量迅速被利用产生。通过翻耕法可以改善土壤通气条件，从而可以提高石油烃的生物降解率；也可以通过机械手段，直接向土壤中输入空气；也可以使用过氧化氢的注入法，但是必须对过氧化氢作为氧源进行可行性评价，因为过氧化氢作为氧源，对那些不具有过氧化氢酶的微生物有毒害作用。

2. 水分与湿度　大量资料表明，水分是调控微生物、植物和细胞游离酶活性的重要因子之一，而湿度则是生物修复必须调控的一个重要因素。因为水分是营养物质和有机组分扩散进入生物活细胞的介质，也是代谢废物排出生物机体的介质，特别是水分对土壤通透性能、可溶性物质的特性和数量、渗透压、土壤溶液pH和土壤不饱和水力学传导率发生作用而对污染土壤及地下水的生物修复产生重要影响。这就是说，污染物的生物降解必须在一定的土壤水分与湿度条件下进行。湿度过大或过小都将影响土壤的通气性，进而影响降解微生物在土壤环境中的降解活性或繁殖能力以及在土壤环境的移动性。一些研究表明，25％～85％持水容量或－0.01 MPa 或许是土壤水分有效性的最适水平。还有资料指出，当土壤湿度达到其最大持水量的 30％～90％时，均适宜于石油烃的生物降解。

3. 营养元素 在土壤和地下水中，特别是在地下水中，氮和磷等都是限制微生物活性的重要因素。为了使污染物得到完全的降解，必须保证微生物的生长所必需的营养元素。在环境中投加适当的营养元素，远比投加微生物更加重要。例如，石油烃污染土壤后，碳源大量增加，氮、磷含量特别是可溶性氮、磷就成为降解的调控或限制因子。为达到良好的效果，必须在添加营养盐之前确定营养盐的形式、合适的浓度以及适当的比例。例如碳、氮、磷必须有合理的配比，单纯加氮或加磷都不利于提高生物降解率；肥料结构应选择疏水亲油型，从而可形成适合微生物生长的微环境。

4. 温度 生物修复受到温度变化的强烈影响。例如，土壤中石油烃的降解率随土壤温度的降低而不断减小，可能是由于酶活性的降低所致。研究表明，高温能增强嗜油菌的代谢活性，一般在 30～40℃时活性最大。当温度高于 40℃时，石油烃对微生物的膜状结构将产生损害。

温度对土壤微生物生长代谢影响较大，进而影响有机污染物的生物降解。就总体而言，微生物生长范围较广，而每一种微生物都只能在一定范围内生长，有其生长的最适宜温度、最高耐受温度、最低耐受温度以及致死温度。温度变化不仅影响微生物的活动，同时还影响有机污染物的物理性质和化学组成。例如，低温下石油的黏度增大，有毒的短链烷烃挥发性减弱，水溶性增强，从而降低石油烃的可降解性。

由于气候和季节的变化，土壤温度随之发生波动，从而不同的微生物区系将在不同时期占据优势。因此，注重土壤中微生物区系随温度发生的变化研究，也是提高有机污染物生物降解的一个重要方面。

5. 土壤 pH 土壤 pH 也是一个重要的环境调控因子。由于土壤介质的不均一性，造成不同土壤环境下 pH 差异较大。土壤 pH 能影响土壤的营养状况，如氮、磷的可给性和土壤结构，还会影响土壤微生物的生物学活性。一般情况下，多数真菌和细菌生存的最适宜 pH 为中性条件，这当然也是其发挥生物降解功能最适宜的环境条件。

（四）微生物因素

生物修复利用微生物降解有机污染物，一般情况下，更多的是充分调动土著微生物的生物活性，使它们具有更强的代谢能力。为了加速生物降解，有时也考虑进行外来微生物的接种。接种在生物修复中也称为生物扩增。接种一般要考虑两点，即接种是否必要和接种是否会成功。以下情况可考虑进行微生物的接种：①存在土著微生物不易降解的污染物；②污染物浓度过高或有其他物质（如金属）对土著微生物产生毒性，使之不能有效地降解土壤中的污染物；③需要对意外事故污染点进行迅速的生物修复；④污染物在降解的过程中由于产生了有害的中间代谢产物使土著微生物丧失了降解功能；⑤对难降解污染物低浓度的污染现场。

接种菌的筛选与培养应首先根据它们的生态适应性，其次是降解性和营养竞争能力。接种菌的培养应在与实际应用环境相似的条件下进行，这样筛选出的微生物具有较强的生存能力。接种菌进入环境后，因与土著微生物竞争及原生动物的捕食等原因，数量会减少。如果接种量过少，就可能使接种量达不到预期的要求而无法使其迅速繁殖到一定量。高接种量可保证足够的存活率和一定的种群水平，将起到快速降解作用。一般高接种量应达到 10^8 cfu/g（土）。但从费用看，高接种量投资较大。需要注意的是，土壤类型不同，所需达到一定降解能力的种群水平的接种量也不同。因此，接种量还要根据实际情况确定。

四、生物修复的优点和局限性

（一）生物修复技术的优点

与传统的污染土壤治理技术相比，土壤微生物修复技术的主要优点是：①微生物降解较为完全，可将一些有机污染物降解为完全无害的无机物，二次污染问题较小；②处理形式多样，操作相对简单，有时可进行原位处理；③对环境的扰动较小，不破坏植物生长所需要的土壤环境；④与物理方法和化学方法相比，微生物修复的费用较低，为热处理费用的 1/3～1/4，处理费用取决于土壤体积和处理时间；⑤可处理多种不同种类的有机污染物，如石油、炸药、农药、除草剂和塑料等，无论污染面积的大小均可适用，并可同时处理受污染的土壤和地下水。

（二）生物修复技术的缺点

对微生物修复而言，微生物修复技术主要存在下述 3 方面的限制：①当污染物溶解性较低或者与土壤腐殖质、黏粒矿物结合得较紧时，微生物难以发挥作用，污染物不能被微生物降解；②专一性较强，特定的微生物只降解某种或某些特定类型的化学物质，污染物的化学结构稍有变化，同一种微生物的酶就可能不起作用；③有一定的浓度限制，当污染物浓度太低且不足以维持降解细菌的群落时，微生物修复不能很好地发挥作用。

另一方面，微生物活性与温度、氧气、水分和 pH 等环境条件有关，因此微生物修复技术受各种环境因素的影响较大。微生物修复技术的关键在于投加所需要的营养物质、共氧化基质、电子受体和其他促进微生物生长的物质，包括投加方法、投加时间和投加剂量等。同时，应用微生物修复时对修复地点有一定的限制，在一些低渗透的土壤中可能不宜使用该技术，因为由于细菌生长过多有可能会阻塞土壤本身或在其中安装的注水井。

生物修复技术具有广阔的应用前景，但应用范围有一定的限制，亦不如热处理和化学处理那样见效快，所需的修复周期可以从几天到几个月，这取决于污染物种类、微生物物种和工程技术的差异。实践表明，微生物技术如与物理处理和化学处理配套使用，通常会取得更好的效果。比较理想的有效组合是首先用低成本的生物修复技术将污染物处理到较低的浓度水平，然后再采用费用较高的物理方法或化学方法处理残余的污染物。

五、生物修复技术的类型

（一）原位生物修复

原位微生物修复（in situ bioremediation）是指在不经搅动、挖出的情况下，通过向污染土壤中补充氧气、营养物或接种微生物对污染物就地进行处理，以达到污染去除效果的生物修复工艺。原位生物修复适合于不饱和土壤、饱和土壤和地下水蓄水层的污染治理，经常采用各种工程化措施来强化处理效果，包括泵处理技术、生物通气、渗滤和空气扩散等。

1. 生物通气法　生物通气（bioventing）法是一种强化污染物生物降解的修复技术。一般是在受污染的土壤中至少打两口井，安装鼓风机和真空泵，将新鲜空气强行排入不饱和土壤中，以增强空气在土壤中及大气与土壤之间的流动，为微生物活动提供充足的氧气。然后再抽出，土壤中一些挥发性污染物也随着去除（图 12-5）。同时，还可通过注入井或地沟提供营养液，从而达到强化污染物降解的目的。

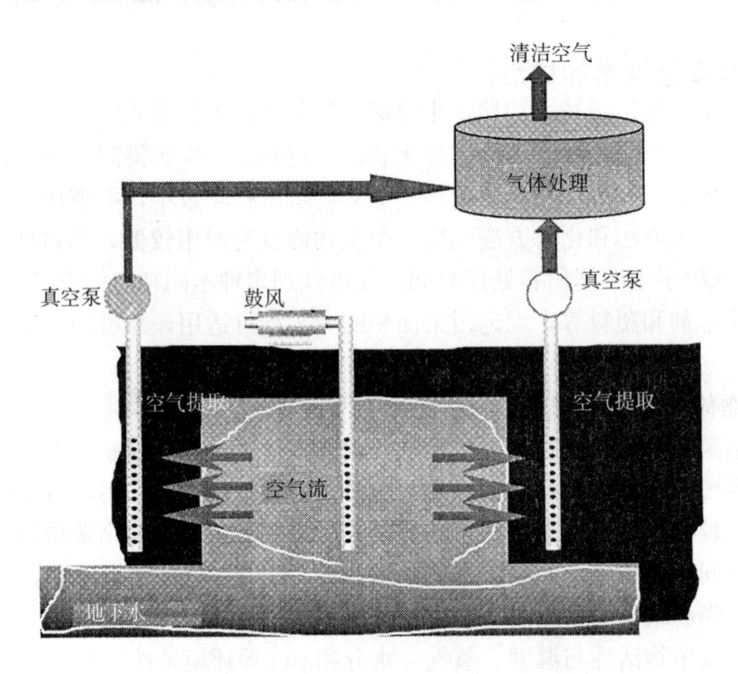

图 12-5　土壤修复的生物通气工艺示意图

具体的措施是向不饱和层打通气井，通气井的数量、井间的距离和供氧速率根据污染物的分布和土壤类型等确定。在正式施工前要进行中试，原位测定土壤气体渗透和原位氧气吸收的情况。

通常用真空泵使井内形成负压，但在抽真空的同时有一部分污染物挥发，需要有专门设备回收。与此同时，可以通过渗滤补充营养物（氮、磷），土壤水分升高也会促进生物降解。

2. 生物注气法　生物注气法（biosparging）又称为生物搅拌法，是将空气压入土壤的饱和部分，同时从土壤的不饱和部分真空吸取空气，这样既向土壤提供了充足的氧气又加强了空气的流通，使挥发性化合物进入不饱和层而进行生物降解，同时饱和层也得到氧气而有利于生物降解（图 12-6）。空气注气井通常是间歇式运行，这种方式在停滞期可使空气吹脱达到最小，在生物降解时可大量地供应氧气。运行中需要监测地下水的溶解氧和不饱和带中挥发性有机物的含量。

3. 生物冲淋法　生物冲淋法（bioflooding）又称为液体供给系统（liquid delivery system），将含氧和营养物的水补充到亚表层，促进土壤和地下水中污染物的生物降解。

生物冲淋法大多在各种石油烃类污染的治理中使用。改进后也能用于处理氯代脂肪烃溶剂，如加入甲烷和氧促进甲烷营养菌降解三氯乙烯和少量的氯乙烯。

生物冲淋法向污染层提供营养物和氧时，在位于或接近污染地带有注入井（或沟）；还

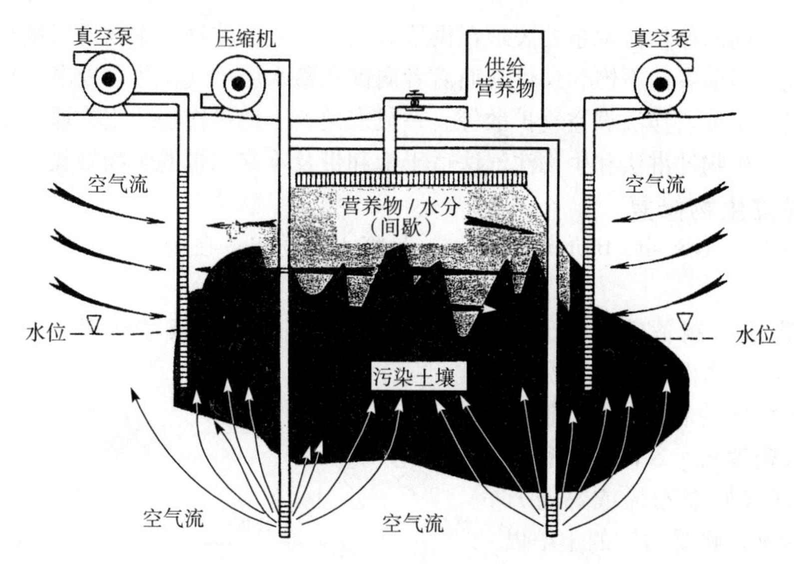

图 12-6　生物注气法修复土壤和地下水污染

（引自沈德中，2002）

可以有抽水井抽出地下水，经过必要的处理后添加营养物循环利用。在水力学设计时，可以考虑将靶标地区隔离起来，以使处理带的迁移达到最小。

氧可以用空气或纯氧经喷射供给，也可以加入过氧化氢。由于水中氧溶解度的限制，向污染的亚表层环境供给大量溶解氧很困难，所以也可以供应硝酸盐、硫酸盐和三价铁盐等作为电子受体。

4. 泵出处理法　泵出处理法（pump and treat）（P/T 工艺）　主要应用于修复受污染的地下水和由此引起的土壤污染，需在受污染的区域钻井，井分为两组，一组是注入井，用来将接种的微生物、水、营养物和电子受体（如 H_2O_2）等注入土壤中；另一组是抽水井，通过向地面上抽取地下水，造成地下水在地层中流动，促进微生物的分布和营养物质的运输，保持氧气供应（图 12-7）。通常需要的设备是水泵和空气压缩机。在有的系统中，在地面上还建有采用活性污泥法等手段的生物处理装置，将抽取的地下水处理后再回注入地下。

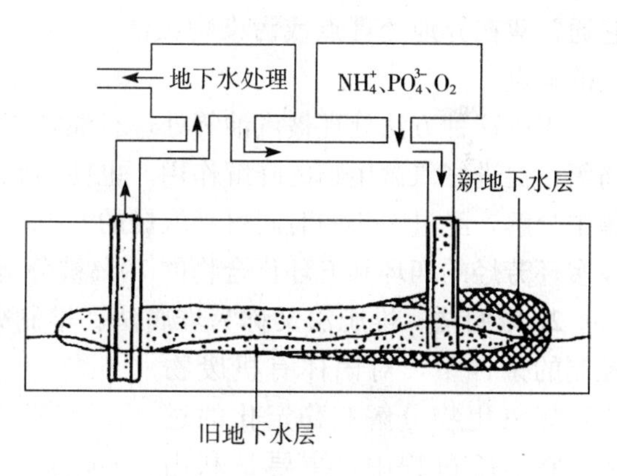

图 12-7　P/T 法处理污染土壤示意图

▭ 污染区域　▩ 生物活动区

（引自张从，2000）

该工艺是较为简单的处理方法，费用较省，不过由于采用的工程强化措施较少，处理时间较长，而且在长期的生物修复中，污染物可能会进一步扩散到深层土壤和地下水中，因而适用于处理污染时间较长，状况已基本稳定的地区或者受污染面积较大的地区。

5. 土地耕作法　土地耕作法（land farming）通过耕翻污染土壤（但不挖掘和搬运土壤），补充氧和营养物以提高土壤微生物的活性。这种原位处理法不用控制可能的淋溶和径流，与下面所述的易位土壤耕作不同。土地耕作法适于不饱和层土壤处理。

上述几种不同的原位技术主要表现在供给氧的途径上的差别。生物通气法和生物注气法强制供给空气，但前者向不饱和层供气而后者向饱和蓄水层供气。生物冲淋法靠水中携带的氧或过氧化氢。土地耕作法靠空气扩散等。一般来说，土地耕作法、生物通气法适于不饱和带的生物修复，生物冲淋法和生物注气法适于饱和带及不饱和带的生物修复。

（二）异位生物修复

异位生物修复（ex-situ bioremediation）是将土壤挖出，在场外或运至场外的专门场地进行处理的方法。

1. 制备床法 制备床法（prepared bed）又称为通气土壤堆处理（aerated soil pile treatment），其具体操作是，污染土壤被移入一个特殊的制备床上，制备床底部用一种密度较大，渗透性很小的材料装填好（如聚乙烯或黏土），铺上石子和沙子，将受污染的土壤以15～30 cm的厚度平铺在上，然后通过施肥、灌溉、控制pH等方式保持最佳的降解状态，有时也需要加入一些微生物和表面活性剂（图12-8）。制备床的设计应满足处理高效和避免污染物外溢的要求，一般的制备床设有淋出物收集系统和外溢控制系统，它通常建在异地处理点或污染物被清走的地点。

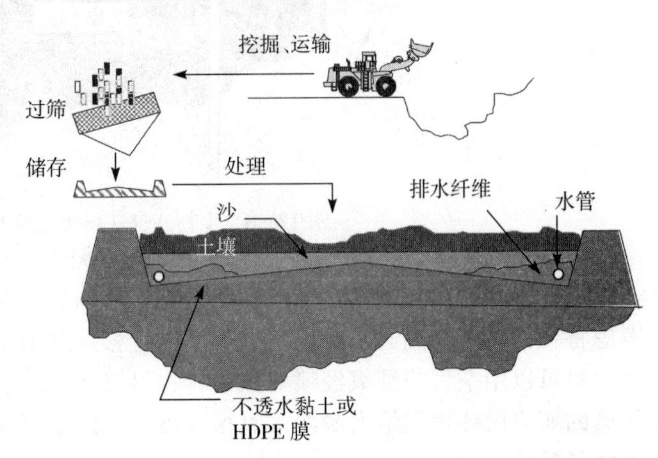

图12-8 制备床法示意图

曾用这种方法处理被汽油等处理石油烃产品污染的土壤，处理时加肥料和石灰，灌水并通氧，促进好氧微生物的降解作用。也使用此系统处理含杂酚油的废物，使多环芳烃的在土壤中分解，经过1年的时间可萃取烃的60%、多环芳烃的二环和三环化合物有超过95%以及多环芳烃的四环和五环化合物的70%被分解（Alexander，1999）。

2. 堆肥法 堆肥法又称为堆腐法、堆制处理（composting bioremediation），是在人工控制的条件下，对固体有机废物进行好氧生物分解和稳定化的过程。在堆肥过程中，主要是利用了多种微生物（包括细菌、放线菌、真菌和原生动物等）的活动，经历较长时间，使多种污染物得到降解和转化。

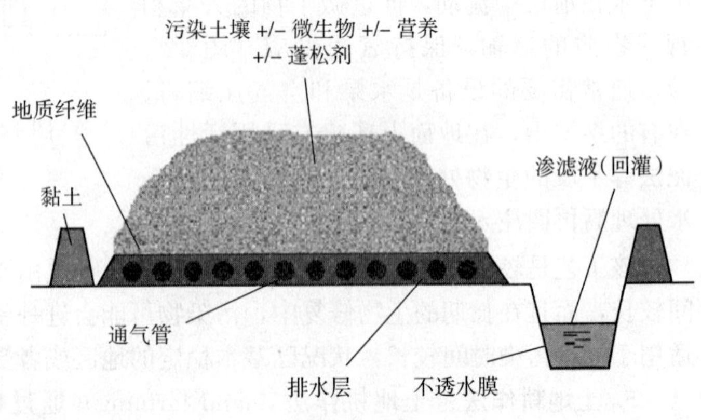

图12-9 强制通气堆肥法示意图
（+代表添加；-代表不添加）

堆肥法可以为微生物提供一个良好的环境条件，使土壤中污染物与堆制原料及微生物彻底混合，提供了微生物所需的有机能源和营养物，使其充分发挥降解有机污染物的能力和作用，从而得到良好的处理效果。良好的堆肥需要有合适的碳源（如稻草、木屑）和C/N（一般为25～30）、pH（6.8）、足够的氧气、湿度和微生物等。提供氧气的方法主要有定期机械翻堆和鼓风机强制通气两种，可配入一定量的蓬松剂（bulking agent）以保持堆体的疏松通气（图12-9）。有些学者从污染区土壤中筛选出降解效果好的菌株，在堆制前将其接入同类污染物污染的土壤中，或选用降解能力强的已有微生物菌株接种到堆肥中，污染物质的降解效果更为显著（张从等，2000）。

一般来说，有机污染物在堆制过程中的消失主要是通过两条途径：生物降解和非生物损失（包括挥发、吸收、沥滤、水解、光解和沉淀等）。无论哪条途径都要受到多种因素的影响，其中有机污染物和土壤本身的性质是关键的因素。此外，环境因子如堆肥的温度、湿度、pH和碳氮比、通气性等也会影响有机污染物的降解速率（表12-4）。

表12-4　堆肥所需的适宜条件

（引自Rynk等，1992）

环境因素	范围	最适
温度（℃）	46.7～65.6	54.4～60
湿度（%）	40～65	50～60
pH	5.5～9.0	6.5～8.0
氧气含量（%）	>5	>10
养分比例	C∶N=20～40∶1	C∶N=25～30∶1
质粒大小（cm）	<1	15～10

3. 易位土壤耕作法　此法将污泥或污染土壤均匀地撒到土地表面，然后用拖拉机作业使之与土壤混合，耕层深度为15～30cm，通过施肥、灌溉和耕作以增加土壤中的有效营养物和氧气。增加物质流动，并保持一定的温度、湿度和pH，以提高土壤微生物的活性，加快其对有机污染物的降解。但是耕翻需要根据土壤的通气情况反复进行。

土地耕作对土地有一定的要求，要求土壤均匀，没有石头、瓦砾，土地经过平整，应有排水沟或其他方式控制渗漏和地表径流，必要时需要调整pH，防止土壤过湿或过干。须随时对土壤污染物含量、营养物含量、pH和通气等状况进行监测，以决定耕翻、加改良剂和调整pH等操作。通常分析测定费用占处理费用的大部分。

4. 土壤泥浆反应器　泥浆反应器是用于处理土壤的特殊反应器，通常为卧式、旋转鼓状和气提式，分批培养或连续培养，可建在污染现场或异地处理。其基本原理就是利用微生物将土壤中有害有机污染物降解为无害的无机物质，降解过程在控制的理化条件下完成，也可接种特殊驯化或生物工程构建的微生物提高降解效率。土壤泥浆反应器技术能够有效地发挥生物法的特长，是污染土壤生物修复技术中最有效的处理工艺，但成本高，未广泛应用于现场处理。该技术的典型性工艺流程图见图12-10。

土壤泥浆反应器可增强营养物、电子受体和其他添加物的效力，因而能够达到最高的降解率和降解效率。在一个反应器中，将受污染的土壤与3～5倍的水混合，使其成为泥浆状，同时加入营养物或接种物，在充氧条件下剧烈搅拌，进行处理。操作关键是其混合程度与通气量（对好氧而言）。另外，为提高疏水性有机污染物在泥浆水相中的浓度，还可以添加表面活性剂（张从，2000）。Oberbremer等人（1990）的研究表明，通过

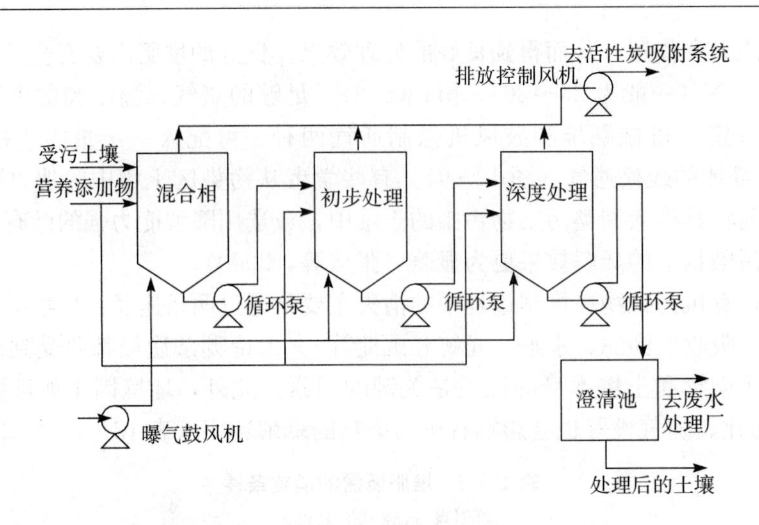

图 12-10　土壤泥浆反应器处理方式示意图

(引自陶颖等，2002)

向泥浆反应器中加入生物表面活性剂，可以提高烃类物质的降解速率，并增加可降解的烃的种类。

第三节　有机污染土壤的植物修复

植物修复可用于石油化工污染、炸药废物、燃料泄漏、氯代溶剂、填埋场淋滤液和农药等有机污染物的治理。与重金属污染土壤的植物修复技术相比，有机物污染的植物修复技术起步更晚。植物对有机物污染土壤的修复有三种机制：植物降解（phytodegradation）或称为植物转化（phytotransformation）、植物刺激（phytostimulation）和植物挥发（phytovolatization）。

一、植物降解技术

（一）植物降解技术的定义和原理

1. 定义　植物降解又称为植物转化（phytotransformation）是指植物从土壤中吸收有机污染物，通过新陈代谢作用将这些污染物降解，或者植物分泌化合物（如酶）到土壤中，从而催化有机污染物的降解。能够被植物降解的有机污染物包括炸药、氯化溶剂、除草剂、杀虫剂等。植物降解技术取决于植物能否直接从土壤溶液中吸取污染物以及植物器官中新陈代谢产物的积累情况。从环境角度讲，植物中积累的新陈代谢产物必须无毒或者其毒性明显低于母体化合物，某些植物积累的新陈代谢产物的毒性可能更强一些。因此，在实施植物降解技术时应关注污染物转化产物的毒性对生态环境或人类健康的影响。

2. 原理　植物降解技术的主要原理包括植物对污染物的吸收和代谢。一方面，植物能直接从土壤溶液吸收大量的有机物，尤其是中等程度憎水有机化合物（辛醇-水分配系数 $\lg K_{ow}=1\sim3.5$）。植物一旦将有机物吸收到体内，可以通过木质化作用将污染物储藏在新的植物结构中；或转化为对植物无毒的代谢物，储藏于植物细胞中；也可以将其代谢或矿化，将其挥发到大气中。因此，可利用植物这一特性来清除土壤中的有机污染物，尤其是浅层污染土壤的修复。一些有机污染物能迅速被植物吸收和降解，如三氯乙烯（TCE）、杀虫剂和小分子的多环芳烃（PAH）。研究证明，杨树的细胞培养物和杂交杨树可吸收和降解三氯乙烯。杨树的细胞培养物可将1～2mg/L的三氯乙烯完全矿化为CO_2，当杂交杨树暴露于含50mg/L三氯乙烯的地下水时，能在其茎中检测到没有改变的三氯乙烯；在控制的田间条件下，在杂交杨树的地上部检测到三氯乙烯及其代谢产物，这些代谢产物包括三氯乙醇、三氯乙酸、二氯乙酸和还原性的二氯产物（Newman等，1997，1998）。此外，杨树还可吸收军事废物2,4,6-三硝基甲苯（TNT）、六氢三硝基-1,3,5-三嗪（RDX）、八氢1,3,5,7-四硝基-1,3,5,7-四嗪（HMX），并可将它们部分转化（Thompson等，1998；Yoon等，2002）。试验证明，杨树的细胞培养物可代谢甲基三丁醚（MTBE），也发现一些桉树可吸收甲基三丁醚（Newman等，1998）。

许多酶参与有机污染物在植物体内的代谢。过氧化物酶（peroxidase）是一个研究得比较多的氧化还原酶。在棉花、小麦、水芹和番茄等植物根系表面鉴定到了过氧化物酶。这些酶可能与水体中的酚、苯胺等芳香族有机物发生作用，但在土壤中是否具有同样作用还不清楚。过氧化物酶等氧化还原酶还与有机污染物在根系表面上的聚合化作用或在土壤中的腐殖化作用有关。硝基还原酶和漆酶参与2,4,6-三硝基甲苯的分解，及使破碎的环状结构成为植物材料的组成部分，或与有机物质结合形成束缚态残留物。脱卤素酶则参与三氯乙烯的还原。分离到的酶（例如硝酸还原酶）确实可以迅速转换2,4,6-三硝基甲苯一类底物。但经验表明，植物修复还要靠整个植物体来实现。游离的酶系会在低pH、高金属浓度和细菌毒性下被摧毁或钝化，而植物生长在土壤上，pH趋于中性，金属被生物吸着或螯合，酶被保护在植物体内或吸附在植物表面，不会受到损伤。

另一方面，植物根系释放到土壤中的酶可直接降解有机化合物，且降解速度快。在这一降解过程中，有机污染物从土壤中的解吸和转移成为限速步骤。植物死亡后，酶释放到环境中还可以继续发挥分解作用。例如，毛曼陀罗（*Datura inoxia*）和*Lycopersicon peruvianum*的根系分泌物中含有过氧化氢酶、漆酶和腈水解酶，这些酶能降解土壤中的污染物（Schnoor等，1995；Lucero等，1999），而且，硝基还原酶和漆酶的共同作用可降解2,4,6-三硝基甲苯、六氢三硝基-1,3,5-三嗪和八氢四硝基-1,3,5,7-四嗪（Schnoor等，1995）。因此，植物特有酶的降解过程为植物修复的潜力提供了有力的证据，在筛选新的降解植物或植物株系时需要关注这些酶系，注意发现新酶系。

（二）影响植物降解技术的因素

植物对有机污染物的吸收和代谢作用取决于3个方面的因素：有机污染物本身的物理化学性质、环境条件（别是土壤的理化性质）、植物种类或品种及植物生长状况。

1. 有机污染物的理化性质　土壤中有机污染物浓度是影响植物修复效率的直接因素，而有机污染物的生物有效性是决定植物-微生物系统中污染物吸收和代谢效率的关键。生物有效性与化合物的相对亲脂性有关。亲脂性常用辛醇-水分配系数K_{ow}或$\lg K_{ow}$表示，其值越小，表示该化合物的水溶性越高，而亲脂性越小。亲脂性高的化合物一般容易通过细胞膜。土壤中有机污染物是通过在水中的扩散和质流过程到达根系表面的。对于$\lg K_{ow}>3$的化合物，由于根系表面的强烈吸附而不易在植物体内转运；水溶性高的化合物（$\lg K_{ow}<0.5$）则不能被吸附到根系表面或不能进行主动的跨膜运输。因此，植物对位于浅层土壤中的中度憎

水有机物（$\lg K_{ow}$为1～3.5）有很高的去除效率，这包括一些苯系化合物（苯、甲苯、乙苯和二甲苯）、氯化溶剂和短链的脂肪族化合物等。

污染物分子质量的大小也影响其通过渗透而进入植物细胞的速度，利用植物修复有机污染土壤时，植物根系对有机污染物的吸收往往局限于小分子极性化合物，并且吸收速率通常很低。

2. 土壤环境条件　土壤对有机污染物的吸附也会影响其生物有效性，与土壤颗粒紧密吸附的污染物不易被植物或微生物吸收和分解。影响污染物吸附的土壤理化特性主要有土壤质地、黏粒矿物类型、有机质含量、阳离子交换量、含水量及 pH 等。此外，污染时间长短也是影响其生物有效性的重要因素。土壤含有的可生物降解的污染物，会因污染时间较长而转变为难降解的污染物。与土壤颗粒紧密吸附的污染物、微生物或植物难吸收的污染物不易被植物降解。

3. 植物种类　对于同一种有机污染物，不同种类或不同品种的植物的吸收能力也有很大差异（Edwards，1983）。筛选吸收、积累能力强的植物或品种是进一步发展和完善植物修复技术的重要研究内容。一些高等植物能从土壤和水体中吸收大量致癌性芳香烃类物质，如多环芳香烃（PAH）。菜豆（*Phaseolus vulgaris*）根系在含^{14}C标记蒽（ANT）（0.01 mg/L）营养液中生长30d，有60%的^{14}C分布在根系，茎和叶片的^{14}C均占^{14}C总量的3%。在30d内，有90%以上的蒽（75mg/株）可被植物代谢为其他化合物。黑麦草（*Lolium perenne*）可从土壤中吸收大量苯并(a)芘，它的地上部的苯并(a)芘含量可以达到9 140 μg/kg。胡萝卜对苯并(a)芘亦有较大的富集力，其叶片的多环芳烃（PAH）含量可高达1 430 μg/kg。在Gordon等（1998）的温室试验中，证实杨树（*Populus trichocarpa*）可以从污染的地下水中吸收三氯乙烯（TCE），并把三氯乙烯蒸腾出植物体外，据此提出利用这种技术可以修复被三氯乙烯污染的地下水。但Wild等（1992）认为，在包括黑麦草、大麦、马铃薯和胡萝卜在内的9种植物地上部检测到的多环芳烃主要来自大气，而根系中的多环芳烃主要是根系表面的吸附作用所致。Goodin等（1995）的盆栽试验结果也不能证实黑多花麦草（*Lolium multiflorum*）、大豆（*Glycine max*）和甘蓝菜（*Brassica oleracea* var. *capitata*）能够吸收蒽（ANT）和苯并（a）芘［B(a)P］。

在植物特性方面，根系表面积大小对有机污染物的吸收有较大影响。根系表面积越大，特别是细根毛越多，吸收的有机污染物也越多。

水分蒸腾作用对植物吸收有机污染物也具有重要作用。一些影响水分蒸腾作用的因素（如植物类型、叶片大小、营养状况、土壤水分、风和相对湿度等）都可能影响植物对有机污染物的吸收。

（三）植物降解技术的应用

植物降解技术可用于处理石化产品生产和储藏地、军用炸药废弃地、燃料溢出地、氯化溶剂（三氯乙烯和四氯乙烯）、营养物（硝酸盐、氨和磷酸盐）、填埋场淋滤物和农业化学品（杀虫剂和化肥）等。一般来说，$\lg K_{ow}$为0.5～3.0的有机污染物都能被植物吸收和在植物体内降解，而在植物体外降解的有机污染物与$\lg K_{ow}$和植物的吸收无关。

二、植物刺激技术

（一）植物刺激技术的定义

一些有机污染物的水溶性很差，如大分子的多环芳烃、石油和多氯联苯（PCB），从而很难被植物根系吸收。但是，在植物与微生物的相互作用下，这些有机物可被降解。这种通过植物根际分泌物和根际脱落物作用刺激细菌和真菌的生长，并使有机污染物矿化的过程称为植物刺激技术（phytostimulation），也称为根际降解技术（rhizosphere degradation）、植物辅助修复技术（plant-assisted bioremediation）、根圈的植物修复技术（rhizosphere bioremediation）（图 12－11）。例如，桑树、sage orange（桑科 Moraceae）、crabapple（蔷薇科 Rosaceae）、robinia locust（蝶形花科 Papilionaceae）和桦树（桦树科 Betulaceae）能分泌类黄酮物质（含六个碳环的化合物），其能促进根际土壤中一些微生物的生长，从而刺激了多环芳烃和多氯联苯的降解，原因可能在于类黄酮与多环芳烃、多氯联苯的化学结构的相似性，从而促进了降解多环芳烃和多氯联苯细菌的生长和活性（Fletcher 和 Hegde，1995）。赵大君等（1996）的研究发现，无菌凤眼莲 10 h 内只能降解 1.9%的酚，假单胞菌对酚的降解也仅达到 37.9%，但是凤眼莲和假单胞菌的联合体系却能降解 97.5%的酚，其原因是凤眼莲的根系分泌物可促进假单胞菌等酚降解菌的生长，加速酚的降解（赵大君等，1996）。

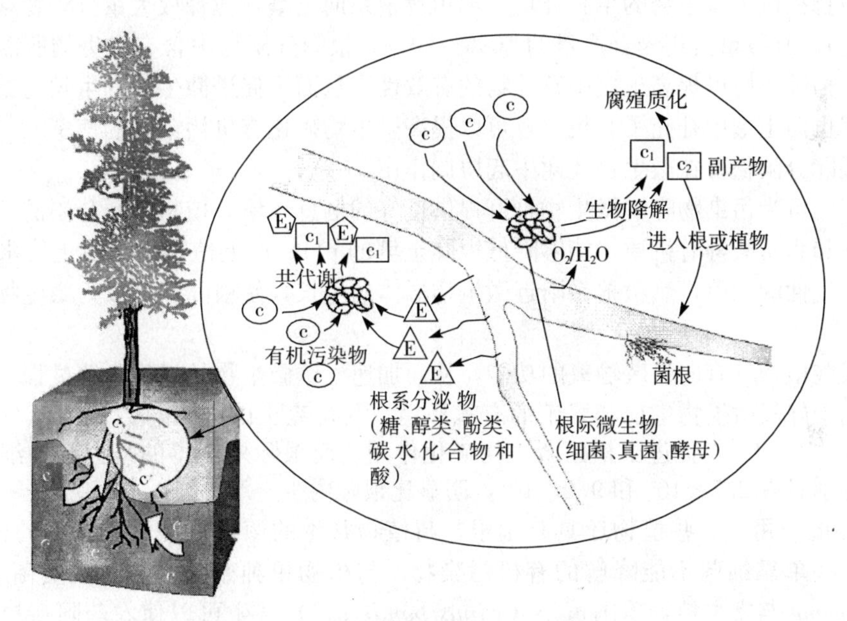

图 12－11　植物刺激技术的示意图

（c 代表修复介质中的污染物）

（引自 ITRC，2001）

（二）植物刺激技术的原理

1. 植物根际的植物与微生物的联合作用　在植物根际，污染物的降解过程实际上包含了植物与微生物的联合作用，它包括下述几个方面。

（1）微生物好氧代谢过程　单一的专性好氧菌对芳烃类、苯磺酸类等污染物的降解作用并不明显。但是，若将这些单一的好氧菌与根际内其他微生物群落混合，组成共栖关系，即可显著提高对这些难降解污染物的矿化能力，防止有机污染物中间体的生成与积累。

（2）微生物厌氧代谢过程　厌氧菌对环境持久性污染物（POP）如多氯联苯、滴滴涕和四氯乙烯的去除能力较强。一些有机污染物（苯和其相关污染物）在厌氧条件下可完全矿化为 CO_2。

（3）腐殖化作用过程　土壤的腐殖化作用过程也是一种有效的污染物解毒方法。用同位素标记法试验表明，腐殖化作用可以影响多环芳烃（PAH）在土壤-植物系统中的归宿。一些“特异”植物的根系能释放出有利于有机污染物降解的化学物质，其中包括单糖、氨基酸、脂肪酸、维生素和酮酸等低分子化合物以及多糖、聚乳酸和黏液等大分子有机物，它们与植物脱落的死亡细胞以及植物向土壤释放的光合产物共同构成一个特殊系统，即根际，由此增加土壤有机质含量，改变有机污染物的吸附特性，从而促进它们与腐殖酸的共聚作用。例如，多环芳烃和矿物油污染土壤中苜蓿就具有这种特异的根际效应。根际微生物也能促进污染物的腐殖化过程，特别是微生物和根系释放的氧化还原酶（如过氧化物酶）可以使污染物在根系表面或与土壤腐殖质发生聚合作用，成为生物有效性很低、不能为常规化学方法提取的束缚态残留产物（bound residue）。

2. 植物对微生物污染物转化过程的作用　植物在微生物转化污染物的过程中起着十分重要的作用，表现在：

（1）植物提供了微生物的生长环境　如植物根系向土壤环境释放大量分泌物（糖类、醇类和酸类等），其数量占年光合产量的10%～20%，根际分泌物中含有微生物所需的营养和生长物质，根际环境可提高土壤中营养物的有效性，从而可促进微生物的生长与繁殖。细根的迅速腐解也向土壤中补充了有机碳，可以提高微生物矿化有机污染物的速率。

（2）根际分泌物可在微生物代谢中起协调作用。

（3）根际可为污染物降解微生物种群提供良好的栖息环境　植物根系分泌的糖类、有机酸、氨基酸和脂肪酸等有机质，能够降低根际土壤的pH，加上植物根系对土壤水分、氧含量、土壤通气性的调整，刺激根系附近微生物群体的生长，使根际环境成为微生物作用的活跃区域。

（4）某些植物具有向根区输氧的功能，从而加速土壤微生物的好氧降解过程　由于提供了一种有利于好氧微生物生长和繁殖的有氧环境，其每克土的细菌总数达到1.6×10^8，真菌总数达到4.0×10^5，促进了根区微生物矿化作用。而根际外测得的每克土的细菌和真菌的数量则分别只有2.7×10^5和9.0×10^4，明显比根际内少。

3. 菌根的作用　一些植物还具有菌根。与植物共生的菌根往往具有独特的代谢途径，可以分解一些单靠细菌不能降解的有机污染物。与植物单独生长时相比，真菌*Hebeloma crustuliniforme*与寄主植物美国黄松（*Pinus ponderosa*）共生可以使农药阿特拉津的矿化率增加两倍。有30多种外生菌根可以分解一些重要的持久性有机污染物（POP），如多氯联苯（PCB）、多环芳烃（PAH）、2,4,6-三硝基甲苯（TNT）、二氯酚等（Meharg等，2000）。一些外生菌根在水培条件下可以使2,4,6-三硝基甲苯和一氟二苯分别减少90%和95%，使多环芳烃［包括苯并（a）芘］减少50%。Meharg等（1997）证实，外生菌根*Suillus variegatus*和卷缘网褶菌（*Paxillus involutus*）在无菌培养条件下或与寄主植物欧洲赤松（*Pinus sylvestris*）共生时均能矿化2,4-二氯酚。但是，Sarand等（1999）没有发现*Suillus bovinus*在无菌培养条件下或与寄主植物共生时能矿化甲基苯甲酸盐的证据。此外，菌根还能通过影响根际微生物组成和活性而影响有机污染物的降解。

三、植物挥发技术

植物挥发（phytovolatilization）是一种通过植物蒸发作用将挥发性化合物或其新陈代谢

产物释放到大气中的过程。适合于植物挥发技术处理的有机污染物包括三氯乙烯（TCE）、三氯乙酸（TCA）、四氯化碳等氯化溶剂。然而，将污染物从土壤或地下水转移到大气中并不容易。目前发现，能用于植物挥发技术的植物包括：白杨木、紫花苜蓿（alfalfa）、刺槐（black locust）、印度芥菜、油菜（canola）、洋麻（kenaf）、苇状羊茅（tall fescue）和某些通过拟南芥（*Arabidopsis thaliana*）进行过基因重组的杂草等。

由于植物挥发技术涉及污染物释放到大气的过程，因此，污染物的归趋及其对生态系统和人类健康的影响是必须注意的问题之一。要保证植物挥发技术系统的正常运转，土壤一定要能给植物提供足够的水分。气候因素（如温度、降水量、湿度、日照以及风速等）也会影响植物的蒸发速率。

◈复习思考题

1. 简述土壤蒸气浸提技术的基本过程和原理。影响土壤蒸气浸提技术效果的主要因素有哪些？
2. 何谓溶剂浸提技术？该技术对修复对象污染物和土壤有何要求？
3. 原位化学氧化技术中常用的氧化剂有哪些？其各有什么特点？
4. 何谓微生物修复？阐述微生物修复有机污染土壤的原理和影响因素。
5. 什么是原位生物修复和异位生物修复？其各有什么特点？
6. 与传统的物理化学修复方法相比较，微生物修复有哪些优点和缺点？
7. 原位微生物修复的典型工艺有哪些？
8. 异位微生物修复的典型工艺有哪些？
9. 简述植物修复有机污染土壤的机理和过程。
10. 影响有机污染土壤的植物降解技术效果的主要因素是什么？

主要参考文献

安琼，骆永明，等.2000. 水田除草剂丁草胺土壤残留测定方法及其应用［J］. 土壤（32）：107-111.
北京农业大学.1987. 农业化学［M］.2版. 北京：农业出版社.
陈爱莲.2002. 土壤监测、污染及其修复实用手册［M］. 北京：伯通电子出版社.
陈怀满，等.2005. 环境土壤学［M］. 北京：科学出版社.
陈怀满.1991. 环境土壤学［J］. 地球科学进展，6（2）：49-50.
陈玲，赵建夫，仇雁翎，等. 2004. 环境检测［M］. 北京：化学工业出版社.
陈同斌，等.2001. 砷超富集植物蜈蚣草及其对砷的富集特征［J］. 科学通报，47：207-210.
陈文新.1990. 土壤和环境微生物学［M］. 北京：北京农业大学出版社.
陈英旭. 2001. 环境学［M］. 北京：中国环境科学出版社.
邓金川，吴启堂，龙新宪，等.2005. 促进超富集植物吸收提取Zn的添加剂研究［J］. 生态学报，25（10）：2562-2568.
傅柳松. 2003. 农业环境学［M］. 北京：中国林业出版社.
傅显华，吴启堂.1995. 不同物料对叶菜吸收镉铅的影响［J］. 农业环境保护，14（4）：145-149.
高拯民.1983. 环境土壤学［C］//中国大百科全书编辑部. 中国大百科全书·环境科学. 北京：中国大百科全书出版社.
龚子同，等.2007. 土壤发生与系统分类［M］. 北京：科学出版社.
何振立.1998. 土壤中营养及污染元素的化学平衡［M］. 北京：中国环境科学出版社.
洪坚平. 土壤污染与防治［M］.2版. 北京：中国农业出版社.
黄昌勇.2000. 土壤学［M］. 北京：中国农业出版社.
黄巧云. 2006. 土壤学［M］. 北京：中国农业出版社.
黄瑞采.1988. 环境土壤学［M］. 北京：高等教育出版社.
孔志明.2004. 环境毒理学［M］.3版. 南京：南京大学出版社.
李学垣.2001. 土壤化学［M］. 北京：高等教育出版社.
李永涛，吴启堂.1997. 土壤污染治理方法的研究［J］. 农业环境保护，16（3）：118-122.
廖晓勇，陈同斌，谢华，等.2004. 磷肥对砷污染土壤的植物修复效率的影响：田间实例研究［J］. 环境科学学报，24（3）：455-462.
刘德生.2001. 环境监测［M］. 北京：化学工业出版社.
刘威，束文圣，蓝崇钰.2003. 宝山堇菜（*Viola baoshanensis*）一种新的镉超富集植物［J］. 科学通报，19：2046-2049.
刘绮，潘伟斌.2004. 环境质量评价［M］. 广州：华南理工大学出版社.
刘兆荣，陈忠明，赵广英，等. 2003. 环境化学教程［M］. 北京：化学工业出版社.
刘铮.1991. 微量元素的农业化学［M］. 北京：农业出版社.
陆书玉.2001. 环境影响评价［M］. 北京：高等教育出版社.
骆永明.2000. 强化植物修复的螯合诱导技术及其环境风险［J］. 土壤（2）：57-61.
吕贻忠，李保国. 2006. 土壤学［M］. 北京：中国农业出版社.

孟紫强 . 2000. 环境毒理学 [M] . 北京：中国环境科学出版社 .
孟紫强 . 2006. 生态毒理学原理与方法 [M] . 北京：科学出版社 .
彭安 . 2003. 稀土元素的环境化学及生态效应 [M] . 北京：中国环境科学出版社 .
丘华昌，陈明亮. 1995. 土壤学 [M]. 武汉：湖北科技出版社 .
全国土壤普查办公室 . 1998. 中国土壤 [M] . 北京：中国农业出版社 .
孙向阳 . 2005. 土壤学 [M] . 北京：中国林业出版社 .
唐世荣. 2006. 污染环境植物修复的原理与方法 [M]. 北京：科学出版社 .
王夔 . 1991. 生命科学中的微量元素 [M] . 北京：中国计量出版社 .
王红旗 . 2007. 土壤环境学 [M] . 北京：高等教育出版社 .
王焕校. 2002. 污染生态学 [M]. 北京：高等教育出版社 .
王云，魏复盛 . 1995. 土壤环境元素化学 [M] . 北京：中国环境科学出版社 .
文博，魏双燕，牛微. 2007. 环境保护概论 [M]. 北京：中国电力出版社 .
武健汉 . 1985. 环境土壤学 [M] . 武昌：华中师范大学出版社 .
吴中标 . 2003. 环境监测 [M] . 北京：化学工业出版社 .
吴启堂，陈同斌 . 1996. 陆地生态系统污染物质迁移转化及模拟软件 [M] . 北京：中国农业科技出版社 .
吴启堂，陈卢，王广寿，等 . 1996. 化肥形态对不同品种菜心吸收累积镉的影响 [J] . 应用生态学报，7 (1)：103 - 106.
吴启堂，陈卢，王广寿 . 1999. 水稻不同品种对镉吸收累积的差异和机理研究 [J] . 生态学报，19 (1)：104 - 107.
吴启堂，邓金川，龙新宪 . 2004. 提高土壤锌、镉污染植物修复效率的混合添加剂及其应用 . 中国专利号：ZL03140098. 1. 2004.
吴启堂，陈同斌 . 2007. 环境生物修复技术 [M] . 北京：化学工业出版社 .
奚旦立，孙裕生，等 . 2004. 环境监测 [M] . 3 版 . 北京；高等教育出版社 .
邢新丽，周爱国，梁合诚，等 . 2005. 南昌市土壤环境质量评价 [J] . 贵州地质，22 (3)：171 - 175.
徐照丽，吴启堂，依艳丽 . 2002. 不同品种菜心对镉抗性的研究 [J] . 生态学报，22 (4)：571 - 576.
姚槐应，黄昌勇，等 . 2006. 土壤微生物生态学及其实验技术 [M] . 北京：科学出版社 .
杨敏 . 2007. 微波消解技术在环境监测中的应用 [J] . 科技信息 (25)：167 - 168.
杨肖娥，龙新宪，倪吾钟，等 . 2002. 东南景天——一种新的锌超积累植物 [J] . 科学通报，47 (13)：1003 - 1006.
易秀，杨胜科，胡安焱. 2007. 土壤化学与环境 [M]. 北京：化学工业出版社 .
岳永德. 2000. 环境保护学 [M]. 北京：中国农业出版社 .
战友. 2004. 环境保护概论 [M]. 北京：化学工业出版社 .
朱世云，林春绵 . 2007. 环境影响评价 [M] . 北京：化学工业出版社 .
张凤荣，等 . 2002. 土壤地理学 [M] . 北京：中国农业出版社 .
张和平，刘云国. 2002. 环境生态学 [M]. 北京：中国林业出版社 .
张心昱，陈利顶 . 2006. 土壤质量评价指标体系与评价方法研究进展与展望 [J] . 水土保持研究，13 (3)：30 - 34.
张玉龙 . 2004. 农业环境保护 [M] . 2 版 . 北京：农业出版社 .
张贞，魏朝富，高明 . 2006. 土壤质量评价方法进展 [J] . 土壤通报，37 (5)：999 - 1006.
张治钧 . 1986. 植物微量元素营养与施肥 [M] . 沈阳：辽宁科学技术出版社 .
赵景联. 2005. 环境科学导论 [M]. 北京：机械工业出版社 .
赵烨 . 2007. 环境地学 [M] . 北京：高等教育出版社 .
周国华，秦绪文，董岩翔 . 2005. 土壤环境质量标准的制定原则与方法 [J] . 地质通报，24 (8)：

721-727.

周启星，王美娥 . 2006. 土壤生态毒理学研究进展与展望 [J] . 生态毒理学报，1 (1)：1-11.

周启星，宋玉芳. 2004. 污染土壤修复原理与方法 [M] . 北京：科学出版社 .

ANDERSON C，MORENO F. 2004. Gold phytoextraction：a review of the concept and its potential application to developing countries [C] // LUO Y M，et al. Proc. SoilRem.，Nanjing，2004：182-183.

BAKER A J M，REEVES R D，HAJAR A S M. 1994. Heavy metal accumulation and tolerance in British populations of the metallophyte *Thlaspi caerulescens* J. and C. Presl (Brassicaceae) [J] . New Phytol.，127：61-68.

BAKER A J M，MCGRATH S P，SMITH J A C. 2000. Metal hyperaccumulator plants：A Review [C] // TERRY，N，et al. Phytoremediation of Contaminated Soil and Water. Boca Raton：Lewis Publishers：85-107.

BERTI W R，CUNNINGHAM S D. 1997. In - place inactivation of Pb in Pb-contaminated soils [J] . Environ. Sci. Technol.，31：1359-1364.

BLAYLOCK M J，SALT D E，DUSHENKOV S. 1997. Enhanced accumulation of Pb in Indian mustard by soil-applied chelating agents [J] . Environ. Sci. Technol. 31：860-865.

BLUM W E H. 2002. The role of soil in sustaining society and the environment：realities and challenges for 21st century [C] // Transactions of 17th World Congress of Soil Science，Keynote Lectures. Bangkok，Thailand：67-86.

BROOKS R R. 1998. Plants that hyperaccumulate heavy metals [M] . Wallingford：CAB International.

BROOKS R R，MORRISON R S，REEVES R D，et al. 1977. Determination of nickeliferous rocks by analysis of herbarium specimens of indicator plants [J] . J. Geochem. Explor.，7：49-77.

CHANEY R L. 1983. Plant uptake of inorganic waste constituents [C] // PARR J F，et al. Land treatment of hazardous wastes. Park Ridge：Noyes Data Corp：50-76.

CHEN B D，ZHE Y G，JSKONDRN I. 2004. Effects of arbuscular mycorrhizal fungi on plant uptake and accumulation of uranium from contaminated soil. [C] // LUO Y M，et al. Proc. SoilRem Nanjing，2004：262-263.

CUNNINGHAM S D，BERTI W R，HUANG J W. 1995. Phytoremediation of contaminated soils [J] . Trend Biotechnol，13：393-397.

EBBS S D，KOCHIAN L V. 1998. Phytoextraction of zinc by oat (*Avena sativa*)，barley (*Hordeum vulgare*)，and Indian mustard (*Brassica juncea*) [J] . Environ. Sci. Technol，32：802-806.

HUANG J W，CHEN J，BERTI W R. 1997. Phytoremediation of lead-contaminated soils：Role of synthetic chelates in lead phytoextraction [J] . Environ. Sci. Technol，31：800-805.

INTERNATIONAL UNION OF GEOLOGICAL SCIENCE SECRETARIAT. 2005. Soil-earth' s living skin [C] // Publication for international year of planet earth. Geological Survey of Norway，N-7491 Trondheim.

LI Z，YU J W，NERETNIEKS I. 1998. Electroremediation：Removal of heavy metals from soils by using cation selective membrane [J] . Environ. Sci. Technol，32：394-397.

MENCH M，VANGRONSFELD J. 2004. Long-term monitoring of the efficiency of the phytostabilization of metal-contaminated soils [C] // LUO Y M，et al. Proc. SoilRem，Nanjing，2004：194-195.

SCHWARTZ C，ECHEVARRIA G，MORE J L. 2003. Phytoextraction of Cd by *Thlaspi caerulescens* [J] . Plant and Soil，249 (1)：27-35.

SHEN Z G，et al. 1997. Uptake and transport of zinc in hyperaccumulator [J] . Plant Cell Environ，20：898-906.

SIRGUEY C, SCHWARTZ C, ECHEVARRIA G, et al. 2004. Phytoextraction of Cd-contaminated soils with *Thlaspi caerulescens* [C] //LUO Y M, et al. Proc. SoilRem, Nanjing, 2004: 201 - 202.

SUN Q, NI W Z, YANG X X, et al. 2003. Effect of phosphorus on the growth, zinc absorption and accumulation in hyperaccumulator-*Sedum alfredii* Hance [J] . Acta Sci. Circum, 23: 818 - 824.

TANDY S, BOSSART K, MUELLER R, et al. 2004. Extraction of heavy metals from soils using biodegradable chelating agents [J] . Environ. Sci. Technol, 38: 937 - 944.

TYAGI R D, BLAIS J F, AUCLAIR J C, et al. 1993. Bacterial leaching of toxic metals from municipal sludge: influence of sludge characteristics [J] . Water Environ. Research, 65 (5): 196 - 204.

WATANABE M E. 1997. Phytoremediation on the brink of commercialization [J] . Environ. Sci. Technol. , 31 (4): 182 - 186.

WU Q T. et al. 1989. Effect of nitrogen source on Cd uptake by plants [J] . C. R. Acad. Sci. , Serie Ⅲ, 309: 215 - 220.

WU Q T, XU Z L, MENG Q Q, et al. 2004. Charaterization of Cadmium desorption in soils and its relationship to plant uptake and cadmium leaching [J] . Plant and Soil, 258 (1): 217 - 226.

WU Q T, WEI Z B, OUYANG Y. 2007. Phytoextraction of metal-contaminated soil by hyperaccumulator *Sedum alfredii H*: effects of chelator and co-planting [J] . Water, Air and Soil Pollution, 180: 131 -139.

ZHAO F J, MCGRATH S P. 2004. Phytoextraction metals from contaminated soils: fact and fiction [C] // LUO Y M, et al. Proc. SoilRem, Nanjing, 2004: 168 - 169.

图书在版编目（CIP）数据

环境土壤学/吴启堂主编.—北京：中国农业出版社，2011.6（2024.4重印）

普通高等教育“十一五”国家级规划教材.全国高等农林院校“十一五”规划教材

ISBN 978-7-109-16107-8

Ⅰ.①环…　Ⅱ.①吴…　Ⅲ.①环境土壤学－高等学校－教材　Ⅳ.①X144

中国版本图书馆CIP数据核字（2011）第194802号

中国农业出版社出版

（北京市朝阳区麦子店街18号楼）

（邮政编码 100125）

责任编辑　胡聪慧　李国忠

中农印务有限公司印刷　　新华书店北京发行所发行

2011年6月第1版　　2024年4月北京第5次印刷

开本：787mm×1092mm　1/16　　印张：23

字数：554千字

定价：54.00元